普通高等教育“十一五”国家级规划教材

现代控制理论

第3版

刘　豹　唐万生　主编

陈增强　马寿峰　审

机械工业出版社

为适应新时期高等教育人才培养工作的需要，以及科学技术发展的新趋势和新特点，按自动化专业培养目标和培养要求，并结合最新教学大纲，在本书的第2版的基础上进行了修订，以适合广大高校相关专业需求，反映当前技术发展的主流和趋势。本书第3版被评为普通高等教育“十一五”国家级规划教材。

本书介绍现代控制系统的基本理论和控制系统分析与设计的主要方法，内容包括线性控制系统、最优控制，由浅入深，有启发性。

状态空间方法不仅是控制理论的基础，而且也是现代网络分析和线性系统理论的基础，自动化专业的学生应该熟悉这种基本方法，能控性和能观性是状态空间分析方法的根本问题，在本书中作了较详细的说明。李雅普诺夫稳定性理论无论对线性还是非线性系统的分析和综合都有用处，这是控制理论中若干再生的古老理论之一，本书对此作了最基本的阐明，对系统的综合，具体讨论了状态反馈和输出反馈控制问题，对于观测器问题也作了简述，本书还介绍了最优控制的三种基本方法，即变分法、极大值原理和动态规划。每章附有习题。使读者通过本书的学习，能打下扎实的理论基础，又掌握控制系统分析与设计的技能。

本书可作为高等学校自动控制或自动化专业本科生或研究生的教材或教学参考书，也可作为经济管理类专业动态经济系统课程的教学参考书，也可供工程技术人员参考。

本书配有免费电子教案，欢迎选用本书作教材的教师登陆 www.cmpedu.com 注册下载。

图书在版编目（CIP）数据

现代控制理论/刘豹，唐万生主编. —3版. —北京：机械工业出版社，2006.7（2026.1重印）
普通高等教育“十一五”国家级规划教材
ISBN 978-7-111-03103-1

Ⅰ.现...　Ⅱ.①刘...　②唐...　Ⅲ.现代控制理论　Ⅳ.O231

中国版本图书馆CIP数据核字（2006）第061460号

机械工业出版社（北京市百万庄大街22号　邮政编码100037）
责任编辑：王雅新　版式设计：冉晓华　责任校对：申春香
封面设计：张　静　责任印制：邓　博
三河市骏杰印刷有限公司印刷
2026年1月第3版第44次印刷
184mm×260mm・20.75印张・485千字
标准书号：ISBN 978-7-111-03103-1
定价：59.80元

电话服务	网络服务
客服电话：010-88361066	机　工　官　网：www.cmpbook.com
010-88379833	机　工　官　博：weibo.com/cmp1952
010-68326294	金　　书　　网：www.golden-book.com
封底无防伪标均为盗版	机工教育服务网：www.cmpedu.com

第3版前言

"现代控制理论"课程是大学自动化类专业的主干技术基础课，在控制理论课程中，目前我国大多数学校采用现代控制和经典控制分别设课的方式进行教学。由于现代控制理论中的严格证明和大量的矩阵运算，容易掩盖状态空间方法的工程背景，使学生误认为现代控制理论就是数学问题，与经典控制理论及后续的控制课程关系不大。鉴于此，国内外许多高校已开始进行这方面的探索和研究。国际上许多控制理论教材已将经典和现代有机地结合起来，而我国这方面的教材还较少。基于此，在充分了解国内外控制理论的教学情况及发展趋势，并总结我们过去教学经验的基础上，为使控制理论课的教学适应现代控制技术的发展，我们强调用统一、联系的观点来分析及处理问题，将"现代"与"经典"有机地结合起来。我们突出了现代控制理论的物理概念及工程背景，利用经典控制理论物理概念明确、工程意义强的特点，给现代控制理论赋予较强的物理概念及工程背景，克服原来学习现代控制理论时，容易陷入纯数学推导而不易建立工程概念的难点，使学生觉得本书内容思路清晰，概念清楚，处理问题的方法简洁，并不难学。

本书论述清楚，语气通顺，语句精炼，基本概念和定理、定义等叙述准确、易懂，定理证明严密、规范。

现代控制理论（第2版）这本教材，到2005年已经经过27次印刷，出版了15万册，得到越来越多院校的应用。我们收到了教师和学生的许多来信，提出了许多宝贵意见，对书中的不足之处作了中肯的批评和指正，在此表示衷心的感谢。

作为一门基础课，"现代控制理论"的内容基本上是固定的。这种教材的内容可以有不同的编排，但都着重按教学的规则循序渐进，由浅入深，简繁适度。因而，这次修订，我们仍用第2版的目录，改正了几处错误，添加了一些说明及稳定性部分必要的证明。

第2版是我组稿的，并由当时第一线讲课的田树苞教授和林俊琦教授主笔，这次修订由现在正讲课的唐万生教授主办，参加协助的还有亢京力博士和张建雄博士。

刘豹

2006年6月　天津

第2版前言

本书由原国家机械工业委员会“工业自动化仪表”专业教学指导委员会于1987年9月北戴河会议上决定编写，是在已出版的第一轮教材《现代控制理论》的基础上修订而成的。原书包括状态空间分析法、最优控制、随机最优控制和系统辨识四大部分，共50多万字。本书仅包括状态空间分析法和最优控制两部分，共20万字。

原书已出版了39810册，在相当多的工科院校中得到应用。在过去5年中，我们收到了教师和学生70多封来信，提出了许多宝贵意见，对原书中在编写、印刷、基本内容等方面存在的问题，作了中肯的批评和详尽的指正，还有的老师，为本书的习题作了详细的解答，在此表示衷心的感谢。

在这次修订中，我们按读者的意见，总结了讲课的经验，对本书作了充分的修正和改编。并尽可能地对一些难理解的部分多作物理意义的阐明和解释。为了用实例说明问题，我们大量地增加了例题和习题。对于最基础的问题，如能控性和能观性、输出反馈问题、最优控制的几种形式等都作了较详细的描述。

原书中这部分内容是已故的卞继仁同志和我编写的，这次修订则由位于讲课第一线的田树苞教授和林俊琦副教授主笔，而我只作了组稿、审稿和重写绪论的工作。本书由哈尔滨工业大学邱化元教授主审。

刘豹

1989年4月　天津

目　录

绪　论

0.1 控制理论的性质

控制理论研究如何改进动态系统的性能以达到所需目标，这个广义定义包含了人类活动的许多方面。控制理论试图以定量方式描绘这些问题，并集中于寻求一些精确的数学描述方法。控制理论有两个目标：了解基本控制原理；以数学表达它们，使它们最终能用以计算进入系统的控制输入，或用以设计自动控制系统。更进一步说，控制科学不仅用以处理单个动态系统，还用以处理在观察输出和系统本身带有不确定性条件下的复杂动态系统。

自动控制领域中有两个不同的但又相互联系的主题。

第一个主题是反馈的概念。这时，系统的输入由同时观察到的系统的各种输出确定，输入输出都是时间的函数。反馈概念的精髓是可以得到各种输出和它们的各个所需值的实时比较的度量——各种误差，再由以此测量到的误差来减少误差。这样形成的因果链是输入、动态系统、输出、测量、比较、误差、输入构成的一个环路，因而也构成一个包含原动态系统在内的一个新的动态闭环系统。这种构成的关键问题是新闭环系统的稳定性和动态特性。以上这种简练的描述包含着采用上百个变量以高速度反馈到控制计算机的现代反馈方案的极大的复杂性。

第二个主题是最优控制的概念。这时，控制的目标是使以数字量表示的显示在一段时间上的所需性能和系统实际性能间的差异的性能指标为最小，要寻找一个使性能指标最小的时间函数的控制。这种问题的解形成了在整个控制时段中一个预先规划好的输入控制。这常称为轨迹最优化问题。

这两个主题在很多地方复杂地交织在一起。对于控制理论的一种说法是在某些条件下最优控制可以构成一个反馈来解决。相反，在另一些条件下已知的反馈系统有相应的最优控制问题，可以用已知的反馈来求解。在线性理论中，我们可以用代数矩阵方程求解变分问题来设计一个反馈系统。这种方法引出了精确的数字算法。控制理论中的其它问题则混合使用这两个主题来求解。

采用反馈的基本原因是要在不确定性存在的条件下达到性能目标。许多情况下，对于系统的了解是不全面的，或者，可用的模型是基于许多简化的假设而使它们变得不确切。系统也可能承受外界干扰，输出的观测常受噪声污染。有效的反馈可以减少这些不确定性的影响，因为它们可以补偿任何原因引起的误差。

反馈概括了很广泛的概念，包括当前系统中的多回路、非线性和自适应反馈，以及将来的智能反馈。广义地说，反馈可以作为描述和理解许多复杂物理系统中发生的循环交互作用的方式。实际上目前研究的非线性动态系统中常见到的复杂交互作用可以解释为内反馈。生命组织和计算机算法中也有内反馈，因而，理解反馈动力学的目标也超出了控制理论的范畴。

0.2 控制理论的发展

理论归根结底是从实践发展而来的，它来之于实践但又反过来指导实践。控制理论的发展又一次说明了这一真理。远在控制理论形成之前，就有蒸汽机的飞轮调速器、鱼雷的航向控制系统、航海罗经的稳定器、放大电路的镇定器等自动化系统和装置。这些都是不自觉地应用了反馈控制概念而构成的自动控制器件和系统的成功的例子。但我们何尝知道在控制理论形成之前的漫长岁月中，由于缺乏理论指导而失败了的无数次的实践和尝试呢？20 世纪 20 年代到 40 年代，马克斯威尔对装有调速器的蒸汽机系统动态特性的分析、马诺斯基对船舶驾驶控制的研究都是控制理论的开拓性工作。奈奎斯特、伯德等人对单回路反馈系统的研究结果显示出反馈控制即使在系统情况知之不多的条件下也可以得到较好的性能。20 世纪 40 年代至 50 年代，维纳对控制理论作出了创造性的贡献。他的控制论概念提供了一个可以把控制问题和通信问题统一考虑的框架。他同时也发展了在有噪声的情况下信号的滤波、预报和平滑的方法，其后又利用了当时刚提出的平稳随机过程最后建立了信息的伯德—香农概念。

20 世纪 50 年代后期到 60 年代初期是控制理论发展的转折时期。第二次世界大战后华尔德的序贯分析和贝尔曼的动态规划是转折时期的开端。这些理论受到最优统计决策和资源分配中的序贯规划问题研究的激发。它们在概念上的贡献是考虑了一大类以初始状态参数化了的动态优化问题。这个理论的中心问题是建立最优性能的动态规划方程，从它的解就可以确定最优反馈控制规律。与此同时，优化领域中另一个长期被忽视的强调不等式约束的线性和非线性规划也开始得到发展。这个领域的研究人员首先设计了便于计算机计算的数值方法，这种方法后来在控制中变得十分有用。

苏联学者在20世纪50年代对包含非线性特性、饱和作用和受到限制的控制等因素的系统的最优瞬态的研究表现出很大的兴趣。这些学者的研究讨论导致了庞特里亚金的“极大值原理”。这个原理打开了系统地研究受到状态与控制两方面的约束而使用不连续控制函数的最优轨迹的大道。这些又紧密地和变分法联系，又进一步刺激了与非线性泛函分析相关的更抽象的优化问题的理论的研究。极大值原理的最大贡献可说是20世纪50年代和60年代对于大量轨迹优化数值计算方法的研究的冲力。这种研究最后导致许多空间载运器的成功的设计，其中包括阿波罗计划和宇航飞行计划。

显示控制理论转折时期的另一个里程碑是20世纪50年代后期卡尔曼（卡尔曼——布西）滤波器的发现。早期滤波器设计的维纳理论受到关于平稳随机过程的假设和要求解积分方程或分解傅氏变换的限制。卡尔曼滤波器则不受这些限制，而且可以在小型计算机上当作序贯算法来实现。它的设计在于求解矩阵黎卡提方程。用对偶理论可以得到以同样方程表达的线性反馈控制。这些思想在世界上有巨大影响，它推动了有关反馈控制和滤波的大量研究工作，导致了控制理论的许多实际应用成果。

最近25年线性系统理论的研究非常活跃。自从引入了能控性、能观性、状态实现、线性二次型高斯调节问题的概念之后，这一领域已成为整个控制理论发展的概念基础，而且还成为将成果普遍化到非线性和分布参数系统上去的标准典范和对所有新的控制规范的试验基础。同时，它本身还在继续发展，不断提出新概念、精确的结果和算法。线性系统的几何方法已引出了超不变性、能控性子空间、干扰去耦、非关联控制等重要新概念和对高放大反馈系统的渐近分析方法。与此相关的是线性控制问题的数值分析方面的重要工作。近年来，许多先进线性理论的计算算法已形成商品软件，可以在各种型号计算机（包括个人计算机）上使用。

现在已在非线性常微分方程描述的反馈控制系统的研究中引入了微分几何、李代数、非线性动力学等方法，并得到了很大进展，解决了反馈线性化和非线性去耦问题，也在能控性研究上得到更精确的结果。采用非线性动力学的方法已将反馈镇定作用推广到反馈不能线性化的非线性系统上去。

20世纪60年代后期和70年代早期，将线性二次型理论推广到无穷维系统（即以偏微分方程、泛函微分方程、积分微分方程和在巴拿赫空间的一般微分方程描述的系统）的工作得到很大进展。这一类研究工作是沿着好几条路分别进行的。有人试图得到能为一大类无穷维系统应用的一般的算子形式；而另一些人则从一些特殊方程开始做起，如用波动方程或时延微分方程，企图在进行更普遍的形式的研究之前能从具体问题的结构中得到一些启发。经过一段时间的研究已弄清不可能找到一种解求所有无穷维问题的普遍形式，而只能是具体问题具体求解，由此引出了诸如解的常规性、各种无穷维的近似方案的有效性、变分形式等细节研究。目前研究的是以线性偏微分方程或相对简单的迟延方程描述的只能在空间的边界上加以观察和控制的系统。至于对非线性无穷维系统的控制问题的研究，只有在出现了概念上的突破后才谈得到。

偏微分方程的另一方面工作是用包含连续时间和空间变量的动态规划方法推导出来的最优化方程。这一方程也叫哈密尔顿——雅可比——贝尔曼方程，已成为先驱分析家的激励的源泉。这些分析家已提出了“粘性解的概念”。如果他们的方法最终能解决哈密尔顿——雅可比——贝尔曼方程的求解，那么就会有另一种设计非线性反馈控制的工具。

凸分析为控制理论和变分法提供了新方法，也为它们通向数学规划和运筹学的数值分析架起了桥梁。在20世纪70年代早期，凸分析就扩展到“非光滑分析”中去，形成了解决长期未解决的最优控制问题的一个新基础。20世纪60年代发展起来的变分不等式理论在自由边界问题的研究中显示了功效。

非线性滤波的研究，继续扩展了卡尔曼滤波器，并向它注入了许多新思想。最优控制问题的随机形式在20世纪70年代和80年代吸引了许多学者的兴趣。这一领域是当前最活跃的领域之一。在应用方面，随机控制理论的概念框架已开始对大规模交互关联的动力系统的控制起了影响。

代数在发展更有效的线性控制理论上有多方面的建树。环和模的概念的引入精确地重构了早期获得的有关能控性和能观性的结论。像多项式环上因子分解那样的代数计算方法近来变得很重要。代数几何方法在多变量系统奈奎斯特稳定准则和系统辨识中参数化问题的求解方面起了重要作用。

20世纪70年代末80年代初，反馈控制的设计问题经历了一个重新修正的过程。在基于微分方程的状态空间方法普及了多年之后，基于输入输出或频率分析的设计方法又重新抬头。这种方法显得和健壮控制研究有较完善的配合，因为它允许对所有镇定控制器参数化，并可以从中选择其性能在所有频率范围内都一致符合要求的一个控制器。鲁棒控制中的 H_∞ 方法采用了插入理论和复值函数理论（即所谓 H_∞ 空间），其理论深度和实用重要性使此理论成为20世纪80年代重要成果之一。

随着人工智能的发展和引入了新的计算机结构，控制理论和计算机科学的联系愈来愈密切。近来已有一些专家系统可以自动寻求最优随机控制和滤波问题的理论解和数值解。在控制框架上将符号运算和数值运算相结合的研究工作正在开展。智能控制的概念也在发展，其目标之一是将当前的控制理论与尚未成形的人工智能成功地合成一体。离散事件系统理论架起了一座通向扩展了的状态机器理论的桥梁，在将来可能为评价计算机系统的性能提供一个建模工具。

0.3 控制理论的应用

控制理论中各种方法对现代技术的发展有很大影响。基于经典理论的单回路控制系统，以及最近出现的第一代自适应控制器，已在许多工业生产中得到应用，这些控制器也充满于我们的日常生活设施中。控制系统之所以能得到如此普遍的应用，不但要归功于现代仪表化（完备的传感器和执行机构）与便宜的电子硬件，还由于控制理论有处理其模型和输出信号所具有的不确定性动态系统的能力。

在控制理论中已完善的各种方法愈来愈得到普遍应用的同时，先进的理论概念的应用却仍集中在像空间工程那样的高技术方面。当然，由于计算机技术的飞速发展和世界性的激烈的工业竞争，这种情况将会改变。新的计算机技术提供了实现更精巧的控制算法的工具，而要在工业界竞争中保持领先地位的愿望促进了更精细的、高效的和可靠的控制。此外，愈来愈多的具有较强的数学背景的工程技术人员也是造成这种情况改变的因素。

一般来说，新理论新概念的发现和建立与它们成功地在实际控制问题中得到应用之间都有一定的时延。在有些情况下，今天的应用往往基于10年或20年前所创造的理论概念。但是，在今天也有一些较新的理论成果已得到应用。下面举一些应用的例子。

航天飞船装备着包括两部不同的数字自动驾驶仪的精密控制系统，其中一部驾驶仪专用以控制飞船在轨道上的上升和下降动作，另一部则控制飞船在轨道上的正常飞行。控制和数控处理功能由五部相同的IBMAP-101计算机完成。轨道飞行控制系统用状态估计和开关控制等各种现代控制原理构成控制规律。例如，反应控制系统依靠在每个转轴上的相平面中预先规划好的切换曲线来控制推进器的正负点火指令。这一设计需要广泛研究飞行体和变动负载间所有可能的不利的动态反应。作为预防故障的手段，要设计能对转动率的极值、推进器的冲力强度给予限制的装备。除此之外，还备有一个更新试验驾驶仪，它具有一个用以选择发动机喷射器的与线性规划算法相结合的三维相空间控制规律。这个自动驾驶仪经飞行试验证明，它对飞船动态变化有很强的适应性。

一种新的治疗脑水肿和恶性脑瘤的方法是同时使用加压素和皮质酮两种药。由于人体系统调节这些激素的高度非线性特性，服用这些药的相对速率是非常重要的。法国研究人员把这一问题当作是一个2×2非线性多变量控制问题，并基于李代数方法采用了非线性去耦和反馈线性化手段，成功地解决了给药速率控制问题。

许多先进的控制技术都是针对某个确定的需要而研究得到的成果，但也有一些却是先进理论发展的意外收获。后者的一个例子是NASA爱密斯实验室研制成的Feitenins直升飞机自动驾驶仪控制系统。这种直升飞机的飞行动力学由12个非线性常微分方程描绘。NASA研究了一段时间没有很好地解决问题。到20世纪80年代早期几何控制理论数学家们建立了非线性反馈存在的充分和必要条件，由此形成了一个与典范型线性能控系统微分同胚的闭环系统，NASA研究人员利用这一发展，以一定精度实现了直升飞机系统满足线性化反馈的条件，因而可以用一个恰当的非线性控制规律进行控制，得到成功。

电力生产常受到许多不确定性现象的影响，如电力负荷的不确定性和电厂的可能停歇。在水电生产中，有效水量决定于降雨量的波动。法国计算机科学与自动化研究所INRIA研究了许多电力生产管理控制问题，其中有一项是新喀利多尼亚的具有八个热电厂和一个水坝的发电系统。研究目标是选择一套可行的生产方案（相当于反馈控制）以可能的最小代价去满足电力需求。模型辨识工作包括一个随机微分方程的漂移和扩散系数的估计。最优反馈的控制是用数字求解微分方程和动态规划中不等式而得到的。大型电厂的控制困难在于维数。而从上述研究可以得到一个概念性的框架使工程师们可以入手解决电力生产控制问题。

目前许多轻型高飞行性能的飞机的最主要的部件是数字飞行控制系统。F-16和削掠翼X-29飞机中的机械联动机构已被数字计算机和电线代替，所以，又称“以线飞行”系统。为了增强飞行性能，这些飞机被设计得静态（开环）不稳定。数字式的线飞行系统可以被设计得能改变飞机的飞行特性，控制系统全时间工作以镇定飞机，并支持驾驶系统发出的各种指令。这种设计由于采用了快到足以反映流体动力学的波动和镇定一个不稳定动态系统的数字控制系统而得到实现。用控制理论去设计这些飞机的确是一个重大的成功。很明显，将来“超性能”飞机的出现将取决于快速健壮控制器的设计研究的进展。

在设计中的夏威夷的 Keck 观察站的 10cm 望远镜由 36 块六角形镜片组成，每片镜面由其后面的一部执行机构推动。各执行机构由一台计算机控制，采用反馈算法使其对目标聚焦。望远镜的整体框架由许多相互联结的梁和柱构成，它们承受风力而抖动。控制器必须在框架和镜子抖动的条件下很好地聚焦。控制系统是采用高维有限元法迫近显示主要振动模态的结构动力学方法来设计的。

建筑工程界现在流行对结构进行主动控制，世界上几座最高建筑物的设计中采用了主动阻尼系统。结构工程师们的理论研究说明：一个设计完善的主动控制和谐调整质量阻尼系统可以减少建筑物承受强风时的动态移动。

工业应用自动控制的范围更广，举不胜举，为简化起见，可以用两个例子说明。

控制概念得到主要应用的一个领域是石油化工生产过程。化工厂中每一个生产单元都包括有几百个控制器，最常见的是单回路比例—积分—微分调节器，近年来也逐渐采用新型控制器，如延迟补偿器、状态估计器、不相关多变量控制器。许多自动化仪表厂家已供应自校正调节器和适应控制器。

钢铁行业中热轧厂是最早成功地采用计算机控制的工厂。高产量、高质量的生产要求，使它们早在 1961 年就采用计算机自动化，从那时起，热轧厂控制技术发展很快，已达到多层次、多变量的适应控制。

0.4 控制一个动态系统的几个基本步骤

简单地说，控制一个动态系统有下列四个基本步骤：

建模　基于物理规律建立数学模型；

系统辨识　基于输入输出实测数据建立数学模型；

信号处理　用滤波、预报、状态估计等方法处理输出；

综合控制输入　用各种控制规律综合输入。

1. 建模

为一个系统选择一个数学模型是控制工程中最重要的工作。当系统是不完全清楚的时候，为此系统建立一个数学模型是特别困难的。有些情况，可以写出一个系统的精确的动力学数学公式，但是它可能是如此复杂以致无法在它基础上设计一套控制规律。所幸的是对于不完全清楚的模型还能较好地处理，因为从无数实践中我们已经学到，一个复杂的系统可以在十分简化的模型上用反馈控制得到成功。因而，控制工程中的模型问题和物理学中的模型问题是完全不相同的。在控制理论中，问题的关键是寻找一个健壮的在数学上精练的模型，它在有效数据基础上可以用系统辨识方法求得。

应当认识到：在控制系统设计中如果无法找到简单的数学模型，控制理论就不能得到成功的应用。这种特点一方面使控制得到了实际应用，而另一方面却使无控制领域内部引起了争议，许多控制的数学方法是否是确实有用的？而且，还使控制领域以外的许多科学家对控制的研究性质发生了误解。这种争议可以追溯到两个极端。

一种极端是认为在控制中模型的不完善无关紧要，因为反馈可以减少包括模型误差在内的不确定性的作用。而真正需要的是一个强有力的反馈的设计方法，用以构成一个健壮的、适应的有容许误差能力的控制系统。因而，牺牲了模型而把重点放在控制器上。这种观点使得为一大类通用模型设计控制器的先进理论产生了，从而形成了一种看法，认为控制理论用不到去关心像用偏微分方程构成的那种精致的模型。所以有些控制专家认为：重要的是健壮的控制理论，而不是好的模型。

另一个极端则十分重视从物理规则推演出来的精确的模型，而控制设计是容易的，至少在得到模型后是计算上可以实现的。对模型所强调的看法对于像物理学家和流体动力学家那些科学家们来说，是能接受并有吸引力的。模型是精确的假设并用以支持许多基于这种模型所作的抽象的数学控制规律的研究工作。这一极端观点完全忽视了模型的不确定性问题及其对控制设计的影响。它使人相信设计一个控制系统的唯一通路是首先要有一个十分精确的微观模型，这种想法代表了一种对控制研究的完全误解。

事实上，走一个极端而不考虑到另一方面是不恰当的。控制界必须认识到控制技术新应用的成功完全靠新模型和这些模型对新理论的发展，同时也依靠反馈设计技术的不断创新。尽管上述两种极端是控制界固有的，它始终在一定程度上存在着，而重要的突破性的成果恰恰是结合两方面的长处而得到的。在某些特殊应用场合，可能某一种观点更实际，例如在过程控制中常常用基于线性模型的健壮控制器设计，而在先进的空间应用中，则模型精确性更重要。

2. 系统辨识

系统辨识可以定义为用在一个动态系统上观察到的输入与输出数据来确定它的模型的过程。如果模型结构已给定，只是其参数尚未知道，则系统辨识就变成参数估计。辨识是控制理论中不可分割的重要的组成部分，它属于应用数学中的求逆问题。进行系统辨识常需作下列实验，发生输入信号和记录输出信号。有许多统计方法和计算技术可用以处理数据和得到模型。当前系统辨识方面的研究集中在下列诸基本问题上：辨识问题的可解性和问题提出的恰当性、对各类模型的参数估计方法。

3. 信号处理

信号处理是控制理论外面的独立的一门学科，但这两学科之间有许多重叠之处，而控制界曾对信号处理作出了重要贡献，特别是在滤波和平滑的领域。这一领域是研究如何从被噪声污染的观察信号中重构原信息的问题。它们有广泛的应用场合，如通信、从卫星追索数据、语言处理、图像再现等。如果没有这种计算机化了的图像再现能力，那么从水手号和先锋号等航天飞船探测器传送回来的外层行星图像就毫无用处。

4. 控制的综合

控制的综合就是为控制系统生成控制规律，它与模型、辨识、信号处理、所用综合方法有关。这些过程的复杂性导致了各种控制研究课题，主要有：

鲁棒控制理论——研究能使闭环系统保持良好的性能而不受模型与信号中不确定性影响的反馈作用。例如，一个健壮的反馈不但可以镇定用它们设计的系统，而且在系统参数变化时，也能镇定它。

适应控制——研究如何在控制过程中自动调整控制规律。这种控制主要被应用于系统会随时间改变，而这种改变却在不能事先预知的情况下。一个自适应反馈控制规律是在系统自动辨识的基础上来自动调整的。

多变量控制——研究具有相关解的多输入多输出系统的控制问题。反馈的作用应当包括对关联的去耦以形成不关联控制。

非线性控制理论——研究非线性动态系统的控制问题。当前许多研究集中在把几何方法作为研究的主要方法上。

随机控制——应用于系统或其摄动能以概率表达的地方。随机输出信号的滤波和预报是随机控制的自然组成内容。

分布参数控制——应用于系统内部变量的空间分布对控制目标来说是极为重要的情况。例如，对弹性板材震动的控制，对热传导、对内部有延迟的系统的控制以及对流体流动的控制等等。

其他控制——由于计算机技术的不断发展，其他许多控制问题也日趋重要了，例如自学习与自组织系统、递阶控制系统、智能控制系统和离散事件控制系统等等。

第 1 章

控制系统的状态空间表达式

在经典控制理论中，对一个线性定常系统，可用常微分方程或传递函数加以描述，可将某个单变量作为输出，直接和输入联系起来。实际上系统除了输出量这个变量之外，还包含有其它相互独立的变量，而微分方程或传递函数对这些内部的中间变量是不便描述的，因而不能包含系统的所有信息。显然，从能否完全揭示系统的全部运动状态来说，用微分方程或传递函数来描述一个线性定常系统有其不足之处。

在用状态空间法分析系统时，系统的动态特性是用由状态变量构成的一阶微分方程组来描述的。它能反映系统的全部独立变量的变化，从而能同时确定系统的全部内部运动状态，而且还可以方便地处理初始条件。这样，在设计控制系统时，不再只局限于输入量、输出量、误差量，为提高系统性能提供了有力的工具。加之可利用计算机进行分析设计及实时控制，因而可以应用于非线性系统、时变系统、多输入—多输出系统以及随机过程等。

1.1 状态变量及状态空间表达式

1.1.1 状态变量

足以完全表征系统运动状态的最小个数的一组变量为状态变量。一个用 n 阶微分方程描述的系统，就有 n 个独立变量，当这 n 个独立变量的时间响应都求得时，系统的运动状态也就被揭示无遗了。因此，可以说该系统的状态变量就是 n 阶系统的 n 个独立变量。

同一个系统，究竟选取哪些变量作为独立变量，这不是唯一的，重要的是这些变量应该是相互独立的，且其个数应等于微分方程的阶数；又由于微分方程的阶数唯一地取决于系统中独立储能元件的个数，因此状态变量的个数就应等于系统独立储能元件的个数。

众所周知，n 阶微分方程式要有唯一确定的解，必须知道 n 个独立的初始条件。很明显，这 n 个独立的初始条件就是一组状态变量在初始时刻 t_0 的值。

综上所述，状态变量是既足以完全确定系统运动状态而个数又是最小的一组变量，当其在 $t=t_0$ 时刻的值已知时，则在给定 $t\geqslant t_0$ 时刻的输入作用下，便能完全确定系统在任何 $t\geqslant t_0$ 时刻的行为。

1.1.2 状态矢量

如果 n 个状态变量用 $x_1(t),x_2(t),\cdots,x_n(t)$ 表示，并把这些状态变量看作是矢量 $\boldsymbol{x}(t)$ 的分量，则 $\boldsymbol{x}(t)$ 就称为状态矢量，记作：

$$\boldsymbol{x}(t)=\begin{pmatrix}x_1(t)\\x_2(t)\\\vdots\\x_n(t)\end{pmatrix}\quad\text{或}\quad\boldsymbol{x}^{\mathrm{T}}(t)=[x_1(t),\ x_2(t),\ \cdots,\ x_n(t)]$$

1.1.3 状态空间

以状态变量 $x_1(t),x_2(t),\cdots,x_n(t)$ 为坐标轴所构成的 n 维空间，称为状态空间。在特定时刻 t，状态矢量 $\boldsymbol{x}(t)$ 在状态空间中是一点。已知初始时刻 t_0 的状态 $\boldsymbol{x}(t_0)$，就得到状态空间中的一个初始点。随着时间的推移，$\boldsymbol{x}(t)$ 将在状态空间中描绘出一条轨迹，称为状态轨线。状态矢量的状态空间表示将矢量的代数表示和几何概念联系起来了。

1.1.4 状态方程

由系统的状态变量构成的一阶微分方程组称为系统的状态方程。

用图 1.1 所示的 *R-L-C* 网络，说明如何用状态变量描述这一系统。

此系统有两个独立储能元件即电容 C 和电感 L，所以应有两个状态变量。状态变量的选取，原则上是任意的，但考虑到电容的储能与其两端的电压 u_C 和电感的储能与流经它的电流 i 均直接相关，故通常就以 u_C 和 i 作为此系统的两个状态变量。

根据电学原理，容易写出两个含有状态变量的一阶微分方程组：

$$C\frac{\mathrm{d}u_C}{\mathrm{d}t}=i$$

$$L\frac{\mathrm{d}i}{\mathrm{d}t}+Ri+u_C=u$$

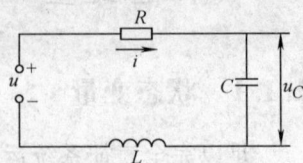

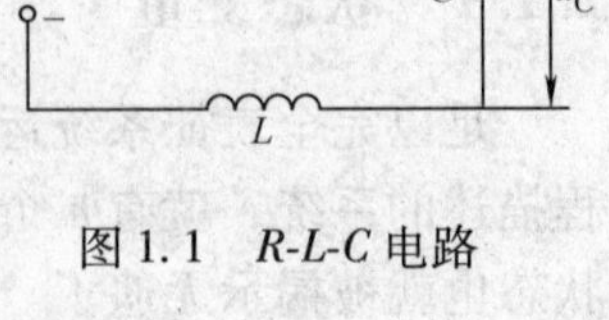

图 1.1 *R-L-C* 电路

即

$$\dot{u}_C = \frac{1}{C}i$$
$$\dot{i} = -\frac{1}{L}u_C - \frac{R}{L}i + \frac{1}{L}u \tag{1.1}$$

式（1.1）就是图 1.1 系统的状态方程，式中若将状态变量用一般符号 x_i 表示，即令 $x_1 = u_C$，$x_2 = i$；并写成矢量矩阵形式，则状态方程变为：

$$\begin{pmatrix}\dot{x}_1\\ \dot{x}_2\end{pmatrix} = \begin{pmatrix}0 & \frac{1}{C}\\ -\frac{1}{L} & -\frac{R}{L}\end{pmatrix}\begin{pmatrix}x_1\\ x_2\end{pmatrix} + \begin{pmatrix}0\\ \frac{1}{L}\end{pmatrix}u \tag{1.2}$$

或

$$\dot{\boldsymbol{x}} = \boldsymbol{A}\boldsymbol{x} + \boldsymbol{b}u$$

式中

$$\dot{\boldsymbol{x}} = \begin{pmatrix}\dot{x}_1\\ \dot{x}_2\end{pmatrix},\quad \boldsymbol{A} = \begin{pmatrix}0 & \frac{1}{C}\\ -\frac{1}{L} & -\frac{R}{L}\end{pmatrix},\quad \boldsymbol{b} = \begin{pmatrix}0\\ \frac{1}{L}\end{pmatrix}$$

1.1.5　输出方程

在指定系统输出的情况下，该输出与状态变量间的函数关系式，称为系统的输出方程。如在图 1.1 系统中，指定 $x_1 = u_C$ 作为输出，输出一般用 y 表示，则有：

$$y = u_C$$

或

$$y = x_1 \tag{1.3}$$

式（1.3）就是图 1.1 系统的输出方程，它的矩阵表示式为：

$$\boldsymbol{y} = \begin{pmatrix}1, & 0\end{pmatrix}\begin{pmatrix}x_1\\ x_2\end{pmatrix}$$

或

$$\boldsymbol{y} = \boldsymbol{c}\boldsymbol{x} \tag{1.4}$$

式中

$$\boldsymbol{c} = \begin{pmatrix}1, & 0\end{pmatrix}$$

1.1.6　状态空间表达式

状态方程和输出方程总合起来，构成对一个系统完整的动态描述称为系统的状态空间表达式。如式（1.1）和式（1.3）所示，而式（1.2）和式（1.4）就是图 1.1 系统的状态空间表达式。

在经典控制理论中，用指定某个输出量的高阶微分方程来描述系统的动态过程。如图 1.1 所示的系统，在以 u_C 作输出时，从式（1.1）消去中间变量 i，得到二阶微分方程为：

$$\ddot{u}_C + \frac{R}{L}\dot{u}_C + \frac{1}{LC}u_C = \frac{1}{LC}u \tag{1.5}$$

其相应的传递函数为：

$$\frac{u_C(s)}{u(s)} = \frac{\frac{1}{LC}}{s^2 + \frac{R}{L}s + \frac{1}{LC}} \tag{1.6}$$

如果要从高阶微分方程或从传递函数变换为状态方程，即分解为多个一阶微分方程，那么此时的状态方程可以有无穷多种形式，这是由于状态变量的选取可以有无穷多种的缘故。这种状态变量的非唯一性，归根到底，是由于系统结构的不确定性造成的。关于这个问题，下面还将论及，此处暂不多述。

回到式（1.5）或式（1.6）的二阶系统，若改选 u_C 和 $\dot{u}_C$ 作为两个状态变量，即令 $x_1 = u_C$，$x_2 = \dot{u}_C$，则得一阶微分方程组为：

$$\begin{aligned} \dot{x}_1 &= x_2 \\ \dot{x}_2 &= -\frac{1}{LC}x_1 + \frac{R}{L}x_2 + \frac{1}{LC}u \end{aligned} \tag{1.7}$$

即

$$\dot{\boldsymbol{x}} = \begin{pmatrix} 0 & 1 \\ -\frac{1}{LC} & \frac{R}{L} \end{pmatrix}\boldsymbol{x} + \begin{pmatrix} 0 \\ \frac{1}{LC} \end{pmatrix}u \tag{1.8}$$

比较式（1.8）和式（1.2），显而易见，同一系统中，状态变量选取的不同，状态方程也不同。

从理论上说，并不要求状态变量在物理上一定是可以测量的量，但在工程实践上，仍以选取那些容易测量的量作为状态变量为宜，因为在最优控制中，往往需要将状态变量作为反馈量。

设单输入—单输出定常系统，其状态变量为 x_1，x_2，…，x_n，则状态方程的一般形式为：

$$\begin{aligned} \dot{x}_1 &= a_{11}x_1 + a_{12}x_2 + \cdots + a_{1n}x_n + b_1u \\ \dot{x}_2 &= a_{21}x_1 + a_{22}x_2 + \cdots + a_{2n}x_n + b_2u \\ &\vdots \\ \dot{x}_n &= a_{n1}x_1 + a_{n2}x_2 + \cdots + a_{nn}x_n + b_nu \end{aligned}$$

输出方程式则有如下形式：

$$y = c_1x_1 + c_2x_2 + \cdots + c_nx_n$$

用矢量矩阵表示时的状态空间表达式则为：

$$\begin{aligned} \dot{\boldsymbol{x}} &= \boldsymbol{A}\boldsymbol{x} + \boldsymbol{b}u \\ \boldsymbol{y} &= \boldsymbol{c}\boldsymbol{x} \end{aligned} \tag{1.9}$$

式中，$\boldsymbol{x}=\begin{pmatrix} x_1 \\ x_2 \\ \vdots \\ x_n \end{pmatrix}$ 为 n 维状态矢量；

$\boldsymbol{A}=\begin{pmatrix} a_{11} & a_{12} & \cdots & a_{1n} \\ a_{21} & a_{22} & \cdots & a_{2n} \\ \vdots & \vdots & & \vdots \\ a_{n1} & a_{n2} & \cdots & a_{nn} \end{pmatrix}$ 为系统内部状态的联系，称为系统矩阵，为 $n\times n$ 方阵；

$\boldsymbol{b}=\begin{pmatrix} b_1 \\ b_2 \\ \vdots \\ b_n \end{pmatrix}$ 为输入对状态的作用，称为输入矩阵或控制矩阵，这里为 $n\times 1$ 的列阵；

$\boldsymbol{c}=(c_1,\ c_2,\ \cdots,\ c_n)$ 为输出矩阵，这里为 $1\times n$ 的行阵。

对于一个复杂系统，具有 r 个输入，m 个输出，此时状态方程变为：

$$
\begin{aligned}
\dot{x}_1 &= a_{11}x_1 + a_{12}x_2 + \cdots + a_{1n}x_n + b_{11}u_1 + b_{12}u_2 + \cdots + b_{1r}u_r \\
\dot{x}_2 &= a_{21}x_1 + a_{22}x_2 + \cdots + a_{2n}x_n + b_{21}u_1 + b_{22}u_2 + \cdots + b_{2r}u_r \\
&\vdots \\
\dot{x}_n &= a_{n1}x_1 + a_{n2}x_2 + \cdots + a_{nn}x_n + b_{n1}u_1 + b_{n2}u_2 + \cdots + b_{nr}u_r
\end{aligned}
$$

至于输出方程，不仅是状态变量的组合，而且在特殊情况下，还可能有输入矢量的直接传递，因而有如下的一般形式：

$$
\begin{aligned}
y_1 &= c_{11}x_1 + c_{12}x_2 + \cdots + c_{1n}x_n + d_{11}u_1 + d_{12}u_2 + \cdots + d_{1r}u_r \\
y_2 &= c_{21}x_1 + c_{22}x_2 + \cdots + c_{2n}x_n + d_{21}u_1 + d_{22}u_2 + \cdots + d_{2r}u_r \\
&\vdots \\
y_m &= c_{m1}x_1 + c_{m2}x_2 + \cdots + c_{mn}x_n + d_{m1}u_1 + d_{m2}u_2 + \cdots + d_{mr}u_r
\end{aligned}
$$

因而多输入—多输出系统状态空间表达式的矢量矩阵形式为：

$$
\begin{aligned}
\dot{\boldsymbol{x}} &= \boldsymbol{Ax} + \boldsymbol{Bu} \\
\boldsymbol{y} &= \boldsymbol{Cx} + \boldsymbol{Du}
\end{aligned}
\tag{1.10}
$$

式中，$\boldsymbol{x}$ 和 $\boldsymbol{A}$ 为同单输入系统，分别为 n 维状态矢量和 $n\times n$ 系统矩阵；

$\boldsymbol{u}=\begin{pmatrix} u_1 \\ u_2 \\ \vdots \\ u_r \end{pmatrix}$ 为 r 维输入（或控制）矢量；

$\boldsymbol{y}=\begin{pmatrix} y_1 \\ y_2 \\ \vdots \\ y_m \end{pmatrix}$ 为 m 维输出矢量；

$$B=\begin{pmatrix} b_{11} & b_{12} & \cdots & b_{1r} \\ b_{21} & b_{22} & \cdots & b_{2r} \\ \vdots & \vdots & & \vdots \\ b_{n1} & b_{n2} & \cdots & b_{nr} \end{pmatrix}$$ 为 $n\times r$ 输入（或控制）矩阵；

$$C=\begin{pmatrix} c_{11} & c_{12} & \cdots & c_{1n} \\ c_{21} & c_{22} & \cdots & c_{2n} \\ \vdots & \vdots & & \vdots \\ c_{m1} & c_{m2} & \cdots & c_{mn} \end{pmatrix}$$ 为 $m\times n$ 输出矩阵；

$$D=\begin{pmatrix} d_{11} & d_{12} & \cdots & d_{1r} \\ d_{21} & d_{22} & \cdots & d_{2r} \\ \vdots & \vdots & & \vdots \\ d_{m1} & d_{m2} & \cdots & d_{mr} \end{pmatrix}$$ 为 $m\times r$ 直接传递矩阵。

为了简便，下面除特别申明，在输出方程中，均不考虑输入矢量的直接传递，即令 $D=0$。

1.1.7 状态空间表达式的系统框图

和经典控制理论相类似，可以用框图表示系统信号传递的关系。对于式（1.9）和式（1.10）所描述的系统，它们的框图分别如图 1.2a 和 1.2b 所示。

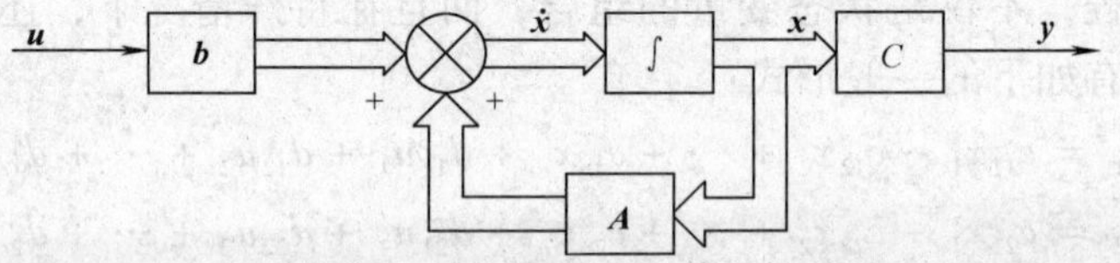

a)

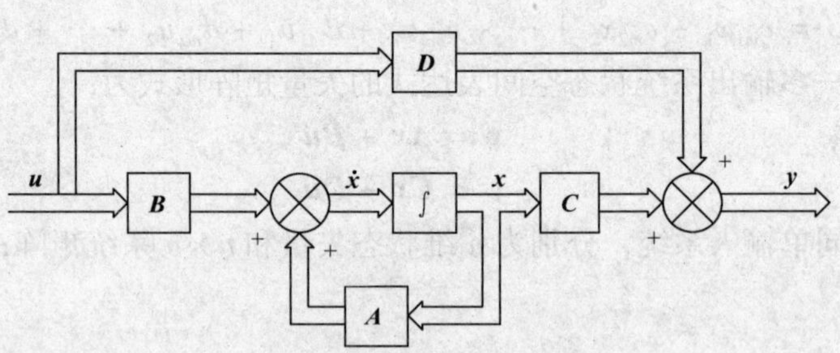

b)

图 1.2 系统信号传递框图

图中用单线箭头表示标量信号，用双线箭头表示矢量信号。

从状态空间表达式和系统框图都能清楚地说明：它们既表征了输入对于系统内部状态的因果关系，又反映了内部状态对于外部输出的影响，所以状态空间表达式是对系统的一种完全的描述。

1.2　状态变量及状态空间表达式的模拟结构图

在状态空间分析中，采用模拟结构图来反映系统各状态变量之间的信息传递关系，对建立系统的状态空间表达式很有帮助。

为了简便，这里用框图代替模拟计算机的详细模拟图。状态空间表达式的框图可按如下步骤绘制：积分器的数目应等于状态变量数，将它们画在适当的位置，每个积分器的输出表示相应的某个状态变量，然后根据所给的状态方程和输出方程，画出相应的加法器和比例器，最后用箭头将这些元件连接起来。

对于一阶标量微分方程：

$$\dot{x} = ax + bu$$

它的模拟结构图示于图 1.3。

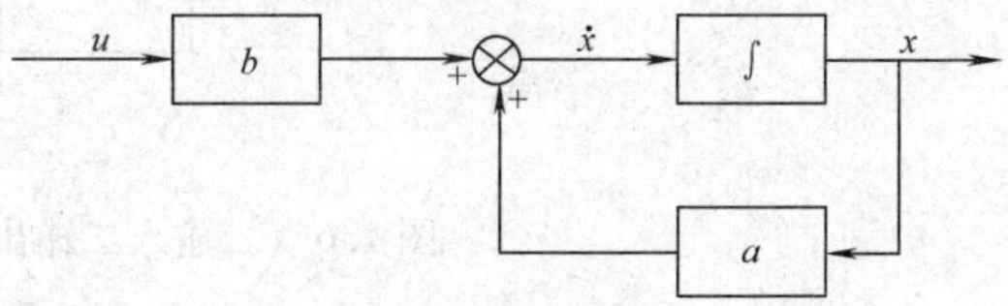

图 1.3　一阶标量微分方程的模拟结构图

再以三阶微分方程为例：

$$\dddot{x} + a_2\ddot{x} + a_1\dot{x} + a_0x = bu$$

将最高阶导数留在等式左边，上式可改写成

$$\dddot{x} = -a_0x - a_1\dot{x} - a_2\ddot{x} + bu$$

它的模拟结构图示于图 1.4。

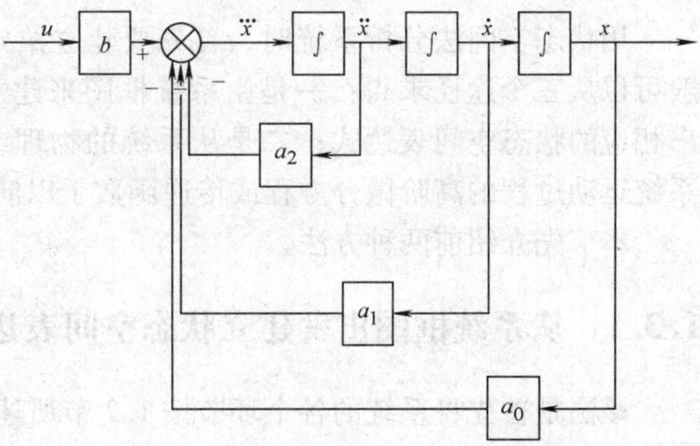

图 1.4　三阶微分方程的模拟结构图

同样，已知状态空间表达式，也可画出相应的模拟结构图，图 1.5 是下列三阶系统的模拟结构图。

$$\dot{x}_1 = x_2$$

$$\dot{x}_2 = x_3$$

$$\dot{x}_3 = -6x_1 - 3x_2 - 2x_3 + u$$

$$y = x_1 + x_2$$

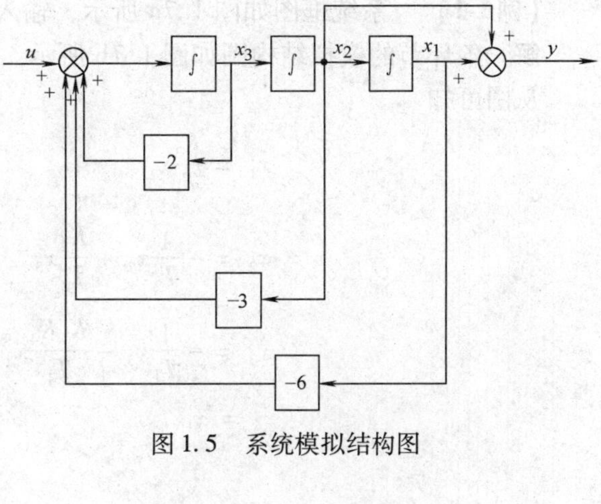

图 1.5　系统模拟结构图

图 1.6 是下列二输入二输出的二阶系统的模拟结构图。

$$\dot{x}_1 = a_{11}x_1 + a_{12}x_2 + b_{11}u_1 + b_{12}u_2$$

$$\dot{x}_2 = a_{21}x_1 + a_{22}x_2 + b_{21}u_1 + b_{22}u_2$$

$$y_1 = c_{11}x_1 + c_{12}x_2$$

$$y_2 = c_{21}x_1 + c_{22}x_2$$

从图 1.6 可以看出，一个二输入二输出的二阶系统，其结构图已经相当复杂，如果系统再复杂一些，其信息传递关系更为繁琐。所以多输入多输出系统的结构图多以图 1.2 所示矢量结构图的形式表示。

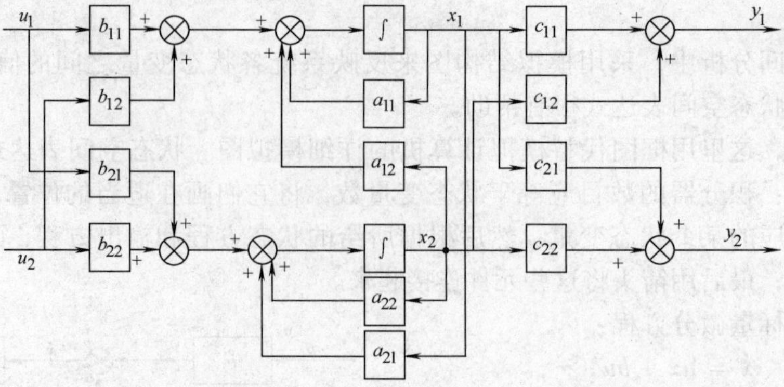

图 1.6　二输入二输出的二阶系统的模拟结构图

1.3　状态变量及状态空间表达式的建立（一）

用状态空间法分析系统时，首先要建立给定系统的状态空间表达式。这个表达式一般可以从三个途径求得：一是由系统框图来建立，即根据系统各个环节的实际连接，写出相应的状态空间表达式；二是从系统的物理或化学的机理出发进行推导；三是由描述系统运动过程的高阶微分方程或传递函数予以演化而得。

本节先介绍前两种方法。

1.3.1　从系统框图出发建立状态空间表达式

该法是首先将系统的各个环节按 1.2 节所述，变换成相应的模拟结构图，并把每个积分器的输出选作一个状态变量 x_i，其输入便是相应的 $\dot{x}_i$；然后，由模拟图直接写出系统的状态方程和输出方程。

【例 1-1】　系统框图如图 1.7a 所示，输入为 u，输出为 y。试求其状态空间表达式。

解　各环节的模拟结构图如图 1.7b 所示。

从图可知

$$\left.\begin{aligned}\dot{x}_1 &= \frac{K_3}{T_3}x_2\\ \dot{x}_2 &= -\frac{1}{T_2}x_2+\frac{K_2}{T_2}x_3\\ \dot{x}_3 &= -\frac{1}{T_1}x_3-\frac{K_1K_4}{T_1}x_1+\frac{K_1}{T_1}u\end{aligned}\right\}\text{状态方程}$$

$$y = x_1 \qquad \text{输出方程}$$

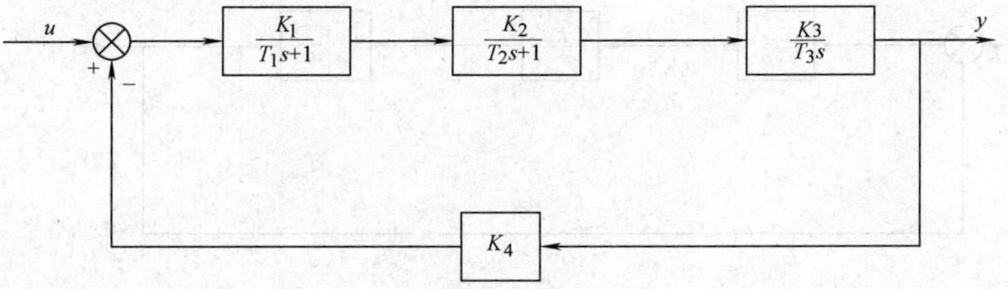

a)

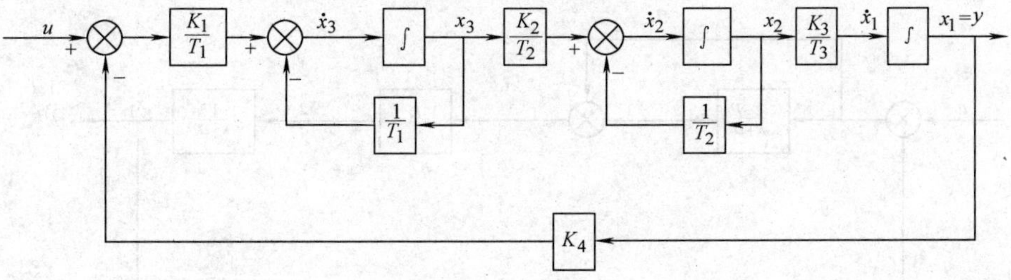

b)

图 1.7　系统框图及模拟结构图

写成矢量矩阵形式，系统的状态空间表达式为：

$$\dot{\boldsymbol{x}} = \begin{pmatrix} 0 & \dfrac{K_3}{T_3} & 0 \\ 0 & -\dfrac{1}{T_2} & \dfrac{K_2}{T_2} \\ -\dfrac{K_1K_4}{T_1} & 0 & -\dfrac{1}{T_1} \end{pmatrix}\boldsymbol{x} + \begin{pmatrix} 0 \\ 0 \\ \dfrac{K_1}{T_1} \end{pmatrix}u \tag{1.11}$$

$$\boldsymbol{y} = \begin{pmatrix} 1, & 0, & 0 \end{pmatrix}\boldsymbol{x}$$

对于含有零点的环节，如图 1.8a 所示的系统，可将其展开成部分分式，即$\frac{s+z}{s+p}=1+\frac{z-p}{s+p}$，从而得到等效框图如图 1.8b 所示，模拟结构图如图 1.8c 所示。从图可得系统的状态空间表达式为：

$$\dot{\boldsymbol{x}} = \begin{pmatrix} -a & 1 & 0 \\ -K & 0 & K \\ -(z-p) & 0 & -p \end{pmatrix}\boldsymbol{x} + \begin{pmatrix} 0 \\ K \\ z-p \end{pmatrix}u \tag{1.12}$$

$$\boldsymbol{y} = \begin{pmatrix} 1, & 0, & 0 \end{pmatrix}\boldsymbol{x}$$

1.3.2　从系统的机理出发建立状态空间表达式

一般常见的控制系统，按其能量属性，可分为电气、机械、机电、气动液压、热力等系统。根据其物理规律，如基尔霍夫定律、牛顿定律、能量守恒定律等，即可建立系

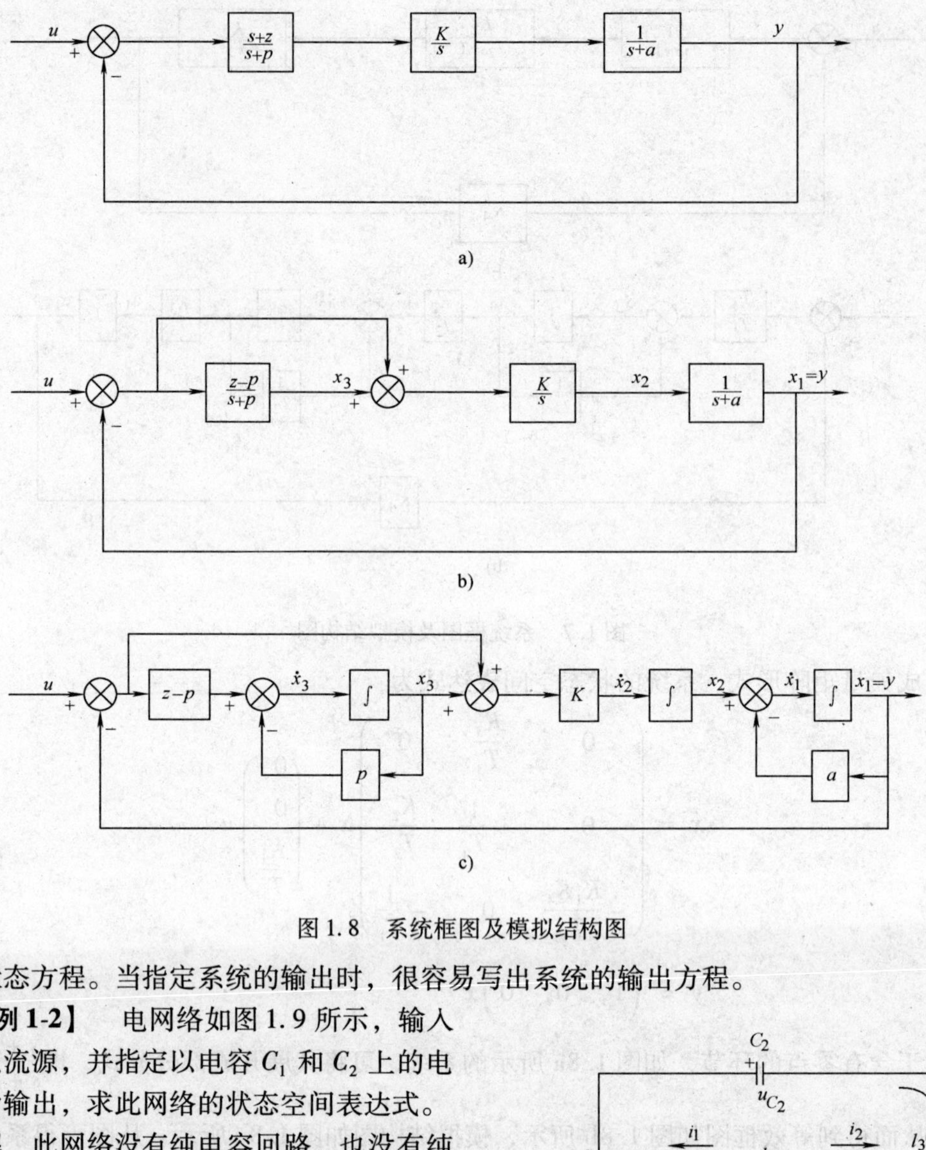

图 1.8　系统框图及模拟结构图

统的状态方程。当指定系统的输出时，很容易写出系统的输出方程。

【例 1-2】　电网络如图 1.9 所示，输入量为电流源，并指定以电容 C_1 和 C_2 上的电压作为输出，求此网络的状态空间表达式。

解　此网络没有纯电容回路，也没有纯电感割集，因有两个电容两个电感，共四个独立储能元件，故有四个独立变量。

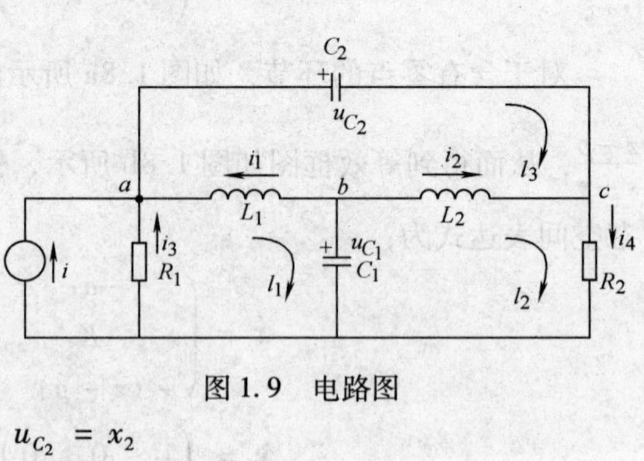

图 1.9　电路图

以电容 C_1 和 C_2 上的电压 u_{C_1} 和 u_{C_2} 及电感 L_1 和 L_2 中的电流 i_1 和 i_2 为状态变量。即令：

$$u_{C_1} = x_1, \qquad u_{C_2} = x_2$$
$$i_1 = x_3, \qquad i_2 = x_4$$

从节点 a、b、c，按基尔霍夫电流定律列出电流方程：

$$i + i_3 + x_3 - C_2\dot{x}_2 = 0$$
$$C_1\dot{x}_1 + x_3 + x_4 = 0$$

$$C_2\dot{x}_2 + x_4 - i_4 = 0$$

从三个回路 l_1、l_2、l_3，按基尔霍夫电压定律列出电压方程：

$$-L_1\dot{x}_3 + x_1 + R_1 i_3 = 0$$

$$-x_1 + L_2\dot{x}_4 + R_2 i_4 = 0$$

$$L_2\dot{x}_4 - L_1\dot{x}_3 - x_2 = 0$$

从以上 6 个式子中消去非独立变量 i_3 和 i_4，得：

$$\dot{x}_1 = -\frac{1}{C_1}x_3 - \frac{1}{C_1}x_4$$

$$R_1C_2\dot{x}_2 - L_1\dot{x}_3 = -x_1 + R_1x_3 + R_1 i$$

$$R_2C_2\dot{x}_4 + L_2\dot{x}_4 = x_1 - R_2x_4$$

$$-L_1\dot{x}_3 + L_2\dot{x}_4 = x_2$$

从上述四式解出 $\dot{x}_1$、$\dot{x}_2$、$\dot{x}_3$、$\dot{x}_4$，最后得到状态空间表达式：

$$\begin{pmatrix}\dot{x}_1\\ \dot{x}_2\\ \dot{x}_3\\ \dot{x}_4\end{pmatrix} = \begin{pmatrix} 0 & 0 & -\frac{1}{C_1} & -\frac{1}{C_1} \\ 0 & -\frac{1}{C_2(R_1+R_2)} & \frac{R_1}{C_2(R_1+R_2)} & -\frac{R_2}{C_2(R_1+R_2)} \\ \frac{1}{L_1} & -\frac{R_1}{L_1(R_1+R_2)} & -\frac{R_1R_2}{L_1(R_1+R_2)} & -\frac{R_1R_2}{L_1(R_1+R_2)} \\ \frac{1}{L_2} & -\frac{R_2}{L_2(R_1+R_2)} & -\frac{R_1R_2}{L_2(R_1+R_2)} & -\frac{R_1R_2}{L_2(R_1+R_2)} \end{pmatrix}\begin{pmatrix}x_1\\ x_2\\ x_3\\ x_4\end{pmatrix} + \begin{pmatrix} 0 \\ \frac{R_1}{C_2(R_1+R_2)} \\ -\frac{R_1R_2}{L_1(R_1+R_2)} \\ -\frac{R_1R_2}{L_2(R_1+R_2)} \end{pmatrix} i \tag{1.13}$$

$$\begin{pmatrix}y_1\\ y_2\end{pmatrix} = \begin{pmatrix}u_{C_1}\\ u_{C_2}\end{pmatrix} = \begin{pmatrix}1 & 0 & 0 & 0\\ 0 & 1 & 0 & 0\end{pmatrix}\begin{pmatrix}x_1\\ x_2\\ x_3\\ x_4\end{pmatrix}$$

【例 1-3】　图 1.10 所示的机械运动模型中，M_1、M_2 为质量块（同时也为质量），K_1、K_2 为弹簧，也为弹性系数，B_1、B_2 是阻尼器，列写出在外力 f 作用下，以质量块 M_1 和 M_2 的位移 y_1 和 y_2 为输出的状态空间表达式。

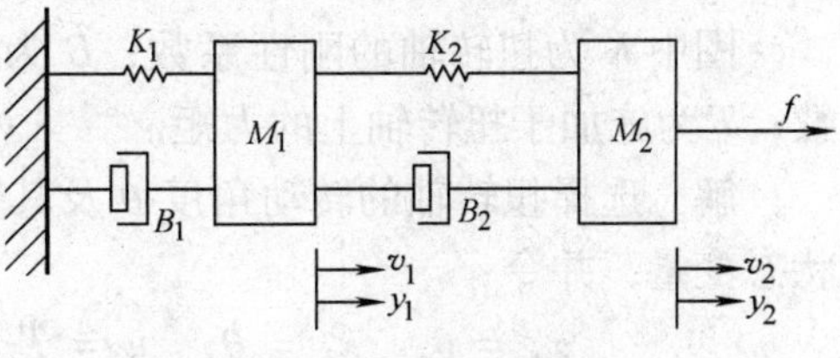

图 1.10　机械运动模型图

解　弹簧 K_1、K_2，质量块 M_1、M_2 是储能元件，故弹簧的伸长度 y_1、y_2，质量块 M_1、M_2 的速度 v_1、v_2 可以选作状态变量。由结构图可以直接看出，它们是相互独立的。选：

$$x_1 = y_1, \qquad x_2 = y_2$$

$$x_3 = v_1 = \frac{dy_1}{dt}, \quad x_4 = v_2 = \frac{dy_2}{dt}$$

根据牛顿定律，对于 M_1，有：

$$M_1\frac{dv_1}{dt}=K_2(y_2-y_1)+B_2(\frac{dy_2}{dt}-\frac{dy_1}{dt})-K_1y_1-B_1\frac{dy_1}{dt}$$

对于 M_2，有：

$$M_2\frac{dv_2}{dt}=f-K_2(y_2-y_1)-B_2(\frac{dy_2}{dt}-\frac{dy_1}{dt})$$

把 $x_1=y_1$，$x_2=y_2$，$x_3=\frac{dy_1}{dt}$，$x_4=v_2=\frac{dy_2}{dt}$及 $u=f$ 代入上面两个式子，经整理可得：

$$\dot{x}_1=x_3$$

$$\dot{x}_2=x_4$$

$$\dot{x}_3=-\frac{1}{M_1}(K_1+K_2)x_1+\frac{K_2}{M_1}x_2-\frac{1}{M_1}(B_1+B_2)x_3+\frac{B_2}{M_1}x_4$$

$$\dot{x}_4=\frac{K_2}{M_2}x_1-\frac{K_2}{M_2}x_2+\frac{B_2}{M_2}x_3-\frac{B_2}{M_2}x_4+\frac{1}{M_2}f$$

写成矩阵形式：

$$\begin{pmatrix}\dot{x}_1\\ \dot{x}_2\\ \dot{x}_3\\ \dot{x}_4\end{pmatrix}=\begin{pmatrix}0&0&1&0\\ 0&0&0&1\\ -\frac{1}{M_1}(K_1+K_2)&\frac{K_2}{M_1}&-\frac{1}{M_1}(B_1+B_2)&\frac{B_2}{M_1}\\ \frac{K_2}{M_2}&-\frac{K_2}{M_2}&\frac{B_2}{M_2}&-\frac{B_2}{M_2}\end{pmatrix}\begin{pmatrix}x_1\\ x_2\\ x_3\\ x_4\end{pmatrix}+\begin{pmatrix}0\\ 0\\ 0\\ \frac{1}{M_2}\end{pmatrix}f \quad (1.14)$$

指定 x_1、x_2 为输出，故：

$$\begin{pmatrix}y_1\\ y_2\end{pmatrix}=\begin{pmatrix}1&0&0&0\\ 0&1&0&0\end{pmatrix}\begin{pmatrix}x_1\\ x_2\\ x_3\\ x_4\end{pmatrix}$$

【例 1-4】 试列写图 1.11 所示机械旋转运动模型的状态空间表达式。设转动惯量为 J。图中 K 为扭转轴的刚性系数；B 为粘性阻尼系数；T 为施加于扭转轴上的力矩。

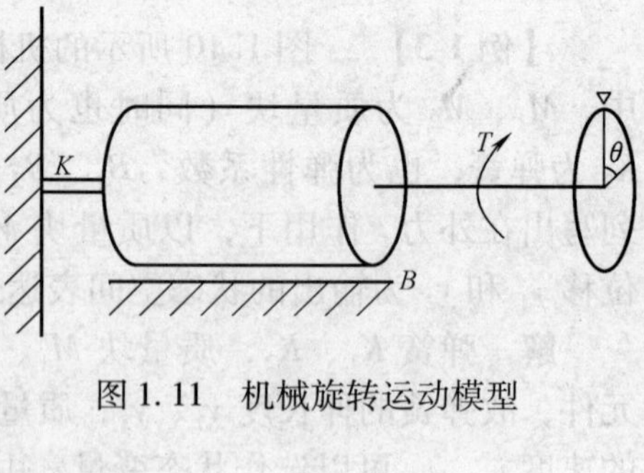

图 1.11 机械旋转运动模型

解 选择扭转轴的转动角度 θ 及其角速度 ω 为状态变量，并令：

$$x_1=\theta,\quad x_2=\dot{\theta},\quad u=T$$

于是有

$$\dot{x}_1=\dot{\theta}=x_2$$

$$\dot{x}_2=\ddot{\theta}$$

根据牛顿定律：

$$\ddot{\theta}=-\frac{K}{J}\theta-\frac{B}{J}\dot{\theta}+\frac{1}{J}T$$

从而有：

$$\dot{x}_1 = x_2$$
$$\dot{x}_2 = -\frac{K}{J}x_1 - \frac{B}{J}x_2 + \frac{1}{J}u$$

指定 x_1 为输出：

$$y = x_1$$

或者写成：

$$\begin{pmatrix} \dot{x}_1 \\ \dot{x}_2 \end{pmatrix} = \begin{pmatrix} 0 & 1 \\ -\frac{K}{J} & -\frac{B}{J} \end{pmatrix}\begin{pmatrix} x_1 \\ x_2 \end{pmatrix} + \begin{pmatrix} 0 \\ \frac{1}{J} \end{pmatrix}u \tag{1.15}$$
$$y = \begin{pmatrix} 1, & 0 \end{pmatrix}\begin{pmatrix} x_1 \\ x_2 \end{pmatrix}$$

【例 1-5】　图 1.12 是直流他励电动机的示意图。图中 R、L 分别为电枢回路的电阻和电感，J 为机械旋转部分的转动惯量，B 为旋转部分的粘性摩擦系数。列写该图在电枢电压作为控制作用时的状态空间表达式。

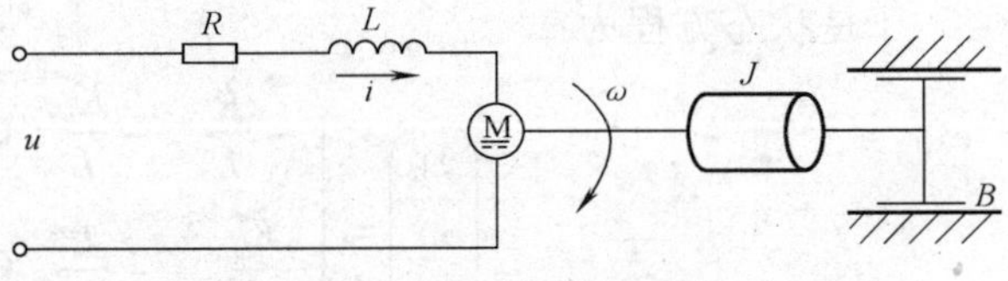

图 1.12　直流电动机示意图

解　电感 L、转动惯量 J 是贮能元件，相应的物理变量电流 i 及旋转速度 ω 是相互独立的，可选择为状态变量，即：

$$x_1 = i$$
$$x_2 = \omega$$

则

$$\frac{dx_1}{dt} = \frac{di}{dt},\quad \frac{dx_2}{dt} = \frac{d\omega}{dt}$$

由电枢回路的电路方程，有：

$$L\frac{di}{dt} + Ri + e = u$$

由动力学方程有：

$$J\frac{d\omega}{dt} + B\omega = K_a i$$

由电磁感应关系有：

$$e = K_b\omega$$

式中，e 为反电动势；K_a、K_b 为转矩常数和反电动势常数。

把上面三式整理，改写成：

$$\frac{di}{dt} = -\frac{R}{L}i - \frac{K_b}{L}\omega + \frac{1}{L}u$$
$$\frac{d\omega}{dt} = \frac{K_a}{J}i - \frac{B}{J}\omega$$

把 $x_1 = i$，$x_2 = \omega$ 代入，有：

$$\begin{pmatrix}\dot{x}_1\\ \dot{x}_2\end{pmatrix}=\begin{pmatrix}-\dfrac{R}{L} & -\dfrac{K_b}{L}\\ \dfrac{K_a}{J} & -\dfrac{B}{J}\end{pmatrix}\begin{pmatrix}x_1\\ x_2\end{pmatrix}+\begin{pmatrix}\dfrac{1}{L}\\ 0\end{pmatrix}u \tag{1.16}$$

若指定角速度 ω 为输出，则

$$y = x_2 = (0,\quad 1)\begin{pmatrix}x_1\\ x_2\end{pmatrix}$$

若指定电动机的转角 θ 为输出，则上述两个状态变量尚不足以对系统的时域行为加以全面描述，必须增添一个状态变量 x_3：

$$x_3 = \theta$$

则

$$\dot{x}_3 = \dot{\theta} = x_2$$

于是状态方程为：

$$\begin{pmatrix}\dot{x}_1\\ \dot{x}_2\\ \dot{x}_3\end{pmatrix}=\begin{pmatrix}-\dfrac{R}{L} & -\dfrac{K_b}{L} & 0\\ \dfrac{K_a}{J} & -\dfrac{B}{J} & 0\\ 0 & 1 & 0\end{pmatrix}\begin{pmatrix}x_1\\ x_2\\ x_3\end{pmatrix}+\begin{pmatrix}\dfrac{1}{L}\\ 0\\ 0\end{pmatrix}u \tag{1.17}$$

输出方程为：

$$y = x_3 = (0,\quad 0,\quad 1)\begin{pmatrix}x_1\\ x_2\\ x_3\end{pmatrix}$$

1.4 状态变量及状态空间表达式的建立（二）

如上节所述，已知系统的内部结构，很容易求得它的状态空间表达式。已知系统的状态空间表达式，也很容易求出它的外部描述——传递函数或运动方程式，后者将于 1.6 节中介绍。至于它的逆问题，即由描述系统输入—输出动态关系的运动方程式或传递函数，建立系统的状态空间表达式，这样的问题叫**实现问题**。所求得的状态空间表达式既保持了原传递函数所确定的输入、输出关系，又将系统的内部关系揭示出来。这是一个比较复杂的问题，因为根据输入输出关系求得的状态空间表达式并不是唯一的，会有无穷多个内部结构能够获得相同的输入输出关系。这个问题将在 1.5 节中讨论。

考虑一个单变量线性定常系统，它的运动方程是一个 n 阶线性常系数微分方程：

$$y^{(n)} + a_{n-1}y^{(n-1)} + \cdots + a_1\dot{y} + a_0 y = b_m u^{(m)} + b_{m-1}u^{(m-1)} + \cdots + b_1\dot{u} + b_0 u \tag{1.18}$$

相应的传递函数为

$$W(s) = \frac{Y(s)}{U(s)} = \frac{b_m s^m + b_{m-1}s^{m-1} + \cdots + b_1 s + b_0}{s^n + a_{n-1}s^{n-1} + \cdots + a_1 s + a_0},\quad m \leqslant n \tag{1.19}$$

所谓实现问题，就是根据上两式寻求如下式的状态空间表达式：

$$\begin{aligned} \dot{x} &= Ax + bu \\ y &= cx + du \end{aligned} \tag{1.20}$$

并非任意的微分方程或传递函数都能求得其实现，实现的存在条件是 $m \leqslant n$。当 $m < n$ 时，式（1.20）中的 $d = 0$；而当 $m = n$ 时，式（1.20）中的 $d = b_m \neq 0$。诚然，在这种情况下，式（1.19）可写成下面的形式：

$$W(s) = b_m + \frac{(b_{m-1} - a_{n-1}b_m)s^{n-1} + (b_{m-2} - a_{n-2}b_m)s^{n-2} + \cdots + (b_0 - a_0 b_m)}{s^n + a_{n-1}s^{n-1} + \cdots + a_1 s + a_0} \tag{1.21}$$

这意味着输出含有与输入直接关联的项。

应该指出：从传递函数求得的状态空间表达式并不是唯一的。因此，从式（1.18）或式（1.19）求得的式（1.20），其中 A、b、c、d 可以取无穷多种形式，这就是所谓实现的非唯一性。

尽管实现是非唯一的，但只要原系统传递函数中分子和分母没有公因子，即不出现零极点对消，则 n 阶系统必有 n 个独立状态变量，必有 n 个一阶微分方程与之等效，系统矩阵 A 的元素取值虽各有不同，但既为一个系统的实现，其特征根必是相同的。通常把这种没有零极点对消的传递函数的实现称之为最小实现。本节仅讨论最小实现问题。

1.4.1　传递函数中没有零点时的实现

在这种情况下，系统的微分方程为：

$$y^{(n)} + a_{n-1}y^{(n-1)} + \cdots + a_1\dot{y} + a_0 y = b_0 u(t) \tag{1.22}$$

相应的系统传递函数为

$$W(s) = \frac{b_0}{s^n + a_{n-1}s^{n-1} + \cdots + a_1 s + a_0} \tag{1.23}$$

如前述，上式的实现，可以有多种结构，常用的简便形式可由相应的模拟结构图（图 1.13）导出。这种由中间变量到输入端的负反馈，是一种常见的结构形式，也是一种最易求得的结构形式。

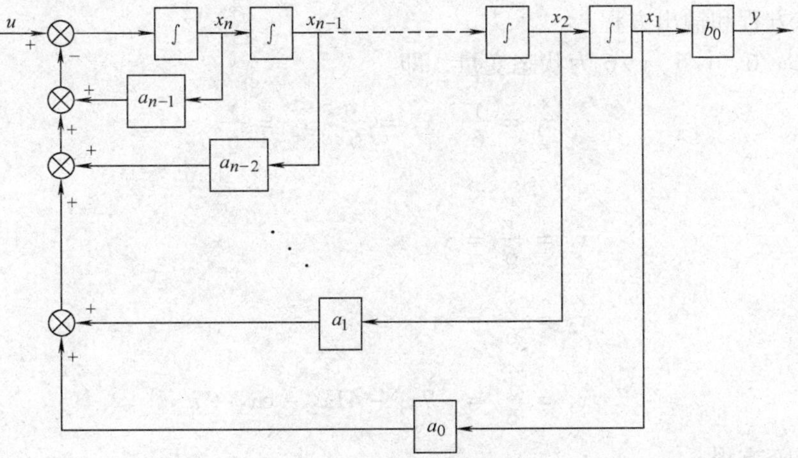

图 1.13　系统模拟结构图

将图中每个积分器的输出取作状态变量，有时称为**相变量**，它是输出 y（或 y/b_0）的各阶导数。至于每个积分器的输入，显然就是各状态变量的导数。

从图 1.13，容易列出系统的状态方程：

$$
\begin{aligned}
\dot{x}_1 &= x_2 \\
\dot{x}_2 &= x_3 \\
&\vdots \\
\dot{x}_{n-1} &= x_n \\
\dot{x}_n &= -a_0x_1 - a_1x_2 - \cdots - a_{n-2}x_{n-1} - a_{n-1}x_n + u
\end{aligned}
$$

输出方程为：

$$y = b_0x_1$$

表示成矩阵形式，则为：

$$
\underbrace{\begin{pmatrix} \dot{x}_1 \\ \dot{x}_2 \\ \vdots \\ \dot{x}_{n-1} \\ \dot{x}_n \end{pmatrix}}_{\dot{\boldsymbol{x}}} = \underbrace{\begin{pmatrix} 0 & 1 & 0 & \cdots & 0 \\ 0 & 0 & 1 & \cdots & 0 \\ \vdots & \vdots & \vdots & \ddots & \vdots \\ 0 & 0 & 0 & \cdots & 1 \\ -a_0 & -a_1 & -a_2 & \cdots & -a_{n-1} \end{pmatrix}}_{\boldsymbol{A}} \underbrace{\begin{pmatrix} x_1 \\ x_2 \\ \vdots \\ x_{n-1} \\ x_n \end{pmatrix}}_{\boldsymbol{x}} + \underbrace{\begin{pmatrix} 0 \\ 0 \\ \vdots \\ 0 \\ 1 \end{pmatrix}}_{\boldsymbol{b}} \boldsymbol{u} \tag{1.24}
$$

$$
\boldsymbol{y} = \underbrace{(b_0, \ 0, \ 0, \ \cdots, \ 0)}_{\boldsymbol{c}} \boldsymbol{x}
$$

顺便指出，当 A 矩阵具有式（1.24）的形式时，称为**友矩阵**，友矩阵的特点是主对角线上方的元素均为 1；最后一行的元素可取任意值；而其余元素均为零。

【例 1-6】 系统的输入输出微分方程为：

$$\dddot{y} + 6\ddot{y} + 41\dot{y} + 7y = 6u$$

列写其状态方程和输出方程。

解 选 $y/6$、$\dot{y}/6$、$\ddot{y}/6$ 为状态变量，即

$$x_1 = \frac{y}{6} \quad x_2 = \frac{\dot{y}}{6} \quad x_3 = \frac{\ddot{y}}{6}$$

可得：

$$
\begin{aligned}
\dot{x}_1 &= \frac{\dot{y}}{6} = x_2 \\
\dot{x}_2 &= \frac{\ddot{y}}{6} = x_3 \\
\dot{x}_3 &= \frac{\dddot{y}}{6} = -7x_1 - 41x_2 - 6x_3 + u
\end{aligned}
$$

写成矩阵方程：

$$\begin{pmatrix}\dot{x}_1\\ \dot{x}_2\\ \dot{x}_3\end{pmatrix}=\begin{pmatrix}0 & 1 & 0\\ 0 & 0 & 1\\ -7 & -41 & -6\end{pmatrix}\begin{pmatrix}x_1\\ x_2\\ x_3\end{pmatrix}+\begin{pmatrix}0\\ 0\\ 1\end{pmatrix}\boldsymbol{u}$$

输出

$$y=6x_1=\begin{pmatrix}6, & 0, & 0\end{pmatrix}\begin{pmatrix}x_1\\ x_2\\ x_3\end{pmatrix}$$

1.4.2　传递函数中有零点时的实现

此时，系统的微分方程为：

$$y^{(n)}+a_{n-1}y^{(n-1)}+\cdots+a_1\dot{y}+a_0y=b_mu^{(m)}+b_{m-1}u^{(m-1)}+\cdots+b_1\dot{u}+b_0u$$

相应地，系统传递函数为：

$$W(s)=\frac{b_ms^m+b_{m-1}s^{m-1}+\cdots+b_1s+b_0}{s^n+a_{n-1}s^{n-1}+\cdots+a_1s+a_0},\quad m\leqslant n \tag{1.25}$$

在这种包含有输入函数导数情况下的实现问题，与前述实现的不同点主要在于选取合适的结构，使得状态方程中不包含输入函数的导数项，否则将给求解和物理实现带来麻烦。

为了说明方便，又不失一般性，这里先从三阶微分方程出发，找出其实现规律，然后推广到 n 阶系统。

设待实现的系统传递函数为：

$$W(s)=\frac{Y(s)}{U(s)}=\frac{b_3s^3+b_2s^2+b_1s+b_0}{s^3+a_2s^2+a_1s+a_0},\quad n=m=3 \tag{1.26}$$

因为 $n=m$，上式可变换为

$$W(s)=b_3+\frac{(b_2-a_2b_3)s^2+(b_1-a_1b_3)s+(b_0-a_0b_3)}{s^3+a_2s^2+a_1s+a_0}$$

令

$$Y_1(s)=\frac{1}{s^3+a_2s^2+a_1s+a_0}U(s)$$

则

$$Y(s)=b_3U(s)+Y_1(s)\left[(b_2-a_2b_3)s^2+(b_1-a_1b_3)s+(b_0-a_0b_3)\right]$$

对上式求拉氏反变换，可得：

$$y=b_3u+(b_2-a_2b_3)\ddot{y}_1+(b_1-a_1b_3)\dot{y}_1+(b_0-a_0b_3)y_1$$

据此可得系统模拟结构图，如图 1.14 所示。

每个积分器的输出为一个状态变量，可得系统的状态空间表达式：

$$\begin{aligned}\dot{x}_1&=x_2\\ \dot{x}_2&=x_3\\ \dot{x}_3&=-a_0x_1-a_1x_2-a_2x_3+u\\ y&=b_3u+(b_2-a_2b_3)x_3+(b_1-a_1b_3)x_2+(b_0-a_0b_3)x_1\end{aligned}$$

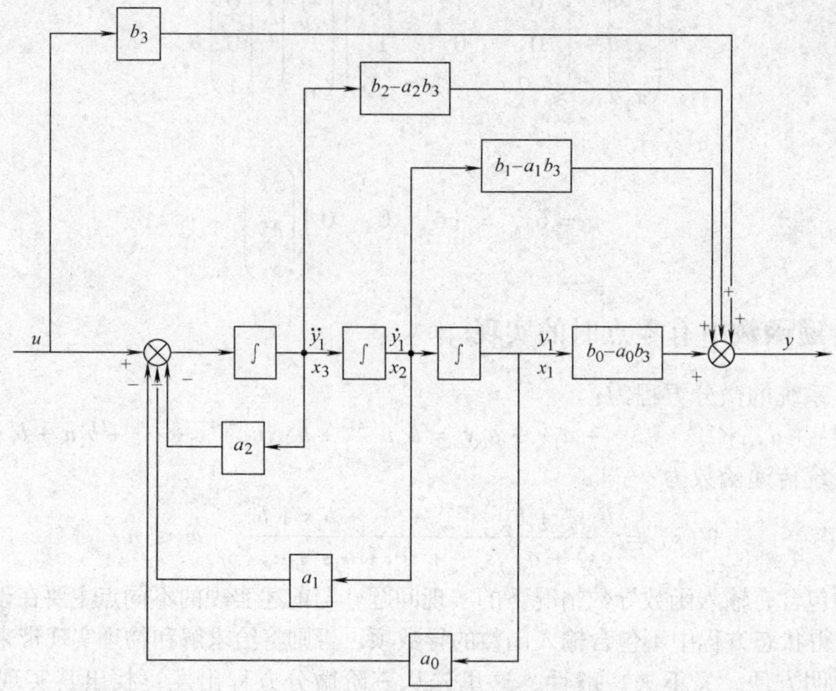

图 1.14　系统模拟结构图

或表示为：

$$\begin{pmatrix}\dot{x}_1\\ \dot{x}_2\\ \dot{x}_3\end{pmatrix}=\begin{pmatrix}0 & 1 & 0\\ 0 & 0 & 1\\ -a_0 & -a_1 & -a_2\end{pmatrix}\begin{pmatrix}x_1\\ x_2\\ x_3\end{pmatrix}+\begin{pmatrix}0\\ 0\\ 1\end{pmatrix}u \tag{1.27}$$

$$\boldsymbol{y}=((b_0-a_0b_3),\ (b_1-a_1b_3),\ (b_2-a_2b_3))\begin{pmatrix}x_1\\ x_2\\ x_3\end{pmatrix}+b_3u$$

推广到 n 阶系统，式（1.26）的实现可以为：

$$\begin{pmatrix}\dot{x}_1\\ \dot{x}_2\\ \vdots\\ \dot{x}_{n-1}\\ \dot{x}_n\end{pmatrix}=\begin{pmatrix}0 & 1 & 0 & \cdots & 0\\ 0 & 0 & 1 & \cdots & 0\\ \vdots & \vdots & \vdots & \ddots & \vdots\\ 0 & 0 & 0 & \cdots & 1\\ -a_0 & -a_1 & -a_2 & \cdots & -a_{n-1}\end{pmatrix}\begin{pmatrix}x_1\\ x_2\\ \vdots\\ x_{n-1}\\ x_n\end{pmatrix}+\begin{pmatrix}0\\ 0\\ \vdots\\ 0\\ 1\end{pmatrix}u \tag{1.28}$$

$$\boldsymbol{y}=((b_0-a_0b_n),\ (b_1-a_1b_n),\ \cdots,\ (b_{n-1}-a_{n-1}b_n))\begin{pmatrix}x_1\\ x_2\\ \vdots\\ x_{n-1}\\ x_n\end{pmatrix}+b_nu$$

它的状态方程与式（1.24）是相同的，所不同的只是输出方程。注意到这个差别，就很容易根据式（1.28），由传递函数中分子分母多项式的系数，写出系统的状态空间表达式。

前面已经提到，实现是非唯一的。仍以三阶系统出发，以式（1.26）的传递函数为例，图 1.15 与图 1.14 相比，从输入、输出的关系看，二者是等效的。从图 1.15 可以看出，输入函数的各阶导数$\frac{du}{dt}$、$\frac{d^2u}{dt^2}$、$\frac{d^3u}{dt^3}$作适当的等效移动，可以用图 1.16a 表示，只要β_0、β_1、β_2、β_3 系数选择适当，从系统的输入输出看，二者是完全等效的。将综合点等效地移到前面，得到等效模拟结构图如图 1.16b 所示。

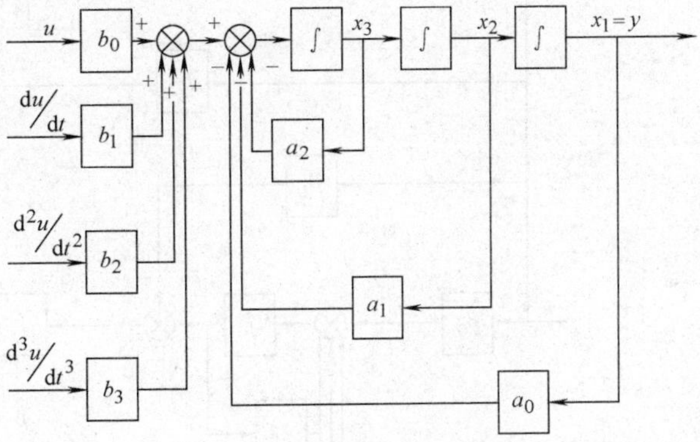

图 1.15　系统模拟结构图

从图 1.16b 容易求得其对应的传递函数为：

$$W(s)=\frac{\beta_3(s^3+a_2s^2+a_1s+a_0)+\beta_2(s^2+a_2s+a_1)+\beta_1(s+a_2)+\beta_0}{s^3+a_2s^2+a_1s+a_0}$$

$$=\frac{\beta_3s^3+(a_2\beta_3+\beta_2)s^2+(a_1\beta_3+a_2\beta_2+\beta_1)s+(a_0\beta_3+a_1\beta_2+a_2\beta_1+\beta_0)}{s^3+a_2s^2+a_1s+a_0} \tag{1.29}$$

为求得β_i，令式（1.29）与式（1.26）相等，通过对 s 多项式系数的比较得：

$$\begin{aligned}\beta_3&=b_3\\a_2\beta_3+\beta_2&=b_2\\a_1\beta_3+a_2\beta_2+\beta_1&=b_1\\a_0\beta_3+a_1\beta_2+a_2\beta_1+\beta_0&=b_0\end{aligned}$$

故得：

$$\left.\begin{aligned}\beta_3&=b_3\\\beta_2&=b_2-a_2\beta_3\\\beta_1&=b_1-a_1\beta_3-a_2\beta_2\\\beta_0&=b_0-a_0\beta_3-a_1\beta_2-a_2\beta_1\end{aligned}\right\} \tag{1.30}$$

也可将式（1.30）写成式（1.31）的形式，以便记忆。

$$\begin{pmatrix}1&0&0&0\\a_2&1&0&0\\a_1&a_2&1&0\\a_0&a_1&a_2&1\end{pmatrix}\begin{pmatrix}\beta_3\\\beta_2\\\beta_1\\\beta_0\end{pmatrix}=\begin{pmatrix}b_3\\b_2\\b_1\\b_0\end{pmatrix} \tag{1.31}$$

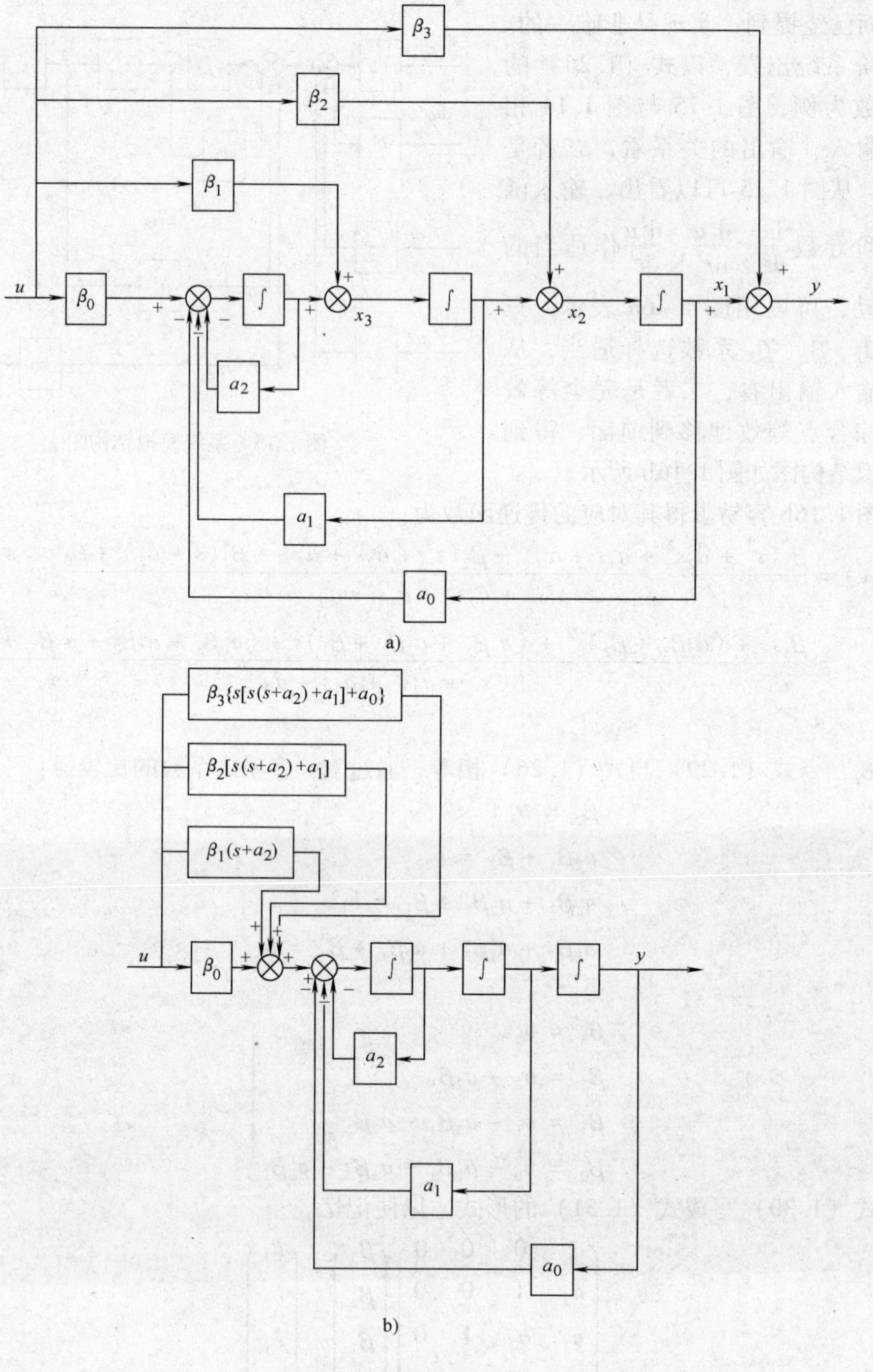

图 1.16　系统模拟结构图

将图 1.16a 的每个积分器输出选作状态变量，如图所示，得这种结构下的状态空间表达式：

$$\begin{aligned}\dot{x}_1 &= x_2 + \beta_2 u\\ \dot{x}_2 &= x_3 + \beta_1 u\\ \dot{x}_3 &= -a_0 x_1 - a_1 x_2 - a_2 x_3 + \beta_0 u\\ y &= x_1 + \beta_3 u\end{aligned}$$

即

$$\begin{pmatrix}\dot{x}_1\\ \dot{x}_2\\ \dot{x}_3\end{pmatrix} = \begin{pmatrix}0 & 1 & 0\\ 0 & 0 & 1\\ -a_0 & -a_1 & -a_2\end{pmatrix}\begin{pmatrix}x_1\\ x_2\\ x_3\end{pmatrix} + \begin{pmatrix}\beta_2\\ \beta_1\\ \beta_0\end{pmatrix}u \tag{1.32}$$

$$\boldsymbol{y} = (1,\ 0,\ 0)\begin{pmatrix}x_1\\ x_2\\ x_3\end{pmatrix} + \beta_3 \boldsymbol{u}$$

扩展到 n 阶系统，其状态空间表达式为：

$$\begin{pmatrix}\dot{x}_1\\ \dot{x}_2\\ \vdots\\ \dot{x}_{n-1}\\ \dot{x}_n\end{pmatrix} = \begin{pmatrix}0 & 1 & 0 & \cdots & 0\\ 0 & 0 & 1 & \cdots & 0\\ \vdots & \vdots & \vdots & \ddots & \vdots\\ 0 & 0 & 0 & \cdots & 1\\ -a_0 & -a_1 & -a_2 & \cdots & -a_{n-1}\end{pmatrix}\begin{pmatrix}x_1\\ x_2\\ \vdots\\ x_{n-1}\\ x_n\end{pmatrix} + \begin{pmatrix}\beta_{n-1}\\ \beta_{n-2}\\ \vdots\\ \beta_1\\ \beta_0\end{pmatrix}\boldsymbol{u} \tag{1.33}$$

$$\boldsymbol{y} = (1,\ 0,\ \cdots,\ 0,\ 0)\begin{pmatrix}x_1\\ x_2\\ \vdots\\ x_{n-1}\\ x_n\end{pmatrix} + \beta_n u$$

式中

$$\left.\begin{aligned}\beta_n &= b_n\\ \beta_{n-1} &= b_{n-1} - a_{n-1}\beta_n\\ \beta_{n-2} &= b_{n-2} - a_{n-2}\beta_n - a_{n-1}\beta_{n-1}\\ &\vdots\\ \beta_0 &= b_0 - a_0\beta_n - a_1\beta_{n-1} - \cdots - a_{n-1}\beta_1 = b_0 - \sum_{i=0}^{n-1} a_i\beta_{n-i}\end{aligned}\right\} \tag{1.34}$$

或记为：

$$\begin{pmatrix} 1 & & & & \\ a_{n-1} & 1 & & & \\ a_{n-2} & a_{n-1} & 1 & & \\ \vdots & \vdots & \ddots & \ddots & \\ a_0 & a_1 & \cdots & a_{n-1} & 1 \end{pmatrix} \begin{pmatrix} \beta_n \\ \beta_{n-1} \\ \beta_{n-2} \\ \vdots \\ \beta_0 \end{pmatrix} = \begin{pmatrix} b_n \\ b_{n-1} \\ b_{n-2} \\ \vdots \\ b_0 \end{pmatrix}$$

【例 1-7】 已知系统的输入输出微分方程为：

$$\dddot{y} + 28\ddot{y} + 196\dot{y} + 740y = 360\dot{u} + 440u$$

试列写其状态空间表达式。

解 由微分方程系数知：

$$a_2 = 28,\quad a_1 = 196,\quad a_0 = 740,\quad b_3 = 0,\quad b_2 = 0,\quad b_1 = 360,\quad b_0 = 440$$

1）按式（1.28）所示的方法列写：

$$\begin{pmatrix} \dot{x}_1 \\ \dot{x}_2 \\ \dot{x}_3 \end{pmatrix} = \begin{pmatrix} 0 & 1 & 0 \\ 0 & 0 & 1 \\ -740 & -196 & -28 \end{pmatrix} \begin{pmatrix} x_1 \\ x_2 \\ x_3 \end{pmatrix} + \begin{pmatrix} 0 \\ 0 \\ 1 \end{pmatrix} u$$

$$\boldsymbol{y} = \begin{pmatrix} 440, & 360, & 0 \end{pmatrix} \begin{pmatrix} x_1 \\ x_2 \\ x_3 \end{pmatrix}$$

2）按式（1.33）所示的方法列写，首先根据式（1.34）的计算公式求 β_i：

$$\beta_3 = b_3 = 0$$

$$\beta_2 = b_2 - a_2\beta_3 = 0$$

$$\beta_1 = b_1 - a_1\beta_3 - a_2\beta_2 = 360$$

$$\beta_0 = b_0 - a_0\beta_3 - a_1\beta_2 - a_2\beta_1 = -9640$$

按照式（1.33）直接写出状态方程和输出方程：

$$\begin{pmatrix} \dot{x}_1 \\ \dot{x}_2 \\ \dot{x}_3 \end{pmatrix} = \begin{pmatrix} 0 & 1 & 0 \\ 0 & 0 & 1 \\ -740 & -196 & -28 \end{pmatrix} \begin{pmatrix} x_1 \\ x_2 \\ x_3 \end{pmatrix} + \begin{pmatrix} 0 \\ 360 \\ -9640 \end{pmatrix} \boldsymbol{u}$$

$$\boldsymbol{y} = \begin{pmatrix} 1, & 0, & 0 \end{pmatrix} \begin{pmatrix} x_1 \\ x_2 \\ x_3 \end{pmatrix}$$

值得注意的是，这两种方法所选择的状态变量是不同的。这一点可以从它们的模拟结构图（图 1.14 和图 1.16a）中很清楚地看到。

1.4.3 多输入—多输出系统微分方程的实现

以双输入—双输出的三阶系统为例，设系统的微分方程为：

$$\left.\begin{aligned} \ddot{y}_1 + a_1\dot{y}_1 + a_2y_2 &= b_1\dot{u}_1 + b_2u_1 + b_3u_2 \\ \dot{y}_2 + a_3y_2 + a_4y_1 &= b_4u_2 \end{aligned}\right\} \tag{1.35}$$

同单输入—单输出系统一样，式（1.35）系统的实现也是非唯一的。现采用模拟结构图的方法，按高阶导数项求解：

$$\ddot{y}_1 = -a_1\dot{y}_1 + b_1\dot{u}_1 - a_2y_2 + b_2u_1 + b_3u_2$$
$$\dot{y}_2 = -a_3y_2 - a_4y_1 + b_4u_2$$

对每一个方程积分：

$$\begin{aligned} y_1 &= \iint\left[(-a_1\dot{y}_1 + b_1\dot{u}_1) - a_2y_2 + b_2u_1 + b_3u_2\right]\mathrm{d}t^2 \\ &= \iint(-a_1\dot{y}_1 + b_1\dot{u}_1)\mathrm{d}t^2 + \iint(b_2u_1 + b_3u_2 - a_2y_2)\mathrm{d}t^2 \\ &= \int(-a_1y_1 + b_1u_1)\mathrm{d}t + \iint(b_2u_1 + b_3u_2 - a_2y_2)\mathrm{d}t^2 \end{aligned}$$

$$y_2 = \int(-a_3y_2 - a_4y_1 + b_4u_2)\mathrm{d}t$$

故得模拟结构图，如图 1.17 所示。

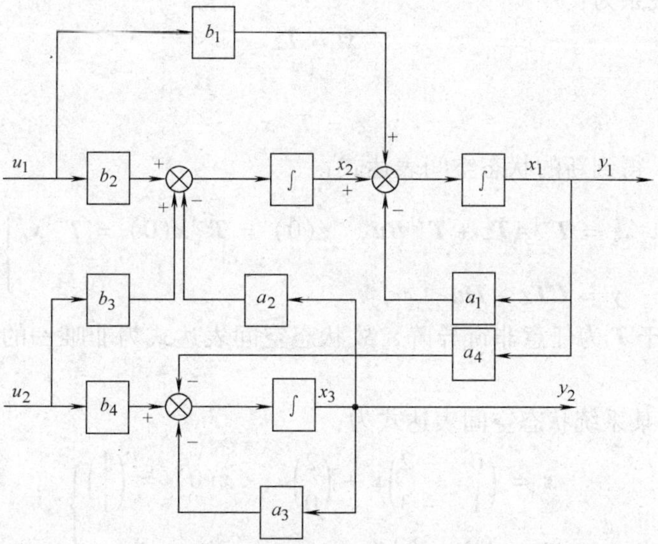

图 1.17　系统模拟结构图

取每个积分器的输出为一个状态变量，如图 1.17 所示。则式（1.35）的一种实现为：

$$\dot{x}_1 = -a_1x_1 + x_2 + b_1u_1$$
$$\dot{x}_2 = -a_2x_3 + b_2u_1 + b_3u_2$$
$$\dot{x}_3 = -a_4x_1 - a_3x_3 + b_4u_2$$

或表示为：

$$\begin{pmatrix}\dot{x}_1\\ \dot{x}_2\\ \dot{x}_3\end{pmatrix} = \begin{pmatrix}-a_1 & 1 & 0\\ 0 & 0 & -a_2\\ -a_4 & 0 & -a_3\end{pmatrix}\begin{pmatrix}x_1\\ x_2\\ x_3\end{pmatrix} + \begin{pmatrix}b_1 & 0\\ b_2 & b_3\\ 0 & b_4\end{pmatrix}\begin{pmatrix}u_1\\ u_2\end{pmatrix} \tag{1.36}$$

$$\begin{pmatrix}y_1\\ y_2\end{pmatrix} = \begin{pmatrix}1 & 0 & 0\\ 0 & 0 & 1\end{pmatrix}\begin{pmatrix}x_1\\ x_2\\ x_3\end{pmatrix}$$

1.5 状态矢量的线性变换（坐标变换）

1.5.1 系统状态空间表达式的非唯一性

对于一个给定的定常系统，可以选取许多种状态变量，相应地有许多种状态空间表达式描述同一系统，也就是说系统可以有多种结构形式。所选取的状态矢量之间，实际上是一种矢量的**线性变换**（或称坐标变换）。

设给定系统为：

$$\left.\begin{aligned}\dot{\boldsymbol{x}} &= \boldsymbol{A}\boldsymbol{x} + \boldsymbol{B}\boldsymbol{u}, \quad \boldsymbol{x}(0) = \boldsymbol{x}_0 \\ \boldsymbol{y} &= \boldsymbol{C}\boldsymbol{x} + \boldsymbol{D}\boldsymbol{u}\end{aligned}\right\} \tag{1.37}$$

我们总可以找到任意一个非奇异矩阵 $\boldsymbol{T}$，将原状态矢量 $\boldsymbol{x}$ 作线性变换，得到另一状态矢量 z，设变换关系为：

$$\boldsymbol{x} = \boldsymbol{T}z$$

即

$$z = \boldsymbol{T}^{-1}\boldsymbol{x}$$

代入式（1.37），得到新的状态空间表达式：

$$\left.\begin{aligned}\dot{z} &= \boldsymbol{T}^{-1}\boldsymbol{A}\boldsymbol{T}z + \boldsymbol{T}^{-1}\boldsymbol{B}\boldsymbol{u}, \quad z(0) = \boldsymbol{T}^{-1}\boldsymbol{x}(0) = \boldsymbol{T}^{-1}\boldsymbol{x}_0 \\ \boldsymbol{y} &= \boldsymbol{C}\boldsymbol{T}z + \boldsymbol{D}\boldsymbol{u}\end{aligned}\right\} \tag{1.38}$$

很明显，由于 $\boldsymbol{T}$ 为任意非奇异阵，故状态空间表达式为非唯一的。通常称 $\boldsymbol{T}$ 为变换矩阵。

【例 1-8】 某系统状态空间表达式为：

$$\left.\begin{aligned}\dot{\boldsymbol{x}} &= \begin{pmatrix}0 & -2\\1 & -3\end{pmatrix}\boldsymbol{x} + \begin{pmatrix}2\\0\end{pmatrix}u; \quad \boldsymbol{x}(0) = \begin{pmatrix}1\\1\end{pmatrix} \\ \boldsymbol{y} &= (0,\ 3)\boldsymbol{x}\end{aligned}\right\} \tag{1.39}$$

1）若取变换矩阵 $\boldsymbol{T}_1 = \begin{pmatrix}6 & 2\\2 & 0\end{pmatrix}$，即 $\boldsymbol{T}_1^{-1} = \frac{1}{2}\begin{pmatrix}0 & 1\\1 & -3\end{pmatrix}$，则变换后的状态矢量将为：

$$z = \boldsymbol{T}_1^{-1}\boldsymbol{x} = \frac{1}{2}\begin{pmatrix}0 & 1\\1 & -3\end{pmatrix}\boldsymbol{x}$$

即

$$z_1 = \frac{1}{2}x_2$$

$$z_2 = \frac{1}{2}x_1 - \frac{3}{2}x_2$$

亦即新的状态变量 z_1、z_2 是原状态变量 x_1、x_2 的线性组合。

在这个状态变量下，变换后的状态空间表达式为：

$$
\left.\begin{aligned}
\dot{z} &= T_1^{-1}AT_1z + T_1^{-1}bu \\
&= \frac{1}{2}\begin{pmatrix}0 & 1\\ 1 & -3\end{pmatrix}\begin{pmatrix}0 & -2\\ 1 & -3\end{pmatrix}\begin{pmatrix}6 & 2\\ 2 & 0\end{pmatrix}z + \frac{1}{2}\begin{pmatrix}0 & 1\\ 1 & -3\end{pmatrix}\begin{pmatrix}2\\ 0\end{pmatrix}u \\
&= \begin{pmatrix}0 & 1\\ -2 & -3\end{pmatrix}z + \begin{pmatrix}0\\ 1\end{pmatrix}u \\
y &= CT_1z = \begin{pmatrix}0, & 3\end{pmatrix}\begin{pmatrix}6 & 2\\ 2 & 0\end{pmatrix}z = \begin{pmatrix}6, & 0\end{pmatrix}z \\
z(0) &= T_1^{-1}x(0) = \frac{1}{2}\begin{pmatrix}0 & 1\\ 1 & -3\end{pmatrix}\begin{pmatrix}1\\ 1\end{pmatrix} = \begin{pmatrix}\frac{1}{2}\\ -1\end{pmatrix}
\end{aligned}\right\} \tag{1.40}
$$

2）若取变换矩阵 $T_2 = \begin{pmatrix}2 & 1\\ 1 & 1\end{pmatrix}$，即 $T_2^{-1} = \begin{pmatrix}1 & -1\\ -1 & 2\end{pmatrix}$，则变换后的状态矢量将为：

$$
\tilde{z} = T_2^{-1}x = \begin{pmatrix}1 & -1\\ -1 & 2\end{pmatrix}x
$$

在这样一组状态矢量情况下，得到系统的另一种状态空间表达式，如式（1.41），它的系统矩阵是对角线型的，因此是一种并联实现。

$$
\left.\begin{aligned}
\dot{\tilde{z}} &= \begin{pmatrix}1 & -1\\ -1 & 2\end{pmatrix}\begin{pmatrix}0 & -2\\ 1 & -3\end{pmatrix}\begin{pmatrix}2 & 1\\ 1 & 1\end{pmatrix}\tilde{z} + \begin{pmatrix}1 & -1\\ -1 & 2\end{pmatrix}\begin{pmatrix}2\\ 0\end{pmatrix}u \\
&= \begin{pmatrix}-1 & 0\\ 0 & -2\end{pmatrix}\tilde{z} + \begin{pmatrix}2\\ -2\end{pmatrix}u \\
y &= \begin{pmatrix}0, & 3\end{pmatrix}\begin{pmatrix}2 & 1\\ 1 & 1\end{pmatrix}\tilde{z} = \begin{pmatrix}3, & 3\end{pmatrix}\tilde{z} \\
\tilde{z}(0) &= T_2^{-1}x(0) = \begin{pmatrix}1 & -1\\ -1 & 2\end{pmatrix}\begin{pmatrix}1\\ 1\end{pmatrix} = \begin{pmatrix}0\\ 1\end{pmatrix}
\end{aligned}\right\} \tag{1.41}
$$

3）若欲将式（1.41）的控制列阵 B 从 $\begin{pmatrix}2\\ -2\end{pmatrix}$ 变换成 $\begin{pmatrix}1\\ 1\end{pmatrix}$ 的形式，则需再行寻求变换矩阵 T_3。考虑到 $\begin{pmatrix}2 & 0\\ 0 & -2\end{pmatrix}\begin{pmatrix}1\\ 1\end{pmatrix} = \begin{pmatrix}2\\ -2\end{pmatrix}$，故可选 $T_3 = \begin{pmatrix}2 & 0\\ 0 & -2\end{pmatrix}$，此时，$T_3^{-1} = \begin{pmatrix}\frac{1}{2} & 0\\ 0 & -\frac{1}{2}\end{pmatrix}$，则

$$
\tilde{\tilde{z}} = T_3^{-1}\tilde{z} = \begin{pmatrix}\frac{1}{2} & 0\\ 0 & -\frac{1}{2}\end{pmatrix}\tilde{z}
$$

可得：

$$\left.\begin{aligned}\dot{\tilde{\tilde{z}}} &= T_3^{-1}\begin{pmatrix}-1 & 0\\ 0 & -2\end{pmatrix}T_3\tilde{\tilde{z}} + T_3^{-1}\begin{pmatrix}2\\2\end{pmatrix}u = \begin{pmatrix}-1 & 0\\ 0 & -2\end{pmatrix}\tilde{\tilde{z}} + \begin{pmatrix}1\\1\end{pmatrix}u\\ y &= \begin{pmatrix}3, & 3\end{pmatrix}T_3\tilde{\tilde{z}} = (6, \quad -6)\tilde{\tilde{z}}\\ \tilde{\tilde{z}}(0) &= T_3^{-1}\tilde{z}(0) = \begin{pmatrix}0\\ -\dfrac{1}{2}\end{pmatrix}\end{aligned}\right\} \tag{1.42}$$

1.5.2 系统特征值的不变性及系统的不变量

1. 系统特征值

系统

$$\dot{x} = Ax + Bu$$
$$y = Cx + Du$$

系统特征值就是系统矩阵 A 的特征值，也即特征方程：

$$|\lambda I - A| = 0 \tag{1.43}$$

的根。$n\times n$ 方阵 A 且有 n 个特征值；实际物理系统中，A 为实数方阵，故特征值或为实数，或为成对共轭复数；如 A 为实对称方阵，则其特征值都是实数。

2. 系统的不变量与特征值的不变性

同一系统，经非奇异变换后，得：

$$\dot{z} = T^{-1}ATz + T^{-1}Bu$$
$$y = CTz + Du$$

其特征方程为：

$$|\lambda I - T^{-1}AT| = 0 \tag{1.44}$$

式（1.43）与式（1.44）形式虽然不同，但实际是相等的，即系统的非奇异变换，其特征值是不变的。可以证明如下：

$$\begin{aligned}|\lambda I - T^{-1}AT| &= |\lambda T^{-1}T - T^{-1}AT| = |T^{-1}\lambda T - T^{-1}AT|\\ &= |T^{-1}(\lambda I - A)T| = |T^{-1}||\lambda I - A||T|\\ &= |T^{-1}T||\lambda I - A| = |\lambda I - A|\end{aligned}$$

将特征方程写成多项式形式 $|\lambda I - A| = \lambda^n + a_{n-1}\lambda^{n-1} + \cdots + a_1\lambda + a_0 = 0$。由于特征值全由特征多项式的系数 a_{n-1}，a_{n-2}，…，a_1，a_0 唯一地确定，而特征值经非奇异变换是不变的，那么这些系数 a_{n-1}，a_{n-2}，…，a_1，a_0 也是不变的量。所以称特征多项式的系数为系统的不变量。

3. 特征矢量

一个 n 维矢量 p_i 经过以 A 作为变换阵的变换，得到一个新的矢量 $\tilde{p}_i$。即

$$\tilde{p}_i = Ap_i$$

如果此 $\tilde{p}_i = \lambda_i p_i$，即矢量 p_i 经 A 线性变换后，方向不变，仅长度变化 λ_i 倍（λ_i 为标量，变换阵 A 的特征值）则称 p_i 为 A 的对应于 λ_i 的特征矢量，此时有 $Ap_i = \lambda_i p_i$。

【例 1-9】　试求

$$A = \begin{pmatrix} 0 & 1 & -1 \\ -6 & -11 & 6 \\ -6 & -11 & 5 \end{pmatrix}$$

的特征矢量。

解　A 的特征方程为：

$$|\lambda I - A| = \begin{vmatrix} \lambda & -1 & 1 \\ 6 & \lambda + 11 & -6 \\ 6 & 11 & \lambda - 5 \end{vmatrix} = 0$$

即

$$\lambda^3 + 6\lambda^2 + 11\lambda + 6 = 0$$
$$(\lambda + 1)(\lambda + 2)(\lambda + 3) = 0$$

解得：

$$\lambda_1 = -1, \quad \lambda_2 = -2, \quad \lambda_3 = -3$$

1）对应于 $\lambda_1 = -1$ 的特征矢量 P_1，设 $P_1 = \begin{pmatrix} p_{11} \\ p_{21} \\ p_{31} \end{pmatrix}$，按定义：

$$AP_1 = \lambda_1 P_1$$

则有：

$$\begin{pmatrix} 0 & 1 & -1 \\ -6 & -11 & 6 \\ -6 & -11 & 5 \end{pmatrix}\begin{pmatrix} p_{11} \\ p_{21} \\ p_{31} \end{pmatrix} = \begin{pmatrix} -p_{11} \\ -p_{21} \\ -p_{31} \end{pmatrix}$$

亦即

$$p_{11} + p_{21} - p_{31} = 0$$
$$-6p_{11} - 10p_{21} + 6p_{31} = 0$$
$$-6p_{11} - 11p_{21} + 6p_{31} = 0$$

解之得：

$$p_{21} = 0, \quad p_{11} = p_{31}$$

令：

$$p_{11} = p_{31} = 1$$

于是：

$$P_1 = \begin{pmatrix} 1 \\ 0 \\ 1 \end{pmatrix}$$

2）同理，可以算出对应于 $\lambda = -2$ 时的特征矢量：

$$P_2 = \begin{pmatrix} 1 \\ 2 \\ 4 \end{pmatrix}$$

对应于 $\lambda=-3$ 时的特征矢量：

$$P_3=\begin{pmatrix}1\\6\\9\end{pmatrix}$$

1.5.3 状态空间表达式变换为约旦标准型

这里的问题是将

$$\dot{x}=Ax+Bu,\quad y=Cx \tag{1.45}$$

变换为：

$$\dot{z}=Jz+T^{-1}Bu,\quad y=CTz \tag{1.46}$$

根据系统矩阵 A，求其特征值，可以直接写出系统的约旦标准型矩阵 J：

无重根时

$$J=T^{-1}AT=\begin{pmatrix}\lambda_1 & & & \\ & \lambda_2 & \mathbf{0} & \\ & \mathbf{0} & \ddots & \\ & & & \lambda_n\end{pmatrix}$$

有重根时（q 个重根 λ_1）

$$J=\left(\begin{array}{cccc|ccc}\lambda_1 & 1 & \mathbf{0} & & & & \\ & \lambda_1 & \ddots & & & \mathbf{0} & \\ \mathbf{0} & & \ddots & 1 & & & \\ & & & \lambda_1 & & & \\ \hline & & \mathbf{0} & & \lambda_{q+1} & & \\ & & & & & \ddots & \\ & & & & & & \lambda_n\end{array}\right)$$

而欲得到变换的控制矩阵 $T^{-1}B$ 和输出矩阵 CT，则必须求出变换矩阵 T。下面根据 A 阵形式及有无重根的情况，分别介绍几种求 T 的方法。

1. A 阵为任意形式

（1）A 阵的特征值无重根时

设 λ_i 是 A 的 n 个互异特征根（$i=1, 2, \cdots, n$），求出 λ_i 的特征矢量 P_i，则变换矩阵由 A 的特征矢量 P_1，P_2，…，P_n 构成，即

$$T=(P_1,\quad P_2,\quad \cdots,\quad P_n) \tag{1.47}$$

证明如下：

1）由于特征值 λ_1，λ_2，…，λ_n 互异，故特征矢量 P_1，P_2，…，P_n 线性无关，从而由它们构成的矩阵 $T=(P_1\quad P_2\quad \cdots\quad P_n)$ 必为非奇异，即 T^{-1} 存在，从而可将：

$$T\dot{z}=ATz+Bu$$

两边乘 T^{-1}，有：

$$\dot{z} = T^{-1}ATz + T^{-1}Bu$$
$$y = CTz$$

2）如果变换矩阵

$$T = (P_1,\ P_2,\ \cdots,\ P_n)$$

两边乘 A，有：

$$AT = A(P_1,\ P_2,\ \cdots,\ P_n)$$

由特征矢量的定义：

$$AP_i = \lambda_i P_i \quad (i = 1,\ 2\cdots,\ n)$$

有：

$$AT = (\lambda_1 P_1,\ \ \lambda_i P_2,\ \ \cdots,\ \ \lambda_i P_n)$$
$$= (P_1,\ P_2,\ \cdots,\ P_n)\begin{pmatrix} \lambda_1 & & & \\ & \lambda_2 & \mathbf{0} & \\ & \mathbf{0} & \ddots & \\ & & & \lambda_n \end{pmatrix}$$
$$= T\begin{pmatrix} \lambda_1 & & & \\ & \lambda_2 & \mathbf{0} & \\ & \mathbf{0} & \ddots & \\ & & & \lambda_n \end{pmatrix}$$

两边左乘 T^{-1}，得：

$$T^{-1}AT = \begin{pmatrix} \lambda_1 & & & \\ & \lambda_2 & \mathbf{0} & \\ & \mathbf{0} & \ddots & \\ & & & \lambda_n \end{pmatrix} \tag{1.48}$$

从而证明了式（1.48）中系统矩阵 $T^{-1}AT$ 是对角线阵。

【例 1-10】　试将下列状态方程变换为对角线标准型：

$$\dot{x} = \begin{pmatrix} 0 & 1 & -1 \\ -6 & -11 & 6 \\ -6 & -11 & 5 \end{pmatrix}x + \begin{pmatrix} 0 \\ 0 \\ 1 \end{pmatrix}u$$
$$y = (1,\ 0,\ 0)x$$

解　A 的特征值及对应于各特征值的特征矢量已在前例中求出：

$$\lambda_1 = -1,\qquad \lambda_2 = -2,\qquad \lambda_3 = -3$$

$$P_1 = \begin{pmatrix} 1 \\ 0 \\ 1 \end{pmatrix},\qquad P_2 = \begin{pmatrix} 1 \\ 2 \\ 4 \end{pmatrix},\qquad P_3 = \begin{pmatrix} 1 \\ 6 \\ 9 \end{pmatrix}$$

则可构成变换矩阵 T 并计算得 T^{-1}：

$$T=(P_1,\quad P_2,\quad P_3)=\begin{pmatrix}1&1&1\\0&2&6\\1&4&9\end{pmatrix}$$

$$T^{-1}=\begin{pmatrix}3&\frac{5}{2}&-2\\-3&-4&3\\1&\frac{3}{2}&-1\end{pmatrix}$$

则变换后各有关矩阵分别为：

$$\Lambda=T^{-1}AT=\begin{pmatrix}\lambda_1&&\mathbf{0}\\&\lambda_2&\\\mathbf{0}&&\lambda_3\end{pmatrix}=\begin{pmatrix}-1&&\mathbf{0}\\&-2&\\\mathbf{0}&&-3\end{pmatrix}$$

$$T^{-1}B=\begin{pmatrix}3&\frac{5}{2}&-2\\-3&-4&3\\1&\frac{3}{2}&-1\end{pmatrix}\begin{pmatrix}0\\0\\1\end{pmatrix}=\begin{pmatrix}-2\\3\\-1\end{pmatrix}$$

$$CT=(1,\quad 0,\quad 0)\begin{pmatrix}1&1&1\\0&2&6\\1&4&9\end{pmatrix}=(1,\quad 1,\quad 1)$$

于是变换后的状态空间表达式为：

$$\begin{pmatrix}\dot{z}_1\\\dot{z}_2\\\dot{z}_3\end{pmatrix}=\begin{pmatrix}-1&0&0\\0&-2&0\\0&0&-3\end{pmatrix}\begin{pmatrix}z_1\\z_2\\z_3\end{pmatrix}+\begin{pmatrix}-2\\3\\-1\end{pmatrix}u$$

$$y=(1,\quad 1,\quad 1)\begin{pmatrix}z_1\\z_2\\z_3\end{pmatrix}$$

（2）A 阵的特征值有重根时

设 A 的特征根有 q 个 λ_1 的重根，其余（$n-q$）个根为互异根，现不加证明地引出变换矩阵 T 的计算公式如下：

$$T=(P_1,\quad P_2,\quad \cdots,\quad P_q,\quad P_{q+1},\quad \cdots,\quad P_n)\tag{1.49}$$

其中 P_{q+1}，…，P_n 是对应于（$n-q$）个单根的特征矢量，求法同前，对应于 q 个 λ_1 重根的矢量 P_1，…，P_q 的求得，应根据下式计算：

$$\left.\begin{aligned}\lambda_1P_1-AP_1&=0\\\lambda_1P_2-AP_2&=-P_1\\&\vdots\\\lambda_1P_q-AP_q&=-P_{q-1}\end{aligned}\right\}\tag{1.50}$$

显然，P_1 仍为 λ_1 对应的特征矢量，其余 P_2，…，P_q 则称之为广义特征矢量。

【例 1-11】　试将下列状态空间表达式化为约旦标准型：

$$\dot{x} = \begin{pmatrix} 0 & 1 & 0 \\ 0 & 0 & 1 \\ 2 & 3 & 0 \end{pmatrix} x + \begin{pmatrix} 0 \\ 0 \\ 1 \end{pmatrix} u$$

$$y = (1,\ 0,\ 0)x$$

解　先求出 A 的特征值：

$$|\lambda I - A| = \begin{vmatrix} \lambda & -1 & 0 \\ 0 & \lambda & -1 \\ -2 & -3 & \lambda \end{vmatrix} = 0$$

即

$$\lambda^3 - 3\lambda - 2 = 0$$

得：

$$\lambda_{1,2} = -1,\quad \lambda_3 = 2$$

对应于 $\lambda_1 = -1$ 的特征矢量 P_1 可按式（1.44）求得：

$$\begin{pmatrix} 0 & 1 & 0 \\ 0 & 0 & 1 \\ 2 & 3 & 0 \end{pmatrix} \begin{pmatrix} p_{11} \\ p_{21} \\ p_{31} \end{pmatrix} = - \begin{pmatrix} p_{11} \\ p_{21} \\ p_{31} \end{pmatrix}$$

解之得：

$$P_1 = \begin{pmatrix} p_{11} \\ p_{21} \\ p_{31} \end{pmatrix} = \begin{pmatrix} 1 \\ -1 \\ 1 \end{pmatrix}$$

再求对应于 $\lambda_1 = -1$ 的另一广义特征矢量 P_2：

$$\lambda_1 P_2 - AP_2 = -P_1$$

$$- \begin{pmatrix} p_{21} \\ p_{22} \\ p_{23} \end{pmatrix} - \begin{pmatrix} 0 & 1 & 0 \\ 0 & 0 & 1 \\ 2 & 3 & 0 \end{pmatrix} \begin{pmatrix} p_{12} \\ p_{22} \\ p_{32} \end{pmatrix} = - \begin{pmatrix} 1 \\ -1 \\ 1 \end{pmatrix}$$

解之得：

$$P_2 = \begin{pmatrix} 1 \\ 0 \\ -1 \end{pmatrix}$$

最后确定对应于 $\lambda_3 = 2$ 的特征矢量 P_3：

$$\lambda_3 P_3 = AP_3$$

可得：

$$P_3 = \begin{pmatrix} 1 \\ 2 \\ 4 \end{pmatrix}$$

于是变换矩阵：

$$\boldsymbol{T}=(\boldsymbol{P}_1,\ \boldsymbol{P}_2,\ \boldsymbol{P}_3)=\begin{pmatrix}1 & 1 & 1\\ -1 & 0 & 2\\ 1 & -1 & 4\end{pmatrix}$$

从而可计算得:

$$\boldsymbol{T}^{-1}=\frac{1}{9}\begin{pmatrix}2 & -5 & 2\\ 6 & 3 & -3\\ 1 & 2 & 1\end{pmatrix}$$

这样可计算出变换后各阵分别为:

$$\boldsymbol{J}=\begin{pmatrix}-1 & 1 & 0\\ 0 & -1 & 0\\ 0 & 0 & 2\end{pmatrix}$$

$$\boldsymbol{T}^{-1}\boldsymbol{B}=\begin{pmatrix}\frac{2}{9}\\ -\frac{1}{3}\\ \frac{1}{9}\end{pmatrix}$$

$$\boldsymbol{CT}=(1,\ 1,\ 1)$$

2. $\boldsymbol{A}$ 阵为标准型，即

$$\boldsymbol{A}=\begin{pmatrix}0 & 1 & 0 & \cdots & 0\\ 0 & 0 & 1 & \cdots & 0\\ \vdots & \vdots & \vdots & & \vdots\\ 0 & 0 & 0 & \cdots & 1\\ -a_0 & -a_1 & -a_2 & \cdots & -a_{n-1}\end{pmatrix}$$

（1）$\boldsymbol{A}$ 的特征值无重根时，其变换是一个范德蒙德（Vandermonde）矩阵，为:

$$\boldsymbol{T}=\begin{pmatrix}1 & 1 & \cdots & 1\\ \lambda_1 & \lambda_2 & \cdots & \lambda_n\\ \lambda_1^2 & \lambda_2^2 & \cdots & \lambda_n^2\\ \vdots & \vdots & & \vdots\\ \lambda_1^{n-1} & \lambda_2^{n-1} & \cdots & \lambda_n^{n-1}\end{pmatrix} \tag{1.51}$$

（2）$\boldsymbol{A}$ 特征值有重根时，以有 λ_1 的三重根为例:

$$\boldsymbol{T}=\begin{pmatrix}1 & 0 & 0 & \cdots & 1 & \cdots & 1\\ \lambda_1 & 1 & 0 & \cdots & \lambda_4 & \cdots & \lambda_n\\ \lambda_1^2 & 2\lambda_1 & 1 & \cdots & \lambda_4^2 & \cdots & \lambda_n^2\\ \vdots & \vdots & \vdots & & \vdots & & \vdots\\ \lambda_1^{n-1} & \frac{\mathrm{d}}{\mathrm{d}\lambda_1}(\lambda_1^{n-1}) & \frac{1}{2}\frac{\mathrm{d}^2}{\mathrm{d}\lambda_1^2}(\lambda_1^{n-1}) & \cdots & \lambda_4^{n-1} & \cdots & \lambda_n^{n-1}\end{pmatrix} \tag{1.52}$$

（3）有共轭复根时，以四阶系统其中有一对共轭复根为例，即 $\lambda_{1,2}=\sigma\pm\mathrm{j}\omega$；$\lambda_3\neq\lambda_4$。

$$T=\begin{pmatrix}1 & 0 & 1 & 1\\ \sigma & \omega & \lambda_3 & \lambda_4\\ \sigma^2-\omega^2 & 2\sigma\omega & \lambda_3^2 & \lambda_4^2\\ \sigma^3-3\sigma\omega^2 & 3\sigma^2\omega-\omega^3 & \lambda_3^3 & \lambda_4^3\end{pmatrix} \tag{1.53}$$

此时

$$T^{-1}AT=\begin{pmatrix}\sigma & \omega & 0 & 0\\ -\omega & \sigma & 0 & 0\\ 0 & 0 & \lambda_3 & 0\\ 0 & 0 & 0 & \lambda_4\end{pmatrix} \tag{1.54}$$

3. 系统的并联型实现

已知系统传递函数：

$$W(s)=\frac{b_m s^m+b_{m-1}s^{m-1}+\cdots+b_1 s+b_0}{s^n+a_{n-1}s^{n-1}+\cdots+a_1 s+a_0} \tag{1.55}$$

现将式（1.55）展开成部分分式。由于系统的特征根有两种情况：一是所有根均是互异的，一是有重根。分别讨论如下：

（1）具有互异根的情况

此时式（1.55）可写成：

$$W(s)=\frac{b_m s^m+b_{m-1}s^{m-1}+\cdots+b_1 s+b_0}{(s-\lambda_1)(s-\lambda_2)\cdots(s-\lambda_n)} \tag{1.56}$$

式中，λ_1，λ_2，…，λ_n 为系统的特征根。

将其展开成部分分式：

$$W(s)=\frac{Y(s)}{U(s)}=\frac{c_1}{(s-\lambda_1)}+\frac{c_2}{(s-\lambda_2)}+\cdots+\frac{c_n}{(s-\lambda_n)}=\sum_{i=1}^{n}\frac{c_i}{(s-\lambda_i)} \tag{1.57}$$

根据式（1.57）容易看到，其模拟结构图如图 1.18a 或 b 所示，这种结构采取的是积分器并联的结构形式。

取每个积分器的输出作为一个状态变量，系统的状态空间表达式分别为：

$$\begin{aligned}\dot{x}&=\begin{pmatrix}\lambda_1 & 0 & \cdots & 0\\ 0 & \lambda_2 & \cdots & 0\\ \vdots & \vdots & & \vdots\\ 0 & 0 & \cdots & \lambda_n\end{pmatrix}x+\begin{pmatrix}1\\1\\ \vdots\\1\end{pmatrix}u\\ y&=(c_1,\ c_2,\ \cdots,\ c_n)x\end{aligned} \tag{1.58}$$

或

$$\begin{aligned}\dot{x}&=\begin{pmatrix}\lambda_1 & 0 & \cdots & 0\\ 0 & \lambda_2 & \cdots & 0\\ \vdots & \vdots & & \vdots\\ 0 & 0 & \cdots & \lambda_n\end{pmatrix}x+\begin{pmatrix}c_1\\c_2\\ \vdots\\c_n\end{pmatrix}u\\ y&=(1,\ 1,\ \cdots,\ 1)x\end{aligned} \tag{1.59}$$

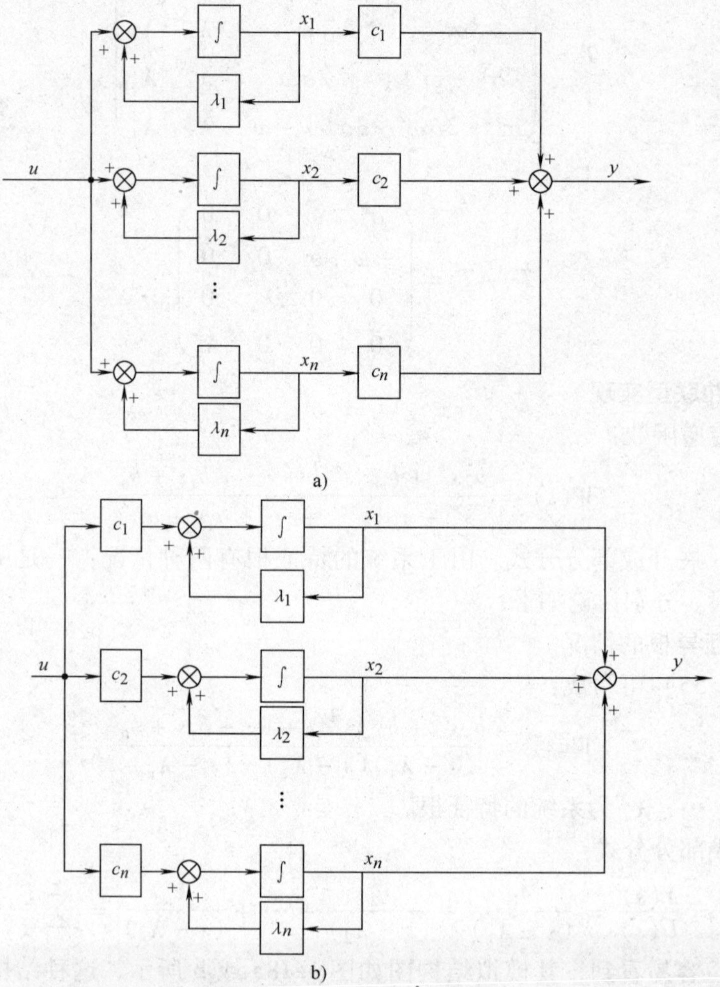

图 1.18　并联型模拟结构图

式（1.58）和式（1.59）是互为对偶的。同理，图 1.18a 和图 1.18b 也有其对偶关系。

不论式（1.58）或式（1.59），它们都是属于约旦标准型（或对角线标准型），因此，约旦标准型的实现是并联型的。

（2）具有重根的情况

设有一个 q 重的主根 λ_1，其余 λ_{q+1}，λ_{q+2}，…，λ_n 是互异根。这时 $W(s)$ 的部分分式展开式为

$$W(s)=\frac{c_{1q}}{(s-\lambda_1)^q}+\frac{c_{1(q-1)}}{(s-\lambda_1)^{q-1}}+\cdots+\frac{c_{12}}{(s-\lambda_1)^2}+\frac{c_{11}}{(s-\lambda_1)}+\sum_{i=q+1}^{n}\frac{c_i}{(s-\lambda_i)} \tag{1.60}$$

从式（1.60）可知系统的一种实现，具有图 1.19 所示的结构，除重根是取积分器串联的形式外，其余均为积分器并联。

从图 1. 19 的结构图，不难列出其相应的状态空间表达式：

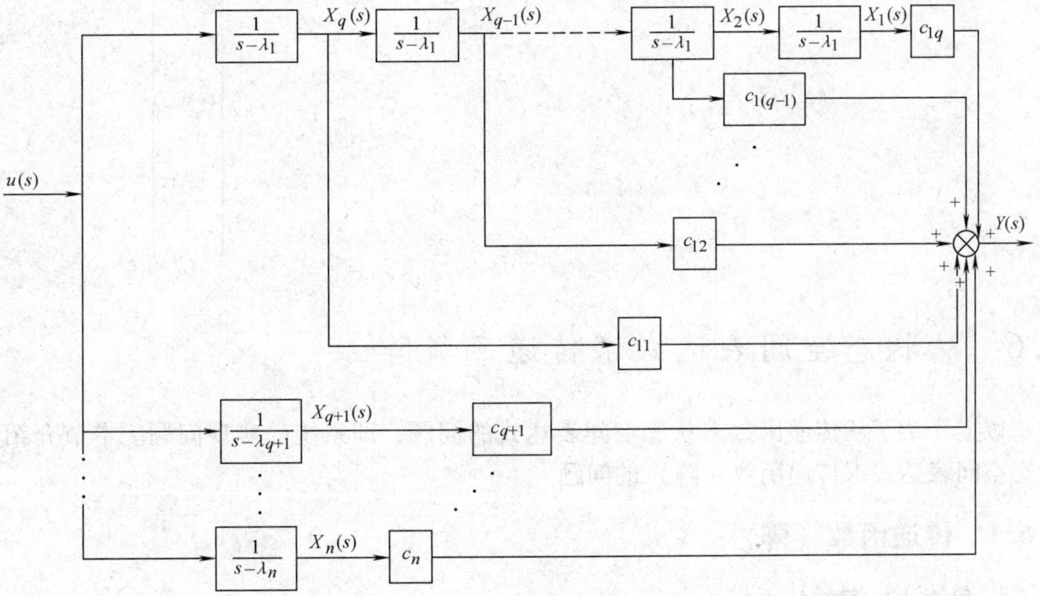

图 1. 19　并联型模拟结构图

$$
\begin{aligned}
\dot{x}_1 &= \lambda_1 x_1 + x_2 \\
\dot{x}_2 &= \lambda_1 x_2 + x_3 \\
&\vdots \\
\dot{x}_{q-1} &= \lambda_1 x_{q-1} + x_q \\
\dot{x}_q &= \lambda_1 x_q + u \\
\dot{x}_{q+1} &= \lambda_{q+1} x_{q+1} + u \\
&\vdots \\
\dot{x}_n &= \lambda_n x_n + u
\end{aligned}
$$

$$y = c_{1q}x_1 + c_{1(q-1)}x_2 + \cdots + c_{12}x_{q-1} + c_{11}x_q + c_{q+1}x_{q+1} + \cdots + c_n x_n$$

用矢量矩阵形式表示，有：

$$
\begin{pmatrix} \dot{x}_1 \\ \dot{x}_2 \\ \vdots \\ \dot{x}_{q-1} \\ \dot{x}_q \\ \dot{x}_{q+1} \\ \vdots \\ \dot{x}_n \end{pmatrix}
=
\begin{pmatrix}
\lambda_1 & 1 & 0 & \cdots & 0 & 0 & \cdots & 0 \\
0 & \lambda_1 & 1 & \cdots & 0 & 0 & \cdots & 0 \\
\vdots & \vdots & \ddots & & \vdots & \vdots & & \vdots \\
0 & 0 & 0 & \ddots & 1 & 0 & \cdots & 0 \\
0 & 0 & 0 & \cdots & \lambda_1 & 0 & \cdots & 0 \\
0 & 0 & 0 & \cdots & 0 & \lambda_{q+1} & \cdots & 0 \\
\vdots & \vdots & \vdots & & \vdots & \vdots & \ddots & \vdots \\
0 & 0 & 0 & \cdots & 0 & 0 & \cdots & \lambda_n
\end{pmatrix}
\begin{pmatrix} x_1 \\ x_2 \\ \vdots \\ x_{q-1} \\ x_q \\ x_{q+1} \\ \vdots \\ x_n \end{pmatrix}
+
\begin{pmatrix} 0 \\ 0 \\ \vdots \\ 0 \\ 1 \\ 1 \\ \vdots \\ 1 \end{pmatrix} u
\tag{1.61}
$$

$$
y = (c_{1q},\ c_{1(q-1)},\ \cdots,\ c_{12},\ c_{11},\ c_{q+1},\ \cdots,\ c_n)\begin{pmatrix} x_1 \\ x_2 \\ \vdots \\ x_{q-1} \\ x_q \\ x_{q+1} \\ \vdots \\ x_n \end{pmatrix}
$$

1.6 从状态空间表达式求传递函数阵

以上介绍了从传递函数求状态空间表达式的问题，即系统的实现问题。本节介绍从状态空间表达式求传递函数（阵）的问题。

1.6.1 传递函数（阵）

1. 单输入—单输出系统

已知系统的状态空间表达式：

$$
\left.\begin{aligned} \dot{\boldsymbol{x}} &= \boldsymbol{A}\boldsymbol{x} + \boldsymbol{b}u \\ y &= \boldsymbol{c}\boldsymbol{x} + du \end{aligned}\right\} \tag{1.62}
$$

式中，$\boldsymbol{x}$ 为 n 维状态矢量；y 和 u 为输出和输入，它们都是标量；$\boldsymbol{A}$ 为 $n \times n$ 方阵；$\boldsymbol{b}$ 为 $n \times 1$列阵；$\boldsymbol{c}$ 为 $1 \times n$ 行阵；d 为标量，一般为零。

对式（1.62）进行拉氏变换，并假定初始条件为零，则有：

$$
\left.\begin{aligned} \boldsymbol{X}(s) &= (s\boldsymbol{I} - \boldsymbol{A})^{-1}\boldsymbol{b}U(s) \\ Y(s) &= \boldsymbol{c}\boldsymbol{X}(s) + dU(s) \end{aligned}\right\} \tag{1.63}
$$

故 U—$\boldsymbol{X}$ 间的传递函数为：

$$
\boldsymbol{W}_{ux}(s) = \frac{\boldsymbol{X}(s)}{U(s)} = (s\boldsymbol{I} - \boldsymbol{A})^{-1}\boldsymbol{b} \tag{1.64}
$$

它是一个 $n \times 1$ 的列阵函数。

U—Y 间的传递函数为：

$$
W(s) = \frac{Y(s)}{U(s)} = \boldsymbol{c}(s\boldsymbol{I} - \boldsymbol{A})^{-1}\boldsymbol{b} + d \tag{1.65}
$$

它是一个标量。

2. 多输入—多输出系统

已知系统的状态空间表达式：

$$
\left.\begin{aligned} \dot{\boldsymbol{x}} &= \boldsymbol{A}\boldsymbol{x} + \boldsymbol{B}\boldsymbol{u} \\ \boldsymbol{y} &= \boldsymbol{C}\boldsymbol{x} + \boldsymbol{D}\boldsymbol{u} \end{aligned}\right\} \tag{1.66}
$$

式中，$\boldsymbol{u}$ 为 $r \times 1$ 输入列矢量；$\boldsymbol{y}$ 为 $m \times 1$ 输出列矢量；$\boldsymbol{B}$ 为 $n \times r$ 控制矩阵；$\boldsymbol{C}$ 为 $m \times n$ 输

出矩阵；$\boldsymbol{D}$ 为 $m \times r$ 直接传递阵；$\boldsymbol{x}$，$\boldsymbol{A}$ 为同单变量系统。

同前，对式（1.66）作拉氏变换并认为初始条件为零，得：

$$\begin{aligned} \boldsymbol{X}(s) &= (s\boldsymbol{I} - \boldsymbol{A})^{-1}\boldsymbol{B}\boldsymbol{U}(s) \\ \boldsymbol{Y}(s) &= \boldsymbol{C}(s\boldsymbol{I} - \boldsymbol{A})^{-1}\boldsymbol{B}\boldsymbol{U}(s) + \boldsymbol{D}\boldsymbol{U}(s) \end{aligned} \tag{1.67}$$

故 $\boldsymbol{U}$—$\boldsymbol{X}$ 间的传递函数为：

$$\boldsymbol{W}_{ux}(s) = (s\boldsymbol{I} - \boldsymbol{A})^{-1}\boldsymbol{B} \tag{1.68}$$

它是一个 $n \times r$ 矩阵函数。

故 $\boldsymbol{U}$ — $\boldsymbol{Y}$ 间的传递函数为：

$$\boldsymbol{W}(s) = \boldsymbol{C}(s\boldsymbol{I} - \boldsymbol{A})^{-1}\boldsymbol{B} + \boldsymbol{D} \tag{1.69}$$

它是一个 $m \times r$ 矩阵函数，即

$$\boldsymbol{W}(s) = \begin{pmatrix} W_{11}(s) & W_{12}(s) & \cdots & W_{1r}(s) \\ W_{21}(s) & W_{22}(s) & \cdots & W_{2r}(s) \\ \vdots & \vdots & & \vdots \\ W_{m1}(s) & W_{m2}(s) & \cdots & W_{mr}(s) \end{pmatrix}$$

其中各元素 $W_{ij}(s)$ 都是标量函数，它表征第 j 个输入对第 i 个输出的传递关系。当 $i \neq j$ 时，意味着不同标号的插入与输出有相互关联，称为有耦合关系，这正是多变量系统的特点。

式（1.69）还可以表示为：

$$\boldsymbol{W}(s) = \frac{1}{|s\boldsymbol{I} - \boldsymbol{A}|}[\boldsymbol{C}\,\mathrm{adj}(s\boldsymbol{I} - \boldsymbol{A})\boldsymbol{B} + \boldsymbol{D}|s\boldsymbol{I} - \boldsymbol{A}|] \tag{1.70}$$

可以看出，$\boldsymbol{W}(s)$ 的分母，就是系统矩阵 $\boldsymbol{A}$ 的特征多项式，$\boldsymbol{W}(s)$ 的分子是一个多项式矩阵。

应当指出，同一系统，尽管其状态空间表达式可以作各种非奇异变换而不是唯一的，但它的传递函数阵是不变的。对于已知系统如式（1.66），其传递函数阵为式（1.69）。当做坐标变换，即令 $z = \boldsymbol{T}^{-1}\boldsymbol{x}$ 时，则该系统的状态空间表达式为：

$$\begin{aligned} \dot{z} &= \boldsymbol{T}^{-1}\boldsymbol{A}\boldsymbol{T}z + \boldsymbol{T}^{-1}\boldsymbol{B}\boldsymbol{u} \\ \boldsymbol{y} &= \boldsymbol{C}\boldsymbol{T}z + \boldsymbol{D}\boldsymbol{u} \end{aligned} \tag{1.71}$$

那么对应上式的传递函数阵 $\widetilde{\boldsymbol{W}}(s)$ 应为：

$$\begin{aligned} \widetilde{\boldsymbol{W}}(s) &= \boldsymbol{C}\boldsymbol{T}(s\boldsymbol{I} - \boldsymbol{T}^{-1}\boldsymbol{A}\boldsymbol{T})^{-1}\boldsymbol{T}^{-1}\boldsymbol{B} + \boldsymbol{D} = \boldsymbol{C}[\boldsymbol{T}(s\boldsymbol{I} - \boldsymbol{T}^{-1}\boldsymbol{A}\boldsymbol{T})\boldsymbol{T}^{-1}]^{-1}\boldsymbol{B} + \boldsymbol{D} \\ &= \boldsymbol{C}[\boldsymbol{T}(s\boldsymbol{I})\boldsymbol{T}^{-1} - \boldsymbol{T}\boldsymbol{T}^{-1}\boldsymbol{A}\boldsymbol{T}\boldsymbol{T}^{-1}]^{-1}\boldsymbol{B} + \boldsymbol{D} \\ &= \boldsymbol{C}(s\boldsymbol{I} - \boldsymbol{A})^{-1}\boldsymbol{B} + \boldsymbol{D} = \boldsymbol{W}(s) \end{aligned}$$

即同一系统，其传递函数阵是唯一的。

1.6.2　子系统在各种连接时的传递函数阵

实际的控制系统，往往由多个子系统组合而成，或并联，或串联，或形成反馈连接。现仅以两个子系统作各种连接为例，推导其等效的传递函数阵。

设系统 1 为：

$$\left.\begin{aligned} \dot{\boldsymbol{x}}_1 &= \boldsymbol{A}_1\boldsymbol{x}_1 + \boldsymbol{B}_1\boldsymbol{u}_1 \\ \boldsymbol{y}_1 &= \boldsymbol{C}_1\boldsymbol{x}_1 + \boldsymbol{D}_1\boldsymbol{u}_1 \end{aligned}\right\} \tag{1.72}$$

简记为：

$$\sum 1 : (\boldsymbol{A}_1, \boldsymbol{B}_1, \boldsymbol{C}_1, \boldsymbol{D}_1)$$

设系统2为：

$$\left.\begin{aligned} \dot{\boldsymbol{x}}_2 &= \boldsymbol{A}_2\boldsymbol{x}_2 + \boldsymbol{B}_2\boldsymbol{u}_2 \\ \boldsymbol{y}_2 &= \boldsymbol{C}_2\boldsymbol{x}_2 + \boldsymbol{D}_2\boldsymbol{u}_2 \end{aligned}\right\} \tag{1.73}$$

简记为：

$$\sum 2 : (\boldsymbol{A}_2, \boldsymbol{B}_2, \boldsymbol{C}_2, \boldsymbol{D}_2)$$

1. 并联连接

所谓并联连接，是指各子系统在相同输入下，组合系统的输出是各子系统输出的代数和，结构简图如图1.20所示。

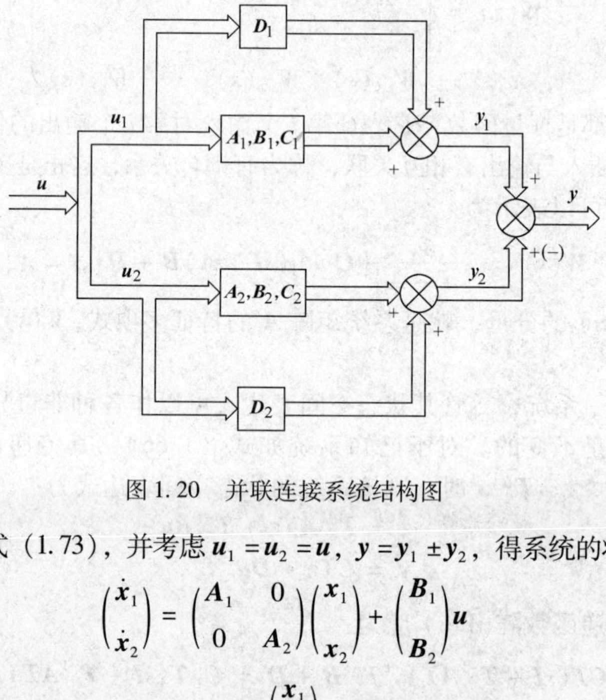

图1.20　并联连接系统结构图

由式（1.72）和式（1.73），并考虑 $\boldsymbol{u}_1 = \boldsymbol{u}_2 = \boldsymbol{u}$，$\boldsymbol{y} = \boldsymbol{y}_1 \pm \boldsymbol{y}_2$，得系统的状态空间表达式：

$$\begin{pmatrix} \dot{\boldsymbol{x}}_1 \\ \dot{\boldsymbol{x}}_2 \end{pmatrix} = \begin{pmatrix} \boldsymbol{A}_1 & 0 \\ 0 & \boldsymbol{A}_2 \end{pmatrix}\begin{pmatrix} \boldsymbol{x}_1 \\ \boldsymbol{x}_2 \end{pmatrix} + \begin{pmatrix} \boldsymbol{B}_1 \\ \boldsymbol{B}_2 \end{pmatrix}\boldsymbol{u}$$

$$\boldsymbol{y} = (\boldsymbol{C}_1, \pm \boldsymbol{C}_2)\begin{pmatrix} \boldsymbol{x}_1 \\ \boldsymbol{x}_2 \end{pmatrix} + (\boldsymbol{D}_1 \pm \boldsymbol{D}_2)\boldsymbol{u}$$

从而系统的传递函数阵为：

$$\begin{aligned} \boldsymbol{W}(s) &= (\boldsymbol{C}_1, \quad \pm \boldsymbol{C}_2)\begin{pmatrix} (s\boldsymbol{I} - \boldsymbol{A}_1)^{-1} & 0 \\ 0 & (s\boldsymbol{I} - \boldsymbol{A}_2)^{-1} \end{pmatrix}\begin{pmatrix} \boldsymbol{B}_1 \\ \boldsymbol{B}_2 \end{pmatrix} + (\boldsymbol{D}_1 \pm \boldsymbol{D}_2) \\ &= [\boldsymbol{C}_1(s\boldsymbol{I} - \boldsymbol{A}_1)^{-1}\boldsymbol{B}_1 + \boldsymbol{D}_1] \pm [\boldsymbol{C}_2(s\boldsymbol{I} - \boldsymbol{A}_2)^{-1}\boldsymbol{B}_2 + \boldsymbol{D}_2] \\ &= \boldsymbol{W}_1(s) \pm \boldsymbol{W}_2(s) \end{aligned} \tag{1.74}$$

故子系统并联时，系统传递函数阵等于子系统传递函数阵的代数和。

2. 串联连接

串联连接如图1.21所示。读者可自己证明，其串联连接传递函数阵为：

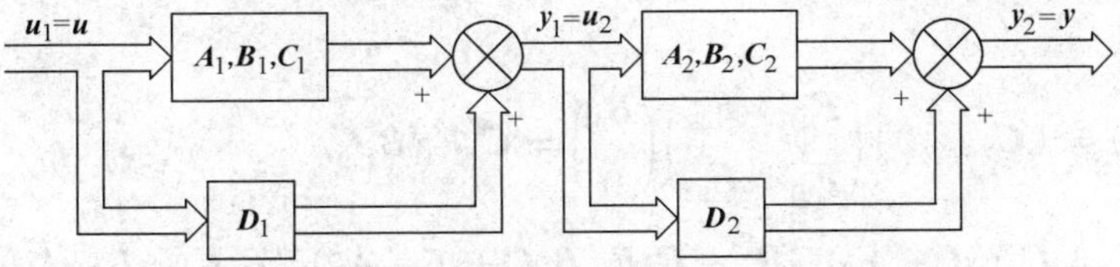

图 1. 21　串联连接系统结构图

$$W(s) = W_2(s)W_1(s) \tag{1.75}$$

即子系统串联时，系统传递函数阵等于子系统传递函数阵之积。但应注意，传递函数阵相乘，先后次序不能颠倒。

3. 具有输出反馈的系统

如图 1. 22 所示，由图可得：

$$\dot{\boldsymbol{x}}_1 = \boldsymbol{A}_1\boldsymbol{x}_1 + \boldsymbol{B}_1(\boldsymbol{u} - \boldsymbol{C}_2\boldsymbol{x}_2)$$

$$\dot{\boldsymbol{x}}_2 = \boldsymbol{A}_2\boldsymbol{x}_2 + \boldsymbol{B}_2\boldsymbol{C}_1\boldsymbol{x}_1$$

$$\boldsymbol{y} = \boldsymbol{y}_1 = \boldsymbol{C}_1\boldsymbol{x}$$

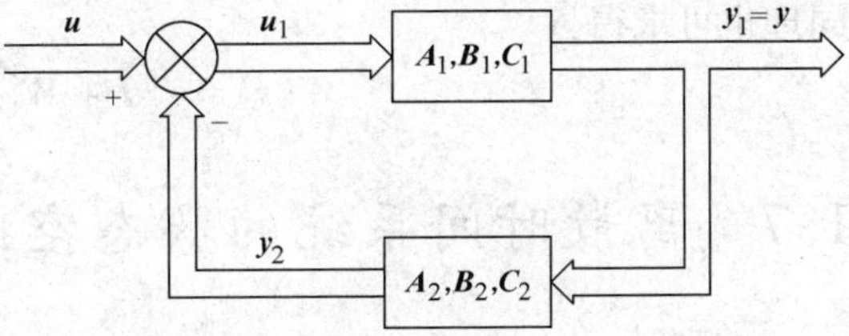

图 1. 22　反馈系统模拟图

即

$$\begin{pmatrix} \dot{\boldsymbol{x}}_1 \\ \dot{\boldsymbol{x}}_2 \end{pmatrix} = \begin{pmatrix} \boldsymbol{A}_1 & -\boldsymbol{B}_1\boldsymbol{C}_2 \\ \boldsymbol{B}_2\boldsymbol{C}_1 & \boldsymbol{A}_2 \end{pmatrix}\begin{pmatrix} \boldsymbol{x}_1 \\ \boldsymbol{x}_2 \end{pmatrix} + \begin{pmatrix} \boldsymbol{B}_1 \\ 0 \end{pmatrix}\boldsymbol{u}$$

$$\boldsymbol{y} = (\boldsymbol{C}_1,\quad 0)\begin{pmatrix} \boldsymbol{x}_1 \\ \boldsymbol{x}_2 \end{pmatrix}$$

从而系统的传递函数阵为：

$$\boldsymbol{W}(s) = (\boldsymbol{C}_1,\quad 0)\begin{pmatrix} s\boldsymbol{I} - \boldsymbol{A}_1 & \boldsymbol{B}_1\boldsymbol{C}_2 \\ -\boldsymbol{B}_2\boldsymbol{C}_1 & s\boldsymbol{I} - \boldsymbol{A}_2 \end{pmatrix}^{-1}\begin{pmatrix} \boldsymbol{B}_1 \\ 0 \end{pmatrix}$$

这里又遇到分块求逆的问题，假定：

$$\begin{pmatrix} s\boldsymbol{I} - \boldsymbol{A}_1 & \boldsymbol{B}_1\boldsymbol{C}_2 \\ -\boldsymbol{B}_2\boldsymbol{C}_1 & s\boldsymbol{I} - \boldsymbol{A}_2 \end{pmatrix}^{-1} = \begin{pmatrix} \boldsymbol{F}_{11} & \boldsymbol{F}_{12} \\ \boldsymbol{F}_{21} & \boldsymbol{F}_{22} \end{pmatrix}$$

故有：

$$\begin{pmatrix} \boldsymbol{F}_{11} & \boldsymbol{F}_{12} \\ \boldsymbol{F}_{21} & \boldsymbol{F}_{22} \end{pmatrix}\begin{pmatrix} s\boldsymbol{I} - \boldsymbol{A}_1 & \boldsymbol{B}_1\boldsymbol{C}_2 \\ -\boldsymbol{B}_2\boldsymbol{C}_1 & s\boldsymbol{I} - \boldsymbol{A}_2 \end{pmatrix} = \begin{pmatrix} \boldsymbol{I} & 0 \\ 0 & \boldsymbol{I} \end{pmatrix}$$

从而得：

$$\boldsymbol{F}_{11}(s\boldsymbol{I} - \boldsymbol{A}_1) - \boldsymbol{F}_{12}\boldsymbol{B}_2\boldsymbol{C}_1 = \boldsymbol{I}$$

$$\boldsymbol{F}_{11}\boldsymbol{B}_1\boldsymbol{C}_2 + \boldsymbol{F}_{12}(s\boldsymbol{I} - \boldsymbol{A}_2) = 0$$

由上两式解得：

$$\boldsymbol{F}_{11}(s\boldsymbol{I} - \boldsymbol{A}_1) = \boldsymbol{I} + \boldsymbol{F}_{12}\boldsymbol{B}_2\boldsymbol{C}_1 = \boldsymbol{I} - \boldsymbol{F}_{11}\boldsymbol{B}_1\boldsymbol{C}_2(s\boldsymbol{I} - \boldsymbol{A}_2)^{-1}\boldsymbol{B}_2\boldsymbol{C}_1$$

即

$$F_{11} = (sI - A_1)^{-1} - F_{11}B_1C_2(sI - A)^{-1}B_2C_1(sI - A)^{-1}$$

于是：

$$W(s) = (C_1,\ \ 0)\begin{pmatrix} F_{11} & F_{12} \\ F_{21} & F_{22} \end{pmatrix}\begin{pmatrix} B_1 \\ 0 \end{pmatrix} = C_1F_{11}B_1$$

$$= C_1(sI - A_1)^{-1}B_1 - C_1F_{11}B_1C_2(sI - A_2)^{-1}B_2C_1(sI - A_1)^{-1}B_1$$

$$= W_1(s) - W(s)W_2(s)W_1(s)$$

所以有：

$$W(s) = W_1(s)[I + W_2(s)W_1(s)]^{-1} \tag{1.76}$$

同理也可求得：

$$W(s) = [I + W_1(s)W_2(s)]^{-1}W_1(s)$$

1.7 离散时间系统的状态空间表达式

连续时间系统的状态空间方法，完全适用于离散时间系统。类似在连续系统中，从微分方程或传递函数建立状态空间表达式，叫系统的实现。在离散系统中，从差分方程或脉冲传递函数求取离散状态空间表达式，也是一种实现。

设系统差分方程为：

$$\begin{aligned} &y(k+n) + a_{n-1}y(k+n-1) + \cdots + a_1y(k+1) + a_0y(k) \\ &= b_nu(k+n) + b_{n-1}u(k+n-1) + \cdots + b_1u(k+1) + b_0u(k) \end{aligned} \tag{1.77}$$

相应地，系统传递函数为：

$$W(z) = \frac{b_nz^n + b_{n-1}z^{n-1} + \cdots + b_1z + b_0}{z^n + a_{n-1}z^{n-1} + \cdots + a_1z + a_0} \tag{1.78}$$

实现的任务就是确定一种状态空间表达式：

$$\left.\begin{aligned} x(k+1) &= Gx(k) + hu(k) \\ y(k) &= cx(k) + du(k) \end{aligned}\right\} \tag{1.79}$$

在认为两相邻采样时刻，u（k）不变的条件下，式（1.79）的状态空间表达式也可以用模拟结构图（图 1.23）表示。图 1.23 中 T 代表单位延迟器，类似于连续系统中的积分器。

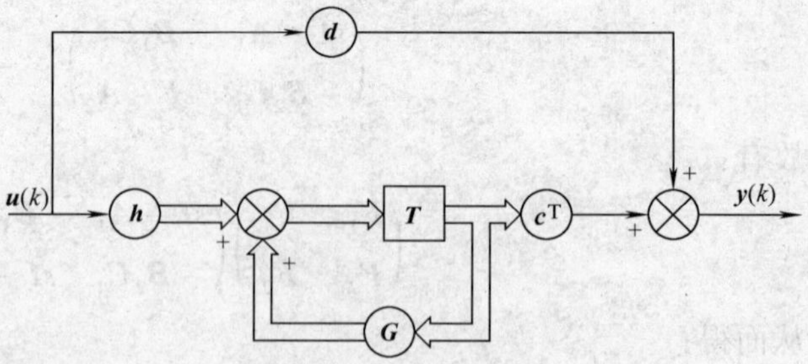

图 1.23　离散系统模拟结构图

实现是非唯一的，较简单的实现见图 1.24 所示的模拟结构图。图中 a_i 为已知参数，h_i 为待定常数。以每个延迟器的输出作为一个状态变量，可得：

$$x_1(k+1) = x_2(k) + h_{n-1}u(k)$$

$$x_2(k+1) = x_3(k) + h_{n-2}u(k)$$

$$\vdots$$

$$x_{n-1}(k+1) = x_n(k) + h_1 u(k)$$
$$x_n(k+1) = -a_0 x_1(k) - a_1 x_2(k) - \cdots - a_{n-1} x_n(k) + h_0 u(k)$$
$$y(k) = x_1(k) + h_n u(k)$$

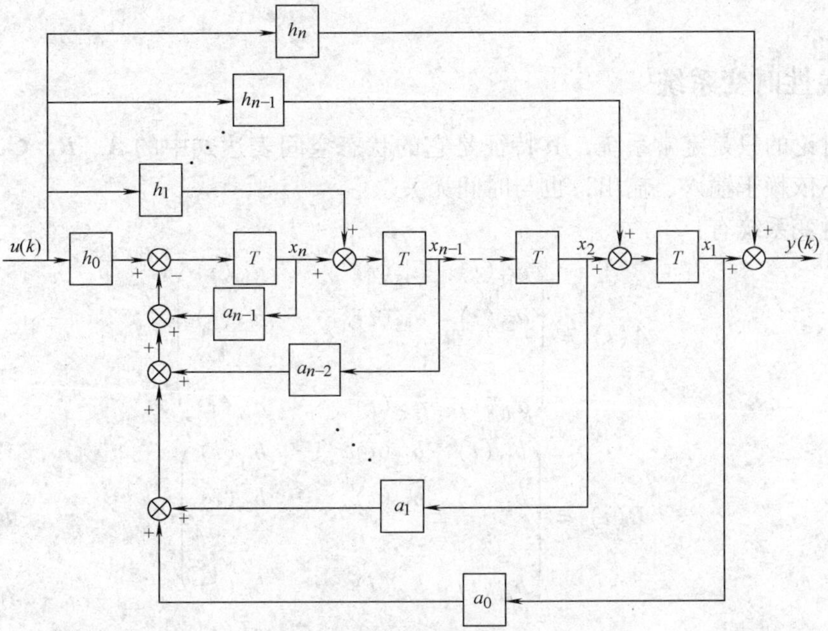

图 1.24　简单实现的模拟结构图

矢量矩阵形式的离散状态空间表达式为：

$$\boldsymbol{x}(k+1) = \underbrace{\begin{pmatrix} 0 & 1 & 0 & \cdots & 0 \\ 0 & 0 & 1 & \cdots & 0 \\ \vdots & \vdots & \vdots & \ddots & \vdots \\ 0 & 0 & 0 & \cdots & 1 \\ -a_0 & -a_1 & -a_2 & \cdots & -a_{n-1} \end{pmatrix}}_{\boldsymbol{G}} \boldsymbol{x}(k) + \underbrace{\begin{pmatrix} h_{n-1} \\ h_{n-2} \\ \vdots \\ h_1 \\ h_0 \end{pmatrix}}_{\boldsymbol{h}} u(k)$$

$$\boldsymbol{y}(k) = \underbrace{(1, 0, 0, \cdots, 0)}_{\boldsymbol{c}} \boldsymbol{x}(k) + \underbrace{h_n}_{\boldsymbol{d}} u(k)$$

式中　h_i 的求法，类似于 1.4 节中式（1.34）求 β_i 的计算公式，即：

$$h_n = b_n$$
$$h_{n-1} = b_{n-1} - a_{n-1} b_n$$
$$\vdots$$
$$h_0 = b_0 - a_0 h_n - a_1 h_{n-1} - \cdots - a_{n-1} h_1 = b_0 - \sum_{i=0}^{n-1} a_i h_{n-i}$$

多变量离散状态空间表达式为：

$$
\begin{aligned}
\boldsymbol{x}(k+1) &= \boldsymbol{G}\boldsymbol{x}(k) + \boldsymbol{H}\boldsymbol{u}(k) \\
\boldsymbol{y}(k) &= \boldsymbol{C}\boldsymbol{x}(k) + \boldsymbol{D}\boldsymbol{u}(k)
\end{aligned} \tag{1.80}
$$

1.8 时变系统和非线性系统的状态空间表达式

1.8.1 线性时变系统

以上讨论的只是定常系统，其特征是它的状态空间表达式中的 $\boldsymbol{A}$、$\boldsymbol{B}$、$\boldsymbol{C}$、$\boldsymbol{D}$ 等矩阵的元素既不依赖于输入、输出，也与时间无关。

线性时变系统有：

$$
\boldsymbol{A}(t) = \begin{pmatrix} a_{11}(t) & a_{12}(t) & \cdots & a_{1n}(t) \\ a_{21}(t) & a_{22}(t) & \cdots & a_{2n}(t) \\ \vdots & \vdots & & \vdots \\ a_{n1}(t) & a_{n2}(t) & \cdots & a_{nn}(t) \end{pmatrix}
$$

$$
\boldsymbol{B}(t) = \begin{pmatrix} b_{11}(t) & b_{12}(t) & \cdots & b_{1r}(t) \\ b_{21}(t) & b_{22}(t) & \cdots & b_{2r}(t) \\ \vdots & \vdots & & \vdots \\ b_{n1}(t) & b_{n2}(t) & \cdots & b_{nr}(t) \end{pmatrix}
$$

$$
\boldsymbol{C}(t) = \begin{pmatrix} c_{11}(t) & c_{12}(t) & \cdots & c_{1n}(t) \\ c_{21}(t) & c_{22}(t) & \cdots & c_{2n}(t) \\ \vdots & \vdots & & \vdots \\ c_{m1}(t) & c_{m2}(t) & \cdots & c_{mn}(t) \end{pmatrix}
$$

$$
\boldsymbol{D}(t) = \begin{pmatrix} d_{11}(t) & d_{12}(t) & \cdots & d_{1r}(t) \\ d_{21}(t) & d_{22}(t) & \cdots & d_{2r}(t) \\ \vdots & \vdots & & \vdots \\ d_{m1}(t) & d_{m2}(t) & \cdots & d_{mr}(t) \end{pmatrix}
$$

它们的元素有些或全部是时间 t 的函数。

线性时变系统的状态空间表达式为：

$$
\left.\begin{aligned}
\dot{\boldsymbol{x}} &= \boldsymbol{A}(t)\boldsymbol{x} + \boldsymbol{B}(t)\boldsymbol{u} \\
\boldsymbol{y} &= \boldsymbol{C}(t)\boldsymbol{x} + \boldsymbol{D}(t)\boldsymbol{u}
\end{aligned}\right\} \tag{1.81}
$$

从高阶线性时变微分方程推演出状态空间表达式的方法，类似于前述线性定常系统。

1.8.2 非线性系统

非线性的动态特性是用如下的 n 个一阶微分方程组描述的：

$$
\left.\begin{aligned}
\dot{x}_i &= f_i(x_1, x_2, \cdots, x_n; u_1, u_2, \cdots, u_r; t), i = 1, 2, \cdots, n \\
y_j &= g_j(x_1, x_2, \cdots, x_n; u_1, u_2, \cdots, u_r; t), j = 1, 2, \cdots, m
\end{aligned}\right\} \tag{1.82}
$$

用矢量矩阵表示，则为：

$$\left.\begin{aligned}\dot{\boldsymbol{x}} &= \boldsymbol{f}(\boldsymbol{x},\boldsymbol{u},t)\\ \boldsymbol{y} &= \boldsymbol{g}(\boldsymbol{x},\boldsymbol{u},\boldsymbol{t})\end{aligned}\right\}\tag{1.83}$$

式中，$\boldsymbol{f}$、$\boldsymbol{g}$ 为矢量函数；f_i、g_j 为 $\boldsymbol{f}$、$\boldsymbol{g}$ 的元素。

如果式（1.82）或式（1.83）中不显含时间 t，则为时不变非线性系统，而为：

$$\left.\begin{aligned}\dot{\boldsymbol{x}} &= \boldsymbol{f}(\boldsymbol{x},\boldsymbol{u})\\ \boldsymbol{y} &= \boldsymbol{g}(\boldsymbol{x},\boldsymbol{u})\end{aligned}\right\}\tag{1.84}$$

设 $\boldsymbol{x}_0$、$\boldsymbol{u}_0$ 和 $\boldsymbol{y}_0$ 是满足非线性方程式（1.84）的一组解，即

$$\begin{aligned}\dot{\boldsymbol{x}}_0 &= \boldsymbol{f}(\boldsymbol{x}_0,\boldsymbol{u}_0)\\ \boldsymbol{y}_0 &= \boldsymbol{g}(\boldsymbol{x}_0,\boldsymbol{u}_0)\end{aligned}\tag{1.85}$$

如果我们只局限于考察输入 $\boldsymbol{u}$ 偏离 $\boldsymbol{u}_0$ 为 $\delta\boldsymbol{u}$ 时，对应于它，$\boldsymbol{x}$ 也偏离 $\boldsymbol{x}_0$ 为 $\delta\boldsymbol{x}$；$\boldsymbol{y}$ 也偏离 $\boldsymbol{y}_0$ 为 $\delta\boldsymbol{y}$ 时的行为，则可以通过对系统的一次近似而予以线性化。为此，将 $\boldsymbol{f}$ 和 $\boldsymbol{g}$ 在 $\boldsymbol{x}_0$ 和 $\boldsymbol{u}_0$ 附近作泰勒级数展开：

$$\left.\begin{aligned}\boldsymbol{f}(\boldsymbol{x},\boldsymbol{u}) &= \boldsymbol{f}(\boldsymbol{x}_0,\boldsymbol{u}_0) + \left.\frac{\partial \boldsymbol{f}}{\partial \boldsymbol{x}}\right|_{\boldsymbol{x}_0,\boldsymbol{u}_0}\delta\boldsymbol{x} + \left.\frac{\partial \boldsymbol{f}}{\partial \boldsymbol{u}}\right|_{\boldsymbol{x}_0,\boldsymbol{u}_0}\delta\boldsymbol{u} + \alpha(\delta\boldsymbol{x},\delta\boldsymbol{u})\\ \boldsymbol{g}(\boldsymbol{x},\boldsymbol{u}) &= \boldsymbol{g}(\boldsymbol{x}_0,\boldsymbol{u}_0) + \left.\frac{\partial \boldsymbol{g}}{\partial \boldsymbol{x}}\right|_{\boldsymbol{x}_0,\boldsymbol{u}_0}\delta\boldsymbol{x} + \left.\frac{\partial \boldsymbol{g}}{\partial \boldsymbol{u}}\right|_{\boldsymbol{x}_0,\boldsymbol{u}_0}\delta\boldsymbol{u} + \beta(\delta\boldsymbol{x},\delta\boldsymbol{u})\end{aligned}\right\}\tag{1.86}$$

式中，$\alpha(\delta\boldsymbol{x},\delta\boldsymbol{u})$、$\beta(\delta\boldsymbol{x},\delta\boldsymbol{u})$ 为关于 $\delta\boldsymbol{x}$、$\delta\boldsymbol{u}$ 的高次项；$\frac{\partial \boldsymbol{f}}{\partial \boldsymbol{x}}$、$\frac{\partial \boldsymbol{f}}{\partial \boldsymbol{u}}$分别为矢量$f(\boldsymbol{x},\boldsymbol{u})$ 对矢量 $\boldsymbol{x}$ 和 $\boldsymbol{u}$ 的偏导数；$\frac{\partial \boldsymbol{g}}{\partial \boldsymbol{x}}$、$\frac{\partial \boldsymbol{g}}{\partial \boldsymbol{u}}$分别为矢量 $\boldsymbol{g}(\boldsymbol{x},\boldsymbol{u})$ 对矢量 $\boldsymbol{x}$ 和 $\boldsymbol{u}$ 的偏导数。

它们分别是 $n\times n$，$n\times r$，$m\times n$，$m\times r$ 维矩阵，其相应定义如下：

$$\frac{\partial \boldsymbol{f}}{\partial \boldsymbol{x}} = \begin{pmatrix}\frac{\partial f_1}{\partial x_1} & \frac{\partial f_1}{\partial x_2} & \cdots & \frac{\partial f_1}{\partial x_n}\\ \frac{\partial f_2}{\partial x_1} & \frac{\partial f_2}{\partial x_2} & \cdots & \frac{\partial f_2}{\partial x_n}\\ \vdots & \vdots & & \vdots\\ \frac{\partial f_n}{\partial x_1} & \frac{\partial f_n}{\partial x_2} & \cdots & \frac{\partial f_n}{\partial x_n}\end{pmatrix}$$

$$\frac{\partial \boldsymbol{f}}{\partial \boldsymbol{u}} = \begin{pmatrix}\frac{\partial f_1}{\partial u_1} & \frac{\partial f_1}{\partial u_2} & \cdots & \frac{\partial f_1}{\partial u_r}\\ \frac{\partial f_2}{\partial u_1} & \frac{\partial f_2}{\partial u_2} & \cdots & \frac{\partial f_2}{\partial u_r}\\ \vdots & \vdots & & \vdots\\ \frac{\partial f_n}{\partial u_1} & \frac{\partial f_n}{\partial u_2} & \cdots & \frac{\partial f_n}{\partial u_r}\end{pmatrix}$$

$$\frac{\partial \boldsymbol{g}}{\partial \boldsymbol{x}} = \begin{pmatrix} \frac{\partial g_1}{\partial x_1} & \frac{\partial g_1}{\partial x_2} & \cdots & \frac{\partial g_1}{\partial x_n} \\ \frac{\partial g_2}{\partial x_1} & \frac{\partial g_2}{\partial x_2} & \cdots & \frac{\partial g_2}{\partial x_n} \\ \vdots & \vdots & & \vdots \\ \frac{\partial g_m}{\partial x_1} & \frac{\partial g_m}{\partial x_2} & \cdots & \frac{\partial g_m}{\partial x_n} \end{pmatrix}$$

$$\frac{\partial \boldsymbol{g}}{\partial \boldsymbol{u}} = \begin{pmatrix} \frac{\partial g_1}{\partial u_1} & \frac{\partial g_1}{\partial u_2} & \cdots & \frac{\partial g_1}{\partial u_r} \\ \frac{\partial g_2}{\partial u_1} & \frac{\partial g_2}{\partial u_2} & \cdots & \frac{\partial g_2}{\partial u_r} \\ \vdots & \vdots & & \vdots \\ \frac{\partial g_m}{\partial u_1} & \frac{\partial g_m}{\partial u_2} & \cdots & \frac{\partial g_m}{\partial u_r} \end{pmatrix}$$

忽略$\alpha(\delta \boldsymbol{x}, \delta \boldsymbol{u})$和$\beta(\delta \boldsymbol{x}, \delta \boldsymbol{u})$高次项，考虑到式（1.85），则式（1.86）的线性化表达式为：

$$\begin{aligned} \delta \dot{\boldsymbol{x}} &= \dot{\boldsymbol{x}} - \dot{\boldsymbol{x}}_0 = \left.\frac{\partial \boldsymbol{f}}{\partial \boldsymbol{x}}\right|_{\boldsymbol{x}_0, \boldsymbol{u}_0} \delta \boldsymbol{x} + \left.\frac{\partial \boldsymbol{f}}{\partial \boldsymbol{u}}\right|_{\boldsymbol{x}_0, \boldsymbol{u}_0} \delta \boldsymbol{u} \\ \delta \boldsymbol{y} &= \boldsymbol{y} - \boldsymbol{y}_0 = \left.\frac{\partial \boldsymbol{g}}{\partial \boldsymbol{x}}\right|_{\boldsymbol{x}_0, \boldsymbol{u}_0} \delta \boldsymbol{x} + \left.\frac{\partial \boldsymbol{g}}{\partial \boldsymbol{u}}\right|_{\boldsymbol{x}_0, \boldsymbol{u}_0} \delta \boldsymbol{u} \end{aligned} \tag{1.87}$$

令

$$\left.\frac{\partial \boldsymbol{f}}{\partial \boldsymbol{x}}\right|_{\boldsymbol{x}_0, \boldsymbol{u}_0} = \boldsymbol{A}; \quad \left.\frac{\partial \boldsymbol{f}}{\partial \boldsymbol{u}}\right|_{\boldsymbol{x}_0, \boldsymbol{u}_0} = \boldsymbol{B}$$

$$\left.\frac{\partial \boldsymbol{g}}{\partial \boldsymbol{x}}\right|_{\boldsymbol{x}_0, \boldsymbol{u}_0} = \boldsymbol{C}; \quad \left.\frac{\partial \boldsymbol{g}}{\partial \boldsymbol{u}}\right|_{\boldsymbol{x}_0, \boldsymbol{u}_0} = \boldsymbol{D}$$

并在式（1.87）中将$\delta \boldsymbol{x}$，$\delta \boldsymbol{u}$，$\delta \boldsymbol{y}$这些微增量分别用$\hat{\boldsymbol{x}}$，$\hat{\boldsymbol{u}}$，$\hat{\boldsymbol{y}}$表示，则线性化后的表达式就成了一般线性表达式了，即

$$\begin{aligned} \dot{\hat{\boldsymbol{x}}} &= \boldsymbol{A}\hat{\boldsymbol{x}} + \boldsymbol{B}\hat{\boldsymbol{u}} \\ \hat{\boldsymbol{y}} &= \boldsymbol{C}\hat{\boldsymbol{x}} + \boldsymbol{D}\hat{\boldsymbol{u}} \end{aligned} \tag{1.88}$$

【例 1-12】 试求下列非线性系统：

$$\begin{aligned} \dot{x}_1 &= x_2 \\ \dot{x}_2 &= x_1 + x_2 + x_2^3 + 2u \\ y &= x_1 + x_2^2 \end{aligned}$$

在$x_0 = 0$处的线性化状态空间表达式。

解 由状态方程和输出方程知：

$$\begin{aligned} f_1(x_1, x_2, u) &= x_2 \\ f_2(x_1, x_2, u) &= x_1 + x_2 + x_2^3 + 2u \\ g(x_1, x_2, u) &= x_1 + x_2^2 \end{aligned}$$

$$\left.\frac{\partial f_1}{\partial x_1}\right|_{x_0}=0,\left.\frac{\partial f_1}{\partial x_2}\right|_{x_0}=1,\left.\frac{\partial f_2}{\partial x_1}\right|_{x_0}=1,$$

$$\left.\frac{\partial f_2}{\partial x_2}\right|_{x_0}=(1+3x_2^2)\,|_{x_0}=1,\left.\frac{\partial g}{\partial x_1}\right|_{x_0}=1,\left.\frac{\partial g}{\partial x_2}\right|_{x_0}=2x_2\,|_{x_0}=0$$

于是

$$\boldsymbol{A}=\left.\frac{\partial \boldsymbol{f}}{\partial \boldsymbol{x}}\right|_{x_0}=\begin{pmatrix}0&1\\1&1\end{pmatrix},\quad \boldsymbol{B}=\left.\frac{\partial \boldsymbol{f}}{\partial \boldsymbol{u}}\right|_{x_0}=\begin{pmatrix}0\\2\end{pmatrix}$$

$$\boldsymbol{C}=\left.\frac{\partial \boldsymbol{g}}{\partial \boldsymbol{x}}\right|_{x_0}=(1,\ \ 0),\quad \boldsymbol{D}=0$$

故线性化后的表达式为：

$$\dot{\hat{\boldsymbol{x}}}=\begin{pmatrix}0&1\\1&1\end{pmatrix}\hat{\boldsymbol{x}}+\begin{pmatrix}0\\2\end{pmatrix}\hat{\boldsymbol{u}}$$

$$\hat{\boldsymbol{y}}=(1,\ \ 0)\hat{\boldsymbol{x}}$$

在已知非线性系统的模拟结构图时，建立系统的状态空间表达式是很容易的，例如图 1.25 的非线性系统。图中 $\phi_1(\cdot)$ 和 $\phi_2(\cdot)$ 表示非线性函数发生器。选取状态变量如图 1.25 所示，从图易得：

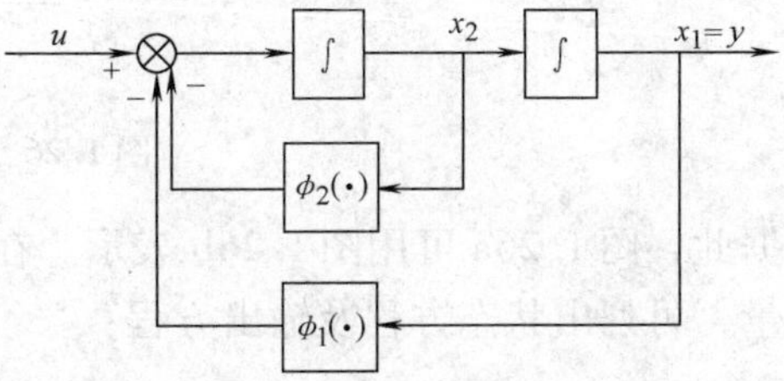

图 1.25　非线性系统模拟结构图

$$\dot{x}_1=x_2$$

$$\dot{x}_2=-\phi_1(x_1)-\phi_2(x_2)+u$$

$$y=x_1$$

即

$$\begin{pmatrix}\dot{x}_1\\\dot{x}_2\end{pmatrix}=\begin{pmatrix}x_2\\-\phi_1(x_1)-\phi_2(x_2)\end{pmatrix}+\begin{pmatrix}0\\1\end{pmatrix}u=\begin{pmatrix}f_1(x_1,x_2)\\f_2(x_1,x_2)\end{pmatrix}+\begin{pmatrix}0\\1\end{pmatrix}u$$

$$y=[1,0]x$$

从已知非线性微分方程求取状态空间表达式则是较复杂的。例如，已知：

$$\ddot{y}+\phi(y)\dot{y}+\varphi(y)=u$$

它的模拟结构图可表示如图 1.26a 所示，这里涉及到 $\phi(y)$ 和 y 的乘积。令：

$$F(y)=\int\phi(\boldsymbol{y})\mathrm{d}y$$

即

$$\phi(y)=\frac{\mathrm{d}F(y)}{\mathrm{d}y}$$

则

$$\frac{\mathrm{d}F(y)}{\mathrm{d}t}=\frac{\mathrm{d}F(y)}{\mathrm{d}y}\cdot\frac{\mathrm{d}y}{\mathrm{d}t}$$

即

$$\dot{F}(y)=\phi(y)\dot{y}$$

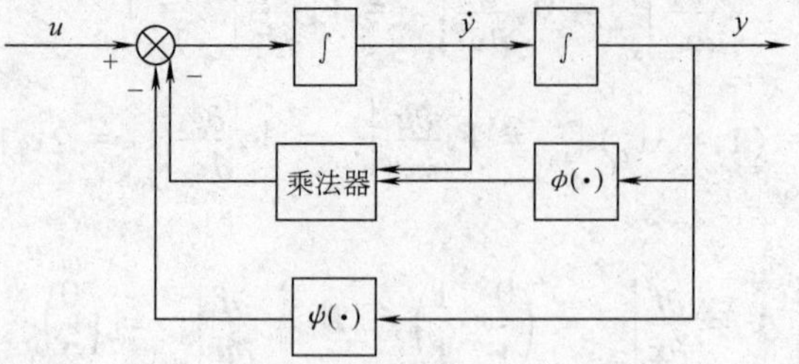

a)

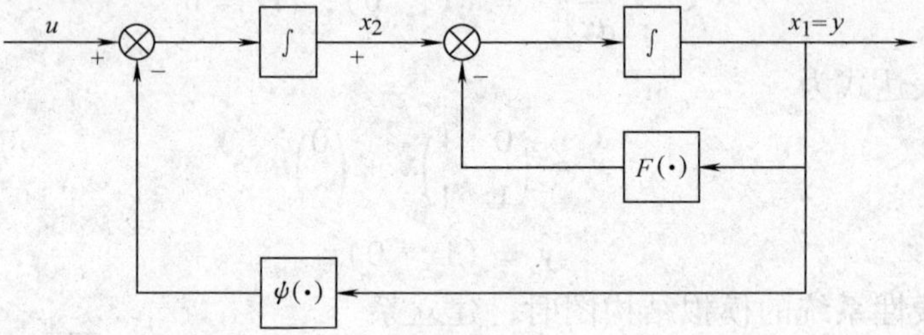

b)

图 1.26　非线性系统模拟结构图

据此，图 1.26a 可用图 1.26b 表示。在图 1.26b 中，取每个积分器的输出 x_1、x_2 作状态变量，可列出状态方程及输出方程：

$$\dot{x}_1 = x_2 - F(x_1) = f_1(x_1, x_2, u)$$

$$\dot{x}_2 = -\varphi(x_1) + u = f_2(x_1, x_2, u)$$

$$y = x_1$$

习　　题

1-1　试求图 1.27 系统的模拟结构图，并建立其状态空间表达式。

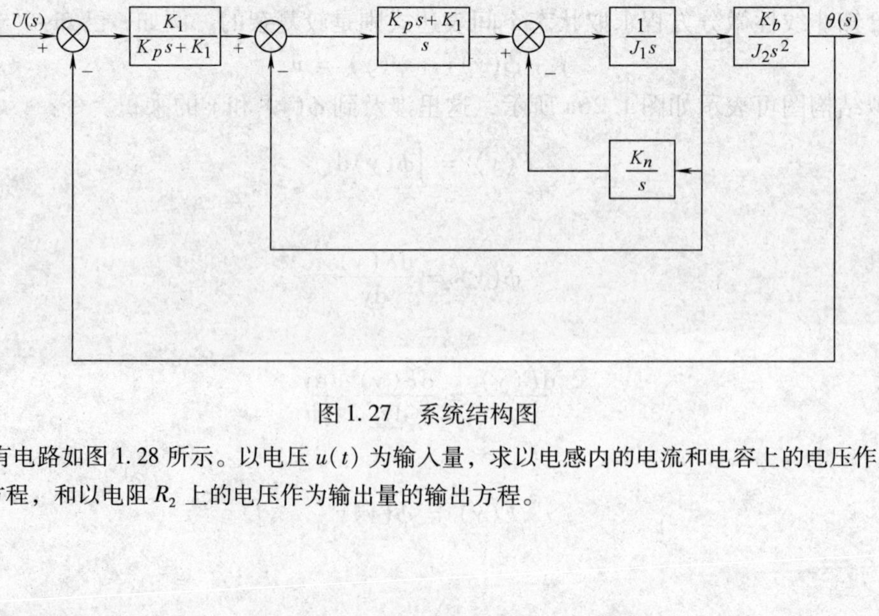

图 1.27　系统结构图

1-2　有电路如图 1.28 所示。以电压 $u(t)$ 为输入量，求以电感内的电流和电容上的电压作为状态变量的状态方程，和以电阻 R_2 上的电压作为输出量的输出方程。

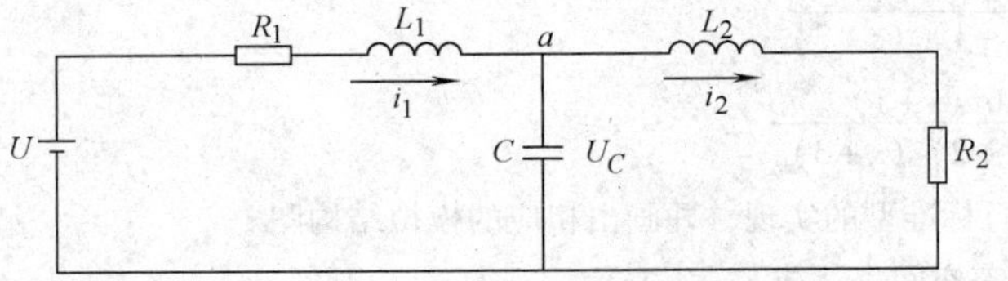

图 1.28　电路图

1-3　有机械系统如图 1.29 所示，M_1 和 M_2 分别受外力 f_1 和 f_2 的作用。求以 M_1 和 M_2 的运动速度为输出的状态空间表达式。

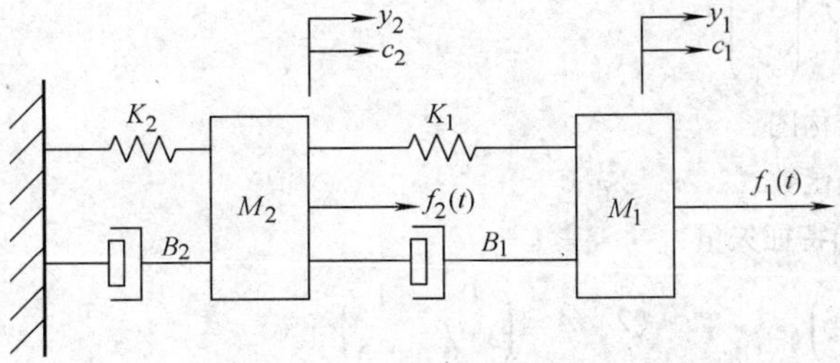

图 1.29　机械系统

1-4　两输入 u_1、u_2，两输出 y_1、y_2 的系统，其模拟结构图如图 1.30 所示，试求其状态空间表达式和传递函数阵。

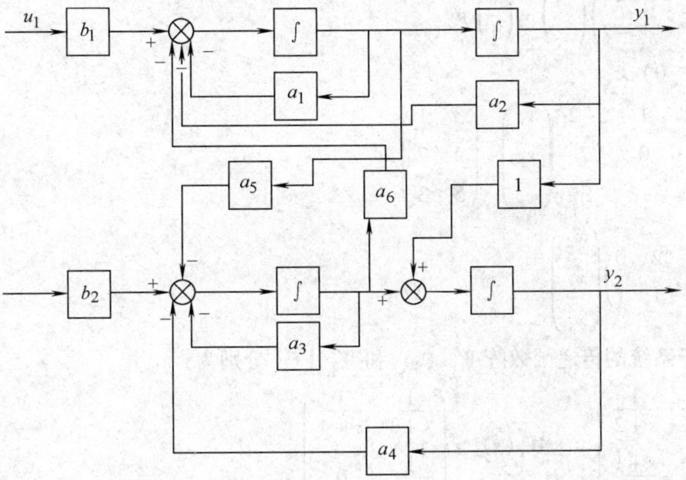

图 1.30　双输入—双输出系统模拟结构图

1-5　系统的动态特性由下列微分方程描述：

（1）$\dddot{y}+5\ddot{y}+7\dot{y}+3y=\dot{u}+2u$

（2）$\dddot{y}+5\ddot{y}+7\dot{y}+3y=\ddot{u}+3\dot{u}+2u$

列写其相应的状态空间表达式，并画出相应的模拟结构图。

1-6　已知系统传递函数：

(1) $W(s)=\dfrac{10(s-1)}{s(s+1)(s+3)}$

(2) $W(s)=\dfrac{6(s+1)}{s(s+2)(s+3)^2}$

试求出系统的约旦标准型的实现，并画出相应的模拟结构图。

1-7　给定下列状态空间表达式：

$$\begin{pmatrix}\dot{x}_1\\ \dot{x}_2\\ \dot{x}_3\end{pmatrix}=\begin{pmatrix}0&1&0\\-2&-3&0\\-1&1&-3\end{pmatrix}\begin{pmatrix}x_1\\x_2\\x_3\end{pmatrix}+\begin{pmatrix}0\\1\\2\end{pmatrix}u$$

$$y=(0,\quad 0,\quad 1)\begin{pmatrix}x_1\\x_2\\x_3\end{pmatrix}$$

(1) 画出其模拟结构图。

(2) 求系统的传递函数。

1-8　求下列矩阵的特征矢量：

(1) $\boldsymbol{A}=\begin{pmatrix}-2&1\\-1&-2\end{pmatrix}$　　(2) $\boldsymbol{A}=\begin{pmatrix}0&1\\-6&-5\end{pmatrix}$

(3) $\boldsymbol{A}=\begin{pmatrix}0&1&0\\3&0&2\\-12&-7&-6\end{pmatrix}$　　(4) $\boldsymbol{A}=\begin{pmatrix}1&2&-1\\-1&0&-1\\4&4&5\end{pmatrix}$

1-9　试将下列状态空间表达式化成约旦标准型（并联分解）：

(1) $\begin{pmatrix}\dot{x}_1\\ \dot{x}_2\end{pmatrix}=\begin{pmatrix}-2&1\\1&-2\end{pmatrix}\begin{pmatrix}x_1\\x_2\end{pmatrix}+\begin{pmatrix}0\\1\end{pmatrix}u$

$\boldsymbol{y}=(1,\quad 0)\,\boldsymbol{x}$

(2) $\begin{pmatrix}\dot{x}_1\\ \dot{x}_2\\ \dot{x}_3\end{pmatrix}=\begin{pmatrix}4&1&-2\\1&0&2\\1&-1&3\end{pmatrix}\begin{pmatrix}x_1\\x_2\\x_3\end{pmatrix}+\begin{pmatrix}3&1\\2&7\\5&3\end{pmatrix}\boldsymbol{u}$

$\begin{pmatrix}y_1\\y_2\end{pmatrix}=\begin{pmatrix}1&2&0\\0&1&1\end{pmatrix}\begin{pmatrix}x_1\\x_2\\x_3\end{pmatrix}$

1-10　已知两子系统的传递函数阵 $W_1(s)$ 和 $W_2(s)$ 分别为：

$$\boldsymbol{W}_1(s)=\begin{pmatrix}\dfrac{1}{s+1}&\dfrac{1}{s+2}\\0&\dfrac{s+1}{s+2}\end{pmatrix}\qquad \boldsymbol{W}_2(s)=\begin{pmatrix}\dfrac{1}{s+3}&\dfrac{1}{s+4}\\\dfrac{1}{s+1}&0\end{pmatrix}$$

试求两子系统串联联接和并联联接时，系统的传递函数阵，并讨论所得结果。

1-11　已知如图 1.22 所示的系统，其中子系统 1、2 的传递函数阵分别为：

$$\boldsymbol{W}_1(s)=\begin{pmatrix}\dfrac{1}{s+1}&\dfrac{-1}{s}\\0&\dfrac{1}{s+2}\end{pmatrix}\qquad \boldsymbol{W}_2(s)=\begin{pmatrix}1&0\\0&1\end{pmatrix}$$

求系统的闭环传递函数阵。

1-12　已知差分方程为：

$$y(k+2)+3y(k+1)+2y(k)=2u(k+1)+3u(k)$$

试将其用离散状态空间表达式表示，并使驱动函数 u 的系数 $\boldsymbol{b}$（即控制列阵）为

（1）$\boldsymbol{b}=\begin{pmatrix}1\\1\end{pmatrix}$

（2）$\boldsymbol{b}=\begin{pmatrix}0\\1\end{pmatrix}$

第 2 章

控制系统状态空间表达式的解

建立了控制系统状态空间表达式之后，随之而来的是对其求解的问题。本章将重点讨论状态转移矩阵的定义、性质和计算方法，从而导出状态方程的求解公式。

本章讨论的另一个重要问题是连续时间系统状态方程的离散化问题。无论对连续受控对象实行计算机在线控制，或者采用计算机对连续时间状态方程求解，都要遇到这个问题。

2.1 线性定常齐次状态方程的解（自由解）

所谓系统的自由解，是指系统输入为零时，由初始状态引起的自由运动。此时，状态方程为齐次微分方程：

$$\dot{\boldsymbol{x}} = \boldsymbol{A}\boldsymbol{x} \tag{2.1}$$

若初始时刻 t_0 时的状态给定为 $\boldsymbol{x}(t_0)=\boldsymbol{x}_0$，则式（2.1）有唯一确定解：

$$\boldsymbol{x}(t) = \mathrm{e}^{\boldsymbol{A}(t-t_0)}\boldsymbol{x}_0, t \geqslant t_0 \tag{2.2}$$

若初始时刻从 $t=0$ 开始，即 $x(0)=x_0$，则其解为：

$$\boldsymbol{x}(t) = \mathrm{e}^{\boldsymbol{A}t}\boldsymbol{x}_0, t \geqslant 0 \tag{2.3}$$

证明 和标量微分方程求解类似，先假设式（2.1）的解 $x(t)$ 为 t 的矢量幂级数形式，即

$$\boldsymbol{x}(t) = b_0 + b_1 t + b_2 t^2 + \cdots + b_k t^k + \cdots \tag{2.4}$$

代入式（2.1）得：

$$
\begin{aligned}
& b_1 + 2b_2t + 3b_3t^2 + \cdots + kb_kt^{k-1} + \cdots \\
& = \boldsymbol{A}(b_0 + b_1t + b_2t^2 + \cdots + b_kt^k + \cdots)
\end{aligned} \tag{2.5}
$$

既然式（2.4）是式（2.1）的解，则式（2.5）对任意时刻 t 都成立，故 t 的同次幂项的系数应相等，有：

$$
\begin{aligned}
b_1 &= \boldsymbol{A}b_0 \\
b_2 &= \frac{1}{2}\boldsymbol{A}b_1 = \frac{1}{2!}\boldsymbol{A}^2b_0 \\
b_3 &= \frac{1}{3}\boldsymbol{A}b_2 = \frac{1}{3!}\boldsymbol{A}^3b_0 \\
&\vdots \\
b_k &= \frac{1}{k}\boldsymbol{A}b_{k-1} = \frac{1}{k!}\boldsymbol{A}^kb_0 \\
&\vdots
\end{aligned}
$$

在式（2.4）中，令 $t=0$，可得：

$$b_0 = x(0) = x_0$$

将以上结果代入式（2.4），故得：

$$\boldsymbol{x}(t) = (\boldsymbol{I} + \boldsymbol{A}t + \frac{1}{2!}\boldsymbol{A}^2t^2 + \cdots + \frac{1}{k!}\boldsymbol{A}^kt^k + \cdots)\boldsymbol{x}_0 \tag{2.6}$$

等式右边括号内的展开式是 $n\times n$ 矩阵，它是一个矩阵指数函数，记为 $\mathrm{e}^{\boldsymbol{A}t}$，即

$$\mathrm{e}^{\boldsymbol{A}t} = \boldsymbol{I} + \boldsymbol{A}t + \frac{1}{2!}\boldsymbol{A}^2t^2 + \cdots + \frac{1}{k!}\boldsymbol{A}^kt^k + \cdots \tag{2.7}$$

于是式（2.6）可表示为：

$$\boldsymbol{x}(t) = \mathrm{e}^{\boldsymbol{A}t}\boldsymbol{x}_0$$

再用（$t-t_0$）代替（$t-0$），即在代替 t 的情况下，同样可以证明式（2.2）的正确性。

2.2　矩阵指数函数——状态转移矩阵

2.2.1　状态转移矩阵

齐次微分方程（2.1）的自由解为：

$$\boldsymbol{x}(t) = \mathrm{e}^{\boldsymbol{A}t}\boldsymbol{x}_0$$

或

$$\boldsymbol{x}(t) = \mathrm{e}^{\boldsymbol{A}(t-t_0)}\boldsymbol{x}_0$$

从这个解的表达式可知，它反映了从初始时刻的状态矢量 $\boldsymbol{x}_0$，到任意 $t>0$ 或 $t>t_0$ 时刻的状态矢量 $\boldsymbol{x}$（t）的一种矢量变换关系，变换矩阵就是矩阵指数函数 $\mathrm{e}^{\boldsymbol{A}t}$。它不同于上一章的线性变换矩阵 $\boldsymbol{T}$，它不是一个常数矩阵，它的元素一般是时间 t 的函数，即是一个 $n\times n$ 时变函数矩阵；从时间的角度而言，这意味着它使状态矢量随着时间的推移，不断地在状态空间中作转移，所以 $\mathrm{e}^{\boldsymbol{A}t}$ 也称为**状态转移矩阵**，通常记为 $\boldsymbol{\Phi}(t)$。$\boldsymbol{\Phi}(t) = \mathrm{e}^{\boldsymbol{A}t}$ 表示 $\boldsymbol{x}(0)$

到 $\boldsymbol{x}(t)$ 的转移矩阵，而 $\boldsymbol{\Phi}(t-t_0)=\mathrm{e}^{\boldsymbol{A}(t-t_0)}$ 表示 $\boldsymbol{x}(t_0)$ 到 $\boldsymbol{x}(t)$ 的转移矩阵。

这样，$\dot{\boldsymbol{x}}=\boldsymbol{A}\boldsymbol{x}$ 的解，又可表示为：

$$\boldsymbol{x}(t)=\boldsymbol{\Phi}(t)\boldsymbol{x}(0)$$

或

$$\boldsymbol{x}(t)=\boldsymbol{\Phi}(t-t_0)\boldsymbol{x}(t_0)$$

它的几何意义，以二维状态矢量为例，可用图形表示，如图 2.1 所示。

从图可知，在 $t=0$ 时，$\boldsymbol{x}(0)=\begin{pmatrix}x_{10}\\x_{20}\end{pmatrix}$，若以此为初始条件，且已知 $\boldsymbol{\Phi}(t_1)$，那么在 $t=t_1$ 时的状态将为：

$$\boldsymbol{x}(t_1)=\begin{pmatrix}x_{11}\\x_{21}\end{pmatrix}=\boldsymbol{\Phi}(t_1)\boldsymbol{x}(0) \tag{2.8}$$

若已知 $\boldsymbol{\Phi}(t_2)$，那么 $t=t_2$ 时的状态将为：

$$\boldsymbol{x}(t_2)=\begin{pmatrix}x_{12}\\x_{22}\end{pmatrix}=\boldsymbol{\Phi}(t_2)\boldsymbol{x}(0) \tag{2.9}$$

即状态从 $\boldsymbol{x}(0)$ 开始，将按 $\boldsymbol{\Phi}(t_1)$ 或 $\boldsymbol{\Phi}(t_2)$ 转移到 $\boldsymbol{x}(t_1)$ 或 $\boldsymbol{x}(t_2)$，在状态空间中描绘出一条运动轨线。

若以 $t=t_1$ 作为初始时刻，则状态 $\boldsymbol{x}(t_1)$ 是初始状态从 t_1 转移到 t_2 的状态将为：

$$\boldsymbol{x}(t_2)=\boldsymbol{\Phi}(t_2-t_1)\boldsymbol{x}(t_1) \tag{2.10}$$

将式（2.8）的 $\boldsymbol{x}(t_1)$ 代入上式，可得：

$$\boldsymbol{x}(t_2)=\boldsymbol{\Phi}(t_2-t_1)\boldsymbol{\Phi}(t_1)\boldsymbol{x}(0) \tag{2.11}$$

式（2.11）表示从 $\boldsymbol{x}(0)$ 转移到 $\boldsymbol{x}(t_1)$，再由 $\boldsymbol{x}(t_1)$ 转移到 $\boldsymbol{x}(t_2)$ 的运动规律。

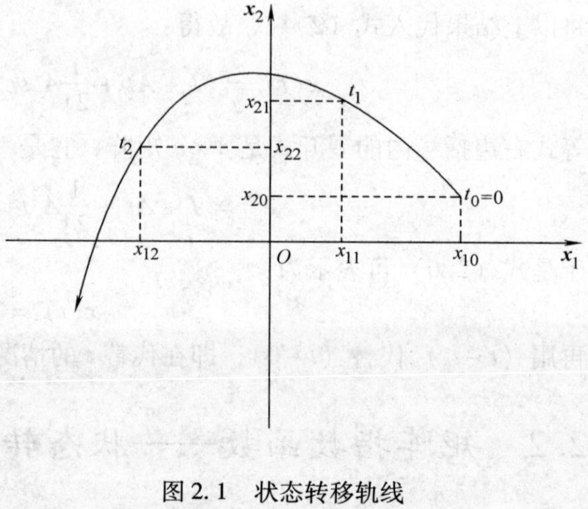

图 2.1　状态转移轨线

比较式（2.9）和式（2.11），可知转移矩阵（或矩阵指数）有以下关系：

$$\boldsymbol{\Phi}(t_2-t_1)\boldsymbol{\Phi}(t_1)=\boldsymbol{\Phi}(t_2)$$

或

$$\mathrm{e}^{\boldsymbol{A}(t_2-t_1)}\mathrm{e}^{\boldsymbol{A}t_1}=\mathrm{e}^{\boldsymbol{A}t_2} \tag{2.12}$$

这种关系称为组合性质。

综上分析可以看出，利用状态转移矩阵，可以从任意指定的初始时刻状态矢量 $\boldsymbol{x}(t_0)$，求得任意时刻 t 的状态矢量 $\boldsymbol{x}(t)$。换言之，矩阵微分方程的解，在时间上可以任意分段求取，这是动态系统用状态空间表示法的又一优点。因为在经典控制理论中，用高阶微分方程描述的系统，在求解时，对初始条件的处理是很麻烦的，一般都假定初始时刻 $t=0$ 时，初始条件也为零，即从零初始条件出发，去计算系统的输出响应。

2.2.2 状态转移矩阵（矩阵指数函数）的基本性质

1. 性质一

$$\boldsymbol{\Phi}(t)\boldsymbol{\Phi}(\tau) = \boldsymbol{\Phi}(t+\tau)$$

或
$$e^{At}e^{A\tau} = e^{A(t+\tau)} \tag{2.13}$$

这就是组合性质，它意味着从 $-\tau$ 转移到0，再从0转移到 t 的组合，即

$$\boldsymbol{\Phi}(t-0)\boldsymbol{\Phi}(0-(-\tau)) = \boldsymbol{\Phi}[t-(-\tau)] = \boldsymbol{\Phi}(t+\tau)$$

2. 性质二

$$\boldsymbol{\Phi}(t-t) = \boldsymbol{I}$$

或
$$e^{A(t-t)} = \boldsymbol{I} \tag{2.14}$$

上述二性质均可由式（2.7）的定义得到证明。性质二意味着状态矢量从时刻 t 又转移到时刻 t，显然状态矢量是不变的。

3. 性质三

$$[\boldsymbol{\Phi}(t)]^{-1} = \boldsymbol{\Phi}(-t)$$

或
$$[e^{At}]^{-1} = e^{-At} \tag{2.15}$$

这个性质是，转移矩阵的逆意味着时间的逆转；利用这个性质，可以在已知 $\boldsymbol{x}(t)$ 的情况下，求出小于时刻 t 的 $\boldsymbol{x}(t_0)(t_0 < t)$。

4. 性质四

对于转移矩阵有：

$$\dot{\boldsymbol{\Phi}}(t) = \boldsymbol{A}\boldsymbol{\Phi}(t) = \boldsymbol{\Phi}(t)\boldsymbol{A}$$

或
$$\frac{d}{dt}e^{At} = \boldsymbol{A}e^{At} = e^{At}\boldsymbol{A} \tag{2.16}$$

这个性质说明，$\boldsymbol{\Phi}(t)$ 或 e^{At}矩阵与 $\boldsymbol{A}$ 矩阵是可以交换的。读者可自行证明。

5. 性质五

对于 $n\times n$ 方阵 $\boldsymbol{A}$ 和 $\boldsymbol{B}$，当且仅当 $\boldsymbol{AB}=\boldsymbol{BA}$ 时，有 $e^{At}e^{Bt}=e^{(A+B)t}$；而当 $\boldsymbol{AB}\neq\boldsymbol{BA}$ 时，则 $e^{At}e^{Bt}\neq e^{(A+B)t}$。

这个性质说明，除非距阵 $\boldsymbol{A}$ 与 $\boldsymbol{B}$ 是可交换的，它们各目的矩阵指数函数之积与其和的矩阵指数函数不等价。这与标量指数函数的性质是不同的。证明留作习题2-1，请读者完成。

2.2.3 几个特殊的矩阵指数函数

这里仅将结果列出，证明留作习题2-2。

1. 若 $\boldsymbol{A}$ 为对角线矩阵，即

$$\boldsymbol{A} = \boldsymbol{\Lambda} = \begin{pmatrix} \lambda_1 & & & \boldsymbol{0} \\ & \lambda_2 & & \\ & & \ddots & \\ \boldsymbol{0} & & & \lambda_n \end{pmatrix}$$

则

$$e^{At}=\boldsymbol{\Phi}(t)=\begin{pmatrix} e^{\lambda_1 t} & & & \\ & e^{\lambda_2 t} & & \mathbf{0} \\ & \mathbf{0} & \ddots & \\ & & & e^{\lambda_n t}\end{pmatrix} \tag{2.17}$$

2. 若 A 能够通过非奇异变换予以对角线化，即

$$T^{-1}AT=\Lambda$$

则

$$e^{At}=\boldsymbol{\Phi}(t)=T\begin{pmatrix} e^{\lambda_1 t} & & & \\ & e^{\lambda_2 t} & & \mathbf{0} \\ & \mathbf{0} & \ddots & \\ & & & e^{\lambda_n t}\end{pmatrix}T^{-1} \tag{2.18}$$

3. 若 A 为约旦矩阵

$$A=J=\begin{pmatrix} \lambda & 1 & & & & \\ & \lambda & 1 & & \mathbf{0} & \\ & & \lambda & \ddots & & \\ & & \mathbf{0} & \ddots & 1 & \\ & & & & \lambda & 1 \\ & & & & & \lambda \end{pmatrix}_{n\times n}$$

则

$$e^{Jt}=\boldsymbol{\Phi}(t)=e^{\lambda t}\begin{pmatrix} 1 & t & \frac{1}{2!}t^2 & \cdots & \frac{1}{(n-1)!}t^{n-1} \\ 0 & 1 & t & \cdots & \frac{1}{(n-2)!}t^{n-2} \\ \vdots & \vdots & \vdots & \ddots & \vdots \\ 0 & 0 & 0 & \cdots & t \\ 0 & 0 & 0 & \cdots & 1 \end{pmatrix} \tag{2.19}$$

4. 若 $A=\begin{pmatrix}\sigma & \omega \\ -\omega & \sigma\end{pmatrix}$

$$e^{At}=\boldsymbol{\Phi}(t)=\begin{pmatrix}\cos\omega t & \sin\omega t \\ -\sin\omega t & \cos\omega t\end{pmatrix}e^{\sigma t} \tag{2.20}$$

2.2.4 $\boldsymbol{\Phi}(t)$ 或 e^{At} 的计算

1. 根据 e^{At} 或 $\boldsymbol{\Phi}(t)$ 的定义直接计算

$$e^{At}=I+At+\frac{1}{2!}A^2t^2+\cdots+\frac{1}{n!}A^nt^n+\cdots$$

【例 2-1】 已知 $A=\begin{pmatrix}0 & 1 \\ -2 & -3\end{pmatrix}$，求 e^{At}。

解

$$e^{At}=\begin{pmatrix}1&0\\0&1\end{pmatrix}+\begin{pmatrix}0&1\\-2&-3\end{pmatrix}t+\begin{pmatrix}0&1\\-2&-3\end{pmatrix}^2\frac{t^2}{2!}+\begin{pmatrix}0&1\\-2&-3\end{pmatrix}^3\frac{t^3}{3!}+\cdots$$

$$=\begin{pmatrix}1-t^2+t^3+\cdots & t-\frac{3}{2}t^2-\frac{7}{6}t^3+\cdots\\ -2t+3t^2-\frac{7}{3}t^3+\cdots & 1-3t+\frac{7}{2}t^2-\frac{5}{2}t^3+\cdots\end{pmatrix}$$

此法具有步骤简便和编程容易的优点，适合于用计算机计算。但是采用此法计算难于获得解析形式的结果。

2. 变换 *A* 为约旦标准型

（1）***A*** 特征根互异

$$\boldsymbol{\Lambda}=\boldsymbol{T}^{-1}\boldsymbol{A}\boldsymbol{T}$$

其中 ***T*** 是使 ***A*** 变换为对角线矩阵的变换阵。由式（2.18），有：

$$e^{At}=\boldsymbol{T}e^{\Lambda t}\boldsymbol{T}^{-1}$$

【例 2-2】　同例 2-1，即 $\boldsymbol{A}=\begin{pmatrix}0&1\\-2&-3\end{pmatrix}$

解

$$|\lambda\boldsymbol{I}-\boldsymbol{A}|=\begin{pmatrix}\lambda&-1\\2&\lambda+3\end{pmatrix}=\lambda^2+3\lambda+2=(\lambda+1)(\lambda+2)$$

所以

$$\lambda_1=-1,\lambda_2=-2$$

根据式（1.47），可求得相应的变换矩阵：

$$\boldsymbol{T}=\begin{pmatrix}2&1\\-2&-2\end{pmatrix}$$

$$\boldsymbol{T}^{-1}=\begin{pmatrix}1&\frac{1}{2}\\-1&-1\end{pmatrix}$$

这样

$$e^{At}=\begin{pmatrix}2&1\\-2&-2\end{pmatrix}\begin{pmatrix}e^{-t}&0\\0&e^{-2t}\end{pmatrix}\begin{pmatrix}1&\frac{1}{2}\\-1&-1\end{pmatrix}$$

$$=\begin{pmatrix}2e^{-t}-e^{-2t} & e^{-t}-e^{-2t}\\ -2e^{-t}+2e^{-2t} & -e^{-t}+2e^{-2t}\end{pmatrix}$$

（2）***A*** 特征值有重根

同式（2.18），有：

$$\boldsymbol{J}=\boldsymbol{T}^{-1}\boldsymbol{A}\boldsymbol{T}$$

$$e^{At}=\boldsymbol{T}e^{Jt}\boldsymbol{T}^{-1}$$

【例 2-3】　$\boldsymbol{A}=\begin{pmatrix}0&1&0\\0&0&1\\2&-5&4\end{pmatrix}$，求 e^{At}。

解

$$|\lambda I - A| = \begin{vmatrix} \lambda & -1 & 0 \\ 0 & \lambda & -1 \\ -2 & 5 & \lambda - 4 \end{vmatrix} = (\lambda - 1)^2(\lambda - 2)$$

$$\lambda_1 = \lambda_2 = 1, \lambda_3 = 2$$

按式（2.19）

$$J = \begin{pmatrix} 1 & 1 & 0 \\ 0 & 1 & 0 \\ 0 & 0 & 2 \end{pmatrix}$$

所以

$$e^{Jt} = \begin{pmatrix} e^t & te^t & 0 \\ 0 & e^t & 0 \\ 0 & 0 & e^{2t} \end{pmatrix}$$

问题仍然是需求出变换矩阵 T 及 T^{-1}。按第一章所述的方法可求得：

$$T = \begin{pmatrix} 1 & -1 & 1 \\ 1 & 0 & 2 \\ 1 & 1 & 4 \end{pmatrix}, T^{-1} = \begin{pmatrix} -2 & 5 & -2 \\ -2 & 3 & -1 \\ 1 & -2 & 1 \end{pmatrix}$$

因此

$$\begin{aligned} e^{At} &= \begin{pmatrix} 1 & -1 & 1 \\ 1 & 0 & 2 \\ 1 & 1 & 4 \end{pmatrix} \begin{pmatrix} e^t & te^t & 0 \\ 0 & e^t & 0 \\ 0 & 0 & e^{2t} \end{pmatrix} \begin{pmatrix} -2 & 5 & -2 \\ -2 & 3 & -1 \\ 1 & -2 & 1 \end{pmatrix} \\ &= \begin{pmatrix} e^t & te^t - e^t & e^{2t} \\ e^t & te^t & 2e^{2t} \\ e^t & te^t + e^t & 4e^{2t} \end{pmatrix} \begin{pmatrix} -2 & 5 & -2 \\ -2 & 3 & -1 \\ 1 & -2 & 1 \end{pmatrix} \\ &= \begin{pmatrix} -2te^t + e^{2t} & 3te^t + 2e^t - e^{2t} & -te^t - e^t + e^{2t} \\ 2(e^{2t} - te^t - e^t) & 3te^t + 5e^t - 4e^{2t} & -te^t - 2e^t + 2e^{2t} \\ -2te^t - 4e^t + 4e^{2t} & 3te^t + 8e^t - 8e^{2t} & -te^t - 3e^t + 4e^{2t} \end{pmatrix} \end{aligned}$$

3. 利用拉氏反变换法求 e^{At}

$$e^{At} = \Phi(t) = \mathcal{L}^{-1}[(sI - A)^{-1}] \tag{2.21}$$

证明 齐次微分方程

$$\dot{x} = Ax(t), \quad x(0) = x_0$$

两边取拉氏变换

$$sX(s) - x(0) = AX(s)$$

即

$$(sI - A)X(s) = x(0) = x_0$$

故

$$X(s) = (sI - A)^{-1}x_0$$

对上式两边取拉氏反变换，从而得到齐次微分方程的解：

$$\boldsymbol{x}(t)=\mathcal{L}^{-1}[(s\boldsymbol{I}-\boldsymbol{A})^{-1}]\boldsymbol{x}_0$$

上式和式（2.3）比较，有：

$$\mathrm{e}^{\boldsymbol{A}t}=\mathcal{L}^{-1}[(s\boldsymbol{I}-\boldsymbol{A})^{-1}]$$

【例 2-4】　同例 2-1，$\boldsymbol{A}=\begin{pmatrix}0 & 1\\ -2 & -3\end{pmatrix}$；试用拉氏反变换法求 $\mathrm{e}^{\boldsymbol{A}t}$。

解

$$s\boldsymbol{I}-\boldsymbol{A}=\begin{pmatrix}s & -1\\ 2 & s+3\end{pmatrix}$$

$$\begin{aligned}(s\boldsymbol{I}-\boldsymbol{A})^{-1}&=\frac{1}{|s\boldsymbol{I}-\boldsymbol{A}|}\mathrm{adj}(s\boldsymbol{I}-\boldsymbol{A})\\&=\frac{1}{(s+1)(s+2)}\begin{pmatrix}s+3 & 1\\ -2 & s\end{pmatrix}\\&=\begin{pmatrix}\dfrac{s+3}{(s+1)(s+2)} & \dfrac{1}{(s+1)(s+2)}\\ \dfrac{-2}{(s+1)(s+2)} & \dfrac{s}{(s+1)(s+2)}\end{pmatrix}\\&=\begin{pmatrix}\dfrac{2}{s+1}-\dfrac{1}{s+2} & \dfrac{1}{s+1}-\dfrac{1}{s+2}\\ \dfrac{-2}{s+1}+\dfrac{2}{s+2} & \dfrac{-1}{s+1}+\dfrac{2}{s+2}\end{pmatrix}\end{aligned}$$

所以

$$\mathrm{e}^{\boldsymbol{A}t}=\mathcal{L}^{-1}[(s\boldsymbol{I}-\boldsymbol{A})^{-1}]=\begin{pmatrix}2\mathrm{e}^{-t}-\mathrm{e}^{-2t} & \mathrm{e}^{-t}-\mathrm{e}^{-2t}\\ -2\mathrm{e}^{-t}+2\mathrm{e}^{-2t} & -\mathrm{e}^{-t}+2\mathrm{e}^{-2t}\end{pmatrix}$$

4. 应用凯莱—哈密顿定理求 $\mathrm{e}^{\boldsymbol{A}t}$

（1）由凯莱—哈密顿定理，方阵 $\boldsymbol{A}$ 满足其自身的特征方程，即

$$f(\boldsymbol{A})=\boldsymbol{A}^n+a_{n-1}\boldsymbol{A}^{n-1}+\cdots+a_1\boldsymbol{A}+a_0\boldsymbol{I}=0$$

所以有

$$\boldsymbol{A}^n=-a_{n-1}\boldsymbol{A}^{n-1}-a_{n-2}\boldsymbol{A}^{n-2}-\cdots-a_1\boldsymbol{A}-a_0\boldsymbol{I}$$

它是 $\boldsymbol{A}^{n-1}$，$\boldsymbol{A}^{n-2}$，…，$\boldsymbol{A}$，$\boldsymbol{I}$ 的线性组合。

同理

$$\begin{aligned}\boldsymbol{A}^{n+1}=\boldsymbol{A}\cdot\boldsymbol{A}^n&=-a_{n-1}\boldsymbol{A}^n-(a_{n-2}\boldsymbol{A}^{n-1}+a_{n-3}\boldsymbol{A}^{n-2}+\cdots+a_1\boldsymbol{A}^2+a_0\boldsymbol{A})\\&=-a_{n-1}(-a_{n-1}\boldsymbol{A}^{n-1}-a_{n-2}\boldsymbol{A}^{n-2}-\cdots-a_0\boldsymbol{I})-(a_{n-2}\boldsymbol{A}^{n-1}+\cdots+a_1\boldsymbol{A}^2+a_0\boldsymbol{A})\\&=(a_{n-1}^2-a_{n-2})\boldsymbol{A}^{n-1}+(a_{n-1}a_{n-2}-a_{n-3})\boldsymbol{A}^{n-2}+\cdots+(a_{n-1}a_1-a_0)\boldsymbol{A}+a_{n-1}a_0\boldsymbol{I}\end{aligned}$$

以此类推，$\boldsymbol{A}^{n+1}$，$\boldsymbol{A}^{n+2}$，…都可用 $\boldsymbol{A}^{n-1}$，$\boldsymbol{A}^{n-2}$，…，$\boldsymbol{A}$，$\boldsymbol{I}$ 线性表示。

（2）在 $\mathrm{e}^{\boldsymbol{A}t}$定义（2.7）中，用（1）的方法可以消去 $\boldsymbol{A}$ 的 n 及 n 以上的幂次项，即

$$\begin{aligned}\mathrm{e}^{\boldsymbol{A}t}&=\boldsymbol{I}+\boldsymbol{A}t+\frac{1}{2!}\boldsymbol{A}^2t^2+\cdots+\frac{1}{(n-1)!}\boldsymbol{A}^{n-1}t^{n-1}+\frac{1}{n!}\boldsymbol{A}^nt^n+\cdots\\&=\alpha_{n-1}(t)\boldsymbol{A}^{n-1}+\alpha_{n-2}(t)\boldsymbol{A}^{n-2}+\cdots+\alpha_1(t)\boldsymbol{A}+\alpha_0(t)\boldsymbol{I}\end{aligned}\tag{2.22}$$

【例 2-5】 已知 $\boldsymbol{A}=\begin{pmatrix}0 & 1\\ -2 & -3\end{pmatrix}$，求 $e^{\boldsymbol{A}t}$ 表示式中的 $\alpha_i(t)$ 。

解 $\boldsymbol{A}$ 的特征方程：

$$|\lambda\boldsymbol{I}-\boldsymbol{A}|=\begin{vmatrix}\lambda & -1\\ 2 & \lambda+3\end{vmatrix}=\lambda^2+3\lambda+2=0$$

按凯莱—哈密顿定理，有：

$$\boldsymbol{A}^2+3\boldsymbol{A}+2\boldsymbol{I}=0$$

$$\boldsymbol{A}^2=-3\boldsymbol{A}-2\boldsymbol{I}$$

所以

$$\begin{aligned}\boldsymbol{A}^3&=\boldsymbol{A}\cdot\boldsymbol{A}^2=\boldsymbol{A}(-3\boldsymbol{A}-2\boldsymbol{I})\\&=-3\boldsymbol{A}^2-2\boldsymbol{A}=-3(-3\boldsymbol{A}-2\boldsymbol{I})-2\boldsymbol{A}\\&=7\boldsymbol{A}+6\boldsymbol{I}\\ \boldsymbol{A}^4&=\boldsymbol{A}\cdot\boldsymbol{A}^3=7\boldsymbol{A}^2+6\boldsymbol{A}\\&=7(-3\boldsymbol{A}-2\boldsymbol{I})+6\boldsymbol{A}=-15\boldsymbol{A}-14\boldsymbol{I}\\&\ \ \vdots\end{aligned}$$

以此代入下式中的相应项中，即可消去 $\boldsymbol{A}$ 的 2 次及 2 以上各次幂：

$$\begin{aligned}e^{\boldsymbol{A}t}&=\boldsymbol{I}+\boldsymbol{A}t+\frac{1}{2!}\boldsymbol{A}^2t^2+\frac{1}{3!}\boldsymbol{A}^3t^3+\frac{1}{4!}\boldsymbol{A}^4t^4+\cdots\\&=(t-\frac{3}{2!}t^2+\frac{7}{3!}t^3-\frac{15}{4!}t^4+\cdots)\boldsymbol{A}+(1-t^2-t^3-\frac{14}{4!}t^4+\cdots)\boldsymbol{I}\\&=\alpha_1(t)\boldsymbol{A}+\alpha_0(t)\boldsymbol{I}\end{aligned}$$

因此

$$\alpha_1(t)=t-\frac{3}{2!}t^2+\frac{7}{3!}t^3-\frac{15}{4!}t^4+\cdots$$

$$\alpha_0(t)=1-t^2-t^3-\frac{14}{4!}t^4+\cdots$$

(3) $\alpha_i(t)$ 的计算公式

上例求 $\alpha_i(t)$，只是为了加深对式（2.22）的理解，并说明 α_i 是时刻 t 的函数；实际却不宜据之计算 $\alpha_i(t)$，一则是得不到 $\alpha_i(t)$ 的解析表达式，二则是当 A 的维数较高时，将造成计算上的繁琐。这里提出计算 $\alpha_i(t)$ 的一般公式。

$\boldsymbol{A}$ 的特征值互异时，则

$$\begin{pmatrix}\alpha_0(t)\\ \alpha_1(t)\\ \vdots\\ \alpha_{n-1}(t)\end{pmatrix}=\begin{pmatrix}1 & \lambda_1 & \lambda_1^2 & \cdots & \lambda_1^{n-1}\\ 1 & \lambda_2 & \lambda_2^2 & \cdots & \lambda_2^{n-1}\\ \vdots & \vdots & \vdots & & \vdots\\ 1 & \lambda_n & \lambda_n^2 & \cdots & \lambda_n^{n-1}\end{pmatrix}^{-1}\begin{pmatrix}e^{\lambda_1 t}\\ e^{\lambda_2 t}\\ \vdots\\ e^{\lambda_n t}\end{pmatrix} \tag{2.23}$$

证明 根据 $\boldsymbol{A}$ 满足其自身特征方程式的定理，可知特征值 λ 和 $\boldsymbol{A}$ 是可以互换的，因此，λ 也必满足式（2.22），从而有：

$$\left.\begin{aligned}\alpha_0(t)+\alpha_1(t)\lambda_1+\cdots+\alpha_{n-1}(t)\lambda_1^{n-1}&=\mathrm{e}^{\lambda_1 t}\\ \alpha_0(t)+\alpha_1(t)\lambda_2+\cdots+\alpha_{n-1}(t)\lambda_2^{n-1}&=\mathrm{e}^{\lambda_2 t}\\ &\vdots\\ \alpha_0(t)+\alpha_1(t)\lambda_n+\cdots+\alpha_{n-1}(t)\lambda_n^{n-1}&=\mathrm{e}^{\lambda_n t}\end{aligned}\right\}$$

上式对 $(\alpha_0(t),\ \alpha_1(t),\ \cdots,\ \alpha_{n-1}(t))^{\mathrm{T}}$ 求解，即得式（2.23）。

$\boldsymbol{A}$ 的特征值均相同，为 λ_1 时，则

$$\begin{pmatrix}\alpha_0(t)\\ \alpha_1(t)\\ \vdots\\ \alpha_{n-3}(t)\\ \alpha_{n-2}(t)\\ \alpha_{n-1}(t)\end{pmatrix}=\begin{pmatrix}0&0&0&\cdots&0&1\\ 0&0&0&\cdots&1&(n-1)\lambda_1\\ \vdots&\vdots&\vdots&&\vdots&\vdots\\ 0&0&1&\cdots&\cdots&\dfrac{(n-1)(n-2)}{2!}\lambda_1^{n-3}\\ 0&1&2\lambda_1&\cdots&\cdots&(n-1)\lambda_1^{n-2}\\ 1&\lambda_1&\lambda_1^2&\cdots&\lambda_1^{n-2}&\lambda_1^{n-1}\end{pmatrix}^{-1}\begin{pmatrix}\dfrac{1}{(n-1)!}t^{n-1}\mathrm{e}^{\lambda_1 t}\\ \dfrac{1}{(n-2)!}t^{n-2}\mathrm{e}^{\lambda_2 t}\\ \vdots\\ \dfrac{1}{2!}t^2\mathrm{e}^{\lambda_1 t}\\ t\mathrm{e}^{\lambda_1 t}\\ \mathrm{e}^{\lambda_1 t}\end{pmatrix}\tag{2.24}$$

证明　同上，有：

$$\alpha_0(t)+\alpha_1(t)\lambda_1+\alpha_2(t)\lambda_1^2+\cdots+\alpha_{n-1}(t)\lambda_1^{n-1}=\mathrm{e}^{\lambda_1 t}$$

上式对 λ_1 求导数，有：

$$\alpha_1(t)+2\alpha_2(t)\lambda_1+\cdots+(n-1)\alpha_{n-1}(t)\lambda_1^{n-2}=t\mathrm{e}^{\lambda_1 t}$$

再对 λ_1 求导数，有：

$$2\alpha_2(t)+6\alpha_3(t)\lambda_1+\cdots+(n-1)(n-2)\alpha_{n-1}(t)\lambda_1^{n-3}=t^2\mathrm{e}^{\lambda_1 t}$$

重复以上步骤，最后有：

$$(n-1)!\alpha_{n-1}(t)=t^{n-1}\mathrm{e}^{\lambda_1 t}$$

由上面的 n 个方程，对 $\alpha_i(t)$ 求解，即得公式（2.24）。

【例 2-6】　$\boldsymbol{A}=\begin{pmatrix}0&1\\-2&-3\end{pmatrix}$，求 $\mathrm{e}^{\boldsymbol{A}t}$。

解　同例 2-5，知 $\lambda_1=-1$，$\lambda_2=-2$，为互异根，按式（2.23）：

$$\begin{pmatrix}\alpha_0\\ \alpha_1\end{pmatrix}=\begin{pmatrix}1&\lambda_1\\ 1&\lambda_2\end{pmatrix}^{-1}\begin{pmatrix}\mathrm{e}^{\lambda_1 t}\\ \mathrm{e}^{\lambda_2 t}\end{pmatrix}=\begin{pmatrix}1&-1\\ 1&-2\end{pmatrix}^{-1}\begin{pmatrix}\mathrm{e}^{-t}\\ \mathrm{e}^{-2t}\end{pmatrix}$$

$$=\begin{pmatrix}2&-1\\ 1&-1\end{pmatrix}\begin{pmatrix}\mathrm{e}^{-t}\\ \mathrm{e}^{-2t}\end{pmatrix}=\begin{pmatrix}2\mathrm{e}^{-t}-\mathrm{e}^{-2t}\\ \mathrm{e}^{-t}-\mathrm{e}^{-2t}\end{pmatrix}$$

所以

$$
\begin{aligned}
e^{At} &= \alpha_0(t)\boldsymbol{I} + \alpha_1(t)\boldsymbol{A} \\
&= (2e^{-t} - e^{-2t})\begin{pmatrix} 1 & 0 \\ 0 & 1 \end{pmatrix} + (e^{-t} - e^{-2t})\begin{pmatrix} 0 & 1 \\ -2 & -3 \end{pmatrix} \\
&= \begin{pmatrix} 2e^{-t} - e^{-2t} & e^{-t} - e^{-2t} \\ -2e^{-t} + 2e^{-2t} & -e^{-t} + 2e^{-2t} \end{pmatrix}
\end{aligned}
$$

【例 2-7】 $\boldsymbol{A} = \begin{pmatrix} 0 & 1 & 0 \\ 0 & 0 & 1 \\ 2 & -5 & 4 \end{pmatrix}$，求 e^{At}。

解 同例 2-3，$\lambda_1 = \lambda_2 = 1$，$\lambda_3 = 2$，有一对重根。重根部分按式（2.24）处理。非重根部分仍按式（2.23）计算。

$$
\begin{aligned}
\begin{pmatrix} \alpha_0 \\ \alpha_1 \\ \alpha_2 \end{pmatrix} &= \begin{pmatrix} 0 & 1 & 2\lambda_1 \\ 1 & \lambda_1 & \lambda_1^2 \\ 1 & \lambda_3 & \lambda_3^2 \end{pmatrix}^{-1} \begin{pmatrix} te^{\lambda_1 t} \\ e^{\lambda_1 t} \\ e^{\lambda_3 t} \end{pmatrix} \\
&= \begin{pmatrix} 0 & 1 & 2 \\ 1 & 1 & 1 \\ 1 & 2 & 4 \end{pmatrix}^{-1} \begin{pmatrix} te^t \\ e^t \\ e^{2t} \end{pmatrix} = \begin{pmatrix} -2 & 0 & 1 \\ 3 & 2 & -2 \\ -1 & -1 & 1 \end{pmatrix} \begin{pmatrix} te^t \\ e^t \\ e^{2t} \end{pmatrix}
\end{aligned}
$$

因此

$$
\begin{aligned}
e^{At} &= (-2te^t + e^{2t})\begin{pmatrix} 1 & 0 & 0 \\ 0 & 1 & 0 \\ 0 & 0 & 1 \end{pmatrix} + (3te^t + 2e^t - 2e^{2t})\begin{pmatrix} 0 & 1 & 0 \\ 0 & 0 & 1 \\ 2 & -5 & 4 \end{pmatrix} \\
&\quad + (-te^t - e^t + e^{2t})\begin{pmatrix} 0 & 0 & 1 \\ 2 & -5 & 4 \\ 8 & -18 & 11 \end{pmatrix} \\
&= \begin{pmatrix} -2te^t + e^{2t} & 3te^t + 2e^t - 2e^{2t} & -te^t - e^t + e^{2t} \\ 2(e^{2t} - te^t - e^t) & 3te^t + 5e^t - 4e^{2t} & -te^t - 2e^t + 2e^{2t} \\ -2te^t - 4e^t + 4e^{2t} & 3te^t + 8e^t - 8e^{2t} & -te^t - 3e^t + 4e^{2t} \end{pmatrix}
\end{aligned}
$$

2.3 线性定常系统非齐次方程的解

现在讨论线性定常系统在控制作用 $\boldsymbol{u}(t)$ 作用下的强制运动。此时状态方程为非齐次矩阵微分方程：

$$
\dot{\boldsymbol{x}} = \boldsymbol{A}\boldsymbol{x} + \boldsymbol{B}\boldsymbol{u} \tag{2.25}
$$

当初始时刻 $t_0 = 0$，初始状态 $\boldsymbol{x}(t_0)$ 时，其解为：

$$
\boldsymbol{x}(t) = \boldsymbol{\Phi}(t)\boldsymbol{x}(0) + \int_0^t \boldsymbol{\Phi}(t-\tau)\boldsymbol{B}\boldsymbol{u}(\tau)d\tau \tag{2.26}
$$

式中，$\boldsymbol{\Phi}(t) = e^{At}$。

当初始时刻为 t_0，初始状态为 $\boldsymbol{x}(t_0)$ 时，其解为：

$$\boldsymbol{x}(t) = \boldsymbol{\Phi}(t-t_0)\boldsymbol{x}(t_0) + \int_{t_0}^{t}\boldsymbol{\Phi}(t-\tau)\boldsymbol{Bu}(\tau)d\tau \tag{2.27}$$

式中，$\boldsymbol{\Phi}(t-t_0) = \mathrm{e}^{\boldsymbol{A}(t-t_0)}$。

很明显，式（2.25）的解 $\boldsymbol{x}(t)$ 由两部分组成：等式右边第一项表示由初始状态引起的自由运动，第二项表示由控制激励作用引起的强制运动。

证明　采用类似标量微分方程求解的方法，将式（2.25）写成：

$$\dot{\boldsymbol{x}} - \boldsymbol{Ax} = \boldsymbol{Bu}$$

等式两边同左乘 $\mathrm{e}^{-\boldsymbol{A}t}$，得：

$$\mathrm{e}^{-\boldsymbol{A}t}[\dot{\boldsymbol{x}} - \boldsymbol{Ax}] = \mathrm{e}^{-\boldsymbol{A}t}\boldsymbol{Bu}(t)$$

即

$$\frac{\mathrm{d}}{\mathrm{d}t}[\mathrm{e}^{-\boldsymbol{A}t}\boldsymbol{x}(t)] = \mathrm{e}^{-\boldsymbol{A}t}\boldsymbol{Bu}(t) \tag{2.28}$$

对式（2.28）在［0，t］上间积分，有：

$$\mathrm{e}^{-\boldsymbol{A}t}\boldsymbol{x}(t)\Big|_0^t = \int_0^t \mathrm{e}^{-\boldsymbol{A}\tau}\boldsymbol{Bu}(\tau)\mathrm{d}\tau$$

整理后可得式（2.26）：

$$\boldsymbol{x}(t) = \mathrm{e}^{\boldsymbol{A}t}\boldsymbol{x}(0) + \int_0^t \mathrm{e}^{\boldsymbol{A}(t-\tau)}\boldsymbol{Bu}(\tau)\mathrm{d}\tau$$

同理，若对式（2.28）在［t_0，t］上积分，即可证明式（2.27）。

式（2.26）也可从拉氏变换法求得，对式（2.25）进行拉氏变换，有：

$$s\boldsymbol{X}(s) - \boldsymbol{x}(0) = \boldsymbol{AX}(s) + \boldsymbol{BU}(s)$$

即

$$(s\boldsymbol{I} - \boldsymbol{A})\boldsymbol{X}(s) = \boldsymbol{x}(0) + \boldsymbol{BU}(s)$$

上式左乘 $(s\boldsymbol{I}-\boldsymbol{A})^{-1}$，得：

$$\boldsymbol{x}(s) = (s\boldsymbol{I} - \boldsymbol{A})^{-1}\boldsymbol{x}(0) + (s\boldsymbol{I} - \boldsymbol{A})^{-1}\boldsymbol{BU}(s) \tag{2.29}$$

注意式（2.29）等式右边第二项，其中：

$$(s\boldsymbol{I} - \boldsymbol{A})^{-1} = \pounds\,[\boldsymbol{\Phi}(t)]$$
$$\boldsymbol{U}(s) = \pounds\,[\boldsymbol{u}(t)]$$

两个拉氏变换函数的积是一个卷积的拉氏变换，即

$$(s\boldsymbol{I} - \boldsymbol{A})^{-1}\boldsymbol{BU}(s) = \pounds\left[\int_0^t \boldsymbol{\Phi}(t-\tau)\boldsymbol{Bu}(\tau)\mathrm{d}\tau\right]$$

以此代入式（2.29），并取拉氏反变换，即得 $\boldsymbol{x}(t)$：

$$\boldsymbol{x}(t) = \boldsymbol{\Phi}(t)\boldsymbol{x}(0) + \int_0^t \boldsymbol{\Phi}(t-\tau)\boldsymbol{Bu}(\tau)\mathrm{d}\tau$$

【例 2-8】　求下述系统在单位阶跃函数作用下的解：

$$\dot{\boldsymbol{x}} = \begin{pmatrix} 0 & 1 \\ -2 & -3 \end{pmatrix}\boldsymbol{x} + \begin{pmatrix} 0 \\ 1 \end{pmatrix}u$$

解　（1）先求 $\boldsymbol{\Phi}(t)$

从例 2-2、例 2-4、例 2-6 已求得

$$\boldsymbol{\Phi}(t) = e^{At} = \begin{pmatrix} 2e^{-t} - e^{-2t} & e^{-t} - e^{-2t} \\ -2e^{-t} + 2e^{-2t} & -e^{-t} + 2e^{-2t} \end{pmatrix}$$

（2）将 $\boldsymbol{B} = \begin{pmatrix} 0 \\ 1 \end{pmatrix}$，$\boldsymbol{u}(t) = \boldsymbol{1}(t)$ 代入式（2.26）

$$\begin{aligned} \boldsymbol{x}(t) &= \begin{pmatrix} 2e^{-t} - e^{-2t} & e^{-t} - e^{-2t} \\ -2e^{-t} + 2e^{-2t} & -e^{-t} + 2e^{-2t} \end{pmatrix} \begin{pmatrix} x_1(0) \\ x_2(0) \end{pmatrix} \\ &\quad + \int_0^t \begin{pmatrix} e^{-(t-\tau)} - e^{-2(t-\tau)} \\ -e^{-(t-\tau)} + 2e^{-2(t-\tau)} \end{pmatrix} d\boldsymbol{\tau} \\ &= \begin{pmatrix} (2e^{-t} - e^{-2t})x_1(0) + (e^{-t} - e^{-2t})x_2(0) \\ (-2e^{-t} + 2e^{-2t})x_1(0) + (-e^{-t} + 2e^{-2t})x_2(0) \end{pmatrix} \\ &\quad + \begin{pmatrix} \frac{1}{2} - e^{-t} + \frac{1}{2}e^{-2t} \\ e^{-t} - e^{-2t} \end{pmatrix} \\ &= \begin{pmatrix} \frac{1}{2} + [2x_1(0) + x_2(0) - 1]e^{-t} - [x_1(0) + x_2(0) - \frac{1}{2}]e^{-2t} \\ -[2x_1(0) + x_2(0) - 1]e^{-t} + [2x_1(0) + 2x_2(0) - 1]e^{-2t} \end{pmatrix} \end{aligned}$$

若初始条件为零，即 $\boldsymbol{x}(0) = 0$，则系统的响应仅取决于控制作用的激励部分，而为：

$$\begin{pmatrix} x_1(t) \\ x_2(t) \end{pmatrix} = \begin{pmatrix} \frac{1}{2} - e^{-t} + \frac{1}{2}e^{-2t} \\ e^{-t} - e^{-2t} \end{pmatrix}$$

在特定控制作用下，如脉冲函数、阶跃函数和斜坡函数的激励下，则系统的解式（2.26）可以简化为以下公式：

1. 脉冲响应

即当 $\boldsymbol{u}(t) = \boldsymbol{K}\delta(t), \boldsymbol{x}(0_-) = \boldsymbol{x}_0$ 时

$$\boldsymbol{x}(t) = e^{At}\boldsymbol{x}_0 + e^{At}\boldsymbol{BK} \tag{2.30}$$

式中，$\boldsymbol{K}$ 为与 $u(t)$ 同维的常数矢量。

2. 阶跃响应

即当 $\boldsymbol{u}(t) = \boldsymbol{K} \times \boldsymbol{1}(t), \boldsymbol{x}(0_-) = \boldsymbol{x}_0$ 时

$$\boldsymbol{x}(t) = e^{At}\boldsymbol{x}_0 + \boldsymbol{A}^{-1}(e^{At} - \boldsymbol{I})\boldsymbol{BK} \tag{2.31}$$

3. 斜坡响应

即当 $\boldsymbol{u}(t) = \boldsymbol{K}t \times \boldsymbol{1}(t), \boldsymbol{x}(0_-) = \boldsymbol{x}_0$ 时

$$\boldsymbol{x}(t) = e^{At}\boldsymbol{x}_0 + [\boldsymbol{A}^{-2}(e^{At} - \boldsymbol{I}) - \boldsymbol{A}^{-1}(t)]\boldsymbol{BK} \tag{2.32}$$

2.4 线性时变系统的解

和线性定常系统不同，时变系统的状态方程的解常常不能写成解析形式，因此数值

解法对于时变系统是重要的。

2.4.1　时变系统状态方程解的特点

为了讨论时变系统状态方程的求解方法，现在先讨论一个标量时变系统：

$$\frac{\mathrm{d}x(t)}{\mathrm{d}t} = a(t)x(t) \tag{2.33}$$

采用分离变量法，将上式写成：

$$\frac{\mathrm{d}x(t)}{x(t)} = a(t)\mathrm{d}t$$

对上式两边积分得：

$$\ln x(t) - \ln x(t_0) = \int_{t_0}^{t} a(\tau)\mathrm{d}\tau$$

因此

$$x(t) = \mathrm{e}^{\int_{t_0}^{t} a(\tau)\mathrm{d}\tau} x(t_0) \tag{2.34}$$

或者写成：

$$x(t) = \exp\left(\int_{t_0}^{t} a(\tau)\mathrm{d}\tau\right) x(t_0)$$

仿照定常系统齐次状态方程的求解公式，式（2.34）中的 exp（$\int_{0}^{t} a(\tau)\mathrm{d}\tau$）也可以表示为状态转移矩阵，不过这时状态转移矩阵不仅是时间 t 的函数，而且也是初始时刻 t_0 的函数。故采用符号 $\boldsymbol{\Phi}(t,t_0)$ 来表示这个二元函数：

$$\boldsymbol{\Phi}(t,t_0) = \exp\left(\int_{t_0}^{t} a(\tau)\mathrm{d}\tau\right) \tag{2.35}$$

于是式（2.34）可写成：

$$x(t) = \boldsymbol{\Phi}(t,t_0)x(t_0) \tag{2.36}$$

能否将式（2.35）这个关系式也推广到矢量方程：

$$\dot{\boldsymbol{x}} = \boldsymbol{A}(t)\boldsymbol{x}(t)$$

使之有：

$$\boldsymbol{x}(t) = \exp\left[\int_{t_0}^{t} \boldsymbol{A}(\tau)\mathrm{d}\tau\right]\boldsymbol{x}(t_0) \tag{2.37}$$

遗憾的是，只有当 $\boldsymbol{A}(t)$ 和 $\int_{t_0}^{t} \boldsymbol{A}(\tau)\mathrm{d}\tau$ 满足乘法可交换条件，上述关系才能成立。现证明如下：

如果 exp［$\int_{t_0}^{t} \boldsymbol{A}(\tau)\mathrm{d}\tau$］$\boldsymbol{x}(t_0)$ 是齐次方程的解，那么 exp［$\int_{t_0}^{t} \boldsymbol{A}(\tau)\mathrm{d}\tau$］$\boldsymbol{x}(t_0)$ 必须满足：

$$\frac{\mathrm{d}}{\mathrm{d}t}\exp\left[\int_{t_0}^{t} \boldsymbol{A}(\tau)\mathrm{d}\tau\right] = \boldsymbol{A}(t)\exp\left[\int_{t_0}^{t} \boldsymbol{A}(\tau)\mathrm{d}\tau\right] \tag{2.38}$$

把 exp［$\int_{t_0}^{t} \boldsymbol{A}(\tau)\mathrm{d}\tau$］展开成幂级数：

$$\exp\left[\int_{t_0}^{t}\boldsymbol{A}(\tau)\mathrm{d}\tau\right] = \boldsymbol{I} + \int_{t_0}^{t}\boldsymbol{A}(\tau)\mathrm{d}\tau + \frac{1}{2!}\int_{t_0}^{t}\boldsymbol{A}(\tau)\mathrm{d}\tau\int_{t_0}^{t}\boldsymbol{A}(\tau)\mathrm{d}\tau + \cdots \tag{2.39}$$

上式两边对时间取导数：

$$\frac{\mathrm{d}}{\mathrm{d}t}\exp\left[\int_{t_0}^{t}\boldsymbol{A}(\tau)\mathrm{d}\tau\right] = \boldsymbol{A}(t) + \frac{1}{2}\boldsymbol{A}(t)\int_{t_0}^{t}\boldsymbol{A}(\tau)\mathrm{d}\tau + \frac{1}{2!}\int_{t_0}^{t}\boldsymbol{A}(\tau)\mathrm{d}\tau\boldsymbol{A}(t) + \cdots \tag{2.40}$$

把式（2.39）两边左乘 $\boldsymbol{A}(t)$ 有：

$$\boldsymbol{A}(t)\exp\left[\int_{t_0}^{t}\boldsymbol{A}(\tau)\mathrm{d}\tau\right] = \boldsymbol{A}(t) + \boldsymbol{A}(t)\int_{t_0}^{t}\boldsymbol{A}(\tau)\mathrm{d}\tau + \cdots \tag{2.41}$$

比较式（2.40）和式（2.41），可以看出，要使

$$\frac{\mathrm{d}}{\mathrm{d}t}\exp\left[\int_{t_0}^{t}\boldsymbol{A}(\tau)\mathrm{d}\tau\right] = \boldsymbol{A}(t)\exp\left[\int_{t_0}^{t}\boldsymbol{A}(\tau)\mathrm{d}\tau\right]$$

成立，其必要和充分条件是：

$$\boldsymbol{A}(t)\int_{t_0}^{t}\boldsymbol{A}(\tau)\mathrm{d}\tau = \int_{t_0}^{t}\boldsymbol{A}(\tau)\mathrm{d}\tau\boldsymbol{A}(t) \tag{2.42}$$

即 $\boldsymbol{A}(t)$ 和 $\int_{t_0}^{t}\boldsymbol{A}(\tau)\mathrm{d}\tau$ 是乘法可交换的。但是，这个条件是很苛刻的，一般是不成立的。从而时变系统的自由解，通常不能像定常系统那样写成一个封闭形式。

2.4.2 线性时变齐次矩阵微分方程的解

尽管线性时变系统的自由解不能像定常系统那样写成一个封闭的解析形式，但仍然能表示为状态转移的形式。对于齐次矩阵微分方程：

$$\dot{\boldsymbol{x}} = \boldsymbol{A}(t)\boldsymbol{x};\quad \boldsymbol{x}(t)\big|_{t=t_0} = \boldsymbol{x}(t_0) \tag{2.43}$$

其解为：

$$\boldsymbol{x}(t) = \boldsymbol{\Phi}(t,t_0)\boldsymbol{x}(t_0) \tag{2.44}$$

式中，$\boldsymbol{\Phi}(t,t_0)$ 类似于前述线性定常系统中的 $\boldsymbol{\Phi}(t-t_0)$，它也是 $n\times n$ 非奇异方阵，并满足如下的矩阵微分方程和初始条件：

$$\dot{\boldsymbol{\Phi}}(t,t_0) = \boldsymbol{A}(t)\boldsymbol{\Phi}(t,t_0) \tag{2.45}$$

$$\boldsymbol{\Phi}(t_0,t_0) = \boldsymbol{I} \tag{2.46}$$

证明 将解式（2.44）代入式（2.43），有：

$$\frac{\mathrm{d}}{\mathrm{d}t}[\boldsymbol{\Phi}(t,t_0)\boldsymbol{x}(t_0)] = \boldsymbol{A}(t)\boldsymbol{\Phi}(t,t_0)\boldsymbol{x}(t_0)$$

即

$$\dot{\boldsymbol{\Phi}}(t,t_0) = \boldsymbol{A}(t)\boldsymbol{\Phi}(t,t_0)$$

又在解式（2.44）中令 $t=t_0$，有：

$$\boldsymbol{x}(t_0) = \boldsymbol{\Phi}(t_0,t_0)\boldsymbol{x}(t_0)$$

即

$$\boldsymbol{\Phi}(t_0,t_0) = \boldsymbol{I}$$

这就证明了，满足式（2.45）、式（2.46）的 $\boldsymbol{\Phi}(t,t_0)$，按式（2.44）所求得的 $\boldsymbol{x}(t)$，是齐次微分方程（2.43）的解。

从式（2.44）可知，齐次微分方程的解，和前面介绍的定常系统一样，也是初始状态的转移，故 $\boldsymbol{\Phi}(t, t_0)$ 也称为时变系统的状态转移矩阵。在一般情况下，只需将 $\boldsymbol{\Phi}(t)$ 或 $\boldsymbol{\Phi}(t-t_0)$ 改为 $\boldsymbol{\Phi}(t, t_0)$，则前面关于定常系统所得到的大部分结论，均可推广应用于线性时变系统。

2.4.3 状态转移矩阵 $\boldsymbol{\Phi}(t, t_0)$ 基本性质

与线性定常系统的转移矩阵类似，同样有：

1)

$$\boldsymbol{\Phi}(t_2,t_1)\boldsymbol{\Phi}(t_1,t_0) = \boldsymbol{\Phi}(t_2,t_0) \tag{2.47}$$

因为：

$$\boldsymbol{x}(t_1) = \boldsymbol{\Phi}(t_1,t_0)\boldsymbol{x}(t_0)$$
$$\boldsymbol{x}(t_2) = \boldsymbol{\Phi}(t_2,t_0)\boldsymbol{x}(t_0)$$

且

$$\begin{aligned}\boldsymbol{x}(t_2) &= \boldsymbol{\Phi}(t_2,t_1)\boldsymbol{x}(t_1)\\ &= \boldsymbol{\Phi}(t_2,t_1)\boldsymbol{\Phi}(t_1,t_0)\boldsymbol{x}(t_0)\end{aligned}$$

故式（2.47）成立。

2) $\boldsymbol{\Phi}(t, t) = \boldsymbol{I}$，见式（2.46）。

3)

$$\boldsymbol{\Phi}(t,t_0) = \boldsymbol{\Phi}^{-1}(t_0,t) \tag{2.48}$$

因为从式（2.46）和式（2.47）可得：

$$\boldsymbol{\Phi}(t,t_0)\boldsymbol{\Phi}(t_0,t) = \boldsymbol{\Phi}(t,t) = \boldsymbol{I}$$

或

$$\boldsymbol{\Phi}(t,t_0) = \boldsymbol{\Phi}^{-1}(t_0,t)$$

那么无论右乘 $\boldsymbol{\Phi}^{-1}(t_0, t)$，或左乘 $\boldsymbol{\Phi}^{-1}(t_0, t)$，式（2.48）都成立，故 $\boldsymbol{\Phi}(t,t_0)$ 是非奇异阵，其逆存在，且等于 $\boldsymbol{\Phi}(t_0, t)$。

4) $\dot{\boldsymbol{\Phi}}(t,t_0) = A(t)\boldsymbol{\Phi}(t,t_0)$，见式（2.45）。

在这里，$\boldsymbol{A}(t)$ 和 $\boldsymbol{\Phi}(t,t_0)$ 一般是不能交换的。

2.4.4 线性时变系统非齐次状态方程式的解

线性时变系统的非齐次状态方程为：

$$\dot{\boldsymbol{x}}(t) = \boldsymbol{A}(t)\boldsymbol{x}(t) + \boldsymbol{B}(t)\boldsymbol{u}(t) \tag{2.49}$$

且 $\boldsymbol{A}(t)$ 和 $B(t)$ 的元素在时间区间 $t_0 \leqslant t \leqslant t_2$ 内分段连续，则其解为：

$$\boldsymbol{x}(t) = \boldsymbol{\Phi}(t,t_0)\boldsymbol{x}(t_0) + \int_{t_0}^{t}\boldsymbol{\Phi}(t,\tau)\boldsymbol{B}(\tau)\boldsymbol{u}(\tau)\mathrm{d}\tau \tag{2.50}$$

证明　线性系统满足叠加原理，故可将式（2.49）的解看成由初始状态 $\boldsymbol{x}(t_0)$ 的转移和控制作用激励的状态 $\boldsymbol{x}_u(t)$ 的转移两部分组成。即

$$\boldsymbol{x}(t) = \boldsymbol{\Phi}(t,t_0)\boldsymbol{x}(t_0) + \boldsymbol{\Phi}(t,t_0)\boldsymbol{x}_u(t) = \boldsymbol{\Phi}(t,t_0)[\boldsymbol{x}(t_0) + \boldsymbol{x}_u(t)] \tag{2.51}$$

代入式（2.49），有：

$$\dot{\boldsymbol{\Phi}}(t,t_0)[\boldsymbol{x}(t_0) + \boldsymbol{x}_u(t)] + \boldsymbol{\Phi}(t,t_0)\dot{\boldsymbol{x}}_u(t) = \boldsymbol{A}(t)\boldsymbol{x}(t) + \boldsymbol{B}(t)\boldsymbol{u}(t)$$

即

$$A(t)x(t)+\Phi(t,t_0)\dot{x}_u(t)=A(t)x(t)+B(t)u(t)$$

可知：

$$\dot{x}_u(t)=\Phi^{-1}(t,t_0)B(t)u(t)=\Phi(t_0,t)B(t)u(t)$$

在 $t_0\sim t$ 区间积分，有：

$$x_u(t)=\int_{t_0}^{t}\Phi(t_0,\tau)B(\tau)u(\tau)\mathrm{d}\tau+x_u(t_0)$$

于是

$$\begin{aligned}x(t)&=\Phi(t,t_0)[x(t_0)+\int_{t_0}^{t}\Phi(t_0,\tau)B(\tau)u(\tau)\mathrm{d}\tau+x_u(t_0)]\\&=\Phi(t,t_0)x(t_0)+\int_{t_0}^{t}\Phi(t,\tau)B(\tau)u(\tau)\mathrm{d}\tau+\Phi(t,t_0)x_u(t_0)\end{aligned}$$

在式（2.51）中令 $t=t_0$，并注意到 $\Phi(t_0,t_0)=I$，可知 $x_u(t_0)=0$，这样由上式即可得到式（2.50）。

2.4.5 状态转移矩阵的计算

尽管时变系统的状态转移矩阵 $\Phi(t,t_0)$ 和定常系统的 $\Phi(t-t_0)$ 或 $\Phi(t)$ 在形式上和某些性质上有如上述类似之处，但究其本质而言，两者是有区别的。主要是 $\Phi(t-t_0)$ 或 $\Phi(t)$ 仅仅是 t 和 t_0 之差或 t 的函数，而 $\Phi(t,t_0)$ 则既是 t 的函数，也是 t_0 的函数。

在定常系统中，齐次状态方程 $\dot{x}=Ax$ 的解是：

$$x(t)=\exp[\int_{t_0}^{t}A\mathrm{d}\tau]x(t_0)$$

因为 A 是常数矩阵，所以上式直接表示为：

$$x(t)=\exp[A(t-t_0)]x(t_0)=\Phi(t-t_0)x(t_0)$$

式中，$\Phi(t-t_0)=\mathrm{e}^{A(t-t_0)}$，只与 $(t-t_0)$ 有关。

在时变系统中，齐次状态方程 $\dot{x}=A(t)x$ 的解，一般的表示为：

$$x(t)=\Phi(t,t_0)x(t_0)$$

前已证明，只有当 $A(t)$ 和 $\int_{t_0}^{t}A(\tau)\mathrm{d}\tau$ 是可交换时，即

$$A(t)\int_{t_0}^{t}A(\tau)\mathrm{d}\tau=\int_{t_0}^{t}A(\tau)\mathrm{d}\tau A(t)\tag{2.52}$$

才有：

$$\Phi(t,t_0)=\exp[\int_{t_0}^{t}A(\tau)]\mathrm{d}\tau$$

在一般情况下

$$\Phi(t,t_0)\neq\exp[\int_{t_0}^{t}A(\tau)]\mathrm{d}\tau$$

对于不满足式（2.52）的时变系统，$\Phi(t,t_0)$ 的计算，一般采用级数近似法，即

$$\Phi(t,t_0)=I+\int_{t_0}^{t}A(\tau_0)\mathrm{d}\tau_0+\int_{t_0}^{t}A(\tau_0)\int_{t_0}^{\tau_1}A(\tau_1)\mathrm{d}\tau_1\mathrm{d}\tau_0$$

$$+\int_{t_0}^{t}\boldsymbol{A}(\tau_0)\int_{t_0}^{\tau_0}\boldsymbol{A}(\tau_1)\int_{t_0}^{\tau_1}\boldsymbol{A}(\tau_2)\mathrm{d}\tau_2\mathrm{d}\tau_1\mathrm{d}\tau_0+\cdots \tag{2.53}$$

这个关系式的证明是十分简单的，只需验证它满足式（2.45）的矩阵方程和式（2.46）的起始条件即可。

$$\begin{aligned}\boldsymbol{\Phi}(t,t_0)&=\frac{\mathrm{d}}{\mathrm{d}t}\left\{\boldsymbol{I}+\int_{t_0}^{t}\boldsymbol{A}(\tau_0)\mathrm{d}\tau_0+\int_{t_0}^{t}\boldsymbol{A}(\tau_0)\int_{t_0}^{\tau_0}\boldsymbol{A}(\tau_1)\mathrm{d}\tau_1\mathrm{d}\tau_0+\cdots\right\}\\&=\boldsymbol{A}(t)+\boldsymbol{A}(t)\int_{t_0}^{t}\boldsymbol{A}(\tau_0)\mathrm{d}\tau_0+\boldsymbol{A}(t)\int_{t_0}^{t}\boldsymbol{A}(\tau_0)\left[\int_{t_0}^{\tau_0}\boldsymbol{A}(\tau_1)\mathrm{d}\tau_1\right]\mathrm{d}\tau_0+\cdots\\&=\boldsymbol{A}(t)\left\{\boldsymbol{I}+\int_{t_0}^{t}\boldsymbol{A}(\tau_0)\mathrm{d}\tau_0+\int_{t_0}^{t}\boldsymbol{A}(\tau_0)\left[\int_{t_0}^{\tau_0}\boldsymbol{A}(\tau_1)\mathrm{d}\tau_1\right]\mathrm{d}\tau_0+\cdots\right\}\\&=\boldsymbol{A}(t)\boldsymbol{\Phi}(t,t_0)\end{aligned}$$

$$\boldsymbol{\Phi}(t_0,t_0)=\boldsymbol{I}+0+0+\cdots=\boldsymbol{I}$$

可知式（2.53）满足式（2.45）和式（2.46）。

【例 2-9】　有线性时变系统的状态方程为：

$$\begin{pmatrix}\dot{x}_1\\\dot{x}_2\end{pmatrix}=\begin{pmatrix}0&t\\0&\mathrm{e}^{-\alpha t}\end{pmatrix}\begin{pmatrix}x_1\\x_2\end{pmatrix}$$

试计算其状态转移矩阵 $\boldsymbol{\Phi}(t,0)$。

解

$$\int_0^t\boldsymbol{A}(\tau)\mathrm{d}\tau=\int_0^t\begin{pmatrix}0&\tau\\0&\mathrm{e}^{-\alpha\tau}\end{pmatrix}\mathrm{d}\tau=\begin{pmatrix}0&\dfrac{t^2}{2}\\0&-\dfrac{1}{\alpha}\mathrm{e}^{-\alpha t}\end{pmatrix}$$

容易检验，这里 $\boldsymbol{A}(t)$ 和 $\int_0^t\boldsymbol{A}(\tau)\mathrm{d}\tau$ 是不能交换的，故按式（2.53）作 $\boldsymbol{\Phi}(t,t_0)$ 的近似计算：

$$\begin{aligned}&\int_0^t\boldsymbol{A}(\tau_0)\left[\int_0^{\tau_0}\boldsymbol{A}(\tau_1)\mathrm{d}\tau_1\right]\mathrm{d}\tau_0\\&=\int_0^t\begin{pmatrix}0&\tau_0\\0&\mathrm{e}^{-\alpha\tau_0}\end{pmatrix}\left\{\int_0^{\tau_0}\begin{pmatrix}0&\tau_1\\0&\mathrm{e}^{-\alpha\tau_1}\end{pmatrix}\mathrm{d}\tau_1\right\}\mathrm{d}\tau_0\\&=\int_0^t\begin{pmatrix}0&\tau_0\\0&\mathrm{e}^{-\alpha\tau_0}\end{pmatrix}\begin{pmatrix}0&\dfrac{1}{2}\tau_0^2\\0&\dfrac{1}{\alpha}\mathrm{e}^{-\alpha\tau_0}\end{pmatrix}\mathrm{d}\tau_0\\&=\int_0^t\begin{pmatrix}0&-\dfrac{1}{\alpha}\tau_0\mathrm{e}^{-\alpha\tau_0}\\0&-\dfrac{1}{\alpha}\mathrm{e}^{-2\alpha\tau_0}\end{pmatrix}\mathrm{d}\tau_0=\begin{pmatrix}0&\dfrac{1}{\alpha^3}(\alpha t+1)\\0&\dfrac{1}{2\alpha^2}\mathrm{e}^{-2\alpha t}\end{pmatrix}\end{aligned}$$

因此

$$\boldsymbol{\Phi}(t,0)=\begin{pmatrix}1&0\\0&1\end{pmatrix}+\begin{pmatrix}0&\frac{1}{2}t^2\\0&-\frac{1}{\alpha}e^{-\alpha t}\end{pmatrix}+\begin{pmatrix}0&\frac{1}{\alpha^3}(\alpha t+1)\\0&\frac{1}{2\alpha^2}e^{-2\alpha t}\end{pmatrix}+\cdots$$

$$=\begin{pmatrix}1&\frac{1}{2}t^2+\frac{1}{\alpha^3}(\alpha t+1)+\cdots\\0&1-\frac{1}{\alpha}e^{-\alpha t}+\frac{1}{2\alpha^2}e^{-2\alpha t}+\cdots\end{pmatrix}$$

当 $\alpha\gg1$ 时，还可以近似表示为：

$$\boldsymbol{\Phi}(t,0)\approx\begin{pmatrix}1&\frac{t^2}{2}\\0&1\end{pmatrix}$$

【例 2-10】 有线性时变系统，其系统矩阵为：

$$\boldsymbol{A}(t)=\begin{pmatrix}t&1\\1&t\end{pmatrix}$$

求其 $\boldsymbol{\Phi}(t,0)$ 。

解

$$\int_0^t\boldsymbol{A}(\tau)\mathrm{d}\tau=\int_0^t\begin{pmatrix}\tau&1\\1&\tau\end{pmatrix}\mathrm{d}\tau=\begin{pmatrix}\frac{1}{2}t^2&t\\t&\frac{t^2}{2}\end{pmatrix}$$

$$\boldsymbol{A}(t)\int_0^t\boldsymbol{A}(\tau)\mathrm{d}\tau=\begin{pmatrix}t&1\\1&t\end{pmatrix}\begin{pmatrix}\frac{t^2}{2}&t\\t&\frac{t^2}{2}\end{pmatrix}=\begin{pmatrix}\frac{t^2}{2}&t\\t&\frac{t^2}{2}\end{pmatrix}\begin{pmatrix}t&1\\1&t\end{pmatrix}$$

$$=\int_0^t\boldsymbol{A}(\tau)\mathrm{d}\tau\boldsymbol{A}(t)$$

是可以交换的，可按式（2.35）计算：

$$\boldsymbol{\Phi}(t,0)=\exp\left[\int_0^t\boldsymbol{A}(\tau)\mathrm{d}\tau\right]$$

$$=\begin{pmatrix}1&0\\0&1\end{pmatrix}+\begin{pmatrix}\frac{t^2}{2}&t\\t&\frac{t^2}{2}\end{pmatrix}+\frac{1}{2}\begin{pmatrix}\frac{t^2}{2}&t\\t&\frac{t^2}{2}\end{pmatrix}^2+\cdots$$

$$=\begin{pmatrix}1+t^2+\frac{t^4}{8}+\cdots&t+\frac{t^3}{2}+\cdots\\t+\frac{t^3}{2}+\cdots&1+t^2+\frac{t^4}{8}+\cdots\end{pmatrix}$$

将此结果与按式（2.53）计算的结果进行校核，可知它们是一致的。

2.5　离散时间系统状态方程的解

离散时间状态方程有两种解法：递推法和 Z 变换法。递推法也称迭代法，它对定常系统和时变系统都是适用的；Z 变换法则只能应用于求解定常系统。

2.5.1　递推法

线性定常离散时间控制系统的状态方程为：

$$\begin{aligned} \boldsymbol{x}(k+1) &= \boldsymbol{G}\boldsymbol{x}(k)+\boldsymbol{H}\boldsymbol{u}(k) \\ \boldsymbol{x}(k)\big|_{k=0} &= \boldsymbol{x}(0) \end{aligned} \tag{2.54}$$

这个一阶差分方程的解为：

$$\boldsymbol{x}(k)=\boldsymbol{G}^k\boldsymbol{x}(0)+\sum_{j=0}^{k-1}\boldsymbol{G}^{k-j-1}\boldsymbol{H}\boldsymbol{u}(j)$$

或

$$\boldsymbol{x}(k)=\boldsymbol{G}^k\boldsymbol{x}(0)+\sum_{j=0}^{k-1}\boldsymbol{G}^{j}\boldsymbol{H}\boldsymbol{u}(k-j-1)$$

即

$$\boldsymbol{x}(k)=\boldsymbol{G}^k\boldsymbol{x}(0)+\boldsymbol{G}^{k-1}\boldsymbol{H}\boldsymbol{u}(0)+\boldsymbol{G}^{k-2}\boldsymbol{H}\boldsymbol{u}(1)+\cdots+\boldsymbol{G}\boldsymbol{H}\boldsymbol{u}(k-2)+\boldsymbol{H}\boldsymbol{u}(k-1) \tag{2.55}$$

证明　用迭代法解差分方程（2.54）：

从　$k=0,\ \boldsymbol{x}(1)=\boldsymbol{G}\boldsymbol{x}(0)+\boldsymbol{H}\boldsymbol{u}(0)$

从　$k=1,\ \boldsymbol{x}(2)=\boldsymbol{G}\boldsymbol{x}(1)+\boldsymbol{H}\boldsymbol{u}(1)=\boldsymbol{G}^2\boldsymbol{x}(0)+\boldsymbol{G}\boldsymbol{H}\boldsymbol{u}(0)+\boldsymbol{H}\boldsymbol{u}(1)$

从　$k=2,\ \boldsymbol{x}(3)=\boldsymbol{G}\boldsymbol{x}(2)+\boldsymbol{H}\boldsymbol{u}(2)$

$\qquad\qquad\qquad =\boldsymbol{G}^3\boldsymbol{x}(0)+\boldsymbol{G}^2\boldsymbol{H}\boldsymbol{u}(0)+\boldsymbol{G}\boldsymbol{H}\boldsymbol{u}(1)+\boldsymbol{H}\boldsymbol{u}(2)$

$\qquad\vdots$

从　$k-1,\ \boldsymbol{x}(k)=\boldsymbol{G}\boldsymbol{x}(k-1)+\boldsymbol{H}\boldsymbol{u}(k-1)$

$\qquad\qquad\qquad =\boldsymbol{G}^k\boldsymbol{x}(0)+\boldsymbol{G}^{k-1}\boldsymbol{H}\boldsymbol{u}(0)+\cdots+\boldsymbol{G}\boldsymbol{H}\boldsymbol{u}(k-2)+\boldsymbol{H}\boldsymbol{u}(k-1)$

最后通式就是式（2.55）。

式（2.55）还可用矢量矩阵形式表示为：

$$\begin{pmatrix}\boldsymbol{x}(1)\\ \boldsymbol{x}(2)\\ \boldsymbol{x}(3)\\ \vdots\\ \boldsymbol{x}(k)\end{pmatrix}=\begin{pmatrix}\boldsymbol{G}\\ \boldsymbol{G}^2\\ \boldsymbol{G}^3\\ \vdots\\ \boldsymbol{G}^k\end{pmatrix}\boldsymbol{x}(0)+\begin{pmatrix}\boldsymbol{H} & 0 & 0 & \cdots & 0\\ \boldsymbol{G}\boldsymbol{H} & \boldsymbol{H} & 0 & \cdots & 0\\ \boldsymbol{G}^2\boldsymbol{H} & \boldsymbol{G}\boldsymbol{H} & \boldsymbol{H} & \cdots & 0\\ \vdots & \vdots & \vdots & \ddots & \vdots\\ \boldsymbol{G}^{k-1}\boldsymbol{H} & \boldsymbol{G}^{k-2}\boldsymbol{H} & \boldsymbol{G}^{k-3}\boldsymbol{H} & \cdots & \boldsymbol{H}\end{pmatrix}\begin{pmatrix}\boldsymbol{u}(0)\\ \boldsymbol{u}(1)\\ \boldsymbol{u}(2)\\ \vdots\\ \boldsymbol{u}(k-1)\end{pmatrix}$$

解式（2.55）是按初始时刻 $k=0$ 得到的，若初始时刻 $k=h$ 开始，且相应的初始状态为 $\boldsymbol{x}(h)$，则其解为：

$$\boldsymbol{x}(k)=\boldsymbol{G}^{k-h}\boldsymbol{x}(h)+\sum_{j=h}^{k-1}\boldsymbol{G}^{k-j-1}\boldsymbol{H}\boldsymbol{u}(j)$$

$$\text{或}\quad \boldsymbol{x}(k)=\boldsymbol{G}^{k-h}\boldsymbol{x}(h)+\sum_{j=h}^{k-1}\boldsymbol{G}^{j}\boldsymbol{H}\boldsymbol{u}(k-j-1) \tag{2.56}$$

显然，离散状态方程的求解公式和连续状态方程求解公式在形式上是类似的，它也由两部分响应组成，即由初始状态所引起的响应和输入信号所引起的响应。所不同的是离散状态方程的解，是状态空间的一条离散轨迹。同时，在由输入引起的响应中，第 k 个时刻的状态，只与此采样时刻以前的输入采样值有关，而与该时刻的输入采样值无关。

由式（2.55）和式（2.56），可以看到，式中 $\boldsymbol{G}^k$ 或 $\boldsymbol{G}^{k-h}$ 相当于连续系统中的 $\boldsymbol{\Phi}(t)=\mathrm{e}^{\boldsymbol{A}t}$ 或 $\boldsymbol{\Phi}(t-t_0)=\mathrm{e}^{\boldsymbol{A}(t-t_0)}$。类似地，这里也定义：

$$\boldsymbol{\Phi}(k)=\boldsymbol{G}^k\quad\text{或}\quad\boldsymbol{\Phi}(k-h)=\boldsymbol{G}^{(k-h)} \tag{2.57}$$

为离散时间系统的状态转移矩阵，很明显，它满足：

$$\boldsymbol{\Phi}(k+1)=\boldsymbol{G}\boldsymbol{\Phi}(k),\boldsymbol{\Phi}(0)=\boldsymbol{I} \tag{2.58}$$

并具有以下性质：

$$\boldsymbol{\Phi}(k-h)=\boldsymbol{\Phi}(k-h_1)\boldsymbol{\Phi}(h_1-h),(k>h_1\geqslant h) \tag{2.59}$$

$$\boldsymbol{\Phi}^{-1}(k)=\boldsymbol{\Phi}(-k) \tag{2.60}$$

利用状态转移矩阵 $\boldsymbol{\Phi}(k)$，离散时间状态方程式的解式（2.55）可以表示为：

$$\boldsymbol{x}(k)=\boldsymbol{\Phi}(k)\boldsymbol{x}(0)+\sum_{j=0}^{k-1}\boldsymbol{\Phi}(k-j-1)\boldsymbol{H}\boldsymbol{u}(j)$$

或

$$\boldsymbol{x}(k)=\boldsymbol{\Phi}(k)\boldsymbol{x}(0)+\sum_{j=0}^{k-1}\boldsymbol{\Phi}(j)\boldsymbol{H}\boldsymbol{u}(k-j-1) \tag{2.61}$$

而式（2.56）可写成：

$$\boldsymbol{x}(k)=\boldsymbol{\Phi}(k-h)\boldsymbol{x}(h)+\sum_{j=h}^{k-1}\boldsymbol{\Phi}(k-j-1)\boldsymbol{H}\boldsymbol{u}(j)$$

或

$$\boldsymbol{x}(k)=\boldsymbol{\Phi}(k-h)\boldsymbol{x}(h)+\sum_{j=h}^{k-1}\boldsymbol{\Phi}(j)\boldsymbol{H}\boldsymbol{u}(k-j-1) \tag{2.62}$$

【例 2-11】 离散时间系统的状态方程：

$$\boldsymbol{x}(k+1)=\boldsymbol{G}\boldsymbol{x}(k)+\boldsymbol{H}\boldsymbol{u}(k)$$

$$\boldsymbol{G}=\begin{pmatrix}0 & 1\\ -0.16 & -1\end{pmatrix},\boldsymbol{H}=\begin{pmatrix}1\\ 1\end{pmatrix}$$

试求当初始状态 $\boldsymbol{x}(0)=\begin{pmatrix}1\\ -1\end{pmatrix}$ 和控制作用为 $\boldsymbol{u}(t)=1$ 时，此系统的 $\boldsymbol{\Phi}(k)$ 和 $\boldsymbol{x}(k)$。

解 根据定义：

$$\boldsymbol{\Phi}(k)=\boldsymbol{G}^k=\begin{pmatrix}0 & 1\\ -0.16 & -1\end{pmatrix}^k$$

按上式直接计算 $\boldsymbol{\Phi}(k)$ 有一定困难，为此，将原状态方程交换成约旦标准型，即将 $\boldsymbol{G}$ 变换为对角型。

令 $\boldsymbol{x}(k) = \boldsymbol{T}\tilde{\boldsymbol{x}}(k)$，代入原式得：

$$\tilde{\boldsymbol{x}}(k+1) = \boldsymbol{T}^{-1}\boldsymbol{G}\boldsymbol{T}\tilde{\boldsymbol{x}}(k) + \boldsymbol{T}^{-1}\boldsymbol{H}\boldsymbol{u}(k)$$

相应地有：

$$\boldsymbol{T}^{-1}\boldsymbol{G}\boldsymbol{T} = \boldsymbol{\Lambda}, \tilde{\boldsymbol{\Phi}}(k) = (\boldsymbol{T}^{-1}\boldsymbol{G}\boldsymbol{T})^k = \boldsymbol{\Lambda}^k$$

$$\tilde{\boldsymbol{x}}(k) = \tilde{\boldsymbol{\Phi}}(k)\tilde{\boldsymbol{x}}(0) + \sum_{j=0}^{k-1}\tilde{\boldsymbol{\Phi}}(j)\boldsymbol{T}^{-1}\boldsymbol{H}\boldsymbol{u}(k-j-1) \tag{2.63}$$

$$|\lambda \boldsymbol{I} - \boldsymbol{G}| = \begin{vmatrix} \lambda & -1 \\ 0.16 & \lambda+1 \end{vmatrix} = (\lambda+0.2)(\lambda+0.8) = 0$$

$$\lambda_1 = -0.2, \lambda_2 = -0.8$$

因此

$$\boldsymbol{\Lambda} = \begin{pmatrix} -0.2 & 0 \\ 0 & -0.8 \end{pmatrix}$$

$$\tilde{\boldsymbol{\Phi}}(k) = \begin{pmatrix} -0.2 & 0 \\ 0 & -0.8 \end{pmatrix}^k = \begin{pmatrix} (-0.2)^k & 0 \\ 0 & (-0.8)^k \end{pmatrix}$$

又求得：

$$\boldsymbol{T} = \begin{pmatrix} 1 & 1 \\ -0.2 & -0.8 \end{pmatrix}, \boldsymbol{T}^{-1} = \begin{pmatrix} \frac{4}{3} & \frac{5}{3} \\ -\frac{1}{3} & -\frac{5}{3} \end{pmatrix}$$

从而容易求得：

$$\boldsymbol{\Phi}(k) = \boldsymbol{T}\tilde{\boldsymbol{\Phi}}(k)\boldsymbol{T}^{-1} = \begin{pmatrix} 1 & 1 \\ -0.2 & -0.8 \end{pmatrix}\begin{pmatrix} (-0.2)^k & 0 \\ 0 & (-0.8)^k \end{pmatrix}\begin{pmatrix} \frac{4}{3} & \frac{5}{3} \\ -\frac{1}{3} & -\frac{5}{3} \end{pmatrix}$$

$$= \frac{1}{3}\begin{pmatrix} 4(-0.2)^k - (-0.8)^k] & 5[(-0.2)^k - (-0.8)^k] \\ -0.8[(-0.2)^k - (-0.8)^k] & -(-0.2)^k + 4(-0.8)^k \end{pmatrix}$$

现按式（2.63）先求 $\tilde{\boldsymbol{x}}(k)$，等式右边第一项为：

$$\tilde{\boldsymbol{\Phi}}(k)\tilde{\boldsymbol{x}}(0) = \tilde{\boldsymbol{\Phi}}(k)\boldsymbol{T}^{-1}\boldsymbol{x}(0) = \begin{pmatrix} (-0.2)^k & 0 \\ 0 & (-0.8)^k \end{pmatrix}\begin{pmatrix} \frac{4}{3} & \frac{5}{3} \\ -\frac{1}{3} & -\frac{5}{3} \end{pmatrix}\begin{pmatrix} 1 \\ -1 \end{pmatrix}$$

$$= \frac{1}{3}\begin{pmatrix} -(-0.2)^k \\ 4(-0.8)^k \end{pmatrix}$$

该式右边第二项为：

$$\sum_{j=0}^{k-1}\tilde{\boldsymbol{\Phi}}(j)\boldsymbol{T}^{-1}\boldsymbol{H}\boldsymbol{u}(k-j-1) = \sum_{j=0}^{k-1}\tilde{\boldsymbol{\Phi}}(j)\begin{pmatrix} \frac{4}{3} & \frac{5}{3} \\ -\frac{1}{3} & -\frac{5}{3} \end{pmatrix}\begin{pmatrix} 1 \\ 1 \end{pmatrix}[1]$$

$$= \sum_{j=0}^{k-1}\begin{pmatrix} -(-0.2)^j & 0 \\ 0 & (-0.8)^j \end{pmatrix}\begin{pmatrix} 3 \\ -2 \end{pmatrix}$$

$$= \sum_{j=0}^{k-1}\begin{pmatrix} 3(-0.2)^j \\ -2(-0.8)^j \end{pmatrix}$$

$$= \begin{pmatrix} 3[1+(-0.2)+(-0.2)^2+\cdots+(-0.2)^{k-1}] \\ -2[1+(-0.8)+(-0.8)^2+\cdots+(-0.8)^{k-1}] \end{pmatrix}$$

$$= \begin{pmatrix} \dfrac{3[1-(-0.2)^k]}{1.2} \\ \dfrac{-2[1-(-0.8)^k]}{1.8} \end{pmatrix}$$

所以

$$\tilde{\boldsymbol{x}}(k) = \frac{1}{3}\begin{pmatrix} -(-0.2)^k \\ 4(-0.8)^k \end{pmatrix} + \begin{pmatrix} \dfrac{1}{0.4}[1-(-0.2)^k] \\ -\dfrac{1}{0.9}[1-(-0.8)^k] \end{pmatrix}$$

$$= \begin{pmatrix} -\dfrac{17}{6}(-0.2)^k + \dfrac{5}{2} \\ \dfrac{22}{9}(-0.8)^k - \dfrac{10}{9} \end{pmatrix}$$

因此

$$\boldsymbol{x}(k) = \boldsymbol{T}\tilde{\boldsymbol{x}}(k) = \begin{pmatrix} 1 & 1 \\ -0.2 & -0.8 \end{pmatrix}\begin{pmatrix} \dfrac{17}{6}(-0.2)^k + \dfrac{5}{2} \\ \dfrac{22}{9}(-0.8)^k - \dfrac{10}{9} \end{pmatrix}$$

$$= \begin{pmatrix} -\dfrac{17}{6}(-0.2)^k + \dfrac{22}{9}(-0.8)^k + \dfrac{25}{18} \\ \dfrac{3.4}{6}(-0.2)^k - \dfrac{17.6}{9}(-0.8)^k + \dfrac{7}{18} \end{pmatrix}$$

2.5.2 Z 变换法

对于线性定常离散系统的状态方程，也可以来用 Z 变换法来求解。

设定常离散系统的状态方程是：

$$\boldsymbol{x}(k+1) = \boldsymbol{G}\boldsymbol{x}(k) + \boldsymbol{H}\boldsymbol{u}(k)$$

对上式两端进行 Z 变换，有：

$$z\boldsymbol{x}(z) - z\boldsymbol{x}(0) = \boldsymbol{G}\boldsymbol{x}(z) + \boldsymbol{H}\boldsymbol{u}(z)$$

或

$$(z\boldsymbol{I} - \boldsymbol{G})\boldsymbol{x}(z) = z\boldsymbol{x}(0) + \boldsymbol{H}\boldsymbol{u}(z)$$

所以：

$$\boldsymbol{x}(z) = (z\boldsymbol{I} - \boldsymbol{G})^{-1}z\boldsymbol{x}(0) + (z\boldsymbol{I} - \boldsymbol{G})^{-1}\boldsymbol{H}\boldsymbol{u}(z)$$

对上式两端取 Z 的反变换，得：

$$\boldsymbol{x}(k) = Z^{-1}[(z\boldsymbol{I}-\boldsymbol{G})^{-1}z\boldsymbol{x}(0)] + Z^{-1}[(z\boldsymbol{I}-\boldsymbol{G})^{-1}\boldsymbol{H}\boldsymbol{u}(z)] \tag{2.64}$$

对式（2.55）和式（2.64）比较，有：

$$\boldsymbol{G}^k\boldsymbol{x}(0) = Z^{-1}[(z\boldsymbol{I}-\boldsymbol{G})^{-1}z\boldsymbol{x}(0)] \tag{2.65}$$

$$\sum_{j=0}^{k-1}\boldsymbol{G}^{k-j-1}\boldsymbol{H}\boldsymbol{u}(j) = Z^{-1}[(z\boldsymbol{I}-\boldsymbol{G})^{-1}\boldsymbol{H}\boldsymbol{u}(z)] \tag{2.66}$$

如果要获得采样瞬时之间的状态和输出，只需在此采样周期内，即在 $kT \leqslant t \leqslant (k+1)T$ 内，利用连续状态方程解的表达式：

$$\boldsymbol{x}(t) = \boldsymbol{\Phi}(t-kT)\boldsymbol{x}(kT) + \int_{kT}^{t}\boldsymbol{\Phi}(t-\tau)\boldsymbol{B}\boldsymbol{u}(kT)\mathrm{d}\tau$$

为了突出地表示 t 的有效期在 $kT \leqslant t \leqslant (k+1)T$，可以令 $t=(k+\Delta)T$（这里 $0 \leqslant \Delta \leqslant 1$）于是上式变成：

$$\boldsymbol{x}((k+\Delta)T) = \boldsymbol{\Phi}(\Delta T)\boldsymbol{x}(kT) + \int_{0}^{\Delta T}\boldsymbol{\Phi}(\Delta T-\tau)\mathrm{d}\tau\boldsymbol{B}\boldsymbol{u}(kT) \tag{2.67}$$

显然，这个公式的形式和离散状态方程是完全一致的，如果使 Δ 的值在 0 和 1 之间变动，那么便可获得采样瞬时之间全部的状态和输出信息。

将式（2.55）和式（2.64）比较，有：

$$\boldsymbol{G}^k = \boldsymbol{\Phi}(k) = Z^{-1}[(zI-\boldsymbol{G})^{-1}z] \tag{2.68}$$

$$\sum_{j=0}^{k-1}\boldsymbol{G}^{k-j-1}\boldsymbol{H}\boldsymbol{u}(j) = Z^{-1}[(z\boldsymbol{I}-\boldsymbol{G})^{-1}\boldsymbol{H}\boldsymbol{u}(z)] \tag{2.69}$$

二者形式上虽有不同，但实际上是完全一样的。

证明　先求 $\boldsymbol{G}^k$ 的 Z 变换：

$$Z[\boldsymbol{G}^k] = \sum_{k=0}^{\infty}\boldsymbol{G}^k z^{-k} = I + \boldsymbol{G}z^{-1} + \boldsymbol{G}^2z^{-2} + \cdots \tag{2.70}$$

式（2.70）左乘 $\boldsymbol{G}z^{-1}$

$$\boldsymbol{G}z^{-1}Z[\boldsymbol{G}^k] = \boldsymbol{G}z^{-1} + \boldsymbol{G}^2z^{-2} + \boldsymbol{G}^3z^{-3} + \cdots \tag{2.71}$$

式（2.70）减式（2.71）有：

$$(\boldsymbol{I}-\boldsymbol{G}z^{-1})Z[\boldsymbol{G}^k] = \boldsymbol{I}$$

对 $Z[\boldsymbol{G}^k]$ 求解，有：

$$Z[\boldsymbol{G}^k] = (\boldsymbol{I}-\boldsymbol{G}z^{-1})^{-1} = (z\boldsymbol{I}-\boldsymbol{G})^{-1}z \tag{2.72}$$

式（2.67）两边取 Z 反变换，可得式（2.68）。

再利用卷积公式证明式（2.69）：

$$Z\left[\sum_{j=0}^{k-1}\boldsymbol{G}^{k-j-1}\boldsymbol{H}\boldsymbol{u}(j)\right] = Z[\boldsymbol{G}^{k-1}]\boldsymbol{H}Z[\boldsymbol{u}(k)]$$

$$= Z[\boldsymbol{G}^k]z^{-1}\boldsymbol{H}Z[\boldsymbol{u}(k)] = (z\boldsymbol{I}-\boldsymbol{G})^{-1}\boldsymbol{H}\boldsymbol{u}(z)$$

上式两边取 Z 反变换，即得式（2.69）：

$$\sum_{j=0}^{k-1}\boldsymbol{G}^{k-j-1}\boldsymbol{H}\boldsymbol{u}(j) = Z^{-1}[(z\boldsymbol{I}-\boldsymbol{G})^{-1}\boldsymbol{H}\boldsymbol{u}(z)]$$

【例 2-12】　同例 2-11，试用 Z 反变换法求 $\boldsymbol{\Phi}(k)$ 和 $\boldsymbol{x}(k)$。

解　因

$$\boldsymbol{u}(k)=1$$

故

$$\boldsymbol{u}(z)=\frac{z}{z-1}$$

按式（2.68）:

$$\begin{aligned}\boldsymbol{\Phi}(k)&=Z^{-1}[(z\boldsymbol{I}-\boldsymbol{G})^{-1}z]\\&=Z^{-1}\left\{\begin{pmatrix}z&-1\\0.16&z+1\end{pmatrix}^{-1}z\right\}=Z^{-1}\left\{\frac{z}{(z+0.2)(z+0.8)}\begin{pmatrix}z+1&1\\-0.16&z\end{pmatrix}\right\}\\&=Z^{-1}\left\{\frac{z}{3}\begin{pmatrix}\frac{4}{z+0.2}+\frac{-1}{z+0.8}&\frac{5}{z+0.2}+\frac{-5}{z+0.8}\\\frac{-0.8}{z+0.2}+\frac{-0.8}{z+0.8}&\frac{-1}{z+0.2}+\frac{4}{z+0.8}\end{pmatrix}\right\}\\&=\frac{1}{3}\begin{pmatrix}4(-0.2)^k-(-0.8)^k&5(-0.2)^k-5(-0.8)^k\\-0.8(-0.2)^k+0.8(-0.8)^k&-(-0.2)^k+4(-0.8)^k\end{pmatrix}\end{aligned}$$

再计算:

$$z\boldsymbol{x}(0)+\boldsymbol{Hu}(z)=\begin{pmatrix}z\\-z\end{pmatrix}+\begin{pmatrix}\frac{z}{z-1}\\\frac{z}{z-1}\end{pmatrix}=\begin{pmatrix}\frac{z^2}{z-1}\\\frac{-z^2+2z}{z-1}\end{pmatrix}$$

所以

$$\begin{aligned}\boldsymbol{x}(z)&=(z\boldsymbol{I}-\boldsymbol{G})^{-1}[z\boldsymbol{x}(0)+\boldsymbol{Hu}(z)]\\&=\begin{pmatrix}\frac{(z^2+2)z}{(z+0.2)(z+0.8)(z-1)}\\\frac{(-z^2+1.84z)z}{(z+0.2)(z+0.8)(z-1)}\end{pmatrix}\\&=\begin{pmatrix}\frac{-(17/6)z}{z+0.2}+\frac{(22/9)z}{z+0.8}+\frac{(25/18)z}{z-1}\\\frac{(3.4/6)z}{z+0.2}+\frac{(-17.6/9)z}{z+0.8}+\frac{(7/18)z}{z-1}\end{pmatrix}\end{aligned}$$

因此

$$\boldsymbol{x}(k)=Z^{-1}[\boldsymbol{x}(z)]=\begin{pmatrix}-\frac{17}{6}(-0.2)^k+\frac{22}{9}(-0.8)^k+\frac{25}{18}\\\frac{3.4}{6}(-0.2)^k-\frac{17.6}{9}(-0.8)^k+\frac{7}{18}\end{pmatrix}$$

2.6 连续时间状态空间表达式的离散化

数字计算机所处理的数据是数字量，它不仅在数值上是整量化的，而且在时间上是离散化的。如果采用数字计算机对连续时间状态方程求解，那么必须先将其化为离散时间状态方程。当然，在对连续受控对象进行在线控制时，同样也有一个将连续数学模型的受控对象离散化的问题。

2.6.1　离散化方法

离散按一个等采样周期 T 的采样过程处理，即将 t 变为 kT，其中 T 为采样周期，而 $k=0, 1, 2, \cdots$为一正整数。输入量 $\boldsymbol{u}(t)$ 则认为只在采样时刻发生变化，在相邻两采样时刻之间，$\boldsymbol{u}(t)$ 是通过零阶保持器保持不变的，且等于前一采样时刻之值，换句话说，在 kT 和 $(k+1)T$ 之间，$\boldsymbol{u}(t)=\boldsymbol{u}(kT)=$ 常数。

在以上假定情况下，对于连续时间的状态空间表达式：

$$\left.\begin{aligned}\dot{\boldsymbol{x}} &= \boldsymbol{A}\boldsymbol{x}+\boldsymbol{B}\boldsymbol{u}\\ \boldsymbol{y} &= \boldsymbol{C}\boldsymbol{x}+\boldsymbol{D}\boldsymbol{u}\end{aligned}\right\} \tag{2.73}$$

将其离散化之后，则得离散时间状态空间表达式为：

$$\begin{aligned}\boldsymbol{x}(k+1) &= \boldsymbol{G}(T)\boldsymbol{x}(k)+\boldsymbol{H}(T)\boldsymbol{u}(k)\\ \boldsymbol{y}(k) &= \boldsymbol{C}\boldsymbol{x}(k)+\boldsymbol{D}\boldsymbol{u}(k)\end{aligned} \tag{2.74}$$

式中

$$\boldsymbol{G}(T)=\mathrm{e}^{\boldsymbol{A}T} \tag{2.75}$$

$$\boldsymbol{H}(T)=\int_0^T \mathrm{e}^{\boldsymbol{A}t}\mathrm{d}t\cdot\boldsymbol{B} \tag{2.76}$$

$\boldsymbol{C}$ 和 $\boldsymbol{D}$ 则仍与式（2.73）中的一样。

证明　输出方程是状态矢量和控制矢量的某种线性组合，离散化之后，组合关系并不改变，故 $\boldsymbol{C}$ 和 $\boldsymbol{D}$ 是不变的。

为了确定 $\boldsymbol{G}(T)$ 和 $\boldsymbol{H}(T)$，现从式（2.73）的状态方程的解入手。其解按式（2.27）为：

$$\boldsymbol{x}(t)=\mathrm{e}^{\boldsymbol{A}(t-t_0)}\boldsymbol{x}(t_0)+\int_{t_0}^{t}\mathrm{e}^{\boldsymbol{A}(t-\tau)}\boldsymbol{B}\boldsymbol{u}(\tau)\mathrm{d}\tau$$

这里只考察从 $t_0=kT$ 到 $t=(k+1)T$ 这一段的响应，并考虑到在这一段时间间隔内 $\boldsymbol{u}(t)=\boldsymbol{u}(kT)=$ 常数，从而有：

$$\boldsymbol{x}((k+1)T)=\mathrm{e}^{\boldsymbol{A}T}\boldsymbol{x}(kT)+\int_{kT}^{(k+1)T}\mathrm{e}^{\boldsymbol{A}[(k+1)T-\tau]}\boldsymbol{B}\mathrm{d}\tau\boldsymbol{u}(kT) \tag{2.77}$$

将式（2.77）与式（2.74）的状态方程相比较，可得：

$$\begin{aligned}\boldsymbol{G}(T) &= \mathrm{e}^{\boldsymbol{A}T}\\ \boldsymbol{H}(T) &= \int_{kT}^{(k+1)T}\mathrm{e}^{\boldsymbol{A}[(k+1)T-\tau]}\boldsymbol{B}\mathrm{d}\tau\end{aligned} \tag{2.78}$$

在式（2.78）中，令 $t=(k+1)T-\tau$，则 $\mathrm{d}\tau=-\mathrm{d}t$，而积分下限 $\tau=kT$ 时，相应于 $t=T$；积分上限 $\tau=(k+1)T$ 相应于 $t=0$。故式（2.78）可以简化为：

$$\boldsymbol{H}(T)=\int_T^0 \mathrm{e}^{\boldsymbol{A}T}\boldsymbol{B}d(-t)=\int_0^T \mathrm{e}^{\boldsymbol{A}T}\mathrm{d}t\cdot\boldsymbol{B} \tag{2.79}$$

2.6.2　近似离散化

在采样周期 T 较小时，一般当其为系统最小时间常数的 1/10 左右时，离散化的状态方程可近似表示为：

$$\boldsymbol{x}((k+\boldsymbol{I})T) = (T\boldsymbol{A}+\boldsymbol{I})\boldsymbol{x}(kT) + T\boldsymbol{B}\boldsymbol{u}(kT) \tag{2.80}$$

也就是说：

$$\boldsymbol{G}(T) \approx T\boldsymbol{A}+\boldsymbol{I} \tag{2.81}$$

$$\boldsymbol{H}(T) \approx T\boldsymbol{B} \tag{2.82}$$

证明 根据导数的定义：

$$\dot{\boldsymbol{x}}(t_0) = \lim_{\Delta t\to 0}\frac{\boldsymbol{x}(t_0+\Delta t)-\boldsymbol{x}(t_0)}{\Delta t}$$

现讨论 $t_0 = kT$ 到 $t=(k+1)T$ 这一段的导数，有：

$$\dot{\boldsymbol{x}}(kT) \approx \frac{\boldsymbol{x}((k+1)T)-\boldsymbol{x}(kT)}{T}$$

以此代入 $\dot{\boldsymbol{x}}(t) = \boldsymbol{A}\boldsymbol{x}(t)+\boldsymbol{B}\boldsymbol{u}(t)$ 中，得

$$\frac{\boldsymbol{x}((k+1)T)-\boldsymbol{x}(kT)}{T} = \boldsymbol{A}\boldsymbol{x}(kT)+\boldsymbol{B}\boldsymbol{u}(kT)$$

整理后，即得式（2.80）。

【例 2-13】 试将下面状态方程离散化：

$$\dot{\boldsymbol{x}}(t) = \begin{pmatrix}0 & 1\\ 0 & -2\end{pmatrix}\boldsymbol{x}(t) + \begin{pmatrix}0\\1\end{pmatrix}\boldsymbol{u}(t)$$

解 （1）按式（2.75）和式（2.76）计算

$$\boldsymbol{G} = \mathrm{e}^{\boldsymbol{A}T}$$

$$\mathrm{e}^{\boldsymbol{A}t} = L^{-1}[(s\boldsymbol{I}-\boldsymbol{A})^{-1}] = L^{-1}\left\{\begin{pmatrix}s & -1\\ 0 & s+2\end{pmatrix}^{-1}\right\} = \begin{pmatrix}1 & \frac{1}{2}(1-\mathrm{e}^{-2t})\\ 0 & \mathrm{e}^{-2t}\end{pmatrix}$$

因此

$$\boldsymbol{G}(T) = \begin{pmatrix}1 & \frac{1}{2}(1-\mathrm{e}^{-2T})\\ 0 & \mathrm{e}^{-2T}\end{pmatrix}$$

$$\boldsymbol{H} = \int_0^T \mathrm{e}^{\boldsymbol{A}t}\mathrm{d}t\cdot\boldsymbol{B} = \int_0^T\begin{pmatrix}1 & \frac{1}{2}(1-\mathrm{e}^{-2t})\\ 0 & \mathrm{e}^{-2t}\end{pmatrix}\mathrm{d}t\cdot\begin{pmatrix}0\\1\end{pmatrix}$$

$$= \begin{pmatrix}T & \frac{1}{2}(T+\frac{1}{2}\mathrm{e}^{-2T}-\frac{1}{2})\\ 0 & -\frac{1}{2}\mathrm{e}^{-2T}+\frac{1}{2}\end{pmatrix}\begin{pmatrix}0\\1\end{pmatrix}$$

$$= \begin{pmatrix}\frac{1}{2}(T+\frac{\mathrm{e}^{-2T}-1}{2})\\ \frac{1}{2}(1-\mathrm{e}^{-2T})\end{pmatrix}$$

（2）按式（2.81）和式（2.82）近似计算

$$\boldsymbol{G} = T\boldsymbol{A}+\boldsymbol{I} = \begin{pmatrix}0 & T\\ 0 & -2T\end{pmatrix}+\begin{pmatrix}1 & 0\\ 0 & 1\end{pmatrix} = \begin{pmatrix}1 & T\\ 0 & 1-2T\end{pmatrix}$$

$$H = TB = \begin{pmatrix} 0 \\ T \end{pmatrix}$$

（3）将以上两种计算方法在不同采样周期 T 时的计算结果列表，如表 2.1 所示，可知在 $T=0.05s$ 时，两者已极为接近。

表 2.1　采样周期对离散化的影响

	$G(T)$		$H(T)$	
$T=T$	$\begin{pmatrix} 1 & \frac{1}{2}(1-e^{-2T}) \\ 0 & e^{-2T} \end{pmatrix}$	$\begin{pmatrix} 1 & T \\ 0 & 1-2T \end{pmatrix}$	$\begin{pmatrix} \frac{1}{2}(T+\frac{e^{-2T}-1}{2}) \\ \frac{1}{2}(1-e^{-2T}) \end{pmatrix}$	$\begin{pmatrix} 0 \\ T \end{pmatrix}$
$T=1$	$\begin{pmatrix} 1 & 0.432 \\ 0 & 0.135 \end{pmatrix}$	$\begin{pmatrix} 1 & 1 \\ 0 & -1 \end{pmatrix}$	$\begin{pmatrix} 0.284 \\ 0.432 \end{pmatrix}$	$\begin{pmatrix} 0 \\ 1 \end{pmatrix}$
$T=0.5$	$\begin{pmatrix} 1 & 0.316 \\ 0 & 0.368 \end{pmatrix}$	$\begin{pmatrix} 1 & 0.5 \\ 0 & 0 \end{pmatrix}$	$\begin{pmatrix} 0.092 \\ 0.316 \end{pmatrix}$	$\begin{pmatrix} 0 \\ 0.5 \end{pmatrix}$
$T=0.05$	$\begin{pmatrix} 1 & 0.048 \\ 0 & 0.905 \end{pmatrix}$	$\begin{pmatrix} 1 & 0.05 \\ 0 & 0.90 \end{pmatrix}$	$\begin{pmatrix} 0.0012 \\ 0.0475 \end{pmatrix}$	$\begin{pmatrix} 0 \\ 0.05 \end{pmatrix}$

2.6.3　线性时变系统的离散化

实际上许多连续时变系统不能用式（2.50）求解，因为 $\boldsymbol{\Phi}(t,t_0)$ 难以求取。通常总是预以线性化，认为在一个采样周期内参数没有显著变化，因此变为求解一组离散状态方程。

1. 线性时变系统离散化

设原系统状态空间表达式为：

$$\left.\begin{aligned} \dot{\boldsymbol{x}} &= \boldsymbol{A}(t)\boldsymbol{x} + \boldsymbol{B}(t)\boldsymbol{u}, \text{初始条件为 } \boldsymbol{x}(hT) \\ \boldsymbol{y} &= \boldsymbol{C}(t)\boldsymbol{x} + \boldsymbol{D}(t)\boldsymbol{u} \end{aligned}\right\} \tag{2.83}$$

离散化之后的状态空间表达式为：

$$\left.\begin{aligned} \boldsymbol{x}((k+1)T) &= \boldsymbol{G}(kT)\boldsymbol{x}(kT) + \boldsymbol{H}(kT)\boldsymbol{u}(kT) \\ \boldsymbol{y}(kT) &= \boldsymbol{C}(kT)\boldsymbol{x}(kT) + \boldsymbol{D}(kT)\boldsymbol{u}(kT) \end{aligned}\right\} \tag{2.84}$$

仿照时不变系统的证明方法，可以求出上式中的 $\boldsymbol{G}(kT)$、$\boldsymbol{H}(kT)$、$\boldsymbol{C}(kT)$、$\boldsymbol{D}(kT)$，这里直接写出其结果如下：

$$\boldsymbol{G}(kT) = \boldsymbol{\Phi}[(k+1)T,kT] \tag{2.85}$$

$$\boldsymbol{H}(kT) = \int_{kT}^{(k+1)T} \boldsymbol{\Phi}[(k+1)T,\tau]\boldsymbol{B}(\tau)\mathrm{d}\tau \tag{2.86}$$

$$\boldsymbol{C}(kT) = \boldsymbol{C}(t)\big|_{t=kT}$$

$$\boldsymbol{D}(kT) = \boldsymbol{D}(t)\big|_{t=kT}$$

式中，$\boldsymbol{\Phi}[(k+1)T,kT]$ 为 $\boldsymbol{\Phi}(t,t_0)$ 在 $(k+1)T \geqslant t \geqslant kT$ 区段内的状态转移矩阵，可以在 $t_0=kT$ 附近用泰勒级数展开作近似计算：

$$\boldsymbol{\Phi}[(k+1)T,kT] = \boldsymbol{\Phi}[kT,kT] + \left.\frac{\mathrm{d}\boldsymbol{\Phi}[(k+1)T,kT]}{\mathrm{d}t}\right|_{kT} \cdot T$$

$$+\frac{1}{2!}\frac{\mathrm{d}^2\boldsymbol{\Phi}[(k+1)T,kT]}{\mathrm{d}t^2}\bigg|_{kT}\cdot T^2+\cdots \tag{2.87}$$

考虑到 $\boldsymbol{\Phi}(t,t_0)$ 的下列性质：

$$\boldsymbol{\Phi}(t_0,t_0)=\boldsymbol{I}$$

$$\dot{\boldsymbol{\Phi}}(t_0,t_0)|_{t_0}=\boldsymbol{A}(t)\boldsymbol{\Phi}(t,t_0)|_{t_0}=\boldsymbol{A}(t_0)$$

$$\begin{aligned}\ddot{\boldsymbol{\Phi}}(t_0,t_0)|_{t_0}&=\frac{\mathrm{d}\boldsymbol{A}(t)\boldsymbol{\Phi}(t,t_0)}{\mathrm{d}t}\bigg|_{t=t_0}\\&=[\boldsymbol{A}(t)\dot{\boldsymbol{\Phi}}(t,t_0)+\dot{\boldsymbol{A}}(t)\boldsymbol{\Phi}(t,t_0)|_{t=t_0}\\&=[\boldsymbol{A}^2(t)\boldsymbol{\Phi}(t,t_0)+\dot{\boldsymbol{A}}(t)\boldsymbol{\Phi}(t,t_0)|_{t=t_0}\\&=\boldsymbol{A}^2(t_0)+\dot{\boldsymbol{A}}(t_0)\end{aligned}$$

将以上诸式代入式（2.87），并在 T 很小时忽略 T 的二次幂以上的高阶项，可得 $\boldsymbol{\Phi}[(k+1)T,kT]$ 的近似计算式：

$$\boldsymbol{\Phi}[(k+1)T,kT]=\boldsymbol{I}+\boldsymbol{A}(kT)T+\frac{1}{2!}[\boldsymbol{A}^2(kT)+\dot{\boldsymbol{A}}(kT)]T^2 \tag{2.88}$$

据此，按式（2.86）不难求得 $\boldsymbol{H}(kT)$。

也可仿本节中介绍的近似离散化的方法，得近似的计算公式如下：

$$\boldsymbol{G}(kT)\approx T\boldsymbol{A}(kT)+\boldsymbol{I} \tag{2.89}$$

$$\boldsymbol{H}(kT)\approx T\boldsymbol{B}(kT) \tag{2.90}$$

2. 离散化时变状态方程的解

仿离散化定常状态方程解式（2.62），时变状态方程式（2.84）的解为：

$$\boldsymbol{x}(kT)=\boldsymbol{\Phi}(kT,hT)\boldsymbol{x}(hT)+\boldsymbol{\Phi}(kT,hT)\sum_{j=h+1}^{k}\boldsymbol{\Phi}^{-1}(jT,hT)\boldsymbol{H}(jT-T)\boldsymbol{u}(jT-T)\ (k>h) \tag{2.91}$$

式中，$\boldsymbol{\Phi}(kT,hT)$ 应满足以下条件：

$$\begin{aligned}\boldsymbol{\Phi}[(k+1)T,hT]&=\boldsymbol{G}(kT)\boldsymbol{\Phi}(kT,hT)\\\boldsymbol{\Phi}(hT,hT)&=\boldsymbol{I}\end{aligned} \tag{2.92}$$

证明 假定式（2.91）是式（2.84）的解，则下式成立。

$$\begin{aligned}\boldsymbol{x}((k+1)T)=&\boldsymbol{\Phi}((k+1)T,hT)\boldsymbol{x}(hT)+\boldsymbol{\Phi}[(k+1)T,hT]\\&\sum_{j=h+1}^{k+1}\boldsymbol{\Phi}^{-1}(jT,hT)\boldsymbol{H}(jT-T)\boldsymbol{u}(jT-T)\ (k>h)\end{aligned} \tag{2.93}$$

考虑到式（2.92），因此式（2.93）为：

$$\begin{aligned}\boldsymbol{x}((k+1)T)=&\boldsymbol{G}(kT)\boldsymbol{\Phi}(kT,hT)\boldsymbol{x}(hT)+\\&\boldsymbol{G}(kT)\boldsymbol{\Phi}(kT,hT)\sum_{j=h+1}^{k}\boldsymbol{\Phi}^{-1}(jT,hT)\boldsymbol{H}(jT-T)\boldsymbol{u}(jT-T)+\\&\boldsymbol{\Phi}[(k+1)T,hT]\boldsymbol{\Phi}^{-1}[(k+1)T,hT]\boldsymbol{H}(kT)\boldsymbol{u}(kT)\\=&\boldsymbol{G}(kT)\boldsymbol{x}(kT)+\boldsymbol{H}(kT)\boldsymbol{u}(kT)\end{aligned}$$

它正是式（2.84）。而且从式（2.91），当 $k=h$ 时，由于 $\boldsymbol{\Phi}(hT,hT)=\boldsymbol{I}$，且右边第二项

为零，取得初始条件为 $\boldsymbol{x}(hT)=\boldsymbol{x}(hT)$。以上说明式（2.91）满足状态方程，也满足初始条件，故式（2.91）是式（2.84）的解。

习　题

2-1　试证明同维方阵 $\boldsymbol{A}$ 和 $\boldsymbol{B}$，当 $\boldsymbol{AB}=\boldsymbol{BA}$ 时，$e^{At}\cdot e^{Bt}=e^{(A+B)t}$，而当 $\boldsymbol{AB}\neq\boldsymbol{BA}$ 时，$e^{At}e^{Bt}\neq e^{(A+B)t}$。

2-2　试证本章 2.2 节中几个特殊矩阵的矩阵指数函数式（2.17）、式（2.18）、式（2.19）和式（2.20）成立。

2-3　已知矩阵

$$\boldsymbol{A}=\begin{pmatrix}0 & 1 & 0\\ 0 & 0 & 1\\ 2 & -5 & 4\end{pmatrix}$$

试用拉氏反变换法求 e^{At}。（与例 2-3、例 2-7 的结果验证）

2-4　用三种方法计算以下矩阵指数函数 e^{At}。

（1）$\boldsymbol{A}=\begin{pmatrix}0 & -1\\ 4 & 0\end{pmatrix}$

（2）$\boldsymbol{A}=\begin{pmatrix}1 & 1\\ 4 & 1\end{pmatrix}$

2-5　下列矩阵是否满足状态转移矩阵的条件，如果满足，试求与之对应的 $\boldsymbol{A}$ 阵。

（1）$\boldsymbol{\Phi}(t)=\begin{pmatrix}1 & 0 & 0\\ 0 & \sin t & \cos t\\ 0 & -\cos t & \sin t\end{pmatrix}$

（2）$\boldsymbol{\Phi}(t)=\begin{pmatrix}1 & \frac{1}{2}(1-e^{-2t})\\ 0 & e^{-2t}\end{pmatrix}$

（3）$\boldsymbol{\Phi}(t)=\begin{pmatrix}2e^{-t}-e^{-2t} & 2e^{-t}-2e^{-2t}\\ e^{-t}-e^{-2t} & 2e^{-t}-e^{-2t}\end{pmatrix}$

（4）$\boldsymbol{\Phi}(t)=\begin{pmatrix}\frac{1}{2}(e^{-t}-e^{3t}) & -\frac{1}{4}(e^{-t}+e^{3t})\\ (-e^{-t}+e^{3t}) & \frac{1}{2}(e^{-t}+e^{3t})\end{pmatrix}$

2-6　求下列状态空间表达式的解：

$$\dot{\boldsymbol{x}}=\begin{pmatrix}0 & 1\\ 0 & 0\end{pmatrix}\boldsymbol{x}+\begin{pmatrix}0\\ 1\end{pmatrix}\boldsymbol{u}$$

$$\boldsymbol{y}=(1,\ 0)\boldsymbol{x}$$

初始状态 $\boldsymbol{x}(0)=\begin{pmatrix}1\\ 1\end{pmatrix}$，输入 $\boldsymbol{u}(t)$ 是单位阶跃函数。

2-7　试证本章 2.3 节，在特定控制作用下，状态方程式（2.25）的解、式（2.30）、式（2.31）和式（2.32）成立。

2-8　计算下列线性时变系统的状态转移矩阵 $\boldsymbol{\Phi}(t,0)$ 和 $\boldsymbol{\Phi}^{-1}(t,0)$。

（1）$\boldsymbol{A}=\begin{pmatrix}t & 0\\ 0 & 0\end{pmatrix}$

（2）$\boldsymbol{A}=\begin{pmatrix}0 & e^{-t}\\ -e^{-t} & 0\end{pmatrix}$

2-9 有系统如图 2.2 所示，试求离散化的状态空间表达式。设采样周期分别为 $T=0.1\text{s}$ 和 1s，而 u_1 和 u_2 为分段常数。

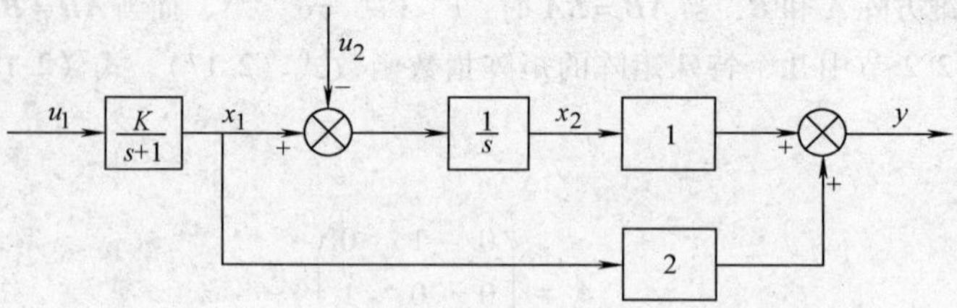

图 2.2 系统结构图

2-10 有离散时间系统如下，求 $x(k)$

$$\begin{pmatrix}x_1(k+1)\\ x_2(k+1)\end{pmatrix}=\begin{pmatrix}\frac{1}{2} & \frac{1}{8}\\ \frac{1}{8} & \frac{1}{2}\end{pmatrix}\begin{pmatrix}x_1(k)\\ x_2(k)\end{pmatrix}+\begin{pmatrix}1 & 0\\ 0 & 1\end{pmatrix}\begin{pmatrix}u_1(k)\\ u_2(k)\end{pmatrix}$$

$$x_1(0)=-1,\quad x_2(0)=3$$

输入 $u_1(k)$ 是从斜坡函数 t 采样而来，$u_2(t)$ 是从 e^{-t} 同步采样而来。

2-11 某离散时间系统的结构图如图 2.3 所示。

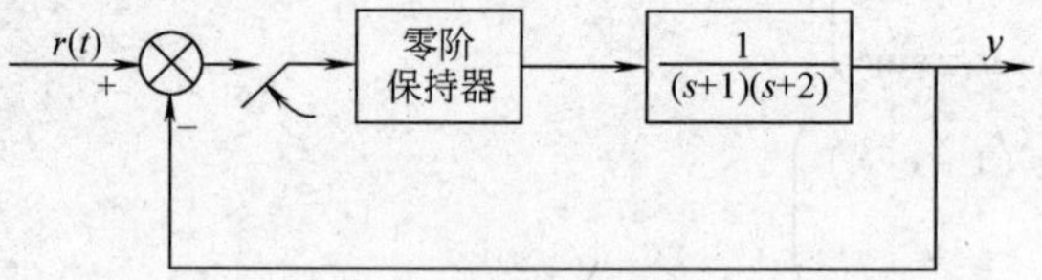

图 2.3 离散系统结构图

（1）写出系统的离散状态方程。

（2）当采样周期 $T=0.1\text{s}$ 时的状态转矩阵。

（3）输入为单位阶跃函数，初始条件为零的离散输出 $y(t)$。

（4）$t=0.25\text{s}$ 时刻的输出值。

第 3 章

线性控制系统的能控性和能观性

在现代控制理论中，能控性和能观性是两个重要的概念，是卡尔曼（Kalman）在1960年首先提出来的，它是最优控制和最优估计的设计基础。

前已指出，现代控制理论是建立在用状态空间描述的基础上的。状态方程描述了输入 $\boldsymbol{u}(t)$ 引起状态 $\boldsymbol{x}(t)$ 的变化过程；输出方程则描述了由状态变化引起的输出 $\boldsymbol{y}(t)$ 的变化。能控性和能观性正是分别分析 $\boldsymbol{u}(t)$ 对状态 $\boldsymbol{x}(t)$ 的控制能力以及输出 $\boldsymbol{y}(t)$ 对状态 $\boldsymbol{x}(t)$ 的反映能力。显然，这两个概念是与状态空间表达式对系统分段内部描述相对应的，是状态空间描述系统所带来的新概念。而经典控制理论只限于讨论控制作用（输入）对输出的控制，二者之间的关系唯一地由系统传递函数所确定，只要满足稳定性条件，系统对输出就是能控制的，而输出量本身就是被控制量，对一个实际物理系统而言，它一般是能观测到的。

本章将在详细讨论能控性和能观性定义的基础上，介绍有关判别系统能控性和能观性的准则，以及能控性与能观性之间的对偶关系。然后介绍如何通过非奇异变换把能控系统和能观系统的动力学方程化成能控标准型和能观标准型，把不完全能控系统和不完全能观系统的动力学方程进行结构分解。最后在系统结构分解的基础上介绍传递函数的最小实现。

3.1 能控性的定义

能控性所考察的只是系统在控制作用 $\boldsymbol{u}(t)$ 的控制下，状态矢量 $\boldsymbol{x}(t)$ 的转移情况，而与

输出 $\boldsymbol{y}(t)$ 无关，所以只需从系统的状态方程研究出发即可。

1. 线性连续定常系统的能控性定义

线性连续定常系统：

$$\dot{\boldsymbol{x}} = \boldsymbol{A}\boldsymbol{x} + \boldsymbol{B}\boldsymbol{u}$$

如果存在一个分段连续的输入 $\boldsymbol{u}(t)$，能在有限时间区间 $[t_0, t_f]$ 内，使系统由某一初始状态 $\boldsymbol{x}(t_0)$，转移到指定的任一终端状态 $\boldsymbol{x}(t_f)$，则称此状态是能控的。若系统的所有状态都是能控的，则称此系统是状态完全能控的，或简称系统是能控的。

上述定义可以在二阶系统的状态平面上来说明（如图 3.1 所示）。假定状态平面中的 P 点能在输入的作用下被驱动到任一指定状态 P_1，P_2，P_3，…，P_n，那么状态平面的 P 点是能控状态。假如能控状态"充满"整个状态空间，即对于任意初始状态都能找到相应的控制输入 $\boldsymbol{u}(t)$，使得在有限的时间区间 $[t_0, t_f]$ 内，将状态转移到状态空间的任一指定状态，则该系统称为状态完全能控。读者可以看出，系统中某一状态的能控和系统的状态完全能控在含义上是不同的。

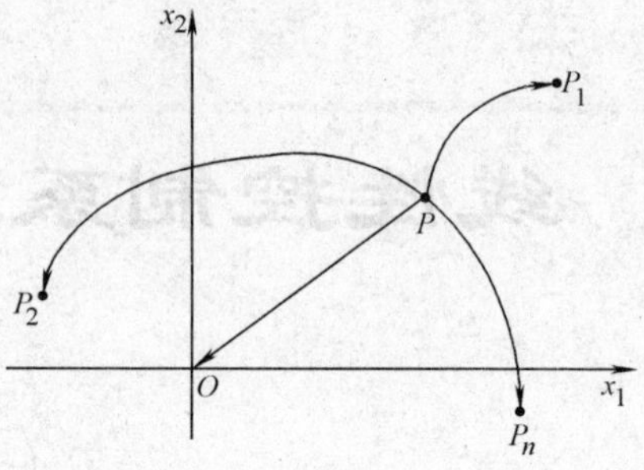

图 3.1　系统能控性示意图

几点说明：

1）在线性定常系统中，为简便计，可以假定初始时刻 $t_0 = 0$，初始状态为 $\boldsymbol{x}(0)$，而任意终端状态就指定为零状态。即

$$\boldsymbol{x}(t_f) = 0$$

2）也可以假定 $\boldsymbol{x}(t_0) = 0$，而 $\boldsymbol{x}(t_f)$ 为任意终端状态，换句话说，若存在一个无约束控制作用 $\boldsymbol{u}(t)$，在有限时间 $[t_0, t_f]$ 内，能将 $\boldsymbol{x}(t)$ 由零状态驱动到任意 $\boldsymbol{x}(t_f)$。在这种情况下，称为状态的能达性。在线性定常系统中，能控性与能达性是可以互逆的，即能控系统一定是能达系统，能达系统一定是能控系统。

3）在讨论能控性问题时，控制作用从理论上说是无约束的，其取值并非唯一的，因为我们关心的只是它能否将 $\boldsymbol{x}(t_0)$ 驱动到 $\boldsymbol{x}(t_f)$，而不计较 $\boldsymbol{x}$ 的轨迹如何。

2. 线性连续时变系统的能控性定义

线性连续时变系统：

$$\dot{\boldsymbol{x}} = \boldsymbol{A}(t)\boldsymbol{x} + \boldsymbol{B}(t)\boldsymbol{u}$$

其能控性的定义与定常系统的定义相同，但是 $\boldsymbol{A}(t)$、$\boldsymbol{B}(t)$ 是时变矩阵而非常系数矩阵，其状态矢量 $\boldsymbol{x}(t)$ 的转移，与初始时刻 t_0 的选取有关，所以在时变系统能控性定义中，应强调在 t_0 时刻系统是能控的。

3. 离散时间系统

这里只考虑单输入的 n 阶线性定常离散系统：

$$\boldsymbol{x}(k+1) = \boldsymbol{G}\boldsymbol{x}(k) + \boldsymbol{H}\boldsymbol{u}(k)$$

其中 $\boldsymbol{u}(k)$ 是标量控制作用，它在 $(k, k+1)$ 区间内是个常值，其能控性定义为：

若存在控制作用序列 $\boldsymbol{u}(k)$，$\boldsymbol{u}(k+1)$，…，$\boldsymbol{u}(l-1)$ 能将第 k 步的某个状态 $\boldsymbol{x}(k)$

在第 l 步上到达零状态，即 $\boldsymbol{x}(l)=0$，其中 l 是大于 k 的有限数，那么就称此状态是能控的。若系统在第 k 步上的所有状态 $\boldsymbol{x}(k)$ 都是能控的，那么此系统是状态完全能控的，称为能控系统。

3.2　线性定常系统的能控性判别

线性定常系统能控性判别准则有两种形式，一种是先将系统进行状态变换，把状态方程化为约旦标准型 $(\hat{\boldsymbol{A}}, \hat{\boldsymbol{B}})$，再根据 $\hat{\boldsymbol{B}}$ 阵，确定系统的能控性；另一种方法是直接根据状态方程的 $\boldsymbol{A}$ 阵和 $\boldsymbol{B}$ 阵，确定其能控性。

3.2.1　具有约旦标准型系统的能控性判别

1. 单输入系统

具有约旦标准型系统矩阵的单输入系统，状态方程为：

$$\dot{\boldsymbol{x}}=\boldsymbol{\Lambda x}+\boldsymbol{b}u \tag{3.1}$$

或

$$\dot{\boldsymbol{x}}=\boldsymbol{Jx}+\boldsymbol{b}u \tag{3.2}$$

式中

$$\boldsymbol{\Lambda}=\begin{pmatrix}\lambda_1 & & & & \\ & \lambda_2 & & \boldsymbol{0} & \\ & & \lambda_3 & & \\ & \boldsymbol{0} & & \ddots & \\ & & & & \lambda_n\end{pmatrix}$$

$\lambda_1\neq\lambda_2\neq\lambda_3\neq\cdots\neq\lambda_n$，即 n 个互异根。

$$\boldsymbol{J}=\left(\begin{array}{cccc:cccc:ccc}\lambda_1 & 1 & & & & & & & & & \\ & \lambda_1 & 1 & \boldsymbol{0} & & & & & & & \\ & & \ddots & \ddots & & \boldsymbol{0} & & & & \boldsymbol{0} & \\ & \boldsymbol{0} & & \ddots & 1 & & & & & & \\ & & & & \lambda_1 & & & & & & \\ \hdashline & & & & & \lambda_m & 1 & & & & \\ & & & & & & \ddots & \ddots\ \boldsymbol{0} & & \boldsymbol{0} & \\ & \boldsymbol{0} & & & & \boldsymbol{0} & & \ddots & 1 & & \\ & & & & & & & & \lambda_m & & \\ \hdashline & & & & & & & & & \lambda_{m+1} & \\ & & & & & & & & & \ddots & \boldsymbol{0} \\ & \boldsymbol{0} & & & & \boldsymbol{0} & & & & \boldsymbol{0}\ \ddots & \\ & & & & & & & & & & \lambda_n\end{array}\right)$$

$(m-l)$ 个 λ_1 重根，l 个 λ_m 重根，其余为互异根。

$$\boldsymbol{b}=\begin{pmatrix}b_1\\b_2\\\vdots\\b_n\end{pmatrix}$$

为简明起见，下面列举三个具有上述类型的二阶系统，对其能控性加以剖析。

$$\dot{\boldsymbol{x}}=\begin{pmatrix}\lambda_1 & 0\\0 & \lambda_2\end{pmatrix}\boldsymbol{x}+\begin{pmatrix}0\\b_2\end{pmatrix}\boldsymbol{u},\quad \boldsymbol{y}=(c_1,c_2)\boldsymbol{x} \tag{3.3}$$

$$\dot{\boldsymbol{x}}=\begin{pmatrix}\lambda_1 & 1\\0 & \lambda_1\end{pmatrix}\boldsymbol{x}+\begin{pmatrix}0\\b_2\end{pmatrix}\boldsymbol{u},\quad \boldsymbol{y}=(c_1,c_2)\boldsymbol{x} \tag{3.4}$$

$$\dot{\boldsymbol{x}}=\begin{pmatrix}\lambda_1 & 1\\0 & \lambda_1\end{pmatrix}\boldsymbol{x}+\begin{pmatrix}b_1\\0\end{pmatrix}\boldsymbol{u},\quad \boldsymbol{y}=(c_1,c_2)\boldsymbol{x} \tag{3.5}$$

1）对式（3.3）的系统，系统矩阵 $\boldsymbol{A}$ 为对角线型，其标量微分方程形式为：

$$\dot{x}_1=\lambda_1 x_1 \tag{3.6}$$

$$\dot{x}_2=\lambda_2 x_2+b_2 u \tag{3.7}$$

从式（3.7）可知，$\dot{x}_2$ 可以受控制量 $\boldsymbol{u}$ 的控制，但是从式（3.6）又知，$\dot{x}_1$ 与 $\boldsymbol{u}$ 无关，即不受 $\boldsymbol{u}$ 控制。因而只有一个特殊状态：

$$\bar{\boldsymbol{x}}=\begin{pmatrix}0\\x_2\end{pmatrix}$$

是能控状态，故为状态不完全能控的，因而为不能控系统。

就状态空间而言，如图 3-2 所示，能控部分是图中粗线所示的一条线，它属于能控状态子空间，除此子空间以外的整个空间，都是不能控的状态子空间。

式（3.3）系统的结构图如图 3-3 所示。它是一个并联型的结构，而对应 x_1 这个方块而言，是一个与 $\boldsymbol{u}(t)$ 无联系的孤立部分，即与它相应的自然模式 $e^{\lambda_1 t}$ 是不能控的。而状态 x_2 受 $\boldsymbol{u}(t)$ 影响，其自然模式 $e^{\lambda_2 t}$ 是能控的。

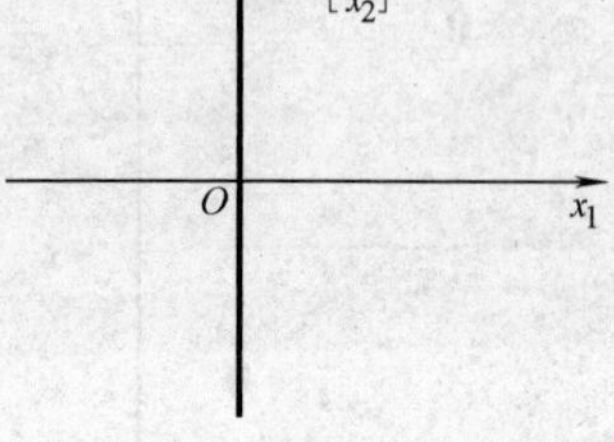

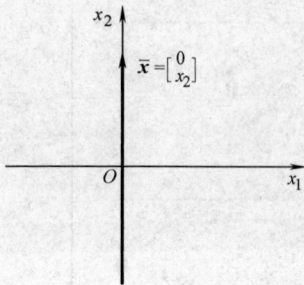

图 3.2　状态不完全能控的状态空间表示

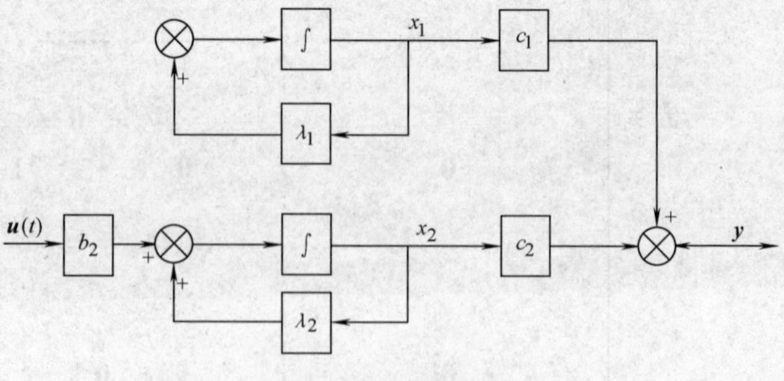

图 3.3　不完全能控的系统模拟结构图

2）对于式（3.4）的系统，系统矩阵 $\boldsymbol{A}$ 为约旦型，微分方程组为：

$$\dot{x}_1 = \lambda_1 x_1 + x_2 \tag{3.8}$$

$$\dot{x}_2 = \lambda_1 x_2 + b_2 u \tag{3.9}$$

虽然式（3.8）与 $\boldsymbol{u}(t)$ 无直接关系，但它与 x_2 是有联系的，而 x_2 却是受控于 $\boldsymbol{u}(t)$ 的，所以不难断定式（3.4）的系统是状态完全能控的。根据式（3.8）、式（3.9）画出系统的结构图如图 3.4 所示。它是一个串联型结构，没有孤立部分，也表明其状态是完全能控的。

3）对于式（3.5）的系统，系统矩阵虽也为约旦型，但控制矩阵第二行的元素却为 0，其微分方程组为：

$$\dot{x}_1 = \lambda_1 x_1 + x_2 + b_1 u \tag{3.10}$$

$$\dot{x}_2 = \lambda_1 x_2 \tag{3.11}$$

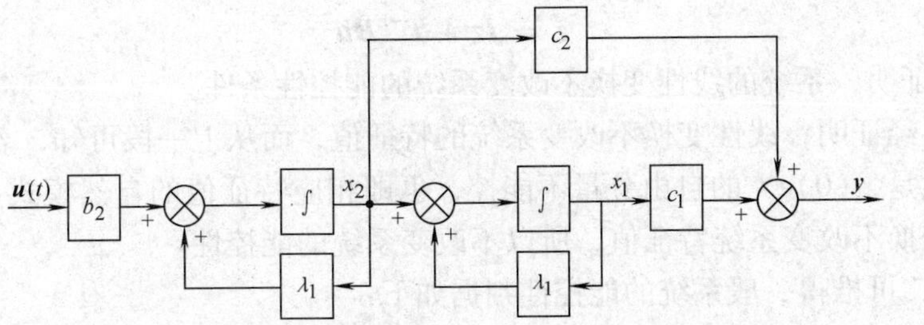

图 3.4　能控系统的模拟结构图

式（3.11）中只有 x_2 本身，它不受 $\boldsymbol{u}(t)$ 的控制，而为不能控的，从图 3.5 的结构图中看，存在一个与 $\boldsymbol{u}(t)$ 无关的孤立部分。

通过以上分析可以得出以下几点结论：

1）系统的能控性，取决于状态方程中的系统矩阵 $\boldsymbol{A}$ 和控制矩阵 $\boldsymbol{b}$。

我们知道，系统矩阵 $\boldsymbol{A}$ 是由系统的结构和内部参数决定的，控制矩阵 $\boldsymbol{b}$ 是与控制作用的施加点有关的，因此系统的能控性完全取决于系统的结构、参数，以及控制作用的施加点。如图 3.3 所示，控制作用只施加于 x_2，未施加于 x_1，图 3.5 则相反，这些没有与输入联系的孤立部分所对应的状态变量是不能控制的。

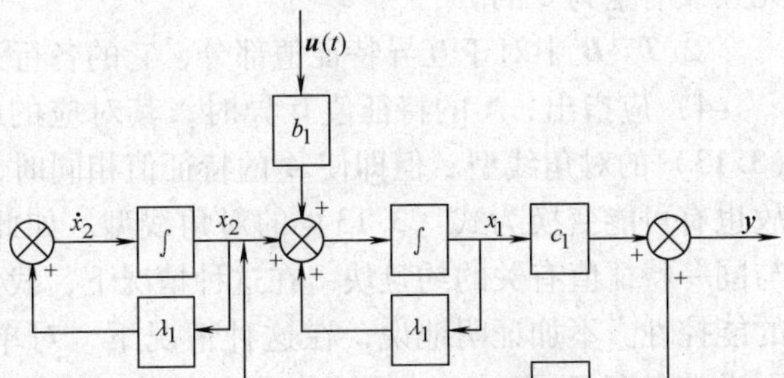

图 3.5　不完全能控系统的模拟结构图

2）在 $\boldsymbol{A}$ 为对角线型矩阵的情况下，如果 $\boldsymbol{b}$ 的元素有为 0 的，则与之相应的一阶标量状态方程必为齐次微分方程，而与 $\boldsymbol{u}(t)$ 无关；这样，该方程的解无强制分量，在非零初始条件时，系统状态不可能在有限时间 t_f 内衰减到零状态，从状态空间上说，$\boldsymbol{x}^{\mathrm{T}} = (x_1,\ x_2,\ \cdots,\ x_n)$ 是不完全能控的。

3）在 $\boldsymbol{A}$ 为约旦标准矩阵的情况下，由于前一个状态总是受下一个状态的控制，故只有当 $\boldsymbol{b}$ 中相应于约旦块的最后一行的元素为零时，相应的为一个一阶标量齐次微分方程，而成为不完全能控的。

4）不能控的状态，在结构图中表现为存在与 $\boldsymbol{u}(t)$ 无关的孤立方块，它对应的是一阶齐次微分方程的模拟结构图，其自由解是 $\boldsymbol{x}_i(0)\ \mathrm{e}^{\lambda_i t}$，故为不能控的状态，也表现为与之相应的特征值的自然模式 $\mathrm{e}^{\lambda_i t}$的不能控。

2. 具有一般系统矩阵的多输入系统

系统的状态方程为：

$$\dot{\boldsymbol{x}} = \boldsymbol{A}\boldsymbol{x} + \boldsymbol{B}\boldsymbol{u} \tag{3.12}$$

1）若令 $\boldsymbol{x}=\boldsymbol{T}\boldsymbol{z}$，式（3.12）可变换为约旦标准型

$$\dot{\boldsymbol{z}} = \boldsymbol{\Lambda}\boldsymbol{z} + \boldsymbol{T}^{-1}\boldsymbol{B}\boldsymbol{u} \tag{3.13}$$

或

$$\dot{\boldsymbol{z}} = \boldsymbol{J}\boldsymbol{z} + \boldsymbol{T}^{-1}\boldsymbol{B}\boldsymbol{u} \tag{3.14}$$

2）可以证明，系统的线性变换不改变系统的能控性条件。

第一章已经证明，线性变换不改变系统的特征值，而从上一段可知，若某第 i 个状态 x_i 不能控，就是 $x_i(0)e^{\lambda_i t}$ 的自由分量不能控，也即相应特征值的自然模式 $\mathrm{e}^{\lambda_i t}$不能控，既然系统线性变换不改变系统特征值，所以不改变系统的能控性。

3）据此，可推得一般系统的能控性判据如下：

若系统矩阵 $\boldsymbol{A}$ 的特征值互异，则式（3.12）可变换为式（3.13）的形式，此时系统能控性充分必要条件是控制矩阵 $\boldsymbol{T}^{-1}\boldsymbol{B}$ 的各行元素没有全为 0 的。

若系统矩阵 $\boldsymbol{A}$ 的特征值有相同的，则式（3.12）可变换为式（3.14）的形式，此时系统能控性的充分必要条件是：

① 在 $\boldsymbol{T}^{-1}\boldsymbol{B}$ 中对应于相同特征值的部分，它与每个约旦块最后一行相对应的一行的元素没有全为 0 的。

② $\boldsymbol{T}^{-1}\boldsymbol{B}$ 中对于互异特征值部分，它的各行元素没有全为 0 的。

4）应指出，$\boldsymbol{A}$ 的特征值互异时，其对应的特征矢量必然互异，故必然能变换为式（3.13）的对角线型。但即使 $\boldsymbol{A}$ 的特征值相同时，其对应的特征矢量也有可能是互异的，故也有可能变换为式（3.13）的对角线型。如此，则在 $\boldsymbol{J}=\boldsymbol{T}^{-1}\boldsymbol{A}\boldsymbol{T}$ 中，将出现两个以上与同一特征值有关的约旦块。在这种情况下，我们不能简单地按上述 3）的判据确定系统的能控性。不加证明地说，在这种情况下，对单输入系统是不能控的，对多输入系统，则尚需考察 $\boldsymbol{T}^{-1}\boldsymbol{B}$ 中，与那些相同特征值对应的约旦块的最后一行元素所形成的矢量是否线性无关。若它们线性无关，系统才是能控的。

【例 3-1】　判断下列系统的能控性：

（1）$$\begin{pmatrix}\dot{x}_1\\ \dot{x}_2\\ \dot{x}_3\end{pmatrix}=\begin{pmatrix}\lambda_1 & 1 & 0\\ 0 & \lambda_1 & 0\\ 0 & 0 & \lambda_3\end{pmatrix}\begin{pmatrix}x_1\\ x_2\\ x_3\end{pmatrix}+\begin{pmatrix}0\\ b_2\\ b_3\end{pmatrix}u$$

(2) $$\begin{pmatrix}\dot{x}_1\\ \dot{x}_2\\ \dot{x}_3\\ \dot{x}_4\\ \dot{x}_5\end{pmatrix}=\left(\begin{array}{ccc:cc}\lambda_1 & 1 & 0 & & \\ 0 & \lambda_1 & 1 & \multicolumn{2}{c}{\mathbf{0}} \\ 0 & 0 & \lambda_1 & & \\ \hdashline & & & \lambda_4 & 1 \\ & \mathbf{0} & & 0 & \lambda_4\end{array}\right)\begin{pmatrix}x_1\\ x_2\\ x_3\\ x_4\\ x_5\end{pmatrix}+\begin{pmatrix}0 & 1\\ 0 & 0\\ 3 & 0\\ 0 & 0\\ 1 & 2\end{pmatrix}\begin{pmatrix}u_1\\ u_2\end{pmatrix}$$

(3) $$\begin{pmatrix}\dot{x}_1\\ \dot{x}_2\\ \dot{x}_3\end{pmatrix}=\begin{pmatrix}\lambda_1 & 1 & 0\\ 0 & \lambda_1 & 0\\ 0 & 0 & \lambda_3\end{pmatrix}\begin{pmatrix}x_1\\ x_2\\ x_3\end{pmatrix}+\begin{pmatrix}b_{11} & b_{12}\\ 0 & 0\\ b_{31} & b_{32}\end{pmatrix}\begin{pmatrix}u_1\\ u_2\end{pmatrix}$$

(4) $$\begin{pmatrix}\dot{x}_1\\ \dot{x}_2\\ \dot{x}_3\\ \dot{x}_4\\ \dot{x}_5\end{pmatrix}=\left(\begin{array}{ccc:cc}\lambda_1 & 1 & 0 & & \\ 0 & \lambda_1 & 1 & \multicolumn{2}{c}{\mathbf{0}} \\ 0 & 0 & \lambda_1 & & \\ \hdashline & & & \lambda_4 & 1 \\ & \mathbf{0} & & 0 & \lambda_4\end{array}\right)\begin{pmatrix}x_1\\ x_2\\ x_3\\ x_4\\ x_5\end{pmatrix}+\begin{pmatrix}b_1\\ b_2\\ b_3\\ b_4\\ 0\end{pmatrix}\boldsymbol{u}$$

解　(1)、(2) 两系统属能控系统，而 (3)、(4) 两系统则是状态不完全能控的，为不能控系统。

【例 3-2】　有系统如下，试判断其是否能控。

$$\dot{\boldsymbol{x}}=\begin{pmatrix}-4 & 5\\ 1 & 0\end{pmatrix}\boldsymbol{x}+\begin{pmatrix}-5\\ 1\end{pmatrix}\boldsymbol{u}$$

解　将其变换成约旦型，先求其特征根：

$$|\lambda\boldsymbol{I}-\boldsymbol{A}|=\begin{vmatrix}\lambda+4 & -5\\ -1 & \lambda\end{vmatrix}=\lambda^2+4\lambda-5=(\lambda+5)(\lambda-1)=0$$

得：

$$\lambda_1=-5,\quad \lambda_2=1$$

再求变换矩阵：

$$\boldsymbol{T}=[\boldsymbol{P}_1\quad \boldsymbol{P}_2]=\begin{pmatrix}-5 & 1\\ 1 & 1\end{pmatrix},\quad \boldsymbol{T}^{-1}=\begin{pmatrix}-\frac{1}{6} & \frac{1}{6}\\ \frac{1}{6} & \frac{5}{6}\end{pmatrix}$$

故

$$\boldsymbol{T}^{-1}\boldsymbol{b}=\begin{pmatrix}-\frac{1}{6} & \frac{1}{6}\\ \frac{1}{6} & \frac{5}{6}\end{pmatrix}\begin{pmatrix}-5\\ 1\end{pmatrix}=\begin{pmatrix}1\\ 0\end{pmatrix}$$

得变换后的状态方程：

$$\dot{\boldsymbol{z}}=\boldsymbol{T}^{-1}\boldsymbol{ATz}+\boldsymbol{T}^{-1}\boldsymbol{bu}=\begin{pmatrix}-5 & 0\\ 0 & 1\end{pmatrix}\boldsymbol{z}+\begin{pmatrix}1\\ 0\end{pmatrix}\boldsymbol{u}$$

$T^{-1}b$ 有一行元素为零，故系统是不能控的，其不能控的自然模式为 e^t。

【例 3-3】 有系统如下，判断其是否能控。

$$\dot{x} = \begin{pmatrix} 0 & 1 & 0 \\ 0 & 0 & 1 \\ -a_0 & -a_1 & -a_2 \end{pmatrix} x + \begin{pmatrix} 0 \\ 0 \\ 1 \end{pmatrix} u$$

解 若 A 的特征值 λ_1，λ_2，λ_3 互异，将其变换为对角线阵时，变换矩阵：

$$T = \begin{pmatrix} 1 & 1 & 1 \\ \lambda_1 & \lambda_2 & \lambda_3 \\ \lambda_1^2 & \lambda_2^2 & \lambda_3^2 \end{pmatrix}$$

$$T^{-1} = \frac{1}{|T|}\mathrm{adj}T = \frac{1}{\lambda_3\lambda_2(\lambda_3-\lambda_2)+\lambda_2\lambda_1(\lambda_2-\lambda_1)+\lambda_1\lambda_3(\lambda_1-\lambda_3)} \times \begin{pmatrix} * & * & \lambda_3-\lambda_2 \\ * & * & \lambda_1-\lambda_3 \\ * & * & \lambda_2-\lambda_1 \end{pmatrix}$$

$$T^{-1}b = \frac{1}{\lambda_3\lambda_2(\lambda_3-\lambda_2)+\lambda_2\lambda_1(\lambda_2-\lambda_1)+\lambda_1\lambda_3(\lambda_1-\lambda_3)} \begin{pmatrix} \lambda_3-\lambda_2 \\ \lambda_1-\lambda_3 \\ \lambda_2-\lambda_1 \end{pmatrix}$$

得：

$$\dot{z} = \begin{pmatrix} \lambda_1 & 0 & 0 \\ 0 & \lambda_2 & 0 \\ 0 & 0 & \lambda_3 \end{pmatrix} z + \frac{1}{|T|} \begin{pmatrix} \lambda_3-\lambda_2 \\ \lambda_1-\lambda_3 \\ \lambda_2-\lambda_1 \end{pmatrix} u$$

故 $T^{-1}b$ 的各元素不可能为零，系统为能控的。

若 A 的特征值 $\lambda_1=\lambda_2$，$\lambda_3 \neq \lambda_1$。将其变换为约旦型，变换矩阵：

$$T = \begin{pmatrix} 1 & 0 & 1 \\ \lambda_1 & 1 & \lambda_3 \\ \lambda_1^2 & 2\lambda_1 & \lambda_3^2 \end{pmatrix}$$

$$T^{-1} = \frac{1}{(\lambda_1-\lambda_3)^2} \begin{pmatrix} * & * & -1 \\ * & * & \lambda_1-\lambda_3 \\ * & * & 1 \end{pmatrix}$$

$$T^{-1}b = \frac{1}{(\lambda_1-\lambda_3)^2} \begin{pmatrix} -1 \\ \lambda_1-\lambda_3 \\ 1 \end{pmatrix}$$

$T^{-1}b$ 的各元素不可能为零，系统为能控的。

若 A 的特征值 $\lambda_1=\lambda_2=\lambda_3$，则变换阵：

$$\boldsymbol{T} = \begin{pmatrix} 1 & 0 & 0 \\ \lambda_1 & 1 & 0 \\ \lambda_1^2 & 2\lambda_1 & 1 \end{pmatrix}$$

$$\boldsymbol{T}^{-1} = \frac{1}{\lambda_1}\begin{pmatrix} * & * & 0 \\ * & * & 0 \\ * & * & 1 \end{pmatrix}$$

$$\boldsymbol{T}^{-1}b = \frac{1}{\lambda_1}\begin{pmatrix} 0 \\ 0 \\ 1 \end{pmatrix}$$

$\boldsymbol{T}^{-1}\boldsymbol{b}$ 的最后一行元素不为零，系统亦为能控的。

3.2.2　直接从 A 与 B 判别系统的能控性

1. 单输入系统

线性连续定常单输入系统：

$$\dot{\boldsymbol{x}} = \boldsymbol{A}\boldsymbol{x} + \boldsymbol{b}u \tag{3.15}$$

其能控的充分必要条件是由 $\boldsymbol{A}$、$\boldsymbol{b}$ 构成的能控性矩阵：

$$\boldsymbol{M} = (\boldsymbol{b},\ \ \boldsymbol{A}\boldsymbol{b},\ \ \boldsymbol{A}^2\boldsymbol{b},\ \ \cdots,\ \ \boldsymbol{A}^{n-1}\boldsymbol{b}) \tag{3.16}$$

满秩，即 $\mathrm{rank}\boldsymbol{M} = n$。否则，当 $\mathrm{rank}\boldsymbol{M} < n$ 时，系统为不能控的。

证明　式（3.15）的解为：

$$\boldsymbol{x}(t) = \boldsymbol{\Phi}(t - t_0)\boldsymbol{x}(t_0) + \int_{t_0}^{t}\boldsymbol{\Phi}(t - \tau)\boldsymbol{b}u(\tau)\,\mathrm{d}\tau, t \geqslant t_0 \tag{3.17}$$

根据能控性定义，对任意的初始状态矢量 $\boldsymbol{x}(t_0)$，应能找到 $u(t)$，使之在有限时间 $t_f \geqslant t_0$ 内转移到零状态［$\boldsymbol{x}(t_f) = 0$］。

那么由式（3.17），并令 $t = t_f$，$\boldsymbol{x}(t_f) = 0$，得：

$$\boldsymbol{\Phi}(t_f - t_0)\boldsymbol{x}(t_0) = -\int_{t_0}^{t_f}\boldsymbol{\Phi}(t_f - \tau)\boldsymbol{b}u(\tau)\,\mathrm{d}\tau$$

即

$$\boldsymbol{x}(t_0) = -\int_{t_0}^{t_f}\boldsymbol{\Phi}(t_0 - \tau)\boldsymbol{b}u(\tau)\,\mathrm{d}\tau \tag{3.18}$$

根据凯莱—哈密顿定理：$\boldsymbol{A}$ 的任何次幂，可由 $\boldsymbol{A}$ 的0，1，…，$(n-1)$ 次幂线性表示，即

$$\boldsymbol{A}^k = \sum_{j=0}^{n-1}\alpha_{jk}\boldsymbol{A}^j \quad（对任何的 k）$$

又因

$$\boldsymbol{\Phi}(t) = \mathrm{e}^{\boldsymbol{A}t} = \sum_{k=0}^{+\infty}\frac{1}{k!}\boldsymbol{A}^k t^k$$

故

$$\boldsymbol{\Phi}(t) = \sum_{k=0}^{\infty}\frac{t^k}{k!}\cdot\sum_{j=0}^{n-1}a_{jk}\boldsymbol{A}^j = \sum_{j=0}^{n-1}\boldsymbol{A}^j\cdot\sum_{k=0}^{\infty}\alpha_{jk}\frac{t^k}{k!} = \sum_{j=0}^{n-1}\beta_j(t)\boldsymbol{A}^j \tag{3.19}$$

其中

$$\beta_j(t) = \sum_{k=0}^{\infty} \alpha_{jk} \frac{t^k}{k!}$$

将上式代入式（3.18），有：

$$\boldsymbol{x}(t_0) = -\sum_{j=0}^{n-1} \boldsymbol{A}^j \boldsymbol{b} \int_{t_0}^{t_f} \beta_j(t_0 - \tau) \boldsymbol{u}(\tau) \mathrm{d}\tau = -\sum_{j=0}^{n-1} \boldsymbol{A}^j \boldsymbol{b} \gamma_j \tag{3.20}$$

其中

$$\gamma_j = \int_{t_0}^{tf} \boldsymbol{\beta}_j(t_0 - \tau) \boldsymbol{u}(\tau) \mathrm{d}\tau$$

由于 $\boldsymbol{u}(t)$ 为标量，又是定限积分，所以 γ_j 也是标量，将式（3.20）写成矩阵形式，有

$$\boldsymbol{x}(t_0) = -[\boldsymbol{b} \quad \boldsymbol{A}\boldsymbol{b} \quad \boldsymbol{A}^2\boldsymbol{b} \quad \cdots \quad \boldsymbol{A}^{n-1}\boldsymbol{b}] \begin{pmatrix} \gamma_0 \\ \gamma_1 \\ \vdots \\ \gamma_{n-1} \end{pmatrix} \tag{3.21}$$

要是系统能控，则对任意给定的初始状态 $\boldsymbol{x}(t_0)$，应能从式（3.21）解出 γ_0，γ_1，…，γ_{n-1}来，即

$$\begin{pmatrix} \gamma_0 \\ \gamma_1 \\ \vdots \\ \gamma_{n-1} \end{pmatrix} = -[\boldsymbol{b} \quad \boldsymbol{A}\boldsymbol{b} \quad \boldsymbol{A}^2\boldsymbol{b} \quad \cdots \quad \boldsymbol{A}^{n-1}\boldsymbol{b}]^{-1} \begin{pmatrix} x_1(t_0) \\ x_2(t_0) \\ \vdots \\ x_n(t_0) \end{pmatrix}$$

因此，必须保证：

$$\boldsymbol{M} = [\boldsymbol{b} \quad \boldsymbol{A}\boldsymbol{b} \quad \boldsymbol{A}^2\boldsymbol{b} \quad \cdots \quad \boldsymbol{A}^{n-1}\boldsymbol{b}]$$

的逆存在，即其秩必须等于 n。判据得证。

【例 3-4】 系统同【例 3-3】，判明其能控性。

解

$$\dot{\boldsymbol{x}} = \begin{pmatrix} 0 & 1 & 0 \\ 0 & 0 & 1 \\ -a_0 & -a_1 & -a_2 \end{pmatrix} \boldsymbol{x} + \begin{pmatrix} 0 \\ 0 \\ 1 \end{pmatrix} u$$

$$\boldsymbol{b} = \begin{pmatrix} 0 \\ 0 \\ 1 \end{pmatrix}, \quad \boldsymbol{A}\boldsymbol{b} = \begin{pmatrix} 0 \\ 1 \\ -a_2 \end{pmatrix}, \quad \boldsymbol{A}^2\boldsymbol{b} = \begin{pmatrix} 1 \\ -a_2 \\ -a_1 + a_2^2 \end{pmatrix}$$

故

$$\boldsymbol{M} = \begin{pmatrix} 0 & 0 & 1 \\ 0 & 1 & -a_2 \\ 1 & -a_2 & -a_1 + a_2^2 \end{pmatrix}$$

它是一个三角形矩阵，斜对角线元素均为 1，不论 a_2、a_1 取何值，其秩为 3，系统总是能控的。因此把凡是具有本例形式的状态方程，称之为能控标准型。

【例 3-5】　系统同例 3-2，判明其能控性。

解

$$\boldsymbol{M} = (\boldsymbol{b},\quad \boldsymbol{Ab}) = \begin{pmatrix} -5 & 25 \\ 1 & -5 \end{pmatrix}$$

其秩为 1，降秩，故系统为不能控的。

最后指出，在单输入系统中，根据 $\boldsymbol{A}$ 和 $\boldsymbol{b}$ 还可以从输入和状态矢量间的传递函数阵确定能控性的充分必要条件。

由第一章中式（1.64），知 $\boldsymbol{u}$—$\boldsymbol{x}$ 间的传递函数阵为：

$$\boldsymbol{W}_{ux}(s) = (s\boldsymbol{I} - \boldsymbol{A})^{-1}\boldsymbol{b}$$

在这种情况下，状态完全能控的充分必要条件是 $\boldsymbol{W}_{ux}(s)$ 没有零点和极点重合现象。否则，被相消的极点就是不能控的模式，系统为不能控系统。

这是很明显的，因为若传递函数分子和分母约去一个相同公因子之后，就相当于状态变量减少了一维，系统出现了一个低维能控子空间和一个不能控子空间，故属不能控系统。

【例 3-6】　系统同例 3-2，从输入和状态矢量间的传递函数确定其能控性。

解　$\boldsymbol{u}$—$\boldsymbol{x}$ 间的传递函数阵为：

$$\boldsymbol{W}_{ux}(s) = (s\boldsymbol{I} - \boldsymbol{A})^{-1}\boldsymbol{b} = \begin{pmatrix} s+4 & -5 \\ -1 & s \end{pmatrix}^{-1}\begin{pmatrix} -5 \\ 1 \end{pmatrix} = \frac{1}{(s+5)(s-1)}\begin{pmatrix} -5(s-1) \\ (s-1) \end{pmatrix}$$

显然，传递函数阵中有一个相同的零点和极点，该极点所对应的自然模式为 e^t 不能控的，所以该系统为不能控系统。

【例 3-7】　系统同例 3-3，从输入和状态矢量间的传递函数确定其能控性。

解　$\boldsymbol{u}$—$\boldsymbol{x}$ 间的传递函数阵为：

$$\boldsymbol{W}_{ux}(s) = \begin{pmatrix} s & -1 & 0 \\ 0 & s & -1 \\ a_0 & a_1 & s+a_2 \end{pmatrix}^{-1}\begin{pmatrix} 0 \\ 0 \\ 1 \end{pmatrix} = \frac{1}{s^3 + a_2 s^2 + a_1 s + a_0}\begin{pmatrix} 1 \\ s \\ s^2 \end{pmatrix}$$

显然，$\boldsymbol{W}_{ux}(s)$ 中不可能出现相同的零点和极点，即其分子和分母不存在公因子的可能性，故能控标准型的状态方程一定是能控的。

2. 多输入系统

对多输入系统，其状态方程为：

$$\dot{\boldsymbol{x}} = \boldsymbol{Ax} + \boldsymbol{Bu} \tag{3.22}$$

式中，$\boldsymbol{B}$ 为 $n \times r$ 阶矩阵；$\boldsymbol{u}$ 为 r 维列矢量。

其能控的充分必要条件是矩阵：

$$\boldsymbol{M} = (\boldsymbol{B},\quad \boldsymbol{AB},\quad \boldsymbol{A}^2\boldsymbol{B},\quad \cdots,\quad \boldsymbol{A}^{n-1}\boldsymbol{B})$$

的秩为 n。

证明可仿照单输入系统的方法进行，不赘述。所不同的是在式（3.20）中，控制 $\boldsymbol{u}$ 不再是标量而为矢量 $\boldsymbol{u}$，它是 r 维列矢量，相应地 γ_i 变为：

$$\Gamma_j = \int_{t_0}^{t_f} \beta_j(t_0 - \tau)\boldsymbol{u}(\tau)\mathrm{d}\tau$$

也是一个 r 维列矢量，故式（3.21）变为以下形式

$$\boldsymbol{x}(t_0) = -(\boldsymbol{B},\ \ \boldsymbol{AB},\ \ \boldsymbol{A}^2\boldsymbol{B},\ \ \cdots,\ \ \boldsymbol{A}^{n-1}\boldsymbol{B})\begin{pmatrix}\Gamma_0\\ \Gamma_1\\ \Gamma_2\\ \vdots\\ \Gamma_{n-1}\end{pmatrix} \tag{3.23}$$

它不再是有 n 个未知数的 n 个方程组，而是有 nr 个未知数的 n 个方程组，根据代数理论，在非齐次线性方程（3.23）中，有解的充要条件是它的系数矩阵 $\boldsymbol{M}$ 和增广矩阵 $[\boldsymbol{M} \mid \boldsymbol{x}(t_0)]$ 的秩相等，即

$$\mathrm{rank}\boldsymbol{M} = \mathrm{rank}[\boldsymbol{M} \mid \boldsymbol{x}(t_0)]$$

考虑到 $\boldsymbol{x}(t_0)$ 是任意给定的，欲使上面的关系式成立，$\boldsymbol{M}$ 的秩必须是满秩。

综上所述，若要使式（3.22）的线性定常系统是状态完全能控的，必须从式（3.23）线性方程组中解出 Γ_j，而方程组有解的充分必要条件是矩阵 $\boldsymbol{M}$ 满秩，故线性定常系统状态能控的充分必要条件是 $\boldsymbol{M}$ 满秩。

此外，在多输入系统中，$\boldsymbol{M}$ 是 $n \times nr$ 矩阵，不像在单输入系统中是 $n \times n$ 方阵，其秩的确定一般的说要复杂一些。由于矩阵 $\boldsymbol{M}$ 与 $\boldsymbol{M}^{\mathrm{T}}$ 的积 $\boldsymbol{MM}^{\mathrm{T}}$ 是方阵，而它的非奇异性等价于 $\boldsymbol{M}$ 的非奇异性，所以在计算行比列少的矩阵的秩时，常用 $\mathrm{rank}\boldsymbol{M} = \mathrm{rank}(\boldsymbol{MM}^{\mathrm{T}})$ 的关系，通过计算方阵 $\boldsymbol{MM}^{\mathrm{T}}$ 的秩确定 $\boldsymbol{M}$ 的秩。

附带指出，不论单输入或多输入系统，为简便计，有时不写出 $\boldsymbol{M}$ 矩阵，而记以 $(\boldsymbol{A},\ \boldsymbol{b})$ 对或 $(\boldsymbol{A},\ \boldsymbol{B})$ 对，$\boldsymbol{M}$ 满秩时，也可以说 $(\boldsymbol{A},\ \boldsymbol{b})$ 或 $(\boldsymbol{A},\ \boldsymbol{B})$ 是能控对。

【例 3-8】 判别三阶两输入系统的能控性。

$$\dot{\boldsymbol{x}} = \begin{pmatrix}1 & 2 & 1\\ 0 & 1 & 0\\ 1 & 0 & 3\end{pmatrix}\boldsymbol{x} + \begin{pmatrix}1 & 0\\ 0 & 1\\ 0 & 0\end{pmatrix}\begin{pmatrix}u_1\\ u_2\end{pmatrix}$$

解

$$\boldsymbol{AB} = \begin{pmatrix}1 & 2 & 1\\ 0 & 1 & 0\\ 1 & 0 & 3\end{pmatrix}\begin{pmatrix}1 & 0\\ 0 & 1\\ 0 & 0\end{pmatrix} = \begin{pmatrix}1 & 2\\ 0 & 1\\ 1 & 0\end{pmatrix}$$

$$\boldsymbol{A}^2\boldsymbol{B} = \begin{pmatrix}2 & 4 & 4\\ 0 & 1 & 0\\ 4 & 2 & 10\end{pmatrix}\begin{pmatrix}1 & 0\\ 0 & 1\\ 0 & 0\end{pmatrix} = \begin{pmatrix}2 & 4\\ 0 & 1\\ 4 & 2\end{pmatrix}$$

$$\boldsymbol{M} = \begin{pmatrix}1 & 0 & 1 & 2 & 2 & 4\\ 0 & 1 & 0 & 1 & 0 & 1\\ 0 & 0 & 1 & 0 & 4 & 2\end{pmatrix}$$

$$\boldsymbol{MM}^{\mathrm{T}} = \begin{pmatrix}26 & 6 & 17\\ 6 & 3 & 2\\ 17 & 2 & 21\end{pmatrix}$$

易知 $\boldsymbol{M}\boldsymbol{M}^{\mathrm{T}}$ 非奇异，故 $\boldsymbol{M}$ 满秩，系统是能控的。实际上在本例中，$\boldsymbol{M}$ 的满秩从 $\boldsymbol{M}$ 矩阵前三列即可直接看出，它包含在

$$(\boldsymbol{B} \vdots \boldsymbol{AB}) = \begin{pmatrix} 1 & 0 & 1 & 2 \\ 0 & 1 & 0 & 1 \\ 0 & 0 & 1 & 0 \end{pmatrix}$$

的矩阵中，所以在多输入系统中，有时并不一定要计算出全部 $\boldsymbol{M}$ 阵。这也说明，在多输入系统中，系统的能控条件是较容易满足的。

在上述证明过程中，主要思路是围绕“把初始状态 $\boldsymbol{x}(t_0)$ 转移到零的控制作用 $\boldsymbol{u}(t)$ 是否存在”这个问题，而没有要求求出具体的 $\boldsymbol{u}(t)$ 。对于多输入系统，$r>1$，故由式（3.23）线性方程组解出的 Γ_j 有无穷多个，当然相应的 $\boldsymbol{u}(t)$ 也是无穷多个。对于单输入系统，$r=1$，虽然由式（3.20）线性方程组解出的 Γ_j 是唯一的，但是由于：

$$\Gamma_j = \int_{t_0}^{t_f} \beta_j(t_0 - \tau)\boldsymbol{u}(\tau)\mathrm{d}\tau$$

所以相应的 $\boldsymbol{u}(t)$ 也是无穷多个。

3.3　线性连续定常系统的能观性

控制系统大多采用反馈控制形式。在现代控制理论中，其反馈信息是由系统的状态变量组合而成。但并非所有的系统的状态变量在物理上都能测取到，于是提出能否通过对输出的测量获得全部状态变量的信息，这便是系统的能观测问题。图3.6a中所示系统是状态能观测的，因为系统的每一个状态变量对输出都产生影响。图3.6b所示系统是状态不能观测的，因为状态 x_2 对输出 $\boldsymbol{y}$ 不产生任何影响，当然要从输出量 $\boldsymbol{y}$ 的信息中获得 x_2 的信息也是不可能的。

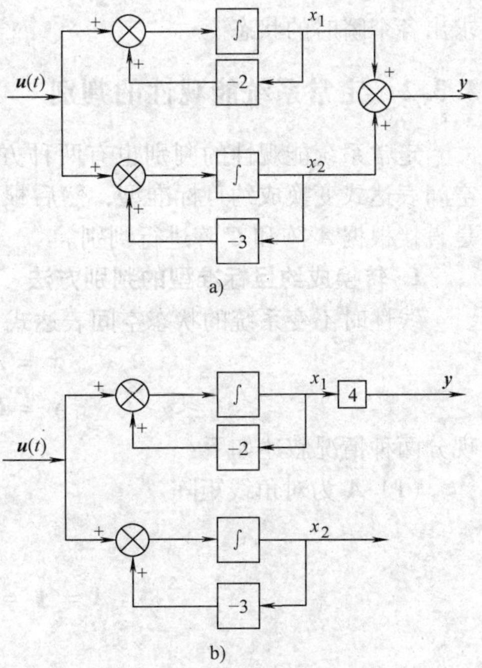

图3.6　系统模拟结构图

3.3.1　能观性定义

能观性所表示的是输出 $\boldsymbol{y}(t)$ 反映状态矢量 $\boldsymbol{x}(t)$ 的能力，与控制作用没有直接关系，所以分析能观性问题时，只需从齐次状态方程和输出方程出发，即

$$\begin{aligned} \dot{\boldsymbol{x}} &= \boldsymbol{A}\boldsymbol{x}, \quad \boldsymbol{x}(t_0) = \boldsymbol{x}_0 \\ \boldsymbol{y} &= \boldsymbol{C}\boldsymbol{x} \end{aligned} \tag{3.24}$$

如果对任意给定的输入 $\boldsymbol{u}$，在有限观测时间 $t_f>t_0$，使得根据 $[t_0, t_f]$ 期间的输出 $\boldsymbol{y}(t)$

能唯一地确定系统在初始时刻的状态 $\boldsymbol{x}(t_0)$，则称状态 $\boldsymbol{x}(t_0)$ 是能观测的。若系统的每一个状态都是能观测的，则称系统是**状态完全能观测的**，或简称是能观的。

对上述定义作如下几点说明：

1）能观性表示的是 $\boldsymbol{y}(t)$ 反映状态矢量 $\boldsymbol{x}(t)$ 的能力，考虑到控制作用所引起的输出是可以算出的，所以在分析能观测问题时，不妨令 $\boldsymbol{u}\equiv 0$，这样只需从齐次状态方程和输出方程出发，或用符号 $\sum=(A,\ C)$ 表示。

2）从输出方程可以看出，如果输出量 $\boldsymbol{y}$ 的维数等于状态的维数，即 $m=n$，并且 $\boldsymbol{C}$ 是非奇异的阵，则求解状态是十分简单的，即

$$\boldsymbol{x}(t)=\boldsymbol{C}^{-1}\boldsymbol{y}(t)$$

显然，这是不需要观测时间的。可是在一般情况下，输出量的维数总是小于状态变量的个数，即 $m<n$。为了能唯一地求出 n 个状态变量，不得不在不同的时刻多测量几组输出数据 $y(t_0),y(t_1),\cdots,y(t_f)$，使之能构成 n 个方程式。倘若 $t_0,t_1,\cdots,t_f$ 相隔太近，则 $y(t_0),y(t_1),\cdots,y(t_f)$ 所构成的 n 个方程虽然在结构上是独立的，但其数值可能相差无几，而破坏了其独立性。因此，在能观性定义中，观测时间应满足 $t_f\geqslant t_0$ 的要求。

3）在定义中之所以把能观性规定为对初始状态的确定，这是因为一旦确定了初始状态，便可根据给定的控制量（输入），利用状态转移方程：

$$\boldsymbol{x}(t)=\boldsymbol{\Phi}(t-t_0)\boldsymbol{x}(t_0)+\int_{t_0}^{t}\boldsymbol{\Phi}(t-\tau)\boldsymbol{B}\boldsymbol{u}(\tau)\mathrm{d}\tau$$

求出各个瞬时的状态。

3.3.2 定常系统能观性的判别

定常系统能观性的判别也有两种方法，一种是对系统进行坐标变换，将系统的状态空间表达式变换成约旦标准型，然后根据标准型下的 $\boldsymbol{C}$ 阵，判别其能观性，另一种方法是直接根据 $\boldsymbol{A}$ 阵和 $\boldsymbol{C}$ 阵进行判别。

1. 转换成约旦标准型的判别方法

线性时不变系统的状态空间表达式为：

$$\left.\begin{aligned}\dot{\boldsymbol{x}}&=\boldsymbol{A}\boldsymbol{x},\boldsymbol{x}(t_0)=\boldsymbol{x}_0\\\boldsymbol{y}&=\boldsymbol{C}\boldsymbol{x}\end{aligned}\right\}\tag{3.25}$$

现分两种情况叙述如下：

（1）$\boldsymbol{A}$ 为对角线矩阵

$$\boldsymbol{A}=\boldsymbol{\Lambda}=\begin{pmatrix}\lambda_1 & & & \\ & \lambda_2 & \boldsymbol{0} & \\ & \boldsymbol{0} & \ddots & \\ & & & \lambda_n\end{pmatrix}$$

$$\boldsymbol{C}=\begin{pmatrix}c_{11} & c_{12} & \cdots & c_{1n}\\ c_{21} & c_{22} & \cdots & c_{2n}\\ \vdots & \vdots & & \vdots\\ c_{m1} & c_{m2} & \cdots & c_{mn}\end{pmatrix}$$

这时式（3.25）用方程组形式表示，可有：

$$\left.\begin{aligned}\dot{x}_1 &= \lambda_1 x_1\\ \dot{x}_2 &= \lambda_2 x_2\\ &\vdots\\ \dot{x}_n &= \lambda_n x_n\end{aligned}\right\},\quad \boldsymbol{x}(t) = \begin{pmatrix} e^{\lambda_1 t}x_{10}\\ e^{\lambda_2 t}x_{20}\\ \vdots\\ e^{\lambda_n t}x_{n0}\end{pmatrix} \tag{3.26}$$

$$\left.\begin{aligned}y_1 &= c_{11}x_1 + c_{12}x_2 + \cdots + c_{1n}x_n\\ y_2 &= c_{21}x_1 + c_{22}x_2 + \cdots + c_{2n}x_n\\ &\vdots\\ y_m &= c_{m1}x_1 + c_{m2}x_2 + \cdots + c_{mn}x_n\end{aligned}\right\} \tag{3.27}$$

从而可得结构图如图 3.7 所示。将式（3.26）代入输出方程式（3.27），得：

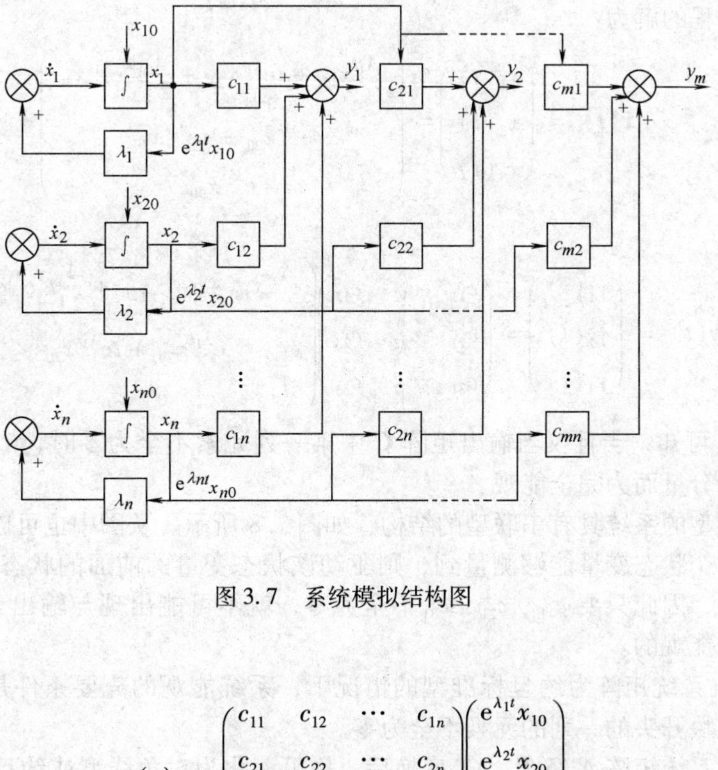

图 3.7　系统模拟结构图

$$\boldsymbol{y}(t) = \begin{pmatrix} c_{11} & c_{12} & \cdots & c_{1n}\\ c_{21} & c_{22} & \cdots & c_{2n}\\ \vdots & \vdots & & \vdots\\ c_{m1} & c_{m2} & \cdots & c_{mn}\end{pmatrix}\begin{pmatrix} e^{\lambda_1 t}x_{10}\\ e^{\lambda_2 t}x_{20}\\ \vdots\\ e^{\lambda_n t}x_{n0}\end{pmatrix} \tag{3.28}$$

由式（3.28）可知，假使输出矩阵 $\boldsymbol{C}$ 中有某一列全为零，譬如说第 2 列中 c_{12}，c_{22}，…，c_{m2} 均为零，则在 $\boldsymbol{y}(t)$ 中将不包含 $e^{\lambda_2 t}x_{20}$ 这个自由分量，亦即不包含 $x_2(t)$ 这个状态变量，很明显，这个 $x_2(t)$ 不可能从 $y(t)$ 的测量值中推算出来，即 $x_2(t)$ 是不能观的状态，从状态矢量空间而言，只有 $\boldsymbol{x}(t) = (x_1,\ 0,\ x_3,\ \cdots,\ x_n)^T$ 是能观测的状态，其余的是不能观的。

综上所述，可得能观性判据如下：

在系统矩阵 $\boldsymbol{A}$ 为对角线型的情况下，系统能观的充要条件是输出矩阵 $\boldsymbol{C}$ 中没有全为零的列。若第 i 列全为零，则与之相应的 $x_i(t)$ 为不能观的。

（2）$\boldsymbol{A}$ 为约旦标准型矩阵

以三阶为例：

$$\boldsymbol{A}=\boldsymbol{J}=\begin{pmatrix}\lambda_1 & 1 & 0\\ 0 & \lambda_1 & 1\\ 0 & 0 & \lambda_1\end{pmatrix}$$

$$\boldsymbol{C}=\begin{pmatrix}c_{11} & c_{12} & c_{13}\\ c_{21} & c_{22} & c_{23}\\ c_{31} & c_{32} & c_{33}\end{pmatrix}$$

这时，状态方程的解为：

$$\boldsymbol{x}(t)=\begin{pmatrix}x_1(t)\\ x_2(t)\\ x_3(t)\end{pmatrix}=\begin{pmatrix}\mathrm{e}^{\lambda_1 t}x_{10}+t\mathrm{e}^{\lambda_1 t}x_{20}+\dfrac{1}{2!}t^2\mathrm{e}^{\lambda_1 t}x_{30}\\ \mathrm{e}^{\lambda_1 t}x_{20}+t\mathrm{e}^{\lambda_1 t}x_{30}\\ \mathrm{e}^{\lambda_1 t}x_{30}\end{pmatrix}$$

从而

$$\boldsymbol{y}(t)=\begin{pmatrix}y_1(t)\\ y_2(t)\\ y_3(t)\end{pmatrix}=\begin{pmatrix}c_{11} & c_{12} & c_{13}\\ c_{21} & c_{22} & c_{23}\\ c_{31} & c_{32} & c_{33}\end{pmatrix}\begin{pmatrix}\mathrm{e}^{\lambda_1 t}x_{10}+t\mathrm{e}^{\lambda_1 t}x_{20}+\dfrac{1}{2!}t^2\mathrm{e}^{\lambda_1 t}x_{30}\\ \mathrm{e}^{\lambda_1 t}x_{20}+t\mathrm{e}^{\lambda_1 t}x_{30}\\ \mathrm{e}^{\lambda_1 t}x_{30}\end{pmatrix}\tag{3.29}$$

由式（3.29）可知，当且仅当输出矩阵 $\boldsymbol{C}$ 中第一列元素不全为零时，$\boldsymbol{y}(t)$ 中总包含着系统的全部自由分量而为完全能观。

约旦标准型的系统具有串联型的结构，如图 3.8 所示。从图中也可以看出，若串联结构中的最后一个状态变量能够测量到，则驱动该状态变量的前面的状态变量 x_2、x_3 也必然能够观测到，因此只要 c_{11}、c_{21}、c_{31} 不全为零，就不可能出现与输出无关的孤立部分，系统就一定是能观的。

因此，在系统矩阵为约旦标准型的情况下，系统能观的充要条件是输出矩阵 $\boldsymbol{C}$ 中，对应每个约旦块开头的一列的元素不全为零。

由于任意系统矩阵 $\boldsymbol{A}$ 经 $\boldsymbol{T}^{-1}\boldsymbol{AT}$ 变换后，均可演化为对角线型或约旦型，此时只需根据输出矩阵 CT 是否有全为零的列，或对应约旦块的 $\boldsymbol{CT}$ 的第一列是否全为零，便可以确定系统的能观性。

2. 直接从 A、C 阵判断系统的能观性

从式（3.24）解得：

$$\boldsymbol{x}(t)=\boldsymbol{\Phi}(t-t_0)\boldsymbol{x}_0$$

从式（3.19）有：

$$\boldsymbol{\Phi}(t-t_0)=\sum_{j=0}^{n-1}\beta_j(t-t_0)\boldsymbol{A}^j$$

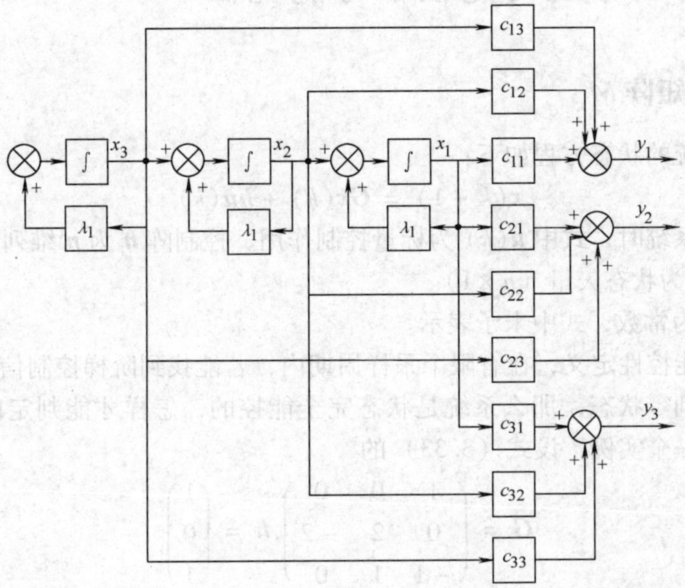

图 3.8　系统模拟结构图

其中

$$\beta_j(t-t_0)=\sum_{k=0}^{\infty}\alpha_{jk}\frac{1}{k!}(t-t_0)^k$$

$$\boldsymbol{y}(t)=\boldsymbol{C}\boldsymbol{x}(t)=\sum_{j=0}^{n-1}\beta_j(t-t_0)\boldsymbol{C}\boldsymbol{A}^j\boldsymbol{x}_0$$

$$\boldsymbol{y}(t)=(\beta_0\boldsymbol{I},\beta_1\boldsymbol{I},\cdots,\beta_{n-1}\boldsymbol{I})\begin{pmatrix}\boldsymbol{C}\\ \boldsymbol{CA}\\ \vdots\\ \boldsymbol{CA}^{n-1}\end{pmatrix}\boldsymbol{x}_0 \tag{3.30}$$

因此，根据在时间区间 $t_0\leqslant t\leqslant t_f$ 测量到的 $\boldsymbol{y}(t)$，要能从式（3.30）唯一地确定 $\boldsymbol{x}_0$，即完全能观的充要条件是 $nm\times n$ 矩阵：

$$\boldsymbol{N}=\begin{pmatrix}\boldsymbol{C}\\ \boldsymbol{CA}\\ \vdots\\ \boldsymbol{CA}^{n-1}\end{pmatrix} \tag{3.31}$$

的秩为 n。式（3.31）称为能观性矩阵，或称为（$\boldsymbol{A}$，$\boldsymbol{C}$）对，当 $\boldsymbol{N}$ 满秩，则称（$\boldsymbol{A}$，$\boldsymbol{C}$）为能观性对。$\boldsymbol{N}$ 也可写成下列形式：

$$\boldsymbol{N}^{\mathrm{T}}=(\boldsymbol{C}^{\mathrm{T}},\ \boldsymbol{A}^{\mathrm{T}}\boldsymbol{C}^{\mathrm{T}},\ \cdots,\ (\boldsymbol{A}^{\mathrm{T}})^{n-1}\boldsymbol{C}^{\mathrm{T}}) \tag{3.32}$$

3.4　离散时间系统的能控性与能观性

3.4.1　能控性矩阵 M

离散时间系统的状态方程如下：

$$\boldsymbol{x}(k+1)=\boldsymbol{G}\boldsymbol{x}(k)+\boldsymbol{h}u(k) \tag{3.33}$$

当系统为单输入系统时，式中 $\boldsymbol{u}(k)$ 为标量控制作用，控制阵 $\boldsymbol{h}$ 为 $\boldsymbol{n}$ 维列矢量；$\boldsymbol{G}$ 为系统矩阵（$n\times n$）；$\boldsymbol{x}$ 为状态矢量（$n\times 1$）。

采样周期 T 为常数，式中未予表示。

根据 3.1 节能控性定义，在有限个采样周期内，若能找到阶梯控制信号，使得任意一个初始状态转移到零状态，那么系统是状态完全能控的，怎样才能判定能否找到控制信号呢？不妨先看一个实例，设式（3.33）的

$$\boldsymbol{G}=\begin{pmatrix}1&0&0\\0&2&-2\\-1&1&0\end{pmatrix},\boldsymbol{h}=\begin{pmatrix}1\\0\\1\end{pmatrix}$$

任意给一个初始状态，譬如 $\boldsymbol{x}(0)=\begin{pmatrix}2\\1\\0\end{pmatrix}$，看能否找到阶梯控制 $u(0),u(1),u(2)$，在三个采样周期内使 $\boldsymbol{x}(3)=0$。

利用递推法：

$$k=0$$

$$\boldsymbol{x}(1)=\boldsymbol{G}\boldsymbol{x}(0)+\boldsymbol{h}u(0)$$

$$=\begin{pmatrix}1&0&0\\0&2&-2\\-1&1&0\end{pmatrix}\begin{pmatrix}2\\1\\0\end{pmatrix}+\begin{pmatrix}1\\0\\1\end{pmatrix}u(0)=\begin{pmatrix}2\\2\\-1\end{pmatrix}+\begin{pmatrix}1\\0\\1\end{pmatrix}u(0)$$

$$k=1$$

$$\boldsymbol{x}(2)=\boldsymbol{G}\boldsymbol{x}(1)+\boldsymbol{h}u(1)=\boldsymbol{G}^2\boldsymbol{x}(0)+\boldsymbol{G}\boldsymbol{h}u(0)+\boldsymbol{h}u(1)$$

$$=\begin{pmatrix}1&0&0\\0&2&-2\\-1&1&0\end{pmatrix}\begin{pmatrix}2\\2\\-1\end{pmatrix}+\begin{pmatrix}1&0&0\\0&2&-2\\-1&1&0\end{pmatrix}\begin{pmatrix}1\\0\\1\end{pmatrix}u(0)+\begin{pmatrix}1\\0\\1\end{pmatrix}u(1)$$

$$=\begin{pmatrix}2\\6\\0\end{pmatrix}+\begin{pmatrix}1\\-2\\-1\end{pmatrix}u(0)+\begin{pmatrix}1\\0\\1\end{pmatrix}u(1)$$

$$k=2$$

$$\boldsymbol{x}(3)=\boldsymbol{G}\boldsymbol{x}(2)+\boldsymbol{h}u(2)=\boldsymbol{G}^3\boldsymbol{x}(0)+\boldsymbol{G}^2\boldsymbol{h}u(0)+\boldsymbol{G}\boldsymbol{h}u(1)+\boldsymbol{h}u(2)$$

$$
= \begin{pmatrix} 1 & 0 & 0 \\ 0 & 2 & -2 \\ -1 & 1 & 0 \end{pmatrix}\begin{pmatrix} 2 \\ 6 \\ 0 \end{pmatrix} + \begin{pmatrix} 1 & 0 & 0 \\ 0 & 2 & -2 \\ -1 & 1 & 0 \end{pmatrix}\begin{pmatrix} 1 \\ -2 \\ -1 \end{pmatrix} u(0)
$$

$$
+ \begin{pmatrix} 1 & 0 & 0 \\ 0 & 2 & -2 \\ -1 & 1 & 0 \end{pmatrix}\begin{pmatrix} 1 \\ 0 \\ 1 \end{pmatrix} u(1) + \begin{pmatrix} 1 \\ 0 \\ 1 \end{pmatrix} u(2)
$$

$$
= \begin{pmatrix} 2 \\ 12 \\ 4 \end{pmatrix} + \begin{pmatrix} 1 \\ -2 \\ -3 \end{pmatrix} u(0) + \begin{pmatrix} 1 \\ -2 \\ -1 \end{pmatrix} u(1) + \begin{pmatrix} 1 \\ 0 \\ 1 \end{pmatrix} u(2) \tag{3.34}
$$

现令 $\boldsymbol{x}(3)=0$，从上式得三个标量方程，求解三个待求量 $u(0), u(1), u(2)$，写成矩阵方程形式，即

$$
\begin{pmatrix} 1 & 1 & 1 \\ -2 & -2 & 0 \\ -3 & -1 & 1 \end{pmatrix}\begin{pmatrix} u(0) \\ u(1) \\ u(2) \end{pmatrix} = -\begin{pmatrix} 2 \\ 12 \\ 4 \end{pmatrix} \tag{3.35}
$$

由于 $\begin{pmatrix} u(0) \\ u(1) \\ u(2) \end{pmatrix}$ 的系数矩阵 $\begin{pmatrix} 1 & 1 & 1 \\ -2 & -2 & 0 \\ -3 & -1 & 1 \end{pmatrix}$ 是非奇异的，其逆存在，所以方程（3.35）有解，其解为：

$$
\begin{pmatrix} u(0) \\ u(1) \\ u(2) \end{pmatrix} = -\begin{pmatrix} 1 & 1 & 1 \\ -2 & -2 & 0 \\ -3 & -1 & 1 \end{pmatrix}^{-1}\begin{pmatrix} 2 \\ 12 \\ 4 \end{pmatrix} = \begin{pmatrix} -5 \\ 11 \\ -8 \end{pmatrix}
$$

这就是说能找到 $u(0), u(1), u(2)$，使 $\boldsymbol{x}(0)$ 在第 3 步时，使状态转移到零，因而为能控系统。所以有解的充要条件，即能控的充要条件是系数矩阵满秩。而系数矩阵是如何构成的呢？只要回顾一下式（3.34），不难看出它就是：

$$
(\boldsymbol{G}^2\boldsymbol{h},\ \ \boldsymbol{G}\boldsymbol{h},\ \ \boldsymbol{h}) \tag{3.36}
$$

只要式（3.36）满秩，系统就是能控的，将此系数矩阵称之为能控性矩阵。仿连续时间系统，记以

$$
\boldsymbol{M} = (\boldsymbol{h},\ \ \boldsymbol{G}\boldsymbol{h},\ \ \boldsymbol{G}^2\boldsymbol{h})
$$

或称为 $[\boldsymbol{G},\ \boldsymbol{h}]$ 对。

一般地，初始状态为 $\boldsymbol{x}(0)$ 时，式（3.33）的解为

$$
\boldsymbol{x}(k) = \boldsymbol{G}^k\boldsymbol{x}(0) + \sum_{j=0}^{k-1}\boldsymbol{G}^{k-j-1}\boldsymbol{h}u(j) \tag{3.37}
$$

若系统是能控的，则应在 $k=n$ 时，从上式解得 $u(0), u(1), \cdots, u(n-1)$，使 $\boldsymbol{x}(k)$ 在第 n 个采样时刻为零，即 $\boldsymbol{x}(n)=0$，从而有

$$
\sum_{j=0}^{n-1}\boldsymbol{G}^{n-j-1}\boldsymbol{h}u(j) = -\boldsymbol{G}^n\boldsymbol{x}(0)
$$

或

$$
\boldsymbol{G}^{n-1}\boldsymbol{h}u(0) + \boldsymbol{G}^{n-2}\boldsymbol{h}u(1) + \cdots + \boldsymbol{G}\boldsymbol{h}u(n-2) + \boldsymbol{h}u(n-1) = -\boldsymbol{G}^n\boldsymbol{x}(0)
$$

或

$$(\boldsymbol{G}^{n-1}\boldsymbol{h},\ \boldsymbol{G}^{n-2}\boldsymbol{h},\ \cdots,\ \boldsymbol{G}\boldsymbol{h},\ \boldsymbol{h})\begin{pmatrix} u(0) \\ u(1) \\ \vdots \\ u(n-2) \\ u(n-1) \end{pmatrix} = -\boldsymbol{G}^n\boldsymbol{x}(0) \tag{3.38}$$

故方程式（3.38）有解的充分条件是能控性矩阵

$$\boldsymbol{M} = (\boldsymbol{h},\ \boldsymbol{G}\boldsymbol{h},\ \cdots,\ \boldsymbol{G}^{n-2}\boldsymbol{h},\ \boldsymbol{G}^{n-1}\boldsymbol{h}) \tag{3.39}$$

的秩等于 n。

对于单输入系统来讲，式（3.39）中的 $\boldsymbol{h}$ 是 n 维列矢量，因此 $\boldsymbol{M}$ 阵是 $n \times n$ 的系数阵。对于多输入系统，$\boldsymbol{h}$ 不再是 n 维列矢量而是 $n \times r$ 矩阵 $\boldsymbol{H}$，r 为控制信号（即输入）u 的维数，因此 $\boldsymbol{M}$ 是一个 $n \times nr$ 矩阵。

例如：有一个三阶的三输入系统：

$$\boldsymbol{x}(k+1) = \begin{pmatrix} 1 & 2 & 1 \\ 0 & 1 & 0 \\ 1 & 0 & 3 \end{pmatrix}\boldsymbol{x}(k) + \begin{pmatrix} 1 & 0 & 0 \\ 0 & 1 & 0 \\ 0 & 0 & 1 \end{pmatrix}\begin{pmatrix} u_1(k) \\ u_2(k) \\ u_3(k) \end{pmatrix}$$

$$\boldsymbol{H} = \begin{pmatrix} 1 & 0 & 0 \\ 0 & 1 & 0 \\ 0 & 0 & 1 \end{pmatrix}, \boldsymbol{G}\boldsymbol{H} = \begin{pmatrix} 1 & 2 & 1 \\ 0 & 1 & 0 \\ 1 & 0 & 3 \end{pmatrix}, \boldsymbol{G}^2\boldsymbol{H} = \begin{pmatrix} 2 & 4 & 4 \\ 0 & 1 & 0 \\ 4 & 2 & 10 \end{pmatrix}$$

故

$$\boldsymbol{M} = \begin{pmatrix} 1 & 0 & 0 & 1 & 2 & 1 & 2 & 4 & 4 \\ 0 & 1 & 0 & 0 & 1 & 0 & 0 & 1 & 0 \\ 0 & 0 & 1 & 1 & 0 & 3 & 4 & 2 & 10 \end{pmatrix}$$

为一个 $3 \times (3 \times 3) = 3 \times 9$ 的矩阵，显然上式是满秩的，即 $\boldsymbol{M}$ 的秩等于3，系统是能控的。根据式（3.38）有：

$$\begin{pmatrix} 2 & 4 & 4 & 1 & 2 & 1 & 1 & 0 & 0 \\ 0 & 1 & 0 & 0 & 1 & 0 & 0 & 1 & 0 \\ 4 & 2 & 10 & 1 & 0 & 3 & 0 & 0 & 1 \end{pmatrix}\begin{pmatrix} u_1(0) \\ u_2(0) \\ u_3(0) \\ u_1(1) \\ u_2(1) \\ u_3(1) \\ u_1(2) \\ u_2(2) \\ u_3(2) \end{pmatrix} = -\begin{pmatrix} 1 & 2 & 1 \\ 0 & 1 & 0 \\ 1 & 0 & 3 \end{pmatrix}^3\begin{pmatrix} x_1(0) \\ x_2(0) \\ x_3(0) \end{pmatrix} \tag{3.40}$$

可以看出，它是一个具有 9 个待求变量而只有三个方程的方程组。

一般地说，在输入个数为 r 的 n 阶系统，方程式的个数（n）总是小于未知数的个数（nr）的，在这种情况下，只要 $\boldsymbol{M}$ 满秩，方程组就有无穷多组解。在研究能控性问题时，关心的问题是是否有解，至于是什么样的控制信号，在此是无关紧要的。

在多输入系统中，n 阶系统的初始状态转移到原点，一般并不一定需要 n 个采样周期，即采样步数 $k \leqslant n$。如果 n 阶系统，输入数 $r = n$，即 $\boldsymbol{H}$ 也是 $n \times n$ 方阵，而且 $\boldsymbol{H}$ 又是非奇异阵，那么只需一个采样步数，$\boldsymbol{x}(0)$ 就能转移到原点。

如上例，$\boldsymbol{H}$ 是非奇异的，故采样步数 k 可以等于 1。的确，在 $k = 1$ 时，式（3.40）为：

$$\boldsymbol{Hu}(0) = -\boldsymbol{Gx}(0)$$

即

$$\begin{pmatrix} 1 & 0 & 0 \\ 0 & 1 & 0 \\ 0 & 0 & 1 \end{pmatrix} \begin{pmatrix} u_1(0) \\ u_2(0) \\ u_3(0) \end{pmatrix} = -\begin{pmatrix} 1 & 2 & 1 \\ 0 & 1 & 0 \\ 1 & 0 & 3 \end{pmatrix} \begin{pmatrix} x_1(0) \\ x_2(0) \\ x_3(0) \end{pmatrix}$$

由于 $\boldsymbol{x}(0)$ 已知，$\boldsymbol{H}$ 满秩，故可以唯一地确定第一步的控制信号，从而使 $x(0)$ 能在第一个采样周期即达到零状态。

3.4.2　能观性矩阵 N

离散时间系统的能观性，是从下述两个方程出发的。

$$\begin{aligned} \boldsymbol{x}(k+1) &= \boldsymbol{Gx}(k) \\ \boldsymbol{y}(k) &= \boldsymbol{Cx}(k) \end{aligned} \tag{3.41}$$

式中，$\boldsymbol{y}$ 为 m 维列矢量；$\boldsymbol{C}$ 为 $m \times n$ 输出矩阵，其余同式（3.33）。

根据 3.3 节中能观性定义，如果知道有限采样周期内的输出 $\boldsymbol{y}(t)$，就能唯一地确定任意初始状态矢量 $\boldsymbol{x}(0)$，则系统是完全能观的，现根据此定义推导能观性条件。从式（3.41），有：

$$\left.\begin{aligned} \boldsymbol{x}(k) &= \boldsymbol{G}^k \boldsymbol{x}(0) \\ \boldsymbol{y}(k) &= \boldsymbol{CG}^k \boldsymbol{x}(0) \end{aligned}\right\} \tag{3.42}$$

若系统能观，那么在知道 $\boldsymbol{y}(0), \boldsymbol{y}(1), \cdots, \boldsymbol{y}(n-1)$ 时，应能确定出 $\boldsymbol{x}(0) = (x_1(0), x_2(0), \cdots, x_n(0))^{\mathrm{T}}$，现从式（3.42）可得：

$$\begin{aligned} \boldsymbol{y}(0) &= \boldsymbol{Cx}(0) \\ \boldsymbol{y}(1) &= \boldsymbol{CGx}(0) \\ &\vdots \\ \boldsymbol{y}(n-1) &= \boldsymbol{CG}^{n-1}\boldsymbol{x}(0) \end{aligned}$$

写成矩阵形式：

$$\begin{pmatrix} \boldsymbol{y}(0) \\ \boldsymbol{y}(1) \\ \vdots \\ \boldsymbol{y}(n-1) \end{pmatrix} = \begin{pmatrix} \boldsymbol{C} \\ \boldsymbol{CG} \\ \vdots \\ \boldsymbol{CG}^{n-1} \end{pmatrix} \begin{pmatrix} x_1(0) \\ x_2(0) \\ \vdots \\ x_n(0) \end{pmatrix} \tag{3.43}$$

$\boldsymbol{x}(0)$ 有唯一解的充要条件是其系数矩阵的秩等于 n。这个系数矩阵称为能观性矩阵。仿连续时间系统，记为 $\boldsymbol{N}$。即

$$N = \begin{pmatrix} C \\ CG \\ \vdots \\ CG^{n-1} \end{pmatrix} \quad 或 \quad N^{T} = (C^{T},\ G^{T}C^{T},\ \cdots,\ (G^{n-1})^{T}C^{T}) \tag{3.44}$$

3.5 时变系统的能控性与能观性

时变系统的系统矩阵 $\boldsymbol{A}(t)$ 、控制矩阵 $\boldsymbol{B}(t)$ 和输出矩阵 $\boldsymbol{C}(t)$ 的元素是时间的函数，所以不能象定常系统那样，由（$\boldsymbol{A}$，$\boldsymbol{B}$）对与（$\boldsymbol{A}$，$\boldsymbol{C}$）对构成能控性矩阵和能观性矩阵，然后检验其秩，而必须由有关时变矩阵构成格拉姆（Gram）矩阵，并由其非奇异性来作为判别的依据。

3.5.1 能控性判别

1. 有关线性时变系统能控性的几点说明

1）定义中的允许控制 $\boldsymbol{u}(t)$，在数学上要求其元在 $[t_0,\ t_f]$ 区间是绝对平方可积的，即

$$\int_{t_0}^{t_f} |u_j|^2 \mathrm{d}t < +\infty, \quad j = 1,2,\cdots,r$$

这个限制条件是为了保证系统状态方程的解存在且唯一。任何一个分段连续的时间函数都是绝对平方可积的，上述对 $\boldsymbol{u}$ 的要求在工程上是容易保证的。从物理上看，这样的控制作用实际上是无约束的。

2）定义中的 t_f 是系统在允许控制作用下，由初始状态 $\boldsymbol{x}(t_0)$ 转移到目标状态（原点）的时刻。由于时变系统的状态转移与初始时刻 t_0 有关，所以对时变系统来说，t_f 和初始时刻 t_0 的选取有关。

3）根据能控性定义，可以导出能控状态和控制作用之间的关系式。

设状态空间中的某一个非零点 $\boldsymbol{x}_0$ 是能控状态，那么根据能控状态的定义必有：

$$\boldsymbol{x}(t_f) = \boldsymbol{\Phi}(t_f,t_0)\boldsymbol{x}_0 + \int_{t_0}^{t_f} \boldsymbol{\Phi}(t_f,\tau)\boldsymbol{B}(\tau)\boldsymbol{u}(\tau)\mathrm{d}\tau = 0$$

即

$$\begin{aligned} \boldsymbol{x}_0 &= -\boldsymbol{\Phi}^{-1}(t_f,t_0) + \int_{t_0}^{t_f} \boldsymbol{\Phi}(t_f,\tau)\boldsymbol{B}(\tau)\boldsymbol{u}(\tau)\mathrm{d}\tau \\ &= -\int_{t_0}^{t_f} \boldsymbol{\Phi}(t_0,\tau)\boldsymbol{B}(\tau)\boldsymbol{u}(\tau)\mathrm{d}\tau \end{aligned} \tag{3.45}$$

由上述关系式说明，如果系统在 t_0 时刻是能控的，则对于某个任意指定的非零状态 $\boldsymbol{x}_0$，满足上述关系式的 $\boldsymbol{u}(t)$ 是存在的。或者说，如果系统在 t_0 时刻是能控的，那么由允许控制 $\boldsymbol{u}$（t）按上述关系式所导出的 $\boldsymbol{x}_0$ 为状态空间中的任意非零有限点。

式（3.45）是一个很重要的关系式，下面一些有关能控性质的推论都是用它推导出来的。

4）非奇异变换不改变系统的能控性

设系统在变换前是能控的，它必满足式（3.45）的关系式：

$$\boldsymbol{x}_0 = -\int_{t_0}^{t_f} \boldsymbol{\Phi}(t_0,\tau)\boldsymbol{B}(\tau)\boldsymbol{u}(\tau)\mathrm{d}\tau$$

若取变换矩阵为 $\boldsymbol{P}$，对 $\boldsymbol{x}$ 进行线性交换：

$$\boldsymbol{x} = \boldsymbol{P}\tilde{\boldsymbol{x}}$$

则有：

$$\tilde{\boldsymbol{A}} = \boldsymbol{P}^{-1}\boldsymbol{A}\boldsymbol{P},\tilde{\boldsymbol{B}} = \boldsymbol{P}^{-1}\boldsymbol{B}$$

即

$$\boldsymbol{A} = \boldsymbol{P}\tilde{\boldsymbol{A}}\boldsymbol{P}^{-1},\boldsymbol{B} = \boldsymbol{P}\tilde{\boldsymbol{B}}$$

将上述关系代入式（3.45），有：

$$\boldsymbol{P}\tilde{\boldsymbol{x}}_0 = -\int_{t_0}^{t_f} \boldsymbol{\Phi}(t_0,\tau)\boldsymbol{P}\tilde{\boldsymbol{B}}(\tau)\boldsymbol{u}(\tau)\mathrm{d}\tau$$

$$\tilde{\boldsymbol{x}}_0 = -\int_{t_0}^{t_f} \boldsymbol{P}^{-1}\boldsymbol{\Phi}(t_0,\tau)\boldsymbol{P}\tilde{\boldsymbol{B}}(\tau)\boldsymbol{u}(\tau)\mathrm{d}\tau$$

$$\tilde{\boldsymbol{x}}_0 = -\int_{t_0}^{t_f} \tilde{\boldsymbol{\Phi}}(t_0,\tau)\tilde{\boldsymbol{B}}(\tau)\boldsymbol{u}(\tau)\mathrm{d}\tau$$

上式推导表明，如果 $\boldsymbol{x}_0$ 是能控状态，那么变换后的 $\tilde{\boldsymbol{x}}_0$ 也满足能控状态的关系式，故 $\tilde{\boldsymbol{x}}_0$ 也是一个能控状态。从而证明了非奇异变换不改变系统的能控状态。

5）如果 $\boldsymbol{x}_0$ 是能控状态，则 $\alpha\boldsymbol{x}_0$ 也是能控状态，α 是任意非零实数。

因为 $\boldsymbol{x}_0$ 是能控状态，所以必可构成允许控制 $\boldsymbol{u}$，使之满足

$$\boldsymbol{x}_0 = -\int_{t_0}^{t_f} \boldsymbol{\Phi}(t_0,\tau)\boldsymbol{B}(\tau)\boldsymbol{u}(\tau)\mathrm{d}\tau$$

现选 $\boldsymbol{u}^* = \alpha\boldsymbol{u}$，因 α 是非零实数，故 $\boldsymbol{u}^*$ 也一定是允许控制的。上式两端同乘 α，并将 $\boldsymbol{u}^* = \alpha\boldsymbol{u}$ 代入，即有：

$$-\int_{t_0}^{t_f} \boldsymbol{\Phi}(t_0,\tau)\boldsymbol{B}(\tau)\boldsymbol{u}^*(\tau)\mathrm{d}\tau = \alpha\boldsymbol{x}_0$$

从而表明 $\alpha\boldsymbol{x}_0$ 也是能控状态。

6）如果 $\boldsymbol{x}_{01}$ 和 $\boldsymbol{x}_{02}$ 是能控状态，则 $\boldsymbol{x}_{01}+\boldsymbol{x}_{02}$ 也必定是能控状态。

因为 $\boldsymbol{x}_{01}$ 和 $\boldsymbol{x}_{02}$ 是能控状态，所以必存在相应的允许控制 $\boldsymbol{u}_1$ 和 $\boldsymbol{u}_2$，且 $\boldsymbol{u}_1+\boldsymbol{u}_2$ 也是允许控制，若把 $\boldsymbol{u}_1+\boldsymbol{u}_2$ 代入式（3.45）中，有：

$$\begin{aligned}
&-\int_{t_0}^{t_f} \boldsymbol{\Phi}(t_0,\tau)\boldsymbol{B}(\tau)[\boldsymbol{u}_1(\tau) + \boldsymbol{u}_2(\tau)]\mathrm{d}\tau \\
&= -\left[\int_{t_0}^{t_f} \boldsymbol{\Phi}(t_0,\tau)\boldsymbol{B}(\tau)\boldsymbol{u}_1(\tau)\mathrm{d}\tau + \int_{t_0}^{t_f} \boldsymbol{\Phi}(t_0,\tau)\boldsymbol{B}(\tau)\boldsymbol{u}_2(\tau)\mathrm{d}\tau\right] \\
&= \boldsymbol{x}_{01} + \boldsymbol{x}_{02}
\end{aligned}$$

从而表明 $\boldsymbol{x}_{01}+\boldsymbol{x}_{02}$ 满足式（3.45）的关系式，即 $\boldsymbol{x}_{01}+\boldsymbol{x}_{02}$ 亦为能控状态。

7）由线性代数关于线性空间的定义可知，系统中所有的能控状态构成状态空间中的一个子空间。此子空间称为系统的能控子空间，记为 X_c。

例如系统：

$$\begin{pmatrix}\dot{x}_1\\ \dot{x}_2\end{pmatrix}=\begin{pmatrix}1&0\\0&1\end{pmatrix}\begin{pmatrix}x_1\\ x_2\end{pmatrix}+\begin{pmatrix}1\\1\end{pmatrix}u$$

只有 $\boldsymbol{x}_1=\boldsymbol{x}_2$ 的状态是能控状态。所有能控状态构成的能控子空间 X_c 是二维状态空间中的一条45°斜线。如图3.9中粗线所示。显然，若 X_c 是整个状态空间，即 $X_c=R^n$，则该系统是完全能控的。

2. 线性连续时变系统的能控性判别

时变系统的状态方程如下：

$$\dot{\boldsymbol{x}}=\boldsymbol{A}(t)\boldsymbol{x}+\boldsymbol{B}(t)\boldsymbol{u} \tag{3.46}$$

系统在 $[t_0,\ t_f]$ 上状态完全能控的充分必要条件是格拉姆矩阵

$$\boldsymbol{W}_c(t_0,t_f)=\int_{t_0}^{t_f}\boldsymbol{\Phi}(t_0,t)\boldsymbol{B}(t)\boldsymbol{B}^{\mathrm{T}}(t)\boldsymbol{\Phi}^{\mathrm{T}}(t_0,t)\mathrm{d}t \tag{3.47}$$

为非奇异的。

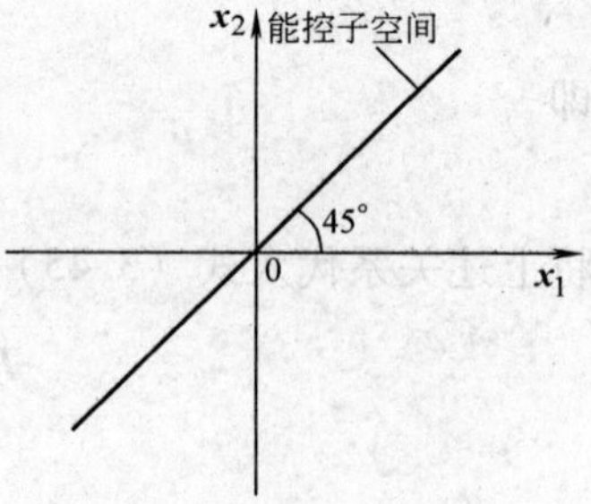

图3.9　系统能控子空间的状态空间表示

证明　先证充分性：假定 $\boldsymbol{W}_c(t_0,t_f)$ 是非奇异的，则 $\boldsymbol{W}_c^{-1}(t_0,t_f)$ 存在。

选择控制作用 $\boldsymbol{u}(t)$ 如下式：

$$\boldsymbol{u}(t)=-\boldsymbol{B}^{\mathrm{T}}(t)\boldsymbol{\Phi}^{\mathrm{T}}(t_0,t)\boldsymbol{W}_c^{-1}(t_0,t_f)\boldsymbol{x}(t_0) \tag{3.48}$$

考察在它的作用下能否使 $\boldsymbol{x}(t_0)$ 在 $[t_0,\ t_f]$ 内转移到原点。如是，则说明存在式（3.48）的 $\boldsymbol{u}(t)$，而系统完全能控。

已知式（3.46）的解为：

$$\boldsymbol{x}(t)=\boldsymbol{\Phi}(t,t_0)\boldsymbol{x}(t_0)+\int_0^t\boldsymbol{\Phi}(t,\tau)\boldsymbol{B}(\tau)\boldsymbol{u}(\tau)\mathrm{d}\tau$$

令 $t=t_f$，τ 换成 t，并以式（3.48）的 $\boldsymbol{u}(t)$ 代入上式，得：

$$\begin{aligned}\boldsymbol{x}(t_f)&=\boldsymbol{\Phi}(t_f,t_0)\boldsymbol{x}(t_0)-\int_{t_0}^{t_f}\boldsymbol{\Phi}(t_0,t)\boldsymbol{B}(t)\boldsymbol{B}^{\mathrm{T}}(t)\boldsymbol{\Phi}^{\mathrm{T}}(t_0,t)\boldsymbol{W}_c^{-1}(t_0,t_f)\boldsymbol{x}(t_0)\mathrm{d}t\\&=\boldsymbol{\Phi}(t_f,t_0)\boldsymbol{x}(t_0)-\boldsymbol{\Phi}(t_f,t_0)\int_{t_0}^{t_f}\boldsymbol{\Phi}(t_0,t)\boldsymbol{B}(t)\boldsymbol{B}^{\mathrm{T}}(t)\boldsymbol{\Phi}^{\mathrm{T}}(t_0,t)\mathrm{d}t\times\boldsymbol{W}_c^{-1}(t_0,t_f)\boldsymbol{x}(t_0)\\&=\boldsymbol{\Phi}(t_f,t_0)\boldsymbol{x}(t_0)-\boldsymbol{\Phi}(t_f,t_0)\boldsymbol{W}_c(t_0,t_f)\boldsymbol{W}_c^{-1}(t_0,t_f)\boldsymbol{x}(t_0)\\&=\boldsymbol{\Phi}(t_f,t_0)\boldsymbol{x}(t_0)-\boldsymbol{\Phi}(t_f,t_0)\boldsymbol{x}(t_0)\\&=0\end{aligned}$$

所以，只要 $\boldsymbol{W}_c(t_0,t_f)$ 非奇异，则系统完全能控，充分性得证。

再证必要性：即系统完全能控，则 $\boldsymbol{W}_c(t_0,t_f)$ 必定是非奇异的。

现用反证法，即系统完全能控，而 $\boldsymbol{W}_c(t_0,t_f)$ 却是奇异的。既然 $\boldsymbol{W}_c(t_0,t_f)$ 奇异，则必存在某非零 $\boldsymbol{x}(t_0)$，使得 $\boldsymbol{x}^{\mathrm{T}}(t_0)\boldsymbol{W}_c(t_0,t_f)\boldsymbol{x}(t_0)=0$。即有：

$$\int_{t_0}^{t_f}\boldsymbol{x}^{\mathrm{T}}(t_0)\boldsymbol{\Phi}(t_0,t)\boldsymbol{B}(t)\boldsymbol{B}^{\mathrm{T}}(t)\boldsymbol{\Phi}^{\mathrm{T}}(t_0,t)\boldsymbol{x}(t_0)\mathrm{d}t=0$$

即

$$\int_{t_0}^{t_f}[\boldsymbol{B}^{\mathrm{T}}(t)\boldsymbol{\Phi}^{\mathrm{T}}(t_0,t)\boldsymbol{x}(t_0)]^{\mathrm{T}}[\boldsymbol{B}^{\mathrm{T}}(t)\boldsymbol{\Phi}^{\mathrm{T}}(t_0,t)\boldsymbol{x}(t_0)]\mathrm{d}t=0$$

即

$$\int_{t_0}^{t_f}\left\|\boldsymbol{B}^{\mathrm{T}}(t)\boldsymbol{\Phi}^{\mathrm{T}}(t_0,t)\boldsymbol{x}(t_0)\right\|^2\mathrm{d}t=0$$

但 $\boldsymbol{B}^T(\mathrm{t})\boldsymbol{\Phi}^T(t_0,t)$ 对 t 是连续的，故从上式，必有：

$$\boldsymbol{B}^{\mathrm{T}}(t)\boldsymbol{\Phi}^{\mathrm{T}}(t_0,t)\boldsymbol{x}(t_0)=0$$

又因已假定系统是能控的，因此上述 $\boldsymbol{x}_0$ 是能控状态，必满足能控状态关系式（3.45），即

$$\boldsymbol{x}(t_0)=-\int_{t_0}^{t_f}\boldsymbol{\Phi}(t_0,t)\boldsymbol{B}(t)\boldsymbol{u}(t)\mathrm{d}t$$

由于

$$\begin{aligned}\|\boldsymbol{x}(t_0)\| &= \boldsymbol{x}^{\mathrm{T}}(t_0)\boldsymbol{x}(t_0)=[-\int_{t_0}^{t_f}\boldsymbol{\Phi}(t_0,t)\boldsymbol{B}(t)\boldsymbol{u}(t)\mathrm{d}t]^{\mathrm{T}}\boldsymbol{x}(t_0)\\ &=-\int_{t_0}^{t_f}\boldsymbol{u}^{\mathrm{T}}(t)\boldsymbol{B}^{\mathrm{T}}(t)\boldsymbol{\Phi}^{\mathrm{T}}(t_0,t)\boldsymbol{x}(t_0)\mathrm{d}t=0\end{aligned}$$

上式说明 $\boldsymbol{x}(t_0)$ 如果是能控的，它绝非是任意的，而只能是 $\boldsymbol{x}(t_0)=0$，这与 $\boldsymbol{x}(t_0)$ 为非零的假设是相矛盾的，因此反设 $\boldsymbol{W}_c(t_0,t_f)$ 为奇异不成立。从而必要性得证。

【例 3-9】 试判别下列系统的能控性：

$$\begin{pmatrix}\dot{x}_1\\ \dot{x}_2\end{pmatrix}=\begin{pmatrix}0 & t\\ 0 & 0\end{pmatrix}\begin{pmatrix}x_1\\ x_2\end{pmatrix}+\begin{pmatrix}0\\ 1\end{pmatrix}u$$

解　(1) 首先求系统的状态转移矩阵　考虑到该系统的系统矩阵 $\boldsymbol{A}(t)$ 满足：

$$\boldsymbol{A}(t_1)\boldsymbol{A}(t_2)=\boldsymbol{A}(t_2)\boldsymbol{A}(t_1)$$

故状态转移矩阵 $\boldsymbol{\Phi}(0,t)$ 可写成封闭形式：

$$\begin{aligned}\boldsymbol{\Phi}(0,t) &= \boldsymbol{I}+\int_t^0\begin{pmatrix}0 & \tau\\ 0 & 0\end{pmatrix}\mathrm{d}\tau+\frac{1}{2!}\left\{\int_t^0\begin{pmatrix}0 & \tau\\ 0 & 0\end{pmatrix}\mathrm{d}\tau\right\}^2+\cdots\\ &=\begin{pmatrix}1 & -\frac{1}{2}t^2\\ 0 & 1\end{pmatrix}\end{aligned}$$

(2) 计算能控性判别阵 $\boldsymbol{W}_c(0,t_f)$

$$\begin{aligned}\boldsymbol{W}_c(0,t_f) &= \int_0^{t_f}\begin{pmatrix}1 & -\frac{1}{2}t^2\\ 0 & 1\end{pmatrix}\begin{pmatrix}0\\ 1\end{pmatrix}(0,1)\begin{pmatrix}1 & 0\\ -\frac{1}{2}t^2 & 1\end{pmatrix}\mathrm{d}t\\ &=\int_0^{t_f}\begin{pmatrix}\frac{1}{4}t^4 & -\frac{1}{2}t^2\\ -\frac{1}{2}t^2 & 1\end{pmatrix}\mathrm{d}t\\ &=\begin{pmatrix}\frac{1}{20}t_f^5 & -\frac{1}{6}t_f^3\\ -\frac{1}{6}t_f^3 & t_f\end{pmatrix}\end{aligned}$$

（3）判别 $\boldsymbol{W}_c(0,t_f)$ 是否为非奇异

$$\det\boldsymbol{W}_c(0,t_f)=\frac{1}{20}t_f^6-\frac{1}{36}t_f^6=\frac{1}{45}t_f^6$$

当 $t_f>0$，$\det\boldsymbol{W}_c(0,t_f)>0$。所以系统在［0，$t$］上是能控的。

从上例可以看到，根据式（3.47）的非奇异性判别系统的能控性，首先必须计算出系统的状态转移矩阵。但是，如果时变系统的转移矩阵无法写成闭合解时，上述方法就失去了工程意义。下面介绍一种较为实用的判别准则，该准则只需利用 $\boldsymbol{A}(t)$ 和 $\boldsymbol{B}(t)$ 阵的信息就可判别能控性。

设系统的状态方程为：

$$\dot{\boldsymbol{x}}=\boldsymbol{A}(t)\boldsymbol{x}+\boldsymbol{B}(t)\boldsymbol{u}$$

$\boldsymbol{A}(t),\boldsymbol{B}(t)$ 的元对时间 t 分别是（$n-2$）和（$n-1$）次连续可微的，记为：

$$\boldsymbol{B}_1(t)=\boldsymbol{B}(t)$$

$$\boldsymbol{B}_i(t)=-\boldsymbol{A}(t)\boldsymbol{B}_{i-1}(t)+\dot{\boldsymbol{B}}_{i-1}(t),i=2,3,\cdots,n$$

令

$$\boldsymbol{Q}_c(t)\equiv(\boldsymbol{B}_1(t),\quad\boldsymbol{B}_2(t),\quad\cdots,\quad\boldsymbol{B}_n(t))$$

如果存在某个时刻 $t_f>0$，使得：

$$\operatorname{rank}\boldsymbol{Q}_c(t_f)=n$$

则该系统在［0，t_f］上是状态完全能控的。

必须注意，这是一个充分条件，即不满足这个条件的系统，并不一定是不能控的。

【例 3-10】 系统同例 3-9，用上述方法判别系统的能控性。

解

$$\boldsymbol{B}_1=\boldsymbol{B}=\begin{pmatrix}0\\1\end{pmatrix}$$

$$\boldsymbol{B}_2(t)=-\boldsymbol{A}(t)\boldsymbol{B}_1(t)+\dot{\boldsymbol{B}}_1(t)=-\begin{pmatrix}0&t\\0&0\end{pmatrix}\begin{pmatrix}0\\1\end{pmatrix}=\begin{pmatrix}-t\\0\end{pmatrix}$$

$$\boldsymbol{Q}_c(t)=[\boldsymbol{B}_1(t),\boldsymbol{B}_2(t)]=\begin{pmatrix}0&-t\\0&0\end{pmatrix}$$

$$\det\boldsymbol{Q}_c(t)=t$$

显然，只要 $t\neq0$，$\operatorname{rank}\boldsymbol{Q}_c(t)=n=2$，所以系统在时间区间［0，$t$］上是状态完全能控的。

3.5.2 能观性判别

1. 有关线性时变系统能观性的几点讨论

1）时间区间［t_0，t_f］是识别初始状态 $\boldsymbol{x}(t_0)$ 所需要的观测时间，对时变系统来说，这个区间的大小和初始时刻 t_0 的选择有关。

2）根据不能观测的定义，可以写出不能观测状态的数学表达式：

$$C(t)\boldsymbol{\Phi}(t,t_0)x(t_0) \equiv 0,\quad t \in [t_0,t_f] \tag{3.49}$$

这是一个很重要的关系式，下面的几个推论都是由它推证出来的。

3）对系统作线性非奇异变换，不改变其能观测性。

证明　若系统中 $x(t_0)$ 是不能观测的状态，它必满足

$$C(t)\boldsymbol{\Phi}(t,t_0)x(t_0) \equiv 0$$

取 P 为变换矩阵，有：

$$x = P\tilde{x},\tilde{C} = CP$$

即

$$C(t) = \tilde{C}(t)P^{-1}$$

代入式（3.49）

$$\tilde{C}(t)P^{-1}\boldsymbol{\Phi}(t,t_0)P\tilde{x}(t_0) \equiv 0$$

即

$$\tilde{C}(t)\tilde{\boldsymbol{\Phi}}(t,t_0)\tilde{x}(t_0) \equiv 0$$

上式表示，$\tilde{x}(t_0)$ 为不能观测的状态。亦即不能观测的状态 $x(t_0)$ 经非奇异变换仍是不能观测的。

4）如果 $x(t_0)$ 是不能观测的，α 为任意非零实数，则 $\alpha x(t_0)$ 也是不能观测的。

证明　因为 $x(t_0)$ 是不能观测的，即

$$C(t)\boldsymbol{\Phi}(t,t_0)x(t_0) \equiv 0$$

所以

$$C(t)\boldsymbol{\Phi}(t,t_0)\alpha x(t_0) \equiv 0$$

故 $\alpha x(t_0)$ 是不能观测的。

5）如果 x_{01} 和 x_{02} 都是不能观的，则 $x_{01}+x_{02}$ 也是不能观的。

证明　因为 x_{01}、x_{02} 都是不能观测的，即

$$C(t)\boldsymbol{\Phi}(t,t_0)x_{01} = C(t)\boldsymbol{\Phi}(t,t_0)x_{02} \equiv 0$$

所以

$$C(t)\boldsymbol{\Phi}(t,t_0)(x_{01}+x_{02}) \equiv 0$$

故 $x_{01}+x_{02}$ 是不能观的。

6）根据前面分析可以看出，系统的不能观测状态构成状态空间的一个子空间，称为不能观子空间，记为 $\tilde{x}_0$。只有当系统的不能观子空间 $\tilde{x}_0$ 在状态空间中是零空间，则该系统才是完全能观的。

例如：

$$\begin{pmatrix}\dot{x}_1\\ \dot{x}_2\end{pmatrix} = \begin{pmatrix}1 & 0\\ 0 & 1\end{pmatrix}\begin{pmatrix}x_1\\ x_2\end{pmatrix}$$

$$y = (1,1)\begin{pmatrix}x_1\\ x_2\end{pmatrix}$$

由初始状态 $\boldsymbol{x}(t_0)$ 所引起的系统输出 $\boldsymbol{y}(t)$ 为：

$$\begin{aligned}\boldsymbol{y}(t) &= x_1(t) + x_2(t) \\ &= \boldsymbol{\Phi}(t,t_0)x_1(t_0) + \boldsymbol{\Phi}(t,t_0)x_2(t_0)\end{aligned}$$

若 $x_1(t_0) = -x_2(t_0)$，则

$$\boldsymbol{y}(t) \equiv 0$$

即在状态空间中，所有满足

$$x_1(t_0) = -x_2(t_0)$$

的状态是不能观测状态。这些不能观测的状态构成了一个不能观测的子空间，它是二维状态空间中的一条 -45°的斜线，如图 3.10 中的粗线所示。

2. 线性连续时变系统能观性判别

时变系统

$$\left.\begin{aligned}\dot{\boldsymbol{x}} &= \boldsymbol{A}(t)\boldsymbol{x} + \boldsymbol{B}(t)\boldsymbol{u} \\ \boldsymbol{y} &= \boldsymbol{C}(t)\boldsymbol{x}\end{aligned}\right\} \tag{3.50}$$

在 $[t_0,\ t_f]$ 上状态完全能观测的充分必要条件是格拉姆矩阵

$$\boldsymbol{W}_0(t_0,t_f) = \int_{t_0}^{t_f}\boldsymbol{\Phi}^{\mathrm{T}}(t,t_0)\boldsymbol{C}^{\mathrm{T}}(t)\boldsymbol{C}(t)\boldsymbol{\Phi}(t,t_0)\,\mathrm{d}t \tag{3.51}$$

为非奇异的。

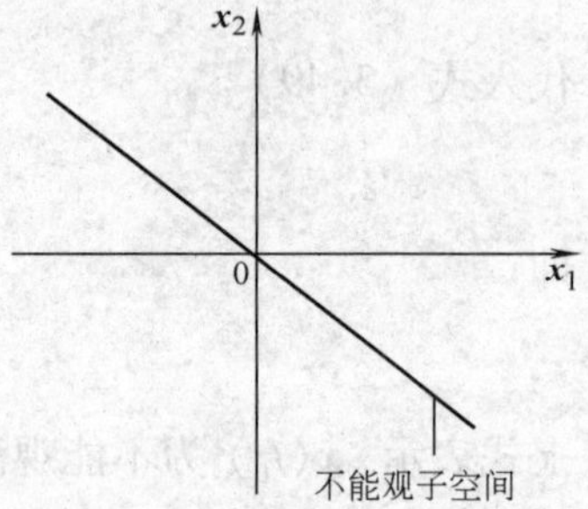

图 3.10　系统能观子空间的状态空间表示

证明　时变系统状态方程（3.50）的解：

$$\boldsymbol{x}(t) = \boldsymbol{\Phi}(t,t_0)\boldsymbol{x}(t_0) + \int_{t_0}^{t}\boldsymbol{\Phi}(t,\tau)\boldsymbol{B}(\tau)\boldsymbol{u}(\tau)\,\mathrm{d}\tau$$

从而输出为：

$$\boldsymbol{y}(t) = \boldsymbol{C}(t)\boldsymbol{\Phi}(t,t_0)\boldsymbol{x}(t_0) + \boldsymbol{C}(t)\int_{t_0}^{t}\boldsymbol{\Phi}(t,\tau)\boldsymbol{B}(\tau)\boldsymbol{u}(\tau)\,\mathrm{d}\tau$$

在确定能观性时，可以不计控制作用 $\boldsymbol{u}$，这时上两式简化为：

$$\boldsymbol{x}(t) = \boldsymbol{\Phi}(t,t_0)\boldsymbol{x}(t_0)$$

$$\boldsymbol{y}(t) = \boldsymbol{C}(t)\boldsymbol{\Phi}(t,t_0)\boldsymbol{x}(t_0)$$

两边左乘 $\boldsymbol{\Phi}^{\mathrm{T}}(t,t_0)\boldsymbol{C}^{\mathrm{T}}(t)$：

$$\boldsymbol{\Phi}^{\mathrm{T}}(t,t_0)\boldsymbol{C}^{\mathrm{T}}(t)\boldsymbol{y}(t) = \boldsymbol{\Phi}^{\mathrm{T}}(t,t_0)\boldsymbol{C}^{\mathrm{T}}(t)\boldsymbol{C}(t)\boldsymbol{\Phi}(t,t_0)\boldsymbol{x}(t_0)$$

两边在 $[t_0,\ t_f]$ 区间进行积分，得：

$$\begin{aligned}\int_{t_0}^{t_f}\boldsymbol{\Phi}^{\mathrm{T}}(t,t_0)\boldsymbol{C}^{\mathrm{T}}(t)\boldsymbol{y}(t)\,\mathrm{d}t &= \int_{t_0}^{t_f}\boldsymbol{\Phi}^{\mathrm{T}}(t,t_0)\boldsymbol{C}^{\mathrm{T}}(t)\boldsymbol{C}(t)\boldsymbol{\Phi}(t,t_0)\boldsymbol{x}(t_0)\,\mathrm{d}t \\ &= \boldsymbol{W}_0(t_0,t_f)\boldsymbol{x}(t_0)\end{aligned}$$

显而易见，当且仅当 $\boldsymbol{W}_0(t_0,t_f)$ 为非奇异时，可根据 $[t_0,\ t_f]$ 上的 $\boldsymbol{y}(t)$ 唯一地确定出 $\boldsymbol{x}(t_0)$。判据得证。

和判别时变系统的能控性一样，计算 $\boldsymbol{W}_0(t_0,t_f)$ 的工作量很大。下面介绍一种为判定能控性类似的一种方法。

设系统（3.50）中的 $\boldsymbol{A}(t)$ 阵和 $\boldsymbol{C}(t)$ 阵的元对时间变量 t 分别是 $(n-2)$ 和 $(n-1)$

次连续可微，记：

$$C_1(t)=C(t),$$

$$C_i(t)=C_{i-1}A(t)+\dot{C}_{i-1}(t),\quad i=2,3,\cdots,n$$

令：

$$R(t)=\begin{pmatrix}C_1(t)\\C_2(t)\\\vdots\\C_n(t)\end{pmatrix}\tag{3.52}$$

如果存在某个时刻 $t_f>0$，使 $\text{rank}\boldsymbol{R}(t_f)=n$，则系统在 $[0,\ t_f]$ 区间上是能观测的。

【例 3-11】　系统式（3.50）中 $A(t),C(t)$ 分别为：

$$A(t)=\begin{pmatrix}t&1&0\\0&t&0\\0&0&t^2\end{pmatrix},C(t)=(1,\ 0,\ 1)$$

试判别其能观性。

解

$$C_1=C=(1,\ 0,\ 1)$$

$$C_2=C_1A(t)+\dot{C}_1=(t,\ 1,\ t^2)$$

$$C_3=C_2A(t)+\dot{C}_2=(t^2+1,\ 2t,\ t^4+2t)$$

$$R(t)=\begin{pmatrix}C_1(t)\\C_2(t)\\C_3(t)\end{pmatrix}=\begin{pmatrix}1&0&1\\t&1&t^2\\t^2+1&2t&t^4+2t\end{pmatrix}$$

容易判别，$t>0$，$\text{rank}\boldsymbol{R}(t)=3=n$，所以该系统在 $t>0$ 时间区间上是状态完全能观测的。

必须注意，该方法也只是一个充分条件，若系统不满足所述条件，并不能得出该系统是不能观测的结论。

3.5.3　连续时变系统可控性和可观性判别法则和连续定常系统的判别法之间的关系

众所周知，一个矩阵：

$$H(t_0,t)=[h_1(t_0,t)\quad h_2(t_0,t)\quad\cdots\quad h_n(t_0,t)]$$

式中，$h_i(t_0,t)$ 为列矢量，当且仅当由 $H(t_0,t)$ 构成的格拉姆矩阵 $G=\int_{t_0}^{t_f}H^{\mathrm{T}}(t_0,t)\times H(t_0,t)\mathrm{d}t$ 为非奇异时，$h_i(t_0,t)(i=1,2,\cdots,n)$ 列矢量是线性无关的。现在

$$W_c(t_0,t_f)=\int_{t_0}^{t_f}\Phi(t_0,t)B(t)B^{\mathrm{T}}(t)\Phi^{\mathrm{T}}(t_0,t)\mathrm{d}t$$

$$=\int_{t_0}^{t_f}[B^{\mathrm{T}}(t)\Phi^{\mathrm{T}}(t_0,t)]^T[B^{\mathrm{T}}(t)\Phi^{\mathrm{T}}(t_0,t)]\mathrm{d}t$$

因此，有 $\boldsymbol{B}^{\mathrm{T}}(t)\boldsymbol{\Phi}^{\mathrm{T}}(t_0,t)$ 这个矩阵的列矢量线性无关与 $\boldsymbol{W}_c(t_0,t_f)$ 非奇异等价。

在定常系统中，$\boldsymbol{\Phi}(t_0-t)=\mathrm{e}^{\boldsymbol{A}(t_0-t)}$，故 $\boldsymbol{W}_c(t_0,t_f)$ 的非奇异相当于 $\mathrm{e}^{\boldsymbol{A}(t_0-t)}\times\boldsymbol{B}$ 的行矢量线性无关，根据式（3.19）有：

$$\mathrm{e}^{\boldsymbol{A}(t_0-t)}\times\boldsymbol{B}=\sum_{j=0}^{n-1}\beta_j(t_0-t)\boldsymbol{A}^j\boldsymbol{B}=(\boldsymbol{B},\quad \boldsymbol{AB},\quad \cdots,\quad \boldsymbol{A}^{n-1}\boldsymbol{B})\begin{pmatrix}\beta_0\\ \beta_1\\ \vdots\\ \beta_{n-1}\end{pmatrix}$$

故 $\boldsymbol{W}_c(t_0,t_f)$ 非奇异等价于（$\boldsymbol{B}$， $\boldsymbol{AB}$， $\cdots$， $\boldsymbol{A}^{n-1}\boldsymbol{B}$）行矢量线性无关，即等价于 $\mathrm{rank}\boldsymbol{M}=n$。

综合上述分析，时变系统与定常系统的能控性判据是形异而实同，是一脉相承的，格拉姆能控性矩阵是（$\boldsymbol{A}$，$\boldsymbol{B}$）对能控矩阵的一般形式。

同样，格拉姆矩阵 $\boldsymbol{W}_0(t_0,t_f)$ 的非奇异等价于 $\boldsymbol{C}(t)\boldsymbol{\Phi}(t,t_0)$ 的列矢量线性无关。

$$\begin{aligned}\boldsymbol{W}_0(t_0,t_f)&=\int_{t_0}^{t_f}\boldsymbol{\Phi}^{\mathrm{T}}(t,t_0)\boldsymbol{C}^{\mathrm{T}}(t)\boldsymbol{C}(t)\boldsymbol{\Phi}(t,t_0)\,\mathrm{d}t\\&=\int_{t_0}^{t_f}[\boldsymbol{C}(t)\boldsymbol{\Phi}(t,t_0)]^{\mathrm{T}}[\boldsymbol{C}(t)\boldsymbol{\Phi}(t,t_0)]\,\mathrm{d}t\end{aligned}$$

根据时变矢量线性无关的判别定理，故知 $\boldsymbol{W}_0(t_0,t_f)$ 的非奇异等价于 $\boldsymbol{C}(t)\boldsymbol{\Phi}(t,t_0)$ 列矢量线性无关。

在时不变系统中：

$$\boldsymbol{C\Phi}(t-t_0)=\boldsymbol{C}\mathrm{e}^{\boldsymbol{A}(t-t_0)}$$

即

$$\boldsymbol{C}\mathrm{e}^{\boldsymbol{A}(t-t_0)}=\sum_{j=0}^{n-1}\beta_j(t-t_0)\boldsymbol{CA}^j=(\beta_0,\quad \beta_1,\quad \cdots,\quad \beta_n)\begin{pmatrix}\boldsymbol{C}\\ \boldsymbol{CA}\\ \vdots\\ \boldsymbol{CA}^{n-1}\end{pmatrix}$$

这说明时变系统中 $\boldsymbol{W}_0(t_0,t_f)$ 的满秩与定常系统中（$\boldsymbol{A}$， $\boldsymbol{C}$）对的 N 满秩是等价的。

3.6 能控性与能观性的对偶关系

能控性与能观性有其内在关系，这种关系是由卡尔曼提出的对偶原理确定的，利用对偶关系可以把对系统能控性分析转化为对其对偶系统能观性的分析。从而也沟通了最优控制问题和最优估计问题之间的关系。

3.6.1 线性系统的对偶关系

有两个系统，一个系统 $\sum_1$ 为：

$$\dot{\boldsymbol{x}}_1=\boldsymbol{A}_1\boldsymbol{x}_1+\boldsymbol{B}_1\boldsymbol{u}_1$$
$$\boldsymbol{y}_1=\boldsymbol{C}_1\boldsymbol{x}_1$$

另一个系统 $\sum_2$ 为：

$$\dot{x}_2 = A_2x_2 + B_2u_2$$

$$y_2 = C_2x_2$$

若满足下述条件，则称$\sum_1$与$\sum_2$是互为对偶的。

$$A_2 = A_1^{\mathrm{T}}, B_2 = C_1^{\mathrm{T}}, C_2 = B_1^{\mathrm{T}} \tag{3.53}$$

式中，x_1，x_2为 n 维状态矢量；u_1，u_2各为 r 与 m 维控制矢量；y_1，y_2各为 m 与 r 维输出矢量；A_1，A_2为 $n\times n$ 系统矩阵；B_1，B_2各为 $n\times r$ 与 $n\times m$ 维控制矩阵；C_1，C_2各为 $m\times n$ 与 $r\times n$ 维输出矩阵。

显然，$\sum_1$是一个 r 维输入 m 维输出的 n 阶系统，其对偶系统$\sum_2$是一个 m 维输入 r 维输出的 n 阶系统。图 3.11 是对偶系统$\sum_1$和$\sum_2$的结构图，从图中可以看出，互为对偶的两系统，输入端与输出端互换，信号传递方向相反。信号引出点和综合点互换，对应矩阵转置。

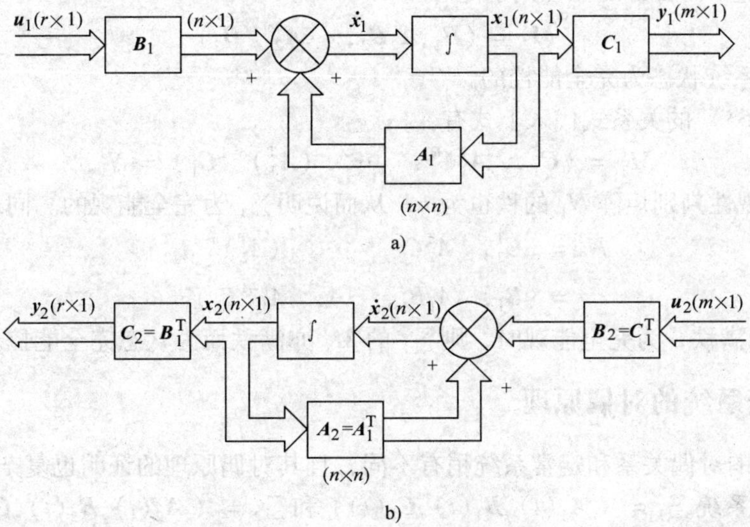

图 3.11　对偶系统的模拟结构图

再从传递函数矩阵来看对偶系统的关系，根据图 3.11a，其传递函数矩阵 $W_1(s)$ 为 $m\times r$ 矩阵：

$$W_1(s) = C_1(sI - A_1)^{-1}B_1 \tag{3.54}$$

根据图 3.11b，其传递函数矩阵 $W_2(s)$ 为 $r\times m$ 矩阵：

$$\begin{aligned} W_2(s) &= C_2(sI - A_2)^{-1}B_2 \\ &= B_1^{\mathrm{T}}(sI - A_1^{\mathrm{T}})^{-1}C_1^{\mathrm{T}} \\ &= B_1^{\mathrm{T}}[(sI - A_1)^{-1}]^{\mathrm{T}}C_1^{T} \end{aligned} \tag{3.55}$$

对 $W_2(s)$ 取转置：

$$[W_2(s)]^{\mathrm{T}} = C_1(sI - A_1)^{-1}B_1 = W_1(s) \tag{3.56}$$

由此可知，**对偶系统的传递函数矩阵是互为转置的**。

同样可求得系统输入—状态的传递函数阵 $(sI - A)^{-1}B_1$，是与其对偶系统的状态—

输出的传递函数阵 $C_2(sI-A_2)^{-1}$ 互为转置的。而原系统的状态—输出的传递函数阵 $C_1(sI-A_1)^{-1}$ 是与其对偶系统输入—状态的传递函数阵 $(sI-A_2)^{-1}B_2$ 互为转置的。

此外，还应指出，互为对偶的系统，其特征方程式是相同的，即

$$|sI-A_1|=|sI-A_2|$$

因为

$$|sI-A_2|=|sI-A_1^{\mathrm{T}}|=|sI-A_1|$$

3.6.2 对偶原理

系统$\Sigma_1=(A_1, B_1, C_1)$ 和$\Sigma_2=(A_2, B_2, C_2)$ 是互为对偶的两个系统，则Σ_1的能控性等价于Σ_2的能观性，Σ_1的能观性等价于Σ_2的能控性。或者说，若Σ_1是状态完全能控的（完全能观的），则Σ_2是状态完全能观的（完全能控的）。

证明 对Σ_2而言，能控性判别矩阵（$n\times mn$）：

$$M_2=(B_2, A_2B_2, \cdots, A_2^{n-1}B_2)$$

的秩为 n，则系统状态为完全能控的。

将式（3.53）的关系式代入上式有：

$$M_2=(C_1^{\mathrm{T}},\ A_1^{T}C_1^{\mathrm{T}},\ \cdots,\ (A_1^{\mathrm{T}})^{n-1}C_1^{\mathrm{T}})=N_1^{\mathrm{T}}$$

说明Σ_1的能观性判别矩阵 N_1 的秩也为 n，从而说明Σ_1为完全能观的。同理有：

$$\begin{aligned}N_2^{\mathrm{T}}&=(C_2^{\mathrm{T}},\ A_2^{\mathrm{T}}C_2^{\mathrm{T}},\ \cdots,\ (A_2^{\mathrm{T}})^{n-1}C_2^{\mathrm{T}})\\&=(B_1,\ A_1B_1,\ \cdots,\ A_1^{n-1}B_1)\end{aligned}$$

即若Σ_2的 N_2 满秩，为完全能观时，则Σ_1的 M_1 亦满秩而为状态完全能控。

3.6.3 时变系统的对偶原理

时变系统的对偶关系和定常系统稍有不同，且其对偶原理的证明也复杂得多。

对于时变系统$\Sigma_1=(A_1(t), B_1(t), C_1(t))$ 和$\Sigma_2=(A_2(t), B_2(t), C_2(t))$ 满足下列关系，则称Σ_1和Σ_2是互为对偶的。

$$\left.\begin{aligned}A_2(t)&=-A_1^{\mathrm{T}}(t)\\B_2(t)&=C_1^{\mathrm{T}}(t)\\C_2(t)&=B_1^{\mathrm{T}}(t)\end{aligned}\right\}\tag{3.57}$$

根据上述定义，可以推出互为对偶的两系统的状态转移矩阵互为转置逆的重要关系式：

$$\Phi_2^{\mathrm{T}}(t_0, t)=\Phi_1(t, t_0)\tag{3.58}$$

式中，$\Phi_1(t, t_0)$ 为系统Σ_1的状态转移矩阵；$\Phi_2(t, t_0)$ 为系统Σ_2的状态转移矩阵。

现推证如下：

对于Σ_2

$$\begin{aligned}\dot{x}_2&=A_2(t)x_2+B_2(t)u_2\\&=-A_1^{\mathrm{T}}(t)x_2+C_1^{\mathrm{T}}(t)u_2\end{aligned}\tag{3.59}$$

其状态转移矩阵 $\Phi_2(t, t_0)$ 应满足下列微分方程：

$$\dot{\boldsymbol{\Phi}}_2(t,t_0) = -\boldsymbol{A}_1^{\mathrm{T}}(t)\boldsymbol{\Phi}_2(t,t_0)$$
$$\boldsymbol{\Phi}_2(t_0,t_0) = \boldsymbol{I} \tag{3.60}$$

下面来确定 $\boldsymbol{\Phi}_2(t,t_0)$ 的转置逆矩阵 $\boldsymbol{\Phi}_2^{\mathrm{T}}(t_0,t)$ 所满足的微分方程。由于：

$$\boldsymbol{\Phi}_2(t_0,t_0) = \boldsymbol{I}$$

两边转置，有：

$$\boldsymbol{\Phi}_2^{\mathrm{T}}(t_0,t_0) = \boldsymbol{I}$$

亦即

$$\boldsymbol{\Phi}_2^{\mathrm{T}}(t_0,t_0)\boldsymbol{\Phi}_2^{\mathrm{T}}(t_0,t_0) = \boldsymbol{I}$$

两边对时间求导数，有：

$$\frac{\mathrm{d}}{\mathrm{d}t}[\boldsymbol{\Phi}_2^{\mathrm{T}}(t_0,t)\boldsymbol{\Phi}_2^{\mathrm{T}}(t,t_0)] = 0$$

于是

$$\dot{\boldsymbol{\Phi}}_2^{\mathrm{T}}(t_0,t)\boldsymbol{\Phi}_2^{\mathrm{T}}(t,t_0) + \boldsymbol{\Phi}_2^{T}(t_0,t)\dot{\boldsymbol{\Phi}}_2^{\mathrm{T}}(t,t_0) = 0$$

即

$$\dot{\boldsymbol{\Phi}}_2^{T}(t_0,t) = -\boldsymbol{\Phi}_2^{\mathrm{T}}(t_0,t)\dot{\boldsymbol{\Phi}}_2^{\mathrm{T}}(t,t_0)\boldsymbol{\Phi}_2^{T}(t_0,t) \tag{3.61}$$

对式（3.60）两边取转置，得：

$$\dot{\boldsymbol{\Phi}}_2^{\mathrm{T}}(t,t_0) = -\boldsymbol{\Phi}_2^{\mathrm{T}}(t,t_0)\boldsymbol{A}_1(t)$$

再代入式（3.61），有：

$$\begin{aligned}\dot{\boldsymbol{\Phi}}_2^{\mathrm{T}}(t_0,t) &= \boldsymbol{\Phi}_2^{\mathrm{T}}(t_0,t)\boldsymbol{\Phi}_2^{\mathrm{T}}(t,t_0)\boldsymbol{A}_1(t)\boldsymbol{\Phi}_2^{\mathrm{T}}(t_0,t)\\ &= \boldsymbol{A}_1\boldsymbol{\Phi}_2^{\mathrm{T}}(t_0,t)\end{aligned} \tag{3.62}$$

由状态转移矩阵的基本性质知，$\boldsymbol{\Phi}_2^{\mathrm{T}}(t_0,t)$ 必是下列系统：

$$\dot{\boldsymbol{x}}_1 = \boldsymbol{A}_1(t)\boldsymbol{x}_1$$

的状态转移矩阵，即

$$\boldsymbol{\Phi}_1(t,t_0) = \boldsymbol{\Phi}_2^{\mathrm{T}}(t_0,t) \tag{3.63}$$

也就是说，互为对偶的系统 $\sum_1$、$\sum_2$，其状态转移矩阵 $\boldsymbol{\Phi}_1(t,t_0)$、$\boldsymbol{\Phi}_2(t,t_0)$ 互为转置逆。这是两个系统存在对偶关系的一个本质特征，由上述结论即可推出时变系统的对偶原理：$\sum_1$ 的能观性等价于 $\sum_2$ 的能控性，$\sum_1$ 的能控性等价于 $\sum_2$ 的能观性。推证如下：

对于 $\sum_2$，其判别能控性的格拉姆矩阵为：

$$\boldsymbol{W}_{c2}(t_0,t_f) = \int_{t_0}^{t_f}\boldsymbol{\Phi}_2(t_0,t)\boldsymbol{B}_2(t)\boldsymbol{B}_2^{\mathrm{T}}(t)\boldsymbol{\Phi}_2^{\mathrm{T}}(t_0,t)\,\mathrm{d}t \tag{3.64}$$

因 $\sum_2$ 是 $\sum_1$ 的对偶系统，故有：

$$\boldsymbol{\Phi}_2(t_0,t) = \boldsymbol{\Phi}_1^{\mathrm{T}}(t,t_0),\quad \boldsymbol{B}_2(t) = \boldsymbol{C}_1^{\mathrm{T}}(t)$$

将上式代入式（3.64），有：

$$W_{c2}(t_0,t_f) = \int_{t_0}^{t_f} \boldsymbol{\Phi}_1^{\mathrm{T}}(t,t_0)\boldsymbol{C}_1^{\mathrm{T}}(t)\boldsymbol{C}_1(t)\boldsymbol{\Phi}_1(t,t_0)\,\mathrm{d}t$$

显然，这是判别$\sum_1$能观性的格拉姆矩阵$W_{01}(t_0,t_f)$，故可得：

$$W_{c2}(t_0,t_f) = W_{01}(t_0,t_f) \tag{3.65}$$

同理可得：

$$W_{02}(t_0,t_f) = W_{c1}(t_0,t_f) \tag{3.66}$$

于是结论得证。

对偶原理是现代控制理论中一个十分重要的概念，利用对偶原理可以把系统能控性分析方面所得到的结论用于其对偶系统，从而很容易地得到其对偶系统能观性方面的结论。

3.7 状态空间表达式的能控标准型与能观标准型

由于一般的状态变量选择的非唯一性，系统的状态空间表达式也不是唯一的。在实际应用中，常常根据所研究问题的需要，将状态空间表达式化成相应的几种标准形式：如约旦标准型对于状态转移矩阵的计算，可控性和可观性的分析是十分方便的；而对于系统的状态反馈则化为能控标准型是比较方便的；对于系统状态观测器的设计以及系统辨识，则将系统状态空间表达式化为能观标准型是方便的。

把状态空间表达式化成能控标准型（能观标准型）的理论根据是状态的非奇异变换不改变其能控性（能观性），只有系统是状态完全能控的（能观的）才能化成能控（能观）标准型。

下面讨论单变量系统的能控标准型和能观标准型。

3.7.1 单输入系统的能控标准型

对于一般的n维定常系统：

$$\dot{x} = Ax + Bu$$

$$y = Cx$$

如果系统是状态完全能控的，即满足：

$$\mathrm{rank}(B,\ AB,\ \cdots\ A^{n-1}B) = n$$

则能控性判别阵中至少有n个n维列矢量是线性无关的，因此在这nr个列矢量中选取n个线性无关的列矢量，以某种线性组合，仍能导出一组n个线性无关的列矢量，从而导出状态空间表达式的某种能控标准型。对于单输入单输出系统，在能控判别阵中只有唯一的一组线性无关矢量，因此一旦组合规律确定，其能控标准型的形式是唯一的。而对于多输入多输出系统，在能控性判别阵中，从（$n\times nr$）中选择出n个独立的列矢量的取法不是唯一的，因而其能控标准型的形式也不是唯一的。显然，当且仅当系统是状态完全能控的，才能满足上述条件。

1. 能控标准 I 型

若线性定常单输入系统：

$$\begin{aligned}\dot{x} &= Ax + bu\\ y &= cx\end{aligned} \tag{3.67}$$

是能控的，则存在线性非奇异变换：

$$x = T_{c1}\bar{x} \tag{3.68}$$

$$T_{c1} = (A^{n-1}b,\ A^{n-2}b,\ \cdots,\ Ab, b)\begin{pmatrix}1 & & & & \\ a_{n-1} & 1 & & \mathbf{0} & \\ \vdots & \vdots & \ddots & & \\ a_2 & a_3 & \cdots & 1 & \\ a_1 & a_2 & \cdots & a_{n-1} & 1\end{pmatrix} \tag{3.69}$$

使其状态空间表达式（3.67）化成：

$$\begin{aligned}\dot{\bar{x}} &= \bar{A}\bar{x} + \bar{b}u\\ y &= \bar{c}\bar{x}\end{aligned} \tag{3.70}$$

其中

$$\bar{A} = T_{c1}^{-1}AT_{c1}^{-1} = \begin{pmatrix}0 & 1 & \cdots & 0 & 0\\ 0 & 0 & \cdots & 0 & 0\\ \vdots & \vdots & & \vdots & \vdots\\ 0 & 0 & \cdots & 0 & 1\\ -a_0 & -a_1 & \cdots & -a_{n-2} & -a_{n-1}\end{pmatrix} \tag{3.71}$$

$$\bar{b} = T_{c1}^{-1}b = \begin{pmatrix}0\\0\\ \vdots\\0\\1\end{pmatrix} \tag{3.72}$$

$$\bar{c} = cT_{c1} = (\beta_0,\ \beta_1,\ \cdots,\ \beta_{n-1}) \tag{3.73}$$

称形如式（3.70）的状态空间表达式为能控标准 I 型。其中 a_i（$i=0,\ 1,\ \cdots,\ n-1$）为特征多项式：

$$|\lambda I - A| = \lambda^n + a_{n-1}\lambda^{n-1} + \cdots + a_1\lambda + a_0$$

的各项系数。

β_i（$i=0,\ 1,\ \cdots,\ n-1$）是 cT_{c1} 相乘的结果，即

$$\left.\begin{aligned}\beta_0 &= c(A^{n-1}b + a_{n-1}A^{n-2}b + \cdots + a_1b)\\ &\vdots\\ \beta_{n-2} &= c(Ab + a_{n-1}b)\\ \beta_{n-1} &= cb\end{aligned}\right\} \tag{3.74}$$

证明　因假设系统是能控的，故 $n\times1$ 矢量 b，Ab，$\cdots$，$A^{n-1}b$ 是线性独立的。按下

列组合方式构成的 n 个新矢量 $\boldsymbol{e}_1$，$\boldsymbol{e}_2$，…，$\boldsymbol{e}_n$ 也是线性独立的。

$$\left.\begin{aligned} \boldsymbol{e}_1 &= \boldsymbol{A}^{n-1}\boldsymbol{b} + a_{n-1}\boldsymbol{A}^{n-2}\boldsymbol{b} + a_{n-2}\boldsymbol{A}^{n-3}\boldsymbol{b} + \cdots + a_1\boldsymbol{b} \\ \boldsymbol{e}_2 &= \boldsymbol{A}^{n-2}\boldsymbol{b} + a_{n-1}\boldsymbol{A}^{n-3}\boldsymbol{b} + \cdots + a_2\boldsymbol{b} \\ &\vdots \\ \boldsymbol{e}_{n-1} &= \boldsymbol{A}\boldsymbol{b} + a_{n-1}\boldsymbol{b} \\ \boldsymbol{e}_n &= \boldsymbol{b} \end{aligned}\right\} \tag{3.75}$$

式中，a_i（$i=0$，1，…，$n-1$）是特征多项式各项系数。

由 $\boldsymbol{e}_1$，$\boldsymbol{e}_2$，…，$\boldsymbol{e}_n$ 组成变换矩阵 $\boldsymbol{T}_{c1}$：

$$\boldsymbol{T}_{c1} = (\boldsymbol{e}_1,\ \boldsymbol{e}_2,\ \cdots,\ \boldsymbol{e}_n) \tag{3.76}$$

由

$$\overline{\boldsymbol{A}} = \boldsymbol{T}_{c1}^{-1}\boldsymbol{A}\boldsymbol{T}_{c1}$$

有：

$$\boldsymbol{T}_{c1}\overline{\boldsymbol{A}} = \boldsymbol{A}\boldsymbol{T}_{c1} = \boldsymbol{A}(\boldsymbol{e}_1,\ \boldsymbol{e}_2,\ \cdots,\ \boldsymbol{e}_n) = (\boldsymbol{A}\boldsymbol{e}_1,\ \boldsymbol{A}\boldsymbol{e}_2,\ \cdots,\ \boldsymbol{A}\boldsymbol{e}_n) \tag{3.77}$$

把式（3.75）分别代入上式，有：

$$\begin{aligned} \boldsymbol{A}\boldsymbol{e}_1 &= \boldsymbol{A}(\boldsymbol{A}^{n-1}\boldsymbol{b} + a_{n-1}\boldsymbol{A}^{n-2}\boldsymbol{b} + \cdots + a_1\boldsymbol{b}) \\ &= (\boldsymbol{A}^n\boldsymbol{b} + a_{n-1}\boldsymbol{A}^{n-1}\boldsymbol{b} + \cdots + a_1\boldsymbol{A}\boldsymbol{b} + a_0\boldsymbol{b}) - a_0\boldsymbol{b} = -a_0\boldsymbol{b} \\ &= -a_0\boldsymbol{e}_n \\ \boldsymbol{A}\boldsymbol{e}_2 &= \boldsymbol{A}(\boldsymbol{A}^{n-2}b + a_{n-1}\boldsymbol{A}^{n-3}\boldsymbol{b} + \cdots + a_2\boldsymbol{b}) \\ &= (\boldsymbol{A}^{n-1}\boldsymbol{b} + a_{n-1}\boldsymbol{A}^{n-2}\boldsymbol{b} + \cdots + a_2\boldsymbol{A}\boldsymbol{b} + a_1\boldsymbol{b}) - a_1\boldsymbol{b} \\ &= \boldsymbol{e}_1 - a_1\boldsymbol{e}_n \\ &\vdots \\ \boldsymbol{A}\boldsymbol{e}_{n-1} &= \boldsymbol{A}(\boldsymbol{A}\boldsymbol{b} + a_{n-1}\boldsymbol{b}) \\ &= (\boldsymbol{A}^2\boldsymbol{b} + a_{n-1}\boldsymbol{A}\boldsymbol{b} + a_{n-2}\boldsymbol{b}) - a_{n-2}\boldsymbol{b} \\ &= \boldsymbol{e}_{n-2} - a_{n-2}\boldsymbol{e}_n \\ \boldsymbol{A}\boldsymbol{e}_n &= \boldsymbol{A}\boldsymbol{b} = (\boldsymbol{A}\boldsymbol{b} + a_{n-1}\boldsymbol{b}) - a_{n-1}\boldsymbol{b} \\ &= \boldsymbol{e}_{n-1} - a_{n-1}\boldsymbol{e}_n \end{aligned}$$

把上述 $\boldsymbol{A}\boldsymbol{e}_1$，$\boldsymbol{A}\boldsymbol{e}_2$，…，$\boldsymbol{A}\boldsymbol{e}_n$ 代入式（3.77），有：

$$\begin{aligned} \boldsymbol{T}_{c1}\overline{\boldsymbol{A}} &= (\boldsymbol{A}\boldsymbol{e}_1,\ \boldsymbol{A}\boldsymbol{e}_2,\ \cdots,\ \boldsymbol{A}\boldsymbol{e}_n) \\ &= (-a_0\boldsymbol{e}_n,\ (\boldsymbol{e}_1 - a_1\boldsymbol{e}_n),\ \cdots,\ (\boldsymbol{e}_{n-1} - a_{n-1}\boldsymbol{e}_n)) \\ &= (\boldsymbol{e}_1,\ \boldsymbol{e}_2,\ \cdots,\ \boldsymbol{e}_n)\begin{pmatrix} 0 & 1 & 0 & \cdots & 0 & 0 \\ 0 & 0 & 1 & \cdots & 0 & 0 \\ \vdots & \vdots & \vdots & & \vdots & \vdots \\ 0 & 0 & 0 & \cdots & 0 & 1 \\ -a_0 & -a_1 & -a_2 & \cdots & -a_{n-2} & -a_{n-1} \end{pmatrix} \end{aligned}$$

再证：

$$\overline{\boldsymbol{b}} = (0,\ 0,\ \cdots,\ 1)^{\mathrm{T}}$$

由

$$\overline{\boldsymbol{b}} = \boldsymbol{T}_{c1}^{-1}\boldsymbol{b}$$

有：

$$T_{c1}\bar{b} = b$$

把式（3.75）中 $b = e_n$ 代入，有：

$$T_{c1}\bar{b} = e_n = (e_1,\ e_2,\ \cdots,\ e_n)\begin{pmatrix} 0 \\ 0 \\ \vdots \\ 1 \end{pmatrix}$$

从而证得：

$$\bar{b} = \begin{pmatrix} 0 \\ 0 \\ \vdots \\ 1 \end{pmatrix}$$

最后推证 $\bar{c}$：

$$\bar{c} = cT_{c1} = c(e_1,\ e_2,\ \cdots,\ e_n)$$

把式（3.75）中 e_1，e_2，…，e_n 的表示式代入上式：

$$\begin{aligned}\bar{c} &= c((A^{n-1}b + a_{n-1}A^{n-2}b + \cdots + a_1 b),\ \cdots,\ (Ab + a_{n-1}b)\ ,b) \\ &= (\beta_0,\ \beta_1,\ \cdots,\ \beta_{n-1})\end{aligned}$$

其中

$$\begin{aligned}\beta_0 &= c(A^{n-1}b + a_{n-1}A^{n-2}b + \cdots + a_1 b) \\ &\ \ \vdots \\ \beta_{n-2} &= c(Ab + a_{n-1}b) \\ \beta_{n-1} &= cb\end{aligned}$$

或者写成：

$$\bar{c} = c(A^{n-1}b,\ A^{n-2}b,\ \cdots,\ b)\begin{pmatrix} 1 & & & \\ a_{n-1} & \ddots & & \mathbf{0} \\ \vdots & \ddots & \ddots & \\ a_1 & \cdots & a_{n-1} & 1 \end{pmatrix}$$

显然

$$T_{c1} = (A^{n-1}b,\ A^{n-2}b,\ \cdots,\ b)\begin{pmatrix} 1 & & & \\ a_{n-1} & \ddots & & \mathbf{0} \\ \vdots & \ddots & \ddots & \\ a_1 & \cdots & a_{n-1} & 1 \end{pmatrix}$$

采用能控标准 I 型的 $\bar{A}$，$\bar{b}$，$\bar{c}$ 求系统的传递函数是很方便的。

$$\begin{aligned}W(s) &= \bar{c}(sI - \bar{A})^{-1}\bar{b} \\ &= \frac{\beta_{n-1}s^{n-1} + \beta_{n-2}s^{n-2} + \cdots + \beta_1 s + \beta_0}{s^n + a_{n-1}s^{n-1} + \cdots + a_1 s + a_0}\end{aligned} \tag{3.78}$$

从式（3.78）可以看出，传递函数分母多项式的各项系数是 $\bar{A}$ 的最后一行的元素的负值；

分子多项式的各项系数是 $\bar{c}$ 阵的元素。那么根据传递函数的分母多项式和分子多项式的系数，便可以直接写出能控标准 I 型的 $\bar{A}$，$\bar{b}$，$\bar{c}$。

【例 3-12】 试将下列状态空间表达式变换成能控标准 I 型：

$$\dot{x} = \begin{pmatrix} 1 & 2 & 0 \\ 3 & -1 & 1 \\ 0 & 2 & 0 \end{pmatrix} x + \begin{pmatrix} 2 \\ 1 \\ 1 \end{pmatrix} u$$

$$y = (0,\ 0,\ 1)x$$

解 先判别系统的能控性：

$$M = (b,\ Ab,\ A^2b) = \begin{pmatrix} 2 & 4 & 16 \\ 1 & 6 & 8 \\ 1 & 2 & 12 \end{pmatrix}$$

$\mathrm{rank}M = 3$，所以系统是能控的。

再计算系统的特征多项式：

$$|\lambda I - A| = \lambda^3 - 9\lambda + 2$$

即

$$a_2 = 0, a_1 = -9, a_0 = 2$$

根据式（3.71）、式（3.72）及式（3.73），可得：

$$\bar{A} = \begin{pmatrix} 0 & 1 & 0 \\ 0 & 0 & 1 \\ -a_0 & -a_1 & -a_2 \end{pmatrix} = \begin{pmatrix} 0 & 1 & 0 \\ 0 & 0 & 1 \\ -2 & 9 & 0 \end{pmatrix}$$

$$\bar{c} = c[A^2b \quad Ab \quad b]\begin{pmatrix} 1 & 0 & 0 \\ a_2 & 1 & 0 \\ a_1 & a_2 & 1 \end{pmatrix}$$

$$= (0,\ 0,\ 1)\begin{pmatrix} 6 & 4 & 2 \\ 8 & 6 & 1 \\ 12 & 2 & 1 \end{pmatrix}\begin{pmatrix} 1 & 0 & 0 \\ 0 & 1 & 0 \\ -9 & 0 & 1 \end{pmatrix} = (3,\ 2,\ 1)$$

因此，系统的能控标准 I 型为：

$$\dot{\bar{x}} = \begin{pmatrix} 0 & 1 & 0 \\ 0 & 0 & 1 \\ -2 & 9 & 0 \end{pmatrix} \bar{x} + \begin{pmatrix} 0 \\ 0 \\ 1 \end{pmatrix} u$$

$$y = (3,\ 2,\ 1)\bar{x}$$

采用式（3.74）可以直接写出该系统的传递函数：

$$W(s) = \frac{\beta_2 s^2 + \beta_1 s + \beta_0}{s^3 + a_2 s^2 + a_1 s + a_0} = \frac{s^2 + 2s + 3}{s^3 - 9s + 2}$$

本例也可先求出系统传递函数 $W(s)$，而后再从传递函数 $W(s)$ 的分母多项式和分子多项式的系数，写出能控标准 I 型的状态空间表达式。

2. 能控标准 II 型

若线性定常单输入系统：

$$\begin{rcases} \dot{\boldsymbol{x}} = \boldsymbol{A}\boldsymbol{x} + \boldsymbol{b}u \\ y = \boldsymbol{c}\boldsymbol{x} \end{rcases} \tag{3.79}$$

是能控的，则存在线性非奇异变换：

$$\boldsymbol{x} = \boldsymbol{T}_{c2}\bar{\boldsymbol{x}} = (\boldsymbol{b},\ \boldsymbol{A}\boldsymbol{b},\ \cdots,\ \boldsymbol{A}^{n-1}\boldsymbol{b})\bar{\boldsymbol{x}} \tag{3.80}$$

相应的状态空间表达式（3.79）转换成：

$$\begin{rcases} \dot{\bar{\boldsymbol{x}}} = \bar{\boldsymbol{A}}\bar{\boldsymbol{x}} + \bar{\boldsymbol{b}}u \\ y = \bar{\boldsymbol{c}}\bar{\boldsymbol{x}} \end{rcases} \tag{3.81}$$

其中

$$\bar{\boldsymbol{A}} = \boldsymbol{T}_{c2}^{-1}\boldsymbol{A}\boldsymbol{T}_{c2} = \begin{pmatrix} 0 & 0 & \cdots & 0 & -a_0 \\ 1 & 0 & \cdots & 0 & -a_1 \\ 0 & 1 & \cdots & 0 & -a_2 \\ \vdots & \vdots & \ddots & \vdots & \vdots \\ 0 & 0 & \cdots & 1 & -a_{n-1} \end{pmatrix} \tag{3.82}$$

$$\bar{\boldsymbol{b}} = \boldsymbol{T}_{c2}^{-1}\boldsymbol{b} = \begin{pmatrix} 1 \\ 0 \\ 0 \\ \vdots \\ 0 \end{pmatrix} \tag{3.83}$$

$$\bar{\boldsymbol{c}} = \boldsymbol{c}\boldsymbol{T}_{c2} = (\beta_0, \beta_1, \cdots, \beta_{n-1}) \tag{3.84}$$

并称形如式（3.81）的状态空间表达式为能控标准 II 型。

式（3.82）中的 a_0，a_1，…，a_{n-1}是系统特征多项式：

$$|\lambda\boldsymbol{I} - \boldsymbol{A}| = \lambda^n + a_{n-1}\lambda^{n-1} + \cdots + a_1\lambda + a_0$$

的各项系数，亦即系统的不变量。

式（3.84）中的β_0，β_1，…，β_{n-1}是 $\boldsymbol{c}\boldsymbol{T}_{c2}$相乘的结果，即：

$$\begin{rcases} \beta_0 = \boldsymbol{c}\boldsymbol{b} \\ \beta_1 = \boldsymbol{c}\boldsymbol{A}\boldsymbol{b} \\ \vdots \\ \beta_{n-1} = \boldsymbol{c}\boldsymbol{A}^{n-1}\boldsymbol{b} \end{rcases} \tag{3.85}$$

证明　因为系统为能控的，所以能控判别阵：

$$\boldsymbol{M} = (\boldsymbol{b},\ \boldsymbol{A}\boldsymbol{b},\ \cdots,\ \boldsymbol{A}^{n-1}\boldsymbol{b})$$

是非奇异的，令状态变换：

$$\boldsymbol{x} = \boldsymbol{T}_{c2}\bar{\boldsymbol{x}}$$

的变换矩阵 $\boldsymbol{T}_{c2}$为：

$$\boldsymbol{T}_{c2} = (\boldsymbol{b},\ \boldsymbol{A}\boldsymbol{b},\ \cdots,\ \boldsymbol{A}^{n-1}\boldsymbol{b}) \tag{3.86}$$

其变换后的状态方程和输出方程为：

$$\dot{\bar{x}} = \bar{A}\bar{x} + \bar{b}u = T_{c2}^{-1}AT_{c2}\bar{x} + T_{c2}^{-1}bu$$
$$y = \bar{c}\bar{x} = cT_{c2}\bar{x}$$

首先推证式（3.82）中的 $\bar{A}$：

$$AT_{c2} = A(b,\ Ab,\ \cdots,\ A^{n-1}b) = (Ab,\ A^2b,\ \cdots,\ A^nb) \tag{3.87}$$

利用凯莱—哈密尔顿定理：

$$A^n = -a_{n-1}A^{n-1} - a_{n-2}A^{n-2} - \cdots - a_1A - a_0I$$

将上式代入式（3.87）中，有：

$$AT_{c2} = (Ab,\ A^2b,\ \cdots,\ (-a_{n-1}A^{n-1} - a_{n-2}A^{n-2} - \cdots - a_1A - a_0I)b)$$

写成矩阵形式：

$$AT_{c2} = (b,\ Ab,\ \cdots,\ A^{n-1}b)\begin{pmatrix} 0 & 0 & \cdots & 0 & -a_0 \\ 1 & 0 & \cdots & 0 & -a_1 \\ 0 & 1 & \cdots & 0 & -a_2 \\ \vdots & \vdots & & \vdots & \vdots \\ 0 & 0 & \cdots & 1 & -a_{n-1} \end{pmatrix}$$

即

$$AT_{c2} = T_{c2}\begin{pmatrix} 0 & 0 & \cdots & 0 & -a_0 \\ 1 & 0 & \cdots & 0 & -a_1 \\ 0 & 1 & \cdots & 0 & -a_2 \\ \vdots & \vdots & & \vdots & \vdots \\ 0 & 0 & \cdots & 1 & -a_{n-1} \end{pmatrix}$$

上式两边左乘 T_{c2}^{-1}，得：

$$\bar{A} = T_{c2}^{-1}AT_{c2} = \begin{pmatrix} 0 & 0 & \cdots & 0 & -a_0 \\ 1 & 0 & \cdots & 0 & -a_1 \\ 0 & 1 & \cdots & 0 & -a_2 \\ \vdots & \vdots & & \vdots & \vdots \\ 0 & 0 & \cdots & 1 & -a_{n-1} \end{pmatrix}$$

再推证式（3.83）的 $\bar{b}$，因

$$\bar{b} = T_{c2}^{-1}b$$

即

$$b = T_{c2}\bar{b} = (b,\ Ab,\ \cdots,\ A^{n-1}b)\bar{b}$$

显然，欲使上式成立，必须：

$$\bar{b} = \begin{pmatrix} 1 \\ 0 \\ 0 \\ \vdots \\ 0 \end{pmatrix}$$

$$\bar{c} = cT_{c2} = [cb \quad cAb \quad \cdots \quad cA^{n-1}b]$$

即

$$\bar{c} = (\beta_0, \quad \beta_1, \quad \cdots, \quad \beta_{n-1})$$

【例 3-13】 试将例 3 -12 中的状态空间表达式变换为能控标准 II 型。

解 例 3-12 中已经求得：

$$a_2 = 0, a_1 = -9, a_0 = 2$$

由式（3.82）、式（3.83）、式（3.84）、式（3.85）可得：

$$\bar{A} = \begin{pmatrix} 0 & 0 & -a_0 \\ 1 & 0 & -a_1 \\ 0 & 1 & -a_2 \end{pmatrix} = \begin{pmatrix} 0 & 0 & -2 \\ 1 & 0 & 9 \\ 0 & 1 & 0 \end{pmatrix}$$

$$\bar{b} = \begin{pmatrix} 1 \\ 0 \\ 0 \end{pmatrix}$$

$$\bar{c} = (cb, \quad cAb, \quad cA^2b) = (1, \quad 2, \quad 12)$$

状态空间表达式的能控标准 II 型为：

$$\dot{\bar{x}} = \begin{pmatrix} 0 & 0 & -2 \\ 1 & 0 & 9 \\ 0 & 1 & 0 \end{pmatrix}\bar{x} + \begin{pmatrix} 1 \\ 0 \\ 0 \end{pmatrix}u$$

$$y = (1, \quad 2, \quad 12)\bar{x}$$

3.7.2 单输出系统的能观标准型

与变换为能控标准型的条件相似，只有当系统是状态完全能观时，即有：

$$\text{rank}(C^{\mathrm{T}}, \quad A^{\mathrm{T}}C^{\mathrm{T}}, \quad \cdots, \quad (A^{\mathrm{T}})^{n-1}C^{\mathrm{T}})^{\mathrm{T}} = n$$

系统的状态空间表达式才可能导出能观标准型。

状态空间表达式的能观标准型也有两种形式，能观标准 I 型和能观标准 II 型，它们分别与能控标准 I 型和能控标准 II 型相对偶。

1. 能观标准 I 型

若线性定常系统：

$$\left.\begin{aligned} \dot{x} &= Ax + bu \\ y &= cx \end{aligned}\right\} \tag{3.88}$$

是能观的，则存在非奇异变换：

$$x = T_{01}\tilde{x} \tag{3.89}$$

使其状态空间表达式（3.88）化成：

$$\left.\begin{aligned} \dot{\tilde{x}} &= \tilde{A}\tilde{x} + \tilde{b}u \\ y &= \tilde{c}\tilde{x} \end{aligned}\right\} \tag{3.90}$$

其中

$$\tilde{A} = T_{01}^{-1} A T_{01} = \begin{pmatrix} 0 & 1 & 0 & \cdots & 0 \\ 0 & 0 & 1 & \cdots & 0 \\ \vdots & \vdots & \vdots & & \vdots \\ 0 & 0 & 0 & \cdots & 1 \\ -a_0 & -a_1 & -a_2 & \cdots & -a_{n-1} \end{pmatrix} \tag{3.91}$$

$$\tilde{b} = T_{01}^{-1} b = \begin{pmatrix} \beta_0 \\ \beta_1 \\ \vdots \\ \beta_{n-1} \end{pmatrix} \tag{3.92}$$

$$\tilde{c} = c T_{01} = (1, \ 0, \ 0, \ \cdots, \ 0) \tag{3.93}$$

称形如式（3.90）的状态空间表达式为能观标准 I 型。其中 a_i（$i=0, 1, \cdots, n-1$）是矩阵 A 的特征多项式的各项系数。

取变换阵 T_{01}：

$$T_{01}^{-1} = N = \begin{pmatrix} c \\ cA \\ \vdots \\ cA^{n-1} \end{pmatrix} \tag{3.94}$$

直接验证，或者用对偶原理来证明。证明过程如下：

首先构造 $\sum = (A, b, c)$ 的对偶系统 $\sum^* (A^*, b^*, c^*)$

$$A^* = A^{\mathrm{T}}$$
$$b^* = c^{\mathrm{T}}$$
$$c^* = b^{\mathrm{T}}$$

然后写出对偶系统 $\sum^* (A^*, b^*, c^*)$ 的能控标准 II 型，$\sum$ 的状态空间表达式的能观标准 I 型即是 $\sum^*$ 的能控标准 II 型，即

$$\tilde{A} = \bar{A}^{\mathrm{T}}$$
$$\tilde{b} = \bar{c}^{\mathrm{T}}$$
$$\tilde{c} = \bar{b}^{\mathrm{T}}$$

式中，A^*，b^*，c^* 为系统 $\sum = (A, b, c)$ 的对偶系统 $\sum^*$ 的对应系数阵；$\bar{A}^{\mathrm{T}}$，$\bar{b}^{\mathrm{T}}$，$\bar{c}^{\mathrm{T}}$ 为系统 $\sum = (A, b, c)$ 的对偶系统 $\sum^* = (A^*, b^*, c^*)$ 的能控标准 II 型对应的系数阵；$\tilde{A}$，$\tilde{b}$，$\tilde{c}$ 为系统 $\sum = (A, b, c)$ 的能控标准 I 型对应的系数阵。

2. 能观标准 II 型

若线性定常单输出系统：

$$\left.\begin{aligned} \dot{x} &= Ax + bu \\ y &= cx \end{aligned}\right\} \tag{3.95}$$

是能观的，则存在非奇异变换

$$x = T_{02}\tilde{x}$$

$$T_{02}^{-1} = \begin{pmatrix} 1 & a_{n-1} & \cdots & a_2 & a_1 \\ 0 & 1 & \cdots & a_3 & a_2 \\ \vdots & \vdots & & \vdots & \vdots \\ 0 & 0 & \cdots & 1 & a_{n-1} \\ 0 & 0 & \cdots & 0 & 1 \end{pmatrix}\begin{pmatrix} cA^{n-1} \\ cA^{n-2} \\ \vdots \\ cA \\ c \end{pmatrix} \tag{3.96}$$

使其状态空间表达式（3.95）变换为：

$$\begin{aligned} \dot{\tilde{x}} &= \tilde{A}\tilde{x} + \tilde{b}u \\ y &= \tilde{c}\tilde{x} \end{aligned} \tag{3.97}$$

其中

$$\tilde{A} = T_{02}^{-1}AT_{02} = \begin{pmatrix} 0 & 0 & \cdots & 0 & -a_0 \\ 1 & 0 & \cdots & 0 & -a_1 \\ 0 & 1 & \cdots & 0 & -a_2 \\ \vdots & \vdots & & \vdots & \vdots \\ 0 & 0 & \cdots & 1 & -a_{n-1} \end{pmatrix} \tag{3.98}$$

$$\tilde{b} = T_{02}^{-1}b = \begin{pmatrix} \beta_0 \\ \beta_1 \\ \vdots \\ \beta_{n-1} \end{pmatrix} \tag{3.99}$$

$$\tilde{c} = cT_{02} = (0,\ 0,\ 0,\ \cdots,\ 1) \tag{3.100}$$

称形如式（3.97）的状态空间表达式为能观标准Ⅱ型。其中 a_i（$i=0, 1, \cdots, n-1$）是矩阵 A 的特征多项式的各项系数。β_i（$i=0, 1, \cdots, n-1$）是 $T_{02}^{-1}b$ 的相乘结果，β_i 的具体计算见式（3.74）。

上述变换可根据对偶原理直接由其对偶系统的能控标准Ⅰ型导出，其过程与能观标准Ⅰ型类同，不再重复。

和能控标准Ⅰ型一样，根据状态空间表达式的能观标准Ⅱ型，也可以直接写出系统的传递函数：

$$W(s) = \frac{\beta_{n-1}s^{n-1} + \beta_{n-2}s^{n-2} + \cdots + \beta_1 s + \beta_0}{s^n + a_{n-1}s^{n-1} + \cdots + a_1 s + a_0}$$

其中分母多项式的各项系数是 $\tilde{A}$ 阵的最后一列元素的负值，分子多项式的各项系数是 $\tilde{b}$ 阵的元素。这个现象用对偶原理不难解释。

【例 3-14】　试将例 3-12 中的状态空间表达式变换为能观标准Ⅰ型。

解　求能观性判别阵 N：

$$N = \begin{pmatrix} c \\ cA \\ cA^2 \end{pmatrix} = \begin{pmatrix} 0 & 0 & 1 \\ 0 & 2 & 0 \\ 6 & -2 & 2 \end{pmatrix}$$

其秩为 3，故知此系统可以变换为能观标准型。

（1）求状态空间表达式的能观标准 I 型

由式（3.91）、式（3.92）、式（3.93）可得：

$$\tilde{A}=\begin{pmatrix}0&1&0\\0&0&1\\-2&9&0\end{pmatrix},\tilde{b}=\begin{pmatrix}1\\2\\12\end{pmatrix},\tilde{c}=(1,\quad 0,\quad 0)$$

状态空间表达式的能观标准 I 型为：

$$\dot{\tilde{x}}=\begin{pmatrix}0&1&0\\0&0&1\\-2&9&0\end{pmatrix}\tilde{x}+\begin{pmatrix}1\\2\\12\end{pmatrix}u$$

$$y=(1,\quad 0,\quad 0)\tilde{x}$$

和例 3-13 的状态空间表达式的能控标准 II 型相比较，可知二者之间是互为对偶的。

（2）求能观标准 II 型

由式（3.98）、式（3.99）、式（3.100）可得：

$$\tilde{A}=\begin{pmatrix}0&0&-2\\1&0&9\\0&1&0\end{pmatrix},\tilde{b}=\begin{pmatrix}3\\2\\1\end{pmatrix},\tilde{c}=(0,\quad 0,\quad 1)$$

状态空间表达式的能观标准 II 型为：

$$\dot{\tilde{x}}=\begin{pmatrix}0&0&-2\\1&0&9\\0&1&0\end{pmatrix}\tilde{x}+\begin{pmatrix}3\\2\\1\end{pmatrix}u$$

$$y=(0,\quad 0,\quad 1)\tilde{x}$$

显然与例 3-12 得到能控标准 I 型成对偶关系。

3.8 线性系统的结构分解

前已说过，如果一个系统是不完全能控的，则其状态空间中所有的能控状态构成能控子空间，其余为不能控子空间。如果一个系统是不完全能观的，则其状态空间中所有能观测的状态构成能观子空间，其余为不能观子空间。但是，在一般形式下，这些子空间并没有被明显地分解出来。本节将讨论如何通过非奇异变换即坐标变换，将系统的状态空间按能控性和能观性进行结构分解。

把线性系统的状态空间按能控性和能观性进行结构分解是状态空间分析中的一个重要内容。在理论上它揭示了状态空间的本质特征，为最小实现问题的提出提供了理论依据。实践上，它与系统的状态反馈、系统镇定等问题的解决都有密切的关系。

3.8.1 按能控性分解

设线性定常系统：

$$\left.\begin{aligned}\dot{x}&=Ax+Bu\\y&=Cx\end{aligned}\right\}\tag{3.101}$$

是状态不完全能控，其能控性判别矩阵：

$$M = (B,\quad AB,\quad \cdots,\quad A^{n-1}B)$$

的秩

$$\operatorname{rank} M = n_1 < n$$

则存在非奇异变换：

$$x = R_c \hat{x} \tag{3.102}$$

将状态空间表达式（3.101）变换为：

$$\begin{aligned} \dot{\hat{x}} &= \hat{A}\hat{x} + \hat{B}u \\ y &= \hat{C}\hat{x} \end{aligned} \tag{3.103}$$

其中

$$\hat{x} = \begin{pmatrix} \hat{x}_1 \\ \text{---} \\ \hat{x}_2 \end{pmatrix} \begin{matrix} n_1 \\ \\ (n-n_1) \end{matrix}$$

$$\hat{A} = R_c^{-1} A R_c = \left(\begin{array}{c:c} \hat{x}_{11} & \hat{x}_{12} \\ \hdashline \underbrace{0}_{n_1} & \underbrace{\hat{A}_{22}}_{(n-n_1)} \end{array}\right) \begin{matrix} \}\, n_1 \\ \}\, (n-n_1) \end{matrix} \tag{3.104}$$

$$\hat{B} = R_c^{-1} B = \begin{pmatrix} B_1 \\ \text{---} \\ 0 \end{pmatrix} \begin{matrix} \}\, n_1 \\ \\ \}\, (n-n_1) \end{matrix} \tag{3.105}$$

$$\hat{C} = C R_c = \left(\begin{array}{c:c} \underbrace{\hat{C}_1}_{n_1} & \underbrace{\hat{C}_2}_{(n-n_1)} \end{array}\right) \tag{3.106}$$

可以看出，系统状态空间表达式变换为式（3.103）后，系统的状态空间就被分解成能控的和不能控的两部分，其中 n_1 维子空间：

$$\dot{\hat{x}}_1 = \hat{A}_{11}\hat{x}_1 + \hat{B}_1 u + \hat{A}_{12}\hat{x}_2$$

是能控的，而（$n-n_1$）维子系统：

$$\dot{\hat{x}}_2 = \hat{A}_{22}\hat{x}_2$$

是不能控的。对于这种状态结构的分解情况如图 3.12 所示，因为 u 对 $\hat{x}_2$ 不起作用，$\hat{x}_2$ 仅作无控的自由运动。显然，若不考虑（$n-n_1$）维子系统，便可得到一个低维的能控系统。

至于非奇异变换阵：

$$R_c = (R_1,\quad R_2,\quad \cdots,\quad R_{n_1},\quad \cdots,\quad R_n) \tag{3.107}$$

其中 n 个列矢量可以按如下方法构成，前 n_1 个列矢量 R_1，R_2，…，R_{n1} 是能控性矩阵 M 中的 n_1 个线性无关的列，另外的（$n-n_1$）个列 R_{n_1+1}，…，R_n 在确保 R_c 为非奇异的条件下，完全是任意的。

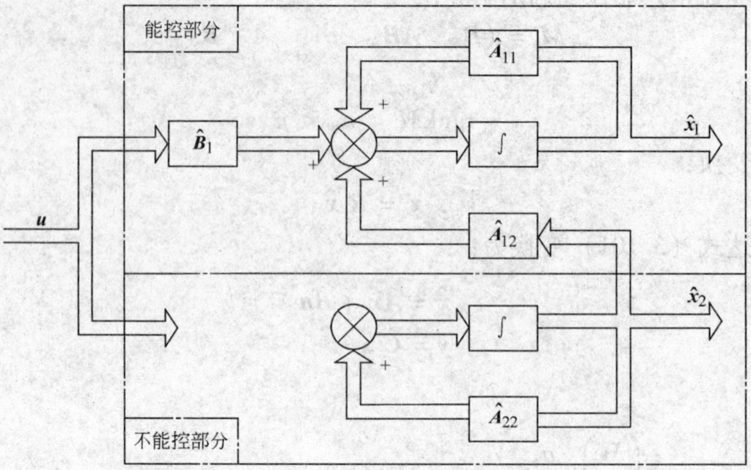

图 3.12　系统能控性的结构划分

【例 3-15】　设线性定常系统如下，判别其能控性，若不是完全能控的，试将该系统按能控性进行分解。

$$\dot{\boldsymbol{x}} = \begin{pmatrix} 0 & 0 & -1 \\ 1 & 0 & -3 \\ 0 & 1 & -3 \end{pmatrix} \boldsymbol{x} + \begin{pmatrix} 1 \\ 1 \\ 0 \end{pmatrix} u$$

$$\boldsymbol{y} = (0, \quad 1, \quad -2)\ \boldsymbol{x}$$

解　系统能控性判别矩阵

$$\boldsymbol{M} = (\boldsymbol{b}, \quad \boldsymbol{Ab}, \quad ,\boldsymbol{A}^2\boldsymbol{b}) = \begin{pmatrix} 1 & 0 & -1 \\ 1 & 1 & -3 \\ 0 & 1 & -2 \end{pmatrix}$$

$$\text{rank}\boldsymbol{M} = 2 < n$$

所以系统是不完全能控的。

按式（3.107）构造非奇异变换阵 $\boldsymbol{R}_c$：

$$\boldsymbol{R}_1 = \boldsymbol{b} = \begin{pmatrix} 1 \\ 1 \\ 0 \end{pmatrix}, \boldsymbol{R}_2 = \boldsymbol{Ab} = \begin{pmatrix} 0 \\ 1 \\ 1 \end{pmatrix}, \boldsymbol{R}_3 = \begin{pmatrix} 0 \\ 0 \\ 1 \end{pmatrix}$$

即

$$\boldsymbol{R}_c = \begin{pmatrix} 1 & 0 & 0 \\ 1 & 1 & 0 \\ 0 & 1 & 1 \end{pmatrix}$$

其中 $\boldsymbol{R}_3$ 是任意的，只要能保证 $\boldsymbol{R}_c$ 为非奇异即可。

变换后系统的状态空间表达式：

$$\dot{\hat{\boldsymbol{x}}} = \boldsymbol{R}_c^{-1}\boldsymbol{A}\boldsymbol{R}_c\hat{\boldsymbol{x}} + \boldsymbol{R}_c^{-1}\boldsymbol{b}u$$

$$= \begin{pmatrix} 1 & 0 & 0 \\ 1 & 1 & 0 \\ 0 & 1 & 1 \end{pmatrix}^{-1} \begin{pmatrix} 0 & 0 & -1 \\ 1 & 0 & -3 \\ 0 & 1 & -3 \end{pmatrix} \begin{pmatrix} 1 & 0 & 0 \\ 1 & 1 & 0 \\ 0 & 1 & 1 \end{pmatrix} \hat{\boldsymbol{x}} + \begin{pmatrix} 1 & 0 & 0 \\ 1 & 1 & 0 \\ 0 & 1 & 1 \end{pmatrix}^{-1} \begin{pmatrix} 1 \\ 1 \\ 0 \end{pmatrix} \boldsymbol{u}$$

$$= \left(\begin{array}{cc:c} 0 & -1 & -1 \\ 1 & -2 & -2 \\ \hdashline 0 & 0 & -1 \end{array}\right) \hat{\boldsymbol{x}} + \left(\begin{array}{c} 1 \\ 0 \\ \hdashline 0 \end{array}\right) \boldsymbol{u}$$

$$\boldsymbol{y} = \boldsymbol{C}\boldsymbol{R}_c \hat{\boldsymbol{x}} = (1, \quad -1, \quad -2) \hat{\boldsymbol{x}}$$

在构造变换矩阵 $\boldsymbol{R}_c$ 时，其中（$n - n_1$）列的选取，是在保证 $\boldsymbol{R}_c$ 为非奇异的条件下任选的。现将 $\boldsymbol{R}_3$ 选取为另一矢量 $\boldsymbol{R}_3 = (1, \quad 0, \quad 1)^{\mathrm{T}}$，则

$$\boldsymbol{R}_c = \begin{pmatrix} 1 & 0 & 1 \\ 1 & 1 & 0 \\ 0 & 1 & 1 \end{pmatrix}$$

于是

$$\dot{\hat{\boldsymbol{x}}} = \left(\begin{array}{cc:c} 0 & -1 & 0 \\ 1 & -2 & -2 \\ \hdashline 0 & 0 & -1 \end{array}\right) \hat{\boldsymbol{x}} + \left(\begin{array}{c} 1 \\ 0 \\ \hdashline 0 \end{array}\right) \boldsymbol{u}$$

$$\boldsymbol{y} = (1, \quad -1, \quad -2) \hat{\boldsymbol{x}}$$

从两个状态空间表达式可以看出，它们都把系统分解成两部分，一部分是二维能控子系统，另一部分是一维不能控子系统，且其二维能控子空间的状态空间表达式是相同的，均属能控标准 II 型：

$$\dot{\hat{\boldsymbol{x}}}_1 = \begin{pmatrix} 0 & -1 \\ 1 & -2 \end{pmatrix} \hat{\boldsymbol{x}}_1 + \begin{pmatrix} 1 \\ 0 \end{pmatrix} \boldsymbol{u}$$

其实，这一现象并非偶然，因为变换矩阵的前 n_1 列是能控性判别阵中的 n_1 个线性无关列。

3.8.2　按能观性分解

设线性定常系统：

$$\left.\begin{aligned} \dot{\boldsymbol{x}} &= \boldsymbol{A}\boldsymbol{x} + \boldsymbol{B}\boldsymbol{u} \\ \boldsymbol{y} &= \boldsymbol{C}\boldsymbol{x} \end{aligned}\right\} \tag{3.108}$$

其状态不完全能观的，其能观性判别矩阵

$$\boldsymbol{N} = \begin{pmatrix} \boldsymbol{C} \\ \boldsymbol{C}\boldsymbol{A} \\ \vdots \\ \boldsymbol{C}\boldsymbol{A}^{n-1} \end{pmatrix}$$

的秩：

$$\mathrm{rank}\boldsymbol{N} = n_1 < n$$

则存在非奇异变换：

$$x = R_0\tilde{x} \tag{3.109}$$

将状态空间表达式（3.108）变换为：

$$\left.\begin{aligned}\dot{\tilde{x}} &= \tilde{A}\tilde{x} + \tilde{B}u\\ y &= \tilde{C}\tilde{x}\end{aligned}\right\} \tag{3.110}$$

其中

$$\tilde{A} = R_0^{-1}AR_0 = \begin{pmatrix} \tilde{A}_{11} & 0 \\ \underbrace{\tilde{A}_{21}}_{n_1} & \underbrace{\tilde{A}_{22}}_{n-n_1} \end{pmatrix} \begin{matrix} \}n_1 \\ \}n-n_1 \end{matrix} \tag{3.111}$$

$$\tilde{B} = R_0^{-1}B = \begin{pmatrix} \tilde{B}_1 \\ \text{---} \\ \tilde{B}_2 \end{pmatrix} \begin{matrix} \}n_1 \\ \\ \}n-n_1 \end{matrix} \tag{3.112}$$

$$\tilde{C} = CR_0 = \begin{pmatrix} \underbrace{\tilde{C}_1}_{n_1} & \vdots & \underbrace{0}_{n-n_1} \end{pmatrix} \tag{3.113}$$

$$\tilde{x} = \begin{pmatrix} \tilde{x}_1 \\ \text{---} \\ \tilde{x}_2 \end{pmatrix} \begin{matrix} \}n_1 \\ \\ \}n-n_1 \end{matrix}$$

可见，经上述变换后系统分解为能观的 n_1 维子系统：

$$\dot{\tilde{x}}_1 = \tilde{A}_{11}\tilde{x}_1 + \tilde{B}_1u$$
$$y = \tilde{C}_1\tilde{x}_1$$

和不能观的 $n-n_1$ 维子系统：

$$\dot{\tilde{x}}_2 = \tilde{A}_{21}\tilde{x}_1 + \tilde{A}_{22}\tilde{x}_2 + \tilde{B}_2u$$

图 3.13 是其结构图。显然，若不考虑（$n-n_1$）维不能观测的子系统，便得到一个 n_1 维的能观系统。

非奇异变换阵 R_0 是这样构成的，取

$$R_0^{-1} = \begin{pmatrix} R'_1 \\ R'_2 \\ \vdots \\ R'_{n_1} \\ \vdots \\ R'_n \end{pmatrix} \tag{3.114}$$

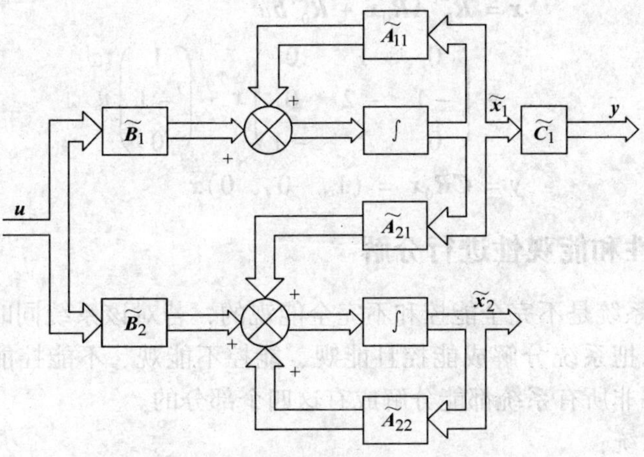

图 3.13　系统按能观性分解结构图

其中前 n_1 行矢量 $\boldsymbol{R}'_1$，$\boldsymbol{R}'_2$，…，$\boldsymbol{R}'_{n_1}$ 是能观性判别阵中的 n_1 个线性无关的行，另外的 $(n-n_1)$ 个行矢量 $\boldsymbol{R}'_{n_1+1}$，…，R'_n 在确保 $\boldsymbol{R}_0^{-1}$ 为非奇异的条件下，完全是任意的。

【例 3-16】　设线性定常系统如下，判别其能观性，若不是完全能观的，将该系统按能观性进行分解。

$$\dot{\boldsymbol{x}} = \begin{pmatrix} 0 & 0 & -1 \\ 1 & 0 & -3 \\ 0 & 1 & -3 \end{pmatrix}\boldsymbol{x} + \begin{pmatrix} 1 \\ 1 \\ 0 \end{pmatrix}\boldsymbol{u}$$

$$\boldsymbol{y} = (0,\ 1,\ -2)\boldsymbol{x}$$

解　系统的能观性判别矩阵：

$$\boldsymbol{N} = \begin{pmatrix} \boldsymbol{C} \\ \boldsymbol{CA} \\ \boldsymbol{CA}^2 \end{pmatrix} = \begin{pmatrix} 0 & 1 & -2 \\ 1 & -2 & 3 \\ -2 & 3 & -4 \end{pmatrix}$$

其秩：

$$\mathrm{rank}\boldsymbol{N} = 2 < n$$

所以该系统是状态不完全能观的。

为构造非奇异变换阵 $\boldsymbol{R}_0^{-1}$，取：

$$\boldsymbol{R}'_1 = \boldsymbol{C} = (0,\ 1,\ -2)$$
$$\boldsymbol{R}'_2 = \boldsymbol{CA} = (1,\ -2,\ 3)$$
$$\boldsymbol{R}'_3 = (0,\ 0,\ 1)$$

得：

$$\boldsymbol{R}_0^{-1} = \begin{pmatrix} 0 & 1 & -2 \\ 1 & -2 & 3 \\ 0 & 0 & 1 \end{pmatrix}, \boldsymbol{R}_0 = \begin{pmatrix} 2 & 1 & 1 \\ 1 & 0 & 2 \\ 0 & 0 & 1 \end{pmatrix}$$

其中 $\boldsymbol{R}'_3$ 是在保证 $\boldsymbol{R}_0^{-1}$ 为非奇异的条件下任意选取的。于是系统状态空间表达式变换为：

$$\dot{\tilde{x}} = R_0^{-1}AR_0\tilde{x} + R_0^{-1}bu$$
$$= \begin{pmatrix} 0 & 1 & 0 \\ -1 & -2 & 0 \\ 0 & 1 & -1 \end{pmatrix}\tilde{x} + \begin{pmatrix} 1 \\ -1 \\ 0 \end{pmatrix}u$$
$$y = CR_0\tilde{x} = (1,\quad 0,\quad 0)\tilde{x}$$

3.8.3 按能控性和能观性进行分解

1）如果线性系统是不完全能控和不完全能观的，若对该系统同时按能控性和能观性进行分解，则可以把系统分解成能控且能观、能控不能观、不能控能观、不能控不能观四部分。当然，并非所有系统都能分解成有这四个部分的。

若线性定常系统：

$$\left.\begin{aligned} \dot{x} &= Ax + Bu \\ y &= Cx \end{aligned}\right\} \tag{3.115}$$

不完全能控不完全能观，则存在非奇异变换：

$$x = R\bar{x} \tag{3.116}$$

把式（3.115）的状态空间表达式变换为：

$$\begin{aligned} \dot{\bar{x}} &= \bar{A}\bar{x} + \bar{B}u \\ y &= \bar{C}\bar{x} \end{aligned} \tag{3.117}$$

其中

$$\bar{A} = R^{-1}AR = \begin{pmatrix} A_{11} & 0 & A_{13} & 0 \\ A_{21} & A_{22} & A_{23} & A_{24} \\ 0 & 0 & A_{33} & 0 \\ 0 & 0 & A_{43} & A_{44} \end{pmatrix} \tag{3.118}$$

$$\bar{B} = R^{-1}B = \begin{pmatrix} B_1 \\ B_2 \\ 0 \\ 0 \end{pmatrix} \tag{3.119}$$

$$\bar{C} = CR = (C_1,\quad 0,\quad C_3,\quad 0) \tag{3.120}$$

从 $\bar{A}$，$\bar{B}$，$\bar{C}$ 的结构可以看出，整个状态空间分为能控能观、能控不能观、不能控能观、不能控不能观四个部分，分别用 x_{co}，$x_{c\bar{o}}$，$x_{\bar{c}o}$，$x_{\bar{c}\bar{o}}$ 表示。于是式（3.117）可以写成：

$$\begin{pmatrix} \dot{x}_{co} \\ \dot{x}_{c\bar{o}} \\ \dot{x}_{\bar{c}o} \\ \dot{x}_{\bar{c}\bar{o}} \end{pmatrix} = \begin{pmatrix} A_{11} & 0 & A_{13} & 0 \\ A_{21} & A_{22} & A_{23} & A_{24} \\ 0 & 0 & A_{33} & 0 \\ 0 & 0 & A_{43} & A_{44} \end{pmatrix}\begin{pmatrix} x_{co} \\ x_{c\bar{o}} \\ x_{\bar{c}o} \\ x_{\bar{c}\bar{o}} \end{pmatrix} + \begin{pmatrix} B_1 \\ B_2 \\ 0 \\ 0 \end{pmatrix}u \tag{3.121}$$

$$y = (C_1,\ 0,\ C_3,\ 0)\begin{pmatrix} x_{co} \\ x_{c\bar{o}} \\ x_{\bar{c}o} \\ x_{\bar{c}\bar{o}} \end{pmatrix}$$

并且（A_{11}，B_1，C_1）是能控能观子系统。

式（3.117）的结构图如图 3.14 所示。

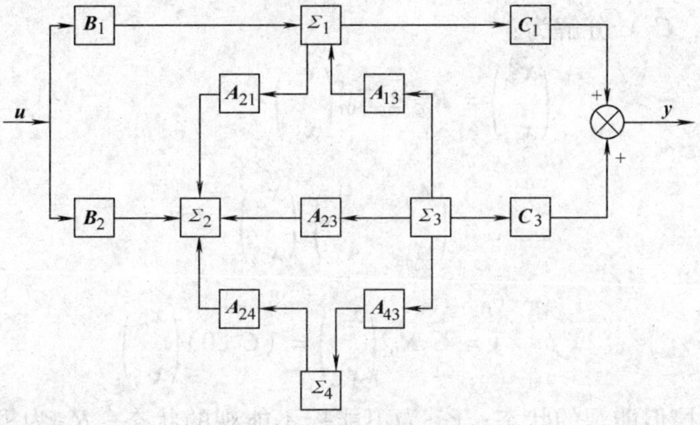

图 3.14　系统的结构分解图

从结构图可以清楚看出四个子系统传递信息的情况。在系统的输入 u 和输出 y 之间，只存在一条唯一的单向控制通道，即 $u \to B_1 \to \Sigma_1 \to C_1 \to y$。显然，反映系统输入输出特性的传递函数阵 $W(s)$ 只能反映系统中能控且能观的那个子系统的动力学行为。

$$W(s) = C(sI - A)^{-1}B = C_1(sI - A_{11})^{-1}B_1 \tag{3.122}$$

从而也说明，传递函数阵只是对系统的一种不完全的描述，如果在系统中添加（或去掉）不能控或不能观的子系统，并不影响系统的传递函数。因而根据给定传递函数阵求对应的状态空间表达式，其解将有无穷多个。但是其中维数最小的那个状态空间表达式是最常用的，这就是**最小实现问题**。

2）变换矩阵 R 确定之后，只需经过一次变换便可对系统同时按能控性和能观性进行结构分解，但是 R 阵的构造需要涉及较多的线性空间概念，下面介绍一种逐步分解的方法。这种方法虽然计算较烦，但较直观，易于掌握，其步骤如下：

① 首先将系统 $\Sigma = (A,\ B,\ C)$ 按能控性分解取状态变换：

$$x = R_c\begin{pmatrix} x_c \\ x_{\bar{c}} \end{pmatrix} \tag{3.123}$$

将系统变换为：

$$\begin{pmatrix} \dot{x}_c \\ \dot{x}_{\bar{c}} \end{pmatrix} = R_c^{-1}AR_c\begin{pmatrix} x_c \\ x_{\bar{c}} \end{pmatrix} + R_c^{-1}Bu$$

$$= \begin{pmatrix} \bar{A}_1 & \bar{A}_2 \\ 0 & \bar{A}_4 \end{pmatrix}\begin{pmatrix} x_c \\ x_{\bar{c}} \end{pmatrix} + \begin{pmatrix} \bar{B} \\ 0 \end{pmatrix}u \tag{3.124}$$

$$\boldsymbol{y}=\boldsymbol{C}\boldsymbol{R}_c\begin{pmatrix}\boldsymbol{x}_c\\ \boldsymbol{x}_{\bar{c}}\end{pmatrix}=(\overline{\boldsymbol{C}}_1,\overline{\boldsymbol{C}}_2)\begin{pmatrix}\boldsymbol{x}_c\\ \boldsymbol{x}_{\bar{c}}\end{pmatrix}$$

式中，$\boldsymbol{x}_c$为能控状态；$\boldsymbol{x}_{\bar{c}}$ 为不能控状态；$\boldsymbol{R}_c$ 为根据式（3.107）构造的。

② 将上式中不能控的子系统$\sum_{\bar{c}}$=（$\overline{\boldsymbol{A}}_4$，0，$\overline{\boldsymbol{C}}_2$）按能观性分解

对 $\boldsymbol{x}_{\bar{c}}$ 取状态变换：

$$\boldsymbol{x}_{\bar{c}}=\boldsymbol{R}_{02}\begin{pmatrix}\boldsymbol{x}_{\bar{c}o}\\ \boldsymbol{x}_{\bar{c}\bar{o}}\end{pmatrix}$$

将$\sum_{\bar{c}}$=（$\overline{\boldsymbol{A}}_4$，0，$\overline{\boldsymbol{C}}_2$）分解为：

$$\begin{pmatrix}\dot{\boldsymbol{x}}_{oo}\\ \dot{\boldsymbol{x}}_{\bar{c}\bar{o}}\end{pmatrix}=\boldsymbol{R}_{02}^{-1}\overline{\boldsymbol{A}}_4\boldsymbol{R}_{02}\begin{pmatrix}\boldsymbol{x}_{\bar{c}o}\\ \boldsymbol{x}_{\bar{c}\bar{o}}\end{pmatrix}$$

$$=\begin{pmatrix}\boldsymbol{A}_{33} & 0\\ \boldsymbol{A}_{43} & \boldsymbol{A}_{44}\end{pmatrix}\begin{pmatrix}\boldsymbol{x}_{\bar{c}o}\\ \boldsymbol{x}_{\bar{c}\bar{o}}\end{pmatrix}$$

$$\boldsymbol{y}=\overline{\boldsymbol{C}}_2\boldsymbol{R}_{02}\begin{pmatrix}\boldsymbol{x}_{\bar{c}o}\\ \boldsymbol{x}_{\bar{c}\bar{o}}\end{pmatrix}=(\boldsymbol{C}_3,0)\begin{pmatrix}\boldsymbol{x}_{\bar{c}o}\\ \boldsymbol{x}_{\bar{c}\bar{o}}\end{pmatrix}$$

式中，$\boldsymbol{x}_{\bar{c}o}$为不能控但能观的状态；$\boldsymbol{x}_{\bar{c}\bar{o}}$为不能控不能观的状态；$\boldsymbol{R}_{02}$为根据式（3.114）构造的$\sum_{\bar{c}}$=（$\overline{\boldsymbol{A}}_4$，0，$\overline{\boldsymbol{C}}_2$）的按能观性分解的变换阵。

③ 将能控子系统$\sum_c$=（$\overline{\boldsymbol{A}}_1$，$\overline{\boldsymbol{B}}$，$\overline{\boldsymbol{C}}_1$）按能观性分解

对 $\boldsymbol{x}_c$ 取状态变换：

$$\boldsymbol{x}_c=\boldsymbol{R}_{01}\begin{pmatrix}\boldsymbol{x}_{co}\\ \boldsymbol{x}_{c\bar{o}}\end{pmatrix}$$

由式（3.124）有：

$$\dot{\boldsymbol{x}}_c=\overline{\boldsymbol{A}}_1\boldsymbol{x}_c+\overline{\boldsymbol{A}}_2\boldsymbol{x}_{\bar{c}}+\boldsymbol{B}\boldsymbol{u}$$

把状态变换后的关系代入上式，有：

$$\boldsymbol{R}_{01}\begin{pmatrix}\dot{\boldsymbol{x}}_{co}\\ \dot{\boldsymbol{x}}_{c\bar{o}}\end{pmatrix}=\overline{\boldsymbol{A}}_1\boldsymbol{R}_{01}\begin{pmatrix}\boldsymbol{x}_{co}\\ \boldsymbol{x}_{c\bar{o}}\end{pmatrix}+\overline{\boldsymbol{A}}_2\boldsymbol{R}_{02}\begin{pmatrix}\boldsymbol{x}_{\bar{c}o}\\ \boldsymbol{x}_{\bar{c}\bar{o}}\end{pmatrix}+\boldsymbol{B}\boldsymbol{u}$$

两边左乘 $\boldsymbol{R}_{01}^{-1}$，有：

$$\begin{pmatrix}\dot{\boldsymbol{x}}_{co}\\ \dot{\boldsymbol{x}}_{c\bar{o}}\end{pmatrix}=\boldsymbol{R}_{01}^{-1}\overline{\boldsymbol{A}}_1\boldsymbol{R}_{01}\begin{pmatrix}\boldsymbol{x}_{co}\\ \boldsymbol{x}_{c\bar{o}}\end{pmatrix}+\boldsymbol{R}_{01}^{-1}\overline{\boldsymbol{A}}_2\boldsymbol{R}_{02}\begin{pmatrix}\boldsymbol{x}_{\bar{c}o}\\ \boldsymbol{x}_{\bar{c}\bar{o}}\end{pmatrix}+\boldsymbol{R}_{01}^{-1}\boldsymbol{B}\boldsymbol{u}$$

$$=\begin{pmatrix}\boldsymbol{A}_{11} & 0\\ \boldsymbol{A}_{21} & \boldsymbol{A}_{22}\end{pmatrix}\begin{pmatrix}\boldsymbol{x}_{co}\\ \boldsymbol{x}_{c\bar{o}}\end{pmatrix}+\begin{pmatrix}\boldsymbol{A}_{13} & 0\\ \boldsymbol{A}_{23} & \boldsymbol{A}_{24}\end{pmatrix}\begin{pmatrix}\boldsymbol{x}_{\bar{c}o}\\ \boldsymbol{x}_{\bar{c}\bar{o}}\end{pmatrix}+\begin{pmatrix}\boldsymbol{B}_1\\ \boldsymbol{B}_2\end{pmatrix}\boldsymbol{u}$$

$$\boldsymbol{y}=\overline{\boldsymbol{C}}\boldsymbol{R}_{01}\begin{pmatrix}\boldsymbol{x}_{co}\\ \boldsymbol{x}_{c\bar{o}}\end{pmatrix}=(\boldsymbol{C}_1,0)\begin{pmatrix}\boldsymbol{x}_{co}\\ \boldsymbol{x}_{c\bar{o}}\end{pmatrix}$$

式中，$\boldsymbol{x}_{co}$ 为能控能观状态；$\boldsymbol{x}_{c\bar{o}}$ 为能控不能观状态；$\boldsymbol{R}_{01}$ 为根据式（3. 114）构造的 $\sum_c =(\overline{\boldsymbol{A}}_1, \overline{\boldsymbol{B}}, \overline{\boldsymbol{C}}_1)$ 按能观性分解的变换阵。

综合以上三次变换，便可导出系统同时按能控性和能观性进行结构分解的表达式：

$$\begin{pmatrix}\dot{\boldsymbol{x}}_{co}\\ \dot{\boldsymbol{x}}_{c\bar{o}}\\ \dot{\boldsymbol{x}}_{\bar{c}o}\\ \dot{\boldsymbol{x}}_{\bar{c}\bar{o}}\end{pmatrix}=\begin{pmatrix}\boldsymbol{A}_{11} & 0 & \boldsymbol{A}_{13} & 0\\ \boldsymbol{A}_{21} & \boldsymbol{A}_{22} & \boldsymbol{A}_{23} & \boldsymbol{A}_{24}\\ 0 & 0 & \boldsymbol{A}_{33} & 0\\ 0 & 0 & \boldsymbol{A}_{43} & \boldsymbol{A}_{44}\end{pmatrix}\begin{pmatrix}\boldsymbol{x}_{co}\\ \boldsymbol{x}_{c\bar{o}}\\ \boldsymbol{x}_{\bar{c}o}\\ \boldsymbol{x}_{\bar{c}\bar{o}}\end{pmatrix}+\begin{pmatrix}\boldsymbol{B}_1\\ \boldsymbol{B}_2\\ 0\\ 0\end{pmatrix}\boldsymbol{u}$$

$$\boldsymbol{y}=(\boldsymbol{C}_1,\ 0,\ \boldsymbol{C}_2,\ 0)\begin{pmatrix}\boldsymbol{x}_{co}\\ \boldsymbol{x}_{c\bar{o}}\\ \boldsymbol{x}_{\bar{c}o}\\ \boldsymbol{x}_{\bar{c}\bar{o}}\end{pmatrix}$$

【例 3-17】　已知系统

$$\dot{\boldsymbol{x}}=\begin{pmatrix}0 & 0 & -1\\ 1 & 0 & -3\\ 0 & 1 & -3\end{pmatrix}\boldsymbol{x}+\begin{pmatrix}1\\ 1\\ 0\end{pmatrix}u$$

$$\boldsymbol{y}=(0,\ 1,\ -2)\boldsymbol{x}$$

是状态不完全能控和不完全能观的，试将该系统按能控性和能观性进行结构分解。

解　例 3-15 已将系统按能控性分解：

$$\boldsymbol{R}_c=\begin{pmatrix}1 & 0 & 0\\ 1 & 1 & 0\\ 0 & 1 & 1\end{pmatrix}$$

经变换后，系统分解为：

$$\begin{pmatrix}\dot{\boldsymbol{x}}_c\\ \dot{\boldsymbol{x}}_{\bar{c}}\end{pmatrix}=\begin{pmatrix}0 & -1 & -1\\ 1 & -2 & -2\\ 0 & 0 & -1\end{pmatrix}\begin{pmatrix}\boldsymbol{x}_c\\ \boldsymbol{x}_{\bar{c}}\end{pmatrix}+\begin{pmatrix}1\\ 0\\ 0\end{pmatrix}u$$

$$\boldsymbol{y}=(1,\ -1,\ -2)\begin{pmatrix}\boldsymbol{x}_c\\ \boldsymbol{x}_{\bar{c}}\end{pmatrix}$$

从上面可见，不能控子空间 $\boldsymbol{x}_{\bar{c}}$ 仅一维，且显见是能观的，故无需再进行分解。

将能控子系统 $\sum_c$ 按能观性进行分解。

$$\dot{\boldsymbol{x}}_{\bar{c}}=\begin{pmatrix}0 & -1\\ 1 & -2\end{pmatrix}\boldsymbol{x}_c+\begin{pmatrix}-1\\ -2\end{pmatrix}\boldsymbol{x}_{\bar{c}}+\begin{pmatrix}1\\ 0\end{pmatrix}u$$

$$\boldsymbol{y}_1=(1,\ -1)\boldsymbol{x}_c$$

按能观性分解，根据式（3. 114）构造非奇异变换阵：

$$\boldsymbol{R}_0^{-1}=\begin{pmatrix}1 & -1\\ 0 & 1\end{pmatrix}$$

将 $\sum_c$ 按能观性分解为：

$$\begin{pmatrix}\dot{\boldsymbol{x}}_{co}\\ \dot{\boldsymbol{x}}_{c\bar{o}}\end{pmatrix}=\begin{pmatrix}1 & -1\\ 0 & 1\end{pmatrix}\begin{pmatrix}0 & -1\\ 1 & -2\end{pmatrix}\begin{pmatrix}1 & -1\\ 0 & 1\end{pmatrix}^{-1}\begin{pmatrix}\boldsymbol{x}_{co}\\ \boldsymbol{x}_{c\bar{o}}\end{pmatrix}+\begin{pmatrix}1 & -1\\ 0 & 1\end{pmatrix}\begin{pmatrix}-1\\ -2\end{pmatrix}\boldsymbol{x}_{\bar{c}}+\begin{pmatrix}1 & -1\\ 0 & 1\end{pmatrix}^{-1}\begin{pmatrix}1\\ 0\end{pmatrix}u$$

即

$$\begin{pmatrix}\dot{\boldsymbol{x}}_{co}\\ \dot{\boldsymbol{x}}_{c\bar{o}}\end{pmatrix}=\begin{pmatrix}-1 & 0\\ 1 & -1\end{pmatrix}\begin{pmatrix}\boldsymbol{x}_{co}\\ \boldsymbol{x}_{c\bar{o}}\end{pmatrix}+\begin{pmatrix}1\\ -2\end{pmatrix}\boldsymbol{x}_{\bar{c}}+\begin{pmatrix}1\\ 0\end{pmatrix}u$$

$$\boldsymbol{y}_1=(1,\ \ -1)\begin{pmatrix}1 & -1\\ 0 & 1\end{pmatrix}^{-1}\begin{pmatrix}\boldsymbol{x}_{co}\\ \boldsymbol{x}_{c\bar{o}}\end{pmatrix}$$

$$=(1,\ \ 0)\begin{pmatrix}\boldsymbol{x}_{co}\\ \boldsymbol{x}_{c\bar{o}}\end{pmatrix}$$

综合以上两次变换结果，系统按能控和能观分解为表达式：

$$\begin{pmatrix}\dot{\boldsymbol{x}}_{co}\\ \dot{\boldsymbol{x}}_{c\bar{o}}\\ \dot{\boldsymbol{x}}_{\bar{c}o}\end{pmatrix}=\begin{pmatrix}-1 & 0 & 1\\ 1 & -1 & -2\\ 0 & 0 & -1\end{pmatrix}\begin{pmatrix}\boldsymbol{x}_{co}\\ \boldsymbol{x}_{c\bar{o}}\\ \boldsymbol{x}_{\bar{c}o}\end{pmatrix}+\begin{pmatrix}1\\ 0\\ 0\end{pmatrix}\boldsymbol{u}$$

$$\boldsymbol{y}=(1,\ \ 0,\ \ -2)\begin{pmatrix}\boldsymbol{x}_{co}\\ \boldsymbol{x}_{c\bar{o}}\\ \boldsymbol{x}_{\bar{c}o}\end{pmatrix}$$

3）结构分解的另一种方法：先把待分解的系统化成约旦标准型，然后按能控判别法则和能观判别法则判别各状态变量的能控性和能观性，最后按能控能观、能控不能观、不能控能观、不能控不能观四种类型分类排列，即可组成相应的子系统。

例如给定系统$\sum=(\boldsymbol{A},\ \boldsymbol{B},\ \boldsymbol{C})$的约旦标准形为：

$$\begin{pmatrix}\dot{x}_1\\ \dot{x}_2\\ \dot{x}_3\\ \dot{x}_4\\ \dot{x}_5\\ \dot{x}_6\end{pmatrix}=\left(\begin{array}{cc:cc:cc}-4 & 1 & & \boldsymbol{0} & & \\ 0 & -4 & & & & \boldsymbol{0}\\ \hdashline & & 3 & 1 & & \\ & \boldsymbol{0} & 0 & 3 & & \boldsymbol{0}\\ \hdashline & & & & -1 & 1\\ & \boldsymbol{0} & & \boldsymbol{0} & 0 & -1\end{array}\right)\begin{pmatrix}x_1\\ x_2\\ x_3\\ x_4\\ x_5\\ x_6\end{pmatrix}+\begin{pmatrix}1 & 3\\ 5 & 7\\ 4 & 3\\ 0 & 0\\ 1 & 6\\ 0 & 0\end{pmatrix}\begin{pmatrix}u_1\\ u_2\end{pmatrix}$$

$$\begin{pmatrix}y_1\\ y_2\end{pmatrix}=\begin{pmatrix}3 & 1 & 0 & 5 & 0 & 0\\ 1 & 4 & 0 & 2 & 0 & 0\end{pmatrix}\begin{pmatrix}x_1\\ x_2\\ x_3\\ x_4\\ x_5\\ x_6\end{pmatrix}$$

根据约旦标准型的能控判别准则和能观判别准则，容易判定：

能控且能观变量：x_1，x_2

能控但不能观变量：x_3，x_5

不能控但能观变量：x_4，$\boldsymbol{x}_{co}=\begin{pmatrix}x_1\\x_2\end{pmatrix}$，$\boldsymbol{x}_{c\bar{o}}=\begin{pmatrix}x_3\\x_5\end{pmatrix}$

不能控不能观变量：x_6，$\boldsymbol{x}_{\bar{c}o}=\boldsymbol{x}_4$，$\boldsymbol{x}_{\bar{c}\bar{o}}=x_6$

按此顺序重新排列，就可导出：

$$\begin{pmatrix}\dot{\boldsymbol{x}}_{co}\\\dot{\boldsymbol{x}}_{c\bar{o}}\\\dot{\boldsymbol{x}}_{\bar{c}o}\\\dot{\boldsymbol{x}}_{\bar{c}\bar{o}}\end{pmatrix}=\begin{pmatrix}-4 & 1 & 0 & 0 & 0 & 0\\0 & -4 & 0 & 0 & 0 & 0\\0 & 0 & 3 & 0 & 1 & 0\\0 & 0 & 0 & -1 & 0 & 1\\0 & 0 & 0 & 0 & 3 & 0\\0 & 0 & 0 & 0 & 0 & -1\end{pmatrix}\begin{pmatrix}\boldsymbol{x}_{co}\\\boldsymbol{x}_{c\bar{o}}\\\boldsymbol{x}_{\bar{c}o}\\\boldsymbol{x}_{\bar{c}\bar{o}}\end{pmatrix}+\begin{pmatrix}1 & 3\\5 & 7\\4 & 3\\1 & 6\\0 & 0\\0 & 0\end{pmatrix}\begin{pmatrix}u_1\\u_2\end{pmatrix}$$

$$\begin{pmatrix}\boldsymbol{y}_1\\\boldsymbol{y}_2\end{pmatrix}=\begin{pmatrix}3 & 1 & 0 & 0 & 5 & 0\\1 & 4 & 0 & 0 & 2 & 0\end{pmatrix}\begin{pmatrix}\boldsymbol{x}_{co}\\\boldsymbol{x}_{c\bar{o}}\\\boldsymbol{x}_{\bar{c}o}\\\boldsymbol{x}_{\bar{c}\bar{o}}\end{pmatrix}$$

3.9　传递函数阵的实现问题

反映系统输入输出信息传递关系的传递函数阵只能反映系统中能控且能观子系统的动力学行为。对于某一给定的传递函数阵将有无穷多的状态空间表达式与之对应，即一个传递函数阵描述着无穷多个内部不同结构的系统。从工程的观点看，在无穷多个内部不同结构的系统中，其中维数最小的一类系统就是所谓最小实现问题。确定最小实现是一个复杂的问题，本节只是在前一节关于系统结构分析的基础上对实现问题的基本概念作一简单介绍，并通过几个具体例子介绍寻求最小实现的一般步骤。

3.9.1　实现问题的基本概念

对于给定传递函数阵 $\boldsymbol{W}(s)$，若有一状态空间表达式Σ：

$$\begin{aligned}\dot{\boldsymbol{x}} &= \boldsymbol{Ax}+\boldsymbol{Bu}\\\boldsymbol{y} &= \boldsymbol{Cx}+\boldsymbol{Du}\end{aligned}\tag{3.125}$$

使之成立

$$\boldsymbol{C}(s\boldsymbol{I}-\boldsymbol{A})^{-1}\boldsymbol{B}+\boldsymbol{D}=\boldsymbol{W}(s)$$

则称该状态空间表达式Σ为传递函数阵 $\boldsymbol{W}(s)$ 的一个实现。

应该指出，并不是任意一个传递函数阵 $\boldsymbol{W}(s)$ 都可以找到其实现，通常它必须满足物理可实现性条件。即

1）传递函数阵 $\boldsymbol{W}(s)$ 中的每一个元 $\boldsymbol{W}_{ik}(s)$ $(i=1,2,\cdots,m;k=1,2,\cdots,r)$ 的分子分母

多项式的系数均为实常数。

2）$\boldsymbol{W}(s)$ 的元 $\boldsymbol{W}_{ik}(s)$ 是 s 的真有理分式函数，即 $\boldsymbol{W}_{ik}(s)$ 的分子多项式的次数低于或等于分母多项式的次数。当 $\boldsymbol{W}_{ik}(s)$ 的分子多项式的次数低于分母多项式的次数时，称 $\boldsymbol{W}_{ik}(s)$ 为严格真有理分式。若 $\boldsymbol{W}_{ik}(s)$ 阵中所有元都为严格真有理分式时，其实现 Σ 具有（$\boldsymbol{A}$，$\boldsymbol{B}$，$\boldsymbol{C}$）的形式。当 $\boldsymbol{W}(s)$ 阵中哪怕有一个元 $\boldsymbol{W}_{ik}(s)$ 的分子多项式的次数等于分母多项式的次数时，实现 Σ 就具有（$\boldsymbol{A}$，$\boldsymbol{B}$，$\boldsymbol{C}$，$\boldsymbol{D}$）的形式，并且有：

$$\boldsymbol{D} = \lim_{s\to\infty}\boldsymbol{W}(s) \tag{3.126}$$

根据上述物理可实现性条件，对于其元不是严格的真有理分式的传递函数阵，应首先按式（3.126）算出 $\boldsymbol{D}$ 阵，使 $\boldsymbol{W}(s)-\boldsymbol{D}$ 为严格的其有理分式函数的矩阵，即

$$\boldsymbol{C}(s\boldsymbol{I}-\boldsymbol{A})^{-1}\boldsymbol{B} = \boldsymbol{W}(s)-\boldsymbol{D}$$

然后再根据 $\boldsymbol{W}(s)-\boldsymbol{D}$ 寻求形式为（$\boldsymbol{A}$，$\boldsymbol{B}$，$\boldsymbol{C}$）的实现。

3.9.2 能控标准型实现和能观标准型实现

3.7 节已经介绍，对于一个单输入单输出系统，一旦给出系统的传递函数，便可以直接写出其能控标准型实现和能观标准型实现。本节介绍如何将这些标准型实现推广到多输入多输出系统。为此，必须把 $m\times r$ 维的传递函数阵写成和单输入单输出系统的传递函数相类似的形式，即

$$\boldsymbol{W}(s) = \frac{\boldsymbol{\beta}_{n-1}s^{n-1}+\boldsymbol{\beta}_{n-2}s^{n-2}+\cdots+\boldsymbol{\beta}_1 s+\boldsymbol{\beta}_0}{s^n+a_{n-1}s^{n-1}+\cdots+a_1 s+a_0} \tag{3.127}$$

式中，$\boldsymbol{\beta}_{n-1}$，$\boldsymbol{\beta}_{n-2}$，…，$\boldsymbol{\beta}_1$，$\boldsymbol{\beta}_0$ 为 $m\times r$ 维常数阵；分母多项式为该传递函数阵的特征多项式。

显然 $\boldsymbol{W}(s)$ 是一个严格真有理分式的矩阵，且当 $m=r=1$ 时，$\boldsymbol{W}(s)$ 对应的就是单输入单输出系统的传递函数。

对于式（3.127）形式的传递函数阵的能控标准型实现为：

$$\boldsymbol{A}_c = \begin{pmatrix} \boldsymbol{0}_r & \boldsymbol{I}_r & \boldsymbol{0}_r & \cdots & \boldsymbol{0}_r \\ \boldsymbol{0}_r & \boldsymbol{0}_r & \boldsymbol{I}_r & \cdots & \boldsymbol{0}_r \\ \vdots & \vdots & \vdots & \vdots & \vdots \\ \boldsymbol{0}_r & \boldsymbol{0}_r & \boldsymbol{0}_r & \cdots & \boldsymbol{I}_r \\ -a_0\boldsymbol{I}_r & -a_1\boldsymbol{I}_r & -a_2\boldsymbol{I}_r & \cdots & -a_{n-1}\boldsymbol{I}_r \end{pmatrix} \tag{3.128}$$

$$\boldsymbol{B}_c = \begin{pmatrix} \boldsymbol{0}_r \\ \boldsymbol{0}_r \\ \vdots \\ \boldsymbol{0}_r \\ \boldsymbol{I}_r \end{pmatrix} \tag{3.129}$$

$$\boldsymbol{C}_c = (\boldsymbol{\beta}_0,\ \boldsymbol{\beta}_1,\ \cdots,\ \boldsymbol{\beta}_{n-1}) \tag{3.130}$$

式中，$\boldsymbol{0}_r$ 和 $\boldsymbol{I}_r$ 为 $r\times r$ 阶零矩阵和单位矩阵；r 为输入矢量的维数。必须注意，这个实现的维数是 nr 维；n 为式（3.127）分母多项式的阶数，当 $r=m=1$ 时，即可简化为单输入单

输出系统时 n 维的形式。

以此类推，其能观标准型实现为：

$$\boldsymbol{A}_0=\begin{pmatrix}\boldsymbol{0}_m & \boldsymbol{0}_m & \cdots & \boldsymbol{0}_m & -a_0\boldsymbol{I}_m\\ \boldsymbol{I}_m & \boldsymbol{0}_m & \cdots & \boldsymbol{0}_m & -a_1\boldsymbol{I}_m\\ \boldsymbol{0}_m & \mathbf{I}_m & \cdots & \boldsymbol{0}_m & -a_2\boldsymbol{I}_m\\ \vdots & \vdots & \ddots & \vdots & \vdots\\ \boldsymbol{0}_m & \boldsymbol{0}_m & \cdots & \boldsymbol{I}_m & -a_{n-1}\boldsymbol{I}_m\end{pmatrix} \tag{3.131}$$

$$\boldsymbol{B}_0=\begin{pmatrix}\boldsymbol{\beta}_0\\ \boldsymbol{\beta}_1\\ \boldsymbol{\beta}_2\\ \vdots\\ \boldsymbol{\beta}_{n-1}\end{pmatrix} \tag{3.132}$$

$$\boldsymbol{C}_c=(\boldsymbol{0}_m,\ \boldsymbol{0}_m,\ \cdots,\ \boldsymbol{0}_m,\ \boldsymbol{I}_m] \tag{3.133}$$

式中，$\boldsymbol{0}_m$ 和 $\boldsymbol{I}_m$ 为 $m\times m$ 阶零矩阵和单位矩阵；m 为输出矢量的维数。

显然可见，能控标准型实现的维数是 $n\times r$，能观标准型实现的维数是 $n\times m$。最后应指出，多输入多输出系统的能观标准型并不是能控标准型简单的转置，这一点和单输入单输出系统不同，读者必须注意。

【例 3-18】　试求：

$$\boldsymbol{W}(s)=\begin{pmatrix}\dfrac{s+2}{s+1} & \dfrac{1}{s+3}\\ \dfrac{s}{s+1} & \dfrac{s+1}{s+2}\end{pmatrix}$$

的能控标准型实现和能观标准型实现。

解　首先将 $\boldsymbol{W}(s)$ 化成严格的真有理分式，根据式（3.126），可算得：

$$\boldsymbol{W}(s)=\boldsymbol{C}(s\boldsymbol{I}-\boldsymbol{A})^{-1}\boldsymbol{B}+\boldsymbol{D}=\begin{pmatrix}\dfrac{1}{s+1} & \dfrac{1}{s+3}\\ -\dfrac{1}{s+1} & -\dfrac{1}{s+2}\end{pmatrix}+\begin{pmatrix}1 & 0\\ 1 & 1\end{pmatrix}$$

将 $\boldsymbol{C}(s\boldsymbol{I}-\boldsymbol{A})^{-1}\boldsymbol{B}$ 写成按 s 降幂排列的格式：

$$\begin{pmatrix}\dfrac{1}{s+1} & \dfrac{1}{s+3}\\ -\dfrac{1}{s+1} & -\dfrac{1}{s+2}\end{pmatrix}$$

$$=\frac{1}{s^3+6s^2+11s+6}\begin{pmatrix}s^2+5s+6 & s^2+3s+2\\ -(s^2+5s+6) & -(s^2+4s+3)\end{pmatrix}$$

$$=\frac{1}{s^3+6s^2+11s+6}\left\{\begin{pmatrix}1 & 1\\ -1 & -1\end{pmatrix}s^2+\begin{pmatrix}5 & 3\\ -5 & -4\end{pmatrix}s+\begin{pmatrix}6 & 2\\ -6 & -3\end{pmatrix}\right\}$$

对照式（3.127），可得：

$$a_0 = 6, a_1 = 11, a_2 = 6$$

$$\boldsymbol{\beta}_0 = \begin{pmatrix} 6 & 2 \\ -6 & -3 \end{pmatrix}, \quad \boldsymbol{\beta}_1 = \begin{pmatrix} 5 & 3 \\ -5 & -4 \end{pmatrix}, \quad \boldsymbol{\beta}_2 = \begin{pmatrix} 1 & 1 \\ -1 & -1 \end{pmatrix}$$

将上述系数及矩阵代入式(3.128)、式(3.129) 及式（3.130），便可得到能控标准型的各系数阵：

$$\boldsymbol{A}_c = \begin{pmatrix} \boldsymbol{0}_r & \boldsymbol{I}_r & \boldsymbol{0}_r \\ \boldsymbol{0}_r & \boldsymbol{0}_r & \boldsymbol{I}_r \\ -a_0\boldsymbol{I}_r & -a_1\boldsymbol{I}_r & -a_2\boldsymbol{I}_r \end{pmatrix} = \begin{pmatrix} 0 & 0 & 1 & 0 & 0 & 0 \\ 0 & 0 & 0 & 1 & 0 & 0 \\ 0 & 0 & 0 & 0 & 1 & 0 \\ 0 & 0 & 0 & 0 & 0 & 1 \\ -6 & 0 & -11 & 0 & -6 & 0 \\ 0 & -6 & 0 & -11 & 0 & -6 \end{pmatrix}$$

$$\boldsymbol{B}_c = \begin{pmatrix} \boldsymbol{0}_r \\ \boldsymbol{0}_r \\ \boldsymbol{I}_r \end{pmatrix} = \begin{pmatrix} 0 & 0 \\ 0 & 0 \\ 0 & 0 \\ 0 & 0 \\ 1 & 0 \\ 0 & 1 \end{pmatrix}$$

$$\boldsymbol{C}_c = (\boldsymbol{\beta}_0,\ \boldsymbol{\beta}_1,\ \boldsymbol{\beta}_2) = \begin{pmatrix} 6 & 2 & 5 & 3 & 1 & 1 \\ -6 & -3 & -5 & -4 & -1 & -1 \end{pmatrix}$$

$$\boldsymbol{D} = \begin{pmatrix} 1 & 0 \\ 1 & 1 \end{pmatrix}$$

类似地，将 a_i 及 $\boldsymbol{\beta}_i$（$i=0$，1，2）代入式（3.131）、式（3.132）、式（3.133），可得能观标准型各系数阵。

$$\boldsymbol{A}_0 = \begin{pmatrix} \boldsymbol{0}_m & \boldsymbol{0}_m & -a_0\boldsymbol{I}_m \\ \boldsymbol{I}_m & \boldsymbol{0}_m & -a_1\boldsymbol{I}_m \\ \boldsymbol{0}_m & \boldsymbol{I}_m & -a_2\boldsymbol{I}_m \end{pmatrix} = \begin{pmatrix} 0 & 0 & 0 & 0 & -6 & 0 \\ 0 & 0 & 0 & 0 & 0 & -6 \\ 1 & 0 & 0 & 0 & -11 & 0 \\ 0 & 1 & 0 & 0 & 0 & -11 \\ 0 & 0 & 1 & 0 & -6 & 0 \\ 0 & 0 & 0 & 1 & 0 & -6 \end{pmatrix}$$

$$\boldsymbol{B}_0 = \begin{pmatrix} \boldsymbol{\beta}_0 \\ \boldsymbol{\beta}_1 \\ \boldsymbol{\beta}_2 \end{pmatrix} = \begin{pmatrix} 6 & 2 \\ -6 & -3 \\ 5 & 3 \\ -5 & -4 \\ 1 & 1 \\ -1 & -1 \end{pmatrix}$$

$$\boldsymbol{C}_0 = (\boldsymbol{0}_m, \boldsymbol{0}_m, \boldsymbol{I}_m) = \begin{pmatrix} 0 & 0 & 0 & 0 & 1 & 0 \\ 0 & 0 & 0 & 0 & 0 & 1 \end{pmatrix}$$

所得结果也进一步表明，多变量系统的能控标准型实现和能观标准型实现之间并不是一个简单的转置关系。

3.9.3 最小实现

传递函数阵只能反映系统中能控且能观的子系统的动力学行为。对于一个可实现的传递函数阵来说，将有无穷多的状态空间表达式与之对应。从工程角度看，如何寻求维数最小的一类实现，具有重要的现实意义。

1. 最小实现的定义

传递函数 $\boldsymbol{W}(s)$ 的一个实现：

$$\begin{aligned}\dot{\boldsymbol{x}} &= \boldsymbol{A}\boldsymbol{x} + \boldsymbol{B}\boldsymbol{u} \\ \boldsymbol{y} &= \boldsymbol{C}\boldsymbol{x}\end{aligned} \tag{3.134}$$

如果 $\boldsymbol{W}(s)$ 不存在其他实现：

$$\begin{aligned}\dot{\tilde{\boldsymbol{x}}} &= \tilde{\boldsymbol{A}}\tilde{\boldsymbol{x}} + \tilde{\boldsymbol{B}}\boldsymbol{u} \\ \boldsymbol{y} &= \tilde{\boldsymbol{C}}\tilde{\boldsymbol{x}}\end{aligned} \tag{3.135}$$

使 $\tilde{\boldsymbol{x}}$ 的维数小于 $\boldsymbol{x}$ 的维数，则称式（3.134）的实现为最小实现。

由于传递函数阵只能反映系统中能控和能观子系统的动力学行为，因此把系统中不能控或不能观的状态分量消去，将不会影响系统的传递函数阵。也就是说，这些不能控或不能观状态分量的存在将使系统成为不是最小实现。根据上述分析，将有如下判别最小实现的方法。

2. 寻求最小实现的步骤

传递函数阵 $\boldsymbol{W}(s)$ 的一个实现 $\sum$：

$$\begin{aligned}\dot{\boldsymbol{x}} &= \boldsymbol{A}\boldsymbol{x} + \boldsymbol{B}\boldsymbol{u} \\ \boldsymbol{y} &= \boldsymbol{C}\boldsymbol{x}\end{aligned}$$

为最小实现的充分必要条件是 $\sum(\boldsymbol{A}, \boldsymbol{B}, \boldsymbol{C})$ 既是能控的又是能观的。

这个定理的证明从略。根据这个定理可以方便的确定任何一个具有严格的真有理分式的传递函数阵 $\boldsymbol{W}(s)$ 的最小实现。一般可以按照如下步骤来进行。

1）对给定传递函数阵 $\boldsymbol{W}(s)$，先初选出一种实现 $\sum(\boldsymbol{A}, \boldsymbol{B}, \boldsymbol{C})$，通常最方便的是选取能控标准型实现或能观标准型实现。

2）对上面初选的实现 $\sum(\boldsymbol{A}, \boldsymbol{B}, \boldsymbol{C})$，找出其完全能控且完全能观部分 $(\tilde{\boldsymbol{A}}_1, \tilde{\boldsymbol{B}}_1, \tilde{\boldsymbol{C}}_1)$，于是这个能控能观部分就是 $\boldsymbol{W}(s)$ 的最小实现。

【例 3-19】 试求传递函数阵：

$$\boldsymbol{W}(s) = \left(\frac{1}{(s+1)(s+2)} \quad \frac{1}{(s+2)(s+3)}\right)$$

的最小实现。

解 $\boldsymbol{W}(s)$ 是严格的真有理分式，直接将它写成按 s 降幂排列的标准格式：

$$\begin{aligned}\boldsymbol{W}(s) &= \left(\frac{(s+3)}{(s+1)(s+2)(s+3)}, \quad \frac{(s+1)}{(s+1)(s+2)(s+3)}\right) \\ &= \frac{1}{(s+1)(s+2)(s+3)}((s+3), \quad (s+1)) \\ &= \frac{1}{s^3+6s^2+11s+6}\{(1, \quad 1)s + (3, \quad 1)\}\end{aligned}$$

对照式（3.127），知：

$$a_0=6,a_1=11,a_2=6$$

$$\boldsymbol{\beta}_0=(3,\ 1),\boldsymbol{\beta}_1=(1,\ 1),\boldsymbol{\beta}_2=(0,\ 0)$$

输出矢量的维数 $m=1$，输入矢量的维数 $r=2$，先采用能观标准型实现。

$$\boldsymbol{A}_0=\begin{pmatrix}\boldsymbol{0}_m & \boldsymbol{0}_m & -a_0\boldsymbol{I}_m\\ \boldsymbol{I}_m & \boldsymbol{0}_m & -a_1\boldsymbol{I}_m\\ \boldsymbol{0}_m & \boldsymbol{I}_m & -a_2\boldsymbol{I}_m\end{pmatrix}=\begin{pmatrix}0&0&-6\\1&0&-11\\0&1&-6\end{pmatrix}$$

$$\boldsymbol{B}_0=\begin{pmatrix}\boldsymbol{\beta}_0\\ \boldsymbol{\beta}_1\\ \boldsymbol{\beta}_2\end{pmatrix}=\begin{pmatrix}3&1\\1&1\\0&0\end{pmatrix}$$

$$\boldsymbol{C}_0=(\boldsymbol{0}_m\ ,\boldsymbol{0}_m,\ \boldsymbol{I}_m)=(0,\ 0,\ 1)$$

检验所求能观测实现 $\sum=(\boldsymbol{A}_0,\ \boldsymbol{B}_0,\ \boldsymbol{C}_0)$ 是否能控。

$$\boldsymbol{M}=(\boldsymbol{B}_0,\ \ \boldsymbol{A}_0\boldsymbol{B}_0,\ \ \boldsymbol{A}_0^2\boldsymbol{B}_0)=\begin{pmatrix}3&1&0&0&-6&-6\\1&1&3&1&-11&-11\\0&0&1&1&-3&-5\end{pmatrix}$$

$$\mathrm{rank}\boldsymbol{M}=3=n$$

所以，$\sum=(\boldsymbol{A}_0,\ \boldsymbol{B}_0,\ \boldsymbol{C}_0)$ 是能控且能观，为最小实现。

【例 3-20】 试求下列传递函数阵的最小实现。

$$\boldsymbol{W}(s)=\begin{pmatrix}\dfrac{s+2}{s+1} & \dfrac{1}{s+3}\\ \dfrac{s}{s+1} & \dfrac{s+1}{s+2}\end{pmatrix}$$

解 第一步，将 $\boldsymbol{W}(s)$ 化成严格的真有理分式有理函数，并写出相应的能控标准型（或能观标准型）。本题所求系统的能控标准型已经在例 3-18 中求出。

$$\boldsymbol{A}=\begin{pmatrix}0&0&1&0&0&0\\0&0&0&1&0&0\\0&0&0&0&1&0\\0&0&0&0&0&1\\-6&0&-11&0&-6&0\\0&-6&0&-11&0&-6\end{pmatrix},\quad \boldsymbol{B}=\begin{pmatrix}0&0\\0&0\\0&0\\0&0\\1&0\\0&1\end{pmatrix}$$

$$\boldsymbol{C}=\begin{pmatrix}6&2&5&3&1&1\\-6&-3&-5&-4&-1&-1\end{pmatrix},\quad \boldsymbol{D}=\begin{pmatrix}1&0\\1&1\end{pmatrix}$$

第二步：判别该能控标准型实现的状态是否完全能观测。

$$N=\begin{pmatrix} C\\ CA\\ CA^2\end{pmatrix}=\begin{pmatrix} 6 & 2 & 5 & 3 & 1 & 1\\ -6 & -3 & -5 & -4 & -1 & -1\\ -6 & -6 & -5 & -9 & -1 & -3\\ 6 & 6 & 5 & 8 & 1 & 2\\ 6 & 18 & 5 & 27 & 1 & 9\\ -6 & -12 & -5 & -16 & -1 & -4\end{pmatrix}$$

因为 $\mathrm{rank}N=3<n=6$，所以该能控标准型实现不是最小实现。为此必须按能观性进行结构分解。

第三步：根据式（3.114）构造变换矩阵 R_0^{-1}，将系统按能观性进行分解。取

$$R_0^{-1}=\begin{pmatrix} 6 & 2 & 5 & 3 & 1 & 1\\ -6 & -3 & -5 & -4 & -1 & -1\\ -6 & -6 & -5 & -9 & -1 & -3\\ 1 & 0 & 0 & 0 & 0 & 0\\ 0 & 1 & 0 & 0 & 0 & 0\\ 0 & 0 & 1 & 0 & 0 & 0\end{pmatrix}$$

利用分块矩阵的求逆公式，求得：

$$R_0=\begin{pmatrix} 0 & 0 & 0 & 1 & 0 & 0\\ 0 & 0 & 0 & 0 & 1 & 0\\ 0 & 0 & 0 & 0 & 0 & 1\\ -1 & -1 & 0 & 0 & -1 & 0\\ \frac{3}{2} & 0 & \frac{1}{2} & -6 & 0 & -5\\ \frac{5}{2} & 3 & -\frac{1}{2} & 0 & 1 & 0\end{pmatrix}$$

于是

$$\hat{A}=R_0^{-1}AR_0=\left(\begin{array}{ccc:ccc} 0 & 0 & 1 & 0 & 0 & 0\\ -\frac{3}{2} & -2 & -\frac{1}{2} & 0 & 0 & 0\\ -3 & 0 & -4 & 0 & 0 & 0\\ \hdashline 0 & 0 & 0 & 0 & 0 & 1\\ -1 & -1 & 0 & 0 & -1 & 0\\ \frac{3}{2} & 0 & \frac{1}{2} & -6 & 0 & -5\end{array}\right)=\begin{pmatrix}\hat{A}_{11} & \mathbf{0}\\ \hat{A}_{21} & \hat{A}_{22}\end{pmatrix}$$

$$\hat{B}=R_0^{-1}B=\left(\begin{array}{cc} 1 & 1\\ -1 & -1\\ -1 & -3\\ \hdashline 0 & 0\\ 0 & 0\\ 0 & 0\end{array}\right)=\begin{pmatrix}\hat{B}_1\\ \hdashline \mathbf{0}\end{pmatrix}$$

$$\hat{\boldsymbol{C}} = \boldsymbol{C}\boldsymbol{R}_0 = \begin{pmatrix} 1 & 0 & 0 & 0 & 0 & 0 \\ 0 & 1 & 0 & 0 & 0 & 0 \end{pmatrix} = (\hat{\boldsymbol{C}}_1,\quad \boldsymbol{0})$$

经检验$\sum = (\hat{\boldsymbol{A}}_{11}, \hat{\boldsymbol{B}}_1, \hat{\boldsymbol{C}}_1)$是能控且能观的子系统，因此，$\boldsymbol{W}(s)$的最小实现为：

$$\boldsymbol{A}_m = \hat{\boldsymbol{A}}_{11} = \begin{pmatrix} 0 & 0 & 1 \\ -\dfrac{3}{2} & -2 & -\dfrac{1}{2} \\ -3 & 0 & -4 \end{pmatrix}, \quad \boldsymbol{B}_m = \hat{\boldsymbol{B}}_1 = \begin{pmatrix} 1 & 1 \\ -1 & -1 \\ -1 & -3 \end{pmatrix}$$

$$\boldsymbol{C}_m = \hat{\boldsymbol{C}}_1 = \begin{pmatrix} 1 & 0 & 0 \\ 0 & 1 & 0 \end{pmatrix}, \quad \boldsymbol{D}' = \begin{pmatrix} 1 & 0 \\ 1 & 1 \end{pmatrix}$$

若根据上列$\boldsymbol{A}_m$，$\boldsymbol{B}_m$，$\boldsymbol{C}_m$，$\boldsymbol{D}$求系统传递函数阵，则可检验所得结果。

$$\boldsymbol{C}_m(s\boldsymbol{I} - \boldsymbol{A}_m)^{-1}\boldsymbol{B}_m + \boldsymbol{D} = \begin{pmatrix} 1 & 0 & 0 \\ 0 & 1 & 0 \end{pmatrix} \begin{pmatrix} s & 0 & -1 \\ \dfrac{3}{2} & s+2 & \dfrac{1}{2} \\ 3 & 0 & s+4 \end{pmatrix}^{-1} \begin{pmatrix} 1 & 1 \\ -1 & -1 \\ -1 & -3 \end{pmatrix} + \begin{pmatrix} 1 & 0 \\ 1 & 1 \end{pmatrix}$$

$$= \begin{pmatrix} \dfrac{s+2}{s+1} & \dfrac{1}{s+3} \\ \dfrac{s}{s+1} & \dfrac{s+1}{s+2} \end{pmatrix}$$

也可先写出能观标准型实现$\sum = (\boldsymbol{A}_0, \boldsymbol{B}_0, \boldsymbol{C}_0)$：

$$\boldsymbol{A}_0 = \begin{pmatrix} 0 & 0 & 0 & 0 & -6 & 0 \\ 0 & 0 & 0 & 0 & 0 & -6 \\ 1 & 0 & 0 & 0 & -11 & 0 \\ 0 & 1 & 0 & 0 & 0 & -11 \\ 0 & 0 & 1 & 0 & -6 & 0 \\ 0 & 0 & 0 & 1 & 0 & -6 \end{pmatrix}, \quad \boldsymbol{B}_0 = \begin{pmatrix} 6 & 2 \\ -6 & -3 \\ 5 & 3 \\ -5 & -4 \\ 1 & 1 \\ -1 & -1 \end{pmatrix}$$

$$\boldsymbol{C}_0 = \begin{pmatrix} 0 & 0 & 0 & 0 & 1 & 0 \\ 0 & 0 & 0 & 0 & 0 & 1 \end{pmatrix}$$

然后将$\sum = (\boldsymbol{A}_0, \boldsymbol{B}_0, \boldsymbol{C}_0)$按能控性分解，根据式（3.107）选择变换矩阵$\boldsymbol{R}_c$：

$$\boldsymbol{R}_c = \begin{pmatrix} 6 & 2 & 6 & 1 & 0 & 0 \\ -6 & -3 & -6 & 0 & 1 & 0 \\ 5 & 3 & -9 & 0 & 0 & 1 \\ -5 & -4 & 8 & 0 & 0 & 0 \\ 1 & 1 & -3 & 0 & 0 & 0 \\ -1 & -1 & 2 & 0 & 0 & 0 \end{pmatrix}$$

并算得：

$$
\boldsymbol{R}_c^{-1}=\begin{pmatrix}0&0&0&-1&0&4\\0&0&0&1&-2&-7\\0&0&0&0&-1&-1\\1&0&0&4&-2&-16\\0&1&0&-3&0&9\\0&0&1&2&-3&8\end{pmatrix}
$$

于是

$$
\widetilde{\boldsymbol{A}}=\boldsymbol{R}_c^{-1}\boldsymbol{A}_0\boldsymbol{R}_c=\begin{pmatrix}\widetilde{\boldsymbol{A}}_{11}&\widetilde{\boldsymbol{A}}_{12}\\0&\widetilde{\boldsymbol{A}}_{22}\end{pmatrix}=\left(\begin{array}{ccc|ccc}1&0&0&0&-1&0\\0&0&-6&0&1&-2\\0&1&5&0&0&-1\\\hline 0&0&0&0&4&-2\\0&0&0&0&-3&0\\0&0&0&1&2&-3\end{array}\right)
$$

$$
\widetilde{\boldsymbol{B}}=\boldsymbol{R}_c^{-1}\boldsymbol{B}_0=\begin{pmatrix}\widetilde{\boldsymbol{B}}_1\\0\end{pmatrix}=\begin{pmatrix}1&0\\0&1\\0&0\\0&0\\0&0\\0&0\end{pmatrix}
$$

$$
\widetilde{\boldsymbol{C}}=\boldsymbol{C}_0\boldsymbol{R}_c=(\widetilde{\boldsymbol{C}}_1,0)=\begin{pmatrix}1&1&-3&0&0&0\\-1&-1&2&0&0&0\end{pmatrix}
$$

$\sum=(\widetilde{\boldsymbol{A}}_{11},\widetilde{\boldsymbol{B}}_1,\widetilde{\boldsymbol{C}}_1)$ 是能控且能观的子系统，故 $\boldsymbol{W}(s)$ 的最小实现为：

$$
\widetilde{\boldsymbol{A}}_m=\widetilde{\boldsymbol{A}}_{11}=\begin{pmatrix}1&0&0\\0&0&-6\\0&1&-5\end{pmatrix},\quad \widetilde{\boldsymbol{B}}_m=\widetilde{\boldsymbol{B}}_1=\begin{pmatrix}1&0\\0&1\\0&0\end{pmatrix}
$$

$$
\widetilde{\boldsymbol{C}}_m=\widetilde{\boldsymbol{C}}_1=\begin{pmatrix}1&1&-3\\-1&-1&2\end{pmatrix},\quad \boldsymbol{D}=\begin{pmatrix}1&0\\1&1\end{pmatrix}
$$

通过以上计算，进一步说明传递函数阵的实现不是唯一的，最小实现也不是唯一的，只是最小实现的级数是唯一的。但是，可以证明，如果 $\sum(\boldsymbol{A}_m,\boldsymbol{B}_m,\boldsymbol{C}_m)$ 和 $\sum(\widetilde{\boldsymbol{A}}_m,\widetilde{\boldsymbol{B}}_m,\widetilde{\boldsymbol{C}}_m)$ 是同一传递函数阵 $\boldsymbol{W}(s)$ 的两个最小实现，那么它们之间必存在一状态变换 $\boldsymbol{x}=\boldsymbol{P}\tilde{\boldsymbol{x}}$，使得：

$$
\widetilde{\boldsymbol{A}}_m=\boldsymbol{P}^{-1}\boldsymbol{A}_m\boldsymbol{P},\quad \widetilde{\boldsymbol{B}}_m=\boldsymbol{P}^{-1}\boldsymbol{B}_m,\quad \widetilde{\boldsymbol{C}}_m=\boldsymbol{C}_m\boldsymbol{P}
$$

也就是说，同一传递函数阵的最小实现是代数等价的。

最后还应指出，本节所介绍的寻求最小实现的方法虽然易于理解，但计算量是相当大的。还有不少算法，读者可参阅有关资料。

3.10　传递函数中零极点对消与状态能控性和能观性之间的关系

既然系统的能控且能观性与其传递函数阵的最小实现是同义的，那么能否通过系统传递函数阵的特征来判别其状态的能控性和能观性呢？可以证明，对于单输入系统、单输出系统或者单输入单输出系统，要使系统是能控并能观的充分必要条件是其传递函数的分子分母间没有零极点对消。可是对于多输入多输出系统来说，传递函数阵没有零极点对消，只是系统最小实现的充分条件，也就是说，即使出现零极点对消，这种系统仍有可能是能控和能观的。鉴于这个原因，本节只限于讨论单输入单输出系统的传递函数中零极点对消与状态能控且能观之间的关系。

对于一个单输入单输出系统$\sum(\boldsymbol{A},\ \boldsymbol{b},\ \boldsymbol{c})$

$$\begin{aligned}\dot{\boldsymbol{x}} &= \boldsymbol{Ax} + \boldsymbol{b}u \\ \boldsymbol{y} &= \boldsymbol{cx}\end{aligned} \tag{3.136}$$

欲使其是能控并能观的充分必要条件是传递函数

$$\boldsymbol{W}(s) = \boldsymbol{c}(s\boldsymbol{I} - \boldsymbol{A})^{-1}\boldsymbol{b} \tag{3.137}$$

的分子分母间没有零极点对消。

证明　先证必要性：

如果$\sum(\boldsymbol{A},\ \boldsymbol{b},\ \boldsymbol{c})$不是$\boldsymbol{W}(s)$的最小实现，则必存在另一系统$\sum(\tilde{\boldsymbol{A}},\ \tilde{\boldsymbol{b}},\ \tilde{\boldsymbol{c}})$

$$\begin{aligned}\dot{\tilde{\boldsymbol{x}}} &= \tilde{\boldsymbol{A}}\tilde{\boldsymbol{x}} + \tilde{\boldsymbol{b}}u \\ \boldsymbol{y} &= \tilde{\boldsymbol{c}}\tilde{\boldsymbol{x}}\end{aligned} \tag{3.138}$$

有更少的维数，使得：

$$\tilde{\boldsymbol{c}}(s\boldsymbol{I} - \tilde{\boldsymbol{A}})^{-1}\tilde{\boldsymbol{b}} = c(s\boldsymbol{I} - \boldsymbol{A})^{-1}\boldsymbol{b} = \boldsymbol{W}(s) \tag{3.139}$$

由于$\tilde{\boldsymbol{A}}$的阶次比$\boldsymbol{A}$低，于是多项式$\det(s\boldsymbol{I}-\tilde{\boldsymbol{A}})$的阶次也一定比$\det(s\boldsymbol{I}-\boldsymbol{A})$的阶次低。但是欲使式（3.139）成立，必然是$\boldsymbol{c}(s\boldsymbol{I}-\boldsymbol{A})^{-1}\boldsymbol{b}$的分子分母间出现零极点对消。于是反设不成立。必要性得证。

再证充分性：

如果$\boldsymbol{c}(s\boldsymbol{I}-\boldsymbol{A})^{-1}\boldsymbol{b}$的分子分母不出现零极点对消，$\sum(\boldsymbol{A},\ \boldsymbol{b},\ \boldsymbol{c})$一定是能控并能观的。

反设$\boldsymbol{c}(s\boldsymbol{I}-\boldsymbol{A})^{-1}\boldsymbol{b}$的分子分母出现零极点对消，那么$\boldsymbol{c}(s\boldsymbol{I}-\boldsymbol{A})^{-1}\boldsymbol{b}$将退化为一个降阶的传递函阵。根据这个降阶的没有零极点对消的传递函数，可以找到一个更小维数的实现。现假设$\boldsymbol{c}(s\boldsymbol{I}-\boldsymbol{A})^{-1}\boldsymbol{b}$的分子分母不出现零极点对消，于是对应的$\sum(\boldsymbol{A},\ \boldsymbol{b},\ \boldsymbol{c})$一定是最小实现，即$\sum(\boldsymbol{A},\ \boldsymbol{b},\ \boldsymbol{c})$是能控并能观的。充分性得证。

利用这个关系可以根据传递函数的分子和分母是否出现零极点对消，方便地判别相应的实现是否是能控且能观的。但是，如果传递函数出现了零极点对消现象，还不能确定系统是不能控的还是不能观的，还是既不能控又不能观的。下面举例说明。

例如，系统的传递函数为：

$$\boldsymbol{W}(s) = \frac{\boldsymbol{y}(s)}{\boldsymbol{u}(s)} = \frac{(s+2.5)}{(s+2.5)(s-1)}$$

分子分母有相同因式（$s+2.5$），系统状态是不完全能控或不完全能观，或是既不完全能控又不完全能观的。上述传递函数的实现可以是：

$$\dot{\boldsymbol{x}} = \begin{pmatrix}1 & 0 \\ 0 & -2.5\end{pmatrix}\boldsymbol{x} + \begin{pmatrix}1 \\ 1\end{pmatrix}u$$

$$y = (1,\ 0)x$$

可见系统是能控的，但不能观。因此，上述实现不是最小实现，相应的结构图如图 3. 15a 所示。

上述传递函数的实现又可以是：

$$\dot{x} = \begin{pmatrix} 1 & 0 \\ 0 & -2.5 \end{pmatrix} x + \begin{pmatrix} 1 \\ 0 \end{pmatrix} u$$

$$y = (1,\ 1)x$$

这时系统是不能控但却是能观的。相应的系统结构，如图 3. 15b 所示。

上述传递函数的实现还可以是：

$$\dot{x} = \begin{pmatrix} 1 & 0 \\ 0 & -2.5 \end{pmatrix} x + \begin{pmatrix} 1 \\ 0 \end{pmatrix} u$$

$$y = (1,\ 0)\ x$$

系统是既不能控又不能观。系统结构如图 3. 15c 所示。

通过这个例子使我们看到，在经典控制理论中基于传递函数零极点对消原则的设计方法虽然简单直观，但是它破坏了系统状态的能控性或能观性。不能控部分的作用在某

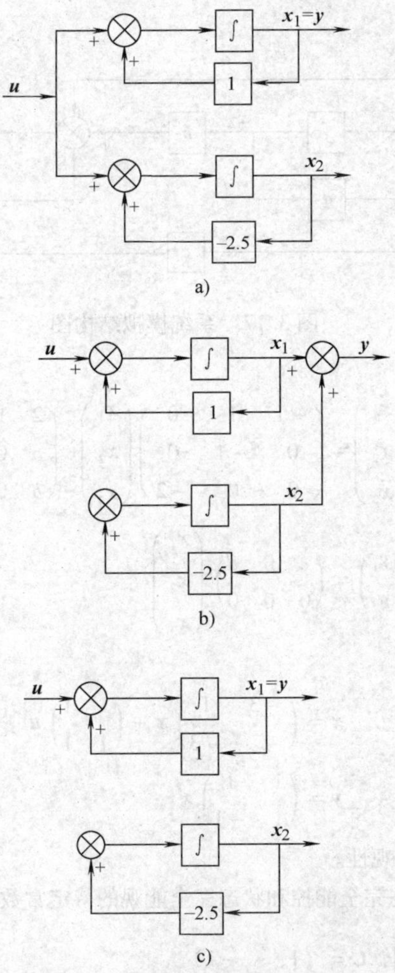

图 3. 15　系统实现的模拟结构图

些情况下会引起系统品质的变坏，甚至使系统成为不稳定的。

习　题

3-1　判别下列系统的能控性与能观性。系统中 a，b，c，d 的取值对能控性与能观性是否有关，若有关其取值条件如何？

（1）系统如图 3.16 所示。

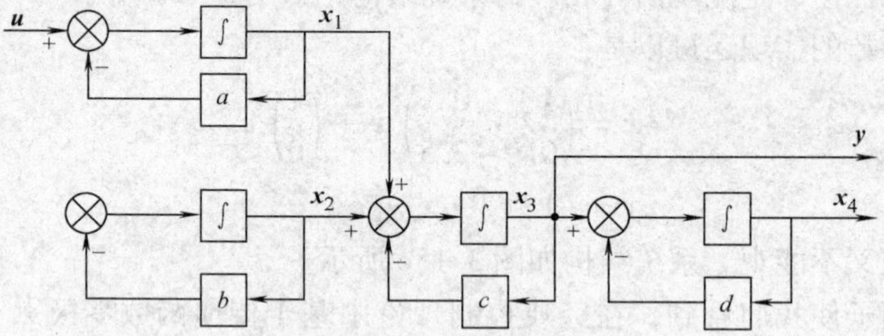

图 3.16　系统模拟结构图

（2）系统如图 3.17 所示。

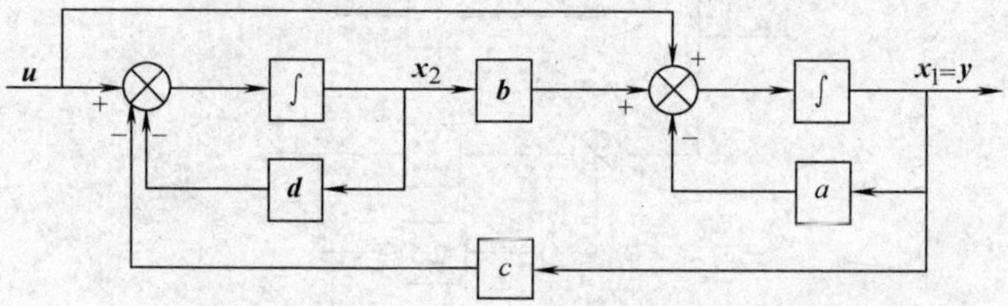

图 3.17　系统模拟结构图

（3）系统如下式：

$$\begin{pmatrix}\dot{x}_1\\ \dot{x}_2\\ \dot{x}_3\end{pmatrix}=\begin{pmatrix}-1 & 1 & 0\\ 0 & -1 & 0\\ 0 & 0 & -2\end{pmatrix}\begin{pmatrix}x_1\\ x_2\\ x_3\end{pmatrix}+\begin{pmatrix}2 & 1\\ a & 0\\ b & 0\end{pmatrix}\boldsymbol{u}$$

$$\begin{pmatrix}y_1\\ y_2\end{pmatrix}=\begin{pmatrix}c & 0 & d\\ 0 & 0 & 0\end{pmatrix}\begin{pmatrix}x_1\\ x_2\\ x_3\end{pmatrix}$$

3-2　时不变系统：

$$\dot{\boldsymbol{x}}=\begin{pmatrix}-3 & 1\\ 1 & -3\end{pmatrix}\boldsymbol{x}+\begin{pmatrix}1 & 1\\ 1 & 1\end{pmatrix}\boldsymbol{u}$$

$$\boldsymbol{y}=\begin{pmatrix}1 & 1\\ 1 & -1\end{pmatrix}\boldsymbol{x}$$

试用两种方法判别其能控性与能观性。

3-3　确定使下列系统为状态完全能控和状态完全能观的待定常数 α_i，β_i。

（1）$\boldsymbol{A}=\begin{pmatrix}\alpha_1 & 0\\ 0 & \alpha_2\end{pmatrix}$，$\boldsymbol{b}=\begin{pmatrix}1\\ 1\end{pmatrix}$，$\boldsymbol{C}=(1,\quad -1)$

（2）$A=\begin{pmatrix}\alpha_1 & \alpha_2\\ \alpha_3 & \alpha_4\end{pmatrix}$，$b=\begin{pmatrix}1\\1\end{pmatrix}$，$C=(1,\quad 0)$

（3）$A=\begin{pmatrix}0 & 0 & 2\\ 1 & 0 & -3\\ 0 & 1 & -4\end{pmatrix}$，$b=\begin{pmatrix}1\\ \beta_2\\ \beta_3\end{pmatrix}$，$C=(0,\quad 0,\quad 1)$

3-4　线性系统的传递函数为：

$$\frac{y(s)}{u(s)}=\frac{s+\alpha}{s^3+10s^2+27s+18}$$

（1）试确定 α 的取值，使系统成为不能控或为不能观的。

（2）在上述 α 的取值下，求使系统为能控状态空间表达式。

（3）在上述 α 的取值下，求使系统为能观的状态空间表达式。

3-5　试证明对于单输入的离散时间定常系统 $\sum_T=(G,\ h)$，只要它是完全能控的，那么对于任意给定的非零初始状态 x_0，都可以在不超过 n 个采样周期的时间内，转移到状态空间的原点。

3-6　已知系统的微分方程为：

$$\dddot{y}+6\ddot{y}+11\dot{y}+6y=6u$$

试写出其对偶系统的状态空间表达式及其传递函数。

3-7　已知能控系统的状态方程 A，b 阵为：

$$A=\begin{pmatrix}1 & -2\\ 3 & 4\end{pmatrix},\quad b=\begin{pmatrix}1\\1\end{pmatrix}$$

试将该状态方程变换为能控标准型。

3-8　已知能观系统的 A，b，C 阵为：

$$A=\begin{pmatrix}1 & -1\\ 1 & 1\end{pmatrix},\quad b=\begin{pmatrix}2\\1\end{pmatrix},C=(-1,\quad 1)$$

试将该状态空间表达式变换为能观标准型。

3-9　已知系统的传递函数为：

$$W(s)=\frac{s^2+6s+8}{s^2+4s+3}$$

试求其能控标准型和能观标准型。

3-10　给定下列状态空间方程，试判别其能否变换为能控和能观标准型。

$$\dot{x}=\begin{pmatrix}0 & 1 & 0\\ -2 & -3 & 0\\ -1 & 1 & -3\end{pmatrix}x+\begin{pmatrix}0\\1\\2\end{pmatrix}u$$

$$y=(0,\quad 0,\quad 1)x$$

3-11　试将下列系统按能控性进行结构分解。

（1）$A=\begin{pmatrix}1 & 2 & -1\\ 0 & 1 & 0\\ 0 & -4 & 3\end{pmatrix}$，$b=\begin{pmatrix}0\\0\\1\end{pmatrix}$，$C=(1,\quad -1,\quad 1)$

（2）$A=\begin{pmatrix}-2 & 2 & -1\\ 0 & -2 & 0\\ 1 & -4 & 0\end{pmatrix}$，$b=\begin{pmatrix}0\\0\\1\end{pmatrix}$，$C=(1,\quad -1,\quad 1)$

3-12　试将下列系统按能观性进行结构分解。

（1）$A=\begin{pmatrix}1 & 2 & -1\\0 & 1 & 0\\0 & -4 & 3\end{pmatrix}$, $b=\begin{pmatrix}0\\0\\1\end{pmatrix}$, $C=(1,\quad -1,\quad 1)$

（2）$A=\begin{pmatrix}-2 & 2 & -1\\0 & -2 & 0\\1 & -4 & 0\end{pmatrix}$, $b=\begin{pmatrix}0\\0\\1\end{pmatrix}$, $C=(1,\quad -1,\quad 1)$

3-13　试将下列系统按能控性和能观性进行结构分解。

（1）$A=\begin{pmatrix}1 & 0 & 0\\2 & 2 & 3\\-2 & 0 & 1\end{pmatrix}$, $b=\begin{pmatrix}1\\2\\2\end{pmatrix}$, $C=(1,\quad 1,\quad 2)$

（2）$A=\begin{pmatrix}1 & 0 & 0 & 0\\2 & -3 & 0 & 0\\1 & 0 & -2 & 0\\4 & -1 & -2 & -4\end{pmatrix}$, $b=\begin{pmatrix}0\\0\\1\\2\end{pmatrix}$, $C=(3,\quad 0,\quad 1,\quad 0)$

3-14　求下列传递函数阵的最小实现：

（1）$W(s)=\begin{pmatrix}\dfrac{1}{s+1} & \dfrac{1}{s+1}\\ \dfrac{1}{s+1} & \dfrac{1}{s+1}\end{pmatrix}$

（2）$W(s)=\begin{pmatrix}\dfrac{1}{s} & \dfrac{1}{s^2}\\ \dfrac{1}{s^2} & \dfrac{1}{s^3}\end{pmatrix}$

3-15　设$\sum_1$，$\sum_2$为两个能控且能观的系统

$$\sum{}_1:A_1=\begin{pmatrix}0 & 1\\-3 & -4\end{pmatrix},b_1=\begin{pmatrix}0\\1\end{pmatrix},C_1=[2,1]$$

$$\sum{}_2:A_1=-2,b_2=1,C_2=1$$

（1）试分析出$\sum_1$和$\sum_2$所组成的串联系统的能控性和能观性，并写出其传递函数。

（2）试分析由$\sum_1$和$\sum_2$所组成的并联系统的能控性和能观性，并写出其传递函数。

3-16　从传递函数是否出现零极点对消现象出发，说明图 3.18 中闭环系统$\sum$的能控性与能观性和开环系统$\sum_0$的能控性和能观性是一致的。

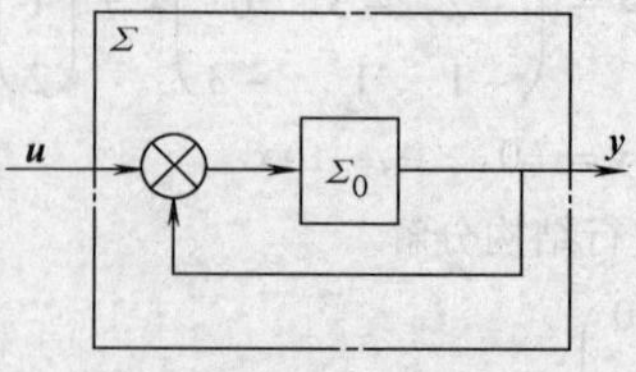

图 3.18　系统结构图

第 4 章

稳定性与李雅普诺夫方法

自动控制系统最重要的特性莫过于它的稳定性，因为一个不稳定的系统是无法完成预期控制任务的。因此如何判别一个系统是否稳定以及怎样改善其稳定性乃是系统分析与设计的一个首要问题。系统的稳定性，表示系统在遭受外界扰动偏离原来的平衡状态，而在扰动消失后，系统自身仍有能力恢复到原来平衡状态的一种“顽性”。在经典控制理论中，对于单输入单输出线性定常系统，应用劳斯（Routh）判据和胡维茨（Hurwitz）判据等代数方法判定系统的稳定性，非常方便有效。至于频域中的奈奎斯特（H. Nyquist）判据则是更为通用的方法，它不仅用于判定系统是否稳定，而且还能指明改善系统稳定性的方向。上述方法都是以分析系统特征方程在根平面上根的分布为基础的。但对于非线性系统和时变系统，这些判据就不适用了。

早在 1892 年，俄国数学家李雅普诺夫（Lyapunov）就提出将判定系统稳定性的问题归纳为两种方法：李雅普诺夫第一法和李雅普诺夫第二法。前者是通过求解系统微分方程，然后根据解的性质来判定系统的稳定性。它的基本思路和分析方法与经典理论是一致的。

本章重点讨论李雅普诺夫第二法。它的特点是不求解系统方程，而是通过一个叫做李雅普诺夫函数的标量函数来直接判定系统的稳定性。因此，它特别适用于那些难以求解的非线性系统和时变系统。李雅普诺夫第二法除了用于对系统进行稳定性分析外，还可用于对系统瞬态响应的质量进行评价以及求解参数最优化问题。此外，在现代控制理论的许多方面，例如最优系统设计、最优估值、最优滤波以及自适应控制系统设计等，李雅普诺夫理论都有广泛的应用。本章主要介绍李雅普诺夫第二法关于稳定性分析的理论和应用。

4.1 李雅普诺夫关于稳定性的定义

从经典控制理论可知，线性系统的稳定性只决定于系统的结构和参数而与系统的初始条件及外界扰动的大小无关。但非线性系统的稳定性则还与初始条件及外界扰动的大小有关。因此在经典控制理论中没有给出稳定性的一般定义。李雅普诺夫第二法是一种普遍适用于线性系统、非线性系统及时变系统稳定性分析的方法。李雅普诺夫给出了对任何系统都普遍适用的稳定性的一般定义。

4.1.1 系统状态的运动及平衡状态

设所研究系统的齐次状态方程为

$$\dot{\boldsymbol{x}} = \boldsymbol{f}(\boldsymbol{x},t) \tag{4.1}$$

式中，$\boldsymbol{x}$ 为 n 维状态矢量；$\boldsymbol{f}$ 为与 $\boldsymbol{x}$ 同维的矢量函数，它是 $\boldsymbol{x}$ 的各元素 $\boldsymbol{x}_1$，$\boldsymbol{x}_2$，…，$\boldsymbol{x}_n$ 和时间 t 的函数。一般地，为时变的非线性函数。如果不显含 t，则为定常的非线性系统。

设方程式（4.1）在给定初始条件（t_0，$\boldsymbol{x}_0$）下，有唯一解：

$$\boldsymbol{x} = \boldsymbol{\Phi}(t;\boldsymbol{x}_0,t_0) \tag{4.2}$$

式中，$\boldsymbol{x}_0 = \boldsymbol{\Phi}(t_0;x_0,t_0)$ 为表示 $\boldsymbol{x}$ 在初始时刻 t_0 时的状态；t 是从 t_0 开始观察的时间变量。

式（4.2）实际上描述了系统式（4.1）在 n 维状态空间中从初始条件（t_0，$\boldsymbol{x}_0$）出发的一条状态运动的轨迹，简称系统的运动或**状态轨线**。

若系统式（4.1）存在状态矢量 $\boldsymbol{x}_e$，对所有 t，都使：

$$\boldsymbol{f}(\boldsymbol{x}_e,t) \equiv 0 \tag{4.3}$$

成立，则称 $\boldsymbol{x}_e$ 为系统的**平衡状态**。

对于一个任意系统，不一定都存在平衡状态，有时即使存在也未必是唯一的，例如对线性定常系统：

$$\dot{\boldsymbol{x}} = \boldsymbol{f}(\boldsymbol{x},t) = \boldsymbol{A}\boldsymbol{x} \tag{4.4}$$

当 $\boldsymbol{A}$ 为非奇异矩阵时，满足 $\boldsymbol{A}\boldsymbol{x}_e \equiv 0$ 的解 $\boldsymbol{x}_e = 0$ 是系统唯一存在的一个平衡状态。而当 $\boldsymbol{A}$ 为奇异矩阵时，则系统将有无穷多个平衡状态。

对非线性系统，通常可有一个或多个平衡状态。它们是由方程式（4.3）所确定的常值解。例如系统：

$$\dot{x}_1 = -x_1$$

$$\dot{x}_2 = x_1 + x_2 - x_2^3$$

就有三个平衡状态：

$$\boldsymbol{x}_{e1} = \begin{pmatrix}0\\0\end{pmatrix},\boldsymbol{x}_{e2} = \begin{pmatrix}0\\-1\end{pmatrix},\boldsymbol{x}_{e1} = \begin{pmatrix}0\\1\end{pmatrix}$$

由于任意一个已知的平衡状态，都可以通过坐标变换将其移到坐标原点 $\boldsymbol{x}_e = 0$ 处。所以今后将只讨论系统在坐标原点处的稳定性就可以了。

应当指出，稳定性问题都是相对于某个平衡状态而言的。线性定常系统由于只有唯一的一个平衡点，所以才笼统地讲所谓的系统稳定性问题。对其余系统则由于可能存在多个平衡点，而不同平衡点可能表现出不同的稳定性，因此必须逐个地分别加以讨论。

4.1.2　稳定性的几个定义

若用 $\|\boldsymbol{x}-\boldsymbol{x}_e\|$ 表示状态矢量 $\boldsymbol{x}$ 与平衡状态 $\boldsymbol{x}_e$ 的距离，用点集 $s(\varepsilon)$ 表示以 $\boldsymbol{x}_e$ 为中心 ε 为半径的超球体，那么 $\boldsymbol{x}\in s(\varepsilon)$，则表示：

$$\|\boldsymbol{x}-\boldsymbol{x}_e\| \leqslant \varepsilon \tag{4.5}$$

式中，$\|\boldsymbol{x}-\boldsymbol{x}_e\|$ 为欧几里德范数。

在 n 维状态空间中，有：

$$\|\boldsymbol{x}-\boldsymbol{x}_e\| = [(x_1-x_{1e})^2+(x_2-x_{2e})^2+\cdots+(x_n-x_{ne})^2]^{\frac{1}{2}} \tag{4.6}$$

当 ε 很小时，则称 $s(\varepsilon)$ 为 $\boldsymbol{x}_e$ 的**邻域**。因此，若有 $\boldsymbol{x}_0\in s(\delta)$，则意味着 $\|\boldsymbol{x}_0-\boldsymbol{x}_e\|\leqslant\delta$。同理，若方程式（4.1）的解 $\boldsymbol{\Phi}(t;\boldsymbol{x}_0,t_0)$ 位于球域 $s(\varepsilon)$ 内，便有：

$$\|\boldsymbol{\Phi}(t;\boldsymbol{x}_0,t_0)-\boldsymbol{x}_e\| \leqslant \varepsilon, t\geqslant t_0 \tag{4.7}$$

式（4.7）表明齐次方程式（4.1）内初态 $\boldsymbol{x}_0$ 或短暂扰动所引起的自由响应是**有界**的。李雅普诺夫根据系统自由响应是否有界把系统的稳定性定义为四种情况。

1. 李雅普诺夫意义下稳定

如果方程式（4.1）描述的系统对于任意选定的实数 $\varepsilon>0$，都对应存在另一实数 $\delta(\varepsilon, t_0)>0$，使当

$$\|\boldsymbol{x}_0-\boldsymbol{x}_e\| \leqslant \delta(\varepsilon,t_0) \tag{4.8}$$

时，从任意初态 $\boldsymbol{x}_0$ 出发的解都满足：

$$\|\boldsymbol{\Phi}(t;\boldsymbol{x}_0,t_0)-\boldsymbol{x}_e\| \leqslant \varepsilon, t_0\leqslant t<\infty \tag{4.9}$$

则称平衡状态 $\boldsymbol{x}_e$ 为李雅普诺夫意义下稳定。其中实数 δ 与 ε 有关，一般情况下也与 t_0 有关。如果 δ 与 t_0 无关，则称这种平衡状态是**一致稳定**的。

图4.1表示二阶系统稳定的平衡状态 $\boldsymbol{x}_e$ 以及从初始状态 $\boldsymbol{x}_0\in s(\delta)$ 出发的轨线 $\boldsymbol{x}\in s(\varepsilon)$。从图可知，若对应于每一个 $s(\varepsilon)$，都存在一个 $s(\delta)$，使当 t 无限增长时，从 $s(\delta)$ 出发的状态轨线（系统的响应）总不离开 $s(\varepsilon)$，即系统响应的幅值是有界的，则称平衡状态 $\boldsymbol{x}_e$ 为李雅普诺夫意义下稳定，简称为**稳定**。

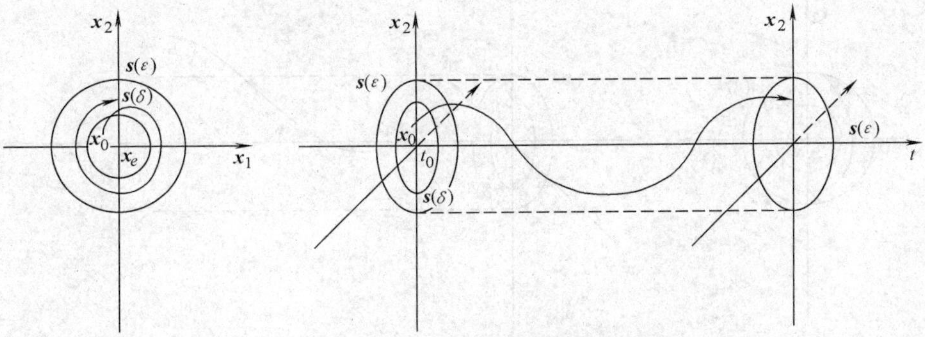

图4.1　稳定的平衡状态及其状态轨线

2. 渐近稳定

如果平衡状态 $\boldsymbol{x}_e$ 是稳定的，而且当 t 无限增长时，轨线不仅不超出 $\boldsymbol{s}(\varepsilon)$，而且最终收敛于 $\boldsymbol{x}_e$，则称这种平衡状态 $\boldsymbol{x}_e$ 渐近稳定。图 4.2 表示了渐近稳定情况在二维空间中的几何解释。

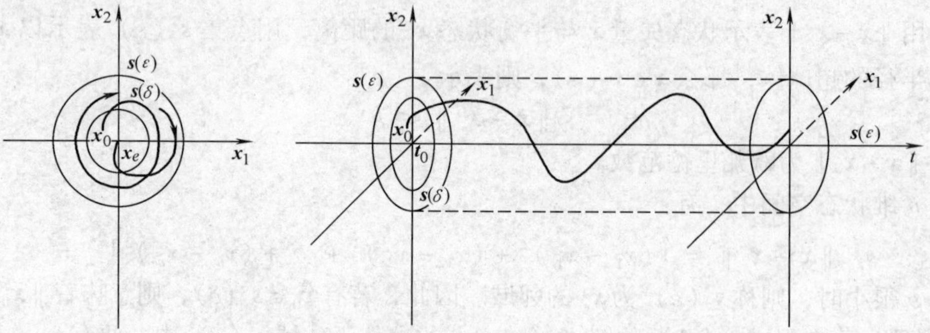

图 4.2 渐近稳定的平衡状态及其状态轨线

从工程意义上说，渐近稳定比稳定更重要。但由于渐近稳定是一个局部概念，通常只确定某平衡状态的渐近稳定性并不意味着整个系统就能正常运行。因此，如何确定渐近稳定的最大区域，并且尽量扩大其范围是尤其重要的。

3. 大范围渐近稳定

如果平衡状态 $\boldsymbol{x}_e$ 是稳定的，而且从状态空间中所有初始状态出发的轨线都具有渐近稳定性，则称这种平衡状态 $\boldsymbol{x}_e$ **大范围渐近稳定**。显然，大范围渐近稳定的必要条件是在整个状态空间只有一个平衡状态。对于线性系统来说，如果平衡状态是渐近稳定的，则必然也是大范围渐近稳定的。对于非线性系统，使 $\boldsymbol{x}_e$ 为渐近稳定平衡状态的球域 $\boldsymbol{s}$ (δ) 一般是不大的，常称这种平衡状态为小范围渐近稳定。

4. 不稳定

如果对于某个实数 $\varepsilon>0$ 和任一实数 $\delta>0$，不管 δ 这个实数多么小，由 $\boldsymbol{s}(\delta)$ 内出发的状态轨线，至少有一个轨线越过 $\boldsymbol{s}(\varepsilon)$，则称这种平衡状态 $\boldsymbol{x}_e$ **不稳定**。其二维空间的几何解析如图 4.3 所示。

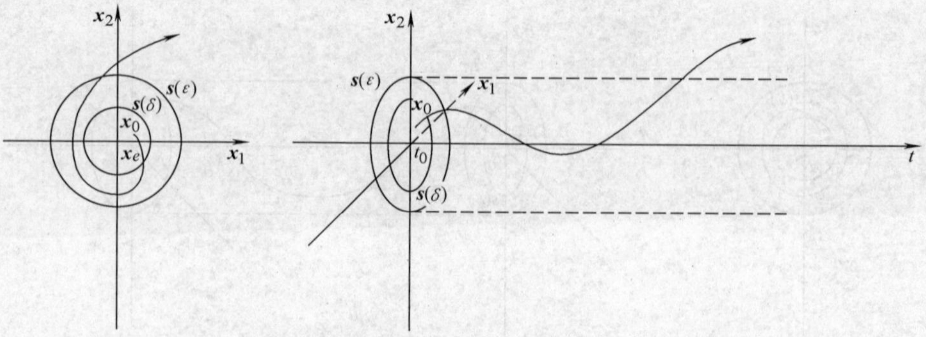

图 4.3 不稳定的平衡状态及其状态轨线

从上述定义看出，球域 $s(\delta)$ 限制着初始状态 $\boldsymbol{x}_0$ 的取值，球域 $s(\varepsilon)$ 规定了系统自由相应 $\boldsymbol{x}(t)=\boldsymbol{\Phi}(t;\boldsymbol{x}_0,t_0)$ 的边界。简单地说，如果 $\boldsymbol{x}(t)$ 为有界，则称 $\boldsymbol{x}_e$ 稳定。如果 $\boldsymbol{x}(t)$ 不仅有界而且有 $\lim\limits_{t\to\infty}x(t)=0$，收敛于原点，则称 $\boldsymbol{x}_e$ 渐近稳定。如果 $\boldsymbol{x}(t)$ 为无界，则称 $\boldsymbol{x}_e$ 不稳定。在经典控制理论中，只有渐近稳定的系统才称作稳定系统。只在李雅普诺夫意义下稳定，但不是渐近稳定的系统则称临界稳定系统，这在工程上属于不稳定系统。

4.2　李雅普诺夫第一法

李雅普诺夫第一法又称间接法。它的基本思路是通过系统状态方程的解来判别系统的稳定性。对于线性定常系统，只需解出特征方程的根即可作出稳定性判断。对于非线性不很严重的系统，则可通过线性化处理，取其一次近似得到线性化方程，然后再根据其特征根来判断系统的稳定性。

4.2.1　线性系统的稳定判据

线性定常系统 Σ：$(\boldsymbol{A},\boldsymbol{b},\boldsymbol{c})$

$$\begin{aligned}\dot{\boldsymbol{x}}&=\boldsymbol{A}\boldsymbol{x}+\boldsymbol{b}u\\ y&=\boldsymbol{c}\boldsymbol{x}\end{aligned}\tag{4.10}$$

平衡状态 $\boldsymbol{x}_e=0$ 渐近稳定的充要条件是矩阵 $\boldsymbol{A}$ 的所有特征值均具有负实部。

以上讨论的都是指系统的**状态稳定性**，或称内部稳定性。但从工程意义上看，往往更重视系统的**输出稳定性**。

如果系统对于有界输入 $\boldsymbol{u}$ 所引起的输出 $\boldsymbol{y}$ 是有界的，则称系统为**输出稳定**。

线性定常系统 Σ：$(\boldsymbol{A},\boldsymbol{b},\boldsymbol{c})$ 输出稳定的充要条件是其传递函数：

$$\boldsymbol{W}(s)=\boldsymbol{c}(s\boldsymbol{I}-\boldsymbol{A})^{-1}\boldsymbol{b}\tag{4.11}$$

的极点全部位于 s 的左半平面。

【例4-1】　设系统的状态空间表达式为：

$$\dot{\boldsymbol{x}}=\begin{pmatrix}-1&0\\0&1\end{pmatrix}\boldsymbol{x}+\begin{pmatrix}1\\1\end{pmatrix}u$$

$$y=(1,\ 0)\boldsymbol{x}$$

试分析系统的状态稳定性与输出稳定性。

解　(1) 由 $\boldsymbol{A}$ 阵的特征方程：

$$\det[\lambda\boldsymbol{I}-\boldsymbol{A}]=(\lambda+1)(\lambda-1)=0$$

可得特征值 $\lambda_1=-1$，$\lambda_2=+1$。故系统的状态不是渐近稳定的。

(2) 由系统的传递函数：

$$\begin{aligned}\boldsymbol{W}(s)&=\boldsymbol{c}(s\boldsymbol{I}-\boldsymbol{A})^{-1}\boldsymbol{b}\\&=(1,\ 0)\begin{pmatrix}s+1&0\\0&s-1\end{pmatrix}^{-1}\begin{pmatrix}1\\1\end{pmatrix}=\frac{s-1}{(s+1)(s-1)}=\frac{1}{s+1}\end{aligned}$$

可见传递函数的极点 $s=-1$ 位于 s 的左半平面，故系统输出稳定。这是因为具有正实部的特征值 $\lambda_2=+1$ 被系统的零点 $s=+1$ 对消了，所以在系统的输入输出特性中没被表现出来。由此可见，只有当系统的传递函数 $\boldsymbol{W}(s)$ 不出现零、极点对消现象，即矩阵 $\boldsymbol{A}$ 的特征值与系统传递函数 $\boldsymbol{W}(s)$ 的极点相同，此时系统的状态稳定性才与其输出稳定性相一致。

4.2.2 非线性系统的稳定性

设系统的状态方程为：

$$\dot{\boldsymbol{x}} = \boldsymbol{f}(\boldsymbol{x},t) \tag{4.12}$$

$\boldsymbol{x}_e$ 为其平衡状态；$\boldsymbol{f}(\boldsymbol{x},t)$ 为与 $\boldsymbol{x}$ 同维的矢量函数，且对 $\boldsymbol{x}$ 具有连续的偏导数。

为讨论系统在 $\boldsymbol{x}_e$ 处的稳定性，可将非线性矢量函数 $\boldsymbol{f}(\boldsymbol{x},t)$ 在 $\boldsymbol{x}_e$ 邻域内展成泰勒级数，得：

$$\dot{\boldsymbol{x}} = \boldsymbol{f}(\boldsymbol{x}_e,t) + \left.\frac{\partial \boldsymbol{f}}{\partial \boldsymbol{x}}\right|_{x=x_e}(\boldsymbol{x}-\boldsymbol{x}_e) + \boldsymbol{R}(\boldsymbol{x}) \tag{4.13}$$

式中，$\boldsymbol{R}(\boldsymbol{x})$ 为级数展开式中的高阶导数项。

而

$$\frac{\partial \boldsymbol{f}}{\partial \boldsymbol{x}} = \begin{pmatrix} \dfrac{\partial f_1}{\partial x_1} & \dfrac{\partial f_1}{\partial x_2} & \cdots & \dfrac{\partial f_1}{\partial x_n} \\ \dfrac{\partial f_2}{\partial x_1} & \dfrac{\partial f_2}{\partial x_2} & \cdots & \dfrac{\partial f_2}{\partial x_n} \\ \vdots & \vdots & & \vdots \\ \dfrac{\partial f_n}{\partial x_1} & \dfrac{\partial f_n}{\partial x_2} & \cdots & \dfrac{\partial f_n}{\partial x_n} \end{pmatrix}_{n\times n} \tag{4.14}$$

称为雅可比（Jacobian）矩阵。

若令 $\Delta\boldsymbol{x} = \boldsymbol{x} - \boldsymbol{x}_e$，并取式（4.13）的一次近似式，可得系统的线性化方程：

$$\Delta\dot{\boldsymbol{x}} = \boldsymbol{A}\Delta\boldsymbol{x} \tag{4.15}$$

式中

$$\boldsymbol{A} = \left.\frac{\partial \boldsymbol{f}}{\partial \boldsymbol{x}}\right|_{x=x_e} \tag{4.16}$$

在一次近似的基础上，李雅普诺夫给出下述结论：

1）如果方程式（4.15）中系数矩阵 $\boldsymbol{A}$ 的所有特征值都具有负实部，则原非线性系统式（4.12）在平衡状态 $\boldsymbol{x}_e$ 是渐近稳定的，而且系统的稳定性与 $\boldsymbol{R}(\boldsymbol{x})$ 无关。

2）如果 A 的特征值，至少有一个具有正实部，则原非线性系统的平衡状态 x_e 是不稳定的。

3）如果 $\boldsymbol{A}$ 的特征值，至少有一个的实部为零。系统处于临界情况，那么原非线性系统的平衡状态 $\boldsymbol{x}_e$ 的稳定性将取决于高阶导数项 $\boldsymbol{R}(\boldsymbol{x})$，而不能由 A 的特征值符号来确定。

【例 4-2】 设系统状态方程为：

$$\dot{x}_1 = x_1 - x_1x_2$$
$$\dot{x}_2 = -x_2 + x_1x_2$$

试分析系统在平衡状态处的稳定性。

解　系统有两个平衡状态 $x_{e1}=(0,\quad 0)^{T}$，$\boldsymbol{x}_{e2}=(1,\quad 1)^{T}$。

在 $\boldsymbol{x}_{e1}$ 处将其线性化，得：

$$\dot{x}_1 = x_1$$
$$\dot{x}_2 = -x_2$$

即

$$\boldsymbol{A}=\begin{pmatrix}1 & 0\\ 0 & -1\end{pmatrix}$$

其特征值为 $\lambda_1=-1$，$\lambda_2=+1$，可见原非线性系统在 $\boldsymbol{x}_{e1}$ 处是不稳定的。

在 $\boldsymbol{x}_{e2}$ 处将其线性化，得：

$$\dot{x}_1 = -x_2$$
$$\dot{x}_2 = x_1$$

即

$$\boldsymbol{A}=\begin{pmatrix}0 & -1\\ 1 & 0\end{pmatrix}$$

其特征值为 $\pm \mathrm{j}1$，实部为零，因而不能由线性化方程得出原系统在 $\boldsymbol{x}_{e2}$ 处稳定性的结论。这种情况要应用下面将要讨论的李雅普诺夫第二法进行判定。

4.3　李雅普诺夫第二法

李雅普诺夫第二法又称直接法。它的基本思路不是通过求解系统的运动方程，而是借助于一个李雅普诺夫函数来直接对系统平衡状态的稳定性做出判断。它是从能量观点进行稳定性分析的。如果一个系统被激励后，其储存的能量随着时间的推移逐渐衰减，到达平衡状态时，能量将达最小值，那么，这个平衡状态是渐近稳定的。反之，如果系统不断地从外界吸收能量，储能越来越大，那么这个平衡状态就是不稳定的。如果系统的储能既不增加，也不消耗，那么这个平衡状态就是李雅普诺夫意义下的稳定。例如图 4.4 所示曲面上的小球 B，受到扰动作用后，偏离平衡点 A 到达状态 C，获得一定的能量，（能量是系统状态的函数）然后便开始围绕平衡点 A 来回振荡。如果曲面表面绝对光滑，运动过程不消耗能量，也不再从外界吸收能量，贮能对时间便没有变化，那么，振荡将等幅地一直维持下去，这就是李雅普诺夫意义下的稳定。如果曲面表面有摩擦，振荡过程将消耗能量，贮能对时间的变化率为负值。那么振荡幅值将越来越小，直至最后小球又回复到平衡点 A。根据定义，这个平衡状态便是渐近稳定的。由此可见，按照系统运动过程中能量变化趋势的观点来分析系统的稳定性是直观而方便的。

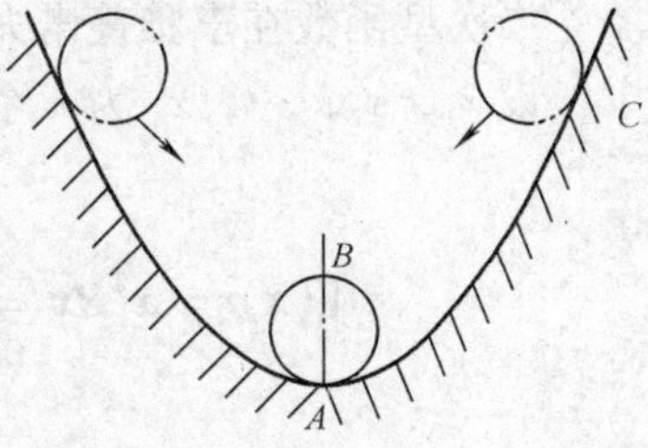

图 4.4　小球运动分析示意图

但是，由于系统的复杂性和多样性，往往不能直观地找到一个能量函数来描述系统的能量关系，于是李雅普诺夫定义一个正定的标量函数 $V(\boldsymbol{x})$，作为虚构的广义能量函数，然后，根据 $\dot{V}(\boldsymbol{x}) = \mathrm{d}V(\boldsymbol{x})/\mathrm{d}t$ 的符号特征来判别系统的稳定性。对于一个给定系统，如果能找到一个正定的标量函数 $V(\boldsymbol{x})$，而 $\dot{V}(\boldsymbol{x})$ 是负定的，则这个系统是渐近稳定的。这个 $V(\boldsymbol{x})$ 叫做李雅普诺夫函数。实际上，任何一个标量函数只要满足李雅普诺夫稳定性判据所假设的条件，均可作为李雅普诺夫函数。

由此可见，应用李雅普诺夫第二法的关键问题便可归结为寻找李雅普诺夫函数 $V(\boldsymbol{x})$ 的问题。过去，寻找李雅普诺夫函数主要是靠试探，几乎完全凭借设计者的经验和技巧。这曾经严重地阻碍着李雅普诺夫第二法的推广应用。现在，随着计算机技术的发展，借助数字计算机不仅可以找到所需要的李雅普诺夫函数，而且还能确定系统的稳定区域。但是要想找到一套对任何系统都普遍适用的方法仍很困难。

4.3.1 预备知识

1. 标量函数的符号性质

设 $V(\boldsymbol{x})$ 为由 n 维矢量 $\boldsymbol{x}$ 所定义的标量函数，$\boldsymbol{x}\in\boldsymbol{\Omega}$，且在 $\boldsymbol{x}=0$ 处，恒有 $V(\boldsymbol{x})=0$。所有在域 $\boldsymbol{\Omega}$ 中的任何非零矢量 $\boldsymbol{x}$，如果：

1）$V(\boldsymbol{x})>0$，则称 $V(\boldsymbol{x})$ 为正定的。例如，$V(\boldsymbol{x})=x_1^2+x_2^2$

2）$V(\boldsymbol{x})\geqslant 0$，则称 $V(\boldsymbol{x})$ 为半正定（或非负定）的。例如，$V(\boldsymbol{x})=(x_1+x_2)^2$

3）$V(\boldsymbol{x})<0$，则称 $V(\boldsymbol{x})$ 为负定的。例如，$V(\boldsymbol{x})=-(x_1^2+2x_2^2)$

4）$V(\boldsymbol{x})\leqslant 0$，则称 $V(\boldsymbol{x})$ 为半负定（或非正定）的。例如，$V(\boldsymbol{x})=-(x_1+x_2)^2$

5）$V(\boldsymbol{x})>0$ 或 $V(\boldsymbol{x})<0$，则称 $V(\boldsymbol{x})$ 为不定的。例如，$V(\boldsymbol{x})=x_1+x_2$

【例 4-3】 判别下列各函数的符号性质。

（1）设 $[\boldsymbol{x}=x_1,\ x_2,\ x_3]^{\mathrm{T}}$，标量函数为：

$$V(\boldsymbol{x})=(x_1+x_2)^2+x_3^2$$

因为有 $V(0)=0$，而且对非零 $\boldsymbol{x}$，例如 $\boldsymbol{x}=(a,\ -a,\ 0)^{\mathrm{T}}$ 也使 $V(\boldsymbol{x})=0$。所以 $V(\boldsymbol{x})$ 为半正定（或非负定）的。

（2）设 $\boldsymbol{x}=(x_1,x_2,x_3)^{\mathrm{T}}$，标量函数为：

$$V(\boldsymbol{x})=x_1^2+x_2^2$$

因为有 $V(0)=0$，而且当 $\boldsymbol{x}=(0,\ 0,\ a)^{\mathrm{T}}$ 也使 $V(\boldsymbol{x})=0$。所以 $V(\boldsymbol{x})$ 为半正定。

2. 二次型标量函数

二次型函数在李雅普诺夫第二方法分析系统的稳定性中起着很重要的作用。

设 $x_1,\ x_2,\ \cdots,\ x_n$ 为 n 个变量，定义二次型标量函数为：

$$V(\boldsymbol{x})=\boldsymbol{x}^{\mathrm{T}}\boldsymbol{P}\boldsymbol{x}=(x_1,\ x_2,\ \cdots,\ x_n)\begin{pmatrix}p_{11} & p_{12} & \cdots & p_{1n}\\ p_{21} & p_{22} & \cdots & p_{2n}\\ \vdots & \vdots & & \vdots\\ p_{n1} & p_{n2} & \cdots & p_{nn}\end{pmatrix}\begin{pmatrix}x_1\\ x_2\\ \vdots\\ x_n\end{pmatrix} \tag{4.17}$$

如果 $p_{ij}=p_{ji}$，则称 $\boldsymbol{P}$ 为实对称阵。例如

$$V(\boldsymbol{x}) = x_1^2 + 2x_1x_2 + x_2^2 + x_3^2$$

$$= (x_1,\quad x_2,\quad x_3)\begin{pmatrix}1 & 1 & 0\\1 & 1 & 0\\0 & 0 & 1\end{pmatrix}\begin{pmatrix}x_1\\x_2\\x_3\end{pmatrix}$$

对二次型函数 $V(\boldsymbol{x}) = \boldsymbol{x}^{\mathrm{T}}\boldsymbol{P}\boldsymbol{x}$，若 $\boldsymbol{P}$ 为实对称阵，则必存在正交矩阵 $\boldsymbol{T}$，通过变换 $\boldsymbol{x} = \boldsymbol{T}\,\bar{\boldsymbol{x}}$，使之化成：

$$V(\boldsymbol{x}) = \boldsymbol{x}^{\mathrm{T}}\boldsymbol{P}\boldsymbol{x} = \bar{\boldsymbol{x}}^{\mathrm{T}}\boldsymbol{T}^{\mathrm{T}}\boldsymbol{P}\boldsymbol{T}\,\bar{\boldsymbol{x}} = \bar{\boldsymbol{x}}^{\mathrm{T}}(\boldsymbol{T}^{-1}\boldsymbol{P}\boldsymbol{T})\,\bar{\boldsymbol{x}}$$

$$= \bar{\boldsymbol{x}}^{\mathrm{T}}\bar{\boldsymbol{P}}\,\bar{\boldsymbol{x}} = \bar{\boldsymbol{x}}^{\mathrm{T}}\begin{pmatrix}\lambda_1 & & & \\ & \lambda_2 & & \boldsymbol{0}\\ & \boldsymbol{0} & \ddots & \\ & & & \lambda_n\end{pmatrix}\bar{\boldsymbol{x}} = \sum_{i=1}^{n}\lambda_i\,\bar{x}_i^2 \tag{4.18}$$

称式（4.18）为二次型函数的标准形。它只包含变量的平方项，其中 λ_i，$(i=1,\ 2,\ \cdots,\ n)$ 为对称阵 $\boldsymbol{P}$ 的互异特征值，且均为实数。则 $V(\boldsymbol{x})$ 正定的充要条件是对称阵 $\boldsymbol{P}$ 的所有特征值 λ_i 均大于零。

矩阵 $\boldsymbol{P}$ 的符号性质定义如下：

设 $\boldsymbol{P}$ 为 $n\times n$ 实对称方阵，$V(\boldsymbol{x}) = \boldsymbol{x}^{\mathrm{T}}\boldsymbol{P}\boldsymbol{x}$ 为由 $\boldsymbol{P}$ 所决定的二次型函数。

1）若 $V(\boldsymbol{x})$ 正定，则称 $\boldsymbol{P}$ 为正定，记做 $\boldsymbol{P}>0$。

2）若 $V(\boldsymbol{x})$ 负定，则称 $\boldsymbol{P}$ 为负定，记做 $\boldsymbol{P}<0$。

3）若 $V(\boldsymbol{x})$ 半正定（非负定），则称 $\boldsymbol{P}$ 为半正定（非负定），记做 $\boldsymbol{P}\geqslant 0$。

4）若 $V(\boldsymbol{x})$ 半负定（非正定），则称 $\boldsymbol{P}$ 为半负定（非正定），记做 $\boldsymbol{P}\leqslant 0$。

由此可见，矩阵 $\boldsymbol{P}$ 的符号性质与由其所决定的二次型函数 $V(\boldsymbol{x}) = \boldsymbol{x}^{\mathrm{T}}\boldsymbol{P}\boldsymbol{x}$ 的符号性质完全一致。因此，要判别 $V(\boldsymbol{x})$ 的符号只要判别 $\boldsymbol{P}$ 的符号即可。而后者可由希尔维斯特（Sylvester）判据进行判定。

3. 希尔维斯特判据

设实对称矩阵：

$$\boldsymbol{P} = \begin{pmatrix}p_{11} & p_{12} & \cdots & p_{1n}\\ p_{21} & p_{22} & \cdots & p_{2n}\\ \vdots & \vdots & & \vdots\\ p_{n1} & p_{n2} & \cdots & p_{nn}\end{pmatrix},\quad p_{ij} = p_{ji} \tag{4.19}$$

Δ_i（$i=1,\ 2,\ \cdots,\ n$）为其各阶顺序主子行列式：

$$\Delta_1 = p_{11},\quad \Delta_2 = \begin{vmatrix}p_{11} & p_{12}\\ p_{21} & p_{22}\end{vmatrix},\quad \cdots,\quad \Delta_n = |\boldsymbol{P}| \tag{4.20}$$

矩阵 $\boldsymbol{P}$（或 $V(\boldsymbol{x})$）定号性的充要条件是：

1）若 $\Delta_i>0$（$i=1,\ 2,\ \cdots,\ n$），则 $\boldsymbol{P}$（或 $V(\boldsymbol{x})$）为正定的。

2）若 $\Delta_i\begin{cases}>0, & i\text{ 为偶数}\\ <0, & i\text{ 为奇数}\end{cases}$，则 $\boldsymbol{P}$（或 $V(\boldsymbol{x})$）为负定的。

3）若 $\Delta_i\begin{cases}\geqslant 0, & i=(1, 2, \cdots, n-1)\\ =0, & i=n\end{cases}$，则 $\boldsymbol{P}$（或 $V(\boldsymbol{x})$）为半正定（非负定）的。

4）若 $\Delta_i\begin{cases}\geqslant 0, & i\text{ 为偶数}\\ \leqslant 0, & i\text{ 为奇数}\\ =0, & i=n\end{cases}$，则 $\boldsymbol{P}$（或 $V(\boldsymbol{x})$）为半负定（非正定）的。

4.3.2 几个稳定性判据

用李雅普诺夫第二法分析系统的稳定性，可概括为以下几个稳定性判据。

设系统的状态方程为：

$$\dot{\boldsymbol{x}} = \boldsymbol{f}(\boldsymbol{x}) \tag{4.21}$$

平衡状态为 $\boldsymbol{x}_e=0$，满足 $\boldsymbol{f}(\boldsymbol{x}_e)=0$。

如果存在一个标量函数 $V(\boldsymbol{x})$，它满足：

1）$V(\boldsymbol{x})$ 对所有 x 都具有连续的一阶偏导数。

2）$V(\boldsymbol{x})$ 是正定的，即当 $x=0$，$V(\boldsymbol{x})=0$；$\boldsymbol{x}\neq 0$，$V(\boldsymbol{x})>0$。

3）$V(\boldsymbol{x})$ 沿状态轨迹方向计算的时间导数 $\dot{V}(\boldsymbol{x})=\mathrm{d}V(\boldsymbol{x})/\mathrm{d}t$ 分别满足下列条件：

① 若 $\dot{V}(\boldsymbol{x})$ 为半负定，那么平衡状态 x_e 为在李雅普诺夫意义下稳定。此称稳定判据。

② 若 $\dot{V}(\boldsymbol{x})$ 为负定；或者虽然 $\dot{V}(\boldsymbol{x})$ 为半负定，但对任意初始状态 $x(t_0)\neq 0$ 来说，除去 $\boldsymbol{x}=0$ 外，对 $\boldsymbol{x}\neq 0$，$\dot{V}(\boldsymbol{x})$ 不恒为零。那么原点平衡状态是渐近稳定的。如果进一步还有当 $\|\boldsymbol{x}\|\to\infty$ 时，$V(\boldsymbol{x})\to\infty$，则系统是大范围渐近稳定的。此称渐近稳定判据。

③ 若 $\dot{V}(\boldsymbol{x})$ 为正定，那么平衡状态 $\boldsymbol{x}_e$ 是不稳定的。此称不稳定判据。

下面对渐近稳定判据中当 $\dot{V}(\boldsymbol{x})$ 为半负定时的附加条件 $\dot{V}(\boldsymbol{x})$ 不恒等于零作些说明。由于 $\dot{V}(\boldsymbol{x})$ 为半负定，所以在 $\boldsymbol{x}\neq 0$ 时可能会出现 $\dot{V}(\boldsymbol{x})=0$。这时系统可能有两种运动情况，如图 4.5 所示。

① $\dot{V}(\boldsymbol{x})$ 恒等于零，这时运动轨迹将落在某个特定的曲面 $V(\boldsymbol{x})=C$ 上。这意味着运动轨迹不会收敛于原点。这种情况可能对应于非线性系统中出现的极限环或线性系统中的临界稳定。

② $\dot{V}(\boldsymbol{x})$ 不恒等于零，这时运动轨迹只在某个时刻与某个特定曲面 $V(\boldsymbol{x})=C$ 相切，运动轨迹通过切点后并不停留而继续向原点收敛，因此，这种情况仍属于渐近稳定。

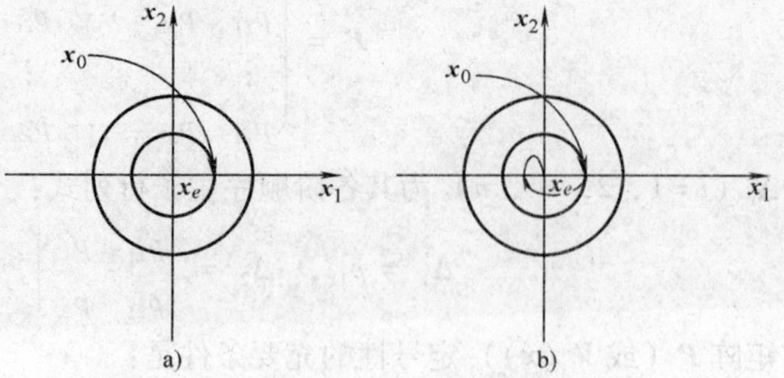

图 4.5 $\dot{V}(\boldsymbol{x})=0$ 时运动的分析

a) $\dot{V}(\boldsymbol{x})\equiv 0$，b) $\dot{V}(\boldsymbol{x})\not\equiv 0$

应当指出，上述判据只给出了判断系统稳定性的充分条件，而非充要条件。就是说，对于给定系统，如果找到满足判据条件的李雅普诺夫函数则能对系统的稳定性做出肯定的结论。但是却不能因为没有找到这样的李雅普诺夫函数，就做出否定的结论。

【例 4-4】　已知非线性系统状态方程：

$$\dot{x}_1 = x_2 - x_1(x_1^2 + x_2^2)$$
$$\dot{x}_2 = -x_1 - x_2(x_1^2 + x_2^2)$$

试分析其平衡状态的稳定性。

解　坐标原点 $\boldsymbol{x}_e = 0$ 是其唯一的平衡状态。

设正定的标量函数为：

$$V(\boldsymbol{x}) = x_1^2 + x_2^2$$

沿任意轨迹求 $V(\boldsymbol{x})$ 对时间的导数，得：

$$\dot{V}(\boldsymbol{x}) = \frac{\partial V}{\partial x_1}\frac{\mathrm{d}x_1}{\mathrm{d}t} + \frac{\partial V}{\partial x_2}\frac{\mathrm{d}x_2}{\mathrm{d}t} = 2x_1\dot{x}_1 + 2x_2\dot{x}_2$$

将状态方程代入上式，得该系统沿运动轨迹的 $\dot{V}(\boldsymbol{x})$ 为：

$$\dot{V}(\boldsymbol{x}) = -2(x_1^2 + x_2^2)^2$$

是负定的。因此所选 $V(\boldsymbol{x}) = x_1^2 + x_2^2$ 是满足判据条件的一个李雅普诺夫函数。而且当 $\|\boldsymbol{x}\| \to \infty$ 时，有 $V(\boldsymbol{x}) \to \infty$，所以，系统在坐标原点处为大范围渐近稳定。

上述结论的正确性可由图 4.6 得到几何解释。因为 $V(\boldsymbol{x}) = x_1^2 + x_2^2 = C$ 的几何图形是在 x_1x_2 平面上以原点为中心，以$\sqrt{C}$为半径的一簇圆。它表示系统存贮的能量。如果贮能越多，圆的半径越大，表示相应状态矢量到原点之间的距离越远。而 $\dot{V}(\boldsymbol{x})$ 为负定，则表示系统的状态在沿状态轨线从圆的外侧趋向内侧的运动过程中，能量将随着时间的推移而逐渐衰减，并最终收敛于原点。由此可见，如果 $V(\boldsymbol{x})$ 表示状态 x 与坐标原点间的距离，那么 $\dot{V}(\boldsymbol{x})$ 就表示状态 x 沿轨线趋向坐标原点的速度，也就是状态从 x_0 向 x_e 趋近的速度。

【例 4-5】　已知系统状态方程：

$$\dot{\boldsymbol{x}} = \begin{pmatrix} 0 & 1 \\ -1 & -1 \end{pmatrix}\boldsymbol{x}$$

试分析系统平衡状态的稳定性。

解　原点 $\boldsymbol{x}_e = 0$ 是系统唯一的平衡状态。选取标准二次型函数为李雅普诺夫函数，即

$$V(\boldsymbol{x}) = x_1^2 + x_2^2 > 0$$

则

$$\dot{V}(\boldsymbol{x}) = 2x_1\dot{x}_1 + 2x_2\dot{x}_2 = -2x_2^2$$

当 $x_1 = 0$，$x_2 = 0$ 时，$\dot{V}(\boldsymbol{x}) = 0$；当 $x_1 \neq 0$，$x_2 = 0$，$\dot{V}(\boldsymbol{x}) = 0$，因此$\dot{V}(\boldsymbol{x})$为半负定。根据判据，可知该系统在李雅普诺夫意义下是稳定的。那么能否是渐近

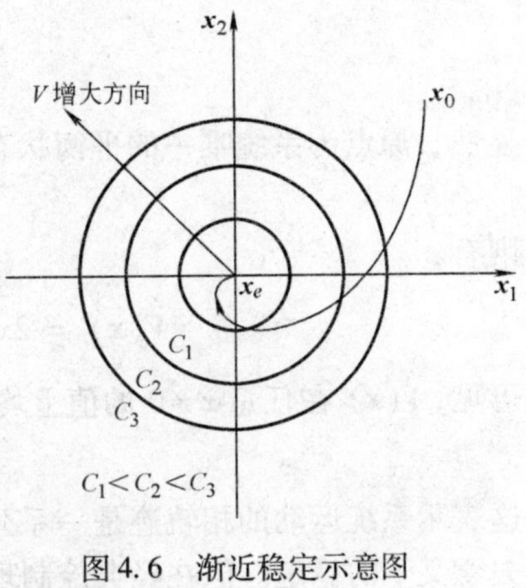

图 4.6　渐近稳定示意图

稳定的呢？为此，还需要进一步分析当 $x_1 \neq 0$，$x_2 = 0$ 时，$\dot{V}(\boldsymbol{x})$ 是否恒为零。

如果假设 $\dot{V}(\boldsymbol{x}) = -2x_2^2$ 恒等于零，必然要求 x_2 在 $t > t_0$ 时恒等于零；而 x_2 恒等于零又要求 $\dot{x}_2$ 恒等于零。但从状态方程 $\dot{x}_2 = -x_1 - x_2$ 可知，在 $t > t_0$ 时，若要求 $\dot{x}_2 = 0$ 和 $x_2 = 0$，必须满足 $x_1 = 0$ 的条件。这就表明，在 $x_1 \neq 0$ 时，$\dot{V}(x)$ 不可能恒等于零。因此上面当 $x_1 \neq 0$，$x_2 = 0$ 时，$\dot{V}(x) = 0$ 的情况只能出现在状态轨迹与等 V 圆相切的某一时刻上，如图 4.5b 所示。又由于 $\|\boldsymbol{x}\| \to \infty$ 时，有 $V(\boldsymbol{x}) \to \infty$，故系统在原点处为大范围渐近稳定。

如果另选一个李雅普诺夫函数，例如：

$$V(\boldsymbol{x}) = \frac{1}{2}[(x_1 + x_2)^2 + 2x_1^2 + x_2^2]$$

$$= [x_1, x_2]\begin{pmatrix} \frac{3}{2} & \frac{1}{2} \\ \frac{1}{2} & 1 \end{pmatrix}\begin{pmatrix} x_1 \\ x_2 \end{pmatrix}$$

为正定，而

$$\dot{V}(\boldsymbol{x}) = (x_1 + x_2)(\dot{x}_1 + \dot{x}_2) + 2x_1\dot{x}_1 + x_2\dot{x}_2 = -(x_1^2 + x_2^2)$$

是负定的，且当 $\|\boldsymbol{x}\| \to \infty$ 时，有 $V(\boldsymbol{x}) \to \infty$ 。因而也能得出原点是大范围渐近稳定的结论。

【例 4-6】 设闭环系统如图 4.7 所示。试分析系统的稳定性。

解 由经典控制理论可知，所给系统是一个结构不稳定系统。它的自由解是一个等幅的正弦振荡。要想使这个系统稳定，必须改变系统的结构。

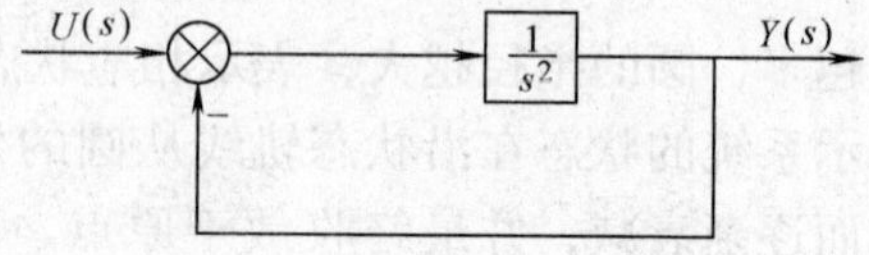

图 4.7 结构不稳定系统

闭环系统的状态方程为：

$$\dot{\boldsymbol{x}} = \begin{pmatrix} 0 & 1 \\ -1 & 0 \end{pmatrix}\boldsymbol{x} + \begin{pmatrix} 0 \\ 1 \end{pmatrix}u$$

其齐次方程为：

$$\dot{x}_1 = x_2$$

$$\dot{x}_2 = -x_1$$

显然，原点为系统唯一的平衡状态。试选李雅普诺夫函数：

$$V(\boldsymbol{x}) = x_1^2 + x_2^2 > 0$$

则有：

$$\dot{V}(\boldsymbol{x}) = 2x_1\dot{x}_1 + 2x_2\dot{x}_2 = 2(x_1x_2 - x_1x_2) \equiv 0$$

可见，$\dot{V}(\boldsymbol{x})$ 在任意 $x \neq 0$ 的值上均可保持为零，而 $V(\boldsymbol{x})$ 保持为某常数，

$$V(\boldsymbol{x}) = x_1^2 + x_2^2 = C$$

这表示系统运动的相轨迹是一系列以原点为圆心，$\sqrt{C}$为半径的圆。这时系统为李雅普诺夫意义下的稳定。但在经典控制理论中，这种情况属于不稳定。

【例 4-7】　设系统状态方程为：

$$\dot{x}_1 = x_2$$
$$\dot{x}_2 = -(1-|x_1|)x_2 - x_1$$

试确定平衡状态的稳定性。

解　原点是唯一的平衡状态。初选：

$$V(\boldsymbol{x}) = x_1^2 + x_2^2 > 0$$

则有：

$$\dot{V}(\boldsymbol{x}) = -2x_2^2(1-|x_1|)$$

当 $|x_1| = 1$ 时，$\dot{V}(\boldsymbol{x}) = 0$；当 $|x_1| > 1$ 时，$\dot{V}(\boldsymbol{x}) > 0$，可见该系统在单位圆外是不稳定的。但在单位圆 $x_1^2 + x_2^2 = 1$ 内，由于 $|x_1| < 1$，此时，$\dot{V}(\boldsymbol{x})$ 是负定的。因此，在这个范围内系统平衡点是渐近稳定的。如图 4.8 所示。这个单位圆称作不稳定的极限环。

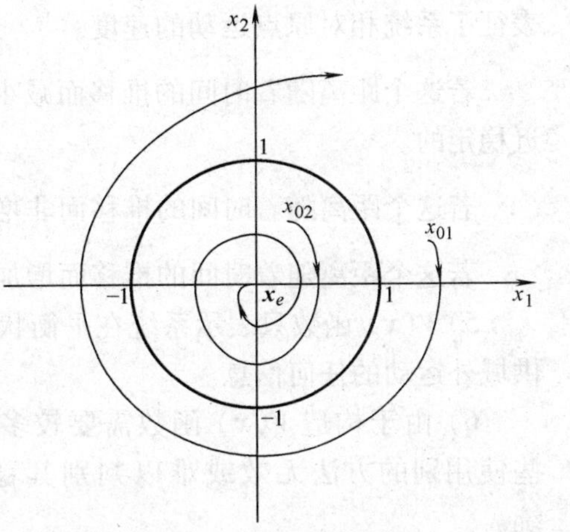

图 4.8　不稳定的极限环

【例 4-8】　设系统状态方程为：

$$\dot{\boldsymbol{x}} = \begin{pmatrix} 1 & 1 \\ -1 & 1 \end{pmatrix}\boldsymbol{x}$$

试分析 $x_e = 0$ 处的稳定性。

解　选取：

$$V(\boldsymbol{x}) = x_1^2 + x_2^2 > 0$$

同时有：

$$\dot{V}(\boldsymbol{x}) = 2x_1\dot{x}_1 + 2x_2\dot{x}_2 = 2(x_1^2 + x_2^2) > 0$$

所以在 $\boldsymbol{x}_e = 0$ 处是不稳定的。实际上，由特征方程：

$$\det[s\boldsymbol{I} - \boldsymbol{A}] = \det\begin{pmatrix} s-1 & -1 \\ 1 & s-1 \end{pmatrix} = s^2 - 2s + 2 = 0$$

可知，方程各系数不同号，系统必然不稳定。

4.3.3　对李雅普诺夫函数的讨论

由稳定性判据可知，运用李雅普诺夫第二法的关键在于寻找一个满足判据条件的李雅普诺夫函数 $V(\boldsymbol{x})$。但是李雅普诺夫稳定性理论本身并没有提供构造 $V(\boldsymbol{x})$ 的一般方法。尽管第二法原理上很简单，但应用起来却很不容易。因此，有必要对 $V(\boldsymbol{x})$ 的属性作一些讨论。

1）$V(\boldsymbol{x})$ 是满足稳定性判据条件的一个正定的标量函数，且对 x 应具有连续的一阶偏导数。

2）对于一个给定系统，如果 $V(\boldsymbol{x})$ 是可找到的，那么通常是非唯一的，但这并不影响结论的一致性。

3）$V(\boldsymbol{x})$ 的最简单形式是二次型函数：

$$V(\boldsymbol{x}) = \boldsymbol{x}^{\mathrm{T}}\boldsymbol{P}\boldsymbol{x}$$

其中 $\boldsymbol{P}$ 为实对称方阵，它的元素可以是定常的或时变的。但 $V(\boldsymbol{x})$ 并不一定都是简单的二次型。

4）如果 $V(\boldsymbol{x})$ 为二次型，且可表示为：

$$V(\boldsymbol{x}) = x_1^2 + x_2^2 + \cdots + x_n^2 = \sum_{i=1}^{n} x_i^2 = \boldsymbol{x}^{\mathrm{T}}\boldsymbol{x} \tag{4.22}$$

则 $V(\boldsymbol{x}) = C_k =$ 常值，$C_k < C_{k+1}$，$k=1, 2, \cdots$在几何上表示状态空间中以原点为中心，以 C_k 为半径的超球面，C_k 必位于 C_{k+1} 的球面内。$V(\boldsymbol{x})$ 就表示从原点至 $\boldsymbol{x}$ 点的距离。$\dot{V}(\boldsymbol{x})$ 便表征了系统相对原点运动的速度。

若这个距离随着时间的推移而减小，即 $\dot{V}(\boldsymbol{x}) < 0$，$\boldsymbol{x}(t)$ 必将收敛于原点，则原点是渐近稳定的。

若这个距离随着时间的推移而非增，即 $\dot{V}(\boldsymbol{x}) \leqslant 0$，则原点是稳定的。

若这个距离随着时间的推移而增加，即 $\dot{V}(\boldsymbol{x}) > 0$，则原点是不稳定的。

5）$V(\boldsymbol{x})$ 函数只表示系统在平衡状态附近某邻域内局部运动的稳定情况，丝毫不能提供域外运动的任何信息。

6）由于构造 $V(\boldsymbol{x})$ 函数需要较多技巧，因此，李雅普诺夫第二法主要用于确定那些使用别的方法无效或难以判别其稳定性的问题。例如高阶的非线性系统或时变系统。

4.4 李雅普诺夫方法在线性系统中的应用

李雅普诺夫第二法不仅用于分析线性定常系统的稳定性，而且对线性时变系统以及线性离散系统也能给出相应的稳定性判据。

4.4.1 线性定常连续系统渐近稳定判据

设线性定常连续系统为：

$$\dot{\boldsymbol{x}} = \boldsymbol{A}\boldsymbol{x} \tag{4.23}$$

则平衡状态 $\boldsymbol{x}_e = 0$ 为大范围渐近稳定的充要条件是：$\boldsymbol{A}$ 的特征根均具有负实部。

命题 4.1 矩阵 $\boldsymbol{A} \in R^{n \times n}$ 的所有特征根均具有负实部，即 $\sigma(\boldsymbol{A}) \subset C^{-}$，等价于存在对称矩阵 $\boldsymbol{P} > 0$，使得 $\boldsymbol{A}^{\mathrm{T}}\boldsymbol{P} + \boldsymbol{P}\boldsymbol{A} < 0$。

证明 必要性证明。设对称矩阵 $\boldsymbol{Q} > 0$，令 $\boldsymbol{P} = \int_0^{+\infty} \mathrm{e}^{\boldsymbol{A}^{\mathrm{T}}t}\boldsymbol{Q}\mathrm{e}^{\boldsymbol{A}t}\mathrm{d}t$，显然有 $\boldsymbol{P} > 0$，且

$$\boldsymbol{A}^{\mathrm{T}}\boldsymbol{P} + \boldsymbol{P}\boldsymbol{A} = \boldsymbol{A}^{\mathrm{T}}\int_0^{+\infty} \mathrm{e}^{\boldsymbol{A}^{\mathrm{T}}t}\boldsymbol{Q}\mathrm{e}^{\boldsymbol{A}t}\mathrm{d}t + \int_0^{+\infty} \mathrm{e}^{\boldsymbol{A}^{\mathrm{T}}t}\boldsymbol{Q}\mathrm{e}^{\boldsymbol{A}t}\boldsymbol{A}\mathrm{d}t$$

$$= \int_0^{+\infty} (\boldsymbol{A}^{\mathrm{T}}\mathrm{e}^{\boldsymbol{A}^{\mathrm{T}}t}\boldsymbol{Q}\mathrm{e}^{\boldsymbol{A}t} + \mathrm{e}^{\boldsymbol{A}^{\mathrm{T}}t}\boldsymbol{Q}\mathrm{e}^{\boldsymbol{A}t}\boldsymbol{A})\mathrm{d}t$$

$$= \int_0^{+\infty} \mathrm{d}(\mathrm{e}^{A^{\mathrm{T}}t} Q \mathrm{e}^{At})$$

$$= \mathrm{e}^{A^{\mathrm{T}}t} Q \mathrm{e}^{At} \Big|_0^{+\infty}$$

因为 $\sigma(A) \subset C^-$，则 $\lim\limits_{t \to +\infty} \mathrm{e}^{At} = \lim\limits_{t \to +\infty} \mathrm{e}^{A^{\mathrm{T}}t} = 0$，因此有：

$$A^{\mathrm{T}}P + PA = -Q < 0.$$

充分性证明。因为 A 的特征根可能有复数，不妨在复数域上讨论，在 C^n 中定义新的内积 $\langle x, y \rangle = x^{\mathrm{T}} P \bar{y}$。$\forall \lambda \in \sigma(A)$，$x \neq 0$ 为 A 的对应于 λ 的特征矢量，即 $Ax = \lambda x$，则

$$\begin{aligned} &\langle Ax, x \rangle + \langle x, Ax \rangle \\ &= x^{\mathrm{T}} A^{\mathrm{T}} P \bar{x} + x^{\mathrm{T}} P \overline{A x} \\ &= x^{\mathrm{T}} (A^{\mathrm{T}} P + PA) \bar{x} \\ &= -x^{\mathrm{T}} Q \bar{x} < 0 \end{aligned}$$

又

$$\begin{aligned} &\langle Ax, x \rangle + \langle x, Ax \rangle \\ &= \langle \lambda x, x \rangle + \langle x, \lambda x \rangle \\ &= \lambda x^{\mathrm{T}} P \bar{x} + x^{\mathrm{T}} P \overline{\lambda x} \\ &= (\lambda + \bar{\lambda}) x^{\mathrm{T}} P \bar{x} \\ &= 2R_e \lambda \cdot x^{\mathrm{T}} P \bar{x} \end{aligned}$$

所以 $2R_e\lambda \cdot x^{\mathrm{T}} P \bar{x} = -x^{\mathrm{T}} Q \bar{x} < 0$，则 $R_e \lambda < 0$，即 $\lambda \in C^-$。证毕。

对任意给定的正定实对称矩阵 Q，若存在正定的实对称矩阵 P，满足**李雅普诺夫方程**：

$$A^{\mathrm{T}}P + PA = -Q \tag{4.24}$$

则可取：

$$V(x) = x^{\mathrm{T}} P x \tag{4.25}$$

为系统的李雅普诺夫函数。

若选 $V(x) = x^{\mathrm{T}} P x$ 为李雅普诺夫函数，则 $V(x)$ 是正定的。将 $V(x)$ 取时间导数为：

$$\dot{V}(x) = x^{\mathrm{T}} P \dot{x} + \dot{x}^{\mathrm{T}} P x \tag{4.26}$$

将式（4.23）代入式（4.26）得：

$$\dot{V}(x) = x^{\mathrm{T}} P A x + (Ax)^{\mathrm{T}} P x = x^{\mathrm{T}} (PA + A^{\mathrm{T}} P) x$$

欲使系统在原点渐近稳定，则要求 $\dot{V}(x)$ 必须为负定，即

$$\dot{V}(x) = -x^{\mathrm{T}} Q x \tag{4.27}$$

式中

$$Q = -(A^{\mathrm{T}} P + PA)$$

为正定的。

在应用该判据时应注意以下几点：

1）实际应用时，通常是先选取一个正定矩阵 Q，代入李雅普诺夫方程式（4.24）解出矩阵 P，然后按希尔维斯特判据判定 P 的正定性，进而作出系统渐近稳定的结论。

2）为了方便计算，常取 $Q = I$，这时 P 应满足：

$$A^{\mathrm{T}}P + PA = -I \tag{4.28}$$

式中，I 为单位矩阵。

3）若 $\dot{V}(x)$ 沿任一轨迹不恒等于零，那么 Q 可取为半正定的。

4）上述判据所确定的条件与矩阵 A 的特征值具有负实部的条件等价，因而判据所给出的条件是充分必要的。因为设 $A = \Lambda$（或通过变换），若取 $V(x) = \|x\| = x^{\mathrm{T}}x$，则 $Q = -(A^{\mathrm{T}} + A) = -2A = -2\Lambda$，显然只有当 Λ 全为负值时，Q 才是正定的。

【例 4-9】 已知系统状态方程：

$$\dot{x} = \begin{pmatrix} 0 & 1 \\ -2 & -3 \end{pmatrix} x$$

试分析系统平衡点的稳定性。

解 设

$$P = \begin{pmatrix} p_{11} & p_{12} \\ p_{21} & p_{22} \end{pmatrix}, Q = I$$

代入式（4.28），得：

$$\begin{pmatrix} 0 & -2 \\ 1 & -3 \end{pmatrix}\begin{pmatrix} p_{11} & p_{12} \\ p_{21} & p_{22} \end{pmatrix} + \begin{pmatrix} p_{11} & p_{12} \\ p_{21} & p_{22} \end{pmatrix}\begin{pmatrix} 0 & 1 \\ -2 & -3 \end{pmatrix} = \begin{pmatrix} -1 & 0 \\ 0 & -1 \end{pmatrix}$$

将上式展开，并令各对应元素相等，可解得：

$$P = \begin{pmatrix} \frac{5}{4} & \frac{1}{4} \\ \frac{1}{4} & \frac{1}{4} \end{pmatrix}$$

根据希尔维斯特判据知：

$$\Delta_1 = \frac{5}{4} > 0, \Delta_2 = \begin{vmatrix} \frac{5}{4} & \frac{1}{4} \\ \frac{1}{4} & \frac{1}{4} \end{vmatrix} = \frac{1}{4} > 0$$

故矩阵 P 是正定的，因而系统的平衡点是大范围渐近稳定。或者由于：

$$V(x) = x^{\mathrm{T}}Px = \frac{1}{4}(5x_1^2 + 2x_1x_2 + x_2^2)$$

是正定的，而

$$\dot{V}(x) = -x^{\mathrm{T}}Qx = -(x_1^2 + x_2^2)$$

是负定的。也可得出上述结论。

【例 4-10】 已知系统状态方程：

$$\dot{x} = \begin{pmatrix} 0 & 1 & 0 \\ 0 & -2 & 1 \\ -K & 0 & -1 \end{pmatrix} x$$

试确定系统增益 K 的稳定范围。

解 因 $\det A \neq 0$，故原点是系统唯一的平衡状态。假设选取半正定的实对称矩阵

$\boldsymbol{Q}$ 为：

$$\boldsymbol{Q}=\begin{pmatrix}0&0&0\\0&0&0\\0&0&1\end{pmatrix}$$

为了说明这样选取 $\boldsymbol{Q}$ 半正定是正确的，尚需证明 $\dot{V}(\boldsymbol{x})$ 沿任意轨迹应不恒等于零。由于

$$\dot{V}(\boldsymbol{x})=-\boldsymbol{x}^{\mathrm{T}}\boldsymbol{Q}\boldsymbol{x}=-x_3^2$$

显然，$\dot{V}(\dot{x})\equiv 0$ 的条件是 $x_3\equiv 0$，但由状态方程可推知，此时 $x_1\equiv 0$，$x_2\equiv 0$，这表明只有在原点，即在平衡状态 $\boldsymbol{x}_e=0$ 处才使 $\dot{V}(\boldsymbol{x})\equiv 0$，而沿任一轨迹 $\dot{V}(\boldsymbol{x})$ 均不会恒等于零。因此，允许选取 $\boldsymbol{Q}$ 为半正定的。

根据式（4.24），有：

$$\begin{pmatrix}0&0&-K\\1&-2&0\\0&1&-1\end{pmatrix}\begin{pmatrix}p_{11}&p_{12}&p_{13}\\p_{21}&p_{22}&p_{23}\\p_{31}&p_{32}&p_{33}\end{pmatrix}+\begin{pmatrix}p_{11}&p_{12}&p_{13}\\p_{21}&p_{22}&p_{23}\\p_{31}&p_{32}&p_{33}\end{pmatrix}\begin{pmatrix}0&1&0\\0&-2&1\\K&0&-1\end{pmatrix}=\begin{pmatrix}0&0&0\\0&0&0\\0&0&-1\end{pmatrix}$$

可解出矩阵：

$$\boldsymbol{P}=\begin{pmatrix}\frac{K^2+12K}{12-2K}&\frac{6K}{12-2K}&0\\\frac{6K}{12-2K}&\frac{3K}{12-2K}&\frac{K}{12-2K}\\0&\frac{K}{12-2K}&\frac{6}{12-2K}\end{pmatrix}$$

为使 $\boldsymbol{P}$ 为正定矩阵，其充要条件是：

$$12-2K>0 \text{ 和 } K>0$$

即

$$0<K<6$$

这表明当 $0<K<6$ 时，系统原点是大范围渐近稳定的。

4.4.2　线性时变连续系统渐近稳定判据

设线性时变连续系统状态方程为：

$$\dot{\boldsymbol{x}}=\boldsymbol{A}(t)\boldsymbol{x} \tag{4.29}$$

则系统在平衡点 $\boldsymbol{x}_e=0$ 处大范围渐近稳定的充要条件为：对于任意给定的连续对称正定矩阵 $\boldsymbol{Q}(t)$，必存在一个连续对称正定矩阵 $\boldsymbol{P}(t)$，满足：

$$\dot{\boldsymbol{P}}(t)=-\boldsymbol{A}^{\mathrm{T}}(t)\boldsymbol{P}(t)-\boldsymbol{P}(t)\boldsymbol{A}(t)-\boldsymbol{Q}(t) \tag{4.30}$$

而系统的李雅普诺夫函数为：

$$V(\boldsymbol{x},t)=\boldsymbol{x}^{\mathrm{T}}(t)\boldsymbol{P}(t)\boldsymbol{x}(t) \tag{4.31}$$

证明　设李雅普诺夫函数取为：

$$V(\boldsymbol{x},t)=\boldsymbol{x}^{\mathrm{T}}(t)\boldsymbol{P}(t)\boldsymbol{x}(t)$$

式中，$\boldsymbol{P}(t)$ 为连续的正定对称矩阵。取 $V(\boldsymbol{x},t)$ 对时间的全导数，得：

$$\dot{V}(\boldsymbol{x},t) = \dot{\boldsymbol{x}}^{\mathrm{T}}\boldsymbol{P}(t)\boldsymbol{x} + \boldsymbol{x}^{\mathrm{T}}\dot{\boldsymbol{P}}(t)\boldsymbol{x} + \boldsymbol{x}^{\mathrm{T}}\boldsymbol{P}(t)\dot{\boldsymbol{x}}$$
$$= \boldsymbol{x}^{\mathrm{T}}\boldsymbol{A}^{\mathrm{T}}(t)\boldsymbol{P}(t)\boldsymbol{x} + \boldsymbol{x}^{\mathrm{T}}\dot{\boldsymbol{P}}(t)\boldsymbol{x} + \boldsymbol{x}^{\mathrm{T}}\boldsymbol{P}(t)\boldsymbol{A}(t)\boldsymbol{x}$$
$$= \boldsymbol{x}^{\mathrm{T}}[\boldsymbol{A}^{\mathrm{T}}(t)\boldsymbol{P}(t) + \dot{\boldsymbol{P}}(t) + \boldsymbol{P}(t)\boldsymbol{A}(t)]\boldsymbol{x}$$

即

$$\dot{V}(\boldsymbol{x},t) = -\boldsymbol{x}^{\mathrm{T}}\boldsymbol{Q}(t)\boldsymbol{x}(t) \tag{4.32}$$

式中

$$\boldsymbol{Q}(t) = -\boldsymbol{A}^{\mathrm{T}}(t)\boldsymbol{P}(t) - \dot{\boldsymbol{P}}(t) - \boldsymbol{P}(t)\boldsymbol{A}(t)$$

由稳定性判据可知，当 $\boldsymbol{P}(t)$ 为正定对称矩阵时，若 $\boldsymbol{Q}(t)$ 也是一个正定对称矩阵，则 $\dot{V}(\boldsymbol{x},t)$ 是负定的，于是系统的平衡点便是渐近稳定的。

式（4.30）是**黎卡提（Riccati）矩阵微分方程**的特殊情况，其解为：

$$\boldsymbol{P}(t) = \boldsymbol{\Phi}^{\mathrm{T}}(t_0,t)\boldsymbol{P}(t_0)\boldsymbol{\Phi}(t_0,t) - \int_{t_0}^{t}\boldsymbol{\Phi}^{\mathrm{T}}(\tau,t)\boldsymbol{Q}(\tau)\boldsymbol{\Phi}(\tau,t)\mathrm{d}\tau \tag{4.33}$$

式中，$\boldsymbol{\Phi}(\tau,t)$ 为系统式（4.29）的状态转移矩阵；$\boldsymbol{P}(t_0)$ 为矩阵微分方程式（4.30）的初始条件。

特别地，当取 $\boldsymbol{Q}(t) = \boldsymbol{Q} = \boldsymbol{I}$ 时，则得：

$$\boldsymbol{P}(t) = \boldsymbol{\Phi}^{\mathrm{T}}(t_0,t)\boldsymbol{P}(t_0)\boldsymbol{\Phi}(t_0,t) - \int_{t_0}^{t}\boldsymbol{\Phi}^{\mathrm{T}}(\tau,t)\boldsymbol{\Phi}(\tau,t)\mathrm{d}\tau \tag{4.34}$$

式（4.34）表明，当选取正定矩阵 $\boldsymbol{Q}=\boldsymbol{I}$ 时，可由 $\boldsymbol{\Phi}(\tau,t)$ 计算出 $\boldsymbol{P}(t)$；再根据 $\boldsymbol{P}(t)$ 是否具有连续、对称、正定性来判别线性时变系统的稳定性。

4.4.3 线性定常离散时间系统渐近稳定判据

设线性定常离散时间系统的状态方程为：

$$\boldsymbol{x}(k+1) = \boldsymbol{G}\boldsymbol{x}(k) \tag{4.35}$$

则平衡状态 $\boldsymbol{x}_e=0$ 处渐近稳定的充要条件为：$\boldsymbol{G}$ 的特征根均在单位开圆盘内。

命题 4.2 矩阵 $\boldsymbol{G}\in\boldsymbol{R}^{n\times n}$ 的所有特征根均在单位开圆盘内，即 $\sigma(\boldsymbol{G})\subset\boldsymbol{B}(0,1)$，等价于存在对称矩阵 $\boldsymbol{P}>0$，使得 $\boldsymbol{G}^{\mathrm{T}}\boldsymbol{P}\boldsymbol{G}-\boldsymbol{P}<0$。

证明 必要性证明。设对称矩阵 $\boldsymbol{Q}>0$，使 $\boldsymbol{P}$ 满足 $\boldsymbol{G}^{\mathrm{T}}\boldsymbol{P}\boldsymbol{G}-\boldsymbol{P}=-\boldsymbol{Q}$，则有：

$$\boldsymbol{G}^{\mathrm{T}}\boldsymbol{P}\boldsymbol{G} - \boldsymbol{P} = -\boldsymbol{Q}$$
$$\boldsymbol{G}^{\mathrm{T}2}\boldsymbol{P}\boldsymbol{G}^2 - \boldsymbol{G}^{\mathrm{T}}\boldsymbol{P}\boldsymbol{G} = -\boldsymbol{G}^{\mathrm{T}}\boldsymbol{Q}\boldsymbol{G}$$
$$\boldsymbol{G}^{\mathrm{T}3}\boldsymbol{P}\boldsymbol{G}^3 - \boldsymbol{G}^{\mathrm{T}2}\boldsymbol{P}\boldsymbol{G}^2 = -\boldsymbol{G}^{\mathrm{T}2}\boldsymbol{Q}\boldsymbol{G}^2$$
$$\vdots$$
$$\boldsymbol{G}^{\mathrm{T}n}\boldsymbol{P}\boldsymbol{G}^n - \boldsymbol{G}^{\mathrm{T}n-1}\boldsymbol{P}\boldsymbol{G}^{n-1} = -\boldsymbol{G}^{\mathrm{T}n-1}\boldsymbol{Q}\boldsymbol{G}^{n-1}$$
$$\boldsymbol{G}^{\mathrm{T}n+1}\boldsymbol{P}\boldsymbol{G}^{n+1} - \boldsymbol{G}^{\mathrm{T}n}\boldsymbol{P}\boldsymbol{G}^n = -\boldsymbol{G}^{\mathrm{T}n}\boldsymbol{Q}\boldsymbol{G}^n$$

以上各式相加可得：

$$-\sum_{k=1}^{n}(\boldsymbol{G}^k)^{\mathrm{T}}\boldsymbol{Q}\boldsymbol{G}^k = (\boldsymbol{G}^{n+1})^{\mathrm{T}}\boldsymbol{P}\boldsymbol{G}^{n+1} - \boldsymbol{P}$$

因为 $\boldsymbol{\sigma}(\boldsymbol{G})\subset\boldsymbol{B}(0,1)$，有 $\lim\limits_{n\to+\infty}(\boldsymbol{G}^{n+1})^{\mathrm{T}}\boldsymbol{P}\boldsymbol{G}^{n+1}=0$，所以有：

$$\boldsymbol{P} = \sum_{k=1}^{\infty} (\boldsymbol{G}^k)^{\mathrm{T}} \boldsymbol{Q} \boldsymbol{G}^k > 0$$

充分性证明同连续的情况一样，在 C^n 中定义新的内积 $\langle \boldsymbol{x}, \boldsymbol{y} \rangle = x^{\mathrm{T}} \boldsymbol{P} \bar{\boldsymbol{y}}$。$\forall \lambda \in \sigma(\boldsymbol{G})$，$\boldsymbol{x} \neq 0$ 为 G 的对应于 λ 的特征矢量，即 $\boldsymbol{Gx} = \lambda \boldsymbol{x}$，则

$$\langle \boldsymbol{Gx}, \boldsymbol{Gx} \rangle = \langle \lambda \boldsymbol{x}, \lambda \boldsymbol{x} \rangle = \lambda \bar{\lambda} \langle \boldsymbol{x}, \boldsymbol{x} \rangle = |\lambda|^2 \boldsymbol{x}^{\mathrm{T}} \boldsymbol{P} \bar{\boldsymbol{x}}$$

又

$$\langle \boldsymbol{Gx}, \boldsymbol{Gx} \rangle = \boldsymbol{x}^{\mathrm{T}} \boldsymbol{G}^{\mathrm{T}} \boldsymbol{P} \overline{\boldsymbol{G}\boldsymbol{x}} = \boldsymbol{x}^{\mathrm{T}} \boldsymbol{G}^{\mathrm{T}} \boldsymbol{P} \boldsymbol{G} \bar{\boldsymbol{x}}$$

$$\boldsymbol{x}^{\mathrm{T}} \boldsymbol{G}^{\mathrm{T}} \boldsymbol{P} \boldsymbol{G} \bar{\boldsymbol{x}} - \boldsymbol{x}^{\mathrm{T}} \boldsymbol{P} \bar{\boldsymbol{x}} = -\boldsymbol{x}^{\mathrm{T}} \boldsymbol{Q} \bar{\boldsymbol{x}} < 0, \text{即}\ \boldsymbol{x}^{\mathrm{T}} \boldsymbol{G}^{\mathrm{T}} \boldsymbol{P} \boldsymbol{G} \bar{\boldsymbol{x}} < \boldsymbol{x}^{\mathrm{T}} \boldsymbol{P} \bar{\boldsymbol{x}}$$

所以 $|\lambda|^2 \boldsymbol{x}^{\mathrm{T}} \boldsymbol{P} \bar{\boldsymbol{x}} < \boldsymbol{x}^{\mathrm{T}} \boldsymbol{P} \bar{\boldsymbol{x}}$，从而 $|\lambda|^2 < 1$，即 $\lambda \in \boldsymbol{B}(0, 1)$。证毕。

对于任意给定的正定实对称矩阵 $\boldsymbol{Q}$，若存在一个正定实对称矩阵 $\boldsymbol{P}$，满足：

$$\boldsymbol{G}^{\mathrm{T}} \boldsymbol{P} \boldsymbol{G} - \boldsymbol{P} = -\boldsymbol{Q} \tag{4.36}$$

则系统的李雅普诺夫函数可取为：

$$V[\boldsymbol{x}(k)] = \boldsymbol{x}^{\mathrm{T}}(k) \boldsymbol{P} \boldsymbol{x}(k) \tag{4.37}$$

将线性连续系统中的 $\dot{V}(\boldsymbol{x})$，代之以 $V[\boldsymbol{x}(k+1)]$ 与 $V[\boldsymbol{x}(k)]$ 之差，即

$$\Delta V[\boldsymbol{x}(k)] = V[\boldsymbol{x}(k+1)] - V[\boldsymbol{x}(k)] \tag{4.38}$$

若选取李雅普诺夫函数为：

$$V[\boldsymbol{x}(k)] = \boldsymbol{x}^{\mathrm{T}}(k) \boldsymbol{P} \boldsymbol{x}(k)$$

式中，P 为正定实对称矩阵。

则

$$\begin{aligned}
\Delta V[\boldsymbol{x}(k)] &= V[\boldsymbol{x}(k+1)] - V[\boldsymbol{x}(k)] \\
&= \boldsymbol{x}^{\mathrm{T}}(k+1) \boldsymbol{P} \boldsymbol{x}(k+1) - \boldsymbol{x}^{\mathrm{T}}(k) \boldsymbol{P} \boldsymbol{x}(k) \\
&= [\boldsymbol{G}\boldsymbol{x}(k)]^{\mathrm{T}} \boldsymbol{P} [\boldsymbol{G}\boldsymbol{x}(k)] - \boldsymbol{x}^{\mathrm{T}}(k) \boldsymbol{P} \boldsymbol{x}(k) \\
&= \boldsymbol{x}^{\mathrm{T}}(k) \boldsymbol{G}^{\mathrm{T}} \boldsymbol{P} \boldsymbol{G} \boldsymbol{x}(k) - \boldsymbol{x}^{\mathrm{T}}(k) \boldsymbol{P} \boldsymbol{x}(k) \\
&= \boldsymbol{x}^{\mathrm{T}}(k) [\boldsymbol{G}^{\mathrm{T}} \boldsymbol{P} \boldsymbol{G} - \boldsymbol{P}] \boldsymbol{x}(k)
\end{aligned}$$

由于 $V[\boldsymbol{x}(k)]$ 选为正定的，根据渐近稳定判据必要求：

$$\Delta V[x(k)] = -x^{\mathrm{T}}(k) \boldsymbol{Q} x(k) \tag{4.39}$$

为负定的，因此矩阵：

$$\boldsymbol{Q} = -(\boldsymbol{G}^{\mathrm{T}} \boldsymbol{P} \boldsymbol{G} - \boldsymbol{P})$$

必须是正定的。

如果 $\Delta V[\boldsymbol{x}(k)] = -\boldsymbol{x}^{\mathrm{T}}(k) \boldsymbol{Q} \boldsymbol{x}(k)$ 沿任一解的序列不恒为零，那么 $\boldsymbol{Q}$ 亦可取成半正定矩阵。

实际上，$\boldsymbol{P}$、$\boldsymbol{Q}$ 矩阵满足上述条件与矩阵 $\boldsymbol{G}$ 的特征根的模小于 1 的条件完全等价。

与线性定常连续系统相类似，在具体应用判据时，可先给定一个正定实对称矩阵 $\boldsymbol{Q}$，例如选 $\boldsymbol{Q} = \boldsymbol{I}$，然后验算由

$$\boldsymbol{G}^{\mathrm{T}} \boldsymbol{P} \boldsymbol{G} - \boldsymbol{P} = -\boldsymbol{I} \tag{4.40}$$

所确定的实对称矩阵 $\boldsymbol{P}$ 是否正定，从而做出稳定性的结论。

【例 4-11】　设线性离散系统状态方程为：

$$x(k+1)=\begin{pmatrix}\lambda_1 & 0\\ 0 & \lambda_2\end{pmatrix}x(k)$$

试确定系统在平衡点处渐近稳定的条件。

解 由式（4.40）得

$$\begin{pmatrix}\lambda_1 & 0\\ 0 & \lambda_2\end{pmatrix}\begin{pmatrix}p_{11} & p_{12}\\ p_{21} & p_{22}\end{pmatrix}\begin{pmatrix}\lambda_1 & 0\\ 0 & \lambda_2\end{pmatrix}-\begin{pmatrix}p_{11} & p_{12}\\ p_{21} & p_{22}\end{pmatrix}=\begin{pmatrix}-1 & 0\\ 0 & -1\end{pmatrix}$$

展开化简整理后得：

$$p_{11}(1-\lambda_1^2)=1$$
$$p_{12}(1-\lambda_1\lambda_2)=0$$
$$p_{22}(1-\lambda_2^2)=1$$

可解出：

$$P=\begin{pmatrix}\dfrac{1}{1-\lambda_1^2} & 0\\ 0 & \dfrac{1}{1-\lambda_2^2}\end{pmatrix}$$

要使 P 为正定的实对称矩阵，必须满足：

$$|\lambda_1|<1 \text{和} |\lambda_2|<1$$

可见只有当系统的极点落在单位圆内时，系统在平衡点处才是大范围渐近稳定的。这个结论与由采样控制系统稳定判据分析的结论是一致的。

4.4.4 线性时变离散系统渐近稳定判据

设线性时变离散系统的状态方程为：

$$x(k+1)=G(k+1,k)x(k) \tag{4.41}$$

则平衡状态 $x_e=0$ 为大范围渐近稳定的充要条件是，对于任意给定的正定实对称矩阵 $Q(k)$，必存在一个正定的实对称矩阵 $P(k+1)$，使得：

$$G^{\mathrm{T}}(k+1,k)P(k+1)G(k+1,k)-P(k)=-Q(k) \tag{4.42}$$

成立。并且

$$V[x(k),k]=x^{\mathrm{T}}(k)P(k)x(k) \tag{4.43}$$

是系统的李雅普诺夫函数。

证明 假设选取李雅普诺夫函数为：

$$V[x(k),k]=x^{\mathrm{T}}(k)P(k)x(k)$$

式中，$P(k)$ 为正定实对称矩阵，且为时间函数。

类似地用

$$\Delta V[x(k),k]=V[x(k+1),k+1]-V[x(k),k] \tag{4.44}$$

代替 $\dot{V}[x(k),k]$，于是得：

$$\begin{aligned}\Delta V[x(k),k]&=V[x(k+1),k+1]-V[x(k),k]\\&=x^{\mathrm{T}}(k+1)P(k+1)x(k+1)-x^{\mathrm{T}}(k)P(k)x(k)\\&=x^{\mathrm{T}}(k)G^{\mathrm{T}}(k+1,k)P(k+1)G(k+1,k)x(k)-x^{\mathrm{T}}(k)P(k)x(k)\end{aligned}$$

$$= \boldsymbol{x}^{\mathrm{T}}(k)[\boldsymbol{G}^{\mathrm{T}}(k+1,k)\boldsymbol{P}(k+1)\boldsymbol{G}(k+1,k) - \boldsymbol{P}(k)]\boldsymbol{x}(k)$$

由于 $V[\boldsymbol{x}(k),k]$ 已选为正定的，根据渐近稳定的条件必要求：

$$\Delta V[\boldsymbol{x}(k),k] = -\boldsymbol{x}^{\mathrm{T}}(k)\boldsymbol{Q}(k)\boldsymbol{x}(k) \tag{4.45}$$

为负定的，即

$$\boldsymbol{Q}(k) = -[\boldsymbol{G}^{\mathrm{T}}(k+1,k)\boldsymbol{P}(k+1)\boldsymbol{G}(k+1,k) - \boldsymbol{P}(k)]$$

必须是正定的。

在具体运用时，与线性连续系统情况相类似，可先给定一个正定的实对称矩阵 $\boldsymbol{Q}(k)$，然后验算由

$$\boldsymbol{G}^{\mathrm{T}}(k+1,k)\boldsymbol{P}(k+1)\boldsymbol{G}(k+1,k) - \boldsymbol{P}(k) = -\boldsymbol{Q}(k)$$

所确定的矩阵 $\boldsymbol{P}(k)$ 是否正定。

差分方程式（4.42）的解为：

$$\boldsymbol{P}(k+1) = \boldsymbol{G}^{\mathrm{T}}(0,k+1)\boldsymbol{P}(0)\boldsymbol{G}(0,k+1) - \sum_{i=0}^{k}\boldsymbol{G}^{\mathrm{T}}(i,k+1)\boldsymbol{Q}(i)\boldsymbol{G}(i,k+1) \tag{4.46}$$

式中，$\boldsymbol{P}(0)$ 为初始条件。

当取 $Q(i) = \boldsymbol{I}$ 时，则有：

$$\boldsymbol{P}(k+1) = \boldsymbol{G}^{\mathrm{T}}(0,k+1)\boldsymbol{P}(0)\boldsymbol{G}(0,k+1) - \sum_{i=0}^{k}\boldsymbol{G}^{\mathrm{T}}(i,k+1)\boldsymbol{G}(i,k+1) \tag{4.47}$$

4.5　李雅普诺夫方法在非线性系统中的应用

从前面分析可知，线性系统的稳定性具有全局性质，而且稳定判据的条件是充分必要的。但是，非线性系统的稳定性却可能只具有局部性质。例如，不是大范围渐近稳定的平衡状态，却可能是局部渐近稳定的，而局部不稳定的平衡状态并不能说明系统就是不稳定的。此外，李雅普诺夫第二法只给出判断非线性系统渐近稳定的充分条件，而不是必要条件。

4.5.1　雅可比（Jacobian）矩阵法

雅可比矩阵法，亦称克拉索夫斯基（Krasovski）法，二者表达形式略有不同，但基本思路是一致的。实际上，它们都是寻找线性系统李雅普诺夫函数方法的一种推广。

设非线性系统的状态方程为：

$$\dot{\boldsymbol{x}} = \boldsymbol{f}(\boldsymbol{x}) \tag{4.48}$$

式中，$\boldsymbol{x}$ 为 n 维状态矢量；$\boldsymbol{f}$ 为与 $\boldsymbol{x}$ 同维的非线性矢量函数。

假设原点 $\boldsymbol{x}_e = 0$ 是平衡状态，$\boldsymbol{f}(\boldsymbol{x})$ 对 x_i（$i=1, 2, \cdots, n$）可微，系统的雅可比矩阵为：

$$
J(x) = \frac{\partial f(x)}{\partial x} = \begin{pmatrix} \frac{\partial f_1}{\partial x_1} & \frac{\partial f_1}{\partial x_2} & \cdots & \frac{\partial f_1}{\partial x_n} \\ \frac{\partial f_2}{\partial x_1} & \frac{\partial f_2}{\partial x_2} & \cdots & \frac{\partial f_2}{\partial x_n} \\ \vdots & \vdots & & \vdots \\ \frac{\partial f_n}{\partial x_1} & \frac{\partial f_n}{\partial x_2} & \cdots & \frac{\partial f_n}{\partial x_n} \end{pmatrix} \tag{4.49}
$$

则系统在原点渐近稳定的充分条件是：任给正定实对称阵 $\boldsymbol{P}$，使下列矩阵

$$
\boldsymbol{Q}(\boldsymbol{x}) = -[\boldsymbol{J}^{\mathrm{T}}(\boldsymbol{x})\boldsymbol{P} + \boldsymbol{P}\boldsymbol{J}(\boldsymbol{x})] \tag{4.50}
$$

为正定的。并且

$$
V(\boldsymbol{x}) = \dot{\boldsymbol{x}}^{\mathrm{T}}\boldsymbol{P}\dot{\boldsymbol{x}} = \boldsymbol{f}^{\mathrm{T}}(\boldsymbol{x})\boldsymbol{P}\boldsymbol{f}(\boldsymbol{x}) \tag{4.51}
$$

是系统的一个李雅普诺夫函数。

如果当 $\|\boldsymbol{x}\| \to \infty$ 时，还有 $V(\boldsymbol{x}) \to \infty$，则系统在 $\boldsymbol{x}_e = 0$ 是大范围渐近稳定。

证明 选取二次型函数：

$$
V(\boldsymbol{x}) = \dot{x}^{\mathrm{T}}\boldsymbol{P}\dot{\boldsymbol{x}} = \boldsymbol{f}^{\mathrm{T}}(\boldsymbol{x})\boldsymbol{P}\boldsymbol{f}(\boldsymbol{x})
$$

为李雅普诺夫函数，其中 $\boldsymbol{P}$ 为正定对称矩阵，因而 $V(\boldsymbol{x})$ 正定。

考虑到 $\boldsymbol{f}(\boldsymbol{x})$ 是 $\boldsymbol{x}$ 的显函数，不是时间 t 的显函数，因而有下列关系：

$$
\frac{\mathrm{d}\boldsymbol{f}(\boldsymbol{x})}{\mathrm{d}t} = \dot{\boldsymbol{f}}(\boldsymbol{x}) = \frac{\partial \boldsymbol{f}(\boldsymbol{x})}{\partial \boldsymbol{x}}\frac{\mathrm{d}\boldsymbol{x}}{\mathrm{d}t} = \frac{\partial \boldsymbol{f}(\boldsymbol{x})}{\partial \boldsymbol{x}}\dot{\boldsymbol{x}} = \boldsymbol{J}(\boldsymbol{x})\boldsymbol{f}(\boldsymbol{x})
$$

将 $V(\boldsymbol{x})$ 沿状态轨迹对 t 求全导数，可得：

$$
\begin{aligned}
\dot{V}(\boldsymbol{x}) &= \dot{\boldsymbol{f}}^{\mathrm{T}}(\boldsymbol{x})\boldsymbol{P}\boldsymbol{f}(\boldsymbol{x}) + \boldsymbol{f}^{\mathrm{T}}(\boldsymbol{x})\boldsymbol{P}\dot{\boldsymbol{f}}(\boldsymbol{x}) \\
&= \boldsymbol{f}^{\mathrm{T}}(\boldsymbol{x})\boldsymbol{P}\boldsymbol{J}(\boldsymbol{x})\boldsymbol{f}(\boldsymbol{x}) + [\boldsymbol{J}(\boldsymbol{x})\boldsymbol{f}(\boldsymbol{x})]^{\mathrm{T}}\boldsymbol{P}\boldsymbol{f}(\boldsymbol{x}) \\
&= \boldsymbol{f}^{\mathrm{T}}(\boldsymbol{x})[\boldsymbol{J}^{\mathrm{T}}(\boldsymbol{x})\boldsymbol{P} + \boldsymbol{P}\boldsymbol{J}(\boldsymbol{x})]\boldsymbol{f}(\boldsymbol{x})
\end{aligned}
$$

或

$$
\dot{V}(\boldsymbol{x}) = -\boldsymbol{f}^{\mathrm{T}}(\boldsymbol{x})\boldsymbol{Q}(\boldsymbol{x})\boldsymbol{f}(\boldsymbol{x}) \tag{4.52}
$$

式中

$$
\boldsymbol{Q}(\boldsymbol{x}) = -[\boldsymbol{J}^{\mathrm{T}}(\boldsymbol{x})\boldsymbol{P} + \boldsymbol{P}\boldsymbol{J}(\boldsymbol{x})]
$$

式(4.52) 表明，要使系统渐近稳定，$\dot{V}(\boldsymbol{x})$ 必须是负定的，因此 $Q(x)$ 必须是正定的。

若当 $\|x\| \to \infty$ 时，还有 $V(\boldsymbol{x}) \to \infty$，则系统在原点是大范围渐近稳定的。

显然，要使 $\boldsymbol{Q}(x)$ 为正定，必须使 $J(x)$ 主对角线上的所有元素不恒为零。如果 $f_i(\boldsymbol{x})$ 中不包含 x_i，那么 $J(x)$ 主对角线上相应的元素 $\frac{\partial f_i}{\partial x_i}$ 必恒为零，则 $\boldsymbol{Q}(\boldsymbol{x})$ 就不可能是正定的，因而 $x_e = 0$ 也就不可能是渐近稳定的。

如果取 $\boldsymbol{P} = \boldsymbol{I}$，则

$$
\boldsymbol{Q}(\boldsymbol{x}) = -[\boldsymbol{J}^{\mathrm{T}}(\boldsymbol{x}) + \boldsymbol{J}(\boldsymbol{x})] \tag{4.53}
$$

称式（4.53）为克拉索夫斯基表达式。这时有：

$$V(\boldsymbol{x}) = \boldsymbol{f}^{\mathrm{T}}(\boldsymbol{x})\boldsymbol{f}(\boldsymbol{x}) \tag{4.54}$$

和

$$\dot{V}(\boldsymbol{x}) = \boldsymbol{f}^{\mathrm{T}}(\boldsymbol{x})[\boldsymbol{J}^{\mathrm{T}}(\boldsymbol{x}) + \boldsymbol{J}(\boldsymbol{x})]\boldsymbol{f}(\boldsymbol{x}) \tag{4.55}$$

上述两种方法是等价的。使用它们的困难在于，对所有$\boldsymbol{x}\neq 0$，要求$Q(x)$均为正定这个条件过严。因为对相当多的非线性系统未必能满足这一要求。此外，这个判据只给出渐近稳定的充分条件。

推论　对于线性定常系统$\dot{\boldsymbol{x}}=\boldsymbol{A}\boldsymbol{x}$，若矩阵$A$非奇异，且矩阵（$A^{\mathrm{T}}+\boldsymbol{A}$）为负定，则系统的平衡状态$\boldsymbol{x}_e=0$是大范围渐近稳定的。

【例4-12】　设系统的状态方程：

$$\dot{x}_1 = -3x_1 + x_2$$
$$\dot{x}_2 = x_1 - x_2 - x_2^3$$

试用克拉索夫斯基法分析$\boldsymbol{x}_e=0$处的稳定性。

解　这里

$$\boldsymbol{f}(\boldsymbol{x}) = \begin{pmatrix} -3x_1 + x_2 \\ x_1 - x_2 - x_2^3 \end{pmatrix}$$

计算雅可比矩阵：

$$\boldsymbol{J}(\boldsymbol{x}) = \frac{\partial \boldsymbol{f}(\boldsymbol{x})}{\partial \boldsymbol{x}} = \begin{pmatrix} -3 & 1 \\ 1 & -1-3x_2^2 \end{pmatrix}$$

取$\boldsymbol{P}=\boldsymbol{I}$，得：

$$-\boldsymbol{Q}(\boldsymbol{x}) = \boldsymbol{J}^{\mathrm{T}}(\boldsymbol{x}) + \boldsymbol{J}(\boldsymbol{x}) = \begin{pmatrix} -3 & 1 \\ 1 & -1-3x_2^2 \end{pmatrix} + \begin{pmatrix} -3 & 1 \\ 1 & -1-3x_2^2 \end{pmatrix} = \begin{pmatrix} -6 & 2 \\ 2 & -2-6x_2^2 \end{pmatrix}$$

根据希尔维斯特判据，有：

$$\Delta_1 = 6 > 0, \Delta_2 = \begin{vmatrix} 6 & -2 \\ -2 & 2+6x_2^2 \end{vmatrix} = 8 + 36x_2^2 > 0$$

表明对于$\boldsymbol{x}\neq 0$，$\boldsymbol{Q}$（$\boldsymbol{x}$）是正定的。

此外，当$\|\boldsymbol{x}\|\to\infty$时，有：

$$V(\boldsymbol{x}) = \boldsymbol{f}^{\mathrm{T}}(\boldsymbol{x})\boldsymbol{f}(\boldsymbol{x}) = (-3x_1 + x_2, x_1 - x_2 - x_2^3)\begin{pmatrix} -3x_1 + x_2 \\ x_1 - x_2 - x_2^3 \end{pmatrix}$$
$$= (-3x_1 + x_2)^2 + (x_1 - x_2 - x_2^3)^2 \to \infty$$

因此，系统的平衡状态$\boldsymbol{x}_e=0$为大范围渐近稳定的。

4.5.2　变量梯度法

变量梯度法也叫舒茨—基布逊（Shultz—Gibson）法，这是他们在1962年提出的一种寻求李雅普诺夫函数较为实用的方法。

变量梯度法是以下列事实为基础的：即如果找到一个特定的李雅普诺夫函数V（$\boldsymbol{x}$），能够证明所给系统的平衡状态为渐近稳定的，那么，这个李雅普诺夫函数V（$\boldsymbol{x}$）的梯度：

$$\nabla V = \frac{\partial V}{\partial \boldsymbol{x}} = \begin{pmatrix} \frac{\partial V}{\partial x_1} \\ \frac{\partial V}{\partial x_2} \\ \vdots \\ \frac{\partial V}{\partial x_n} \end{pmatrix} = \mathrm{grad}V(\boldsymbol{x}) \tag{4.56}$$

必定存在且唯一。于是 $V(\boldsymbol{x})$ 对时间的导数可表达为：

$$\dot{V}(\boldsymbol{x}) = \frac{\partial V}{\partial x_1}\frac{\mathrm{d}x_1}{\mathrm{d}t} + \frac{\partial V}{\partial x_2}\frac{\mathrm{d}x_2}{\mathrm{d}t} + \cdots + \frac{\partial V}{\partial x_n}\frac{\mathrm{d}x_n}{\mathrm{d}t}$$

或写成矩阵形式，得：

$$\dot{V}(\boldsymbol{x}) = \left(\frac{\partial V}{\partial x_1}, \frac{\partial V}{\partial x_2}, \cdots, \frac{\partial V}{\partial x_n}\right)\begin{pmatrix} \dot{x}_1 \\ \dot{x}_2 \\ \vdots \\ \dot{x}_n \end{pmatrix} = [\mathrm{grad}V]^{\mathrm{T}}\dot{\boldsymbol{x}} \tag{4.57}$$

由此，舒茨—基布逊提出，从假设一个旋度为零的梯度 ∇V 着手，然后根据式（4.57）的关系确定 $V(\boldsymbol{x})$。如果这样确定的 $\dot{V}(\boldsymbol{x})$ 和 $V(\boldsymbol{x})$ 都满足判据条件，那么这个 $V(\boldsymbol{x})$ 就是所要构造的李雅普诺夫函数。

这个方法在推求 $V(\boldsymbol{x})$ 过程中，要用到场论中关于梯度、线积分和旋度等有关概念，下面作些简要复习。

1. 有关场论的几个基本概念

（1）标量函数的梯度

设 $V(\boldsymbol{x})$ 为矢量 x 的标量函数，那么 $V(\boldsymbol{x})$ 沿矢量 x 方向的变化率就是 $V(\boldsymbol{x})$ 的梯度，用 ∇V 表示则有：

$$\nabla V = \frac{\partial V}{\partial \boldsymbol{x}} = \begin{pmatrix} \frac{\partial V}{\partial x_1} \\ \frac{\partial V}{\partial x_2} \\ \vdots \\ \frac{\partial V}{\partial x_n} \end{pmatrix}$$

显然梯度 ∇V 是与矢量 $\boldsymbol{x}$ 同维数的矢量。例如，若用 $V(\boldsymbol{x})$ 表示三维几何空间 $\boldsymbol{x} = (x_1, x_2, x_3)^{\mathrm{T}}$ 中的温度，则 ∇V 就表示温度梯度，它描述了三维空间中温度场的变化情况。

（2）矢量的曲线积分

任意矢量 $\boldsymbol{H}$ 沿给定曲线的积分可用曲线积分

$$\int_L \boldsymbol{H}\mathrm{d}L$$

表示，其中 L 表示积分路径。

若矢量沿曲线的积分，只决定于积分路径起点与终点的位置，则积分与路径无关。

例如，矢量 $\boldsymbol{H}$ 从坐标原点 $\boldsymbol{x}=0$ 出发，沿任意积分路径到达 x，其积分结果都相同，那么，该曲线积分可表示为：

$$\int_0^x \boldsymbol{H}\mathrm{d}\boldsymbol{x}$$

（3）矢量的旋度

在三维空间中，设矢量 $\boldsymbol{H}$ 用三个分量表示为：

$$\boldsymbol{H} = \boldsymbol{H}_x\boldsymbol{i} + \boldsymbol{H}_y\boldsymbol{j} + \boldsymbol{H}_z\boldsymbol{k}$$

则矢量 $\boldsymbol{H}$ 的旋度 rot$\boldsymbol{H}$ 也是具有三个分量的矢量。定义为：

$$\mathrm{rot}\boldsymbol{H} = \begin{vmatrix} \boldsymbol{i} & \boldsymbol{j} & \boldsymbol{k} \\ \dfrac{\partial}{\partial x} & \dfrac{\partial}{\partial y} & \dfrac{\partial}{\partial z} \\ \boldsymbol{H}_x & \boldsymbol{H}_y & \boldsymbol{H}_z \end{vmatrix}$$

$$= \left(\frac{\partial \boldsymbol{H}_z}{\partial y} - \frac{\partial \boldsymbol{H}_y}{\partial z}\right)\boldsymbol{i} + \left(\frac{\partial \boldsymbol{H}_x}{\partial z} - \frac{\partial \boldsymbol{H}_z}{\partial x}\right)\boldsymbol{j} + \left(\frac{\partial \boldsymbol{H}_y}{\partial x} - \frac{\partial \boldsymbol{H}_x}{\partial y}\right)\boldsymbol{k}$$

若旋度为零，即

$$\mathrm{rot}\boldsymbol{H} = 0$$

可得旋度方程：

$$\frac{\partial \boldsymbol{H}_z}{\partial y} = \frac{\partial \boldsymbol{H}_y}{\partial z}$$

$$\frac{\partial \boldsymbol{H}_x}{\partial z} = \frac{\partial \boldsymbol{H}_z}{\partial x}$$

$$\frac{\partial \boldsymbol{H}_y}{\partial x} = \frac{\partial \boldsymbol{H}_x}{\partial y}$$

在场论中已经证明，若矢量 $\boldsymbol{H}$ 的旋度为零，则 $\boldsymbol{H}$ 的曲线积分与积分路径无关；反之亦然。

2. 变量梯度法

设非线性系统：

$$\dot{\boldsymbol{x}} = \boldsymbol{f}(\boldsymbol{x}) \tag{4.58}$$

在平衡状态 $\boldsymbol{x}_e=0$ 是渐近稳定的。

假设 $V(\boldsymbol{x})$ 是矢量 x 的标量函数，但不是时间 t 的显函数，因此有：

$$\dot{V}(\boldsymbol{x}) = \frac{\partial V}{\partial x_1}\dot{x}_1 + \frac{\partial V}{\partial x_2}\dot{x}_2 + \cdots + \frac{\partial V}{\partial x_n}\dot{x}_n$$

或写成矩阵形式，得：

$$\dot{V}(\boldsymbol{x}) = \left(\frac{\partial V}{\partial x_1}, \frac{\partial V}{\partial x_2}, \cdots, \frac{\partial V}{\partial x_n}\right)\begin{pmatrix} \dot{x}_1 \\ \dot{x}_2 \\ \vdots \\ \dot{x}_n \end{pmatrix} = (\nabla V)^{\mathrm{T}}\dot{\boldsymbol{x}} \tag{4.59}$$

式中，$(\nabla V)^{\mathrm{T}}$ 为 ∇V 的转置。

根据式（4.59）所确立的∇V与$V(\boldsymbol{x})$的关系，舒茨和基布逊提出，先假定∇V为某一形式，譬如一个带待定系数的n维矢量：

$$\nabla V=\begin{pmatrix}a_{11}x_1+a_{12}x_2+\cdots+a_{1n}x_n\\a_{21}x_1+a_{22}x_2+\cdots+a_{2n}x_n\\\vdots\\a_{n1}x_1+a_{n2}x_2+\cdots+a_{nn}x_n\end{pmatrix}\tag{4.60}$$

然后根据$\dot{V}(\boldsymbol{x})$为负定（或半负定）的要求确定待定系数a_{ij}（i，$j=1$，2，…，n），再由这个∇V通过下列线积分来导出$V(\boldsymbol{x})$。即

$$V(\boldsymbol{x})=\int_0^{\boldsymbol{x}}(\nabla V)^{\mathrm{T}}\mathrm{d}\boldsymbol{x}\tag{4.61}$$

它是对整个状态空间中任意点$\boldsymbol{x}=[x_1,\ x_2,\ \cdots,\ x_n]^{\mathrm{T}}$的线积分。这个线积分可以做到与积分路径无关。显然最简单的积分路径是采用以下逐点积分法，即

$$\begin{aligned}V(\boldsymbol{x})=&\int_0^{x_1(x_2=x_3=\cdots=x_n=0)}\nabla V_1\mathrm{d}x_1+\\&\int_0^{x_2(x_1=x_1,x_3=x_4=\cdots=x_n=0)}\nabla V_2\mathrm{d}x_2+\cdots+\\&\int_0^{x_n(x_1=x_1,x_2=x_2,\cdots,x_{n-1}=x_{n-1})}\nabla V_n\mathrm{d}x_n\end{aligned}\tag{4.62}$$

设单位矢量：

$$\boldsymbol{e}_1=\begin{pmatrix}1\\0\\0\\\vdots\\0\end{pmatrix},e_2=\begin{pmatrix}0\\1\\0\\\vdots\\0\end{pmatrix},\cdots,e_n=\begin{pmatrix}0\\0\\\vdots\\0\\1\end{pmatrix}\tag{4.63}$$

那么式（4.62）中的积分路径是从坐标原点开始，沿着$\boldsymbol{e}_1$到达x_1，再由这点沿着e_2到达x_2，…，最后沿着$\boldsymbol{e}_n$到达点$\boldsymbol{x}$（x_1，x_2，…，x_n）。

为了使式（4.61）的线积分与积分路径无关，必须保证∇V的旋度为零。这就要求满足n维广义旋度方程：

$$\frac{\partial\nabla V_i}{\partial x_j}=\frac{\partial\nabla V_j}{\partial x_i}(i,j=1,2,\cdots,n)\tag{4.64}$$

式（4.64）表明，由$\dfrac{\partial\nabla V_i}{\partial x_j}$所组成的雅可比矩阵：

$$\boldsymbol{J}=\frac{\partial\nabla V}{\partial\boldsymbol{x}}=\begin{pmatrix}\dfrac{\partial\nabla V_1}{\partial x_1}&\dfrac{\partial\nabla V_1}{\partial x_2}&\cdots&\dfrac{\partial\nabla V_1}{\partial x_n}\\\dfrac{\partial\nabla V_2}{\partial x_1}&\dfrac{\partial\nabla V_2}{\partial x_2}&\cdots&\dfrac{\partial\nabla V_2}{\partial x_n}\\\vdots&\vdots&&\vdots\\\dfrac{\partial\nabla V_n}{\partial x_1}&\dfrac{\partial\nabla V_n}{\partial x_2}&\cdots&\dfrac{\partial\nabla V_n}{\partial x_n}\end{pmatrix}\tag{4.65}$$

必须是对称的。因此，对 n 维系统应有 $n(n-1)/2$ 个旋度方程。例如：$n=3$，则应有三个方程：

$$
\begin{aligned}
\frac{\partial \nabla V_2}{\partial x_1} &= \frac{\partial \nabla V_1}{\partial x_2} \\
\frac{\partial \nabla V_3}{\partial x_1} &= \frac{\partial \nabla V_1}{\partial x_3} \\
\frac{\partial \nabla V_3}{\partial x_2} &= \frac{\partial \nabla V_2}{\partial x_3}
\end{aligned}
\tag{4.66}
$$

如果由式（4.62）求得的 $V(\boldsymbol{x})$ 是正定的，那么平衡状态是渐近稳定的。如若当 $\|x\| \to \infty$ 时，有 $V(\boldsymbol{x}) \to \infty$，则平衡状态是大范围渐近稳定的。

综上所述，可把应用变量梯度法分析系统稳定性的步骤归纳如下：

1）按式（4.60）设定 ∇V，式中的待定系数 a_{ij}，可能是常数或时间 t 的函数或状态变量的函数。显然，不同的系数选择法可能求出不同的 $V(\boldsymbol{x})$。通常把 a_{nn} 选为常数或 t 的函数是方便的。有些 a_{ij} 可选为零，或者根据 $\dot{V}(\boldsymbol{x})$ 的约束条件和旋度方程的要求来选定。

2）由 ∇V 按式（4.59）确定 $\dot{V}(\boldsymbol{x})$。

3）根据 $\dot{V}(\boldsymbol{x})$ 是负定或至少是半负定并满足 $n(n-1)/2$ 个旋度方程的条件，确定 ∇V 中余下的未知系数，由此得出的 $\dot{V}(\boldsymbol{x})$，可能会改变第2）步算得的 $\dot{V}(\boldsymbol{x})$，因此要重新校核 $\dot{V}(\boldsymbol{x})$ 的定号性质。

4）由式（4.62）确定 $V(\boldsymbol{x})$。

5）校核是否满足当 $\|\boldsymbol{x}\| \to \infty$ 时，有 $V(\boldsymbol{x}) \to \infty$ 的条件或确定使 $V(\boldsymbol{x})$ 为正定的渐近稳定范围。

应该指出，如果用上述方法求不出合适的 $V(\boldsymbol{x})$，那也不意味着平衡状态是不稳定的。

【例 4-13】　试用变量梯度法确定下列非线性系统

$$
\begin{aligned}
\dot{x}_1 &= -x_1 \\
\dot{x}_2 &= -x_2 + x_1 x_2^2
\end{aligned}
$$

的李雅普诺夫函数，并分析平衡状态 $\boldsymbol{x}_e=0$ 的稳定性。

解　（1）假设 $V(\boldsymbol{x})$ 的梯度为：

$$
\nabla V = \begin{pmatrix} a_{11}x_1 + a_{12}x_2 \\ a_{21}x_1 + a_{22}x_2 \end{pmatrix} = \begin{pmatrix} \nabla V_1 \\ \nabla V_2 \end{pmatrix}
$$

（2）按式（4.59）计算 $V(\boldsymbol{x})$ 的导数：

$$
\begin{aligned}
\dot{V}(\boldsymbol{x}) &= (\nabla V)^{\mathrm{T}}\dot{\boldsymbol{x}} = [a_{11}x_1 + a_{12}x_2, a_{21}x_1 + a_{22}x_2]\begin{pmatrix} -x_1 \\ -x_2 + x_1x_2^2 \end{pmatrix} \\
&= -a_{11}x_1^2 - (a_{12} + a_{21})x_1x_2 - a_{22}x_2^2 + a_{21}x_1^2x_2^2 + a_{22}x_1x_2^3
\end{aligned}
$$

（3）选择参数

若试选 $a_{11}=a_{22}=1$，$a_{12}=a_{21}=0$，则

$$\dot{V}(\boldsymbol{x}) = -x_1^2 - (1 - x_1x_2)x_2^2$$

如果使 $1-x_1x_2>0$ 或 $x_1x_2<1$，则 $\dot{V}(\boldsymbol{x})$ 是负定的。因此，$x_1x_2<1$ 是 x_1 和 x_2 的约束条件。于是得：

$$\nabla V = \begin{pmatrix} x_1 \\ x_2 \end{pmatrix}$$

显然满足旋度方程：

$$\frac{\partial \nabla V_1}{\partial x_2} = \frac{\partial \nabla V_2}{\partial x_1}, 即 \frac{\partial x_1}{\partial x_2} = \frac{\partial x_2}{\partial x_1} = 0$$

这表明上述选择的参数是允许的。

（4）按式（4.62）计算 $V(\boldsymbol{x})$，有：

$$V(\boldsymbol{x}) = \int_0^{x_1(x_2=0)} x_1 \mathrm{d}x_1 + \int_0^{x_2(x_1=x_1)} x_2 \mathrm{d}x_2 = \frac{1}{2}(x_1^2 + x_2^2)$$

是正定的，因此，在 $x_1x_2<1$ 范围内，$\boldsymbol{x}_e=0$ 是渐近稳定的。

为了说明李雅普诺夫函数选择的非唯一性，现在再选参数：$a_{11}=1$，$a_{12}=x_2^2$，$a_{21}=3x_2^2$，$a_{22}=3$，此时有：

$$\nabla V = \begin{pmatrix} x_1 + x_2^3 \\ 3x_1x_2^2 + 3x_2 \end{pmatrix}$$

则

$$\begin{aligned}\dot{V}(\boldsymbol{x}) &= (\nabla V)^{\mathrm{T}}\dot{\boldsymbol{x}} = [x_1 + x_2^3, 3x_1x_2^2 + 3x_2]\begin{pmatrix} -x_1 \\ -x_2 + x_1x_2^2 \end{pmatrix} \\ &= -x_1^2 - x_1x_2^3 - 3x_1x_2^3 - 3x_2^2 + 3x_1^2x_2^4 + 3x_1x_2^3 \\ &= -x_1^2 - 3x_2^2 - (x_1x_2 - 3x_1^2x_2^2)x_2^2\end{aligned}$$

欲使 $\dot{V}(\boldsymbol{x})$ 为负定，则可取：

$$x_1x_2(1 - 3x_1x_2) > 0$$

即

$$0 < x_1x_2 < \frac{1}{3}$$

此时同样满足旋度方程：

$$\frac{\partial \nabla V_1}{\partial x_2} = 3x_2^2$$

$$\frac{\partial \nabla V_2}{\partial x_1} = 3x_2^2$$

因此，有：

$$\begin{aligned}V(\boldsymbol{x}) &= \int_0^{x_1(x_2=0)} x_1 \mathrm{d}x_1 + \int_0^{x_2(x_1=x_1)} (3x_1x_2^2 + 3x_2)\mathrm{d}x_2 \\ &= \frac{1}{2}x_1^2 + \frac{3}{2}x_2^2 + x_1x_2^3\end{aligned}$$

在约束条件 $0 < x_1x_2 < \frac{1}{3}$下，$V(\boldsymbol{x})$ 是正定的。因而，在 $0 < x_1x_2 < \frac{1}{3}$范围内，系统在$\boldsymbol{x}_e = 0$是渐近稳定的。

上述分析表明，即使对同一系统，当选择不同的 a_{ij}参数时，所得到的李雅普诺夫函数 $V(\boldsymbol{x})$ 不同，因而渐近稳定区域的范围也不同。显然前者选取的 $V(\boldsymbol{x})$ 比后者要好。它们的稳定区域范围如图 4.9 所示，其中阴影区表示在 $0 < x_1x_2 < \frac{1}{3}$条件下的稳定范围，它比前者窄了许多。

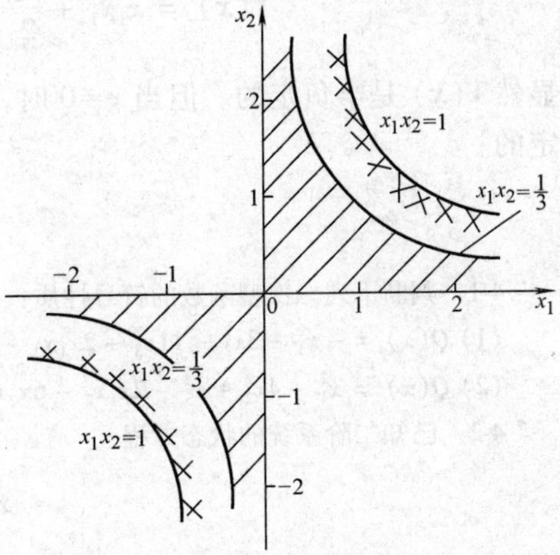

图 4.9　例 4.13 的稳定区域

【例 4-14】　设时变系统状态方程为：

$$\dot{\boldsymbol{x}} = \boldsymbol{A}(t)\boldsymbol{x} = \begin{pmatrix} 0 & 1 \\ -\frac{1}{t+1} & -10 \end{pmatrix}\boldsymbol{x}, \quad t \geqslant 0$$

试分析平衡点 $\boldsymbol{x}_e = 0$ 的稳定性。

解　设 $V(\boldsymbol{x})$ 的梯度为：

$$\nabla V = \begin{pmatrix} a_{11}x_1 + a_{12}x_2 \\ a_{21}x_1 + a_{22}x_2 \end{pmatrix}$$

则

$$\dot{V}(\boldsymbol{x}) = (\nabla V)^{\mathrm{T}}\dot{\boldsymbol{x}} = [a_{11}x_1 + a_{12}x_2, a_{21}x_1 + a_{22}x_2]\begin{pmatrix} x_2 \\ -\frac{x_1}{t+1} - 10x_2 \end{pmatrix}$$

$$= (a_{11}x_1 + a_{12}x_2)x_2 + (a_{21}x_1 + a_{22}x_2)\left(-\frac{1}{t+1}x_1 - 10x_2\right)$$

若取 $a_{12} = a_{21} = 0$，可满足旋度方程。因为：

$$\nabla V = \begin{pmatrix} a_{11}x_1 \\ a_{22}x_2 \end{pmatrix}, \frac{\partial \nabla V_1}{\partial x_2} = 0, \frac{\partial \nabla V_2}{\partial x_1} = 0$$

于是得：

$$\dot{V}(\boldsymbol{x}) = a_{11}x_1x_2 + a_{22}x_2\left(-\frac{1}{t+1}x_1 - 10x_2\right)$$

再取 $a_{11} = 1$ 和 $a_{22} = t + 1$。即得梯度：

$$\nabla V = \begin{pmatrix} x_1 \\ (t+1)x_2 \end{pmatrix}$$

然后积分得：

$$V(\boldsymbol{x}) = \int_0^{x_1(x_2=0)} x_1 \mathrm{d}x_1 + \int_0^{x_2(x_1=x_1)} (t+1)x_2 \mathrm{d}x_2 = \frac{1}{2}[x_1^2 + (t+1)x_2^2]$$

$V(\boldsymbol{x})$ 是正定的，其导数：

$$\dot{V}(\boldsymbol{x}) = \dot{x}_1 x_1 + \frac{x_2^2}{2} + (t+1)\dot{x}_2 x_2 = -(10t+10)x_2^2$$

显然 $\dot{V}(\boldsymbol{x})$ 是半负定的。但当 $x \neq 0$ 时，$\dot{V}(\boldsymbol{x})$ 不恒等于零，故系统在原点是大范围渐近稳定的。

习　题

4-1　判断下列二次型函数的符号性质：

（1）$Q(x) = -x_1^2 - 3x_2^2 - 11x_3^2 + 2x_1x_2 - x_2x_3 - 2x_1x_3$

（2）$Q(x) = x_1^2 + 4x_2^2 + x_3^2 - 2x_1x_2 - 6x_2x_3 - 2x_1x_3$

4-2　已知二阶系统的状态方程：

$$\dot{\boldsymbol{x}} = \begin{pmatrix} a_{11} & a_{12} \\ a_{21} & a_{22} \end{pmatrix}\boldsymbol{x}$$

试确定系统在平衡状态处大范围渐近稳定的条件。

4-3　以李雅普诺夫第二法确定下列系统原点的稳定性：

（1）$\dot{\boldsymbol{x}} = \begin{pmatrix} -1 & 1 \\ 2 & -3 \end{pmatrix}\boldsymbol{x}$

（2）$\dot{\boldsymbol{x}} = \begin{pmatrix} -1 & 1 \\ -1 & -1 \end{pmatrix}\boldsymbol{x}$

4-4　下列是描述两种生物个数的瓦尔特拉（Volterra）方程：

$$\dot{x}_1 = ax_1 + \beta x_1 x_2$$
$$\dot{x}_2 = \gamma x_2 + \delta x_1 x_2$$

式中，x_1，x_2 分别表示两种生物的个数；α，β，γ，δ 为非 0 实数。

（1）确定系统的平衡点。

（2）在平衡点附近进行线性化，并讨论平衡点的稳定性。

4-5　试求下列非线性微分方程：

$$\dot{x}_1 = x_2$$
$$\dot{x}_2 = -\sin x_1 - x_2$$

的平衡点，然后对各平衡点进行线性化，并讨论平衡点的稳定性。

4-6　设非线性系统状态方程为：

$$\dot{x}_1 = x_2$$
$$\dot{x}_2 = -a(1+x_2)^2 x_2 - x_1, a > 0$$

试确定其平衡状态的稳定性。

4-7　设线性离散系统的状态方程为：

$$x_1(k+1) = x_1(k) + 3x_2(k)$$
$$x_2(k+1) = -3x_1(k) - 2x_2(k) - 3x_3(k)$$
$$x_3(k+1) = x_1(k)$$

试确定平衡状态的稳定性。

4-8　设线性离散系统的状态方程为：

$$\boldsymbol{x}(k+1) = \begin{pmatrix} 0 & 1 & 0 \\ 0 & 0 & 1 \\ 0 & k/2 & 0 \end{pmatrix}\boldsymbol{x}(k), k > 0$$

试求在平衡点 $\boldsymbol{x}_e=0$ 处，系统渐近稳定时 k 的取值范围。

4-9　设非线性系统状态方程为：

$$\dot{x}_1 = x_2$$
$$\dot{x}_2 = -x_1^3 - x_2$$

试用克拉索夫斯基法确定系统原点的稳定性。

4-10　已知非线性系统状态方程：

$$\dot{x}_1 = x_2$$
$$\dot{x}_2 = -(a_1x_1 + a_2x_1^2x_2)$$

试证明在 $a_1>0$，$a_2>0$ 时系统是大范围渐近稳定的。

4-11　设非线性系统：

$$\dot{x}_1 = ax_1 + x_2$$
$$\dot{x}_2 = x_1 - x_2 + bx_2^5$$

试用克拉索夫斯基法确定原点为大范围渐近稳定时，参数 a 和 b 的取值范围。

4-12　试用变量梯度法构造下列系统的李雅普诺夫函数：

（1）$\begin{cases}\dot{x}_1 = -x_1 + 2x_1^2x_2 \\ \dot{x}_2 = -x_2\end{cases}$

（2）$\begin{cases}\dot{x}_1 = x_2 \\ \dot{x}_2 = a_1(t)x_1 + a_2(t)x_2\end{cases}$

第 5 章

线性定常系统的综合

控制系统的分析与综合是控制系统研究的两大课题。前者是在建立数学模型的基础上分析系统的各种性能（诸如前面各章讨论过的系统响应、能控性、能观性和稳定性等）及其与系统的结构、参数和外部作用间的关系。后者的任务在于设计控制器，寻求改善系统性能的各种控制规律，以保证系统的各项性能指标要求都得到满足。

根据综合目标提法的不同，可将系统综合分为两类。通常把综合目标仅是为了使系统性能满足某种笼统指标要求的，称为**常规综合**。把综合目标是要确保系统性能指标在某种意义下达到最优的，称为**最优综合**。本章讨论常规综合，下一章讨论最优综合。

5.1 线性反馈控制系统的基本结构及其特性

在现代控制理论中，控制系统的基本结构和经典控制理论一样仍然是由受控对象和反馈控制器两部分构成的闭环系统。不过在经典理论中习惯于采用**输出反馈**，而在现代控制理论中则更多地采用**状态反馈**。由于状态反馈能提供更丰富的状态信息和可供选择的自由度，因而使系统容易获得更为优异的性能。

5.1.1 状态反馈

状态反馈是将系统的每一个状态变量乘以相应的反馈系数，然后反馈到输入端与参考输入相加形成控制律，作为受控系统的控制输入。图 5.1 是一个多输入—多输出系统状态反馈的基本结构。

图中受控系统的状态空间表达式为：

$$\begin{aligned}\dot{x} &= Ax + Bu \\ y &= Cx + Du\end{aligned} \qquad (5.1)$$

式中，$x \in R^n$，$u \in R^r$，$y \in R^m$，$A \in R^{n\times n}$，$B \in R^{n\times r}$，$C \in R^{m\times n}$，$D \in R^{m\times r}$。

若 $D=0$，则受控系统：

$$\left.\begin{aligned}\dot{x} &= Ax + Bu \\ y &= Cx\end{aligned}\right\} \qquad (5.2)$$

简记为 $\Sigma_0 = (A, B, C)$。

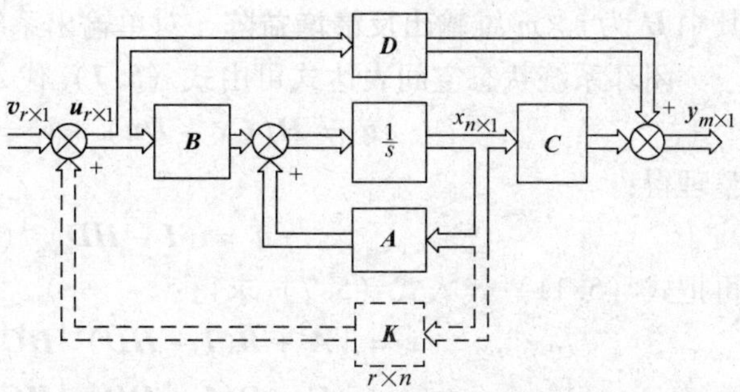

图 5.1　多输入—多输出系统的状态反馈结构

状态线性反馈控制律 u 为：

$$u = Kx + v \qquad (5.3)$$

式中，v 为 $r\times1$ 维参考输入；K 为 $r\times n$ 维状态反馈系数阵或**状态反馈增益阵**。对单输入系统，K 为 $1\times n$ 维行矢量。

把式（5.3）代入式（5.1）整理可得状态反馈闭环系统的状态空间表达式：

$$\begin{aligned}\dot{x} &= (A + BK)x + Bv \\ y &= (C + DK)x + Dv\end{aligned} \qquad (5.4)$$

若 $D=0$，则

$$\begin{aligned}\dot{x} &= (A + BK)x + Bv \\ y &= Cx\end{aligned} \qquad (5.5)$$

简记为 $\Sigma_K = ((A+BK), B, C)$。

闭环系统的传递函数矩阵：

$$W_K(s) = C[sI - (A + BK)]^{-1}B \qquad (5.6)$$

比较开环系统 $\Sigma_0 = (A, B, C)$ 与闭环系统 $\Sigma_K = ((A+BK), B, C)$ 可见，状态反馈阵 K 的引入，并不增加系统的维数，但可通过 K 的选择自由地改变闭环系统的特征值，从而使系统获得所要求的性能。

5.1.2　输出反馈

输出反馈是采用输出矢量 y 构成线性反馈律。在经典控制理论中主要讨论这种反馈形式。图 5.2 示出多输入—多输出系统输出反馈的基本结构。

受控系统 $\Sigma_0 = (A, B, C, D)$

$$\begin{aligned}\dot{x} &= Ax + Bu \\ y &= Cx + Du\end{aligned} \qquad (5.7)$$

或　$\Sigma_0 = (A, B, C)$

$$\begin{aligned}\dot{x} &= Ax + Bu \\ y &= Cx\end{aligned} \qquad (5.8)$$

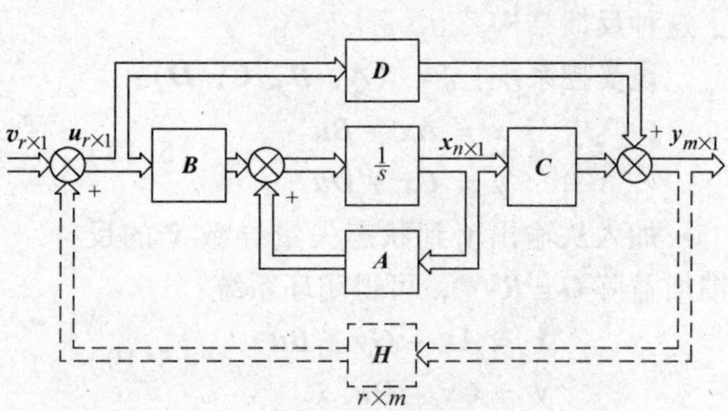

图 5.2　多输入—多输出系统的输出反馈结构

输出线性反馈控制律为：

$$u = Hy + v \tag{5.9}$$

其中 H 为 $r \times m$ 维输出反馈增益阵。对单输出系统，H 为 $r \times 1$ 维列矢量。

闭环系统状态空间表达式可由式（5.7）代入式（5.9）得：

$$u = H(Cx + Du) + v = HCx + HDu + v \tag{5.10}$$

整理得：

$$u = (I - HD)^{-1}(HCx + v) \tag{5.11}$$

再把式（5.11）代入式（5.7）求得：

$$\begin{aligned} \dot{x} &= [A + B(I - HD)^{-1}HC]x + B(I - HD)^{-1}v \\ y &= [C + D(I - HD)^{-1}HC]x + D(I - HD)^{-1}v \end{aligned} \tag{5.12}$$

若 $D = 0$，则

$$\begin{aligned} \dot{x} &= (A + BHC)x + Bv \\ y &= Cx \end{aligned} \tag{5.13}$$

简记 $\sum_H = ((A + BHC), B, C)$。由式（5.13）可见，通过选择输出反馈增益阵 H 也可以改变闭环系统的特征值，从而改变系统的控制特性。

输出反馈系统的传递函数矩阵为：

$$W_H(s) = C[sI - (A + BHC)]^{-1}B \tag{5.14}$$

若受控系统的传递函数矩阵为：

$$W_0(s) = C(sI - A)^{-1}B \tag{5.15}$$

则 $W_0(s)$ 和 $W_H(s)$ 存在下列关系：

$$W_H(s) = W_0(s)[I - HW_0(s)]^{-1} \tag{5.16}$$

或

$$W_H(s) = [I - W_0(s)H]^{-1}W_0(s) \tag{5.17}$$

比较上述两种基本形式的反馈可以看出，输出反馈中的 HC 与状态反馈中的 K 相当。但由于 $m < n$，所以 H 可供选择的自由度远比 K 小，因而输出反馈只能相当于一种部分状态反馈。只有当 $C = I$ 时，$HC = K$，才能等同于全状态反馈。因此，在不增加补偿器的条件下，输出反馈的效果显然不如状态反馈系统好。但输出反馈在技术实现上的方便性则是其突出优点。

5.1.3　从输出到状态矢量导数 $\dot{x}$ 反馈

从系统输出到状态矢量导数 $\dot{x}$ 的线性反馈形式在状态观测器中获得应用。图 5.3 表示了这种反馈结构。

设受控系统 $\sum_0 = (A, B, C, D)$：

$$\begin{aligned} \dot{x} &= Ax + Bu \\ y &= Cx + Du \end{aligned} \tag{5.18}$$

加入从输出 y 到状态矢量导数 $\dot{x}$ 的反馈增益阵 $G \in R^{n \times m}$，可得闭环系统：

$$\begin{aligned} \dot{x} &= Ax + Gy + Bu \\ y &= Cx + Du \end{aligned} \tag{5.19}$$

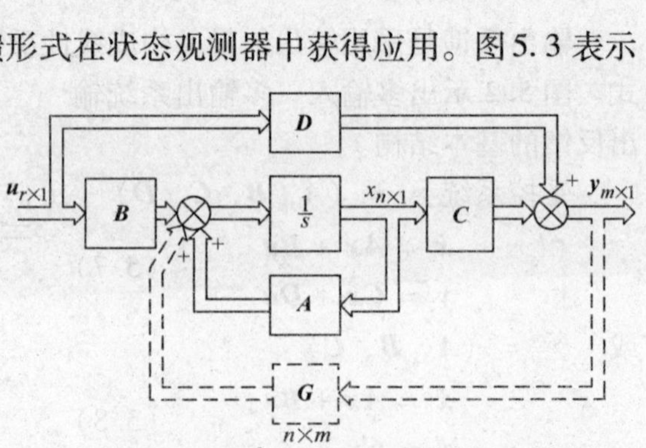

图 5.3　多输入—多输出系统从输出到 $\dot{x}$ 反馈的结构

将式（5.19）中的 y 代入 $\dot{x}$ 整理得：

$$\begin{aligned} \dot{x} &= (A + GC)x + (B + GD)u \\ y &= Cx + Du \end{aligned} \tag{5.20}$$

若 $D=0$，则

$$\begin{aligned} \dot{x} &= (A + GC)x + Bu \\ y &= Cx \end{aligned} \tag{5.21}$$

记作 $\sum_G = ((A+GC), B, C)$。

闭环系统的传递函数矩阵：

$$W_G(s) = C[sI - (A + GC)]^{-1}B \tag{5.22}$$

从式（5.21）看出，通过选择矩阵 G 也能改变闭环系统的特征值，从而影响系统的特性。

5.1.4　动态补偿器

上述三种反馈基本结构的共同点是，不增加新的状态变量，系统开环与闭环同维。其次，反馈增益阵都是常矩阵，反馈为**线性反馈**。在更复杂的情况下，常常要通过引入一个动态子系统来改善系统性能，这种动态子系统，称为**动态补偿器**。它与受控系统的连接方式如图 5.4 所示，其中图 5.4a 为串联连接，图 5.4b 为反馈连接。

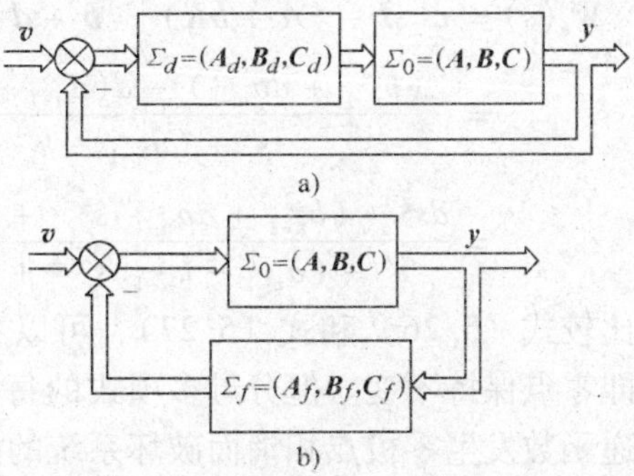

图 5.4　带动态补偿器的闭环系统结构

这类系统的典型例子是使用状态观测器的状态反馈系统。这类系统的维数等于受控系统与动态补偿器二者维数之和。采用反馈连接比采用串联连接容易获得更好的性能。

5.1.5　闭环系统的能控性与能观性

引入各种反馈构成闭环后，系统的能控性与能观性是关系能否实现状态控制与状态观测的重要问题。

定理 5.1.1　状态反馈不改变受控系统 $\sum_0 = (A, B, C)$ 的能控性。但不保证系统的能观性不变。

证明　只证能控性不变。这只要证明它们的能控判别矩阵同秩即可。

受控系统 $\sum_0$ 和状态反馈系统 $\sum_K$ 的能控判别阵为：

$$Q_{c0} = (B,\ AB,\ A^2B,\ \cdots,\ A^{n-1}B) \tag{5.23}$$

$$Q_{ck} = (B,\ (A+BK)B,\ (A+BK)^2B,\ \cdots,\ (A+BK)^{n-1}B) \tag{5.24}$$

比较式（5.24）与式（5.23）两个矩阵的各对应分块，可以看到：

第一分块 B 相同。

第二分块 $(A+BK)B = AB + B(KB)$，其中 (KB) 是一常阵，因此 $(A+BK)B$ 的列矢量可表示成 $[B,\ AB]$ 的线性组合。

同理，第三分块 $(A+BK)^2B = A^2B + AB(KB) + B(KAB) + B(KBKB)$ 的列矢量亦可用 $(B,\ AB,\ A^2B)$ 的线性组合表示。其余各分块类同。因此 Q_{ck} 可看作是由 Q_{c0} 经初等

变换得到的，而矩阵作初等变换并不改变矩阵的秩。所以 Q_{ck} 与 Q_{c0} 的秩相同，定理得证。

状态反馈不保持系统的能观性，可作如下解释。例如，对单输入—单输出系统，状态反馈会改变系统的极点，但不影响系统的零点。这样就有可能使传递函数出现零极点对消现象，因而破坏了系统的能观性。

实际上，受控系统 $\sum_0=(A,\ b,\ c,\ d)$ 的传递函数为：

$$W_0(s)=c(sI-A)^{-1}b+d \tag{5.25}$$

将 $\sum_0$ 的能控标准I型代入上式，得：

$$\begin{aligned}W_0(s)&=\frac{b_{n-1}s^{n-1}+b_{n-2}s^{n-2}+\cdots+b_1s+b_0}{s^n+a_{n-1}s^{n-1}+\cdots+a_1s+a_0}+d\\&=\frac{ds^n+(b_{n-1}+da_{n-1})s^{n-1}+\cdots+(b_1+da_1)s+(b_0+da_0)}{s^n+a_{n-1}s^{n-1}+\cdots+a_1s+a_0}\end{aligned} \tag{5.26}$$

引入状态反馈后闭环系统的传递函数为：

$$\begin{aligned}W_k(s)&=c[sI-(A+bK)]^{-1}b+d\\&=\frac{[(b_{n-1}+da_{n-1})-d(a_{n-1}-k_{n-1})]s^{n-1}+\cdots+[(b_0+da_0)-d(a_0-k_0)]}{s^n+(a_{n-1}-k_{n-1})s^{n-1}+\cdots+(a_1-k_1)s+(a_0-k_0)}+d\\&=\frac{ds^n+(b_{n-1}+da_{n-1})s^{n-1}+\cdots+(b_1+da_1)s+(b_0+da_0)}{s^n+(a_{n-1}-k_{n-1})s^{n-1}+\cdots+(a_1-k_1)s+(a_0-k_0)}\end{aligned} \tag{5.27}$$

比较式（5.26）和式（5.27），可以看出，引入状态反馈后传递函数的分子多项式不变，即零点保持不变。但分母多项式的每一项系数均可通过选择 K 而改变，这就有可能使传递函数发生零极点相消而破坏系统的能观性。

【例 5-1】 试分析系统引入状态反馈 $K=(-1,\quad 0)$ 后的能控性与能观性。

$$\begin{cases}\dot{x}=\begin{pmatrix}0&1\\1&0\end{pmatrix}x+\begin{pmatrix}0\\1\end{pmatrix}u\\ y=(0,\quad 1)x\end{cases}$$

解 容易验证原系统是能控且能观的。

因为
$$\operatorname{rank}[b\quad Ab]=\operatorname{rank}\begin{pmatrix}0&1\\1&0\end{pmatrix}=2$$

和
$$\operatorname{rank}\begin{pmatrix}c\\cA\end{pmatrix}=\operatorname{rank}\begin{pmatrix}0&1\\1&0\end{pmatrix}=2$$

加入 $K=(-1,\quad 0)$ 后，得闭环系统状态矩阵：

$$A+bK=\begin{pmatrix}0&1\\1&0\end{pmatrix}+\begin{pmatrix}0\\1\end{pmatrix}(-1,\quad 0)=\begin{pmatrix}0&1\\0&0\end{pmatrix}$$

相应地有：

$$\operatorname{rank}[b(A+bK)b]=\operatorname{rank}\begin{pmatrix}0&1\\1&0\end{pmatrix}=2\quad 满秩$$

$$\operatorname{rank}\begin{pmatrix}c\\c(A+bK)\end{pmatrix}=\operatorname{rank}\begin{pmatrix}0&1\\0&0\end{pmatrix}=1\quad 降秩$$

可见引入状态反馈 $K=(-1,\quad 0)$ 后，闭环系统保持能控性不变，却破坏了系统的能观性。

实际上这反映在传递函数上出现了零极点相消现象。因为

$$W_0(s)=\boldsymbol{c}(s\boldsymbol{I}-\boldsymbol{A})^{-1}\boldsymbol{b}=\begin{pmatrix}0, & 1\end{pmatrix}\begin{pmatrix}s & -1\\ -1 & s\end{pmatrix}^{-1}\begin{pmatrix}0\\1\end{pmatrix}=\frac{s}{s^2-1}$$

$$W_k(s)=\boldsymbol{c}[s\boldsymbol{I}-(\boldsymbol{A}+\boldsymbol{bK})]^{-1}\boldsymbol{b}=\begin{pmatrix}0, & 1\end{pmatrix}\begin{pmatrix}s & -1\\ 0 & s\end{pmatrix}^{-1}\begin{pmatrix}0\\1\end{pmatrix}=\frac{s}{s^2}=\frac{1}{s}$$

定理 5.1.2　输出反馈不改变受控系统 $\sum_0=(\boldsymbol{A},\boldsymbol{B},\boldsymbol{C})$ 的能控性和能观性。

证明　关于能控性不变。因为

$$\dot{\boldsymbol{x}}=(\boldsymbol{A}+\boldsymbol{BHC})\boldsymbol{x}+\boldsymbol{Bu} \tag{5.28}$$

若把（$\boldsymbol{HC}$）看成等效的状态反馈阵 $\boldsymbol{K}$，那么状态反馈便保持受控系统的能控性不变。

关于能观性不变。由能观判别矩阵

$$\boldsymbol{Q}_{00}=\begin{pmatrix}\boldsymbol{C}\\ \boldsymbol{CA}\\ \vdots\\ \boldsymbol{CA}^{n-1}\end{pmatrix} \tag{5.29}$$

和

$$\boldsymbol{Q}_{0H}=\begin{pmatrix}\boldsymbol{C}\\ \boldsymbol{C}(\boldsymbol{A}+\boldsymbol{BHC})\\ \vdots\\ \boldsymbol{C}(\boldsymbol{A}+\boldsymbol{BHC})^{n-1}\end{pmatrix} \tag{5.30}$$

仿照定理 5.1.1 的证明方法，同样可以把 $\boldsymbol{Q}_{0H}$ 看作是 $\boldsymbol{Q}_{00}$ 经初等变换的结果。而初等变换不改变矩阵的秩，因此能观性保持不变。

5.2　极点配置问题

控制系统的性能主要取决于系统极点在根平面上的分布。因此，作为综合系统性能指标的一种形式，往往是给定一组期望极点，或者根据时域指标转换成一组等价的期望极点。**极点配置**问题，就是通过选择反馈增益矩阵，将闭环系统的极点恰好配置在根平面上所期望的位置，以获得所希望的动态性能。在经典控制理论中所介绍的根轨迹法就是一种极点配置法，不过它只是通过改变一个参数使闭环系统的极点沿着某一组特定的根轨迹曲线配置而已。因此，广义地说，不论综合系统的性能指标怎样不同，究其实质都是运用各种技术手段（特别是反馈）来实现系统极点零点的重新配置，以期获得所期望的性能。

本节讨论在指定极点分布情况下，如何设计反馈增益阵的问题。为简单起见，只讨论单输入—单输出系统。

5.2.1　采用状态反馈

定理 5.2.1　采用状态反馈对系统 $\sum_0=(\boldsymbol{A},\boldsymbol{b},\boldsymbol{c})$ 任意配置极点的充要条件是 $\sum_0$ 完全能控。

证明　只证充分性。若 $\sum_0$ 完全能控，通过状态反馈必成立

$$\det[\lambda \boldsymbol{I} - (\boldsymbol{A} + \boldsymbol{b}\boldsymbol{K})] = f^*(\lambda) \tag{5.31}$$

式中，$f^*(\lambda)$ 为期望特征多项式。

$$f^*(\lambda) = \prod_{i=1}^{n}(\lambda - \lambda_i^*) = \lambda^n + a_{n-1}^*\lambda^{n-1} + \cdots + a_1^*\lambda + a_0^* \tag{5.32}$$

式中，$\boldsymbol{\lambda}_i^*$（$i=1, 2, \cdots, n$）为期望的闭环极点（实数极点或共轭复数极点）。

1）若$\sum_0$完全能控，必存在非奇异变换：

$$\boldsymbol{x} = \boldsymbol{T}_{\mathrm{cI}}\bar{\boldsymbol{x}}$$

能将$\sum_0$化成能控标准I型：

$$\left.\begin{aligned}\dot{\bar{\boldsymbol{x}}} &= \bar{\boldsymbol{A}}\bar{\boldsymbol{x}} + \bar{\boldsymbol{b}}\boldsymbol{u}\\ \boldsymbol{y} &= \bar{\boldsymbol{c}}\bar{\boldsymbol{x}}\end{aligned}\right\} \tag{5.33}$$

式中

$$\bar{\boldsymbol{A}} = \boldsymbol{T}_{\mathrm{cI}}^{-1}\boldsymbol{A}\boldsymbol{T}_{\mathrm{cI}} = \begin{pmatrix} 0 & 1 & 0 & \cdots & 0 \\ 0 & 0 & 1 & \cdots & 0 \\ \vdots & \vdots & \vdots & \ddots & \vdots \\ 0 & 0 & 0 & \cdots & 1 \\ -a_0 & -a_1 & -a_2 & \cdots & -a_{n-1} \end{pmatrix}$$

$$\bar{\boldsymbol{b}} = \boldsymbol{T}_{\mathrm{cI}}^{-1}b = \begin{pmatrix} 0 \\ \vdots \\ 0 \\ 1 \end{pmatrix}$$

$$\bar{\boldsymbol{c}} = cT_{\mathrm{cI}} = (b_0, \quad b_1, \quad \cdots, \quad b_{n-1})$$

受控系统$\sum_0$的传递函数为：

$$\boldsymbol{W}_0(s) = \bar{\boldsymbol{c}}(s\boldsymbol{I} - \bar{\boldsymbol{A}})^{-1}\bar{\boldsymbol{b}} = \frac{b_{n-1}s^{n-1} + b_{n-2}s^{n-2} + \cdots + b_1 s + b_0}{s^n + a_{n-1}s^{n-1} + \cdots + a_1 s + a_0} \tag{5.34}$$

2）加入状态反馈增益阵：

$$\bar{\boldsymbol{K}} = (\bar{k}_0, \quad \bar{k}_1, \quad \cdots, \quad \bar{k}_{n-1}) \tag{5.35}$$

可求得对 $\bar{\boldsymbol{x}}$ 的闭环状态空间表达式：

$$\begin{aligned}\dot{\bar{\boldsymbol{x}}} &= (\bar{\boldsymbol{A}} + \bar{\boldsymbol{b}}\bar{\boldsymbol{K}})\bar{\boldsymbol{x}} + \bar{\boldsymbol{b}}\boldsymbol{u}\\ \boldsymbol{y} &= \bar{\boldsymbol{c}}\bar{\boldsymbol{x}}\end{aligned} \tag{5.36}$$

式中

$$\bar{\boldsymbol{A}} + \bar{\boldsymbol{b}}\bar{\boldsymbol{K}} = \begin{pmatrix} 0 & 1 & 0 & \cdots & 0 \\ 0 & 0 & 1 & \cdots & 0 \\ \vdots & \vdots & \vdots & \ddots & \vdots \\ 0 & 0 & 0 & \cdots & 1 \\ -(a_0 - \bar{k}_0) & -(a_1 - \bar{k}_1) & -(a_2 - \bar{k}_2) & \cdots & -(a_{n-1} - \bar{k}_{n-1}) \end{pmatrix}$$

闭环特征多项式为：

$$\begin{aligned} f(\lambda) &= |\lambda\boldsymbol{I} - (\bar{\boldsymbol{A}} + \bar{\boldsymbol{b}}\bar{\boldsymbol{K}})| \\ &= \lambda^n + (a_{n-1} - \bar{k}_{n-1})\lambda^{n-1} + \cdots + (a_1 - \bar{k}_1)\lambda + (a_0 - \bar{k}_0) \end{aligned} \tag{5.37}$$

闭环传递函数为：

$$W_k(s) = \bar{c}[sI - (\bar{A} + \bar{b}\bar{K})]^{-1}\bar{b}$$

$$= \frac{b_{n-1}s^{n-1} + b_{n-2}s^{n-2} + \cdots + b_1 s + b_0}{s^n + (a_{n-1} - \bar{k}_{n-1})s^{n-1} + \cdots + (a_1 - \bar{k}_1)s + (a_0 - \bar{k}_0)} \tag{5.38}$$

3）使闭环极点与给定的期望极点相符，必须满足：

$$f(\lambda) = f^*(\lambda)$$

由等式两边 λ 同次幂系数对应相等，可解出反馈阵各系数：

$$\bar{k}_i = a_i - a_i^* (i = 0,1,\cdots,n-1) \tag{5.39}$$

于是得：

$$\bar{K} = [a_0 - a_0^*,\quad a_1 - a_1^*,\quad \cdots,\quad a_{n-1} - a_{n-1}^*]$$

4）最后，把对应于 $\bar{x}$ 的 $\bar{K}$，通过如下变换，得到对应于状态 x 的 K：

$$K = \bar{K}T_{c1}^{-1} \tag{5.40}$$

这是由于 $u = v + \bar{K}\bar{x} = v + \bar{K}T_{c1}^{-1}x$ 的缘故。

【例 5-2】　设系统的传递函数为：

$$W(s) = \frac{10}{s(s+1)(s+2)}$$

试设计状态反馈控制器，使闭环系统的极点为 -2，$-1 \pm j$。

解　1）因为传递函数没有零极点对消现象，所以原系统能控且能观。可直接写出它的能控标准 I 型实现，其结构如图 5.5 所示。

$$\dot{x} = \begin{pmatrix} 0 & 1 & 0 \\ 0 & 0 & 1 \\ 0 & -2 & -3 \end{pmatrix} x + \begin{pmatrix} 0 \\ 0 \\ 1 \end{pmatrix} u$$

$$y = (10,\quad 0,\quad 0)x$$

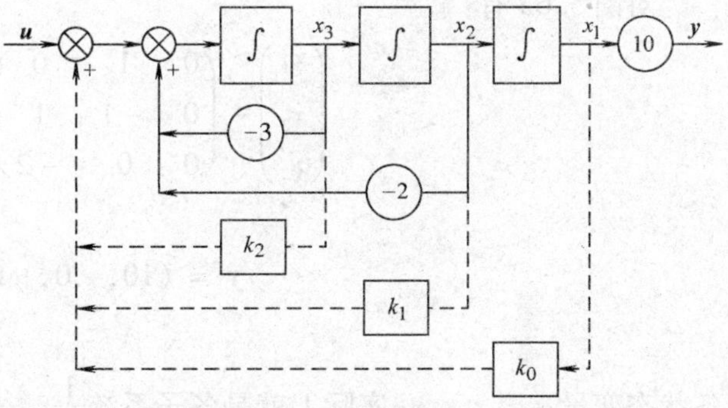

图 5.5　例 5.2 闭环系统结构图

2）加入状态反馈阵 $K = (k_0,\quad k_1,\quad k_2)$，如图 5.5 中虚线所示。闭环系统特征多项式为：

$$f(\lambda) = \det[\lambda I - (A + bK)]$$

$$= \lambda^3 + (3 - k_2)\lambda^2 + (2 - k_1)\lambda + (-k_0)$$

3）根据给定的极点值，得期望特征多项式：

$$f^*(\lambda) = (\lambda + 2)(\lambda + 1 - j)(\lambda + 1 + j)$$

$$= \lambda^3 + 4\lambda^2 + 6\lambda + 4$$

4）比较 $f(\lambda)$ 与 $f^*(\lambda)$ 各对应项系数，可解得：

$$k_0 = -4,\ k_1 = -4,\ k_2 = -1$$

即

$$K = [-4 \quad -4 \quad -1]$$

由本例可见，如果一开始就采用能控标准形，可以免去状态变换，而根据特征多项式系数直接计算状态反馈阵 K。这样做表面看似乎很简单，但是实际上由于能控标准形所需状态变量信息难以检测，往往给工程实现增加困难。其实像例 5.2 的系统，如果按串联分解法来选择状态变量，那么实现起来要方便得多。其结构如图 5.6 所示。

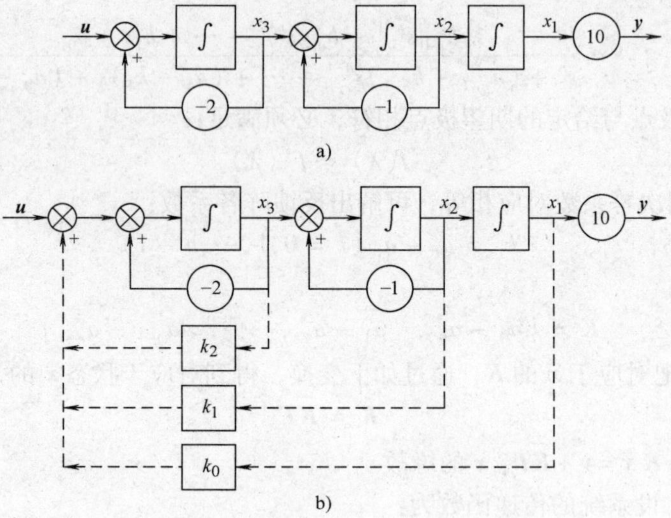

图 5.6　例 5.2 按串联实现的系统结构图

对图 5.6a 有：

$$\begin{pmatrix} \dot{x}_1 \\ \dot{x}_2 \\ \dot{x}_3 \end{pmatrix} = \begin{pmatrix} 0 & 1 & 0 \\ 0 & -1 & 1 \\ 0 & 0 & -2 \end{pmatrix} \begin{pmatrix} x_1 \\ x_2 \\ x_3 \end{pmatrix} + \begin{pmatrix} 0 \\ 0 \\ 1 \end{pmatrix} u$$

$$\boldsymbol{y} = (10,\ 0,\ 0) \begin{pmatrix} x_1 \\ x_2 \\ x_3 \end{pmatrix}$$

各状态变量 x_1，x_2，x_3 实际上就是各子系统$\frac{1}{s}$，$\frac{1}{s+1}$和$\frac{1}{s+2}$的输出，因而是易于检测的。

引入状态反馈阵：

$$\boldsymbol{K} = (k_0,\ k_1,\ k_2)$$

形成闭环系统，结构如图 5.6b 所示。闭环特征多项式为：

$$\begin{aligned} f(\lambda) &= \det[\lambda \boldsymbol{I} - (\boldsymbol{A} + \boldsymbol{bK})] \\ &= \lambda^3 + (3 - k_2)\lambda^2 + (2 - k_1 - k_2)\lambda - k_0 \end{aligned}$$

将$f(\lambda)$与$f^*(\lambda)$比较，得：

$$\begin{cases} -k_0 = 4 \\ 2 - k_1 - k_2 = 6 \\ 3 - k_2 = 4 \end{cases}$$

解出：　$k_0 = -4$，$k_1 = -3$，$k_2 = -1$

即　$\boldsymbol{K} = (-4,\ -3,\ -1)$

应当指出，当系统阶数较低时，根据原系统状态方程直接计算反馈增益阵 $\boldsymbol{K}$ 的代数方程还比较简单，无需将它化成能控标准Ⅰ型。但随着系统阶数的增高，直接计算 $\boldsymbol{K}$ 的方程将愈加复杂。这时不如先将其化成能控标准Ⅰ型 $\sum_{cl}=(\overline{\boldsymbol{A}},\ \overline{\boldsymbol{b}},\ \overline{\boldsymbol{c}})$，用式（5.39）直接求出在 $\overline{\boldsymbol{x}}$ 下的 $\overline{\boldsymbol{K}}$，然后再按式（5.40）把 $\overline{\boldsymbol{K}}$ 变换为原状态 $\boldsymbol{x}$ 下的 $\boldsymbol{K}$。

计算 $\boldsymbol{T}_{cl}^{-1}$，可根据系统方程与能控标准型之间的代数等价关系：

$$\overline{\boldsymbol{A}}\boldsymbol{T}_{cl}^{-1}=\boldsymbol{T}_{cl}^{-1}\boldsymbol{A} \tag{5.41}$$

$$\overline{\boldsymbol{b}}=\boldsymbol{T}_{cl}^{-1}\boldsymbol{b} \tag{5.42}$$

$$\overline{\boldsymbol{c}}\,\boldsymbol{T}_{cl}^{-1}=\boldsymbol{c} \tag{5.43}$$

结合本例，可设：

$$\boldsymbol{T}_{cl}^{-1}=\begin{pmatrix} r_{11} & r_{12} & r_{13}\\ r_{21} & r_{22} & r_{23}\\ r_{31} & r_{32} & r_{33}\end{pmatrix}$$

代入式（5.41）~式（5.43），可解得：

$$\boldsymbol{T}_{cl}^{-1}=\begin{pmatrix} 1 & 0 & 0\\ 0 & 1 & 0\\ 0 & -1 & 1\end{pmatrix}$$

于是：

$$\boldsymbol{K}=\overline{\boldsymbol{K}}\boldsymbol{T}_{cl}^{-1}=(-4,\quad -4,\quad -1)\begin{pmatrix} 1 & 0 & 0\\ 0 & 1 & 0\\ 0 & -1 & 1\end{pmatrix}=(-4,\quad -3,\quad -1)$$

显然，结果与前面计算的相同。

几点讨论：

1）选择期望极点，是个确定综合指标的复杂问题。一般应注意以下两点：

① 对一个 n 维系统，必须指定 n 个实极点或共轭复极点。

② 极点位置的确定，要充分考虑它们对于系统性能的主导影响及其与系统零点分布状况的关系。同时还要兼顾系统抗干扰的能力和对参数漂移低敏感性的要求。

2）对于单输入系统，只要系统能控必能通过状态反馈实现闭环极点的任意配置，而且不影响原系统零点的分布。但如果故意制造零极点对消，那么，此时闭环系统是不能观的。

3）上述原理同样适用于多输入系统，但具体设计要困难得多。因为将综合指标化为期望极点需要凭借工程处理。其次，把受控系统化为能控标准型亦相当麻烦，而且状态反馈矩阵 $\boldsymbol{K}$ 的解也非唯一。此外，还可能改变系统零点的形态等。

5.2.2　采用输出反馈

定理 5.2.2　对完全能控的单输入—单输出系统 $\sum_0=(\boldsymbol{A},\ \boldsymbol{b},\ \boldsymbol{c})$，不能采用输出线性反馈来实现闭环系统极点的任意配置。

证明　对单输入—单输出反馈系统 $\sum_h=((\boldsymbol{A}+\boldsymbol{b}h\boldsymbol{c}),\ \boldsymbol{b},\ \boldsymbol{c})$，闭环传递函数为：

$$W_h(s)=\boldsymbol{c}[s\boldsymbol{I}-(\boldsymbol{A}-\boldsymbol{b}h\boldsymbol{c})]^{-1}\boldsymbol{b}=\frac{W_0(s)}{1+hW_0(s)} \tag{5.44}$$

式中，$W_0(s)=\boldsymbol{c}(s\boldsymbol{I}-\boldsymbol{A})^{-1}\boldsymbol{b}$ 为受控系统的传递函数。

由闭环系统特征方程可得闭环根轨迹方程：

$$hW_0(s)=-1 \tag{5.45}$$

当 $\boldsymbol{W}_0$（s）已知时，以 h（从0到∞）为参变量，可求得闭环系统的一组根轨迹。很显然，不管怎样选择 h，也不能使根轨迹落在那些不属于根轨迹的期望极点位置上。定理因此得证。

不能任意配置极点，正是输出线性反馈的基本弱点。为了克服这个弱点，在经典控制理论中，往往采取引入附加校正网络，通过增加开环零、极点的方法改变根轨迹走向，从而使其落在指定的期望位置上。在现代控制理论中，有如下定理。

定理 5.2.3 对完全能控的单输入—单输出系统 $\sum_0=(A, b, c)$，通过带动态补偿器的输出反馈实现极点任意配置的充要条件是：

1）$\sum_0$ 完全能观。

2）动态补偿器的阶数为 $n-1$。

证明 略。

下面对定理5.2.3作些说明：

1）在定理中，动态补偿器的阶数等于 $n-1$ 是任意配置极点的条件之一。但在处理具体问题时，如果并不要求“任意”配置极点，那么，所选补偿器的阶数可进一步降低。

2）这种闭环系统的零点，在串联连接情况下，是受控系统零点与动态补偿器零点的总和；在反馈连接情况下，则是受控系统零点与动态补偿器极点的总和。

5.2.3 采用从输出到 $\dot{x}$ 反馈

定理 5.2.4 对系统 $\sum_0=(\boldsymbol{A}, \boldsymbol{b}, \boldsymbol{c})$ 采用从输出到 $\dot{x}$ 的线性反馈实现闭环极点任意配置的充要条件是 $\sum_0$ 完全能观。

证明 根据对偶原理，如果 $\sum_0=(\boldsymbol{A}, \boldsymbol{b}, \boldsymbol{c})$ 能观，则 $\widetilde{\sum}_0=(\boldsymbol{A}^{\mathrm{T}}, \boldsymbol{c}^{\mathrm{T}}, \boldsymbol{b}^{\mathrm{T}})$ 必能控，因而可以任意配置 $(\boldsymbol{A}^{\mathrm{T}}+\boldsymbol{c}^{\mathrm{T}}\boldsymbol{G}^{\mathrm{T}})$ 的特征值。而 $(\boldsymbol{A}^{\mathrm{T}}+\boldsymbol{c}^{\mathrm{T}}\boldsymbol{G}^{\mathrm{T}})$ 的特征值和 $(\boldsymbol{A}^{\mathrm{T}}+\boldsymbol{c}^{\mathrm{T}}\boldsymbol{G}^{\mathrm{T}})^{\mathrm{T}}$ 的特征值相同，又因为

$$(\boldsymbol{A}^{\mathrm{T}}+\boldsymbol{c}^{\mathrm{T}}\boldsymbol{G}^{\mathrm{T}})^{\mathrm{T}}=\boldsymbol{A}+\boldsymbol{G}\boldsymbol{c}$$

因此，对 $(\boldsymbol{A}^{\mathrm{T}}+\boldsymbol{c}^{\mathrm{T}}\boldsymbol{G}^{\mathrm{T}})$ 任意配置极点就等价于对 $\boldsymbol{A}+\boldsymbol{G}\boldsymbol{c}$ 任意配置极点。于是设计 $\sum_0$ 输出反馈阵 $\boldsymbol{G}$ 的问题便转化成对其对偶系统 $\widetilde{\sum}_0$ 设计状态反馈阵 $\boldsymbol{K}$ 的问题。具体步骤如下：

（1）取线性变换：

$$\boldsymbol{x}=\boldsymbol{T}_{0\mathrm{II}}\bar{\boldsymbol{x}} \tag{5.46}$$

式中，$\boldsymbol{T}_{0\mathrm{II}}$ 为能将系统化成能观标准Ⅱ型的变换矩阵。

将系统 $\sum_0=(\boldsymbol{A}, \boldsymbol{b}, \boldsymbol{c})$ 化成能观标准Ⅱ型：

$$\left.\begin{aligned}\dot{\boldsymbol{x}}&=\bar{\boldsymbol{A}}\bar{\boldsymbol{x}}+\bar{\boldsymbol{b}}u\\ \boldsymbol{y}&=\bar{\boldsymbol{c}}\,\bar{\boldsymbol{x}}\end{aligned}\right\} \tag{5.47}$$

式中

$$\overline{A}=T_{0\text{II}}^{-1}AT_{0\text{II}}=\begin{pmatrix}0&0&\cdots&0&-a_0\\1&0&\cdots&0&-a_1\\\vdots&\vdots&\ddots&\vdots&\vdots\\0&0&\cdots&0&-a_{n-2}\\0&0&\cdots&1&-a_{n-1}\end{pmatrix}$$

$$\overline{b}=T_{0\text{II}}^{-1}b=\begin{pmatrix}b_0\\b_1\\\vdots\\b_{n-1}\end{pmatrix}$$

$$\overline{c}=cT_{0\text{II}}=(0,\ 0,\ \cdots,\ 0,\ 1)$$

（2）引入反馈阵 $\overline{G}=[\overline{g}_0\quad \overline{g}_1\quad \cdots\quad \overline{g}_{n-1}]^{\text{T}}$ 后，得闭环系统矩阵：

$$\overline{A}+\overline{G}\overline{c}=\begin{pmatrix}0&\cdots&\cdots&0&-(a_0-\overline{g}_0)\\1&0&\cdots&0&-(a_1-\overline{g}_1)\\0&1&\cdots&0&-(a_2-\overline{g}_2)\\\vdots&\vdots&\ddots&\vdots&\vdots\\0&0&\cdots&1&-(a_{n-1}-\overline{g}_{n-1})\end{pmatrix}\tag{5.48}$$

和闭环特征多项式：

$$f(\lambda)=|\lambda I-(\overline{A}+\overline{G}\overline{c})|=\lambda^n+(a_{n-1}-\overline{g}_{n-1})\lambda^{n-1}+\cdots+(a_0-\overline{g}_0)\tag{5.49}$$

（3）由期望极点得期望特征多项式：

$$f^*(\lambda)=\prod_{i=1}^{n}(\lambda-\lambda_i^*)=\lambda^n+a_{n-1}^*\lambda^{n-1}+\cdots+a_1^*\lambda+a_0^*$$

（4）比较 $f(\lambda)$ 与 $f^*(\lambda)$ 各对应项系数，可解出：

$$\overline{g}_i=a_i-a_i^*,i=0,1,\cdots,n-1$$

即

$$\overline{G}=(a_0-a_0^*,\ a_1-a_1^*,\ \cdots,\ a_{n-1}-a_{n-1}^*)^{\text{T}}\tag{5.50}$$

（5）将在 $\overline{x}$ 下求得的 $\overline{G}$ 变换到 x 状态下便得：

$$G=T_{0\text{II}}\overline{G}\tag{5.51}$$

和求状态反馈阵 K 的情况类似，当系统的维数较低时，只要系统能观，也可以不化成能观标准Ⅱ型，通过直接比较特征多项式系数来确定 G 矩阵。

【例5-3】　设系统：

$$\dot{x}=\begin{pmatrix}0&\omega_s^2\\-1&0\end{pmatrix}x+\begin{pmatrix}1&0\\0&1\end{pmatrix}u$$

$$y=(1,\ 0)x$$

试选择反馈增益阵 G，将其极点配置为 -5，-8。

解　（1）检验能观性。因为

$$\text{rank}N=\text{rank}\begin{pmatrix}C\\CA\end{pmatrix}=\begin{pmatrix}1&0\\0&\omega_s^2\end{pmatrix}=2$$

系统能观。

（2）设 $G=\begin{pmatrix}g_0\\g_1\end{pmatrix}$，得闭环特征多项式：

$$\begin{aligned}f(\lambda)&=|\lambda I-(A+GC)|\\&=\lambda^2+g_0\lambda+\omega_s^2(1+g_1)\end{aligned}$$

（3）期望特征多项式为：

$$\begin{aligned}f^*(\lambda)&=(\lambda+5)(\lambda+8)\\&=\lambda^2+13\lambda+40\end{aligned}$$

（4）比较系数得：
$$G=\begin{pmatrix}13\\ \dfrac{40}{\omega_s^2}-1\end{pmatrix}$$

闭环系统模拟图如图 5.7 所示。

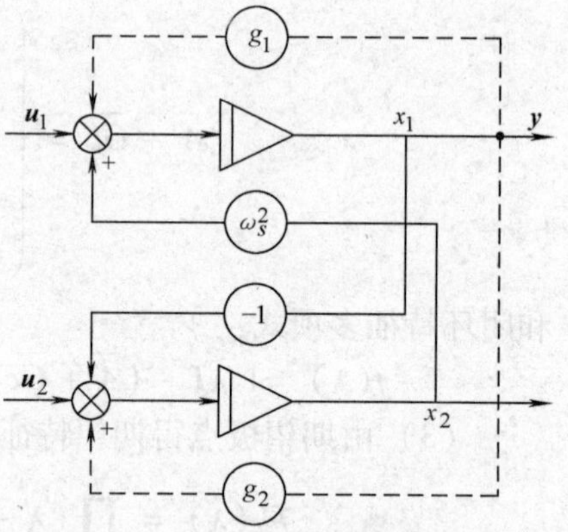

图 5.7　例 5.3 的闭环系统结构图

5.3　系统镇定问题

保证稳定是控制系统正常工作的必要前提。所谓**系统镇定**，是对受控系统 $\sum_0=(A, B, C)$ 通过反馈使其极点均具有负实部，保证系统为渐近稳定。如果一个系统 $\sum_0$ 通过状态反馈能使其渐近稳定，则称系统是状态反馈能镇定的。类似地，也可定义输出反馈能镇定的概念。

镇定问题是系统极点配置问题的一种特殊情况。它只要求把闭环极点配置在根平面的左侧，而并不要求将极点严格地配置在期望的位置上。显然，为了使系统镇定，只需将那些不稳定因子即具非负实部的极点配置到根平面左半部即可。因此，在满足某种条件下，可利用部分状态反馈来实现。

定理 5.3.1　对系统 $\sum_0=(A, B, C)$，采用状态反馈能镇定的充要条件是其不能控子系统为渐近稳定。

证明　（1）设系统 $\sum_0=(A, B, C)$ 不完全能控，因此通过线性变换可将其按能控性分解为：

$$\widetilde{A}=R_c^{-1}AR_c=\begin{pmatrix}\widetilde{A}_{11}&\widetilde{A}_{12}\\0&\widetilde{A}_{22}\end{pmatrix},\widetilde{B}=R_c^{-1}B=\begin{pmatrix}\widetilde{B}_1\\0\end{pmatrix},\widetilde{C}=CR_c=(\widetilde{C}_1,\quad\widetilde{C}_2)\qquad(5.52)$$

式中，$\widetilde{\sum}_c=(\widetilde{A}_{11}, \widetilde{B}_1, \widetilde{C}_1)$ 为能控子系统；$\widetilde{\sum}_{\bar{c}}=(\widetilde{A}_{22}, 0, \widetilde{C}_2)$ 为不能控子系统。

（2）由于线性变换不改变系统的特征值，所以有：

$$\begin{aligned}\det[sI-A]&=\det[sI-\widetilde{A}]\\&=\det\begin{pmatrix}sI_1-\widetilde{A}_{11}&-\widetilde{A}_{12}\\0&sI_2-A_{22}\end{pmatrix}\end{aligned}$$

$$= \det[s\boldsymbol{I}_1 - \widetilde{\boldsymbol{A}}_{11}] \cdot \det[s\boldsymbol{I}_2 - \widetilde{\boldsymbol{A}}_{22}] \tag{5.53}$$

（3）由于$\widetilde{\sum}_0 = (\widetilde{\boldsymbol{A}}, \widetilde{\boldsymbol{B}}, \widetilde{\boldsymbol{C}})$与$\sum_0 = (\boldsymbol{A}, \boldsymbol{B}, \boldsymbol{C})$在能控性和稳定性上等价。考虑对$\widetilde{\sum}_0$引入状态反馈阵：

$$\widetilde{\boldsymbol{K}} = [\widetilde{\boldsymbol{K}}_1 \quad \widetilde{\boldsymbol{K}}_2] \tag{5.54}$$

于是得闭环系统的状态矩阵：

$$\widetilde{\boldsymbol{A}} + \widetilde{\boldsymbol{B}}\widetilde{\boldsymbol{K}} = \begin{pmatrix} \widetilde{\boldsymbol{A}}_{11} & \widetilde{\boldsymbol{A}}_{12} \\ 0 & \widetilde{\boldsymbol{A}}_{22} \end{pmatrix} + \begin{bmatrix} \widetilde{\boldsymbol{B}}_1 \\ 0 \end{bmatrix} [\widetilde{\boldsymbol{K}}_1 \quad \widetilde{\boldsymbol{K}}_2]$$

$$= \begin{pmatrix} \widetilde{\boldsymbol{A}}_{11} + \widetilde{\boldsymbol{B}}_1\widetilde{\boldsymbol{K}}_1 & \widetilde{\boldsymbol{A}}_{12} + \widetilde{\boldsymbol{B}}_1\widetilde{\boldsymbol{K}}_2 \\ 0 & \widetilde{\boldsymbol{A}}_{22} \end{pmatrix} \tag{5.55}$$

和闭环特征多项式：

$$\det[s\boldsymbol{I} - (\widetilde{\boldsymbol{A}} + \widetilde{\boldsymbol{B}}\widetilde{\boldsymbol{K}})] = \det[s\boldsymbol{I}_1 - (\widetilde{\boldsymbol{A}}_{11} + \widetilde{\boldsymbol{B}}_1\widetilde{\boldsymbol{K}}_1)] \cdot \det[s\boldsymbol{I}_2 - \widetilde{\boldsymbol{A}}_{22}] \tag{5.56}$$

比较式（5.56）与式（5.53）可见，引入状态反馈阵$\widetilde{\boldsymbol{K}}$，只能通过选择$\widetilde{\boldsymbol{K}}_1$使（$\widetilde{\boldsymbol{A}}_{11} + \widetilde{\boldsymbol{B}}_1\widetilde{\boldsymbol{K}}_1$）的特征值均具有负实部，从而使$\widetilde{\sum}_c$这个子系统为渐近稳定。但$\widetilde{\boldsymbol{K}}$的选择并不能影响$\widetilde{\sum}_{\bar{c}}$的特征值分布。因此，仅当$\widetilde{\boldsymbol{A}}_{22}$的特征值均具有负实部，即不能控子系统$\widetilde{\sum}_{\bar{c}}$为渐近稳定的，此时整个系统$\sum_0$才是状态反馈能镇定的。

定理 5.3.2　系统$\sum_0 = (\boldsymbol{A}, \boldsymbol{B}, \boldsymbol{C})$通过输出反馈能镇定的充要条件是$\sum_0$结构分解中的能控且能观子系统是输出反馈能镇定的，其余子系统是渐近稳定的。

证明　（1）对$\sum_0 = (\boldsymbol{A}, \boldsymbol{B}, \boldsymbol{C})$进行能控性能观性结构分解，有：

$$\widetilde{\boldsymbol{A}} = \begin{pmatrix} \widetilde{\boldsymbol{A}}_{11} & 0 & \widetilde{\boldsymbol{A}}_{13} & 0 \\ \widetilde{\boldsymbol{A}}_{21} & \widetilde{\boldsymbol{A}}_{22} & \widetilde{\boldsymbol{A}}_{23} & \widetilde{\boldsymbol{A}}_{24} \\ 0 & 0 & \widetilde{\boldsymbol{A}}_{33} & 0 \\ 0 & 0 & \widetilde{\boldsymbol{A}}_{43} & \widetilde{\boldsymbol{A}}_{44} \end{pmatrix}, \widetilde{\boldsymbol{B}} = \begin{pmatrix} \widetilde{\boldsymbol{B}}_1 \\ \widetilde{\boldsymbol{B}}_2 \\ 0 \\ 0 \end{pmatrix}, \widetilde{\boldsymbol{C}} = (\widetilde{\boldsymbol{C}}_1 \quad 0 \quad \widetilde{\boldsymbol{C}}_3 \quad 0) \tag{5.57}$$

（2）因为$\widetilde{\sum}_0 = (\widetilde{\boldsymbol{A}}, \widetilde{\boldsymbol{B}}, \widetilde{\boldsymbol{C}})$与$\sum_0 = (\boldsymbol{A}, \boldsymbol{B}, \boldsymbol{C})$在能控性和能观性和能镇定性上完全等价，所以对$\widetilde{\sum}_0$引入输出反馈阵$\boldsymbol{H}$，可得闭环系统的状态矩阵：

$$\widetilde{\boldsymbol{A}} + \widetilde{\boldsymbol{B}}\widetilde{\boldsymbol{H}}\widetilde{\boldsymbol{C}} = \begin{pmatrix} \widetilde{\boldsymbol{A}}_{11} & 0 & \widetilde{\boldsymbol{A}}_{13} & 0 \\ \widetilde{\boldsymbol{A}}_{21} & \widetilde{\boldsymbol{A}}_{22} & \widetilde{\boldsymbol{A}}_{23} & \widetilde{\boldsymbol{A}}_{24} \\ 0 & 0 & \widetilde{\boldsymbol{A}}_{33} & 0 \\ 0 & 0 & \widetilde{\boldsymbol{A}}_{43} & \widetilde{\boldsymbol{A}}_{44} \end{pmatrix} + \begin{pmatrix} \widetilde{\boldsymbol{B}}_1 \\ \widetilde{\boldsymbol{B}}_2 \\ 0 \\ 0 \end{pmatrix} \widetilde{\boldsymbol{H}}(\widetilde{\boldsymbol{C}}_1, \quad 0, \quad \widetilde{\boldsymbol{C}}_3, \quad 0)$$

$$= \begin{pmatrix} \widetilde{A}_{11} + \widetilde{B}_1\widetilde{H}\widetilde{C}_1 & 0 & \widetilde{A}_{13} + \widetilde{B}_1\widetilde{H}\widetilde{C}_3 & 0 \\ \widetilde{A}_{21} + \widetilde{B}_2\widetilde{H}\widetilde{C}_1 & \widetilde{A}_{22} & \widetilde{A}_{23} + \widetilde{B}_2\widetilde{H}\widetilde{C}_3 & \widetilde{A}_{24} \\ 0 & 0 & \widetilde{A}_{33} & 0 \\ 0 & 0 & \widetilde{A}_{43} & \widetilde{A}_{44} \end{pmatrix} \tag{5.58}$$

和闭环系统特征多项式：

$$\det[s\boldsymbol{I} - (\widetilde{\boldsymbol{A}} + \widetilde{\boldsymbol{B}}\widetilde{\boldsymbol{H}}\widetilde{\boldsymbol{C}})]$$

$$= \det[s\boldsymbol{I} - (\widetilde{\boldsymbol{A}}_{11} + \widetilde{\boldsymbol{B}}_1\widetilde{\boldsymbol{H}}\widetilde{\boldsymbol{C}}_1)] \cdot \det[s\boldsymbol{I} - \widetilde{\boldsymbol{A}}_{22}] \cdot \det[s\boldsymbol{I} - \widetilde{\boldsymbol{A}}_{33}] \cdot \det[s\boldsymbol{I} - \widetilde{\boldsymbol{A}}_{44}] \tag{5.59}$$

式（5.59）表明，当且仅当（$\widetilde{\boldsymbol{A}}_{11} + \widetilde{\boldsymbol{B}}_1\widetilde{\boldsymbol{H}}\widetilde{\boldsymbol{C}}_1$），$\widetilde{\boldsymbol{A}}_{22}$，$\widetilde{\boldsymbol{A}}_{33}$，$\widetilde{\boldsymbol{A}}_{44}$的特征值均具负实部时，闭环系统才为渐近稳定。定理得证。

应当指出，对一个能控且能观的系统，既然不能通过输出线性反馈任意配置极点，自然也不能保证这类系统一定具有输出反馈的能镇定性。

【例5-4】 设系统：

$$\dot{\boldsymbol{x}} = \begin{pmatrix} 0 & 1 & 0 \\ 0 & 0 & -1 \\ -1 & 0 & 0 \end{pmatrix}\boldsymbol{x} + \begin{pmatrix} 0 \\ 1 \\ 0 \end{pmatrix}u$$

$$\boldsymbol{y} = \begin{pmatrix} 1 & 0 & 0 \\ 0 & 0 & 1 \end{pmatrix}\boldsymbol{x}$$

试证明不能通过输出反馈使之镇定。

解 经检验，该系统能控且能观，但从特征多项式

$$\det[s\boldsymbol{I} - \boldsymbol{A}] = \begin{vmatrix} s & -1 & 0 \\ 0 & s & 1 \\ 1 & 0 & s \end{vmatrix} = s^3 - 1$$

看出各系数异号且缺项，故系统是不稳定的。

若引入输出反馈阵$\boldsymbol{H} = (h_0, \quad h_1)$，则有：

$$\boldsymbol{A} + \boldsymbol{bHc} = \begin{pmatrix} 0 & 1 & 0 \\ 0 & 0 & -1 \\ -1 & 0 & 0 \end{pmatrix} + \begin{pmatrix} 0 \\ 1 \\ 0 \end{pmatrix}(h_0, \quad h_1)\begin{pmatrix} 1 & 0 & 0 \\ 0 & 0 & 1 \end{pmatrix} = \begin{pmatrix} 0 & 1 & 0 \\ h_0 & 0 & -1 + h_1 \\ -1 & 0 & 0 \end{pmatrix}$$

和 $$\det[s\boldsymbol{I} - (\boldsymbol{A} + \boldsymbol{bHc})] = \begin{vmatrix} s & -1 & 0 \\ -h_0 & s & 1 - h_1 \\ 1 & 0 & s \end{vmatrix} = s^3 - h_0 s + (h_1 - 1)$$

由上式可见，经$\boldsymbol{H}$反馈闭环后的特征式仍缺少s^2项，因此无论怎样选择$\boldsymbol{H}$，也不能使系统获得镇定。这个例子表明，利用输出反馈未必能使能控且能观的系统得到镇定。

定理5.3.3 对系统$\Sigma_0 = (\boldsymbol{A}, \boldsymbol{B}, \boldsymbol{C})$，采用从输出到$\dot{\boldsymbol{x}}$反馈实现镇定的充要条件是$\Sigma_0$的不能观子系统为渐近稳定。

证明　(1) 将系统$\sum_0=(\boldsymbol{A},\boldsymbol{B},\boldsymbol{C})$进行能观性分解，得：

$$\overline{\boldsymbol{A}}=\boldsymbol{R}_0^{-1}\boldsymbol{A}\boldsymbol{R}_0=\begin{pmatrix}\overline{\boldsymbol{A}}_{11} & 0\\ \overline{\boldsymbol{A}}_{21} & \overline{\boldsymbol{A}}_{22}\end{pmatrix},\overline{\boldsymbol{B}}=\boldsymbol{R}_0^{-1}\boldsymbol{B}=\begin{pmatrix}\overline{\boldsymbol{B}}_1\\ \overline{\boldsymbol{B}}_2\end{pmatrix}$$
$$\overline{\boldsymbol{C}}=\boldsymbol{C}\boldsymbol{R}_0=(\overline{\boldsymbol{C}}_1,\ 0) \tag{5.60}$$

式中，$\overline{\sum}_0=(\overline{\boldsymbol{A}}_{11},\overline{\boldsymbol{B}}_1,\overline{\boldsymbol{C}}_1)$为能观子系统；$\overline{\sum}_{\bar{0}}=(\overline{\boldsymbol{A}}_{22},\overline{\boldsymbol{B}}_2,0)$为不能观子系统。

开环系统特征多项式为：

$$\det[s\boldsymbol{I}-\overline{\boldsymbol{A}}]=\det\begin{pmatrix}s\boldsymbol{I}_1-\overline{\boldsymbol{A}}_{11} & 0\\ -\overline{\boldsymbol{A}}_{21} & s\boldsymbol{I}_2-\overline{\boldsymbol{A}}_{22}\end{pmatrix}$$
$$=\det[s\boldsymbol{I}_1-\overline{\boldsymbol{A}}_{11}]\cdot\det[s\boldsymbol{I}_2-\overline{\boldsymbol{A}}_{22}] \tag{5.61}$$

(2) 由于$(\overline{\boldsymbol{A}},\overline{\boldsymbol{B}},\overline{\boldsymbol{C}})$与$(\boldsymbol{A},\boldsymbol{B},\boldsymbol{C})$在能控性和稳定性上等价，考虑对$(\overline{\boldsymbol{A}},\overline{\boldsymbol{B}},\overline{\boldsymbol{C}})$引入从输出到$\dot{\boldsymbol{x}}$的反馈阵$\overline{\boldsymbol{G}}=(\overline{\boldsymbol{G}}_1\ \ \overline{\boldsymbol{G}}_2)^{\mathrm{T}}$，于是有：

$$\overline{\boldsymbol{A}}+\overline{\boldsymbol{G}}\,\overline{\boldsymbol{C}}=\begin{pmatrix}\overline{\boldsymbol{A}}_{11} & 0\\ \overline{\boldsymbol{A}}_{21} & \overline{\boldsymbol{A}}_{22}\end{pmatrix}+\begin{pmatrix}\overline{\boldsymbol{G}}_1\\ \overline{\boldsymbol{G}}_2\end{pmatrix}(\overline{\boldsymbol{C}}_1,\ 0) \tag{5.62}$$
$$=\begin{pmatrix}\overline{\boldsymbol{A}}_{11}+\overline{\boldsymbol{G}}_1\overline{\boldsymbol{C}}_1 & 0\\ \overline{\boldsymbol{A}}_{21}+\overline{\boldsymbol{G}}_2\overline{\boldsymbol{C}}_1 & \overline{\boldsymbol{A}}_{22}\end{pmatrix}$$

和

$$\det[s\boldsymbol{I}-(\overline{\boldsymbol{A}}+\overline{\boldsymbol{G}}\,\overline{\boldsymbol{C}})]=\det\begin{pmatrix}s\boldsymbol{I}_1-(\overline{\boldsymbol{A}}_{11}+\overline{\boldsymbol{G}}_1\overline{\boldsymbol{C}}_1) & 0\\ -(\overline{\boldsymbol{A}}_{21}+\overline{\boldsymbol{G}}_2\overline{\boldsymbol{C}}_1) & s\boldsymbol{I}_2-\overline{\boldsymbol{A}}_{22}\end{pmatrix}$$
$$=\det[s\boldsymbol{I}_1-(\overline{\boldsymbol{A}}_{11}+\overline{\boldsymbol{G}}_1\overline{\boldsymbol{C}}_1)]\cdot\det[s\boldsymbol{I}_2-\overline{\boldsymbol{A}}_{22}] \tag{5.63}$$

式 (5.63) 表明，引入反馈阵$\overline{\boldsymbol{G}}$，只影响$(\overline{\boldsymbol{A}}_{11},\overline{\boldsymbol{B}}_1,\overline{\boldsymbol{C}}_1)$的特征值。因此，要使系统获得镇定，仅在$(\overline{\boldsymbol{A}}_{22},\overline{\boldsymbol{B}}_2,0)$为渐近稳定时才能做到。

5.4　系统解耦问题

解耦问题是多输入—多输出系统综合理论中的重要组成部分。其设计目的是寻求适当的控制规律，使输入输出相互关联的多变量系统实现每一个输出仅受相应的一个输入所控制，每一个输入也仅能控制相应的一个输出，这样的问题称为**解耦问题**。

设$\sum_0=(\boldsymbol{A},\boldsymbol{B},\boldsymbol{C})$是一个$m$维输入、$m$维输出的受控系统，即

$$\begin{aligned}\dot{\boldsymbol{x}}&=\boldsymbol{A}\boldsymbol{x}+\boldsymbol{B}\boldsymbol{u}\\ \boldsymbol{y}&=\boldsymbol{C}\boldsymbol{x}\end{aligned} \tag{5.64}$$

若其传递函数矩阵：

$$\boldsymbol{W}_0(s)=\boldsymbol{C}(s\boldsymbol{I}-\boldsymbol{A})^{-1}\boldsymbol{B}=\begin{pmatrix}W_{11}(s) & & \boldsymbol{0}\\ & W_{22}(s) & \\ \boldsymbol{0} & \ddots & \\ & & W_{mm}(s)\end{pmatrix} \tag{5.65}$$

是一个对角形有理多项式矩阵，则称该系统是解耦的。由式（5.65）可见，一个多变量系统实现解耦以后，可被看作为一组相互独立的单变量系统，从而可实现自治控制。图 5.8 表示了这种系统的特点。

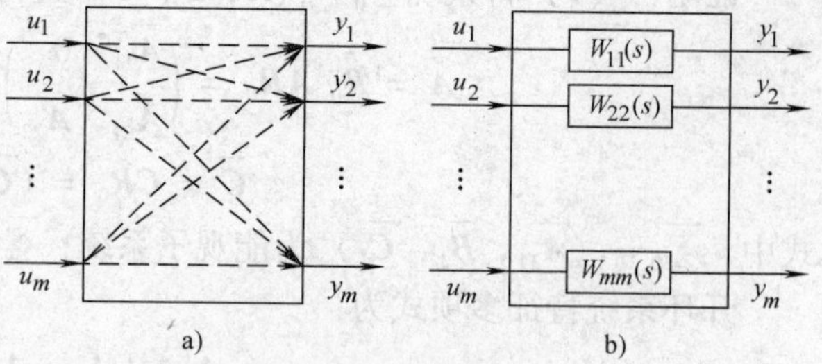

图 5.8　多变量解耦系统示意图

a）解耦前　b）解耦后

要完全解决上述解耦问题，必须回答两个问题：一是确定系统能够被解耦的充要条件，即能解耦性的判别问题。二是确定解耦控制律和解耦系统的结构，即解耦系统的具体综合问题。这两个问题的解决随着解耦方法的不同而不同。

实现系统解耦，目前主要有两种方法：

（1）前馈补偿器解耦　这种方法最简单，只需在待解耦系统的前面串接一个前馈补偿器，使串联组合系统的传递函数矩阵成为对角形的有理函数矩阵。显然，这种方法将使系统的维数增加。

（2）状态反馈解耦　这种方法虽然不增加系统的维数，但其实现解耦的条件要比前者苛刻得多。本节重点讨论这种方法。

5.4.1　前馈补偿器解耦

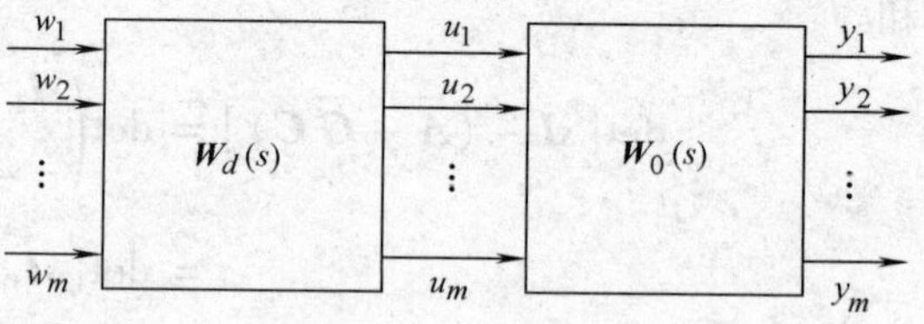

图 5.9　前馈补偿器解耦系统框图

前馈补偿器解耦的框图如图 5.9 所示。

图中 $\boldsymbol{W}_0(s)$ 为待解耦系统的传递函数矩阵；$\boldsymbol{W}_d(s)$ 为前馈补偿器的传递函数矩阵。

根据串联组合系统可写出整个系统的传递函数矩阵：

$$\boldsymbol{W}(s) = \boldsymbol{W}_0(s)\boldsymbol{W}_d(s) \tag{5.66}$$

式中，$\boldsymbol{W}(s)$ 为串接补偿器后系统的传递函数矩阵。

$$\boldsymbol{W}(s) = \begin{pmatrix} W_{11}(s) & & & \\ & W_{22}(s) & & \boldsymbol{0} \\ & \boldsymbol{0} & \ddots & \\ & & & W_{mm}(s) \end{pmatrix} \tag{5.67}$$

显然，只要 $\boldsymbol{W}_0^{-1}(s)$ 存在，则串联补偿器的传递函数矩阵为：

$$\boldsymbol{W}_d(s) = \boldsymbol{W}_0^{-1}(s)\boldsymbol{W}(s) \tag{5.68}$$

式（5.68）表明，只要待解耦系统 $\boldsymbol{W}_0(s)$ 满秩，则总可以设计一个补偿器，使系统获得解耦。至于解耦后各独立子系统所要求的特性则可由 $W_{ii}(s)$ 给予规定。

5.4.2　状态反馈解耦

1. 状态反馈解耦中的几个特征量

状态反馈解耦系统的结构如图 5.10 所示。

图中点画线框内为待解耦系统$\sum_0=(\boldsymbol{A},\boldsymbol{B},\boldsymbol{C})$；$\boldsymbol{K}$ 为 $m\times n$ 的实常数状态反馈矩阵；$\boldsymbol{F}$ 为 $m\times n$ 的实常数非奇异变换矩阵；$\boldsymbol{v}$ 为 $m\times 1$ 的输入矢量。

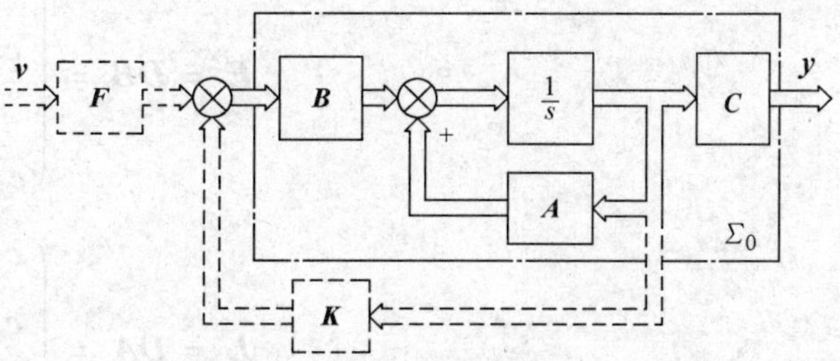

图 5.10 状态反馈解耦系统

现在研究的问题是如何设计 $\boldsymbol{K}$ 和 $\boldsymbol{F}$，使系统从 $\boldsymbol{v}$ 到 $\boldsymbol{y}$ 是解耦的。应当指出，使系统解耦的矩阵 $\boldsymbol{K}$ 并不是唯一的，$\boldsymbol{K}$ 的这种不唯一性可用来同时满足配置极点的要求。

为了便于讨论状态反馈解耦的条件，首先定义几个特征量。

1）定义 d_i，是满足不等式：

$$\boldsymbol{c}_i\boldsymbol{A}^l\boldsymbol{B}\neq 0 \quad (l=0,1,\cdots,m-1) \tag{5.69}$$

且介于 0 到 $m-1$ 之间的一个最小整数 l。

式中，$\boldsymbol{c}_i$ 为系统输出矩阵 $\boldsymbol{C}$ 中的第 i 行向量（$i=1,2,\cdots,m$），因此，d_i 的下标 i 表示行数。

【例 5-5】 已知系统$\sum_0=(\boldsymbol{A},\boldsymbol{B},\boldsymbol{C})$：

$$\boldsymbol{A}=\begin{pmatrix}0&1&0&0\\3&0&0&2\\0&0&0&1\\0&-2&0&0\end{pmatrix},\boldsymbol{B}=\begin{pmatrix}0&0\\1&0\\0&0\\0&1\end{pmatrix},\boldsymbol{C}=\begin{pmatrix}1&0&0&0\\0&0&1&0\end{pmatrix}$$

试计算 d_i（$i=1,2$）。

解 先算 d_1，将 $\boldsymbol{c}_1$，$\boldsymbol{A}$，$\boldsymbol{B}$ 代入式（5.69）得：

$$\boldsymbol{c}_1\boldsymbol{A}^0\boldsymbol{B}=(0,\ 0)$$
$$\boldsymbol{c}_1\boldsymbol{A}^1\boldsymbol{B}=(1,\ 0)$$

使 $\boldsymbol{c}_1\boldsymbol{A}^l\boldsymbol{B}\neq 0$ 的最小 l 是 1，所以

$$d_1=1$$

再算 d_2，将 $\boldsymbol{c}_2$，$\boldsymbol{A}$，$\boldsymbol{B}$ 代入式（5.69）得：

$$\boldsymbol{c}_2\boldsymbol{A}^0\boldsymbol{B}=(0,\ 0)$$
$$\boldsymbol{c}_2\boldsymbol{A}^1\boldsymbol{B}=(0,\ 1)$$

使 $\boldsymbol{c}_2\boldsymbol{A}^l\boldsymbol{B}\neq 0$ 的最小 l 是 1，所以

$$d_2=1$$

2）根据 d_i 定义下列矩阵：

$$\boldsymbol{D}=\begin{pmatrix}\boldsymbol{c}_1\boldsymbol{A}^{d_1}\\\boldsymbol{c}_2\boldsymbol{A}^{d_2}\\\vdots\\\boldsymbol{c}_m\boldsymbol{A}^{d_m}\end{pmatrix} \tag{5.70}$$

$$E = DB = \begin{pmatrix} c_1A^{d_1}B \\ c_2A^{d_2}B \\ \vdots \\ c_mA^{d_m}B \end{pmatrix} \tag{5.71}$$

$$L = DA = \begin{pmatrix} c_1A^{d_1+1} \\ c_2A^{d_2+1} \\ \vdots \\ c_mA^{d_m+1} \end{pmatrix} \tag{5.72}$$

【例 5-6】 试计算例 5.5 的 D，E，L。

解

$$D = \begin{pmatrix} c_1A^{d_1} \\ c_2A^{d_2} \end{pmatrix} = D = \begin{pmatrix} c_1A \\ c_2A \end{pmatrix} = \begin{pmatrix} 0 & 1 & 0 & 0 \\ 0 & 0 & 0 & 1 \end{pmatrix}$$

$$E = \begin{pmatrix} c_1A^{d_1}B \\ c_2A^{d_2}B \end{pmatrix} = \begin{pmatrix} c_1AB \\ c_2AB \end{pmatrix} = \begin{pmatrix} 1 & 0 \\ 0 & 1 \end{pmatrix}$$

$$L = \begin{pmatrix} c_1A^{d_1+1} \\ c_2A^{d_2+1} \end{pmatrix} = \begin{pmatrix} c_1A^2 \\ c_2A^2 \end{pmatrix} = \begin{pmatrix} 3 & 0 & 0 & 2 \\ 0 & -2 & 0 & 0 \end{pmatrix}$$

2. 能解耦性判据

定理 5.4.1 受控系统 $\sum_0 = (A, B, C)$ 采用状态反馈能解耦的充要条件是 $m \times m$ 维矩阵 E 为非奇异。即

$$\det E = \det \begin{pmatrix} c_1A^{d_1}B \\ c_2A^{d_2}B \\ \vdots \\ c_mA^{d_m}B \end{pmatrix} \neq 0 \tag{5.73}$$

例如例 5.5 中所讨论的系统，由于 $E = \begin{pmatrix} 1 & 0 \\ 0 & 1 \end{pmatrix}$ 是非奇异的，因此该系统可以采用状态反馈实现解耦。

3. 积分型解耦系统

定理 5.4.2 若系统 $\sum_0 = (A, B, C)$ 是状态反馈能解耦的，则闭环系统 $\sum_p = (A_p, B_p, C_p)$：

$$\begin{aligned} \dot{x} &= A_px + B_pv = (A + BK)x + BFv \\ y &= C_px = Cx \end{aligned} \tag{5.74}$$

是一个积分型解耦系统。其中状态反馈矩阵为：

$$K = -E^{-1}L \tag{5.75}$$

输入变换矩阵为：

$$F = E^{-1} \tag{5.76}$$

闭环系统的传递函数为：

$$W_{K,F}(s) = C[sI - (A + BK)]^{-1}BF = \begin{pmatrix} \frac{1}{s^{d_1+1}} & & & \\ & \frac{1}{s^{d_2+1}} & & \mathbf{0} \\ \mathbf{0} & & \ddots & \\ & & & \frac{1}{s^{d_m+1}} \end{pmatrix} \tag{5.77}$$

式（5.77）表明，用式（5.75）和式（5.76）实现（K，F）解耦的系统，其每个子系统都是相当于一个（d_i+1）阶积分器的独立子系统。

【例 5-7】　试求例 5.5 所示系统的解耦系统。

解　例 5.5 和例 5.6 已经算得：

$$d_1 = 1, d_2 = 1, E = \begin{pmatrix} 1 & 0 \\ 0 & 1 \end{pmatrix}$$

按照式（5.75）、式（5.76）选择：

$$K = -E^{-1}L = \begin{pmatrix} -3 & 0 & 0 & -2 \\ 0 & 2 & 0 & 0 \end{pmatrix}$$

$$F = E^{-1} = \begin{pmatrix} 1 & 0 \\ 0 & 1 \end{pmatrix}$$

于是闭环系统为：

$$\dot{x} = (A - BE^{-1}L)x + BE^{-1}v$$

$$= \begin{pmatrix} 0 & 1 & 0 & 0 \\ 0 & 0 & 0 & 0 \\ 0 & 0 & 0 & 1 \\ 0 & 0 & 0 & 0 \end{pmatrix} x + \begin{pmatrix} 0 & 0 \\ 1 & 0 \\ 0 & 0 \\ 0 & 1 \end{pmatrix} v \tag{5.78}$$

$$y = Cx = \begin{pmatrix} 1 & 0 & 0 & 0 \\ 0 & 0 & 1 & 0 \end{pmatrix} x$$

闭环系统的传递函数矩阵为：

$$W_{K,F}(s) = \begin{pmatrix} \frac{1}{s^{d_1+1}} & 0 \\ 0 & \frac{1}{s^{d_2+1}} \end{pmatrix} = \begin{pmatrix} \frac{1}{s^2} & 0 \\ 0 & \frac{1}{s^2} \end{pmatrix} \tag{5.79}$$

闭环系统状态反馈解耦结构图如图 5.11 所示。

从图 5.11 可以看出，状态反馈阵中，每个元素的作用在于抵消状态变量间的交连耦合，从而实现每一个输入仅对其相对应的一个输出的自治控制。

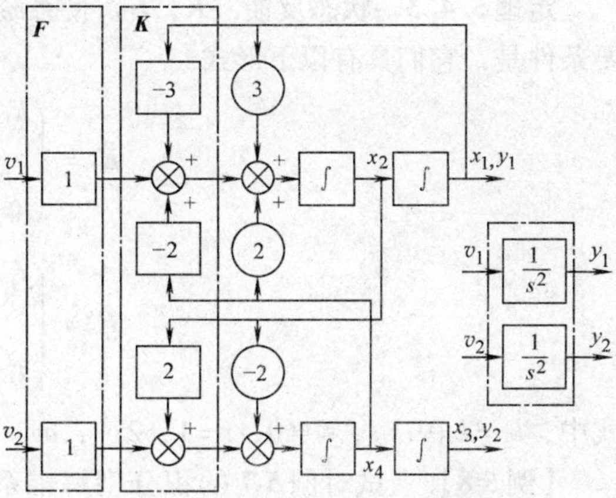

图 5.11　例 5.5 解耦系统示意图

4. 能解耦标准形

如果能解耦系统$\hat{\Sigma}=(\hat{\boldsymbol{A}},\hat{\boldsymbol{B}},\hat{\boldsymbol{C}})$具有如下形式：

$$\hat{\boldsymbol{A}}=\begin{pmatrix}\boldsymbol{A}_1 & & \boldsymbol{0}\\ & \ddots & \\ \boldsymbol{0} & & \boldsymbol{A}_m\end{pmatrix}\begin{matrix}p_1\\ \vdots\\ p_m\end{matrix}$$

$$\hat{\boldsymbol{B}}=\begin{pmatrix}\boldsymbol{b}_1 & & \boldsymbol{0}\\ & \ddots & \\ \boldsymbol{0} & & \boldsymbol{b}_m\end{pmatrix}\begin{matrix}p_1\\ \vdots\\ p_m\end{matrix} \tag{5.80}$$

$$\hat{\boldsymbol{C}}=\begin{pmatrix}\boldsymbol{C}_1 & & \boldsymbol{0}\\ & \ddots & \\ \boldsymbol{0} & & \boldsymbol{C}_m\end{pmatrix}\begin{matrix}1\\ \vdots\\ 1\end{matrix}$$

其中$p_i=d_i+1$，$i=1,2,\cdots,m$；$p_1+p_2+\cdots+p_m=n$

$$\boldsymbol{A}_i=\begin{pmatrix}0 & 1 & & \boldsymbol{0}\\ & \ddots & \ddots & \\ & & \ddots & 1\\ \boldsymbol{0} & & & 0\end{pmatrix}=\begin{pmatrix}0 & \boldsymbol{I}_{di}\\ 0 & 0\end{pmatrix}$$

$$\boldsymbol{b}_i=\begin{pmatrix}0\\ \vdots\\ 0\\ 1\end{pmatrix} \tag{5.81}$$

$$\boldsymbol{C}_i=(1,\ 0,\ \cdots,\ 0)$$

则称$\hat{\Sigma}=(\hat{\boldsymbol{A}},\hat{\boldsymbol{B}},\hat{\boldsymbol{C}})$为能解耦标准型。而且$\hat{\Sigma}$是$\boldsymbol{W}_{KF}(s)$的一个最小实现。

定理 5.4.3 状态反馈$(\hat{\boldsymbol{K}},\hat{\boldsymbol{F}})$使系统$\hat{\Sigma}=(\hat{\boldsymbol{A}},\hat{\boldsymbol{B}},\hat{\boldsymbol{C}})$解耦并任意配置极点的充要条件是，它们具有以下形式：

$$\hat{\boldsymbol{K}}=\begin{pmatrix}k_1 & & \boldsymbol{0}\\ & \ddots & \\ \boldsymbol{0} & & k_m\end{pmatrix}$$

$$\hat{\boldsymbol{F}}=\begin{pmatrix}f_1 & & \boldsymbol{0}\\ & \ddots & \\ \boldsymbol{0} & & f_m\end{pmatrix} \tag{5.82}$$

式中，$k_i=k_{i0}\cdots k_{id_i}$，$f_i\neq 0$，$i=1,2\cdots,m$。

【例 5-8】 试对例 5-7 的积分型解耦系统设计附加状态反馈，使闭环解耦系统的极点配置为 −1，−1，−1，−1。

解　考虑到例 5.7 所得的积分型解耦系统：

$$A = \begin{pmatrix} 0 & 1 & 0 & 0 \\ 0 & 0 & 0 & 0 \\ 0 & 0 & 0 & 1 \\ 0 & 0 & 0 & 0 \end{pmatrix} = \begin{pmatrix} A_1 & 0 \\ 0 & A_2 \end{pmatrix}$$

$$B = \begin{pmatrix} 0 & 0 \\ 1 & 0 \\ 0 & 0 \\ 0 & 1 \end{pmatrix} = \begin{pmatrix} b_1 & 0 \\ 0 & b_2 \end{pmatrix}$$

$$C = \begin{pmatrix} 1 & 0 & 0 & 0 \\ 0 & 0 & 1 & 0 \end{pmatrix} = \begin{pmatrix} c_1 & 0 \\ 0 & c_2 \end{pmatrix}$$

已是式（5.80）的解耦标准形。所以可分别对各独立子系统进行状态反馈，对于$\sum_1 = (A_1, b_1, c_1)$有：

$$v_1 = [k_1 \quad k_2]\begin{pmatrix} x_1 \\ x_2 \end{pmatrix} + w_1$$

对于$\sum_2 = (A_2, b_2, c_2)$有：

$$v_2 = [k_3, k_4]\begin{pmatrix} x_3 \\ x_4 \end{pmatrix} + w_2$$

将 v_1，v_2 分别代入式（5.78），整理得：

$$\dot{x} = \begin{pmatrix} 0 & 1 & 0 & 0 \\ k_1 & k_2 & 0 & 0 \\ 0 & 0 & 0 & 1 \\ 0 & 0 & k_3 & k_4 \end{pmatrix} x + \begin{pmatrix} 0 & 0 \\ 1 & 0 \\ 0 & 0 \\ 0 & 1 \end{pmatrix}\begin{pmatrix} w_1 \\ w_2 \end{pmatrix}$$

$$y = \begin{pmatrix} 1 & 0 & 0 & 0 \\ 0 & 0 & 1 & 0 \end{pmatrix} x$$

为使闭环系统极点配置在 -1，-1，-1，-1，按照设计状态反馈增益矩阵的步骤可求得：

$$k_1 = -1,\quad k_2 = -2,\quad k_3 = -1,\quad k_4 = -2$$

附加极点配置后的系统结构如图 5.12 所示。

5. 状态反馈解耦的设计步骤

综上所述，用状态反馈实现系统解耦的设计步骤可归纳如下：

1）检验系统是否满足式（5.73）所述充要条件。

2）按照式（5.75）和式（5.76）计算状态反馈矩阵 $\boldsymbol{K}$ 和输入变换阵 $\boldsymbol{F}$，将系统化成积分型解耦形式。

3）按照式（5.82）对各独立子系统采用附加状态反馈，将其极点配置为期望值。

如果在积分型解耦系统中存在不能控和不能观的状态，则在采用附加状态反馈时，必须通过非奇异变换，使之化成能解耦标准形。以上讨论的仅是积分型解耦系统能控的情况。

最后还应指出，对不能用状态反馈实现解耦的系统，如果传递函数阵是非奇异的，除单独采用前馈补偿器外，还可以兼用状态反馈和串联补偿器的办法进行解耦。如图5.13所示。

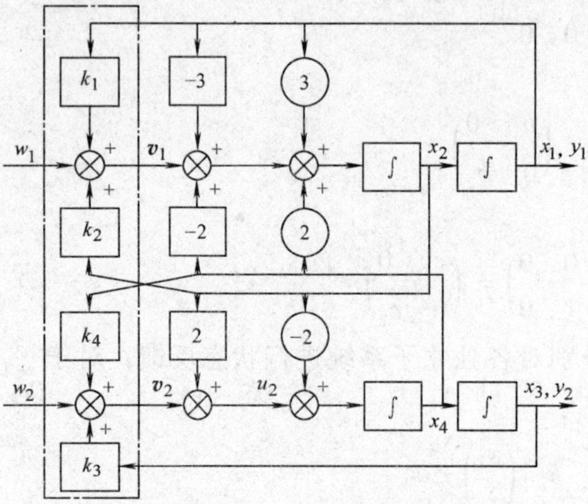

图5.12　例5.8的状态反馈结构图

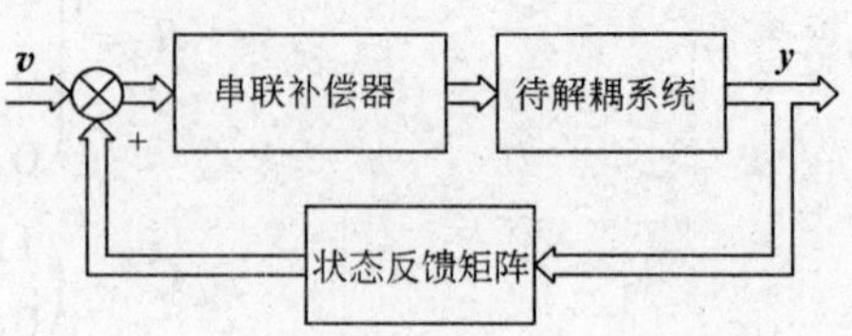

图5.13　用串联补偿器加状态反馈进行解耦示意图

实际上，前面所介绍的状态反馈解耦系统只不过是串联补偿器退化为零阶矩阵的一种特殊情形而已。因为倘若图5.13中的串联补偿器退化成零阶常数阵，则系统便立即可化成状态反馈系统。

5.5　状态观测器

从前面几节看出，要实现闭环极点的任意配置，或是实现系统解耦，以及下一章将要介绍的最优控制系统都离不开全状态反馈。然而系统的状态变量并不都是易于直接能检测得到的，有些状态变量甚至根本无法检测。这样，就提出所谓**状态观测**或者**状态重构**问题。由龙伯格（Luenberger）提出的状态观测器理论，解决了在确定性条件下受控系统的状态重构问题，从而使状态反馈成为一种可实现的控制律。至于在噪声环境下的状态观测将涉及随机最优估计理论，即卡尔曼滤波技术，读者可参阅有关资料。本节只介绍在无噪声干扰下，单输入—单输出系统状态观测器的设计原理和方法。

5.5.1　状态观测器定义

设线性定常系统$\Sigma_0=(\boldsymbol{A},\boldsymbol{B},\boldsymbol{C})$的状态矢量$\boldsymbol{x}$不能直接检测。如果动态系统$\hat{\Sigma}$以$\Sigma_0$的输入$\boldsymbol{u}$和输出$\boldsymbol{y}$作为其输入量，能产生一组输出量$\hat{\boldsymbol{x}}$渐近于$\boldsymbol{x}$，即$\lim\limits_{t\to\infty}|\boldsymbol{x}-\hat{\boldsymbol{x}}|=0$，则称$\hat{\Sigma}$为$\Sigma_0$的一个状态观测器。

根据上述定义，可得构造观测器的原则是：

1）观测器 $\hat{\Sigma}$ 应以 Σ_0 的输入 $\boldsymbol{u}$ 和输出 $\boldsymbol{y}$ 为其输入量。

2）为满足 $\lim\limits_{t\to\infty}|\boldsymbol{x}-\hat{\boldsymbol{x}}|=0$，$\Sigma_0$ 必须完全能观，或其不能观子系统是渐近稳定的。

3）$\hat{\Sigma}$ 的输出 $\hat{\boldsymbol{x}}$ 应以足够快的速度渐近于 $\boldsymbol{x}$，即 $\hat{\Sigma}$ 应有足够宽的频带。但从抑制干扰角度看，又希望频带不要太宽。因此，要根据具体情况予以兼顾。

4）$\hat{\Sigma}$ 在结构上应尽量简单。即具有尽可能低的维数，以便于物理实现。

5.5.2　状态观测器的存在性

定理 5.5.1　对线性定常系统 $\Sigma_0=(\boldsymbol{A},\boldsymbol{B},\boldsymbol{C})$，状态观测器存在的充要条件是 Σ_0 的不能观子系统为渐近稳定。

证明　（1）设 $\Sigma_0=(\boldsymbol{A},\boldsymbol{B},\boldsymbol{C})$ 不完全能观，可进行能观性结构分解。这里，不妨设 $\Sigma_0=(\boldsymbol{A},\boldsymbol{B},\boldsymbol{C})$ 已具有能观性分解形式。即

$$\boldsymbol{x}=\begin{pmatrix}\boldsymbol{x}_0\\ \boldsymbol{x}_{\bar{0}}\end{pmatrix},\boldsymbol{A}=\begin{pmatrix}\boldsymbol{A}_{11} & \boldsymbol{0}\\ \boldsymbol{A}_{21} & \boldsymbol{A}_{22}\end{pmatrix},\boldsymbol{B}=\begin{pmatrix}\boldsymbol{B}_1\\ \boldsymbol{B}_2\end{pmatrix},\boldsymbol{C}=(\boldsymbol{C}_1,\ \ \boldsymbol{0}) \tag{5.83}$$

式中，$\boldsymbol{x}_0$ 为能观子状态；$\boldsymbol{x}_{\bar{0}}$ 为不能观子状态；$(\boldsymbol{A}_{11},\boldsymbol{B}_1,\boldsymbol{C}_1)$ 为能观子系统；$(\boldsymbol{A}_{22},\boldsymbol{B}_2,0)$ 为不能观子系统。

（2）构造状态观测器 $\hat{\Sigma}$。设 $\hat{\boldsymbol{x}}=(\hat{\boldsymbol{x}}_0,\hat{\boldsymbol{x}}_{\bar{0}})^{\mathrm{T}}$ 为状态 $\boldsymbol{x}$ 的估值，$\boldsymbol{G}=(\boldsymbol{G}_1,\ \ \boldsymbol{G}_2)^{\mathrm{T}}$ 为调节 $\hat{\boldsymbol{x}}$ 渐近于 $\boldsymbol{x}$ 的速度的反馈增益矩阵。于是得观测器方程：

$$\dot{\hat{\boldsymbol{x}}}=\boldsymbol{A}\hat{\boldsymbol{x}}+\boldsymbol{B}\boldsymbol{u}+\boldsymbol{G}(\boldsymbol{y}-\boldsymbol{C}\hat{\boldsymbol{x}}) \tag{5.84}$$

或

$$\dot{\hat{\boldsymbol{x}}}=(\boldsymbol{A}-\boldsymbol{G}\boldsymbol{C})\hat{\boldsymbol{x}}+\boldsymbol{B}\boldsymbol{u}+\boldsymbol{G}\boldsymbol{C}\boldsymbol{x}$$

定义 $\tilde{\boldsymbol{x}}=\boldsymbol{x}-\hat{\boldsymbol{x}}$ 为状态误差矢量，可导出状态误差方程：

$$\begin{aligned}\dot{\tilde{\boldsymbol{x}}}&=\dot{\boldsymbol{x}}-\dot{\hat{\boldsymbol{x}}}=\begin{pmatrix}\dot{\boldsymbol{x}}_0-\dot{\hat{\boldsymbol{x}}}_0\\ \dot{\boldsymbol{x}}_{\bar{0}}-\dot{\hat{\boldsymbol{x}}}_{\bar{0}}\end{pmatrix}\\ &=\begin{pmatrix}\boldsymbol{A}_{11}\boldsymbol{x}_0+\boldsymbol{B}_1\boldsymbol{u}\\ \boldsymbol{A}_{21}\boldsymbol{x}_0+\boldsymbol{A}_{22}\boldsymbol{x}_{\bar{0}}+\boldsymbol{B}_2\boldsymbol{u}\end{pmatrix}-\begin{pmatrix}(\boldsymbol{A}_{11}-\boldsymbol{G}_1\boldsymbol{C}_1)\hat{\boldsymbol{x}}_0+\boldsymbol{B}_1\boldsymbol{u}+\boldsymbol{G}_1\boldsymbol{C}_1\boldsymbol{x}_0\\ (\boldsymbol{A}_{21}-\boldsymbol{G}_2\boldsymbol{C}_1)\hat{\boldsymbol{x}}_0+\boldsymbol{A}_{22}\hat{\boldsymbol{x}}_{\bar{0}}+\boldsymbol{B}_2\boldsymbol{u}+\boldsymbol{G}_2\boldsymbol{C}_1\boldsymbol{x}_0\end{pmatrix}\\ &=\begin{pmatrix}(\boldsymbol{A}_{11}-\boldsymbol{G}_1\boldsymbol{C}_1)(\boldsymbol{x}_0-\hat{\boldsymbol{x}}_0)\\ (\boldsymbol{A}_{21}-\boldsymbol{G}_2\boldsymbol{C}_1)(\boldsymbol{x}_0-\hat{\boldsymbol{x}}_0)+\boldsymbol{A}_{22}(\boldsymbol{x}_{\bar{0}}-\hat{\boldsymbol{x}}_{\bar{0}})\end{pmatrix}\end{aligned} \tag{5.85}$$

（3）确定使 $\hat{\boldsymbol{x}}$ 渐近于 $\boldsymbol{x}$ 的条件。

由上式，得：

$$\dot{\boldsymbol{x}}_0-\dot{\hat{\boldsymbol{x}}}_0=(\boldsymbol{A}_{11}-\boldsymbol{G}_1\boldsymbol{C}_1)(\boldsymbol{x}_0-\hat{\boldsymbol{x}}_0) \tag{5.86}$$

$$\dot{\boldsymbol{x}}_{\bar{0}}-\dot{\hat{\boldsymbol{x}}}_{\bar{0}}=(\boldsymbol{A}_{21}-\boldsymbol{G}_2\boldsymbol{C}_1)(\boldsymbol{x}_0-\hat{\boldsymbol{x}}_0)+\boldsymbol{A}_{22}(\boldsymbol{x}_{\bar{0}}-\hat{\boldsymbol{x}}_{\bar{0}}) \tag{5.87}$$

由式（5.86）可知，通过适当选择 $\boldsymbol{G}_1$，可使 $(\boldsymbol{A}_{11}-\boldsymbol{G}_1\boldsymbol{C}_1)$ 的特征值均具负实部，因而有：

$$\lim_{t\to\infty}(\boldsymbol{x}_0-\hat{\boldsymbol{x}}_0)=\lim_{t\to\infty}e^{(\boldsymbol{A}_{11}-\boldsymbol{G}_1\boldsymbol{C}_1)t}[\boldsymbol{x}_0(0)-\hat{\boldsymbol{x}}_0(0)]=0 \tag{5.88}$$

同理，由式（5.87）可得其解为：

$$\begin{aligned}\boldsymbol{x}_{\bar{0}} - \hat{\boldsymbol{x}}_{\bar{0}} &= \mathrm{e}^{\boldsymbol{A}_{22}t}[\boldsymbol{x}_{\bar{0}}(0) - \hat{\boldsymbol{x}}_{\bar{0}}(0)] \\ &\quad + \int_0^t \mathrm{e}^{\boldsymbol{A}_{22}(t-\tau)}(\boldsymbol{A}_{21} - \boldsymbol{G}_2\boldsymbol{C}_1)\mathrm{e}^{(\boldsymbol{A}_{11}-\boldsymbol{G}_1\boldsymbol{C}_1)\tau}[\boldsymbol{x}_0(0) - \hat{\boldsymbol{x}}_0(0)]\mathrm{d}\tau\end{aligned} \tag{5.89}$$

由于$\lim\limits_{t\to\infty}\mathrm{e}^{(\boldsymbol{A}_{11}-\boldsymbol{G}_1\boldsymbol{C}_1)t}=0$，因此仅当

$$\lim_{t\to\infty}\mathrm{e}^{\boldsymbol{A}_{22}t} = 0 \tag{5.90}$$

成立时，才对任意$\boldsymbol{x}_{\bar{0}}$（0）和$\hat{\boldsymbol{x}}_{\bar{0}}$（0），有：

$$\lim_{t\to\infty}(\boldsymbol{x}_{\bar{0}} - \hat{\boldsymbol{x}}_{\bar{0}}) = 0 \tag{5.91}$$

而$\lim\limits_{t\to\infty}\mathrm{e}^{\boldsymbol{A}_{22}t}=0$与$\boldsymbol{A}_{22}$特征值均具有负实部等价。只有当$\sum_0=$（$\boldsymbol{A}$，$\boldsymbol{B}$，$\boldsymbol{C}$）的不能观子系统渐近稳定时，才能使$\lim\limits_{t\to\infty}$（$\boldsymbol{x}-\hat{\boldsymbol{x}}$）$=0$。定理得证。

5.5.3 状态观测器的实现

定理 5.5.2 若线性定常系统$\sum_0=$（$\boldsymbol{A}$，$\boldsymbol{B}$，$\boldsymbol{C}$）完全能观，则其状态矢量$\boldsymbol{x}$可由输出$\boldsymbol{y}$和输入$\boldsymbol{u}$进行重构。

证明 将输出方程t逐次求导，代以状态方程并整理可得：

$$\begin{aligned}\boldsymbol{y} &= \boldsymbol{C}\boldsymbol{x} \\ \dot{\boldsymbol{y}} - \boldsymbol{C}\boldsymbol{B}\boldsymbol{u} &= \boldsymbol{C}\boldsymbol{A}\boldsymbol{x} \\ \ddot{\boldsymbol{y}} - \boldsymbol{C}\boldsymbol{B}\dot{\boldsymbol{u}} - \boldsymbol{C}\boldsymbol{A}\boldsymbol{B}\boldsymbol{u} &= \boldsymbol{C}\boldsymbol{A}^2\boldsymbol{x} \\ &\vdots \\ \boldsymbol{y}^{(n-1)} - \boldsymbol{C}\boldsymbol{B}\boldsymbol{u}^{(n-2)} - \boldsymbol{C}\boldsymbol{A}\boldsymbol{B}\boldsymbol{u}^{(n-3)} - \cdots - \boldsymbol{C}\boldsymbol{A}^{n-2}\boldsymbol{B}\boldsymbol{u} &= \boldsymbol{C}\boldsymbol{A}^{n-1}\boldsymbol{x}\end{aligned} \tag{5.92}$$

将各式等号左边用矢量$\boldsymbol{z}$表示，则有：

$$\begin{aligned}\boldsymbol{z} = \begin{pmatrix} z_1 \\ z_2 \\ \vdots \\ z_n \end{pmatrix} &= \begin{pmatrix} \boldsymbol{y} \\ \dot{\boldsymbol{y}} - \boldsymbol{C}\boldsymbol{B}\boldsymbol{u} \\ \vdots \\ \boldsymbol{y}^{(n-1)} - \boldsymbol{C}\boldsymbol{B}\boldsymbol{u}^{(n-2)} - \boldsymbol{C}\boldsymbol{A}\boldsymbol{B}\boldsymbol{u}^{(n-3)} - \cdots - \boldsymbol{C}\boldsymbol{A}^{n-2}\boldsymbol{B}\boldsymbol{u} \end{pmatrix} \\ &= \begin{pmatrix} \boldsymbol{C} \\ \boldsymbol{C}\boldsymbol{A} \\ \vdots \\ \boldsymbol{C}\boldsymbol{A}^{n-1} \end{pmatrix}\boldsymbol{x} = \boldsymbol{N}\boldsymbol{x}\end{aligned} \tag{5.93}$$

若系统完全能观，rank$\boldsymbol{N}=n$，则有：

$$\boldsymbol{x} = (\boldsymbol{N}^{\mathrm{T}}\boldsymbol{N})^{-1}\boldsymbol{N}^{\mathrm{T}}\boldsymbol{z} \tag{5.94}$$

根据式（5.93）可以构造一个新系统$\boldsymbol{z}$，它以原系统的$\boldsymbol{y}$、$\boldsymbol{u}$为其输入，它的输出$\boldsymbol{z}$经$(\boldsymbol{N}^{\mathrm{T}}\boldsymbol{N})^{-1}\boldsymbol{N}^{\mathrm{T}}$变换后便得到状态矢量$\boldsymbol{x}$。换句话说，只要系统完全能观，那么状态矢量$\boldsymbol{x}$便可由系统的输入$\boldsymbol{u}$、输出$\boldsymbol{y}$及其各阶导数估计出来，状态估值记为$\hat{\boldsymbol{x}}$。观测器的结构如图5.14所示。系统$\boldsymbol{z}$中包含0阶到$n-1$阶微分器，这些微分器将大大加剧测量噪声对于状态估值的影响。因此，这样构造的观测器是没有工程价值的。

为了避免微分器，一个直观的想法是仿照系统$\sum_0=(\boldsymbol{A},\boldsymbol{B},\boldsymbol{C})$的结构，设计一个相同的系统来观测状态 $\boldsymbol{x}$，如图 5.15 所示。

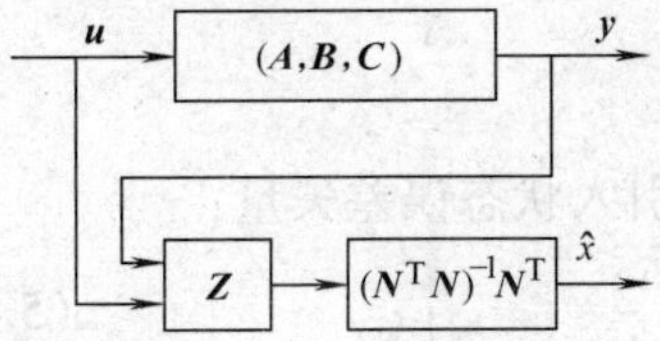

图 5.14　利用 u 和 y 重构状态 x

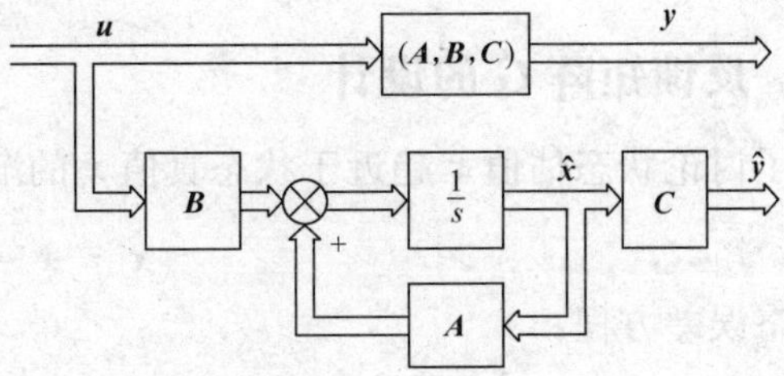

图 5.15　开环观测器

容易证明，这种状态观测器只有当观测器的初态与系统初态完全相同时，观测器的输出 $\hat{\boldsymbol{x}}$ 才严格等于系统的实际状态 $\boldsymbol{x}$。否则，二者相差可能很大。但是要严格保持系统初态与观测器初态完全一致，实际上是不可能的。此外，干扰和系统参数变化的不一致性也将加大它们之间的差别，所以这种开环观测器是没有实用意义的。

如果利用输出信息对状态误差进行校正，便可构成渐近状态观测器，其原理结构如图 5.16 所示。它和开环观测器的差别在于增加了反馈校正通道。当观测器的状态 $\hat{\boldsymbol{x}}$ 与系统实际状态 $\boldsymbol{x}$ 不相等时，反映到它们的输出 $\hat{\boldsymbol{y}}$ 与 $\boldsymbol{y}$ 也不相等，于是产生一误差信号 $\boldsymbol{y}-\hat{\boldsymbol{y}}=\boldsymbol{y}-\boldsymbol{C}\hat{\boldsymbol{x}}$，经反馈矩阵 $\boldsymbol{G}_{n\times m}$ 馈送到观测器中每个积分器的输入端，参与调整观测器的状态 $\hat{\boldsymbol{x}}$，使其以一定的精度和速度趋近于系统的真实状态 $\boldsymbol{x}$。渐近状态观测器因此得名。

根据图 5.16 可得状态观测器方程：

$$\dot{\hat{\boldsymbol{x}}}=\boldsymbol{A}\hat{\boldsymbol{x}}+\boldsymbol{B}\boldsymbol{u}+\boldsymbol{G}(\boldsymbol{y}-\hat{\boldsymbol{y}})=\boldsymbol{A}\hat{\boldsymbol{x}}+\boldsymbol{B}\boldsymbol{u}+\boldsymbol{G}\boldsymbol{y}-\boldsymbol{G}\boldsymbol{C}\hat{\boldsymbol{x}}$$

即

$$\dot{\hat{\boldsymbol{x}}}=(\boldsymbol{A}-\boldsymbol{G}\boldsymbol{C})\hat{\boldsymbol{x}}+\boldsymbol{G}\boldsymbol{y}+\boldsymbol{B}\boldsymbol{u} \tag{5.95}$$

式中，$\hat{\boldsymbol{x}}$ 为状态观测器的状态矢量，是状态 $\boldsymbol{x}$ 的估值；$\hat{\boldsymbol{y}}$ 为状态观测器的输出矢量；$\boldsymbol{G}$ 为状态观测器的输出误差反馈矩阵。

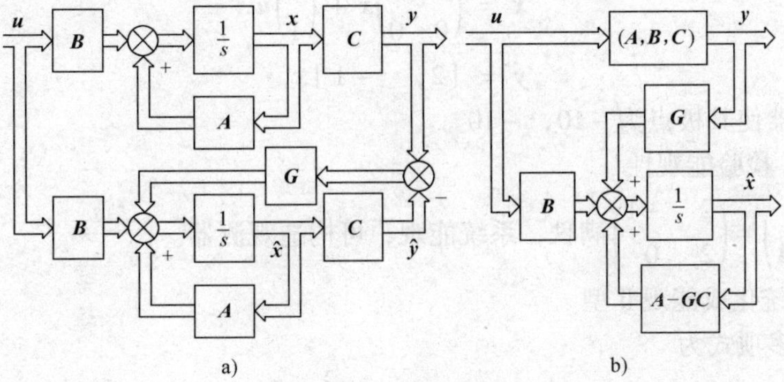

图 5.16　渐近观测器

根据式（5.95），可将状态观测器表示成图5.16b。从图中看出，它有两个输入，一个是待观测系统的控制作用 $\boldsymbol{u}$，一个是待观测系统的输出 $\boldsymbol{y}$。它的一个输出就是状态估值 $\hat{\boldsymbol{x}}$。

5.5.4 反馈矩阵 G 的设计

为了讨论状态估值 $\hat{\boldsymbol{x}}$ 趋近于状态真值 $\boldsymbol{x}$ 的渐近速度，引入状态误差矢量：

$$\tilde{\boldsymbol{x}} = \boldsymbol{x} - \hat{\boldsymbol{x}} \tag{5.96}$$

可得状态误差方程：

$$\begin{aligned}\dot{\tilde{\boldsymbol{x}}} = \dot{\boldsymbol{x}} - \dot{\hat{\boldsymbol{x}}} &= \boldsymbol{A}\boldsymbol{x} + \boldsymbol{B}\boldsymbol{u} - (\boldsymbol{A} - \boldsymbol{G}\boldsymbol{C})\hat{\boldsymbol{x}} - \boldsymbol{G}\boldsymbol{y} - \boldsymbol{B}\boldsymbol{u} \\ &= \boldsymbol{A}\boldsymbol{x} - (\boldsymbol{A} - \boldsymbol{G}\boldsymbol{C})\hat{\boldsymbol{x}} - \boldsymbol{G}\boldsymbol{C}\boldsymbol{x} \\ &= (\boldsymbol{A} - \boldsymbol{G}\boldsymbol{C})(\boldsymbol{x} - \hat{\boldsymbol{x}})\end{aligned} \tag{5.97}$$

即

$$\dot{\tilde{\boldsymbol{x}}} = (\boldsymbol{A} - \boldsymbol{G}\boldsymbol{C})\tilde{\boldsymbol{x}} \tag{5.98}$$

式（5.98）是一个关于 $\tilde{\boldsymbol{x}}$ 的齐次微分方程，其解为：

$$\tilde{\boldsymbol{x}} = \mathrm{e}^{(\boldsymbol{A}-\boldsymbol{G}\boldsymbol{C})t}\tilde{\boldsymbol{x}}(0), \quad t \geqslant 0 \tag{5.99}$$

由式（5.99）可以看出，若 $\tilde{\boldsymbol{x}}(0)=0$，则在 $t \geqslant 0$ 的所有时间内，$\tilde{\boldsymbol{x}} \equiv 0$，即状态估值 $\tilde{\boldsymbol{x}}$ 与状态真值 $\boldsymbol{x}$ 严格相等。若 $\tilde{\boldsymbol{x}}(0) \neq 0$，二者初值不相等，但（$\boldsymbol{A}-\boldsymbol{G}\boldsymbol{C}$）的特征值均具有负实部，则 $\tilde{\boldsymbol{x}}$ 将渐近衰减至零，观测器的状态 $\hat{\boldsymbol{x}}$ 将渐近地逼近实际状态 $\boldsymbol{x}$。状态逼近的速度取决于 $\boldsymbol{G}$ 的选择和（$\boldsymbol{A}-\boldsymbol{G}\boldsymbol{C}$）特征值的配置。关于矩阵 $\boldsymbol{G}$ 的设计方法和步骤，请参阅第5.2节。

应当指出，当系统（$\boldsymbol{A}$，$\boldsymbol{B}$，$\boldsymbol{C}$）不完全能观，但其不能观子系统是渐近稳定的，则仍可构造状态观测器。但这时，$\hat{\boldsymbol{x}}$ 趋近于 $\boldsymbol{x}$ 的速度将不能由 $\boldsymbol{G}$ 任意选择，而要受到不能观子系统极点位置的限制。

【例5-9】 已知系统：

$$\dot{\boldsymbol{x}} = \begin{pmatrix}1 & 0\\0 & 0\end{pmatrix}\boldsymbol{x} + \begin{pmatrix}1\\1\end{pmatrix}\boldsymbol{u}$$

$$\boldsymbol{y} = [2, \quad -1]\boldsymbol{x}$$

设计状态观测器使其极点为 −10，−10。

解 （1）检验能观性

因 $\boldsymbol{N} = \begin{pmatrix}\boldsymbol{c}\\\boldsymbol{c}\boldsymbol{A}\end{pmatrix} = \begin{pmatrix}2 & -1\\2 & 0\end{pmatrix}$ 满秩，系统能观，可构造观测器。

（2）将系统化成能观Ⅱ型

系统特征多项式为

$$\det[\lambda \boldsymbol{I} - \boldsymbol{A}] = \det\begin{pmatrix}\lambda - 1 & 0\\0 & \lambda\end{pmatrix} = \lambda^2 - \lambda$$

得

$$a_1 = -1, a_0 = 0, \boldsymbol{L} = \begin{pmatrix} a_1 & 1 \\ 1 & 0 \end{pmatrix} = \begin{pmatrix} -1 & 1 \\ 1 & 0 \end{pmatrix}$$

$$\boldsymbol{T}^{-1} = \boldsymbol{LN} = \begin{pmatrix} -1 & 1 \\ 1 & 0 \end{pmatrix}\begin{pmatrix} 2 & -1 \\ 2 & 0 \end{pmatrix} = \begin{pmatrix} 0 & 1 \\ 2 & -1 \end{pmatrix}$$

$$\boldsymbol{T} = \begin{pmatrix} \frac{1}{2} & \frac{1}{2} \\ 1 & 0 \end{pmatrix}$$

于是

$$\dot{\bar{\boldsymbol{x}}} = \boldsymbol{T}^{-1}\boldsymbol{AT}\bar{\boldsymbol{x}} + \boldsymbol{T}^{-1}\boldsymbol{b}u = \begin{pmatrix} 0 & 0 \\ 1 & 1 \end{pmatrix}\bar{\boldsymbol{x}} + \begin{pmatrix} 1 \\ 1 \end{pmatrix}u$$

$$\boldsymbol{y} = \boldsymbol{cT}\bar{\boldsymbol{x}} = (0,\ 1)\bar{\boldsymbol{x}}$$

（3）引入反馈阵 $\bar{\boldsymbol{G}} = \begin{pmatrix} \bar{g}_1 \\ \bar{g}_2 \end{pmatrix}$，得观测器特征多项式：

$$f(\lambda) = \det[\lambda \boldsymbol{I} - (\bar{\boldsymbol{A}} - \bar{\boldsymbol{G}}\bar{\boldsymbol{c}})]$$

$$= \det\begin{pmatrix} \lambda & \bar{g}_1 \\ -1 & \lambda - (1 - \bar{g}_2) \end{pmatrix}$$

$$= \lambda^2 - (1 - \bar{g}_2)\lambda + \bar{g}_1$$

（4）根据期望极点得期望特征式：

$$f^*(\lambda) = (\lambda + 10)(\lambda + 10) = \lambda^2 + 20\lambda + 100$$

（5）比较 $f(\lambda)$ 与 $f^*(\lambda)$ 各项系数得：

$$\bar{g}_1 = 100, \bar{g}_2 = 21$$

即　$\bar{\boldsymbol{G}} = \begin{pmatrix} 100 \\ 21 \end{pmatrix}$

（6）反变换到 $\boldsymbol{x}$ 状态下：

$$\boldsymbol{G} = \boldsymbol{T}\bar{\boldsymbol{G}} = \begin{pmatrix} \frac{1}{2} & \frac{1}{2} \\ 1 & 0 \end{pmatrix}\begin{pmatrix} 100 \\ 21 \end{pmatrix} = \begin{pmatrix} 60.5 \\ 100 \end{pmatrix}$$

（7）观测器方程为：

$$\dot{\hat{\boldsymbol{x}}} = (\boldsymbol{A} - \boldsymbol{Gc})\hat{\boldsymbol{x}} + \boldsymbol{bu} + \boldsymbol{Gy}$$

$$= \begin{pmatrix} -120 & 60.5 \\ -200 & 100 \end{pmatrix}\hat{\boldsymbol{x}} + \begin{pmatrix} 1 \\ 1 \end{pmatrix}\boldsymbol{u} + \begin{pmatrix} 60.5 \\ 100 \end{pmatrix}\boldsymbol{y}$$

或者　$\dot{\hat{\boldsymbol{x}}} = \boldsymbol{A}\hat{\boldsymbol{x}} + \boldsymbol{bu} + \boldsymbol{G}(\boldsymbol{y} - \hat{\boldsymbol{y}}) = \begin{pmatrix} 1 & 0 \\ 0 & 0 \end{pmatrix}\hat{\boldsymbol{x}} + \begin{pmatrix} 1 \\ 1 \end{pmatrix}\boldsymbol{u} + \begin{pmatrix} 60.5 \\ 100 \end{pmatrix}(\boldsymbol{y} - \hat{\boldsymbol{y}})$

模拟结构图如图 5.17 所示。

应当指出，当系统维数较低时，在检验能观性后亦可不经过化能观Ⅱ型的步骤直接按特征式比较来确定反馈阵 $\boldsymbol{G}$。例如对本例，有：

$$A - Gc = \begin{pmatrix} 1 & 0 \\ 0 & 0 \end{pmatrix} - \begin{pmatrix} g_1 \\ g_2 \end{pmatrix}(2, \quad -1) = \begin{pmatrix} 1-2g_1 & g_1 \\ -2g_2 & g_2 \end{pmatrix}$$

$$\begin{aligned} f(\lambda) &= \det[\lambda I - (A - Gc)] \\ &= \det\begin{pmatrix} \lambda-(1-2g_1) & -g_1 \\ 2g_2 & \lambda - g_2 \end{pmatrix} \\ &= \lambda^2 + (2g_1 - g_2 - 1)\lambda + g_2 \end{aligned}$$

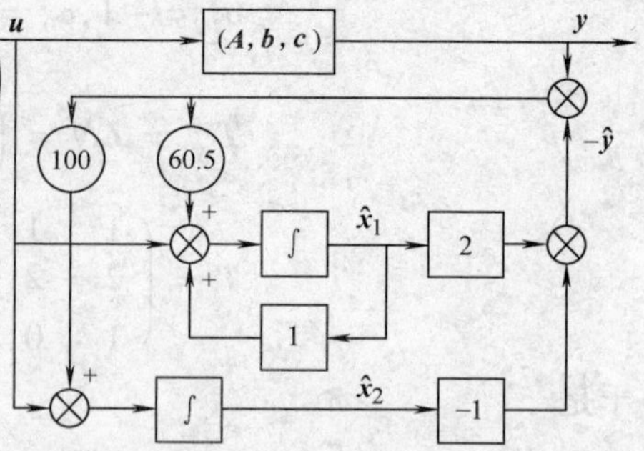

图 5.17　例 5.9 系统的状态观测器

与期望特征多项式比较，得：

$$2g_1 - g_2 - 1 = 20$$
$$g_2 = 100$$

故

$$G = \begin{pmatrix} g_1 \\ g_2 \end{pmatrix} = \begin{pmatrix} 60.5 \\ 100 \end{pmatrix}$$

与上面结果一致。

5.5.5　降维观测器

以上介绍的观测器是建立在对原系统模拟基础上的，其维数和受控系统维数相同，称**全维观测器**。实际上，系统的输出矢量 y 总是能够测量的。因此，可以利用系统的输出矢量 y 来直接产生部分状态变量，从而降低观测器的维数。可以证明，若系统能观，输出矩阵 c 的秩是 m，则它的 m 个状态分量可由 y 直接获得，那么，其余的（$n-m$）个状态分量便只需用（$n-m$）维的**降维观测器**进行重构即可。降维观测器的设计方法很多，下面介绍其一般设计方法。

降维观测器设计分两步进行。第一，通过线性变换把状态按能检测性分解成 $\bar{x}_1$ 和 $\bar{x}_2$，其中（$n-m$）维 $\bar{x}_1$ 需要重构，而 m 维 $\bar{x}_2$ 可由 y 直接获得。第二，对 $\bar{x}_1$ 构造（$n-m$）维观测器。

首先，设系统 $\Sigma_0 =$（A，B，C）：

$$\left.\begin{aligned} \dot{x} &= Ax + Bu \\ y &= Cx \end{aligned}\right\} \tag{5.100}$$

能观，且 $\mathrm{rank}C = m$，则必存在线性变换 $x = T\bar{x}$ 使：

$$\left.\begin{aligned} \bar{A} &= T^{-1}AT = \begin{pmatrix} \bar{A}_{11} & \bar{A}_{12} \\ \bar{A}_{21} & \bar{A}_{22} \end{pmatrix}\begin{matrix} \}n-m \\ \}m \end{matrix} \\ \bar{B} &= T^{-1}B = \begin{pmatrix} \bar{B}_1 \\ \bar{B}_2 \end{pmatrix}\begin{matrix} \}n-m \\ \}m \end{matrix} \\ \bar{C} &= CT = [0, I]\}m \end{aligned}\right\} \tag{5.101}$$

选择变换阵 T：

$$T^{-1} = \begin{pmatrix} C_0 \\ C \end{pmatrix}\begin{matrix} \}n-m \\ \}m \end{matrix}, T = \begin{pmatrix} C_0 \\ C \end{pmatrix}^{-1} \tag{5.102}$$

式中，C_0 为保证 $\boldsymbol{T}$ 为非奇异的任意 $(n-m)\times n$ 维矩阵。

容易验证：

$$\boldsymbol{CT}=\boldsymbol{C}\begin{pmatrix}\boldsymbol{C}_0\\ \boldsymbol{C}\end{pmatrix}^{-1}=(\boldsymbol{0},\quad \boldsymbol{I})$$

两边同时右乘$\begin{pmatrix}\boldsymbol{C}_0\\ \boldsymbol{C}\end{pmatrix}$，则有：

$$\boldsymbol{C}\begin{pmatrix}\boldsymbol{C}_0\\ \boldsymbol{C}\end{pmatrix}^{-1}\begin{pmatrix}\boldsymbol{C}_0\\ \boldsymbol{C}\end{pmatrix}=(\boldsymbol{0},\quad \boldsymbol{I})\begin{pmatrix}\boldsymbol{C}_0\\ \boldsymbol{C}\end{pmatrix}$$

故

$$\boldsymbol{C}=\boldsymbol{C}$$

这样一来经过 $\boldsymbol{T}$ 变换后，系统的状态空间表达式将具有如下典型形式：

$$\begin{pmatrix}\dot{\bar{\boldsymbol{x}}}_1\\ \dot{\bar{\boldsymbol{x}}}_2\end{pmatrix}=\begin{pmatrix}\bar{\boldsymbol{A}}_{11} & \bar{\boldsymbol{A}}_{12}\\ \bar{\boldsymbol{A}}_{21} & \bar{\boldsymbol{A}}_{22}\end{pmatrix}\begin{pmatrix}\bar{\boldsymbol{x}}_1\\ \bar{\boldsymbol{x}}_2\end{pmatrix}+\begin{pmatrix}\bar{\boldsymbol{B}}_1\\ \bar{\boldsymbol{B}}_2\end{pmatrix}\boldsymbol{u}$$

$$\bar{\boldsymbol{y}}=(\boldsymbol{0},\quad \boldsymbol{I})\begin{pmatrix}\bar{\boldsymbol{x}}_1\\ \bar{\boldsymbol{x}}_2\end{pmatrix}=\bar{\boldsymbol{x}}_2 \tag{5.103}$$

由于系统 $\sum_0=(\boldsymbol{A},\boldsymbol{B},\boldsymbol{C})$ 能观，故 $\overline{\sum}_0=(\bar{\boldsymbol{A}},\bar{\boldsymbol{B}},\bar{\boldsymbol{C}})$ 亦保持能观。

由式（5.103）可见，在 $\bar{\boldsymbol{x}}$ 坐标系中，后 m 个状态分量 $\bar{\boldsymbol{x}}_2$，可由输出 $\bar{\boldsymbol{y}}$ 直接检测取得。前 $(n-m)$ 个状态分量 $\bar{\boldsymbol{x}}_1$ 则通过构造 $(n-m)$ 维状态观测器进行估计。经变换分解后的系统结构如图 5.18 所示。其中点画线框内的子系统 $\overline{\sum}_1$ 是待重构的。

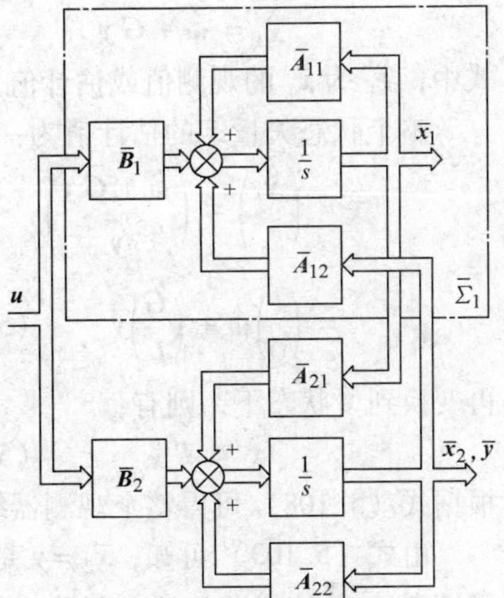

图 5.18　将系统按能检测性分解的结构图

现在，仿照全维观测器的方法来设计降维观测器。由式（5.103）得：

$$\begin{aligned}\dot{\bar{\boldsymbol{x}}}_1&=\bar{\boldsymbol{A}}_{11}\bar{\boldsymbol{x}}_1+\bar{\boldsymbol{A}}_{12}\bar{\boldsymbol{x}}_2+\bar{\boldsymbol{B}}_1\boldsymbol{u}\\&=\bar{\boldsymbol{A}}_{11}\bar{\boldsymbol{x}}_1+\boldsymbol{M}\end{aligned} \tag{5.104}$$

令 $\boldsymbol{z}=\bar{\boldsymbol{A}}_{21}\bar{\boldsymbol{x}}_1$，因为 $\boldsymbol{u}$ 已知，$\bar{\boldsymbol{y}}$ 可直接测出，所以可把：

$$\left.\begin{aligned}\boldsymbol{M}&=\bar{\boldsymbol{A}}_{12}\bar{\boldsymbol{x}}_2+\bar{\boldsymbol{B}}_1\boldsymbol{u}\\ \boldsymbol{z}&=\dot{\bar{\boldsymbol{x}}}_2-\bar{\boldsymbol{A}}_{22}\bar{\boldsymbol{x}}_2-\bar{\boldsymbol{B}}_2\boldsymbol{u}\end{aligned}\right\} \tag{5.105}$$

作为待观测子系统 $\overline{\sum}_1$ 已知的输入量和输出量处理。$\bar{\boldsymbol{A}}_{21}$ 相当于 $\overline{\sum}_1$ 的输出矩阵。由于 $(\bar{\boldsymbol{A}},\bar{\boldsymbol{C}})$ 为能观对，那么对 $\overline{\sum}_1$ 来说，$(\bar{\boldsymbol{A}}_{11},\bar{\boldsymbol{A}}_{21})$ 也是能观对，所以 $\sum_1$ 存在观测器。参照式（5.95）便得观测器方程：

$$\dot{\hat{\bar{\boldsymbol{x}}}}_1=(\bar{\boldsymbol{A}}_{11}-\bar{\boldsymbol{G}}\bar{\boldsymbol{A}}_{21})\hat{\bar{\boldsymbol{x}}}_1+\boldsymbol{M}+\bar{\boldsymbol{G}}\boldsymbol{z} \tag{5.106}$$

类似地，通过选择 $(n-m)\times m$ 维矩阵 $\boldsymbol{G}$，可将矩阵 $(\bar{\boldsymbol{A}}_{11}-\bar{\boldsymbol{G}}\bar{\boldsymbol{A}}_{21})$ 的特征值配置在期望的位置上。

将式（5.105）代入式（5.106），得：

$$\dot{\hat{\bar{x}}}_1 = (\bar{A}_{11} - \bar{G}\bar{A}_{21})\hat{\bar{x}}_1 + (\bar{A}_{12} - \bar{G}\bar{A}_{22})\bar{y} + (\bar{B}_1 - \bar{G}\bar{B}_2)u + \bar{G}\dot{\bar{y}} \tag{5.107}$$

方程中出现$\dot{\bar{y}}$，增加了实现上的困难。为了消去$\dot{\bar{y}}$，引入变量：

$$\hat{\bar{w}} = \hat{\bar{x}}_1 - \bar{G}\bar{y}$$

于是观测器方程变为：

$$\begin{aligned} \dot{\hat{\bar{w}}} &= (\bar{A}_{11} - \bar{G}\bar{A}_{21})\hat{\bar{x}}_1 + (\bar{A}_{12} - \bar{G}\bar{A}_{22})\bar{y} + (\bar{B}_1 - \bar{G}\bar{B}_2)u \\ \hat{\bar{x}}_1 &= \hat{\bar{w}} + \bar{G}\bar{y} \end{aligned} \tag{5.108}$$

或者将$\hat{\bar{x}}_1$代入，得：

$$\begin{aligned} \dot{\hat{\bar{w}}}_1 &= (\bar{A}_{11} - \bar{G}\bar{A}_{21})\hat{\bar{w}} + [(\bar{A}_{11} - \bar{G}\bar{A}_{21})\bar{G} + (\bar{A}_{12} - \bar{G}\bar{A}_{22})]\bar{y} \\ &\quad + (\bar{B}_1 - \bar{G}\bar{B}_2)u \\ \hat{\bar{x}}_1 &= \hat{\bar{w}} + \bar{G}\bar{y} \end{aligned} \tag{5.109}$$

式中，$\hat{\bar{x}}_1$为$\bar{x}_1$的观测值或估计值。

整个状态矢量$\bar{x}$的估计值为：

$$\hat{\bar{x}} = \begin{pmatrix} \hat{\bar{x}}_1 \\ \bar{x}_2 \end{pmatrix} = \begin{pmatrix} \hat{\bar{w}} + \bar{G}\bar{y} \\ \bar{y} \end{pmatrix} = \begin{pmatrix} I \\ 0 \end{pmatrix}\hat{\bar{w}} + \begin{pmatrix} \bar{G} \\ I \end{pmatrix}\bar{y} \tag{5.110}$$

再变换到$\hat{x}$状态下，则有：

$$\hat{x} = T\hat{\bar{x}} \tag{5.111}$$

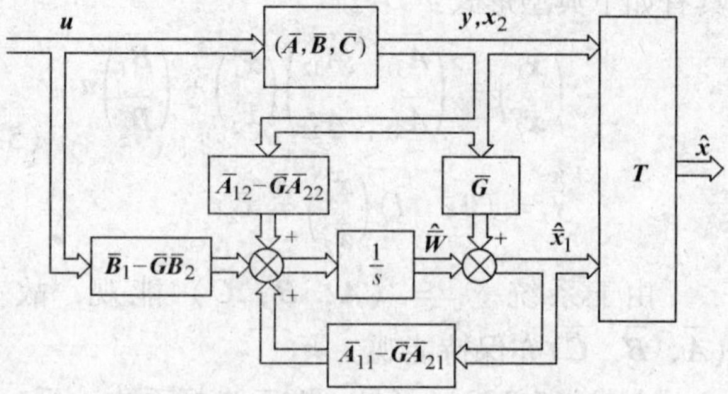

图 5.19 降维观测器结构图

根据式（5.108）可得整个观测器结构如图 5.19 所示。

由式（5.103）可知，$\bar{x}_2 = y$是直接可测的，所以这 m 个状态分量没有估值误差。为了证实$\bar{x}_1$的估值误差具有所希望的衰减速率，可将式（5.104）减去式（5.108），求得状态估值误差方程：

$$\begin{aligned} \dot{\tilde{x}}_1 = \dot{\bar{x}}_1 - \dot{\hat{\bar{x}}}_1 &= \bar{A}_{11}\bar{x}_1 + \bar{A}_{12}\bar{y} + \bar{B}_1 u - (\bar{A}_{11} - \bar{G}\bar{A}_{21})\hat{\bar{x}}_1 \\ &\quad - (\bar{A}_{12} - \bar{G}\bar{A}_{22})\bar{y} - (\bar{B}_1 - \bar{G}\bar{B}_2)u - \bar{G}\dot{\bar{y}} \end{aligned}$$

考虑到$\bar{A}_{21}\bar{x}_1 = \dot{\bar{y}} - \bar{A}_{22}\bar{y} - \bar{B}_2 u$，经消项整理后得：

$$\dot{\tilde{x}}_1 = (\bar{A}_{11} - \bar{G}\bar{A}_{21})(\bar{x}_1 - \hat{\bar{x}}_1) = (\bar{A}_{11} - \bar{G}\bar{A}_{21})\tilde{x}_1 \tag{5.112}$$

式中，$\tilde{x}_1 = \bar{x}_1 - \hat{\bar{x}}_1$为状态估值误差。

由于系统能观，故必能通过选择$\bar{G}$使$(\bar{A}_{11} - \bar{G}\bar{A}_{21})$的极点获得任意配置，从而保证误差$\tilde{x}_1$能按设计者的愿望尽快地衰减到零。

【例 5-10】 给定系统$\sum_0 = (A, b, c)$

$$\dot{x} = \begin{pmatrix} 4 & 4 & 4 \\ -11 & -12 & -12 \\ 13 & 14 & 13 \end{pmatrix} x + \begin{pmatrix} 1 \\ -1 \\ 0 \end{pmatrix} u$$

$$y = (1,\ 1,\ 1)x$$

试设计极点为 −3，−4 的降维观测器。

解　(1) 经检验系统完全能观，故存在状态观测器，且 rank $\boldsymbol{c}=1$

(2) 构造变换阵作线性变换，设

$$\boldsymbol{T}^{-1}=\begin{pmatrix}1&0&0\\0&1&0\\1&1&1\end{pmatrix},\boldsymbol{T}=\begin{pmatrix}1&0&0\\0&1&0\\-1&-1&1\end{pmatrix}$$

得

$$\bar{\boldsymbol{A}}=\boldsymbol{T}^{-1}\boldsymbol{A}\boldsymbol{T}=\begin{pmatrix}1&0&0\\0&1&0\\1&1&1\end{pmatrix}\begin{pmatrix}4&4&4\\-11&-12&-12\\13&14&13\end{pmatrix}\begin{pmatrix}1&0&0\\0&1&0\\-1&-1&1\end{pmatrix}$$

$$=\begin{pmatrix}0&0&4\\1&0&-12\\1&1&5\end{pmatrix}$$

$$\bar{\boldsymbol{b}}=\boldsymbol{T}^{-1}\boldsymbol{b}=\begin{pmatrix}1&0&0\\0&1&0\\1&1&1\end{pmatrix}\begin{pmatrix}1\\-1\\0\end{pmatrix}=\begin{pmatrix}1\\-1\\0\end{pmatrix}$$

$$\boldsymbol{c}=\boldsymbol{c}\boldsymbol{T}=[1\quad 1\quad 1]\begin{pmatrix}1&0&0\\0&1&0\\-1&-1&1\end{pmatrix}=(0,\quad 0,\quad 1)$$

由于状态分量 $\bar{x}_3$ 可由 $\bar{y}$ 直接提供，故只需设计二维状态观测器。

(3) 引入 $\bar{\boldsymbol{G}}=(\bar{g}_1,\quad \bar{g}_2)^{\mathrm{T}}$ 得观测器特征多项式：

$$f(\lambda)=\det[\lambda\boldsymbol{I}-(\bar{\boldsymbol{A}}_{11}-\bar{\boldsymbol{G}}\bar{\boldsymbol{A}}_{21})]$$

$$=\det\left\{\begin{pmatrix}\lambda&0\\0&\lambda\end{pmatrix}-\begin{pmatrix}0&0\\1&0\end{pmatrix}+\begin{pmatrix}\bar{g}_1\\\bar{g}_2\end{pmatrix}[1,1]\right\}$$

$$=\det\begin{pmatrix}\lambda+\bar{g}_1&\bar{g}_1\\-1+\bar{g}_2&\lambda+\bar{g}_2\end{pmatrix}=\lambda^2+(\bar{g}_1+\bar{g}_2)\lambda+\bar{g}_1$$

(4) 期望特征多项式为：

$$f^*(\lambda)=(\lambda+3)(\lambda+4)=\lambda^2+7\lambda+12$$

(5) 比较 $f(\lambda)$ 与 $f^*(\lambda)$ 各相应项系数，得：

$$\bar{g}_1=12,\bar{g}_2=-5$$

即

$$\bar{\boldsymbol{G}}=\begin{pmatrix}\bar{g}_1\\\bar{g}_2\end{pmatrix}=\begin{pmatrix}12\\-5\end{pmatrix}$$

(6) 根据式 (5.108) 可得观测器方程：

$$\dot{\hat{\boldsymbol{w}}}=\begin{pmatrix}-12&-12\\6&5\end{pmatrix}\hat{\bar{\boldsymbol{x}}}_1+\begin{pmatrix}-56\\13\end{pmatrix}\bar{\boldsymbol{y}}+\begin{pmatrix}1\\-1\end{pmatrix}\boldsymbol{u}$$

$$\hat{\bar{\boldsymbol{x}}}_1=\hat{\boldsymbol{w}}+\begin{pmatrix}12\\-5\end{pmatrix}\bar{\boldsymbol{y}}$$

或由式（5.109）得：

$$\dot{\hat{\bar{w}}} = \begin{pmatrix} -12 & -12 \\ 6 & 5 \end{pmatrix}\hat{\bar{w}} + \begin{pmatrix} -140 \\ 60 \end{pmatrix}\bar{y} + \begin{pmatrix} 1 \\ -1 \end{pmatrix}u$$

$$\hat{\bar{x}}_1 = \hat{\bar{w}} + \begin{pmatrix} 12 \\ -5 \end{pmatrix}\bar{y}$$

经线性变换后的状态估计值为：

$$\hat{\bar{x}} = \begin{pmatrix} \hat{\bar{x}}_1 \\ \bar{x}_3 \end{pmatrix} = \begin{pmatrix} \hat{\bar{w}} + \bar{G}\bar{y} \\ \bar{y} \end{pmatrix} = \begin{pmatrix} 1 & 0 \\ 0 & 1 \\ 0 & 0 \end{pmatrix}\begin{pmatrix} \bar{w}_1 \\ \bar{w}_2 \end{pmatrix} + \begin{pmatrix} 12 \\ -5 \\ 1 \end{pmatrix}\bar{y} = \begin{pmatrix} \bar{w}_1 + 12\bar{y} \\ \bar{w}_2 - 5\bar{y} \\ \bar{y} \end{pmatrix}$$

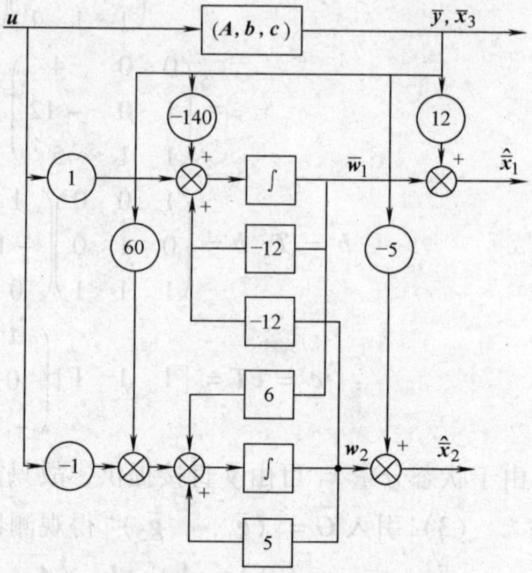

图 5.20　例 5.10 降维观测器结构图

（7）为得到原系统的状态估计，还要作如下变换：

$$\dot{x} = T\hat{\bar{x}} = \begin{pmatrix} 1 & 0 & 0 \\ 0 & 1 & 0 \\ -1 & -1 & 1 \end{pmatrix}\begin{pmatrix} \bar{w}_1 + 12\bar{y} \\ \bar{w}_2 - 5\bar{y} \\ \bar{y} \end{pmatrix} = \begin{pmatrix} \bar{w}_1 + 12\bar{y} \\ \bar{w}_2 - 5\bar{y} \\ -\bar{w}_1 - \bar{w}_2 - 6\bar{y} \end{pmatrix}$$

其结构图如图 5.20 所示。

5.6　利用状态观测器实现状态反馈的系统

状态观测器解决了受控系统的状态重构问题，可使状态反馈系统得以实现。但是，利用观测器进行状态估值反馈的系统，与状态直接反馈的系统之间，究竟有何异同，是本节要讨论的问题。

5.6.1　系统的结构与状态空间表达式

图 5.21 是一个带有全维状态观测器的状态反馈系统。

设能控能观的受控系统 $\sum_0 = (A, B, C)$ 为：

$$\left.\begin{aligned} \dot{x} &= Ax + Bu \\ y &= Cx \end{aligned}\right\} \tag{5.113}$$

状态观测器 $\sum_C$ 为：

$$\left.\begin{aligned}\dot{\hat{x}} &= (A - GC)\hat{x} + Gy + Bu\\ \hat{y} &= C\hat{x}\end{aligned}\right\}\tag{5.114}$$

反馈控制律为：

$$u = K\hat{x} + v \tag{5.115}$$

将式（5.115）代入式（5.113）和式（5.114）整理或直接由结构图得整个闭环系统的状态空间表达式为：

$$\left.\begin{aligned}\dot{x} &= Ax + BK\hat{x} + Bv\\ \dot{\hat{x}} &= GCx + (A - GC + BK)\hat{x} + Bv\\ y &= Cx\end{aligned}\right\}.\tag{5.116}$$

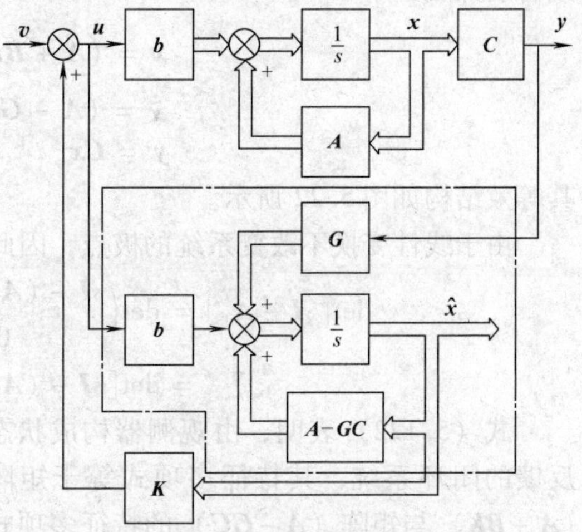

图 5.21　带状态观测器的状态反馈系统

写成矩阵形式为 (A_1, B_1, C_1)，即

$$\left.\begin{aligned}\begin{pmatrix}\dot{x}\\ \dot{\hat{x}}\end{pmatrix} &= \begin{pmatrix}A & BK\\ GC & A - GC + BK\end{pmatrix}\begin{pmatrix}x\\ \hat{x}\end{pmatrix} + \begin{pmatrix}B\\ B\end{pmatrix}v\\ y &= (C,\ 0)\begin{pmatrix}x\\ \hat{x}\end{pmatrix}\end{aligned}\right\}\tag{5.117}$$

这是一个 $2n$ 维的闭环控制系统。

5.6.2　闭环系统的基本特性

1. 闭环极点设计的分离性

闭环系统的极点包括 $\sum_0$ 直接状态反馈系统 $\sum_K = (A + BK, B, C)$ 的极点和观测器 $\sum_G$ 的极点两部分。但二者独立，相互分离。

设状态估计误差为 $\tilde{x} = x - \hat{x}$，引入等效变换：

$$\begin{pmatrix}x\\ \tilde{x}\end{pmatrix}\begin{pmatrix}I & 0\\ I & -I\end{pmatrix}\begin{pmatrix}x\\ \hat{x}\end{pmatrix} = \begin{pmatrix}x\\ x - \hat{x}\end{pmatrix}\tag{5.118}$$

令变换矩阵为：

$$T = \begin{pmatrix}I & 0\\ I & -I\end{pmatrix}, T^{-1} = \begin{pmatrix}I & 0\\ I & -I\end{pmatrix}^{-1} = \begin{pmatrix}I & 0\\ I & -I\end{pmatrix} = T \tag{5.119}$$

经线性变换后的系统 $(\overline{A}_1, \overline{B}_1, \overline{C}_1)$ 为：

$$\begin{aligned}\overline{A}_1 = T^{-1}A_1T &= \begin{pmatrix}I & 0\\ I & -I\end{pmatrix}\begin{pmatrix}A & BK\\ GC & A - GC + BK\end{pmatrix}\begin{pmatrix}I & 0\\ I & -I\end{pmatrix}\\ &= \begin{pmatrix}A + BK & BK\\ 0 & A - GC\end{pmatrix}\end{aligned}\tag{5.120}$$

$$\overline{B}_1 = T^{-1}B_1 = \begin{pmatrix}I & 0\\ I & -I\end{pmatrix}\begin{pmatrix}B\\ B\end{pmatrix} = \begin{pmatrix}B\\ 0\end{pmatrix}$$

$$\overline{C}_1 = C_1T = (C,\ 0)\begin{pmatrix}I & 0\\ I & -I\end{pmatrix} = (C,\ 0)$$

或者展开成：

$$\begin{aligned}\dot{\boldsymbol{x}} &= (\boldsymbol{A}+\boldsymbol{BK})\boldsymbol{x}+\boldsymbol{BK}\tilde{\boldsymbol{x}}+\boldsymbol{Bv}\\ \dot{\tilde{\boldsymbol{x}}} &= (\boldsymbol{A}-\boldsymbol{GC})\tilde{\boldsymbol{x}}\\ \boldsymbol{y} &= \boldsymbol{Cx}\end{aligned} \tag{5.121}$$

其等效结构如图 5.22 所示。

由于线性变换不改变系统的极点，因此，有：

$$\begin{aligned}\det[s\boldsymbol{I}-\overline{\boldsymbol{A}}_1] &= \det\begin{pmatrix} s\boldsymbol{I}-(\boldsymbol{A}+\boldsymbol{BK}) & -\boldsymbol{BK}\\ 0 & s\boldsymbol{I}-(\boldsymbol{A}-\boldsymbol{GC})\end{pmatrix}\\ &= \det[s\boldsymbol{I}-(\boldsymbol{A}+\boldsymbol{BK})]\cdot\det[s\boldsymbol{I}-(\boldsymbol{A}-\boldsymbol{GC})]\end{aligned} \tag{5.122}$$

式（5.122）表明，由观测器构成状态反馈的闭环系统，其特征多项式等于矩阵（$\boldsymbol{A}+\boldsymbol{BK}$）与矩阵（$\boldsymbol{A}-\boldsymbol{GC}$）的特征多项式的乘积。亦即闭环系统的极点等于直接状态反馈（$\boldsymbol{A}+\boldsymbol{BK}$）的极点和状态观测器（$\boldsymbol{A}-\boldsymbol{GC}$）的极点之总和，而且二者相互独立。因此只要系统（$\boldsymbol{A}$，$\boldsymbol{B}$，$\boldsymbol{C}$）能控能观，则系统的状态反馈矩阵 $\boldsymbol{K}$ 和观测器反馈矩阵 $\boldsymbol{G}$ 可分别进行设计。这个性质称为闭环极点设计的分离性。

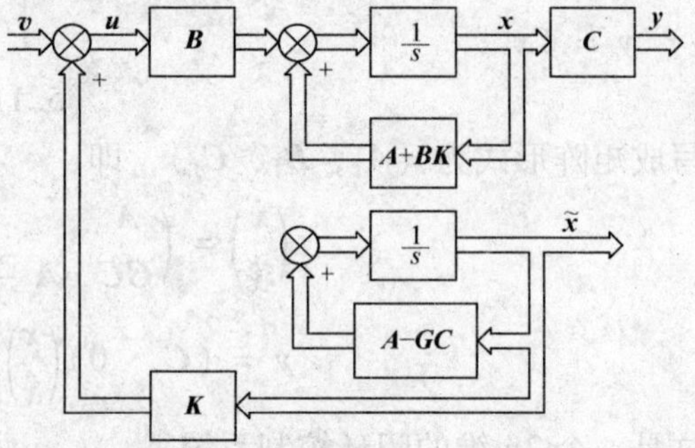

图 5.22　带观测器状态反馈系统的等效结构图

2. 传递函数矩阵的不变性

这个不变性表示用观测器构成的状态反馈系统和状态直接反馈系统具有相同的传递函数矩阵。

根据分块矩阵的性质可知，对于一个分块矩阵：

$$\boldsymbol{Q}=\begin{pmatrix}\boldsymbol{R} & \boldsymbol{S}\\ \boldsymbol{0} & \boldsymbol{T}\end{pmatrix} \tag{5.123}$$

若分块 $\boldsymbol{R}$ 和 $\boldsymbol{T}$ 均可逆，则下式成立：

$$\boldsymbol{Q}^{-1}=\begin{pmatrix}\boldsymbol{R} & \boldsymbol{S}\\ \boldsymbol{0} & \boldsymbol{T}\end{pmatrix}^{-1}=\begin{pmatrix}\boldsymbol{R}^{-1} & -\boldsymbol{R}^{-1}\boldsymbol{ST}^{-1}\\ 0 & \boldsymbol{T}^{-1}\end{pmatrix} \tag{5.124}$$

利用上式计算 $[s\boldsymbol{I}-\overline{\boldsymbol{A}}_1]^{-1}$，可方便地求得（$\overline{\boldsymbol{A}}_1$，$\overline{\boldsymbol{B}}_1$，$\overline{\boldsymbol{C}}_1$）的传递函数矩阵：

$$\begin{aligned}\boldsymbol{W}(s) &= \overline{\boldsymbol{C}}_1[s\boldsymbol{I}-\overline{\boldsymbol{A}}_1]^{-1}\overline{\boldsymbol{B}}_1\\ &= [\boldsymbol{C},\ 0]\begin{pmatrix} s\boldsymbol{I}-(\boldsymbol{A}+\boldsymbol{BK}) & -\boldsymbol{BK}\\ 0 & s\boldsymbol{I}-(\boldsymbol{A}-\boldsymbol{GC})\end{pmatrix}^{-1}\begin{pmatrix}\boldsymbol{B}\\ \boldsymbol{0}\end{pmatrix}\\ &= [\boldsymbol{C}\ \ \boldsymbol{0}]\begin{pmatrix}[s\boldsymbol{I}-(\boldsymbol{A}+\boldsymbol{BK})]^{-1} & [s\boldsymbol{I}-(\boldsymbol{A}+\boldsymbol{BK})]^{-1}\boldsymbol{BK}[s\boldsymbol{I}-(\boldsymbol{A}-\boldsymbol{GC})]^{-1}\\ 0 & [s\boldsymbol{I}-(\boldsymbol{A}-\boldsymbol{GC})]^{-1}\end{pmatrix}\begin{pmatrix}\boldsymbol{B}\\ 0\end{pmatrix}\\ &= \boldsymbol{C}[s\boldsymbol{I}-(\boldsymbol{A}+\boldsymbol{BK})]^{-1}\boldsymbol{B}\end{aligned} \tag{5.125}$$

式（5.125）表明，带观测器状态反馈闭环系统的传递函数阵等于直接状态反馈闭环系统的传递函数阵。或者说，它与是否采用观测器反馈无关，这一点可从图 5.22 上看得更清楚。实际上，由于观测器的极点已全部被闭环系统的零点相消了，因此这类闭环系统是不完全能控的。但由于不能控的分状态是估计误差 $\tilde{\boldsymbol{x}}$，所以这种不完全能控性并不影响系统正常工作。

3. 观测器反馈与直接状态反馈的等效性

由式（5.121）看出，通过选择 $\boldsymbol{G}$ 可使（$\boldsymbol{A}-\boldsymbol{GC}$）的特征值均具负实部，所以必有 $\lim\limits_{t\to\infty}\tilde{\boldsymbol{x}}=0$，因此当 $t\to\infty$ 时，必有：

$$\begin{aligned}\dot{\boldsymbol{x}} &= (\boldsymbol{A}+\boldsymbol{BK})\boldsymbol{x}+\boldsymbol{Bv}\\ \boldsymbol{y} &= \boldsymbol{Cx}\end{aligned} \tag{5.126}$$

成立。这就表明，带观测器的状态反馈系统只有当 $t\to\infty$，进入稳态时，才会与直接状态反馈系统完全等价。但是，可通过选择 $\boldsymbol{G}$ 来加速 $\tilde{\boldsymbol{x}}\to 0$，即 $\hat{\boldsymbol{x}}$ 渐近于 $\boldsymbol{x}$ 的速度。

5.6.3　带观测器状态反馈系统与带补偿器输出反馈系统的等价性

在工程实际中，往往更关心系统输入和输出之间的控制特性，即传递特性。可以证明，仅就传递特性而言，带观测器的状态反馈系统完全等效于同时带有串联补偿器和反馈补偿器的输出反馈系统。或者说用补偿器可以构成完全等效于观测器反馈的系统。

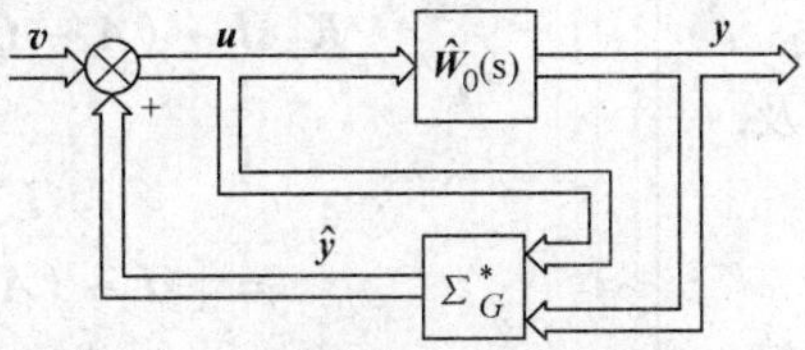

图 5.23　带观测器的状态反馈系统

设带观测器的状态反馈系统如图 5.23 所示。

图中 $\hat{\boldsymbol{W}}_0(s)$ 为受控系统的 $\sum_0$ 传递函数矩阵；$\sum_G^*$ 为带反馈矩阵 $\boldsymbol{K}$ 的观测器系统。

系统 $\sum_G^*$ 的状态空间表达式为：

$$\begin{aligned}\dot{\hat{\boldsymbol{x}}} &= (\boldsymbol{A}-\boldsymbol{GC})\hat{\boldsymbol{x}}+\boldsymbol{Gy}+\boldsymbol{Bu}\\ \hat{\boldsymbol{y}} &= \boldsymbol{K}\hat{\boldsymbol{x}}\end{aligned} \tag{5.127}$$

式中，$\boldsymbol{A}$，$\boldsymbol{B}$，$\boldsymbol{C}$ 为受控系统 $\sum_0$ 的相应系数矩阵；（$\boldsymbol{A}-\boldsymbol{GC}$）为状态观测器的系数矩阵，其特征值均具有负实部，但与 $\boldsymbol{A}$ 的特征值不相等；$\boldsymbol{K}$ 为状态反馈矩阵。

将式（5.127）取拉氏变换，可导出 $\sum_G^*$ 的传递特性：

$$\begin{aligned}\hat{\boldsymbol{Y}}(s) &= \boldsymbol{K}[s\boldsymbol{I}-(\boldsymbol{A}-\boldsymbol{GC})]^{-1}[\boldsymbol{GY}(s)+\boldsymbol{BU}(s)]\\ &= \boldsymbol{K}[s\boldsymbol{I}-(\boldsymbol{A}-\boldsymbol{GC})]^{-1}\boldsymbol{BU}(s)+\boldsymbol{K}[s\boldsymbol{I}-(\boldsymbol{A}-\boldsymbol{GC})]^{-1}\boldsymbol{GY}(s)\end{aligned}$$

或

$$\hat{\boldsymbol{Y}}(s) = \boldsymbol{W}_{G1}^*(s)\boldsymbol{U}(s)+\boldsymbol{W}_{G2}(s)\boldsymbol{Y}(s) \tag{5.128}$$

式中

$$\boldsymbol{W}_{G1}^*(s) = \boldsymbol{K}[s\boldsymbol{I}-(\boldsymbol{A}-\boldsymbol{GC})]^{-1}\boldsymbol{B} \tag{5.129}$$

$$\boldsymbol{W}_{G2}(s) = \boldsymbol{K}[s\boldsymbol{I}-(\boldsymbol{A}-\boldsymbol{GC})]^{-1}\boldsymbol{G} \tag{5.130}$$

式（5.128）表明，从传递特性的角度看，观测器等效于两个子系统的并联。一个子系统以 $\boldsymbol{u}$ 为输入，以 $\boldsymbol{W}_{G1}^*(s)$ 为传递函数阵；另一个子系统以 $\boldsymbol{y}$ 为输入，以 $\boldsymbol{W}_{G2}(s)$ 为传递函数阵。由这两个子系统构成的闭环结构如图 5.24a 所示。将其变换又可等效于图 5.24b、c。并且有下式成立：

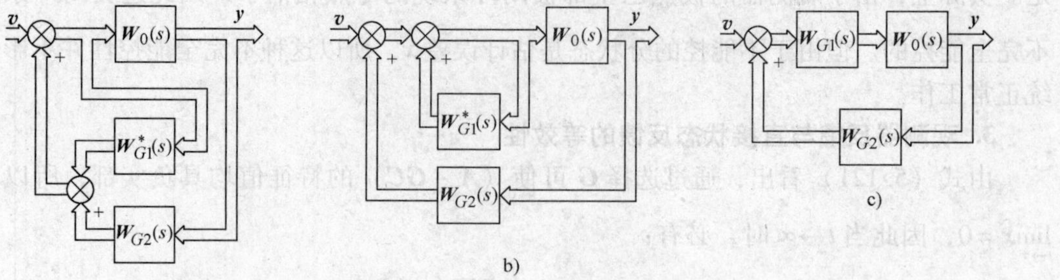

图 5.24　带观测器状态反馈系统传递特性的等效变换

$$W_{G1}(s)=[I-W^*_{G1}(s)]^{-1} \tag{5.131}$$

现在来证明 $W_{G1}(s)$ 是物理可实现的。由于：

$$\begin{aligned}&[I-W^*_{G1}(s)]\{I+K[sI-(A-GC)-BK]^{-1}B\}\\&=I-K[sI-(A-GC)]^{-1}B+K[sI-(A-GC)-BK]^{-1}B-\\&\quad K[sI-(A-GC)]^{-1}BK[sI-(A-GC)-BK]^{-1}B\end{aligned} \tag{5.132}$$

及

$$\begin{aligned}&I-[sI-(A-GC)]^{-1}BK\\&=[sI-(A-GC)]^{-1}[sI-(A-GC)-BK]\end{aligned} \tag{5.133}$$

得：

$$\begin{aligned}&[sI-(A-GC)]^{-1}BK\\&=I-[sI-(A-GC)]^{-1}[sI-(A-GC)-BK]\end{aligned} \tag{5.134}$$

将式（5.134）代入式（5.132）可得：

$$[I-W^*_{G1}(s)]\{I+K[sI-(A-GC)-BK]^{-1}B\}=I \tag{5.135}$$

于是：

$$W_{G1}(s)=[I-W^*_{G1}(s)]^{-1}=I+K[sI-(A-GC)-BK]^{-1}B \tag{5.136}$$

式（5.136）表明 $W_{G1}(s)$ 是物理上可实现的。因而证明了，一个带观测器的状态反馈系统在传递特性意义下，完全等效于一个带串联补偿器和反馈补偿器的输出反馈系统。

两个补偿器的状态空间表达式根据式（5.130）和式（5.136）得：

$$\begin{aligned}\dot{z}_{(2)}&=(A-GC)z_{(2)}+Gu_{(2)}\\W_{(2)}&=Kz_{(2)}\end{aligned} \tag{5.137}$$

和

$$\begin{aligned}\dot{z}_{(1)}&=(A-GC+BK)z_{(1)}+Bu_{(1)}\\W_{(1)}&=Kz_{(1)}+u_{(1)}\end{aligned} \tag{5.138}$$

由两个补偿器和 $\sum=(A,B,C)$ 构成的闭环系统如图 5.25 所示。

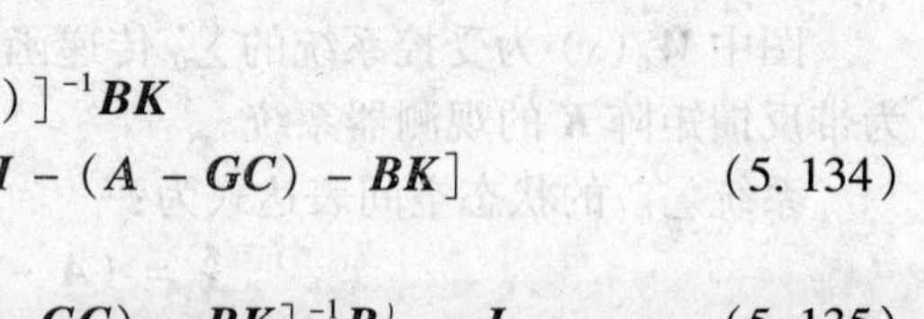

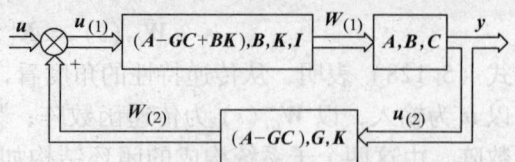

图 5.25　由补偿器构成的闭环系统结构图

闭环系统的状态空间表达式为：

$$
\begin{aligned}
\dot{x} &= Ax + Bw_{(1)} = Ax + BKz_{(1)} + Bu_{(1)} \\
\dot{z}_{(2)} &= (A - GC)z_{(2)} + Gu_{(2)} \\
\dot{z}_{(1)} &= (A - GC + BK)z_{(1)} + Bu_{(1)} \\
u_{(2)} &= y = Cx \\
u_{(1)} &= u + w_{(2)} = u + Kz_{(1)} \\
y &= Cx
\end{aligned} \tag{5.139}
$$

或写成矩阵形式为：

$$
\begin{pmatrix} \dot{z}_{(2)} \\ \dot{x} \\ \dot{z}_{(1)} \end{pmatrix} = \begin{pmatrix} (A - GC) & GC & 0 \\ BK & A & BK \\ BK & 0 & (A - GC + BK) \end{pmatrix} \begin{pmatrix} z_{(2)} \\ x \\ z_{(1)} \end{pmatrix} + \begin{pmatrix} 0 \\ B \\ B \end{pmatrix} u \tag{5.140}
$$

$$
y = (0,\ C,\ 0)\begin{pmatrix} z_{(2)} \\ x \\ z_{(1)} \end{pmatrix}
$$

令：

$$
T = \begin{pmatrix} I & 0 & 0 \\ 0 & I & 0 \\ -I & I & -I \end{pmatrix},\quad T^{-1} = T \tag{5.141}
$$

作线性变换得：

$$
\begin{pmatrix} \dot{\tilde{z}}_{(2)} \\ \dot{x} \\ \dot{\tilde{z}}_{(1)} \end{pmatrix} = \begin{pmatrix} (A - GC) & GC & 0 \\ 0 & (A + BK) & -BK \\ 0 & 0 & A - GC \end{pmatrix} \begin{pmatrix} \tilde{z}_{(2)} \\ x \\ \tilde{z}_{(1)} \end{pmatrix} + \begin{pmatrix} 0 \\ B \\ 0 \end{pmatrix} u \tag{5.142}
$$

$$
y = (0,\ C,\ 0)\begin{pmatrix} \tilde{z}_{(2)} \\ x \\ \tilde{z}_{(1)} \end{pmatrix}
$$

它的传递函数阵为：

$$
W_z(s) = C[sI - (A + BK)]^{-1}B = W_k(s) \tag{5.143}
$$

可见，从传递特性上看，补偿器和观测器完全等效。

【例 5-11】　设受控系统的传递函数为 $W_0(s) = \dfrac{1}{s(s+6)}$，用状态反馈将闭环系统极点配置为 $-4 \pm j6$。并设计实现上述反馈的全维及降维观测器（设其极点为 -10，-10）。

解　（1）由传递函数可知，系统能控能观，因而存在状态反馈及状态观测器。根据分离特性可分别进行设计。

（2）求状态反馈阵 K　为方便观测器设计，可直接写出系统的能观Ⅱ型实现为：

$$
\dot{x} = \begin{pmatrix} 0 & 0 \\ 1 & -6 \end{pmatrix} x + \begin{pmatrix} 0 \\ 1 \end{pmatrix} u
$$

$$
y = (0,\ 1)x
$$

令 $\boldsymbol{K}=(k_1,\ k_2)$，得闭环系统矩阵：

$$\boldsymbol{A}+\boldsymbol{bK}=\begin{pmatrix}0 & 0\\1 & -6\end{pmatrix}+\begin{pmatrix}0\\1\end{pmatrix}(k_1,\quad k_2)=\begin{pmatrix}k_1 & k_2\\1 & -6\end{pmatrix}$$

及闭环特征多项式：

$$f(\lambda)=\det[\lambda\boldsymbol{I}-(\boldsymbol{A}+\boldsymbol{bK})]=\det\begin{pmatrix}\lambda-k_1 & -k_2\\-1 & \lambda+6\end{pmatrix}=\lambda^2+(6-k_1)\lambda+(-6k_1-k_2)$$

与期望特征多项式：

$$f^*(\lambda)=(\lambda+4-\mathrm{j}6)(\lambda+4+\mathrm{j}6)=\lambda^2+8\lambda+52$$

比较得：

$$\boldsymbol{K}=(-2,\quad -40)$$

（3）求全维观测器　令 $\boldsymbol{G}=\begin{pmatrix}g_1\\g_2\end{pmatrix}$，得：

$$\boldsymbol{A}-\boldsymbol{GC}=\begin{pmatrix}0 & 0\\1 & -6\end{pmatrix}-\begin{pmatrix}g_1\\g_2\end{pmatrix}(0,\quad 1)=\begin{pmatrix}0 & -g_1\\1 & -(6+g_2)\end{pmatrix}$$

及

$$\det[\lambda\boldsymbol{I}-(\boldsymbol{A}-\boldsymbol{Gc})]=\det\begin{pmatrix}\lambda & g_1\\-1 & \lambda+(6+g_2)\end{pmatrix}=\lambda^2+(6+g_2)\lambda+g_1$$

与

$$f^*(\lambda)=(\lambda+10)^2=\lambda^2+20\lambda+100$$

比较得：

$$\boldsymbol{G}=\begin{pmatrix}100\\14\end{pmatrix}$$

全维观测器方程为：

$$\begin{aligned}\dot{\hat{\boldsymbol{x}}}&=(\boldsymbol{A}-\boldsymbol{Gc})\hat{\boldsymbol{x}}+\boldsymbol{Gy}+\boldsymbol{bu}\\&=\begin{pmatrix}0 & -100\\1 & -20\end{pmatrix}\hat{\boldsymbol{x}}+\begin{pmatrix}100\\14\end{pmatrix}\boldsymbol{y}+\begin{pmatrix}1\\0\end{pmatrix}\boldsymbol{u}\end{aligned}$$

闭环系统结构如图 5.26 所示。

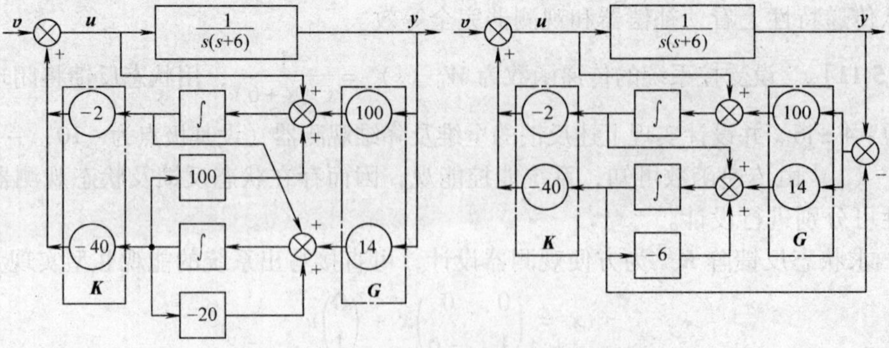

图 5.26　例 5.11 全维观测器闭环系统结构图

（4）求降维观测器　降维观测器方程为：

$$\dot{\hat{\boldsymbol{w}}} = (\overline{\boldsymbol{A}}_{11} - \overline{\boldsymbol{G}}\,\overline{\boldsymbol{A}}_{21})\hat{\bar{\boldsymbol{x}}}_1 + (\overline{\boldsymbol{A}}_{12} - \overline{\boldsymbol{G}}\,\overline{\boldsymbol{A}}_{22})\bar{y} + (\overline{\boldsymbol{B}}_1 - \overline{\boldsymbol{G}}\overline{\boldsymbol{B}}_2)\boldsymbol{u}$$

$$\hat{\bar{\boldsymbol{x}}}_1 = \hat{\boldsymbol{w}} + \overline{\boldsymbol{G}}\bar{\boldsymbol{y}}$$

对照本例，有：

$$\overline{\boldsymbol{A}}_{11} = a_{11} = 0, \overline{\boldsymbol{A}}_{12} = a_{12} = 0, \overline{\boldsymbol{A}}_{21} = a_{21} = 1$$

$$\overline{\boldsymbol{A}}_{22} = a_{22} = -6, \overline{\boldsymbol{B}}_1 = b_1 = 1, \overline{\boldsymbol{B}}_2 = b_2 = 0$$

$$\overline{\boldsymbol{G}} = g, \bar{\boldsymbol{y}} = \boldsymbol{y}, \bar{\boldsymbol{x}}_1 = \boldsymbol{x}_1, \hat{\boldsymbol{w}} = \hat{\boldsymbol{w}}$$

代入上式，得：

$$\dot{\hat{w}} = -g\boldsymbol{x}_1 + 6g\boldsymbol{y} + \boldsymbol{u}$$

$$\boldsymbol{x}_1 = \hat{\boldsymbol{w}} + \boldsymbol{g}\boldsymbol{y}$$

即

$$\dot{\hat{w}} + g\hat{\boldsymbol{w}} = (6g - g^2)\boldsymbol{y} + \boldsymbol{u}$$

特征多项式 $f(\lambda) = \lambda + g$ 与 $f^*(\lambda) = \lambda + 10$，比较得 $g = 10$。

故降维观测器的方程为：

$$\dot{\hat{w}} = -10\hat{\boldsymbol{w}} + (6 \times 10 - 100)\boldsymbol{y} + \boldsymbol{u}$$
$$= -10\hat{\boldsymbol{w}} - 40\boldsymbol{y} + \boldsymbol{u}$$

$$\hat{\boldsymbol{x}}_1 = \hat{\boldsymbol{w}} + 10\boldsymbol{y}$$

闭环系统结构如图 5.27 所示。

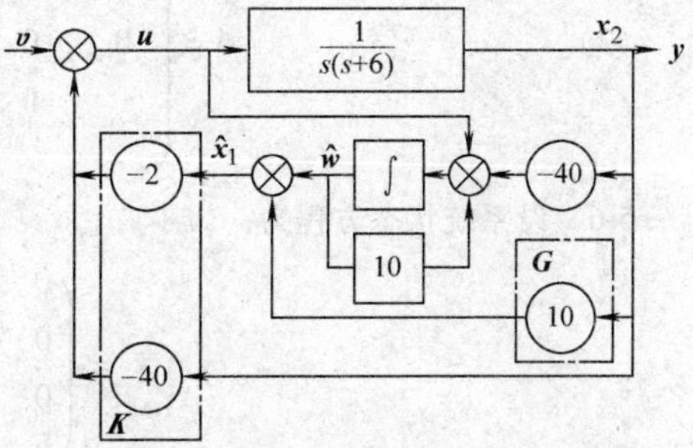

图 5.27　例 5.11 降维观测器闭环系统结构图

习　　题

5-1　已知系统状态方程为：

$$\dot{\boldsymbol{x}} = \begin{pmatrix} 1 & -1 & 1 \\ 0 & 1 & 1 \\ 1 & 0 & 1 \end{pmatrix}\boldsymbol{x} + \begin{pmatrix} 0 \\ 0 \\ 1 \end{pmatrix}u$$

试设计一状态反馈阵使闭环系统极点配置为 −1，−2，−3。

5-2　设系统状态方程为：

$$\dot{\boldsymbol{x}} = \begin{pmatrix} 0 & 1 & 0 \\ 0 & -1 & 1 \\ 0 & -1 & -10 \end{pmatrix}\boldsymbol{x} + \begin{pmatrix} 0 \\ 0 \\ 10 \end{pmatrix}u$$

试设计一状态反馈阵使闭环系统极点配置为 −10，$-1 \pm \mathrm{j}\sqrt{3}$。

5-3　有系统：

$$\dot{\boldsymbol{x}} = \begin{pmatrix} -2 & 1 \\ 0 & -1 \end{pmatrix}\boldsymbol{x} + \begin{pmatrix} 0 \\ 1 \end{pmatrix}u$$

$$\boldsymbol{y} = (1,\ 0)\boldsymbol{x}$$

（1）画出模拟结构图。

（2）若动态性能不满足要求，可否任意配置极点？

（3）若指定极点为 −3，−3，求状态反馈阵。

5-4　设系统的传递函数为：

$$\frac{(s-1)(s+2)}{(s+1)(s-2)(s+3)}$$

试问可否利用状态反馈将其传递函数变成：

$$\frac{s-1}{(s+2)(s+3)}$$

若有可能，试求状态反馈阵，并画出系统结构图。

5-5　试判断下列系统通过状态反馈能否镇定。

(1)
$$\boldsymbol{A}=\begin{pmatrix}-1 & -2 & -2\\ 0 & -1 & 1\\ 1 & 0 & -1\end{pmatrix},\quad \boldsymbol{b}=\begin{pmatrix}2\\0\\1\end{pmatrix}$$

(2)
$$\boldsymbol{A}=\begin{pmatrix}-2 & 1 & 0 & & \\ 0 & -2 & 1 & \mathbf{0} & \\ 0 & 0 & -2 & & \\ & \mathbf{0} & & -5 & 1\\ & & & 0 & -5\end{pmatrix},\quad \boldsymbol{b}=\begin{pmatrix}4\\5\\0\\7\\0\end{pmatrix}$$

5-6　设系统状态方程为：

$$\dot{\boldsymbol{x}}=\begin{pmatrix}0 & 1 & 0 & 0\\ 0 & 0 & -1 & 0\\ 0 & 0 & 0 & 1\\ 0 & 0 & 11 & 0\end{pmatrix}\boldsymbol{x}+\begin{pmatrix}0\\1\\0\\-1\end{pmatrix}u$$

(1) 判断系统能否稳定。

(2) 系统能否镇定。若能，试设计状态反馈使之稳定。

5-7　设计一前馈补偿器，使系统：

$$\boldsymbol{W}(s)=\begin{pmatrix}\dfrac{1}{s+1} & \dfrac{1}{s+2}\\ \dfrac{1}{s(s+1)} & \dfrac{1}{s}\end{pmatrix}$$

解耦，且解耦后的极点为 -1，-1，-2，-2。

5-8　已知系统：

$$\dot{\boldsymbol{x}}=\begin{pmatrix}-1 & 0 & 0\\ 0 & -2 & -3\\ 1 & 0 & 1\end{pmatrix}\boldsymbol{x}+\begin{pmatrix}1 & 0\\ 0 & 1\\ 0 & -1\end{pmatrix}u$$

$$\boldsymbol{y}=\begin{pmatrix}1 & 0 & 0\\ 0 & 1 & 1\end{pmatrix}\boldsymbol{x}$$

(1) 判别系统能否用状态反馈实现解耦。

(2) 设计状态反馈使系统解耦，且极点为 -1，-2，-3。

5-9　试设计一个二阶动态补偿器，使系统：

$$\dot{\boldsymbol{x}}=\begin{pmatrix}0 & 1\\ -1 & 0\end{pmatrix}\boldsymbol{x}+\begin{pmatrix}1\\0\end{pmatrix}u$$

的闭环极点配置为 -1，-2，-2，-3。

5-10　已知系统：

$$\dot{x} = \begin{pmatrix} 0 & 1 \\ 0 & 0 \end{pmatrix} x + \begin{pmatrix} 0 \\ 1 \end{pmatrix} u$$

$$y = (1,\ \ 0)x$$

试设计一状态观测器，使观测器的极点为 $-r$，$-2r$（$r>0$）。

5-11　已知系统：

$$\dot{x} = \begin{pmatrix} -2 & 1 \\ 0 & -1 \end{pmatrix} x + \begin{pmatrix} 0 \\ 1 \end{pmatrix} u$$

$$y = (1,\ \ 0)x$$

设状态变量 x_2 不能测取，试设计全维和降维观测器，使观测器极点为 -3，-3。

5-12　已知系统：

$$\dot{x} = \begin{pmatrix} 0 & 1 & 0 \\ 0 & 0 & 1 \\ 0 & 0 & 0 \end{pmatrix} x + \begin{pmatrix} 0 \\ 0 \\ 1 \end{pmatrix} u$$

$$y = (1,\ \ 0,\ \ 0)x$$

设计一降维观测器，使观测器极点为 -4，-5。画出模拟结构图。

5-13　设受控对象传递函数为$\frac{1}{s^3}$：

（1）设计状态反馈，使闭环极点配置为 -3，$-\frac{1}{2} \pm \mathrm{j}\frac{\sqrt{3}}{2}$。

（2）设计极点为 -5 的降维观测器。

（3）按（2）的结果，求等效的反馈校正和串联校正装置。

第 6 章

最优控制

最优控制属于最优化的范畴。因此，最优控制与最优化有其共同的性质和理论基础。但最优化涉及面极为广泛，举凡生产过程的控制，企业的生产调度，对资金、材料、设备的分配，乃至经济政策的制订等等，无不与最优化有关。而最优控制通常是针对控制系统本身而言的，目的在于使一个机组、一台设备或一个生产过程实现局部最优。本章旨在研究最优控制系统的综合问题。为了避免孤立地提出问题，并对最优控制的逻辑发展有所了解，也将涉及一些与一般最优化有关的共性问题。

本章重点讨论设计最优控制系统常用的变分法、极小值原理和动态规划三种方法的基本理论及其在典型系统设计中的应用。

6.1 概述

所谓最优化，原非新鲜概念，人们在从事某项工作时，总是想着采取最合理的方案或措施，以期收到最好的效果，这里就包含着最优化问题。

例如，有甲乙两个仓库分别存有水泥 1500 包和 1800 包，有 A、B、C 三个工地，分别需要水泥 900 包、600 包和 1200 包。已知从甲库运送到 A、B、C 三个工地，每包水泥的运费分别为 1 元、2 元和 4 元；从乙库运往 A、B、C 三个工地的运费分别为 4 元、5 元和 9 元。应怎样发运这些水泥能使运费最省呢？这是个最优分配问题。

为此首先应对最优化问题进行数学描述，然后再求其最优解。

设从甲库运往 A、B、C 三个工地的水泥包数分别为 x_1、x_2、x_3；从乙库运往 A、B、C 三个工地的包数分别为 x_4、x_5、x_6，那么总运费 $f(\boldsymbol{x})$ 将是 $\boldsymbol{x}=(x_1, x_2, x_3, x_4, x_5, x_6)^{\mathrm{T}}$ 的函数，即

$$f(\boldsymbol{x}) = x_1 + 2x_2 + 4x_3 + 4x_4 + 5x_5 + 9x_6$$

在最优化问题中，$f(\boldsymbol{x})$ 称为目标函数。最优化的任务在于确定 $\boldsymbol{x}$，使 $f(\boldsymbol{x})$ 为最小（或最大）值。但 $\boldsymbol{x}$ 的选取不是任意的，它要受到约束条件的限制，如：

$$x_1 + x_2 + x_3 \leqslant 1500$$
$$x_4 + x_5 + x_6 \leqslant 1800$$
$$x_1 + x_4 = 900$$
$$x_2 + x_5 = 600$$
$$x_3 + x_6 = 1200$$

在本例中，目标函数 $f(\boldsymbol{x})$ 和约束条件都是自变量 $\boldsymbol{x}$ 的一次函数，称为线性最优化问题。又因约束条件中存在不等式；故属具有不等式约束条件的线性最优化问题。考虑到甲库运往各工地的运费都较乙库的便宜，故应先尽甲库的水泥发送。因此，前两个不等式约束可变成等式约束，即

$$x_1 + x_2 + x_3 = 1500$$
$$x_4 + x_5 + x_6 = 1800$$

从而本例是一个具有等式约束条件的最优化问题。

当然，目标函数和约束条件并不限于线性情形，而可能是变量的各种非线性函数。一般地，目标函数用 $\boldsymbol{J}$ 表示：

$$J(\boldsymbol{x}) = f(\boldsymbol{x}) \tag{6.1}$$

约束条件为等式约束：

$$g_i(\boldsymbol{x}) = 0,\ i = 1,2,\cdots,m \tag{6.2}$$

和不等式约束：

$$h_j(\boldsymbol{x}) \leqslant 0, j = 1,2,\cdots,l \tag{6.3}$$

那么，最优化任务，是要在式（6.2）、式（6.3）的约束条件下，寻求 $\boldsymbol{x}$，使式（6.1）的目标函数取最优（最大或最小）值。上述最优化问题，由于变量 $\boldsymbol{x}$ 与时间无关，或在所讨论的时间区间内为常量，因此属于静态最优化问题。在最优控制系统中，由于受控对象是一个动态系统，所有变量都是时间的函数，所以这是动态最优化问题。在动态最优化问题中，目标函数不再是普通函数，而是时间函数的函数，称为泛函数，简称泛函。例如在时间定义域 $[t_0, t_f]$ 上的目标泛函为：

$$J = \int_{t_0}^{t_f} L[\boldsymbol{x}(t), \boldsymbol{u}(t), t]\,\mathrm{d}t \tag{6.4}$$

基本约束条件是受控对象的状态方程，如：

$$\dot{\boldsymbol{x}}(t) = \boldsymbol{f}[\boldsymbol{x}(t), \boldsymbol{u}(t), t] \tag{6.5}$$

式中，J 为标量泛函，对每个控制函数都有一个值与之对应；L 为标量函数，它是矢量 $\boldsymbol{x}(t)$ 和 $\boldsymbol{u}(t)$ 的函数；$\boldsymbol{x}(t)$ 为 n 维状态矢量；$\boldsymbol{u}(t)$ 为 r 维控制矢量；$\boldsymbol{f}$ 为 n 维矢量函数。

最优控制问题是要在满足式（6.5）的约束条件下寻求最优控制函数 $\boldsymbol{u}(t)$，使式（6.4）的目标泛函取极值（最小或最大）。

求解动态最优化问题的方法主要有古典变分法，极小（大）值原理及动态规划法等。

应当指出，在求解动态最优化问题中，若将时域 $[t_0, t_f]$ 分成许多有限区段，在每一分段内，将变量近似看作常量，那么动态最优化问题可近似按分段静态最优化问题处理，这就是离散时间最优化问题。显然分段越多，近似的精确程度越高。所以静态最优化和动态最优化问题不是截然分立、毫无联系的。

动态最优化问题可以分为确定性和随机性两大类。在确定性问题中，没有随机变量，系统的参数都是确定的。本书只讨论确定性最优控制问题。

6.2 研究最优控制的前提条件

在研究确定性系统的最优控制时，前提条件是：

1. 给出受控系统的动态描述，即状态方程

$$\left.\begin{array}{ll}\text{对连续时间系统} & \dot{\boldsymbol{x}}(t) = f[\boldsymbol{x}(t), \boldsymbol{u}(t), t] \\ \text{对离散时间系统} & \boldsymbol{x}(k+1) = f[\boldsymbol{x}(k), \boldsymbol{u}(k), k] \\ & k = 0, 1, \cdots, (N-1)\end{array}\right\} \tag{6.6}$$

2. 明确控制作用域

在工程实际问题中，控制矢量 $\boldsymbol{u}(t)$ 往往不能在 R^r 空间中任意取值，而必须受到某些物理限制，例如，系统中的控制电压，控制功率不能取得任意大。即 $\boldsymbol{u}(t)$ 要满足某些约束条件，这时，在 R^r 空间中，把所有满足上式的点 $\boldsymbol{u}(t)$ 的集合，记作：

$$\varphi_j(\boldsymbol{x}, \boldsymbol{u}) \leqslant 0, j = 1, 2, \cdots, m (m \leqslant r) \tag{6.7}$$

这时，在 R^r 空间中，把所有满足上式的点 $\boldsymbol{u}(t)$ 的集合，记作：

$$U = \{\boldsymbol{u}(t) \mid \varphi_j(\boldsymbol{x}, \boldsymbol{u}) \leqslant 0\} \tag{6.8}$$

U 称为控制集。把满足

$$\boldsymbol{u}(t) \in U \tag{6.9}$$

的 $\boldsymbol{u}(t)$ 称为**容许控制**。

3. 明确初始条件

通常，最优控制系统的初始时刻 t_0 是给定的。如果初始状态 $\boldsymbol{x}(t_0)$ 也是给定的，则称固定始端。如果 $\boldsymbol{x}(t_0)$ 是任意的，则称自由始端。如果 $\boldsymbol{x}(t_0)$ 必须满足某些约束条件：

$$\rho_j[\boldsymbol{x}(t_0)] = 0, j = 1, 2, \cdots, m (m \leqslant n) \tag{6.10}$$

相应的**始端集**为：

$$\Omega_0 = \{\boldsymbol{x}(t_0) \mid \rho_j[\boldsymbol{x}(t_0)] = 0\} \tag{6.11}$$

此时，$\boldsymbol{x}(t_0) \in \Omega_0$，则称为可变始端。

4. 明确终端条件

类似于始端条件，固定终端是指终端时刻 t_f 和终端状态 $\boldsymbol{x}(t_f)$ 都是给定的。

自由端则是在给定 t_f 情况下，$\boldsymbol{x}(t_f)$ 可以任意取值不受限制。

可变终端则是指 $\boldsymbol{x}(t_f) \in \Omega_f$ 的情况。其中

$$\Omega_f = \{\boldsymbol{x}(t_f) \mid \varphi_j[\boldsymbol{x}(t_f)] = 0\} \tag{6.12}$$

是由约束条件 $\varphi_j[\boldsymbol{x}(t_f)] = 0$ 所形成的一个**目标集**。

5. 给出目标泛函，即性能指标

对连续时间系统，一般表示为：

$$J = \Phi[\boldsymbol{x}(t_f)] + \int_{t_0}^{t_f} L[\boldsymbol{x}(t), \boldsymbol{u}(t), t]\mathrm{d}t \tag{6.13}$$

对离散时间系统，一般表示为：

$$J = \Phi[\boldsymbol{x}(N)] + \sum_{k=k_0}^{N-1} L[\boldsymbol{x}(k), \boldsymbol{u}(k), k] \tag{6.14}$$

上述形式的性能指标，称为**综合型或鲍尔扎型**。它由两部分组成，等式右边第一项反映对终端性能的要求，例如对目标的允许偏差、脱靶情况等，称为终端指标函数；第二项中 L 为状态控制过程中对动态品质及能量或燃料消耗的要求等，称为动态指标函数。

若不考虑终端指标函数项，$\Phi = 0$，则有：

$$J = \int_{t_0}^{t_f} L[\boldsymbol{x}(t), \boldsymbol{u}(t), t]\mathrm{d}t \tag{6.15}$$

$$J = \sum_{k=k_0}^{N-1} L[\boldsymbol{x}(k), \boldsymbol{u}(k), k] \tag{6.16}$$

这种形式的性能指标称为**积分型或拉格朗日型**。

若不考虑动态指标函数项，$L = 0$，则形如：

$$J = \Phi[\boldsymbol{x}(t_f)] \tag{6.17}$$

$$J = \Phi[\boldsymbol{x}(N)] \tag{6.18}$$

称为**终端型或梅耶型**。

最优控制问题，就是从可供选择的容许控制集 U 中，寻求一个控制矢量 $\boldsymbol{u}(t)$，使受控系统在时间域 $[t_0, t_f]$ 内，从初态 $\boldsymbol{x}(t_0)$ 转移到终态 $\boldsymbol{x}(t_f)$ 或目标集 $\boldsymbol{x}(t_f) \in \Omega_f$ 时，性能指标 J 取最小（大）值。满足上述条件的控制 $\boldsymbol{u}(t)$ 称为**最优控制** $\boldsymbol{u}^*(t)$。在 $\boldsymbol{u}^*(t)$ 作用下状态方程的解，称为**最优轨线** $\boldsymbol{x}^*(t)$。沿最优轨线 $\boldsymbol{x}^*(t)$，使性能指标 J 所达到的最优值，称为**最优指标** $\boldsymbol{J}^*$。

按线性二次型性能指标设计的系统，因为是线性控制律，便于工程上实现，所以在实践中获得成功的应用。线性二次型性能指标的一般形式为：

$$J = \frac{1}{2}\boldsymbol{x}^{\mathrm{T}}(t_f)\boldsymbol{Q}_0\boldsymbol{x}(t_f) + \frac{1}{2}\int_{t_0}^{t_f}[\boldsymbol{x}^{\mathrm{T}}(t)\boldsymbol{Q}_1\boldsymbol{x}(t) + \boldsymbol{u}^{\mathrm{T}}(t)\boldsymbol{Q}_2\boldsymbol{u}(t)]\mathrm{d}t \tag{6.19}$$

和

$$J = \frac{1}{2}\boldsymbol{x}^{\mathrm{T}}(N)\boldsymbol{Q}_0(N)\boldsymbol{x}(N) + \frac{1}{2}\sum_{k=k_0}^{N-1}[\boldsymbol{x}^{\mathrm{T}}(k)\boldsymbol{Q}_1(k)\boldsymbol{x}(k) + \boldsymbol{u}^{\mathrm{T}}(k)\boldsymbol{Q}_2(k)\boldsymbol{u}(k)] \tag{6.20}$$

式中，$\boldsymbol{Q}_0$，$\boldsymbol{Q}_1$，$\boldsymbol{Q}_2$ 和 $\boldsymbol{Q}_0(N)$，$\boldsymbol{Q}_1(k)$，$\boldsymbol{Q}_2(k)$ 称为加权矩阵。

6.3 静态最优化问题的解

静态最优化问题的目标函数是一个多元普通函数，其最优解可以通过古典微分法对普通函数求极值的途径解决。动态最优化问题的目标函数是一个泛函数，确定其最优解要涉及古典变分法求泛函极值的问题。我们的任务固然在后者，但考虑到变分法与微分法在求极值问题上有相似之处，为了收到触类旁通之效，本节先对较熟悉的普通函数求极值问题作一回顾。

6.3.1 一元函数的极值

设 $J=f(u)$ 为定义在闭区间 $[a,\ b]$ 上的实值连续可微函数，则存在极值点 u^* 的必要条件是：

$$f'(u)\mid_{u=u^*}=0 \tag{6.21}$$

u^* 为极小值点充要条件是：

$$f'(u)=0, f''(u)>0 \tag{6.22}$$

u^* 为极大值点充要条件是：

$$f'(u)=0, f''(u)<0 \tag{6.23}$$

因为 $f(u)$ 的极小值和 $-f(u)$ 的极大值等效，所以今后所有推导和结论，均以极小化为准。

由式（6.21）求得的极值点 u^* 为驻点，其性质是 $f''(u^*)<0$，u^* 为极大值点；当 $f''(u^*)=0$，u^* 为拐点；$f''(u^*)>0$，u^* 为极小值点。而且，这些极值 $f(u^*)$ 只是相对于 u^* 左右邻近的 $f(u)$ 而言的，故具有局部性质，称为相对极值。它在定义域上可以不止一个，如果将整个定义域 $[a,\ b]$ 上所有的极小值进行比较，找出最小的极小值，则称为最小值。它具有全局性质，而且是唯一的。一般地记为：

$$J^*=f(u^*)=\min_{u\in U}[f(u)] \tag{6.24}$$

6.3.2 多元函数的极值

设 n 元函数 $f=f(\boldsymbol{u})$，这里 $\boldsymbol{u}=(u_1,\ u_2,\ \cdots,\ u_n)^{\mathrm{T}}$ 为 n 维列向量。它取极值的必要条件是：

$$\frac{\partial f}{\partial \boldsymbol{u}}=0 \tag{6.25}$$

或函数的梯度为零矢量。

$$\nabla f_u=\left(\frac{\partial f}{\partial u_1},\frac{\partial f}{\partial u_2},\cdots,\frac{\partial f}{\partial u_n}\right)^{\mathrm{T}}=0 \tag{6.26}$$

至于取极小值的充要条件，尚需满足：

$$\frac{\partial^2 f}{\partial \boldsymbol{u}^2}>0 \tag{6.27}$$

即下列海赛矩阵为正定矩阵。

$$\frac{\partial^2 f}{\partial \boldsymbol{u}^2}=\begin{pmatrix}\frac{\partial^2 f}{\partial u_1^2} & \frac{\partial^2 f}{\partial u_1 \partial u_2} & \cdots & \frac{\partial^2 f}{\partial u_1 \partial u_n}\\ \frac{\partial^2 f}{\partial u_2 \partial u_1} & \frac{\partial^2 f}{\partial u_2^2} & \cdots & \frac{\partial^2 f}{\partial u_2 \partial u_n}\\ \vdots & \vdots & & \vdots\\ \frac{\partial^2 f}{\partial u_n \partial u_1} & \frac{\partial^2 f}{\partial u_n \partial u_2} & \cdots & \frac{\partial^2 f}{\partial u_n^2}\end{pmatrix} \tag{6.28}$$

【例6-1】　设$f=f(\boldsymbol{x})=2x_1^2+5x_2^2+x_3^2+2x_2x_3+2x_3x_1-6x_2+3$，试求$f$的极值点及其极小值。

解　由极值必要条件$\nabla f_x=0$得：

$$\frac{\partial f}{\partial x_1}=4x_1+2x_3=0$$

$$\frac{\partial f}{\partial x_2}=10x_2+2x_3-6=0$$

$$\frac{\partial f}{\partial x_3}=2x_3+2x_2+2x_1=0$$

联立可得：　　　　$x_1=1$，$x_2=1$，$x_3=-2$

故极值点为：　　　$x^*=(1,\ 1,\ -2)^{\mathrm{T}}$。

又从$\nabla^2 f_x=\frac{\partial^2 f}{\partial \boldsymbol{x}^2}$得海赛矩阵

$$\frac{\partial^2 f}{\partial \boldsymbol{x}^2}=\begin{pmatrix}4 & 0 & 2\\ 0 & 10 & 2\\ 2 & 2 & 2\end{pmatrix}$$

是正定的。故$\boldsymbol{x}=(1,\ 1,\ -2)^{\mathrm{T}}$为极小点$\boldsymbol{x}^*$，$f$的极小值$f^*=f(\boldsymbol{x}^*)=0$。

6.3.3　具有等式约束条件的极值

上面讲的是无约束条件极值问题的求解方法。对于具有等式约束条件的极值问题，则要通过等效变换，化为无约束条件的极值问题来求解。例如用一定面积的铁皮作罐头桶，要求罐头桶容积为最大几何尺寸的问题，就是个具有等式约束的极值问题。设罐头桶的几何尺寸：高为l，半径为r，则容积为：

$$J=v(r,l)=\pi r^2 l \tag{6.29}$$

给定铁皮面积A=常量。要使罐头桶容积为最大，必然要受条件：

$$g(r,l)=(2\pi r^2+2\pi rl)-A=0 \tag{6.30}$$

的约束。

解此类问题的方法有多种，如**嵌入法**（消元法）和**拉格朗日乘子法**（增元法）等。

1. 嵌入法

先从约束条件式（6.30）解出一个变量，例如$l=\frac{A-2\pi r^2}{2\pi r}$，然后代入目标函数式（6.29）得：

$$J = v(r) = \frac{r}{2}A - \pi r^3 \tag{6.31}$$

这样就变成一个没有约束条件的函数式。显然，式（6.31）取极值的条件为：

$$\frac{dv}{dr} = \frac{A}{2} - 3\pi r^2 = 0 \tag{6.32}$$

可解出极值点：

$$r^* = \sqrt{\frac{A}{6\pi}}, \quad l^* = \sqrt{\frac{2A}{3\pi}} \tag{6.33}$$

又因为$\frac{d^2v(r)}{dr^2} = -6\pi r < 0$，故上述极值点为极大值点。罐头桶的最大容积为：

$$J^* = v(r^*, l^*) = \frac{\sqrt{2}}{6\sqrt{3\pi}}A^{\frac{3}{2}} = 0.0768A^{\frac{3}{2}} \tag{6.34}$$

2. 拉格朗日乘子法

将约束条件式（6.30）乘以乘子 λ，与目标函数式（6.29）相加，构成一个新的可调整函数 H：

$$H = J + \lambda g(r,l) = \pi r^2 l + \lambda(2\pi r^2 + 2\pi rl - A) \tag{6.35}$$

这是一个没有约束条件的三元函数。它的极值条件为：

$$\begin{aligned} \frac{\partial H}{\partial l} &= \pi r^2 + \lambda 2\pi r = 0 \\ \frac{\partial H}{\partial r} &= 2\pi rl + \lambda(4\pi r + 2\pi l) = 0 \\ \frac{\partial H}{\partial \lambda} &= (2\pi r^2 + 2\pi rl) - A = 0 \text{[此即 } g(r,l) = 0\text{]} \end{aligned} \tag{6.36}$$

联解上式得极值点：

$$r^* = \sqrt{\frac{A}{6\pi}}, \quad l^* = \sqrt{\frac{2A}{3\pi}}, \quad \lambda^* = \sqrt{\frac{A}{24\pi}} \tag{6.37}$$

结果与嵌入法相同。

将式（6.37）代入式（6.35），容易确认 $\lambda g(r, l) = 0$，故新函数 H 的极值就是目标函数 J 的极值。

嵌入法只适用于简单情况，而拉格朗日乘子法具有普遍意义。现把式（6.35）写成更为一般的形式。

设连续可微的目标函数为：

$$J = \boldsymbol{f}(\boldsymbol{x}, \boldsymbol{u}) \tag{6.38}$$

等式约束条件为：

$$\boldsymbol{g}(\boldsymbol{x}, \boldsymbol{u}) = 0 \tag{6.39}$$

式中，$\boldsymbol{x}$ 为 n 维列矢量；$\boldsymbol{u}$ 为 r 维列矢量；$\boldsymbol{g}$ 为 n 维矢量函数。

在拉格朗日乘子法中，用乘子矢量 λ 乘等式约束条件并与目标函数相加，构造拉格朗日函数：

$$H = J + \lambda^T \boldsymbol{g} = \boldsymbol{f}(\boldsymbol{x}, \boldsymbol{u}) + \boldsymbol{\lambda}^T \boldsymbol{g}(\boldsymbol{x}, \boldsymbol{u}) \tag{6.40}$$

式中，$\boldsymbol{\lambda}$ 与 $\boldsymbol{g}$ 为同维的列矢量。

这样，就可按无约束条件的多元函数极值的方法求解。目标函数存在极值的必要条件是：

$$\frac{\partial \boldsymbol{H}}{\partial \boldsymbol{x}}=0,\frac{\partial \boldsymbol{H}}{\partial \boldsymbol{u}}=0,\frac{\partial \boldsymbol{H}}{\partial \boldsymbol{\lambda}}=0 \tag{6.41}$$

即

$$\frac{\partial \boldsymbol{f}}{\partial \boldsymbol{x}}+\left(\frac{\partial \boldsymbol{g}}{\partial \boldsymbol{x}}\right)^{\mathrm{T}}\boldsymbol{\lambda}=0$$

$$\frac{\partial \boldsymbol{f}}{\partial \boldsymbol{u}}+\left(\frac{\partial \boldsymbol{g}}{\partial \boldsymbol{u}}\right)^{\mathrm{T}}\boldsymbol{\lambda}=0 \tag{6.42}$$

$$\boldsymbol{g}(\boldsymbol{x},\boldsymbol{u})=0$$

式中

$$\frac{\partial \boldsymbol{g}}{\partial \boldsymbol{x}}=\begin{pmatrix} \frac{\partial g_1}{\partial x_1} & \frac{\partial g_1}{\partial x_2} & \cdots & \frac{\partial g_1}{\partial x_n} \\ \frac{\partial g_2}{\partial x_1} & \frac{\partial g_2}{\partial x_2} & \cdots & \frac{\partial g_2}{\partial x_n} \\ \vdots & \vdots & & \vdots \\ \frac{\partial g_n}{\partial x_1} & \frac{\partial g_n}{\partial x_2} & \cdots & \frac{\partial g_n}{\partial x_n} \end{pmatrix} \tag{6.43}$$

【例 6-2】　求使 $J=\boldsymbol{f}(\boldsymbol{x},\boldsymbol{u})=\frac{1}{2}\boldsymbol{x}^{\mathrm{T}}\boldsymbol{Q}_1\boldsymbol{x}+\frac{1}{2}\boldsymbol{u}^{\mathrm{T}}\boldsymbol{Q}_2\boldsymbol{u}$ 取极值的 $\boldsymbol{x}^*$ 和 $\boldsymbol{u}^*$。它满足约束条件 $\boldsymbol{g}(\boldsymbol{x},\boldsymbol{u})=\boldsymbol{x}+\boldsymbol{F}\boldsymbol{u}+\boldsymbol{d}=0$，其中 $\boldsymbol{Q}_1$，$\boldsymbol{Q}_2$ 均为正定矩阵，$\boldsymbol{F}$ 为任意矩阵。

解　构造拉格朗日函数：

$$H=\frac{1}{2}\boldsymbol{x}^{\mathrm{T}}\boldsymbol{Q}_1\boldsymbol{x}+\frac{1}{2}\boldsymbol{u}^{\mathrm{T}}\boldsymbol{Q}_2\boldsymbol{u}+\lambda^{\mathrm{T}}(\boldsymbol{x}+\boldsymbol{F}\boldsymbol{u}+\boldsymbol{d})$$

由极值的必要条件得：

$$\frac{\partial H}{\partial \boldsymbol{x}}=\boldsymbol{Q}_1\boldsymbol{x}+\boldsymbol{\lambda}=0$$

$$\frac{\partial H}{\partial \boldsymbol{u}}=\boldsymbol{Q}_2\boldsymbol{u}+\boldsymbol{F}^{\mathrm{T}}\boldsymbol{\lambda}=0$$

$$\frac{\partial H}{\partial \boldsymbol{\lambda}}=\boldsymbol{x}+\boldsymbol{F}\boldsymbol{u}+\boldsymbol{d}=0$$

联立求解得极值点：

$$\boldsymbol{u}^*=-(\boldsymbol{Q}_2+\boldsymbol{F}^{\mathrm{T}}\boldsymbol{Q}_1\boldsymbol{F})^{-1}\boldsymbol{F}^{\mathrm{T}}\boldsymbol{Q}_1\boldsymbol{d}$$

$$\boldsymbol{x}^*=-[\boldsymbol{I}-\boldsymbol{F}(\boldsymbol{Q}_2+\boldsymbol{F}^{\mathrm{T}}\boldsymbol{Q}_1\boldsymbol{F})^{-1}\boldsymbol{F}^{\mathrm{T}}\boldsymbol{Q}_1]\boldsymbol{d}$$

$$\lambda^*=[\boldsymbol{Q}_1-\boldsymbol{Q}_1\boldsymbol{F}(\boldsymbol{Q}_2+\boldsymbol{F}^{\mathrm{T}}\boldsymbol{Q}_1\boldsymbol{F})^{-1}\boldsymbol{F}^{\mathrm{T}}\boldsymbol{Q}_1]\boldsymbol{d}$$

由于 $\boldsymbol{Q}_1$，$\boldsymbol{Q}_2$ 为正定矩阵，显然满足极小值的充分条件。若按式（6.28）计算，也得同一结果。

6.4 离散时间系统的最优控制

6.4.1 基本形式

考虑下面离散时间动态系统：

$$\left.\begin{array}{l} \boldsymbol{x}(k+1)=\boldsymbol{f}[\boldsymbol{x}(k),\boldsymbol{u}(k),k],(k=0,1,\cdots,N-1) \\ \boldsymbol{x}(0)=\boldsymbol{x}_0 \end{array}\right\} \tag{6.44}$$

式中，$\boldsymbol{x}(k)$ 为 n 维列矢量在第 k 步（即 kT 时刻）的状态；$\boldsymbol{u}(k)$ 为 r 维列矢量在第 k 步和第（$k+1$）步之间加在系统上的控制输入；$\boldsymbol{f}$ 为 n 维矢量函数。

最优控制问题是确定控制矢量序列 $\{\boldsymbol{u}(0),\ \boldsymbol{u}(1),\ \cdots,\ \boldsymbol{u}(N-1)\}$ 使得下列目标函数取最小值。

$$J=\boldsymbol{\Phi}[\boldsymbol{x}(N)]+\sum_{k=0}^{N-1}L[\boldsymbol{x}(k),\boldsymbol{u}(k),k] \tag{6.45}$$

其中 $\boldsymbol{x}(N)$ 假设为自由。$\boldsymbol{\Phi}[\boldsymbol{x}(N)]$ 用来强调 $\boldsymbol{x}(N)$ 不趋于零时，在目标函数中要付出的代价。

这样的问题和第 6.3 节所述普通函数求极值（静态最优化）问题在本质上并没有什么区别，所不同的只是变量的数量增加 N 倍。即

$$\{x_1(k),x_2(k),\cdots,x_n(k)\},(k=1,2,\cdots,N)$$

$$\{u_1(k),u_2(k),\cdots,u_n(k)\},(k=0,1,\cdots,N-1)$$

约束方程式（6.44）也增加了 N 倍，所以问题的规模扩大了。仿前节，约束条件式（6.44）可写成：

$$\boldsymbol{f}[\boldsymbol{x}(k),\boldsymbol{u}(k),k]-\boldsymbol{x}(k+1)=0 \tag{6.46}$$

和前节的约束式 $\boldsymbol{g}$ 相对应，拉格朗日待定常数的数目也在增加 N 倍，即

$$\{\lambda_1(k),\lambda_2(k),\cdots,\lambda_n(k)\},(k=1,2,\cdots,N) \tag{6.47}$$

仿上节，构造一个新函数：

$$V=\boldsymbol{\Phi}[\boldsymbol{x}(N)]+\sum_{k=0}^{N-1}\{L[\boldsymbol{x}(k),\boldsymbol{u}(k),k]+\boldsymbol{\lambda}^{\mathrm{T}}(k+1)[\boldsymbol{f}[\boldsymbol{x}(k),\boldsymbol{u}(k),k]-\boldsymbol{x}(k+1)]\} \tag{6.48}$$

这样，就把原来求 J 在式（6.46）约束条件下的极小值问题，转化成求无约束条件的 V 取极小值问题。

为方便计，记：

$$L_k[\boldsymbol{x}(k),\boldsymbol{u}(k)]=L[\boldsymbol{x}(k),\boldsymbol{u}(k),k] \tag{6.49}$$

$$\boldsymbol{f}_k[\boldsymbol{x}(k),\boldsymbol{u}(k)]=\boldsymbol{f}[\boldsymbol{x}(k),\boldsymbol{u}(k),k] \tag{6.50}$$

并定义：

$$H_k=L_k[\boldsymbol{x}(k),\boldsymbol{u}(k)]+\boldsymbol{\lambda}^{\mathrm{T}}(k+1)\boldsymbol{f}_k[\boldsymbol{x}(k),\boldsymbol{u}(k)] \tag{6.51}$$

则

$$V = \boldsymbol{\Phi}[\boldsymbol{x}(N)] - \boldsymbol{\lambda}^{\mathrm{T}}(N)\boldsymbol{x}(N) + H_0 + \sum_{k=1}^{N-1}[H_k - \boldsymbol{\lambda}^{\mathrm{T}}(k)\boldsymbol{x}(k)] \tag{6.52}$$

求 V 的增量，并忽略高阶无穷小项得其线性主部：

$$\Delta V = \Delta \boldsymbol{x}^{\mathrm{T}}(N)\left[\frac{\partial \boldsymbol{\Phi}[\boldsymbol{x}(N)]}{\partial \boldsymbol{x}(N)} - \boldsymbol{\lambda}(N)\right] + \Delta \boldsymbol{x}^{\mathrm{T}}(0)\left[\frac{\partial H_0}{\partial \boldsymbol{x}(0)}\right] + \Delta \boldsymbol{u}^{\mathrm{T}}(0)\left[\frac{\partial H_0}{\partial \boldsymbol{u}(0)}\right] +$$
$$\sum_{k=1}^{N-1}\Delta \boldsymbol{x}^{\mathrm{T}}(k)\left[\frac{\partial H_k}{\partial \boldsymbol{x}(k)} - \boldsymbol{\lambda}(k)\right] + \sum_{k=1}^{N-1}\Delta \boldsymbol{u}^{\mathrm{T}}(k)\left[\frac{\partial H_k}{\partial \boldsymbol{u}(k)}\right] \tag{6.53}$$

V 达极小值的必要条件是 $\Delta V = 0$。考虑 $\boldsymbol{x}(0) = \boldsymbol{x}_0$ 为常数，有 $\Delta \boldsymbol{x}(0) = 0$，于是从式（6.53）得极小值的必要条件为：

$$\left.\begin{aligned}
&\frac{\partial H_k}{\partial \boldsymbol{x}(k)} = \boldsymbol{\lambda}(k),(k = 1,\cdots,N-1)\\
&\frac{\partial H_k}{\partial \boldsymbol{u}(k)} = 0,(k = 0,\cdots,N-1)\\
&\boldsymbol{x}(k+1) = \boldsymbol{f}[\boldsymbol{x}(k),\boldsymbol{u}(k)],(k = 0,\cdots,N-1)\\
&\boldsymbol{x}(0) = \boldsymbol{x}_0\\
&\frac{\partial \boldsymbol{\Phi}[\boldsymbol{x}(N)]}{\partial \boldsymbol{x}(N)} = \boldsymbol{\lambda}(N)
\end{aligned}\right\} \tag{6.54}$$

即

$$\left.\begin{aligned}
&\frac{\partial L[\boldsymbol{x}(k),\boldsymbol{u}(k),k]}{\partial \boldsymbol{x}(k)} + \left[\frac{\partial \boldsymbol{f}[\boldsymbol{x}(k),\boldsymbol{u}(k),k]}{\partial \boldsymbol{x}(k)}\right]^{\mathrm{T}}\boldsymbol{\lambda}(k+1) = \boldsymbol{\lambda}(k)\\
&\frac{\partial L[\boldsymbol{x}(k),\boldsymbol{u}(k),k]}{\partial \boldsymbol{u}(k)} + \left[\frac{\partial \boldsymbol{f}[\boldsymbol{x}(k),\boldsymbol{u}(k),k]}{\partial \boldsymbol{u}(k)}\right]^{\mathrm{T}}\boldsymbol{\lambda}(k+1) = 0\\
&\boldsymbol{x}(k+1) = f[\boldsymbol{x}(k),\boldsymbol{u}(k)]\\
&(k = 0,\cdots,N-1)\\
&\boldsymbol{x}(0) = \boldsymbol{x}_0\\
&\frac{\partial \boldsymbol{\Phi}[\boldsymbol{x}(N)]}{\partial \boldsymbol{x}(N)} = \boldsymbol{\lambda}(N)
\end{aligned}\right\} \tag{6.55}$$

式（6.54）或式（6.55）方程的个数依次分别为 $n(N-1)$、rN、nN、n 和 n，总计 $(2n+r)N+n$。另一方面，变量 $\boldsymbol{x}$，$\boldsymbol{\lambda}$ 和 $\boldsymbol{u}$ 的数目分别为 $n(N-1)$、nN 和 rN，除去 $x(0)$ 这 n 个变量外，待求变量总数为 $(2n+r)N$。

式（6.54）或式（6.55）中，给出在终端时刻 N 上的 $\boldsymbol{\lambda}(N)$ 和初始时刻的 $\boldsymbol{x}(0)$，称它们为边界条件。求解这种给定两点边界的问题，称为**两点边值**问题。

6.4.2　具有二次型性能指标的线性系统

设离散时间线性定常系统为：

$$\begin{aligned}
\boldsymbol{x}(k+1) &= \boldsymbol{G}\boldsymbol{x}(k) + \boldsymbol{H}\boldsymbol{u}(k),(k = 0,1,\cdots,N-1)\\
\boldsymbol{x}(0) &= \boldsymbol{x}_0
\end{aligned} \tag{6.56}$$

现在研究怎样确定最优控制序列 $\{\boldsymbol{u}(0), \boldsymbol{u}(1), \cdots, \boldsymbol{u}(N-1)\}$ 使下列二次型性能指标为最小。

$$J = \sum_{k=0}^{N-1} \frac{1}{2}[\boldsymbol{x}^{\mathrm{T}}(k)\boldsymbol{Q}_1(k)\boldsymbol{x}(k) + \boldsymbol{u}^{\mathrm{T}}(k)\boldsymbol{Q}_2(k)\boldsymbol{u}(k)] + \frac{1}{2}\boldsymbol{x}^{\mathrm{T}}(N)\boldsymbol{Q}_0(N)\boldsymbol{x}(N) \tag{6.57}$$

式中，$\boldsymbol{Q}_1(k)$，$\boldsymbol{Q}_2(k)$，$\boldsymbol{Q}_0(N)$ 都为正定对称阵，且假定式（6.56）中的矩阵 G 有逆。

在这里，式（6.51）可表示为

$$H_k = \frac{1}{2}[\boldsymbol{x}^{T}(k)\boldsymbol{Q}_1(k)\boldsymbol{x}(k) + \boldsymbol{u}^{\mathrm{T}}(k)\boldsymbol{Q}_2(k)\boldsymbol{u}(k)] + \boldsymbol{\lambda}^{\mathrm{T}}(k+1)[\boldsymbol{G}\boldsymbol{x}(k) + \boldsymbol{H}\boldsymbol{u}(k)] \tag{6.58}$$

而
$$\boldsymbol{\Phi}[\boldsymbol{x}(N)] = \frac{1}{2}\boldsymbol{x}^{\mathrm{T}}(N)\boldsymbol{Q}_0(N)\boldsymbol{x}(N)$$

由式（6.55）可得：

$$\boldsymbol{\lambda}(k) = \boldsymbol{G}^{\mathrm{T}}\boldsymbol{\lambda}(k+1) + \boldsymbol{Q}_1(k)\boldsymbol{x}(k) \tag{6.59}$$

$$\boldsymbol{Q}_2(k)\boldsymbol{u}(k) + \boldsymbol{H}^{\mathrm{T}}\boldsymbol{\lambda}(k+1) = 0 \tag{6.60}$$

$$\boldsymbol{x}(k+1) = \boldsymbol{G}\boldsymbol{x}(k) + \boldsymbol{H}\boldsymbol{u}(k) \tag{6.61}$$

$$(k = 0,1,\cdots,N-1)$$

$$\boldsymbol{x}(0) = \boldsymbol{x}_0$$

$$\boldsymbol{\lambda}(N) = \boldsymbol{Q}_0(N)\boldsymbol{x}(N) \tag{6.62}$$

由式（6.60）可得：

$$\boldsymbol{u}(k) = -\boldsymbol{Q}_2^{-1}(k)\boldsymbol{H}^{\mathrm{T}}\boldsymbol{\lambda}(k+1) \tag{6.63}$$

代入式（6.61）：

$$\boldsymbol{x}(k+1) = \boldsymbol{G}\boldsymbol{x}(k) - \boldsymbol{H}\boldsymbol{Q}_2^{-1}(k)\boldsymbol{H}^{\mathrm{T}}\boldsymbol{\lambda}(k+1) \tag{6.64}$$

由式（6.62）推知，一般地，可将 $\lambda(k)$ 表示为：

$$\boldsymbol{\lambda}(k) = \boldsymbol{P}(k)\boldsymbol{x}(k) \tag{6.65}$$

这可由数学归纳法予以证明：

当 $k=N$ 时，有
$$\boldsymbol{\lambda}(N) = \boldsymbol{P}(N)\boldsymbol{x}(N)$$

考虑到式（6.62），可知：

$$\boldsymbol{P}(N) = \boldsymbol{Q}_0(N) \tag{6.66}$$

假定 $k=n+1$ 时，式（6.59）成立，现证明 $k=n$ 时该式也成立。

由式（6.65），得：

$$\boldsymbol{\lambda}(n+1) = \boldsymbol{P}(n+1)\boldsymbol{x}(n+1) \tag{6.67}$$

代入式（6.64），得：

$$\boldsymbol{x}(n+1) = \boldsymbol{G}\boldsymbol{x}(n) - \boldsymbol{H}\boldsymbol{Q}_2^{-1}(n)\boldsymbol{H}^{\mathrm{T}}\boldsymbol{P}(n+1)\boldsymbol{x}(n+1)$$

即

$$\boldsymbol{x}(n+1) = [\boldsymbol{I} + \boldsymbol{H}\boldsymbol{Q}_2^{-1}(n)\boldsymbol{H}^{\mathrm{T}}\boldsymbol{P}(n+1)]^{-1}\boldsymbol{G}\boldsymbol{x}(n) \tag{6.68}$$

代入式（6.67）：

$$\boldsymbol{\lambda}(n+1) = \boldsymbol{P}(n+1)[\boldsymbol{I} + \boldsymbol{H}\boldsymbol{Q}_2^{-1}(n)\boldsymbol{H}^{\mathrm{T}}\boldsymbol{P}(n+1)]^{-1}\boldsymbol{G}\boldsymbol{x}(n) \tag{6.69}$$

再代入式（6.59）：

$$\boldsymbol{\lambda}(n) = \{\boldsymbol{G}^{\mathrm{T}}\boldsymbol{P}(n+1)[\boldsymbol{I} + \boldsymbol{H}\boldsymbol{Q}_2^{-1}(n)\boldsymbol{H}^{\mathrm{T}}\boldsymbol{P}(n+1)]^{-1}\boldsymbol{G} + \boldsymbol{Q}_1(n)\}\boldsymbol{x}(n)$$

只要：

$$P(n) = G^{T}P(n+1)[I + HQ_2^{-1}(n)H^{T}P(n+1)]^{-1}G + Q_1(n) \tag{6.70}$$

则得：

$$\lambda(n) = P(n)x(n)$$

式（6.65）得证。

根据式（6.70）和式（6.66），可从 $Q_0(N)$ 开始，依次求得 $P(N-1)$，$P(N-2)$，…，$P(1)$。

最后，从式（6.68），并把式（6.69）代入式（6.63），便得最优控制系统的解为：

$$x(k+1) = [I + HQ_2^{-1}(k)H^{T}P(k+1)]^{-1}Gx(k) \tag{6.71}$$

$$u(k) = -Q_2^{-1}(k)H^{T}P(k+1)[I + HQ_2^{-1}(k)H^{T}P(k+1)]^{-1}Gx(k) \tag{6.72}$$

按照矩阵逆运算规则 $P^{-1} + HQ^{-1}H^{T} = P - PH\ (H^{T}PH + Q)^{-1}H^{T}P$ 可将式（6.72）的最优控制律变换成下列常用形式：

$$\begin{aligned} u(k) &= -Q_2^{-1}(k)H^{T}\Big\{P(k+1) - P(k+1)H[Q_2(k) + \\ &\qquad H^{T}P(k+1)H]^{-1} \times H^{T}P(k+1)\Big\}Gx(k) \\ &= -Q_2^{-1}(k)\Big\{[I - H^{T}P(k+1)H[Q_2(k) + H^{T}P(k+1)H]^{-1}\Big\} \\ &\qquad H^{T}P(k+1) \times Gx(k) \\ &= -\Big\{Q_2^{-1}(k)[Q_2(k) + H^{T}P(k+1)H] - Q_2^{-1}(k)H^{T}P(k+1)H\Big\} \\ &\qquad [Q_2(k) + H^{T}P(k+1)H]^{-1}H^{T}P(k+1)Gx(k) \end{aligned}$$

最后得：

$$u(k) = -[Q_2(k) + H^{T}P(k+1)H]^{-1}H^{T}P(k+1)Gx(k)$$

6.5　离散时间系统最优控制的离散化处理

设系统状态方程为：

$$\left.\begin{aligned} x(t) &= f[x(t), u(t), t] \\ x(t_0) &= x_0 \end{aligned}\right\} \tag{6.73}$$

目标函数为：

$$J = \int_{t_0}^{t_f} L[x(t), u(t), t]\,dt + \Phi[x(t_f)] \tag{6.74}$$

式中，$\Phi\ [x(t_f)]$ 为终端代价函数，假定 $x(t_f)$ 是自由终端。

最优控制问题是在式（6.73）约束条件下，寻求 $u(t)$ 使式（6.74）为最小。

仿照前面各节的思路，讨论用离散时间的办法来处理上述问题。

先将式（6.73）、式（6.74）离散化为：

$$f[x(k), u(k), k]\Delta t - [x(k+1) - x(k)] = 0, (k = 0, 1, \cdots, N-1) \tag{6.75}$$

$$J = \sum_{k=0}^{N-1} L[x(k), u(k), k]\Delta t + \Phi[x(N)] \tag{6.76}$$

式中，Δt 为采样周期。

然后求出此离散系统的最优解，再考虑 $\Delta t\to 0$ 的极限情况，便可得到连续系统的最优解。

仿上节，定义：

$$H_k = L_k[\boldsymbol{x}(k),\boldsymbol{u}(k)] + \boldsymbol{\lambda}^{\mathrm{T}}(k+1)\boldsymbol{f}[\boldsymbol{x}(k),\boldsymbol{u}(k),k]$$

可得取极小的必要条件为：

$$\left.\begin{aligned}
&\frac{\partial H_k}{\partial \boldsymbol{x}(k)}\Delta t = -\boldsymbol{\lambda}(k+1)+\boldsymbol{\lambda}(k)\\
&\frac{\partial H_k}{\partial \boldsymbol{u}(k)}\Delta t = 0\\
&\boldsymbol{f}[\boldsymbol{x}(k),\boldsymbol{u}(k),k]\Delta t-[\boldsymbol{x}(k+1)-\boldsymbol{x}(k)] = 0\\
&\boldsymbol{x}(t_0) = \boldsymbol{x}_0\\
&\frac{\partial \boldsymbol{\Phi}[\boldsymbol{x}(N)]}{\partial \boldsymbol{x}(N)} = \boldsymbol{\lambda}(N)
\end{aligned}\right\}\tag{6.77}$$

当 $\Delta t\to 0$ 时，式（6.77）变为：

$$\left.\begin{aligned}
&\frac{\partial \boldsymbol{H}(t)}{\partial \boldsymbol{x}(t)} = -\dot{\boldsymbol{\lambda}}(t)\\
&\frac{\partial \boldsymbol{H}(t)}{\partial \boldsymbol{u}(t)} = 0\\
&\dot{\boldsymbol{x}}(t) = \boldsymbol{f}[\boldsymbol{x}(t),\boldsymbol{u}(t),t]\ \text{或}\ \frac{\partial \boldsymbol{H}(t)}{\partial \boldsymbol{\lambda}(t)} = \dot{\boldsymbol{x}}(t)\\
&\boldsymbol{x}(t_0) = \boldsymbol{x}_0\\
&\frac{\partial \boldsymbol{\Phi}[\boldsymbol{x}(t_f)]}{\partial \boldsymbol{x}(t_f)} = \boldsymbol{\lambda}(t_f)
\end{aligned}\right\}\tag{6.78}$$

式中，$\boldsymbol{H}(t) = L[\boldsymbol{x}(t),\boldsymbol{u}(t),t] + \boldsymbol{\lambda}^{\mathrm{T}}(t)\boldsymbol{f}[\boldsymbol{x}(t),\boldsymbol{u}(t),t]$。式（6.78）就是连续系统式（6.73），式（6.74）控制问题最优解的必要条件。

6.6 泛函及其极值——变分法

在动态最优控制中目标函数是一个泛函数，因此求解动态最优化问题可以归结为求泛函极值的问题。前节将连续时间系统以 Δt 为采样周期进行离散化，按静态最优控制问题求解，然后再令 $\Delta t\to 0$，再导出连续时间系统的解。为了进一步处理各种最优控制问题，还有必要应用变分法。因为在离散的有限时间的场合，变量的数目总归是有限的，所以适合在有限维空间中讨论问题。但在 $\Delta t\to 0$ 的连续时间情况下，变量成了无限多个，亦即变量成了 t 的函数，因此必须在无限维空间中来讨论。从求有限个变量的函数极值变为求无限个变量的函数极值，后者正是变分法所要解决的问题。

变分法是研究泛函极值的一种经典方法。本节简要介绍变分学的基本原理，并把它推广应用于解决某些最优控制问题。

6.6.1　变分法的基本概念

1. 泛函

变分法是研究泛函极值问题的数学工具。什么叫泛函呢？通俗地说，泛函就是函数的函数。它是普通函数概念的一种扩充。

首先回顾一下函数的概念：如果变量 y 因 x 的变化按某一确定的规律而变化，或者说，对应于 x 定义域中的每一个 x 值，y 都有一个（或一组）确定的值与之对应，则称 y 是 x 的函数，记作 $y=f(x)$。这里宗量 x 是独立自变量，而 y 是因变量。

与函数概念相对应，可以这样来阐明泛函的概念：如果一个因变量，它的宗量不是独立自变量，而是另一些独立自变量的函数，则称该因变量为这个宗量函数的泛函。或者说，对应于某一类函数中的每一个确定的函数 $y(x)$（注意，不是函数值），因变量 J 都有一确定的值（注意，不是函数）与之相对应，则称因变量 J 为宗量函数 $y(x)$ 的泛函数，简称泛函。记作 $J=J[y(x)]$ 或简记为 J。应该强调的是这个记号中的 $y(x)$ 应理解为某一特定函数的整体，而不是对应于 x 的函数值 $y(x)$，因此有时又记作 $J=J[y(\cdot)]$。

例如，在直角坐标平面中有两点 $A(x_a, y_a)$ 和 $B(x_b, y_b)$，如图6.1所示。连接这两点的曲线长度（弧长 l）是曲线函数 $y=y(x)$的泛函。

因为当 $y=y(x)$ 一经确定，就可具体计算出 A、B 两点间的弧长。

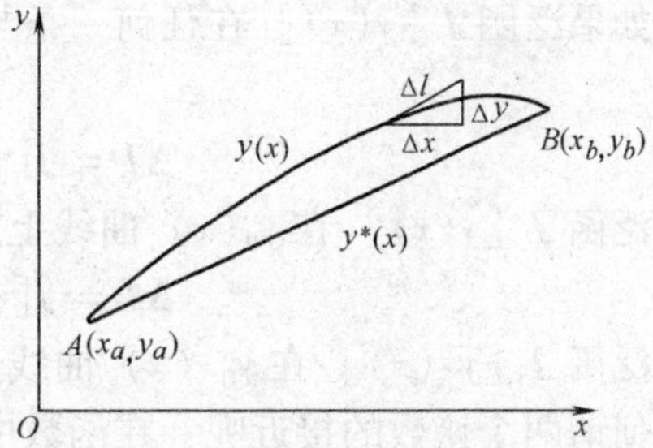

图6.1　求弧长的变分问题

由弧长的微分：

$$(\mathrm{d}l)^2 = (\mathrm{d}x)^2 + (\mathrm{d}y)^2$$

得

$$\frac{\mathrm{d}l}{\mathrm{d}x} = \sqrt{1+\left(\frac{\mathrm{d}y}{\mathrm{d}x}\right)^2} = \sqrt{1+\dot{y}^2}$$

所以

$$l = \int_{x_a}^{x_b} \sqrt{1+\dot{y}^2}\,\mathrm{d}x$$

当 $y=y(x)$ 已知，将 $\dot{y}(x)$ 代入上式，进行定积分即可得弧长 l 的值。显然对不同的曲线 $y(x)$，就有不同的弧长 l 与之对应，所以弧长 l 是宗量函数 $y(x)$ 的泛函，记作 $J[y(x)]$，即

$$J[y(x)] = \int_{x_a}^{x_b} \sqrt{1+\dot{y}^2}\,\mathrm{d}x = \int_{x_a}^{x_b} L(\dot{y})\,\mathrm{d}x$$

式中，$L(\dot{y}) = \sqrt{1+\dot{y}^2}$。

一般地，L 也是 x，y 的函数，因此应写成：

$$J = \int_{x_a}^{x_b} L(y,\dot{y},x)\,\mathrm{d}x \tag{6.79}$$

很显然，两点间的最短弧长应是直线 $y^*(x)$，见图6.1。即

$$l_{\min} = J^* = \min J[y(x)] = J[y^*(x)]$$

在控制系统中，自变量是时间 t，宗量函数是状态矢量 $\boldsymbol{x}(t)$，因此式（6.79）可写成

$$J = \int_{t_0}^{t_f} L(\boldsymbol{x}, \dot{\boldsymbol{x}}, t)\,\mathrm{d}t \tag{6.80}$$

又因 $\dot{\boldsymbol{x}}(t) = \boldsymbol{f}[\boldsymbol{x}(t), \boldsymbol{u}(t), t]$，所以 J 又可写成

$$J = \int_{t_0}^{t_f} L[\boldsymbol{x}(t), \boldsymbol{u}(t), t]\,\mathrm{d}t \tag{6.81}$$

这就是积分型性能泛函。J 的值取决于函数 $\boldsymbol{u}(t)$，不同的函数 $\boldsymbol{u}(t)$，有不同的 J 值与之相对应，所以，J 是函数 $\boldsymbol{u}(t)$ 的泛函，所谓求最优控制 $\boldsymbol{u}^*(t)$，就是寻求使性能泛函 J 取极值时的控制 $\boldsymbol{u}(t)$。

综上可见，泛函与函数的区别，仅在于泛函的宗量是函数，而函数的宗量是变数。

2. 泛函的极值

求泛函的极大值或极小值问题称为变分问题。求泛函极值的方法称为变分法。

如果泛函 $J[y(x)]$ 在任何一条与 $y_0(x)$ 接近的曲线上所取的值不小于 $J[y_0(x)]$，即

$$\Delta J = J[y(x)] - J[y_0(x)] \geqslant 0 \tag{6.82}$$

则称泛函 $J[y(x)]$ 在 $y_0(x)$ 曲线上达到了极小值。反之，若

$$\Delta J = J[y(x)] - J[y_0(x)] \leqslant 0 \tag{6.83}$$

则称泛函 $J[y(x)]$ 在 $y_0(x)$ 曲线上达到了极大值。

何谓两个函数的接近呢？在函数中，说自变量 x 接近 x_0，不外乎只有两个方向，一个是沿着 x 轴从左边接近，另一个是沿 x 轴从右边接近。但是泛函的宗量是函数，说两个函数接近，问题就没这样简单。如果对于定义域中的一切 x，下式都成立：

$$|y(x) - y_0(x)| \leqslant \varepsilon \tag{6.84}$$

其中 ε 是一正的小量，则称函数 $y(x)$ 与 $y_0(x)$ 有零阶接近度。如图6.2所示，具有零阶接近度的两条曲线的形状可能差别很大。

如果不仅是函数值，而且它的各阶导数也很接近，即满足：

$$\left.\begin{aligned} &|y(x) - y_0(x)| \leqslant \varepsilon \\ &|y'(x) - y'_0(x)| \leqslant \varepsilon \\ &|y''(x) - y''_0(x)| \leqslant \varepsilon \\ &\qquad\vdots \\ &|y^{(k)}(x) - y_0^{(k)}(x)| \leqslant \varepsilon \end{aligned}\right\} \tag{6.85}$$

则称 $y(x)$ 与 $y_0(x)$ 有 k 阶接近度，如图6.3所示。由图可见，接近度阶次越高，表明函数的接近程度越好。显然如果两个函数具有 k 阶接近度则必具有 $k-1$ 阶接近度，但反之不成立。

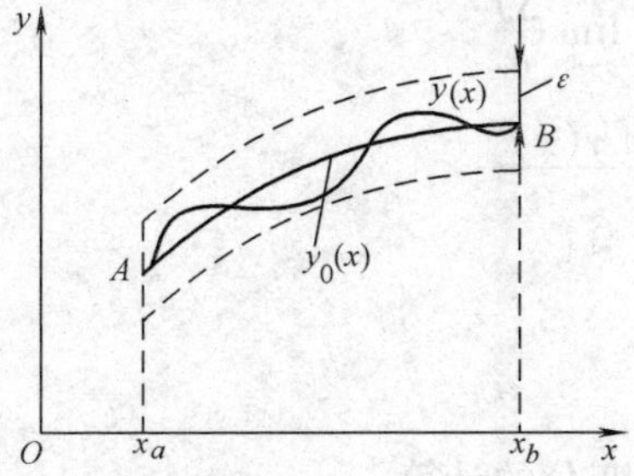

图 6.2　零阶接近度的曲线

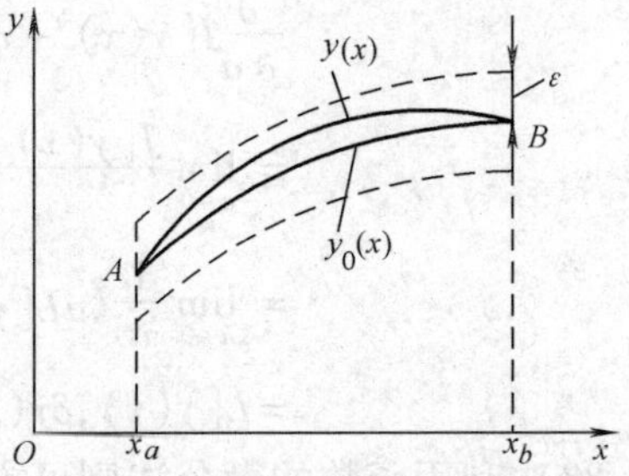

图 6.3　一阶接近度的曲线

极值是个相对的比较概念。如果 $J[y_0(x)]$ 是从那些与 $y_0(x)$ 仅仅具有零阶接近度的曲线 $y(x)$ 的泛函中比较得出的极值，称为强极值。如果 $J[y_0(x)]$ 是在与 $y_0(x)$ 具有一阶（或一阶以上）接近度的曲线 $y(x)$ 的泛函中比较得出的极值，则称为弱极值。显然，强极值是从范围更大的一类曲线（函数）的泛函中比较得出的，所以必然成立：强极大值大于或等于弱极大值；强极小值小于或等于弱极小值的结论。

3. 泛函的变分

泛函的增量可表示为：

$$\begin{aligned}\Delta J &= J[y(x)+\delta y(x)] - J[y(x)] \\ &= L[y(x),\delta y(x)] + R[y(x),\delta y(x)]\end{aligned} \tag{6.86}$$

式中，$\delta y(x) = y(x) - y_0(x)$ 为宗量 $y(x)$ 的变分；$L[y(x),\delta y(x)]$ 为 $\delta y(x)$ 的线性连续泛函；$R[y(x),\delta y(x)]$ 为 $\delta y(x)$ 的高阶无穷小项。

定义泛函增量的线性主部：

$$\delta J = L[y(x),\delta y(x)] \tag{6.87}$$

为泛函的变分，记作 δJ。若泛函有变分，而且增量 ΔJ 可用式（6.86）表达时，则称泛函是可微的。

泛函的变分也可定义为：

$$\delta J = \frac{\partial}{\partial a} J[y(x)+a\delta y(x)]\bigg|_{a=0} \tag{6.88}$$

实际上，二者是一致的。即

$$\frac{\partial}{\partial a} J[y(x)+a\delta y(x)]\bigg|_{a=0} = L[y(x),\delta y(x)] \tag{6.89}$$

因为泛函增量可以表示成：

$$\Delta J = J[y(x)+a\delta y(x)] - J[y(x)] = L[y(x),a\delta y(x)] + R[y(x),a\delta y(x)]$$

式中，$L[y(x),a\delta y(x)]$ 为关于 $a\delta y(x)$ 的线性连续泛函，因此有

$$L[y(x),a\delta y(x)] = aL[y(x),\delta y(x)]$$

又由于 $R[y(x),a\delta y(x)]$ 是关于 $a\delta y(x)$ 的高阶无穷小量，所以有：

$$\lim_{a\to 0}\frac{R[y(x),a\delta y(x)]}{a} = \lim_{a\to 0}\frac{R[y(x),a\delta y(x)]}{a\delta y(x)}\delta y(x) = 0$$

考虑到以上两点，便得到：

$$\frac{\partial}{\partial a}J[y(x)+a\delta y(x)]\bigg|_{a=0}=\lim_{a\to 0}\frac{\Delta J}{a}$$

$$=\lim_{a\to 0}\frac{J[y(x)+a\delta y(x)]-J[y(x)]}{a}$$

$$=\lim_{a\to 0}\frac{1}{a}\{aL[y(x),\delta y(x)]\}$$

$$=L[y(x),\delta y(x)]$$

根据式（6.88）利用函数的微分法则可方便地进行泛函变分的计算。

【例 6-3】 求下列泛函的变分：

$$J=\int_{t_0}^{t_f}x^2(t)\,\mathrm{d}t$$

解 由式（6.86）得

$$\Delta J=\int_{t_0}^{t_f}[x(t)+\delta x(t)]^2\mathrm{d}t-\int_{t_0}^{t_f}x^2(t)\,\mathrm{d}t$$

$$=\int_{t_0}^{t_f}2x(t)\delta x(t)\,\mathrm{d}t+\int_{t_0}^{t_f}[\delta x(t)]^2\mathrm{d}t$$

线性主部为：$L[x(t),\delta x(t)]=\int_{t_0}^{t_f}2x(t)\delta x(t)\,\mathrm{d}t$

根据式（6.87）得变分：

$$\delta J=\int_{t_0}^{t_f}2x(t)\delta x(t)\,\mathrm{d}t$$

另一方面，亦可由式（6.88）得：

$$\delta J=\frac{\partial}{\partial a}J[y(x)+a\delta y(x)]\bigg|_{a=0}=\int_{t_0}^{t_f}\frac{\partial}{\partial a}[x(t)+a\delta x(t)]^2\mathrm{d}t\bigg|_{a=0}$$

$$=\int_{t_0}^{t_f}2[x(t)+a\delta x(t)]\delta x(t)\,\mathrm{d}t\bigg|_{a=0}=\int_{t_0}^{t_f}2x(t)\delta x(t)\,\mathrm{d}t$$

可见，二者结果是一致的。

【例 6-4】 求泛函：

$$J=\int_{x_0}^{x_1}L[y(x),\dot{y}(x),x]\mathrm{d}x \tag{6.90}$$

的变分。

解

$$\delta J=\frac{\partial}{\partial a}J[y+a\delta y]\bigg|_{a=0}$$

$$=\int_{x_0}^{x_1}\frac{\partial}{\partial a}L[y+a\delta y,\dot{y}+a\delta\dot{y},x]\bigg|_{a=0}\mathrm{d}x$$

$$=\int_{x_0}^{x_1}\left[\frac{\partial L[y,\dot{y},x]}{\partial y}\delta y+\frac{\partial L[y,\dot{y},x]}{\partial\dot{y}}\delta\dot{y}\right]\mathrm{d}x \tag{6.91}$$

这是计算泛函的普遍公式。这里泛函的宗量是 $y(x)$ 和 $\dot{y}(x)$，而不是 x。在证明过程中，应用了宗量变分的导数等于导数变分的性质，即

$$\frac{\mathrm{d}}{\mathrm{d}x}\delta y=\delta\dot{y}$$

4. 泛函极值定理

定理 6.6.1 若可微泛函 $J[y(x)]$ 在 $y_0(x)$ 上达到极值，则在 $y=y_0(x)$ 上的变分等于零。即

$$\delta J = 0 \tag{6.92}$$

证明 已知 $J[y_0(x)]$ 是泛函极值。考察对极值曲线 $y_0(x)$ 获得增量 δy 后的泛函，设宗量变分 δy 任意取定不变，则 $J[y_0(x)+a\delta y(x)]$ 便是实变量 a 的函数，即

$$\varphi(a) = J[y_0(x) + a\delta y(x)]$$

将 $\varphi(a)$ 对 a 求导数，并令 $a=0$，于是根据泛函变分的定义有

$$\dot{\varphi}(a)\Big|_{a=0} = \frac{\partial}{\partial a}J[y_0(x) + a\delta y(x)]\Big|_{a=0} = \delta J[y_0(x)]$$

另一方面，对函数 $\varphi(a)$，当 $a=0$ 时，有 $\varphi(0) = J[y_0(x)]$ 已知是极值，根据函数极值定理必满足条件

$$\dot{\varphi}(a)\big|_{a=0} = 0$$

因此，$\delta J[y_0(x)] = 0$ 成立，定理得证。

上述概念同样适用于多元函数。设多元函数

$$J = J[y_1(x), y_2(x), \cdots, y_n(x)] \tag{6.93}$$

式中 $\delta y_1(x), y_2(x), \cdots, y_n(x)$ 为泛函 J 的宗量函数。

多元函数的变分 δJ 定义为

$$\delta J = \frac{\partial}{\partial a}J[y_1 + a\delta y_1, y_2 + a\delta y_2, \cdots, y_n + a\delta y_n]\Big|_{a=0} \tag{6.94}$$

可以证明：多元函数取极值的必要条件仍然是

$$\delta J = 0 \tag{6.95}$$

6.6.2 泛函极值的必要条件——欧拉方程

求泛函

$$J = \int_{t_0}^{t_f} L(x, \dot{x}, t)\,\mathrm{d}t$$

的极值，就是要确定一个函数 $x(t)$ 使 $J(x)$ 达到极小（大）值。其几何意义是，寻求一条曲线 $x(t)$ 使给定的连续可微函数 $L(x, \dot{x}, t)$ 沿该曲线的积分达到极小（大）值。这样的曲线称为极值曲线 $x^*(t)$。先讨论端点固定情况下泛函极值的必要条件。

定理 6.6.2 设曲线 $x(t)$ 的始点为 $x(t_0)=x_0$，终点为 $x(t_f)=x_f$，则使性能泛函

$$J = \int_{t_0}^{t_f} L(x, \dot{x}, t)\,\mathrm{d}t \tag{6.96}$$

取极值的必要条件是：$x(t)$ 为二阶微分方程

$$\frac{\partial L}{\partial x} - \frac{\mathrm{d}}{\mathrm{d}t}\left(\frac{\partial L}{\partial \dot{x}}\right) = 0 \tag{6.97}$$

或其展开式

$$L_x - L_{\dot{x}t} - L_{\dot{x}x}\dot{x} - L_{\dot{x}\dot{x}}\ddot{x} = 0 \tag{6.98}$$

的解。其中 $x(t)$ 应有连续的二阶导数：$L(x,\dot{x},t)$ 至少应两次连续可微。

证明 设极值曲线 $x^*(t)$，如图 6.4 所示。

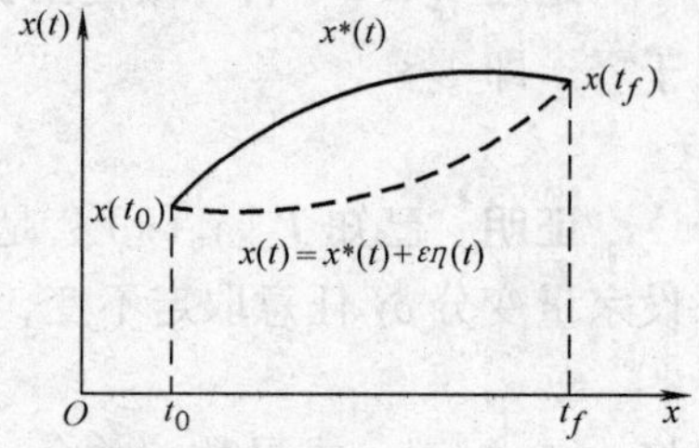

图 6.4 端点固定的极值

在极值曲线附近有一容许曲线 $x^*(t)+\eta(t)$，其中 $\eta(t)$ 是任给的连续可微函数。则

$$x(t)=x^*(t)+\varepsilon\eta(t),0\leqslant\varepsilon\leqslant 1 \tag{6.99}$$

代表了在 $x^*(t)$ 与 $x^*(t)+\varepsilon\eta(t)$ 之间所有可能的曲线。特别是当 $\varepsilon=0$ 时 $x(t)$ 就是极值曲线 $x^*(t)$。

将式（6.99）代入式（6.96），得：

$$J(x)=\int_{t_0}^{t_f}L[x^*(t)+\varepsilon\eta(t),\dot{x}^*(t)+\varepsilon\dot{\eta}(t),t]\mathrm{d}t \tag{6.100}$$

显然，对于每一条不同的曲线，性能泛函 $J(x)$ 将有不同的值。为了寻求使 $J(x)$ 达到极值的曲线 $x^*(t)$，就要考察曲线 $x(t)$ 变动对于 $J(x)$ 变化的影响，而这种曲线的变动可看成是 ε 变化的结果。因此性能泛函便成了 ε 的函数，并在 $x^*(t)$ 上达到极值，即成立

$$\left.\frac{\partial J(x+\varepsilon\eta)}{\partial\varepsilon}\right|_{\varepsilon=0}=0 \tag{6.101}$$

于是有：

$$\lim_{\varepsilon\to0}x(t)=x^*(t)$$

和

$$\lim_{\varepsilon\to0}J(x)=J^*(x)=J(x^*)$$

为此，将式（6.100）对 ε 求导，并利用式（6.101）可得：

$$\left.\frac{\partial J(x+\varepsilon\eta)}{\partial\varepsilon}\right|_{\varepsilon=0}=\int_{t_0}^{t_f}\left\{\eta(t)\frac{\partial L[x,\dot{x},t]}{\partial x}+\dot{\eta}(t)\frac{\partial L[x,\dot{x},t]}{\partial\dot{x}}\right\}\mathrm{d}t=0$$

即

$$\int_{t_0}^{t_f}\eta(t)\frac{\partial L}{\partial x}+\int_{t_0}^{t_f}\dot{\eta}(t)\frac{\partial L}{\partial\dot{x}}\mathrm{d}t=0 \tag{6.102}$$

对式（6.102）左边第二项进行分部积分，有：

$$\int_{t_0}^{t_f}\dot{\eta}(t)\frac{\partial L}{\partial\dot{x}}\mathrm{d}t=\left.\frac{\partial L}{\partial\dot{x}}\eta(t)\right|_{t_0}^{t_f}-\int_{t_0}^{t_f}\eta(t)\frac{\mathrm{d}}{\mathrm{d}t}\frac{\partial L}{\partial\dot{x}}\mathrm{d}t \tag{6.103}$$

把式（6.103）代入式（6.102），可得

$$\int_{t_0}^{t_f}\eta(t)\left\{\frac{\partial L}{\partial x}-\frac{\mathrm{d}}{\mathrm{d}t}\frac{\partial L}{\partial\dot{x}}\right\}\mathrm{d}t+\left.\frac{\partial L}{\partial\dot{x}}\eta(t)\right|_{t_0}^{t_f}=0 \tag{6.104}$$

因设端点固定，故有 $\eta(t_0)=\eta(t_f)=0$。上式变成：

$$\int_{t_0}^{t_f}\eta(t)\left\{\frac{\partial L}{\partial x}-\frac{\mathrm{d}}{\mathrm{d}t}\frac{\partial L}{\partial\dot{x}}\right\}\mathrm{d}t=0 \tag{6.105}$$

因方程式（6.105）对任意 $\eta(t)$ 均应成立，由此推得泛函取极值的必要条件为：

$$\frac{\partial L}{\partial x}-\frac{\mathrm{d}}{\mathrm{d}t}\frac{\partial L}{\partial\dot{x}}=0 \tag{6.106}$$

式（6.106）称为欧拉（Euler）方程。

将式（6.106）左边第二项展开，可得：

$$\frac{\mathrm{d}}{\mathrm{d}t}\frac{\partial L[x,\dot{x},t]}{\partial\dot{x}}=\frac{\partial}{\partial\dot{x}}\frac{\partial L}{\partial\dot{x}}\frac{\mathrm{d}\dot{x}}{\mathrm{d}t}+\frac{\partial}{\partial x}\frac{\partial L}{\partial\dot{x}}\frac{\mathrm{d}x}{\mathrm{d}t}+\frac{\partial}{\partial t}\frac{\partial L}{\partial\dot{x}}\frac{\mathrm{d}t}{\mathrm{d}t}$$

$$= \frac{\partial^2 L}{\partial \dot{x}^2}\ddot{x} + \frac{\partial^2 L}{\partial x \partial \dot{x}}\dot{x} + \frac{\partial^2 L}{\partial t \partial \dot{x}}$$

则欧拉方程可写作：

$$\frac{\partial L}{\partial x} - \frac{\partial^2 L}{\partial t \partial \dot{x}} - \frac{\partial^2 L}{\partial x \partial \dot{x}}\dot{x} - \frac{\partial^2 L}{\partial \dot{x}^2}\ddot{x} = 0$$

或简写成：

$$L_x - L_{\dot{x}t} - L_{\dot{x}x}\dot{x} - L_{\dot{x}\dot{x}}\ddot{x} = 0$$

上式表明欧拉方程是一个二阶微分方程。极值曲线 $x^*(t)$ 是满足欧拉方程的解。

在上面推导欧拉方程过程中，是把性能泛函 $J(x)$ 看作 ε 的函数，然后按照微积分中求函数极值的办法处理的。但在实际应用中，直接采用变分法表示式来求泛函极值，将显得更为简洁。现在来完成这种过渡。

在性能泛函

$$J(x) = \int_{t_0}^{t_f} L[x^*(t) + \varepsilon\eta(t), \dot{x}^*(t) + \varepsilon\dot{\eta}(t), t]\mathrm{d}t$$

中，将被积函数 L 在 $\varepsilon = 0$ 的邻域内展成泰勒（Taylor）级数：

$$\begin{aligned} & L[x^*(t) + \varepsilon\eta(t), \dot{x}^*(t) + \varepsilon\dot{\eta}(t), t] \\ & = L[x^*(t), \dot{x}^*(t), t] + \frac{\partial L}{\partial x}\varepsilon\eta(t) + \frac{\partial L}{\partial \dot{x}}\varepsilon\dot{\eta}(t) + R \end{aligned} \tag{6.107}$$

式中，R 表示 $\eta(t)$ 和 $\dot{\eta}(t)$ 一次以上的项。

用 ΔJ 表示泛函增量：

$$\Delta J = J(x^* + \varepsilon\eta) - J(x^*) \tag{6.108}$$

则

$$\begin{aligned} \Delta J &= \int_{t_0}^{t_f} \Big\{ L[x^*(t) + \varepsilon\eta(t), \dot{x}^*(t) + \varepsilon\dot{\eta}(t), t] - L[x^*(t), \dot{x}^*(t), t] \Big\} \mathrm{d}t \\ &= \int_{t_0}^{t_f} \Big\{ \frac{\partial L}{\partial x}\varepsilon\eta(t) + \frac{\partial L}{\partial \dot{x}}\varepsilon\dot{\eta}(t) + R \Big\} \mathrm{d}t \end{aligned} \tag{6.109}$$

若定义 $x(t)$ 和 $\dot{x}(t)$ 的一阶变分为：

$$\delta x = \varepsilon\eta(t), \delta\dot{x} = \varepsilon\dot{\eta}(t) \tag{6.110}$$

则

$$\Delta J = \int_{t_0}^{t_f} \left(\frac{\partial L}{\partial x}\delta x + \frac{\partial L}{\partial \dot{x}}\delta\dot{x} + R \right) \mathrm{d}t \tag{6.111}$$

与在微积分中用微分表示函数增量的线性主部相类似，在变分学中，也用一阶变分 δJ 表示泛函增量 ΔJ 的线性主部。则

$$\delta J = \int_{t_0}^{t_f} \left(\frac{\partial L}{\partial x}\delta x + \frac{\partial L}{\partial \dot{x}}\delta\dot{x} \right) \mathrm{d}t \tag{6.112}$$

将上式右边第二项进行分部积分后，并令 $\delta J = 0$，可得：

$$\delta J = \int_{t_0}^{t_f} \left(\frac{\partial L}{\partial x} - \frac{\mathrm{d}}{\mathrm{d}t}\frac{\partial L}{\partial \dot{x}} \right) \delta x \mathrm{d}t + \frac{\partial L}{\partial \dot{x}}\delta x \Big|_{t_0}^{t_f} = 0 \tag{6.113}$$

因此，泛函 $J(x)$ 取极值的必要条件为：

$$\frac{\partial L}{\partial x}-\frac{\mathrm{d}}{\mathrm{d}t}\frac{\partial L}{\partial \dot{x}}=0 \qquad \text{（欧拉方程）} \qquad (6.114)$$

$$\left.\frac{\partial L}{\partial \dot{x}}\delta x\right|_{t_0}^{t_f}=0 \qquad \text{（横截条件）} \qquad (6.115)$$

在固定端点问题中，由于$x(t_0)=x_0, x(t_f)=x_f$，可得$\delta x(t_0)=0, \delta x(t_f)=0$，故泛函极值的必要条件就是欧拉方程。比较式（6.114）和式（6.106）可见其结果是相同的。

欧拉方程是一个二阶微分方程，求解时有两个积分常数待定。对于固定端点问题，给定的$x(t_0)=x_0$和$x(t_f)=x_f$就是两个边界条件，所以求解欧拉方程就是求解两点边值问题。对于自由端点问题，因其一个端点$[x(t_0)=x_0$或$x(t_f)=x_f]$或两个端点是自由的，这时所欠缺的一个或两个边界条件，便应由横截条件：

$$\left.\frac{\partial L}{\partial \dot{x}}\right|_{t_0}=0 \qquad \text{（始端自由）} \qquad (6.116)$$

$$\left.\frac{\partial L}{\partial \dot{x}}\right|_{t_f}=0 \qquad \text{（终端自由）} \qquad (6.117)$$

来补足。

应当指出，上述欧拉方程和横截条件只是泛函极值存在的必要条件，至于所解得的极值曲线究竟是极小值曲线还是极大值曲线，尚应根据充分条件来判定。但是，对于多数工程问题而言，由必要条件求得的极值曲线，往往可根据问题的物理含义直接作出判断。所以，在这里不讨论极小（大）的充分条件问题。

【例6-5】 设受控对象的微分方程为：

$$\dot{x}=u$$

以x_0和x_f为边界条件，求$u^*(t)$，使下列性能泛函取极小值。

$$J=\int_0^{t_f}(x^2+u^2)\mathrm{d}t$$

解 将微分方程代入性能泛函：

$$J=\int_0^{t_f}(x^2+u^2)\mathrm{d}t=\int_0^{t_f}(x^2+\dot{x}^2)\mathrm{d}t$$

在此$L[x, \dot{x}]=x^2+\dot{x}^2$，故欧拉方程为：

$$\frac{\partial L}{\partial x}-\frac{\mathrm{d}}{\mathrm{d}t}\frac{\partial L}{\partial \dot{x}}=2x-2\ddot{x}=0$$

可解得：

$$x(t)=C_1\mathrm{e}^t+C_2\mathrm{e}^{-t}$$

将边界条件代入得：

$$x_0=C_1+C_2$$

$$x_f=C_1\mathrm{e}^tf+C_2\mathrm{e}^{-t}f$$

解出积分常数：

$$C_1=\frac{x_f-x_0\mathrm{e}^{-t_f}}{\mathrm{e}^{t_f}-\mathrm{e}^{-t_f}}, \quad C_2=\frac{x_0\mathrm{e}^{t_f}-x_f}{\mathrm{e}^{t_f}-\mathrm{e}^{-t_f}}$$

故极值曲线为：

$$x^*(t)=\frac{x_f-x_0\mathrm{e}^{-t_f}}{\mathrm{e}^{t_f}-\mathrm{e}^{-t_f}}\mathrm{e}^t+\frac{x_0\mathrm{e}^{t_f}-x_f}{\mathrm{e}^{t_f}-\mathrm{e}^{-t_f}}\mathrm{e}^{-t}$$

$$= \frac{x_f \sinh t + x_0 \sinh(t_f - t)}{\sinh t_f}$$

极值控制曲线为：

$$u^*(t) = \dot{x}^*(t) = \frac{x_f - x_0 e^{-t_f}}{e^{t_f} - e^{-t_f}} e^t - \frac{x_0 e^{t_f} - x_f}{e^{t_f} - e^{-t_f}} e^{-t}$$

$$= \frac{x_f \cosh t - x_0 \cosh(t_f - t)}{\sinh t_f}$$

6.6.3　多元泛函的极值条件

以上讨论的是含标量未知函数的泛函极值问题。很容易把它推广到多变量即矢量的情况。

设 $\boldsymbol{x} = (x_1, x_2, \cdots, x_n)^{\mathrm{T}}$ 为 n 维变量，$\boldsymbol{x}(t_0) = x_0$；$\boldsymbol{x}(t_f) = x_f$。求下列性能泛函的极值轨线。

$$J(x_1, x_2, \cdots, x_n) = \int_{t_0}^{t_f} L[x_1, x_2, \cdots, x_n; \dot{x}_1, \dot{x}_2, \cdots, \dot{x}_n; t]\,\mathrm{d}t \tag{6.118}$$

式中，L 为 x_i 及其一阶导数 $\dot{x}_i$（$i=1, 2, \cdots, n$）的数量函数。

为寻求使性能泛函 J（$x_1, x_2, \cdots, x_n$）取极值的必要条件，可令 $x_1, x_2, \cdots, x_n$ 中之一，例如 x_i（$1 \leqslant i \leqslant n$）进行变分，其余 $n-1$ 个变量保持不变，或其变分为零。在这一特殊情况下，J 就成了只依赖于一元函数 x_i 的泛函，J 取极值的必要条件当然就是欧拉方程。

$$\frac{\partial L}{\partial x_i} - \frac{\mathrm{d}}{\mathrm{d}t}\frac{\partial L}{\partial \dot{x}_i} = 0 \tag{6.119}$$

但 i 可以是 1，2，…，n 中任一值，所以泛函 J（$x_1, x_2, \cdots, x_n$）取极值的必要条件是下列方程组成立：

$$\left.\begin{aligned}
&\frac{\partial L}{\partial x_1} - \frac{\mathrm{d}}{\mathrm{d}t}\frac{\partial L}{\partial \dot{x}_1} = 0 \\
&\frac{\partial L}{\partial x_2} - \frac{\mathrm{d}}{\mathrm{d}t}\frac{\partial L}{\partial \dot{x}_2} = 0 \\
&\qquad\vdots \qquad\qquad\qquad (\text{欧拉方程}) \\
&\frac{\partial L}{\partial x_n} - \frac{\mathrm{d}}{\mathrm{d}t}\frac{\partial L}{\partial \dot{x}_n} = 0 \\
&x_i(t_0) = x_{i0},\ x_i(t_f) = x_{if}, i = 1, 2, \cdots, n (\text{边界条件})
\end{aligned}\right\} \tag{6.120}$$

或写成矢量形式：

$$\left.\begin{aligned}
&\frac{\partial L}{\partial \boldsymbol{x}} - \frac{\mathrm{d}}{\mathrm{d}t}\frac{\partial L}{\partial \dot{\boldsymbol{x}}} = 0 \qquad (\text{欧拉方程}) \\
&\boldsymbol{x}(t_0) = \boldsymbol{x}_0, \quad \boldsymbol{x}(t_f) = \boldsymbol{x}_f \qquad (\text{边界条件})
\end{aligned}\right\} \tag{6.121}$$

其中，$\boldsymbol{x}$ 应有连续的二阶导数，而 L 至少应两次连续可微。

对自由端点情况，边界条件可由横截条件

$$\left.\begin{aligned}&\boldsymbol{x}(t_0)=\boldsymbol{x}_0\\&\left.\frac{\partial L}{\partial \dot{\boldsymbol{x}}}\right|_{t_f}=0\qquad(\text{自由终端})\end{aligned}\right\}\tag{6.122}$$

或

$$\left.\begin{aligned}&\left.\frac{\partial L}{\partial \dot{\boldsymbol{x}}}\right|_{t_0}=0\qquad(\text{自由始端})\\&\boldsymbol{x}(t_f)=\boldsymbol{x}_f\end{aligned}\right\}\tag{6.123}$$

加以确定。

【例 6-6】 求下述泛函的极值曲线

$$J=\int_0^{\frac{\pi}{2}}(2\dot{u}^2+2\dot{x}^2+4ux)\mathrm{d}t$$

边界条件为：

$$u(0)=0,\quad u\left(\frac{\pi}{2}\right)=1$$

$$x(0)=0,\quad x\left(\frac{\pi}{2}\right)=-1$$

解 这是二元泛函。被积函数

$$L=2\dot{u}^2+2\dot{x}^2+4ux$$

其偏导数为：

$$L_u=4x,L_{\dot{u}\dot{u}}=4,L_{u\dot{u}}=0,L_{t\dot{u}}=0$$

得欧拉方程 $4\ddot{u}-4x=0$，即 $\ddot{u}-x=0$ 同理 $L_x=4u$，$L_{\dot{x}}=4$，$L_{x\dot{x}}=0$，$L_{t\dot{x}}=0$

得欧拉方程 $\ddot{x}-u=0$

联立求解方程组

$$\ddot{u}-x=0$$

$$\ddot{x}-u=0$$

因特征方程 $\lambda^4-1=0$ 可得特征根 $\lambda=\pm1$，$\pm j$。

故

$$u=C_1\mathrm{e}^t+C_2\mathrm{e}^{-t}+C_3\sin t+C_4\cos t$$

$$x=\ddot{u}=C_1\mathrm{e}^t+C_2\mathrm{e}^{-t}-C_3\sin t-C_4\cos t$$

由边界条件得： $C_1=C_2=C_4=0$，$C_3=1$

因此极值曲线为：

$$u^*=\sin t$$

$$x^*=-\sin t$$

【例 6-7】 已知系统状态方程 $\dot{x}=ax+u$，$x(0)=x_0$，t_f 给定，$x(t_f)$ 自由。求极值曲线使

$$J(x)=\frac{1}{2}\int_0^{t_f}(x^2+r^2u^2)\mathrm{d}t$$

为极小。其中 a，r 为常数。

解 将状态方程代入性能泛函消去u，得：

$$J(x)=\frac{1}{2}\int_0^{t_f}[x^2+r^2(\dot{x}-ax)^2]\mathrm{d}t$$

这里$L=\frac{1}{2}[x^2+r^2(\dot{x}-ax)^2]$，可求得：

$$\frac{\partial L}{\partial\dot{x}}=r^2(\dot{x}-ax),\frac{\partial^2 L}{\partial\dot{x}^2}=r^2,\frac{\partial^2 L}{\partial x\partial\dot{x}}=-r^2a$$

$$\frac{\partial L}{\partial x}=r^2(\dot{x}-ax)(-a)+x$$

代入欧拉方程$\frac{\partial^2 L}{\partial\dot{x}^2}\ddot{x}+\frac{\partial^2 L}{\partial x\partial\dot{x}}\dot{x}+\frac{\partial^2 L}{\partial t\partial\dot{x}}-\frac{\partial L}{\partial x}=0$

得：

$$r^2\ddot{x}-r^2a\dot{x}-x+ar^2(\dot{x}-ax)=0$$

即

$$\ddot{x}=\frac{1+a^2r^2}{r^2}x=\left(\frac{1}{r^2}+a^2\right)x$$

边界条件为：

$$x(0)=x_0$$

$$\left.\frac{\partial L}{\partial\dot{x}}\right|_{t_f}=\left.(\dot{x}-ax)\right|_{t_f}=0$$

联立求解上述方程可求得极值曲线。

6.6.4 可变端点问题

以上所讨论的泛函极值曲线$x^*(t)$，其始端状态$x(t_0)$和终端状态$x(t_f)$或是固定的或是自由的，但其始端时刻t_0和终端时刻t_f都是固定不变的。下面讨论始端固定（t_0和$x(t_0)$给定），终端时刻t_f可沿着给定靶线$C(t)$变动的情况，如图6.5所示。

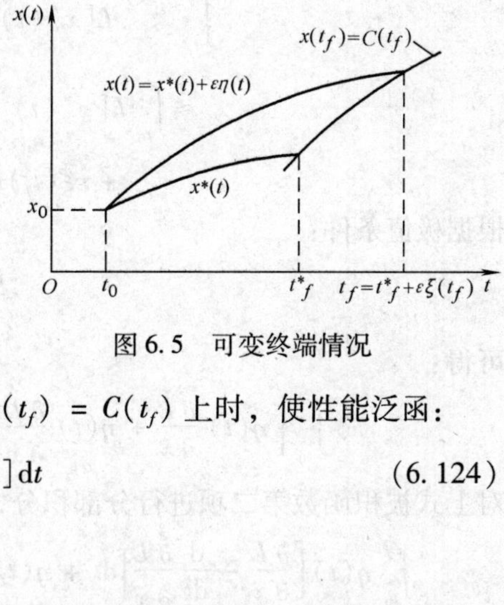

图6.5 可变终端情况

现在的问题是要寻找一条连续可微的极值轨线，当它由给定始端$x(t_0)$到达给定终端约束曲线$x(t_f)=C(t_f)$上时，使性能泛函：

$$J(x)=\int_{t_0}^{t_f}L[x,\dot{x},t]\mathrm{d}t \tag{6.124}$$

取极值。

式中，t_f为待求量。

比较式（6.124）和式（6.96）可见，它们在形式上完全相同，所不同的仅在于式（6.124）中的t_f是变动的。由于t_f变动，其变分δt_f不为零，而终态$x(t_f)$又必须落在终端约束曲线$x(t_f)-C(t_f)=0$上。因此为使泛函达到极值，除要确定最优轨线$x^*(t)$外，还要确定最优终端时刻t_f^*。

定理6.6.3 设轨线$x(t)$从固定始端$x(t_0)$到达给定终端曲线$x(t_f)=C(t_f^*)$上，使性能泛函：

$$J(x) = \int_{t_0}^{t_f} L[x,\dot{x},t]\,\mathrm{d}t \tag{6.125}$$

取极值的必要条件是：轨线 $x(t)$ 满足下列方程：

$$\frac{\partial L}{\partial x} - \frac{\mathrm{d}}{\mathrm{d}t}\frac{\partial L}{\partial \dot{x}} = 0 \quad \text{（欧拉方程）} \tag{6.126}$$

$$\left\{L + [\dot{C}(t) - \dot{x}(t)]\frac{\partial L}{\partial \dot{x}}\right\}_{t=t_f} = 0 \quad \text{（终端横截条件）} \tag{6.127}$$

其中 $x(t)$ 应有连续的二阶导数，L 至少应两次连续可微，$C(t)$ 应具有连续的一阶导数。

证明 设 $x^*(t)$ 为所求极值轨线，其对应的终端为 $[t_f^*, x^*(t_f^*)]$，而

$$x(t) = x^*(t) + \varepsilon\eta(t) \tag{6.128}$$

表示包含极值轨线 $x^*(t)$ 在内的一束邻近曲线，其终端为 $[t_f, x(t_f)]$。由于终端时刻 t_f 是变动的，所以每一条轨钱都有其各自的终端时刻 t_f。为此必须定义一个与 $x(t)$ 相应的终端时刻集合：

$$t_f = t_f^* + \varepsilon\xi(t_f) \tag{6.129}$$

把式（6.128）、式（6.129）代入式（6.125），得：

$$\begin{aligned} J(x) &= \int_{t_0}^{t_f^*+\varepsilon\xi(t_f)} L[x^*(t)+\varepsilon\eta(t),\dot{x}^*(t)+\varepsilon\dot{\eta}(t),t]\,\mathrm{d}t \\ &= \int_{t_0}^{t_f^*} L[x^*(t)+\varepsilon\eta(t),\dot{x}^*(t)+\varepsilon\dot{\eta}(t),t]\,\mathrm{d}t + \\ &\quad \int_{t_f^*}^{t_f^*+\varepsilon\xi(t_f)} L[x^*(t)+\varepsilon\eta(t),\dot{x}^*(t)+\varepsilon\dot{\eta}(t),t]\,\mathrm{d}t \\ &\approx \int_{t_0}^{t_f^*} L[x^*(t)+\varepsilon\eta(t),\dot{x}^*(t)+\varepsilon\dot{\eta}(t),t]\,\mathrm{d}t \\ &\quad + \varepsilon\xi(t_f)L[x^*(t_f^*),\dot{x}^*(t_f^*),t_f^*] \end{aligned} \tag{6.130}$$

根据极值条件：

$$\left.\frac{\partial J(x)}{\partial \varepsilon}\right|_{\varepsilon=0} = 0 \tag{6.131}$$

可得：

$$\int_{t_0}^{t_f^*}\left[\eta(t)\frac{\partial L}{\partial x} + \dot{\eta}(t)\frac{\partial L}{\partial \dot{x}}\right]\mathrm{d}t + \xi(t_f)L[x^*(t_f^*),\dot{x}^*(t_f^*),t_f^*] = 0 \tag{6.132}$$

对上式被积函数第二项进行分部积分，且由于 $\eta(t_0)=0$，则

$$\int_{t_0}^{t_f^*}\eta(t)\left[\frac{\partial L}{\partial x} - \frac{\mathrm{d}}{\mathrm{d}t}\frac{\partial L}{\partial \dot{x}}\right]\mathrm{d}t + \eta(t_f^*)\left.\frac{\partial L}{\partial \dot{x}}\right|_{t_f^*} + \xi(t_f)L[x^*(t_f^*),\dot{x}^*(t_f^*),t_f^*] = 0 \tag{6.133}$$

再注意到 $\eta(t_f^*)$ 和 $\xi(t_f)$ 不是互相独立的，它们受终端条件 $x(t)|_{t=t_f} = C(t_f)$ 约束，即

$$x^*[t_f^* + \varepsilon\xi(t_f)] + \varepsilon\eta[t_f^* + \varepsilon\xi(t_f)] = C[t_f^* + \varepsilon\xi(t_f)] \tag{6.134}$$

将式（6.134）对 ε 求导，并令 $\varepsilon\to 0$，得：

$$\xi(t_f)\dot{x}^*(t_f^*) + \eta(t_f^*) = \xi(t_f)\dot{C}(t_f^*) \tag{6.135}$$

$$\eta(t_f^*) = \xi(t_f)\left[\dot{C}(t_f^*) - \dot{x}^*(t_f^*)\right] \tag{6.136}$$

将式（6.136）代入式（6.133），得：

$$\int_{t_0}^{t_f^*} \eta(t)\left[\frac{\partial L}{\partial x} - \frac{\mathrm{d}}{\mathrm{d}t}\frac{\partial L}{\partial \dot{x}}\right]\mathrm{d}t + \xi(t_f)\left\{\left[\dot{C}(t_f^*) - \dot{x}^*(t_f^*)\right]\right.$$
$$\left.\frac{\partial L[x^*(t_f^*),\dot{x}^*(t_f^*),t_f^*]}{\partial \dot{x}} + L[x^*(t_f^*),\dot{x}^*(t_f^*),t_f^*]\right\} = 0 \tag{6.137}$$

由于 $\eta^{'}(t)$ 的任意性及 $\xi(t_f)$ 的任意性，故必使下式成立：

$$\frac{\partial L}{\partial x} - \frac{\mathrm{d}}{\mathrm{d}t}\frac{\partial L}{\partial \dot{x}} = 0 \tag{6.138}$$

$$\left\{L + \left[\dot{C}(t) - \dot{x}(t)\right]\frac{\partial L}{\partial \dot{x}}\right\}\bigg|_{t=t_f^*} = 0 \tag{6.139}$$

定理得证。

式（6.139）确立了在终端处 $\dot{C}(t)$ 和 $\dot{x}(t)$ 之间的关系，并影响着 $x^*(t)$ 和靶线 $C(t)$ 在 t_f 时刻的交点，故被称为终端横截条件。

在控制工程中，大多数靶线是平行于 t 轴的直线，此时，$\dot{C}(t)=0$，因而有：

$$\left\{L - \dot{x}\frac{\partial L}{\partial \dot{x}}\right\}\bigg|_{t=t_f} = 0 \tag{6.140}$$

若 $C(t)$ 是垂直于 t 轴的直线，由于 $\dot{C}(t)=\infty$，并从式（6.139）有：

$$\frac{L(t_f)}{\dot{C}(t_f) - \dot{x}(t_f)} + \frac{\partial L}{\partial \dot{x}}\bigg|_{t_f} = 0 \tag{6.141}$$

则横截条件变为：

$$\frac{\partial L}{\partial \dot{x}}\bigg|_{t_f} = 0 \tag{6.142}$$

按类似方法不难推得在终端固定，始端沿给定曲线 $D(t)$ 变动时的横截条件为：

$$\left\{L - \left[\dot{x}(t) - \dot{D}(t)\right]\frac{\partial L}{\partial \dot{x}}\right\}\bigg|_{t=t_0} = 0 \tag{6.143}$$

同理，若 $D(t)$ 平行于 t 轴时，为：

$$\left\{L - \dot{x}\frac{\partial L}{\partial \dot{x}}\right\}\bigg|_{t=t_0} = 0 \tag{6.144}$$

若 $D(t)$ 垂直于 t 轴时，则为：

$$\frac{\partial L}{\partial \dot{x}}\bigg|_{t_0} = 0 \tag{6.145}$$

当约束曲线垂直于 t 轴时，所求得的横截条件式（6.142）、式（6.145），它们恰好与式（6.117）、式（6.116）一致。

把上述结论推广到多变量泛函，则可得矢量形式的泛函极值必要条件：

$$\frac{\partial L}{\partial \boldsymbol{x}} - \frac{\mathrm{d}}{\mathrm{d}t}\frac{\partial L}{\partial \dot{\boldsymbol{x}}} = 0 \tag{6.146}$$

$$\left\{L + \left[\dot{C}(t) - \dot{\boldsymbol{x}}(t)\right]^{\mathrm{T}} \frac{\partial L}{\partial \dot{\boldsymbol{x}}}\right\}\Bigg|_{t=t_f} = 0 \tag{6.147}$$

式中，$\boldsymbol{x}(t_f) = \boldsymbol{C}(t_f)$ 为给定的终端约束曲面。

可变终端问题的一个典型例子是拦截问题。发射火箭拦截一个目标，该目标正沿轨道 $x = C(t)$ 运动，如图 6.6 所示。

要求火箭发射出去消耗燃料最少，且在 $t = t_f$ 时刻，火箭的位置满足 $x(t_f) = C(t_f)$，火箭在目标运动轨道上恰好与目标位置重合，亦即满足式（6.127）所示的横截条件。

【例 6-8】　求从 $x(0) = 1$ 到直线 $x(t) = 2 - t$ 间距离最短的曲线（见图 6.7）。

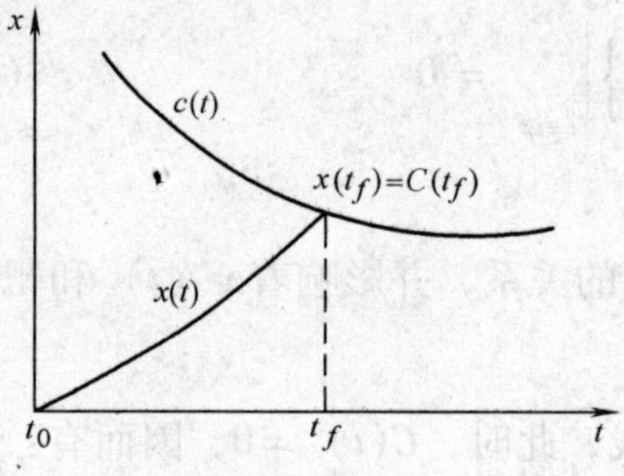

图 6.6　拦截问题

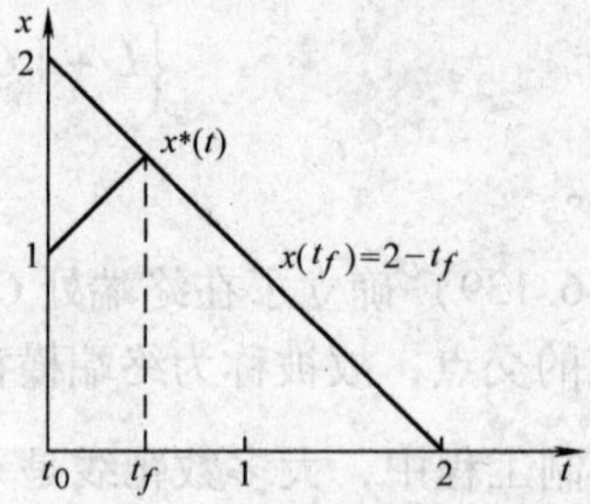

图 6.7　拦截问题举例

解　问题归结为求：

$$J(x) = \int_0^{t_f} (1 + \dot{x}^2)^{\frac{1}{2}} \mathrm{d}t$$

取极小值的轨线 $x(t)$。

这里
$$L = \sqrt{1 + \dot{x}^2}$$

由欧拉方程得：
$$\frac{\mathrm{d}}{\mathrm{d}t} \frac{\dot{x}}{\sqrt{1 + \dot{x}^2}} = 0$$

即
$$\frac{\dot{x}}{\sqrt{1 + \dot{x}^2}} = C$$

稍加整理，得：
$$\dot{x} = \pm \frac{C}{\sqrt{1 - C^2}} = a$$

故
$$x = at + b$$

由横截条件：
$$\left[(\dot{C} - \dot{x}) \frac{\partial L}{\partial \dot{x}} + L\right]_{t=t_f} = 0$$

$$-(1 + \dot{x}) \frac{\dot{x}}{\sqrt{1 + \dot{x}^2}} + \sqrt{1 + \dot{x}^2} = 0$$

化简得：
$$\dot{x} = 1$$

确定积分常数。由 $t = 0$ 时 $x = 1$，得 $b = 1$。又由横截条件知，当 $t = t_f$ 时，$\dot{x} = 1$，故 $a = 1$。

最优轨线：
$$x^*(t) = t + 1$$

由终端约束条件：
$$x(t_f) = t_f + 1 = 2 - t_f$$

可得最优终端时刻为：
$$t_f^* = \frac{1}{2}$$

6.6.5　具有综合型性能泛函的情况

以上讨论的泛函限于积分型的一种，但在最优控制问题中，性能泛函常含有终端性能项 $\boldsymbol{\Phi}\ [x(t_f)]$。同时，可推广到多变量系统，用矢量 $\boldsymbol{x}$ 替代 x，于是性能泛函为：

$$J(\boldsymbol{x}) = \boldsymbol{\Phi}[\boldsymbol{x}(t_f)] + \int_{t_0}^{t_f} \boldsymbol{L}[\boldsymbol{x},\dot{\boldsymbol{x}},t]\mathrm{d}t \tag{6.148}$$

假定 $\boldsymbol{x}(t_0) = \boldsymbol{x}_0$ = 常数，t_f 给定，$\boldsymbol{x}(t_f)$ 自由。

仿照前面推导欧拉方程的类似步骤，可得：

$$\delta J(\boldsymbol{x}) = \left.\frac{\partial J(\boldsymbol{x}+\varepsilon\boldsymbol{\eta})}{\partial \varepsilon}\right|_{\varepsilon=0} = \int_{t_0}^{t_f}\left(\frac{\partial L}{\partial \boldsymbol{x}} - \frac{\mathrm{d}}{\mathrm{d}t}\frac{\partial L}{\partial \dot{\boldsymbol{x}}}\right)^{\mathrm{T}}\boldsymbol{\eta}(t)\mathrm{d}t$$
$$+\left(\frac{\partial L}{\partial \dot{\boldsymbol{x}}}\right)^{\mathrm{T}}\boldsymbol{\eta}(t)\Bigg|_{t_0}^{t_f} + \left(\frac{\partial \boldsymbol{\Phi}[\boldsymbol{x}(t_f)]}{\partial \boldsymbol{x}(t_f)}\right)^{\mathrm{T}}\boldsymbol{\eta}(t_f) = 0 \tag{6.149}$$

由于 $\boldsymbol{x}(t_0) = \boldsymbol{x}_0$ 固定，$\boldsymbol{\eta}(t_0) = 0$，上式变成：

$$\delta J(\boldsymbol{x}) = \int_{t_0}^{t_f}\left(\frac{\partial L}{\partial \boldsymbol{x}} - \frac{\mathrm{d}}{\mathrm{d}t}\frac{\partial L}{\partial \dot{\boldsymbol{x}}}\right)^{\mathrm{T}}\boldsymbol{\eta}(t)\mathrm{d}t + \left(\frac{\partial L}{\partial \dot{\boldsymbol{x}}}\right)^{\mathrm{T}}_{t_f}\boldsymbol{\eta}(t_f) +$$
$$\left(\frac{\partial \boldsymbol{\Phi}[\boldsymbol{x}(t_f)]}{\partial \boldsymbol{x}(t_f)}\right)^{\mathrm{T}}\boldsymbol{\eta}(t_f) = 0 \tag{6.150}$$

考虑到 $\boldsymbol{\eta}(t)$ 及 $\boldsymbol{\eta}(t_f)$ 的任意性，故得 $J(\boldsymbol{x})$ 取极值的必要条件为：

$$\frac{\partial L}{\partial \boldsymbol{x}} - \frac{\mathrm{d}}{\mathrm{d}t}\frac{\partial L}{\partial \dot{\boldsymbol{x}}} = 0 \tag{6.151}$$

$$\boldsymbol{x}(t_0) = \boldsymbol{x}_0$$
$$\left.\frac{\partial L}{\partial \dot{\boldsymbol{x}}}\right|_{t_f} = -\frac{\partial \boldsymbol{\Phi}[\boldsymbol{x}(t_f)]}{\partial \boldsymbol{x}(t_f)} \tag{6.152}$$

6.7　用变分法求解连续系统最优控制问题——有约束条件的泛函极值

上节讨论没有约束条件的泛函极值问题。但在最优控制问题中，泛函 J 所依赖的函数总要受到受控系统状态方程的约束。解决这类问题的思路是应用拉格朗日乘子法，将这种有约束条件的泛函极值问题转化为无约束条件的泛函极值问题。

6.7.1　拉格朗日问题

考虑系统：

$$\dot{\boldsymbol{x}}(t) = \boldsymbol{f}[\boldsymbol{x}(t),\boldsymbol{u}(t),t] \tag{6.153}$$

其中 $\boldsymbol{x}(t) \in R^n$；$\boldsymbol{u}(t) \in R^r$；$\boldsymbol{f}[\boldsymbol{x}(t),\boldsymbol{u}(t),t]$ 为 n 维可微的矢量函数。

设给定 $t\in[t_0,\ t_f]$，初始状态为 $\boldsymbol{x}(t_0)=\boldsymbol{x}_0$，终端状态 $\boldsymbol{x}(t_f)$ 自由。性能泛函为：

$$J=\int_{t_0}^{t_f} L[\boldsymbol{x}(t),\boldsymbol{u}(t),t]\mathrm{d}t \tag{6.154}$$

寻求最优控制 $\boldsymbol{u}(t)$，将系统从初始状态 $\boldsymbol{x}(t_0)=\boldsymbol{x}_0$ 转移到终端状态 $\boldsymbol{x}(t_f)$，并使性能泛函 J 取极值。

将状态方程式（6.153）写成约束方程形式：

$$\boldsymbol{f}[\boldsymbol{x}(t),\boldsymbol{u}(t),t]-\dot{\boldsymbol{x}}(t)=0 \tag{6.155}$$

应用拉格朗日乘子法，构造增广泛函：

$$J'=\int_{t_0}^{t_f}\{\boldsymbol{L}[\boldsymbol{x}(t),\boldsymbol{u}(t),t]+\boldsymbol{\lambda}^{\mathrm{T}}(t)[\boldsymbol{f}[\boldsymbol{x}(t),\boldsymbol{u}(t),t]-\dot{\boldsymbol{x}}(t)]\}\mathrm{d}t$$

式中，$\boldsymbol{\lambda}(t)$ 为待定的 n 维拉格朗日乘子矢量。

定义纯量函数：

$$H[\boldsymbol{x},\boldsymbol{u},\boldsymbol{\lambda},t]=L[\boldsymbol{x}(t),\boldsymbol{u}(t),t]+\boldsymbol{\lambda}^{\mathrm{T}}(t)\boldsymbol{f}[\boldsymbol{x}(t),\boldsymbol{u}(t),t] \tag{6.156}$$

称 $H[\boldsymbol{x},\ \boldsymbol{u},\ \boldsymbol{\lambda},\ t]$ 为**哈密尔顿函数**。则

$$J'=\int_{t_0}^{t_f}\{\boldsymbol{H}[\boldsymbol{x},\boldsymbol{u},\boldsymbol{\lambda},t]-\boldsymbol{\lambda}^{\mathrm{T}}\dot{\boldsymbol{x}}\}\mathrm{d}t \tag{6.157}$$

或

$$J'=\int_{t_0}^{t_f}\overline{\boldsymbol{H}}[\boldsymbol{x},\dot{\boldsymbol{x}},\boldsymbol{u},\boldsymbol{\lambda},t]\mathrm{d}t \tag{6.158}$$

式中

$$\overline{H}[\boldsymbol{x},\dot{\boldsymbol{x}},\boldsymbol{u},\boldsymbol{\lambda},t]=L[\boldsymbol{x},\boldsymbol{u},t]+\lambda^{\mathrm{T}}\{\boldsymbol{f}[\boldsymbol{x}(t),\boldsymbol{u}(t),t]-\dot{\boldsymbol{x}}(t)\} \tag{6.159}$$

对式（6.157）右边第二项作分部积分，得：

$$\int_{t_0}^{t_f}-\boldsymbol{\lambda}^{\mathrm{T}}\dot{\boldsymbol{x}}\mathrm{d}t=\int_{t_0}^{t_f}\dot{\boldsymbol{\lambda}}^{\mathrm{T}}\boldsymbol{x}\mathrm{d}t-\boldsymbol{\lambda}^{\mathrm{T}}\boldsymbol{x}\Big|_{t_0}^{t_f}$$

将上式代入式（6.157），得：

$$J'=\int_{t_0}^{t_f}\{\boldsymbol{H}[\boldsymbol{x},\boldsymbol{u},\boldsymbol{\lambda},t]+\dot{\boldsymbol{\lambda}}^{\mathrm{T}}\boldsymbol{x}\}\mathrm{d}t-\boldsymbol{\lambda}^{\mathrm{T}}\boldsymbol{x}\Big|_{t_0}^{t_f} \tag{6.160}$$

设 $\boldsymbol{u}(t)$ 和 $\boldsymbol{x}(t)$ 相对于最优控制 $\boldsymbol{u}^*(t)$ 及最优轨线 $\boldsymbol{x}^*(t)$ 的变分为 $\delta\boldsymbol{u}$ 和 $\delta\boldsymbol{x}$，计算 $\delta\boldsymbol{u}$ 和 $\delta\boldsymbol{x}$ 引起的 J' 的变分为：

$$\delta J'=\int_{t_0}^{t_f}\left[(\delta\boldsymbol{x})^{\mathrm{T}}\left(\frac{\partial\boldsymbol{H}}{\partial\boldsymbol{x}}+\dot{\boldsymbol{\lambda}}\right)+(\delta\boldsymbol{u})^{\mathrm{T}}\frac{\partial\boldsymbol{H}}{\partial\boldsymbol{u}}\right]\mathrm{d}t-(\delta\boldsymbol{x})^{\mathrm{T}}\boldsymbol{\lambda}\Big|_{t_0}^{t_f}$$

使 J' 取极小的必要条件是，对任意的 $\delta\boldsymbol{u}$ 和 $\delta\boldsymbol{x}$，都有 $\delta J'=0$ 成立。

因此得：

$$\frac{\partial H}{\partial x}+\dot{\boldsymbol{\lambda}}=0 \tag{6.161}$$

$$\frac{\partial H}{\partial\boldsymbol{\lambda}}=\dot{\boldsymbol{x}} \tag{6.162}$$

$$\frac{\partial H}{\partial\boldsymbol{u}}=0 \tag{6.163}$$

$$\boldsymbol{\lambda}\Big|_{t_0}^{t_f} = 0 \tag{6.164}$$

式（6.161）称为动态系统的**伴随方程**或**协态方程**，$\boldsymbol{\lambda}$ 又称为**伴随矢量**或**协态矢量**。式（6.162）即系统的状态方程。式（6.161）与式（6.162）联立称为**哈密尔顿正则方程**。式（6.163）称为**控制方程**，它表示哈密尔顿函数 H 对最优控制而言取稳定值。这个方程是在假设 $\delta \boldsymbol{u}$ 为任意，控制 $\boldsymbol{u}(t)$ 取值不受约束条件下得到的。如果 $\boldsymbol{u}(t)$ 为容许控制，受到 $\boldsymbol{u}(t) \in U$ 的约束，$\delta \boldsymbol{u}$ 变分不能任意取值，那么，关系式 $\delta H/\delta \boldsymbol{u}=0$ 不成立，这种情况留待极小值原理中讨论。

式（6.164）称为横截条件，常用于补充边界条件。例如，若始端固定，终态自由时，由于 $\delta \boldsymbol{x}(t_0)=0$，$\delta \boldsymbol{x}(t_f)$ 任意，则有：

$$\left.\begin{aligned} \boldsymbol{x}(t_0) &= \boldsymbol{x}_0 \\ \boldsymbol{\lambda}(t_f) &= 0 \end{aligned}\right\} \tag{6.165}$$

若始端和终端都固定时，$\delta \boldsymbol{x}(t_0)=0$，$\delta \boldsymbol{x}(t_f)=0$，则以

$$\left.\begin{aligned} \boldsymbol{x}(t_0) &= \boldsymbol{x}_0 \\ \boldsymbol{x}(t_f) &= \boldsymbol{x}_f \end{aligned}\right\} \tag{6.166}$$

作为两个边界条件。

实际上，上述泛函极值的必要条件，亦可由式（6.158）写出欧拉方程直接导出。即

$$\left.\begin{aligned} &\frac{\partial \overline{H}}{\partial \boldsymbol{x}} - \frac{\mathrm{d}}{\mathrm{d}t}\frac{\partial \overline{H}}{\partial \dot{\boldsymbol{x}}} = 0 \\ &\frac{\partial \overline{H}}{\partial \boldsymbol{\lambda}} - \frac{\mathrm{d}}{\mathrm{d}t}\frac{\partial \overline{H}}{\partial \dot{\boldsymbol{\lambda}}} = 0 \\ &\frac{\partial \overline{H}}{\partial \boldsymbol{u}} - \frac{\mathrm{d}}{\mathrm{d}t}\frac{\partial \overline{H}}{\partial \dot{\boldsymbol{u}}} = 0 \\ &\left.\frac{\partial H}{\partial \dot{\boldsymbol{x}}}\right|_{t_0}^{t_f} = 0 \end{aligned}\right\} \rightarrow \left\{\begin{aligned} &\frac{\partial H}{\partial \boldsymbol{x}} + \dot{\lambda} = 0 \\ &\frac{\partial H}{\partial \boldsymbol{\lambda}} = \dot{x} \\ &\frac{\partial H}{\partial \boldsymbol{u}} = 0 \\ &\lambda\Big|_{t_0}^{t_f} = 0 \end{aligned}\right. \tag{6.167}$$

应用上述条件求解最优控制的步骤如下：

1）由控制方程 $\delta H/\delta \boldsymbol{u}=0$，解出 $\boldsymbol{u}^* = \tilde{\boldsymbol{u}}[\boldsymbol{x}, \boldsymbol{\lambda}]$。

2）将 $\boldsymbol{u}^*$ 代入正则方程解两点边值问题，求 $\boldsymbol{x}^*$，$\boldsymbol{\lambda}^*$。

3）再将 $\boldsymbol{x}^*$，$\boldsymbol{\lambda}^*$ 代入得 $\boldsymbol{u}^* = \tilde{\boldsymbol{u}}[\boldsymbol{x}^*, \boldsymbol{\lambda}^*]$ 为所求。

【例 6-9】 有系统如图 6.8 所示。欲使系统在 2s 内从状态 $\begin{bmatrix}\theta(0)\\ \omega(0)\end{bmatrix} = \begin{pmatrix}1\\1\end{pmatrix}$ 转移到 $\begin{bmatrix}\theta(2)\\ \omega(2)\end{bmatrix} = \begin{bmatrix}0\\0\end{bmatrix}$，使性能泛函：

$$J = \frac{1}{2}\int_0^2 u^2(t)\,\mathrm{d}t \rightarrow \min$$

试求 $u(t)$。

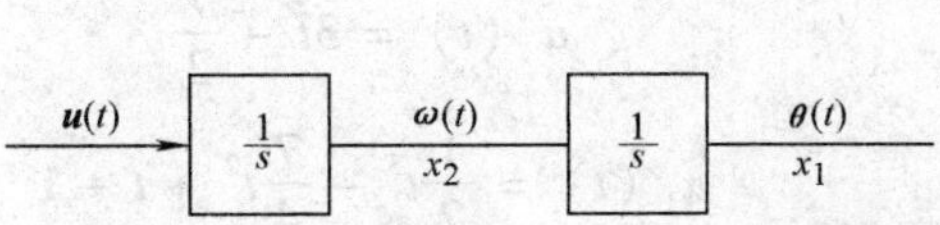

图 6.8

解 系统状态方程及边界条件为：

$$\dot{\boldsymbol{x}} = \begin{pmatrix} 0 & 1 \\ 0 & 0 \end{pmatrix}\boldsymbol{x} + \begin{pmatrix} 0 \\ 1 \end{pmatrix}u$$

$$\boldsymbol{x}(0) = \begin{pmatrix} 1 \\ 1 \end{pmatrix}, \boldsymbol{x}(2) = \begin{pmatrix} 0 \\ 0 \end{pmatrix}$$

由式（6.159）得：

$$\overline{H} = L + \boldsymbol{\lambda}^{\mathrm{T}}[\boldsymbol{f} - \dot{\boldsymbol{x}}] = \frac{1}{2}\boldsymbol{u}^2 + \boldsymbol{\lambda}^{\mathrm{T}}\left\{\begin{pmatrix} 0 & 1 \\ 0 & 0 \end{pmatrix}\boldsymbol{x} + \begin{pmatrix} 0 \\ 1 \end{pmatrix}\boldsymbol{u} - \dot{\boldsymbol{x}}\right\}$$

由欧拉方程，得：

$$\frac{\partial \overline{H}}{\partial \boldsymbol{x}} - \frac{\mathrm{d}}{\mathrm{d}t}\frac{\partial \overline{H}}{\partial \dot{\boldsymbol{x}}} = \begin{pmatrix} 0 & 0 \\ 1 & 0 \end{pmatrix}\begin{pmatrix} \lambda_1 \\ \lambda_2 \end{pmatrix} + \begin{pmatrix} \dot{\lambda}_1 \\ \dot{\lambda}_2 \end{pmatrix} = 0$$

$$\dot{\lambda}_1 = 0$$

$$\dot{\lambda}_2 = -\lambda_1$$

$$\frac{\partial \overline{H}}{\partial \boldsymbol{u}} - \frac{\mathrm{d}}{\mathrm{d}t}\frac{\partial \overline{H}}{\partial \dot{\boldsymbol{u}}} = u + (0 \quad 1)\begin{pmatrix} \lambda_1 \\ \lambda_2 \end{pmatrix} = 0$$

$$u = -\lambda_2$$

$$\frac{\partial \overline{H}}{\partial \boldsymbol{\lambda}} - \frac{\mathrm{d}}{\mathrm{d}t}\frac{\partial \overline{H}}{\partial \dot{\boldsymbol{\lambda}}} = \begin{pmatrix} 0 & 1 \\ 0 & 0 \end{pmatrix}\boldsymbol{x} + \begin{pmatrix} 0 \\ 1 \end{pmatrix}u - \dot{\boldsymbol{x}} = 0$$

$$\dot{x}_1 = x_2$$

$$\dot{x}_2 = u$$

5 个未知数 x_1、x_2、λ_1、λ_2、u 由 5 个方程联立求得通解：

$$\lambda_1 = C_1$$

$$\lambda_2 = -C_1 t + C_2$$

$$u = C_1 t - C_2$$

$$x_1 = \frac{1}{6}C_1 t^3 - \frac{1}{2}C_2 t^2 + C_3 t + C_4$$

$$x_2 = \frac{1}{2}C_1 t^2 - C_2 t + C_3$$

4 个积分常数 C_1、C_2、C_3、C_4 由 4 个边界条件：

$x_1(0) = 1, x_2(0) = 1, x_1(2) = 0, x_2(2) = 0$

解得：$C_1 = 3$，$C_2 = \frac{7}{2}$，$C_3 = 1$，$C_4 = 1$。

因此，最优解为：

$$u^*(t) = 3t - \frac{7}{2}$$

$$x_1^*(t) = \frac{1}{2}t^3 - \frac{7}{4}t^2 + t + 1$$

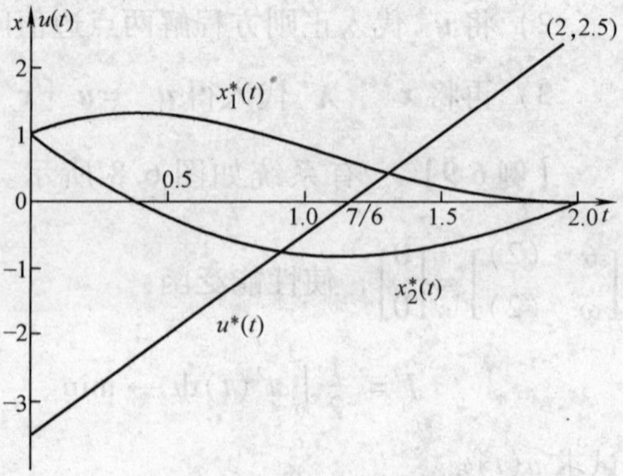

图 6.9　例 6.9 的最优解

$$x_2^*(t) = \frac{3}{2}t^2 - \frac{7}{4}t + 1$$

最优控制 $u^*(t)$ 及最优轨线 $x^*(t)$ 如图 6.9 所示。

【例 6-10】　设问题同例 6-9，但将终端状态改为 $\theta(2)=0$，$\omega(2)$ 自由，即终端条件改成部分约束、部分自由。重求 $u^*(t)$，$x^*(t)$。

解　正则方程及控制方程与例 6.9 完全相同，只是边界条件改成：

$t=0$ 时　$x_1(0)=1, x_2(0)=1$

$t=2$ 时　$x_1(2)=0, \lambda_2(2)=0$

（因 $x_2(2)$ 自由）

代入例 6.9 的通解中可确定积分常数：

$$C_1 = \frac{9}{8}, C_2 = \frac{18}{8}, C_3 = 1, C_4 = 1$$

于是得：

$$u^*(t) = 6t - 12$$

$$x_1^*(t) = \frac{3}{16}t^3 - \frac{9}{8}t^2 + t + 1$$

$$x_2^*(t) = \frac{9}{16}t^2 - \frac{9}{4}t + 1$$

$u^*(t)$ 和 $x^*(t)$ 的图形如图 6.10 所示。

比较上述结果可见，即使是同一个问题，如果终端条件不同，其最优解也不同。

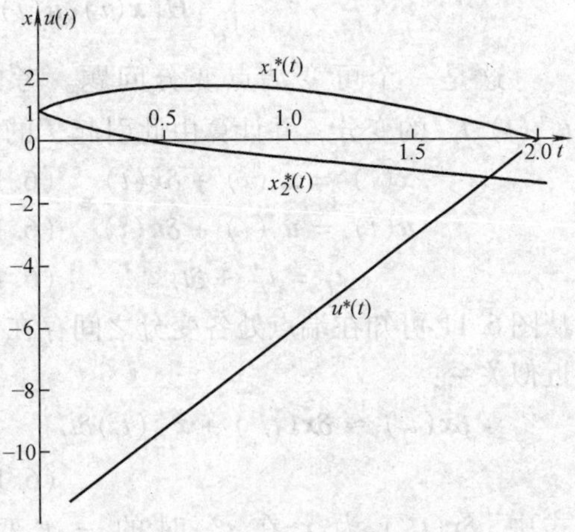

图 6.10　例 6.10 的最优解

6.7.2　波尔札问题

设系统状态方程：

$$\dot{\boldsymbol{x}}(t) = \boldsymbol{f}[\boldsymbol{x}(t), \boldsymbol{u}(t), t] \tag{6.168}$$

初始状态 $\boldsymbol{x}(t_0)=\boldsymbol{x}_0$，终始状态 $\boldsymbol{x}(t_f)$ 满足：

$$\boldsymbol{N}[\boldsymbol{x}(t_f), t_f] = 0 \tag{6.169}$$

式中，N 为 q 维矢量函数，$q \leqslant n$。性能泛函：

$$J = \Phi[\boldsymbol{x}(t_f), t_f] + \int_{t_0}^{t_f} L[\boldsymbol{x}(t), \boldsymbol{u}(t), t]\mathrm{d}t \tag{6.170}$$

其中 Φ、L 都是连续可微的数量函数，t_f 待求的终端时间。

最优控制问题是寻求控制矢量 $\boldsymbol{u}^*(t)$，将系统从初态 $\boldsymbol{x}(t_0)$ 转移到目标集 $N[\boldsymbol{x}(t_f), t_f]=0$ 上，并使 J 取极小。

在这类极值问题中，要处理两种类型的等式约束。一是微分方程约束，一是终端边界约束。根据拉格朗日乘子法，要引入两个乘子矢量，一个是 n 维 $\boldsymbol{\lambda}(t)$，另一个是 q 维 $\boldsymbol{\mu}$，将等式约束条件泛函极值化成无约束条件泛函极值问题来求解。

为此，构造增广泛函：

$$J' = \boldsymbol{\Phi}[\boldsymbol{x}(t_f), t_f] + \boldsymbol{\mu}^{\mathrm{T}}\boldsymbol{N}[\boldsymbol{x}(t_f), t_f] + \int_{t_0}^{t_f}\{\boldsymbol{L}[\boldsymbol{x}(t), \boldsymbol{u}(t), t] + \boldsymbol{\lambda}^{\mathrm{T}}(t)[\boldsymbol{f}[\boldsymbol{x}(t), \boldsymbol{u}(t), t] - \dot{\boldsymbol{x}}(t)\}\}\mathrm{d}t \tag{6.171}$$

写出哈密尔顿函数：

$$H[\boldsymbol{x}(t),\boldsymbol{u}(t),\boldsymbol{\lambda}(t),t] = L[\boldsymbol{x}(t),\boldsymbol{u}(t),t] + \boldsymbol{\lambda}^{\mathrm{T}}(t)\boldsymbol{f}[\boldsymbol{x}(t),\boldsymbol{u}(t),t] \tag{6.172}$$

于是

$$J' = \boldsymbol{\Phi}[\boldsymbol{x}(t_f),t_f] + \boldsymbol{\mu}^{\mathrm{T}}N[\boldsymbol{x}(t_f),t_f] + \int_{t_0}^{t_f}\{\boldsymbol{H}[\boldsymbol{x}(t),\boldsymbol{u}(t),\boldsymbol{\lambda}(t),t] - \boldsymbol{\lambda}^{\mathrm{T}}(t)\dot{\boldsymbol{x}}(t)\}\mathrm{d}t \tag{6.173}$$

对上式中最后一项作分部积分得：

$$J' = \boldsymbol{\Phi}[\boldsymbol{x}(t_f),t_f] + \boldsymbol{\mu}^{\mathrm{T}}\boldsymbol{N}[\boldsymbol{x}(t_f),t_f] - \boldsymbol{\lambda}^{\mathrm{T}}(t)\boldsymbol{x}(t)\Big|_{t_0}^{t_f} + \int_{t_0}^{t_f}\{\boldsymbol{H}[\boldsymbol{x}(t),\boldsymbol{u}(t),\boldsymbol{\lambda}(t),t] - \dot{\boldsymbol{\lambda}}^{\mathrm{T}}(t)\boldsymbol{x}(t)\}\mathrm{d}t \tag{6.174}$$

这是一个可变端点变分问题。考虑 $\boldsymbol{x}(t)$、$\boldsymbol{u}(t)$、t_f 相对于它们最优值 $\boldsymbol{x}^*(t)$、$\boldsymbol{u}^*(t)$、t_f^* 的变分，并计算由此引起 J'的一次变分 $\delta J'$。设：

$$\boldsymbol{x}(t) = \boldsymbol{x}^*(t) + \delta\boldsymbol{x}(t) \tag{6.175}$$

$$\boldsymbol{u}(t) = \boldsymbol{u}^*(t) + \delta\boldsymbol{u}(t) \tag{6.176}$$

$$t_f = t_f^* + \delta t_f \tag{6.177}$$

从图 6.11 可知在端点处各变分之间存在下列近似关系：

$$\delta\boldsymbol{x}(t_f) \approx \delta\boldsymbol{x}(t_f^*) + \dot{\boldsymbol{x}}^*(t_f)\delta t_f^* \tag{6.178}$$

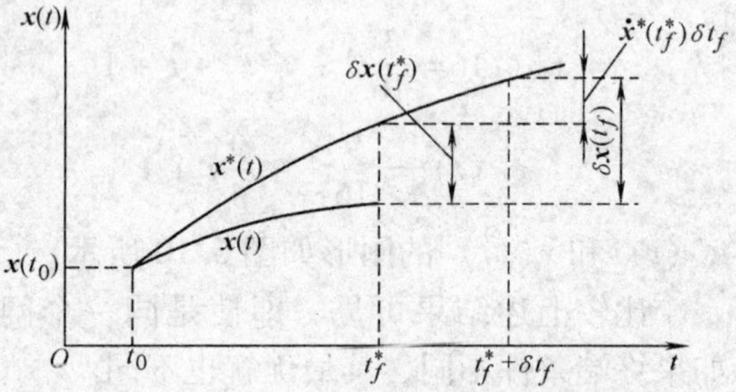

图 6.11　可变终端各变分间的关系

式中，$\delta\boldsymbol{x}(t_f^*)$ 为 $\boldsymbol{x}$ 在 t_f^* 时的一次变分；$\delta\boldsymbol{x}(t_f^*+\delta t_f)$为 $\boldsymbol{x}$ 在 $t_f=t_f^*+\delta t_f$ 时的一次变分。

式（6.178）描述了在可变终端情况下，$\boldsymbol{x}$ 在这两个时刻上变分的近似关系，近似式中忽略了高阶无穷小量。

考虑到式（6.174）右边第一项和第二项的一次变分各有两项：

$$\delta\boldsymbol{x}^{\mathrm{T}}(t_f)\frac{\partial\boldsymbol{\Phi}[\boldsymbol{x}(t_f),t_f]}{\partial\boldsymbol{x}(t_f)} + \frac{\partial\boldsymbol{\Phi}[\boldsymbol{x}(t_f),t_f]}{\partial t_f}\delta t_f$$

$$\delta\boldsymbol{x}^{\mathrm{T}}(t_f)\frac{\partial\boldsymbol{N}^{\mathrm{T}}[\boldsymbol{x}(t_f),t_f]}{\partial\boldsymbol{x}(t_f)}\boldsymbol{\mu} + \frac{\partial\boldsymbol{N}^{\mathrm{T}}[\boldsymbol{x}(t_f),t_f]}{\partial t_f}\boldsymbol{\mu}$$

因此，有：

$$\delta J' = \delta t_f\left\{\boldsymbol{H}[\boldsymbol{x}(t_f),\boldsymbol{u}(t_f),\boldsymbol{\lambda}(t_f),t_f] + \frac{\partial\boldsymbol{\Phi}[\boldsymbol{x}(t_f),t_f]}{\partial t_f} + \frac{\partial\boldsymbol{N}^{\mathrm{T}}[\boldsymbol{x}(t_f),t_f]}{\partial t_f}\boldsymbol{\mu}\right)\Bigg\} + [\delta\boldsymbol{x}(t_f)]^{\mathrm{T}}$$
$$\left\{\frac{\partial\boldsymbol{\Phi}[\boldsymbol{x}(t_f),t_f]}{\partial\boldsymbol{x}(t_f)} + \frac{\partial\boldsymbol{N}^{\mathrm{T}}[\boldsymbol{x}(t_f),t_f]}{\partial\boldsymbol{x}(t_f)}\boldsymbol{\mu} - \lambda(t_f)\right\}^* + \int_{t_0}^{t_f^*}\left\{\delta\boldsymbol{x}^{\mathrm{T}}\left(\frac{\partial\boldsymbol{H}}{\partial\boldsymbol{x}} + \dot{\lambda}\right) + \delta\boldsymbol{u}^{\mathrm{T}}\frac{\partial\boldsymbol{H}}{\partial\boldsymbol{u}}\right\}\mathrm{d}t \tag{6.179}$$

注意到 δt_f，$\delta\boldsymbol{x}$，$\delta\boldsymbol{u}$ 的任意性，及泛函极值存在的必要条件 $\delta\boldsymbol{J}'=0$，由式（6.179）

可得极值必要条件如下:

$$\frac{\partial H}{\partial \boldsymbol{x}} = -\dot{\boldsymbol{\lambda}}$$
$$\frac{\partial H}{\partial \boldsymbol{\lambda}} = \dot{x} \tag{6.180}$$
$$\frac{\partial H}{\partial \boldsymbol{u}} = 0$$

边界条件:

$$\boldsymbol{x}(t_0) = \boldsymbol{x}_0$$
$$\boldsymbol{\lambda}(t_f) = \frac{\partial \boldsymbol{\Phi}[\boldsymbol{x}(t_f),t_f]}{\partial \boldsymbol{x}(t_f)} + \frac{\partial \boldsymbol{N}^{\mathrm{T}}[\boldsymbol{x}(t_f),t_f]}{\partial \boldsymbol{x}(t_f)}\boldsymbol{\mu} \tag{6.181}$$
$$\boldsymbol{N}[\boldsymbol{x}(t_f),t_f] = 0$$

终端时刻由下式计算:

$$H[\boldsymbol{x}(t_f),\boldsymbol{u}(t_f),\boldsymbol{\lambda}(t_f),t_f] + \frac{\partial \boldsymbol{\Phi}[\boldsymbol{x}(t_f),t_f]}{\partial t_f} + \frac{\partial \boldsymbol{N}^{\mathrm{T}}[\boldsymbol{x}(t_f),t_f]}{\partial t_f}\boldsymbol{\mu} = 0 \tag{6.182}$$

式中,$H[\boldsymbol{x}(t_f), \boldsymbol{u}(t_f), \boldsymbol{\lambda}(t_f), t_f]$ 为哈密顿函数 H 在最优轨线终端处的值。

上述总共 $2n+r+q+1$ 个方程,可联解出 $2n+r+q+1$ 个变量,其中 $\boldsymbol{x}$(n 维)、$\boldsymbol{\lambda}$(n 维)、$\boldsymbol{u}$(r 维)、$\boldsymbol{\mu}$(q 维)、t_f(1 维)。

最后,分析哈密尔顿函数沿最优轨线随时间的变化规律。哈密尔顿函数 $\boldsymbol{H}$ 对时间的全导数为:

$$\frac{\mathrm{d}H}{\mathrm{d}t} = \frac{\partial H}{\partial t} + \left(\frac{\partial H}{\partial \boldsymbol{u}}\right)^{\mathrm{T}}\dot{\boldsymbol{u}} + \left(\frac{\partial H}{\partial \boldsymbol{x}} + \dot{\boldsymbol{\lambda}}\right)^{\mathrm{T}} f \tag{6.183}$$

如果 $\boldsymbol{u}$ 为最优控制,必满足 $\frac{\partial H}{\partial \boldsymbol{u}}=0$ 及 $\frac{\partial H}{\partial \boldsymbol{x}}+\dot{\boldsymbol{\lambda}}=0$,因此,有:

$$\frac{\mathrm{d}H}{\mathrm{d}t} = \frac{\partial H}{\partial t} \tag{6.184}$$

上式表明,哈密顿函数 $\boldsymbol{H}$ 沿最优轨线对时间的全导数等于它对时间的偏导数。当 $\boldsymbol{H}$ 不显含 t 时,恒有:

$$\frac{\mathrm{d}H}{\mathrm{d}t} = 0 \text{ 即 } H(t) = \text{常数} \quad t \in [t_0, t_f] \tag{6.185}$$

这就是说,对定常系统,沿最优轨线 $\boldsymbol{H}$ 恒为常值。

【例 6-11】 给定系统状态方程为:

$$\dot{\boldsymbol{x}} = \begin{pmatrix} 0 & 1 \\ 0 & 0 \end{pmatrix}\boldsymbol{x} + \begin{pmatrix} 0 \\ 1 \end{pmatrix}u$$

设初始状态 $\boldsymbol{x}(0)=0$,终端状态约束曲线 $x_1(1)+x_2(1)-1=0$ 求使性能泛函:

$$J = \frac{1}{2}\int_0^1 u^2(t)\,\mathrm{d}t$$

取极小时的最优控制 $\boldsymbol{u}^*(t)$ 及最优轨线 $\boldsymbol{x}^*(t)$。

解 这是个终端时间 t_f 给定,但终端状态受约束的拉格朗日问题。

哈密顿函数:

$$H = L + \boldsymbol{\lambda}^{\mathrm{T}}\boldsymbol{f} = \frac{1}{2}u^2 + \lambda_1 x_2 + \lambda_2 u$$

由性能泛函取极值的必要条件，得：

$$\frac{\partial H}{\partial u} = u + \lambda_2 = 0$$

$$\frac{\partial H}{\partial x_1} = -\dot{\lambda}_1 = 0$$

$$\frac{\partial H}{\partial x_2} = \lambda_1 = -\dot{\lambda}_2$$

$$\frac{\partial H}{\partial \lambda_1} = \dot{x}_1 = x_2$$

$$\frac{\partial H}{\partial \lambda_2} = \dot{x}_2 = u$$

它们的通解为：

$$u = -\lambda_2$$

$$\lambda_1 = C_1$$

$$\lambda_2 = -C_1 t + C_2$$

$$x_1 = \frac{1}{6}C_1 t^3 - \frac{1}{2}C_2 t^2 + C_3 t + C_4$$

$$x_2 = \frac{1}{2}C_1 t^2 - C_2 t + C_3$$

由边界条件确定积分常数：

$$x_1(0) = 0, x_2(0) = 0$$

$$\lambda_1(1) = \mu \frac{\partial N}{\partial x_1} = \mu$$

$$\lambda_2(1) = \mu \frac{\partial N}{\partial x_2} = \mu$$

代入解得：

$$C_1 = \mu, C_2 = 2\mu,$$
$$C_3 = 0, C_4 = 0$$

由终端约束方程：

$$x_1(1) + x_2(1) = 1$$

可解出 $\mu = -\frac{3}{7}$。最优解结果如图 6.12 所示。

$$u^*(t) = -\frac{3}{7}t + \frac{6}{7}$$

$$x_1^*(t) = -\frac{1}{14}t^3 + \frac{3}{7}t^2$$

$$x_2^*(t) = -\frac{3}{14}t^2 + \frac{6}{7}t$$

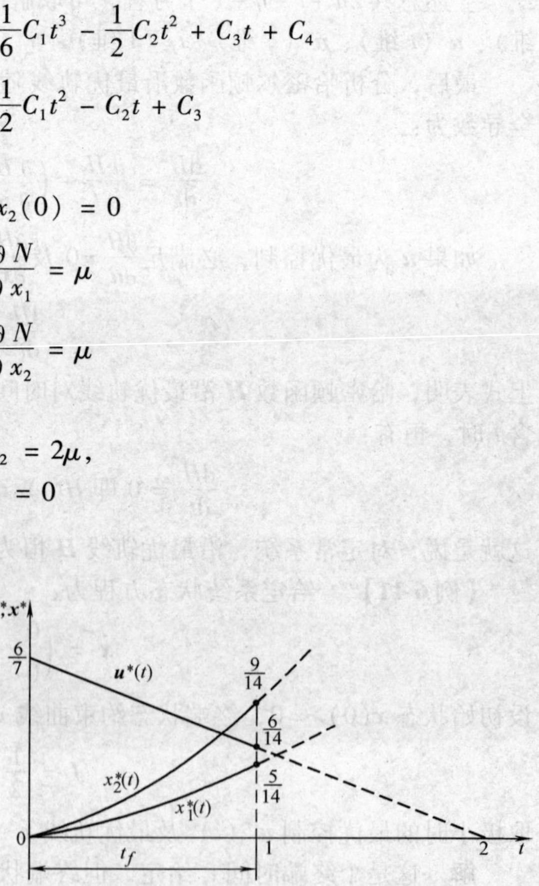

图 6.12　例 6.11 的最优解

【例 6-12】　设一阶系统状态方程为：

$$\dot{x} = u$$

边界条件 $x(0)=1$ 和 $x(t_f)=0$。终端时刻 t_f 待定，试确定最优控制 u，使下列性能泛函

$$J = t_f + \frac{1}{2}\int_0^{t_f} u^2(t)\,\mathrm{d}t$$

为极小。

解　这里 $L=\frac{1}{2}u^2$，$\Phi = t_f$, $N = x(t_f) = 0$

哈密尔顿函数为：$$H = L + \lambda f = \frac{1}{2}u^2 + \lambda u$$

控制方程：$$\frac{\partial H}{\partial u} = u + \lambda = 0,\ u = -\lambda$$

正则方程：

$$\frac{\partial H}{\partial x} = -\dot{\lambda} = 0, \dot{\lambda} = 0$$

$$\frac{\partial H}{\partial \lambda} = \dot{x} = u, \dot{x} = u$$

由边界条件 $x(0)=1$,$x(t_f)=0$，又由式（6.182）得：

$$\left(H + \frac{\partial \Phi}{\partial t_f} + \frac{\partial \boldsymbol{N}^{\mathrm{T}}}{\partial t_f}\mu\right)_{t=t_f} = 0$$

即　$\frac{1}{2}u^2(t_f) + \lambda(t_f)u(t_f) + 1 = 0$

而 $u(t_f) = -\lambda(t_f)$，代入上式，得：

$$\frac{1}{2}\lambda^2(t_f) - \boldsymbol{\lambda}^2(t_f) + 1 = 0$$

其解为：$\lambda(t_f) = \sqrt{2}$。

由于 $\dot{\lambda}=0$，因此，有 $\lambda(t) = \sqrt{2}$。

最优控制 $u^*(t) = -\sqrt{2}$ 代入状态方程得：

$$x(t) = -\sqrt{2}\,t + C$$

由初始条件 $x(0)=C=1$，故最优轨线为：

$$x^*(t) = -\sqrt{2}\,t + 1$$

再以终端条件 $x(t_f) = 0$ 代入上式，得：

$$x^*(t) = -\sqrt{2}\,t_f + 1 = 0$$

故最优终端时刻：$$t_f^* = \frac{\sqrt{2}}{2}$$

最优解如图 6.13 所示。

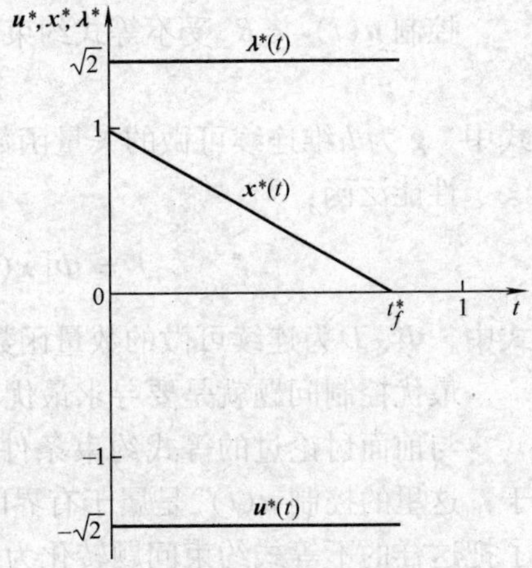

图 6.13　例 6.12 的最优解

6.8 极小值原理

极小值原理是苏联学者庞特里亚金（Pontryagin）在1956年提出的。它从变分法引伸而来，与变分法极为相似。因为极大与极小只相差一个符号，若把性能指标的符号反过来，极大值原理就成为极小值原理。极小值原理是解决最优控制，特别是求解容许控制问题的得力工具。

用古典变分法求解最优控制问题，都是假定控制变量 $\boldsymbol{u}(t)$ 的取值范围不受任何限制，控制变分 $\delta\boldsymbol{u}$ 是任意的，从而得到最优控制 $\boldsymbol{u}^*(t)$ 所应满足的控制方程 $\partial H/\partial\boldsymbol{u}=0$。但是，在大多数情况下，控制变量总是要受到一定限制的。例如，动力装置发出的转矩不能无穷大，当系统中存在饱和元件时，控制变量 $\boldsymbol{u}(t)$ 必然受到限制等。此时，$\delta\boldsymbol{u}$ 不能任意取值，控制变量被限制在某一闭集内，即 $\boldsymbol{u}(t)$ 满足不等式约束条件：

$$\boldsymbol{g}[\boldsymbol{x}(t),\boldsymbol{u}(t),t]\geqslant 0$$

在这种情况下，控制方程 $\partial H/\partial\boldsymbol{u}=0$ 已不成立，因此，不能再用变分法来处理最优控制问题。

下面介绍连续系统的极小值原理。

设系统状态方程为：

$$\dot{\boldsymbol{x}}(t)=\boldsymbol{f}[\boldsymbol{x}(t),\boldsymbol{u}(t),t] \tag{6.186}$$

初始条件为 $\boldsymbol{x}(t_0)=\boldsymbol{x}_0$，终态 $\boldsymbol{x}(t_f)$ 满足终端约束方程：

$$\boldsymbol{N}[\boldsymbol{x}(t_f),t_f]=0 \tag{6.187}$$

式中，$\boldsymbol{N}$ 为 m 维连续可微的矢量函数，$m\leqslant n$。

控制 $\boldsymbol{u}(t)\in R^r$ 受不等式约束：

$$\boldsymbol{g}[\boldsymbol{x}(t),\boldsymbol{u}(t),t]\geqslant 0 \tag{6.188}$$

式中，$\boldsymbol{g}$ 为 l 维连续可微的矢量函数，$l\leqslant r$。

性能泛函：

$$J=\Phi[\boldsymbol{x}(t_f),t_f]+\int_{t_0}^{t_f}L[\boldsymbol{x}(t),\boldsymbol{u}(t),t]\,\mathrm{d}t \tag{6.189}$$

式中，Φ、L 为连续可微的数量函数；t_f 为待定终端时刻。

最优控制问题就是要寻求最优容许控制 $\boldsymbol{u}(t)$ 在满足上列条件下，使 J 为极小。

与前面讨论过的等式约束条件最优控制问题作一比较，可知它们之间的主要差别在于：这里的控制 $\boldsymbol{u}(t)$ 是属于有界闭集 U，受到 $\boldsymbol{g}[\boldsymbol{x}(t),\boldsymbol{u}(t),t]\geqslant 0$ 不等式约束。为了把这样的不等式约束问题转化为等式约束问题，采取以下两个措施：

1）引入一个新的 r 维控制变量 $\boldsymbol{w}(t)$，令

$$\dot{\boldsymbol{w}}(t)=\boldsymbol{u}(t),\boldsymbol{w}(t_0)=0 \tag{6.190}$$

虽然 $\boldsymbol{u}(t)$ 不连续，但 $\boldsymbol{w}(t)$ 是连续的。若 $\boldsymbol{u}(t)$ 分段连续，则 $\boldsymbol{w}(t)$ 是分段光滑连续函数。

2）引入另一个新的 l 维变量 $\boldsymbol{z}(t)$，令

$$(\dot{\boldsymbol{z}})^2=\boldsymbol{g}[\boldsymbol{x}(t),\boldsymbol{u}(t),t],\boldsymbol{z}(t_0)=0 \tag{6.191}$$

无论 $\dot{z}$ 是正是负，$(\dot{z})^2$ 恒非负，故满足 $\boldsymbol{g}$ 非负的要求。

通过以上变换，便将上述有不等式约束的最优控制问题转化为具有等式约束的波尔札问题。再应用拉格朗日乘子法引入乘子 $\boldsymbol{\lambda}$ 和 $\boldsymbol{\gamma}$，问题便进一步化为求下列增广性能泛函：

$$J_1 = \Phi[\boldsymbol{x}(t_f),t_f] + \boldsymbol{\mu}^{\mathrm{T}}\boldsymbol{N}[\boldsymbol{x}(t_f),t_f] + \int_{t_0}^{t_f}\left\{H[\boldsymbol{x},\dot{\boldsymbol{w}},\boldsymbol{\lambda},t] - \boldsymbol{\lambda}^{\mathrm{T}}\dot{\boldsymbol{x}} + \boldsymbol{\gamma}^{\mathrm{T}}[\boldsymbol{g}(\boldsymbol{x},\dot{\boldsymbol{w}},t) - (\dot{z})^2]\right\}\mathrm{d}t \tag{6.192}$$

的极值问题。

哈密尔顿函数为：

$$H[\boldsymbol{x},\dot{\boldsymbol{w}},\boldsymbol{\lambda},t] = L[\boldsymbol{x},\dot{\boldsymbol{w}},t] + \boldsymbol{\lambda}^{\mathrm{T}}\boldsymbol{f}[\boldsymbol{x},\dot{\boldsymbol{w}},t] \tag{6.193}$$

为简便计，令：

$$\Psi[\boldsymbol{x},\dot{\boldsymbol{x}},\dot{\boldsymbol{w}},\boldsymbol{\lambda},\boldsymbol{\gamma},\dot{z},t] = H[\boldsymbol{x},\dot{\boldsymbol{w}},\boldsymbol{\lambda},t] - \boldsymbol{\lambda}^{\mathrm{T}}\dot{\boldsymbol{x}} + \boldsymbol{\gamma}^{\mathrm{T}}[\boldsymbol{g}(\boldsymbol{x},\dot{\boldsymbol{w}},t) - \dot{z}^2] \tag{6.194}$$

于是 J_1 可写成

$$J_1 = \Phi[\boldsymbol{x}(t_f),t_f] + \boldsymbol{\mu}^{\mathrm{T}}\boldsymbol{N}[\boldsymbol{x}(t_f),t_f] + \int_{t_0}^{t_f}\Psi[\boldsymbol{x},\dot{\boldsymbol{x}},\dot{\boldsymbol{w}},\boldsymbol{\lambda},\boldsymbol{\gamma},\dot{z},t]\mathrm{d}t \tag{6.195}$$

现在求增广性能泛函 J_1 的一次变分：

$$\delta J_1 = \delta J_{t_f} + \delta J_x + \delta J_w + \delta J_z \tag{6.196}$$

式中，δJ_{t_f}、δJ_x、δJ_w、δJ_z 分别是由于 t_f，$\boldsymbol{x}$，$\boldsymbol{w}$ 和 z 作微小变化所引起的 J_1 的一次变分。

$$\begin{aligned}\delta J_{t_f} &= \frac{\partial}{\partial t_f}\left\{\Phi + \boldsymbol{\mu}^{\mathrm{T}}\boldsymbol{N} + \int_{t_0}^{t_f+\delta t_f}\Psi\mathrm{d}t\right\}\bigg|_{t=t_f}\delta t_f \\ &= \left\{\frac{\partial \Phi}{\partial t_f} + \frac{\partial \boldsymbol{N}^{\mathrm{T}}}{\partial t_f}\boldsymbol{\mu} + \Psi\right\}\bigg|_{t=t_f}\delta t_f\end{aligned} \tag{6.197}$$

$$\begin{aligned}\delta J_x &= \mathrm{d}\boldsymbol{x}^{\mathrm{T}}(t_f)\frac{\partial}{\partial \boldsymbol{x}}\{\Phi + \boldsymbol{\mu}^{\mathrm{T}}\boldsymbol{N}\}\big|_{t=t_f} + \int_{t_0}^{t_f}\left[\delta\boldsymbol{x}^{\mathrm{T}}\frac{\partial \Psi}{\partial \boldsymbol{x}} + \delta\dot{\boldsymbol{x}}^{\mathrm{T}}\frac{\partial \Psi}{\partial \dot{\boldsymbol{x}}}\right]\mathrm{d}t \\ &= \mathrm{d}\boldsymbol{x}^{\mathrm{T}}(t_f)\left\{\frac{\partial \Phi}{\partial \boldsymbol{x}} + \frac{\partial \boldsymbol{N}^{\mathrm{T}}}{\partial \boldsymbol{x}}\boldsymbol{\mu}\right\}\bigg|_{t=t_f} + \left\{\delta\boldsymbol{x}^{\mathrm{T}}(t)\frac{\partial \Psi}{\partial \dot{\boldsymbol{x}}}\right|_{t=t_f} + \\ &\quad \int_{t_0}^{t_f}\delta\boldsymbol{x}^{\mathrm{T}}\left[\frac{\partial \Psi}{\partial \boldsymbol{x}} - \frac{\mathrm{d}}{\mathrm{d}t}\frac{\partial \Psi}{\partial \dot{\boldsymbol{x}}}\right]\mathrm{d}t\end{aligned}$$

注意到 $\mathrm{d}\boldsymbol{x}(t_f) = \delta\boldsymbol{x}(t_f) + \dot{\boldsymbol{x}}(t_f)\delta t_f$，故

$$\delta J_x = \mathrm{d}\boldsymbol{x}^{\mathrm{T}}(t_f)\left\{\frac{\partial \Phi}{\partial \boldsymbol{x}} + \frac{\partial \boldsymbol{N}^{\mathrm{T}}}{\partial \boldsymbol{x}}\boldsymbol{\mu} + \frac{\partial \Psi}{\partial \dot{\boldsymbol{x}}}\right\}\bigg|_{t=t_f} - \dot{\boldsymbol{x}}^{\mathrm{T}}\frac{\partial \Psi}{\partial \dot{\boldsymbol{x}}}\bigg|_{t=t_f}\delta t_f + \int_{t_0}^{t_f}\delta\boldsymbol{x}^{\mathrm{T}}\left[\frac{\partial \Psi}{\partial \boldsymbol{x}} - \frac{\mathrm{d}}{\mathrm{d}t}\frac{\partial \Psi}{\partial \dot{\boldsymbol{x}}}\right]\mathrm{d}t \tag{6.198}$$

$$\delta J_w = \delta\boldsymbol{w}^{\mathrm{T}}(t_f)\frac{\partial \Psi}{\partial \dot{\boldsymbol{w}}}\bigg|_{t=t_f} - \int_{t_0}^{t_f}\delta\boldsymbol{w}^{\mathrm{T}}\frac{\mathrm{d}}{\mathrm{d}t}\frac{\partial \Psi}{\partial \dot{\boldsymbol{w}}}\mathrm{d}t \tag{6.199}$$

$$\delta J_z = \delta z^{\mathrm{T}}(t_f)\frac{\partial \Psi}{\partial \dot{z}}\bigg|_{t=t_f} - \int_{t_0}^{t_f}\delta z^{\mathrm{T}}\frac{\mathrm{d}}{\mathrm{d}t}\frac{\partial \Psi}{\partial \dot{z}}\mathrm{d}t \tag{6.200}$$

把式（6.197）~式（6.200）代入式（6.196），最后得：

$$\delta J_1 = \left[\boldsymbol{\Psi} - \dot{\boldsymbol{x}}^{\mathrm{T}}\frac{\partial \boldsymbol{\Psi}}{\partial \dot{\boldsymbol{x}}} + \frac{\partial \boldsymbol{\Phi}}{\partial t_f} + \frac{\partial \boldsymbol{N}^{\mathrm{T}}}{\partial t_f}\boldsymbol{\mu}\right]\Bigg|_{t=t_f}\delta t_f +$$
$$\mathrm{d}\boldsymbol{x}^{\mathrm{T}}(t_f)\left[\frac{\partial \boldsymbol{\Phi}}{\partial \boldsymbol{x}} + \frac{\partial \boldsymbol{N}^{\mathrm{T}}}{\partial \boldsymbol{x}}\boldsymbol{\mu} + \frac{\partial \boldsymbol{\Psi}}{\partial \dot{\boldsymbol{x}}}\right]\Bigg|_{t=t_f} + \delta \boldsymbol{w}^{\mathrm{T}}(t_f)\frac{\partial \boldsymbol{\Psi}}{\partial \dot{\boldsymbol{w}}}\Bigg|_{t=t_f} + \tag{6.201}$$
$$\delta \boldsymbol{z}^{\mathrm{T}}(t_f)\frac{\partial \boldsymbol{\Psi}}{\partial \dot{\boldsymbol{z}}}\Bigg|_{t=t_f} + \int_{t_0}^{t_f}\left\{\delta \boldsymbol{x}^{\mathrm{T}}\left[\frac{\partial \boldsymbol{\Psi}}{\partial \boldsymbol{x}} - \frac{\mathrm{d}}{\mathrm{d}t}\frac{\partial \boldsymbol{\Psi}}{\partial \dot{\boldsymbol{x}}}\right] - \delta \boldsymbol{w}^{\mathrm{T}}\frac{\mathrm{d}}{\mathrm{d}t}\frac{\partial \boldsymbol{\Psi}}{\partial \dot{\boldsymbol{w}}} - \delta \boldsymbol{z}^{\mathrm{T}}\frac{\mathrm{d}}{\mathrm{d}t}\frac{\partial \boldsymbol{\Psi}}{\partial \dot{\boldsymbol{z}}}\right\}\mathrm{d}t$$

由于δt_f、$\delta \boldsymbol{x}(t_f)$、$\delta \boldsymbol{x}$、$\delta \boldsymbol{w}$及$\delta z$都是任意的，于是由$\delta J_1 = 0$可得增广性能泛函取极值的必要条件，是下列各关系式成立。

1）欧拉方程

$$\frac{\partial \boldsymbol{\Psi}}{\partial \boldsymbol{x}} - \frac{\mathrm{d}}{\mathrm{d}t}\frac{\partial \boldsymbol{\Psi}}{\partial \dot{\boldsymbol{x}}} = 0 \tag{6.202}$$

$$\frac{\partial \boldsymbol{\Psi}}{\partial \boldsymbol{w}} - \frac{\mathrm{d}}{\mathrm{d}t}\frac{\partial \boldsymbol{\Psi}}{\partial \dot{\boldsymbol{w}}} = 0 \quad 即 \quad \frac{\mathrm{d}}{\mathrm{d}t}\frac{\partial \boldsymbol{\Psi}}{\partial \dot{\boldsymbol{w}}} = 0 \tag{6.203}$$

$$\frac{\partial \boldsymbol{\Psi}}{\partial z} - \frac{\mathrm{d}}{\mathrm{d}t}\frac{\partial \boldsymbol{\Psi}}{\partial \dot{z}} = 0 \quad 即 \quad \frac{\mathrm{d}}{\mathrm{d}t}\frac{\partial \boldsymbol{\Psi}}{\partial \dot{z}} = 0 \tag{6.204}$$

2）横截条件

$$\left[\boldsymbol{\Psi} - \dot{\boldsymbol{x}}^{\mathrm{T}}\frac{\partial \boldsymbol{\Psi}}{\partial \dot{\boldsymbol{x}}} + \frac{\partial \boldsymbol{\Phi}}{\partial t_f} + \frac{\partial \boldsymbol{N}^{\mathrm{T}}}{\partial t_f}\boldsymbol{\mu}\right]\Bigg|_{t=t_f} = 0 \tag{6.205}$$

$$\left[\frac{\partial \boldsymbol{\Phi}}{\partial \boldsymbol{x}} + \frac{\partial \boldsymbol{N}^{\mathrm{T}}}{\partial \boldsymbol{x}}\boldsymbol{\mu} + \frac{\partial \boldsymbol{\Psi}}{\partial \dot{\boldsymbol{x}}}\right]\Bigg|_{t=t_f} = 0 \tag{6.206}$$

$$\frac{\partial \boldsymbol{\Psi}}{\partial \dot{\boldsymbol{w}}}\Bigg|_{t=t_f} = 0 \tag{6.207}$$

$$\frac{\partial \boldsymbol{\Psi}}{\partial \dot{z}}\Bigg|_{t=t_f} = 0 \tag{6.208}$$

将$\boldsymbol{\Psi}$代入式（6.202），并注意到$\frac{\partial \boldsymbol{\Psi}}{\partial \dot{\boldsymbol{x}}} = -\boldsymbol{\lambda}$，便得到：

1）欧拉方程

$$\dot{\boldsymbol{\lambda}} = -\frac{\partial H}{\partial \boldsymbol{x}} - \frac{\partial \boldsymbol{g}^{\mathrm{T}}}{\partial \boldsymbol{x}}\gamma \tag{6.209}$$

$$\frac{\mathrm{d}}{\mathrm{d}t}\left[\frac{\partial H}{\partial \dot{\boldsymbol{w}}} + \frac{\partial \boldsymbol{g}^{\mathrm{T}}}{\partial \dot{\boldsymbol{w}}}\gamma\right] = 0 \tag{6.210}$$

$$\frac{\mathrm{d}}{\mathrm{d}t}(\boldsymbol{\gamma}^{\mathrm{T}}\dot{z}) = 0 \tag{6.211}$$

2）横截条件

$$\left[\frac{\partial \boldsymbol{\Phi}}{\partial t_f} + \frac{\partial \boldsymbol{N}^{\mathrm{T}}}{\partial t_f}\boldsymbol{\mu} + H\right]\Bigg|_{t=t_f} = 0 \tag{6.212}$$

$$\left[\frac{\partial \boldsymbol{\Phi}}{\partial \boldsymbol{x}} + \frac{\partial \boldsymbol{N}^{\mathrm{T}}}{\partial \boldsymbol{x}}\boldsymbol{\mu} - \boldsymbol{\lambda}\right]\Bigg|_{t=t_f} = 0 \tag{6.213}$$

$$\left[\frac{\partial H}{\partial \dot{\boldsymbol{w}}}+\frac{\partial \boldsymbol{g}^{\mathrm{T}}}{\partial \dot{\boldsymbol{w}}}\boldsymbol{\gamma}\right]\bigg|_{t=t_f}=0 \tag{6.214}$$

$$\boldsymbol{\gamma}^{\mathrm{T}}\dot{z}\big|_{t=t_f}=0 \tag{6.215}$$

对上列方程稍作分析可知：

1）由式（6.209）看出，只有当 $\boldsymbol{g}$ 不含 $\boldsymbol{x}$ 时，才有：

$$\dot{\boldsymbol{\lambda}}=-\frac{\partial H}{\partial \boldsymbol{x}} \tag{6.216}$$

与通常的伴随方程一致。

2）式（6.203）和式（6.204）说明 $\frac{\partial \Psi}{\partial \dot{\boldsymbol{w}}}$ 和 $\frac{\partial \Psi}{\partial \dot{z}}$ 均为常数，又由式（6.207）和式（6.208）可知，它们在终端处为零，故沿最优轨线，恒有：

$$\frac{\partial \Psi}{\partial \dot{\boldsymbol{w}}}=\frac{\partial \Psi}{\partial \dot{z}}\equiv 0 \tag{6.217}$$

3）若将 Ψ 代入 $\frac{\partial \Psi}{\partial \dot{\boldsymbol{w}}}\equiv 0$，则得 $\frac{\partial H}{\partial \dot{\boldsymbol{w}}}+\frac{\partial \boldsymbol{g}^{\mathrm{T}}}{\partial \dot{\boldsymbol{w}}}\boldsymbol{\gamma}=0$ 即 $\frac{\partial H}{\partial \boldsymbol{u}}=-\frac{\partial \boldsymbol{g}^{\mathrm{T}}}{\partial \boldsymbol{u}}\boldsymbol{\gamma}$。这表明在有不等式约束情况下，沿最优轨线 $\frac{\partial H}{\partial \boldsymbol{u}}=0$ 这个条件已不成立。

值得指出的是，式（6.209）～式（6.215）只给出了最优解的必要条件。为使最优解为极小，则还必须满足维尔斯特拉斯 E 函数沿最优轨线为非负的条件，即

$$\begin{aligned} E=&\Psi[\boldsymbol{x}^*,\boldsymbol{w}^*,z^*,\dot{\boldsymbol{x}},\dot{\boldsymbol{w}},\dot{z}]-\Psi[\boldsymbol{x}^*,\boldsymbol{w}^*,z^*,\dot{\boldsymbol{x}}^*,\dot{\boldsymbol{w}}^*,\dot{z}^*]-\\ &[\dot{\boldsymbol{x}}-\dot{\boldsymbol{x}}^*]^{\mathrm{T}}\frac{\partial \Psi}{\partial \dot{\boldsymbol{x}}}-[\dot{\boldsymbol{w}}-\dot{\boldsymbol{w}}^*]^{\mathrm{T}}\frac{\partial \Psi}{\partial \dot{\boldsymbol{w}}}-[\dot{z}-\dot{z}^*]^{\mathrm{T}}\frac{\partial \Psi}{\partial \dot{z}}\geqslant 0 \end{aligned} \tag{6.218}$$

由于沿最优轨线有 $\frac{\partial \Psi}{\partial \dot{\boldsymbol{x}}}=-\lambda$ 和 $\frac{\partial \Psi}{\partial \dot{\boldsymbol{w}}}\equiv 0$，$\frac{\partial \Psi}{\partial \dot{z}}\equiv 0$，并且 $\dot{z}^2=\boldsymbol{g}$（$\boldsymbol{x}$，$\dot{\boldsymbol{w}}$，t），所以上式可写成：

$$\begin{aligned} &\Psi[\boldsymbol{x}^*,\boldsymbol{\lambda}^*,\boldsymbol{\gamma}^*,\dot{\boldsymbol{x}},\dot{\boldsymbol{w}},\dot{z}]-\Psi[\boldsymbol{x}^*,\boldsymbol{\lambda}^*,\boldsymbol{\gamma}^*,\dot{\boldsymbol{x}}^*,\dot{\boldsymbol{w}}^*,\dot{z}^*]-[\dot{\boldsymbol{x}}-\dot{\boldsymbol{x}}^*]^{\mathrm{T}}\frac{\partial \Psi}{\partial \dot{\boldsymbol{x}}}\\ &=\Psi[\boldsymbol{x}^*,\boldsymbol{\lambda}^*,\boldsymbol{\gamma}^*,\dot{\boldsymbol{x}},\dot{\boldsymbol{w}},\dot{z}]+\boldsymbol{\lambda}^{*\mathrm{T}}\dot{\boldsymbol{x}}-\{\Psi[\boldsymbol{x}^*,\boldsymbol{\lambda}^*,\boldsymbol{\gamma}^*,\dot{\boldsymbol{x}}^*,\dot{\boldsymbol{w}}^*,\dot{z}^*]+\boldsymbol{\lambda}^{*\mathrm{T}}\dot{\boldsymbol{x}}^*\}\geqslant 0 \end{aligned}$$

即

$$E=H[\boldsymbol{x}^*,\boldsymbol{\lambda}^*,\dot{\boldsymbol{w}},t]-H[\boldsymbol{x}^*,\boldsymbol{\lambda}^*,\dot{\boldsymbol{w}}^*,t]\geqslant 0 \tag{6.219}$$

以 $\dot{\boldsymbol{w}}=\boldsymbol{u}$，$\dot{\boldsymbol{w}}^*=\boldsymbol{u}^*$ 代入上式，便得：

$$H[\boldsymbol{x}^*,\boldsymbol{\lambda}^*,\boldsymbol{u},t]\geqslant H[\boldsymbol{x}^*,\boldsymbol{\lambda}^*,\boldsymbol{u}^*,t] \tag{6.220}$$

上式表明，如果把哈密尔顿函数 H 看成 $\boldsymbol{u}$（t）$\in U$ 的函数，那么最优轨线上与最优控制 $\boldsymbol{u}^*(t)$ 相对应的 H 将取绝对极小值（即最小值）。这是极小值原理的一个重要结论。

综上所述，可归纳成下列定理。

定理 6.8.1　设系统状态方程为：

$$\dot{\boldsymbol{x}}=\boldsymbol{f}[\boldsymbol{x},\boldsymbol{u},t] \tag{6.221}$$

始端条件为：　$\boldsymbol{x}(t_0)=\boldsymbol{x}_0$

控制约束为：

$$\boldsymbol{u} \in U, \boldsymbol{g}[\boldsymbol{x}, \boldsymbol{u}, t] \geqslant 0 \tag{6.222}$$

终端约束为：

$$\boldsymbol{N}[\boldsymbol{x}(t_f), t_f] = 0, t_f \text{ 待定} \tag{6.223}$$

性能泛函为：

$$J = \Phi[\boldsymbol{x}(t_f), t_f] + \int_{t_0}^{t_f} L[\boldsymbol{x}(t), \boldsymbol{u}(t), t] \mathrm{d}t \tag{6.224}$$

取哈密尔顿函数为：

$$H = L[\boldsymbol{x}(t), \boldsymbol{u}(t), t] + \boldsymbol{\lambda}^{\mathrm{T}} \boldsymbol{f}[\boldsymbol{x}, \boldsymbol{u}, t] \tag{6.225}$$

则实现最优控制的必要条件是，最优控制 $\boldsymbol{u}^*$、最优轨线 $\boldsymbol{x}^*$ 和最优协态矢量 $\boldsymbol{\lambda}^*$ 满足下列关系式：

1）沿最优轨线满足正则方程

$$\dot{\boldsymbol{x}} = \frac{\partial H}{\partial \boldsymbol{\lambda}} \tag{6.226}$$

$$\dot{\boldsymbol{\lambda}} = -\frac{\partial H}{\partial \boldsymbol{x}} - \frac{\partial \boldsymbol{g}^{\mathrm{T}}}{\partial \boldsymbol{x}} \boldsymbol{\gamma} \tag{6.227}$$

若 $\boldsymbol{g}$ 不包含 $\boldsymbol{x}$，则为：

$$\dot{\boldsymbol{\lambda}} = -\frac{\partial H}{\partial \boldsymbol{x}} \tag{6.228}$$

2）在最优轨线上，与最优控制 $\boldsymbol{u}^*$ 相应的 H 函数取绝对极小值，即

$$\min_{\boldsymbol{u} \in U} H[\boldsymbol{x}^*, \boldsymbol{\lambda}^*, \boldsymbol{u}, t] = H[\boldsymbol{x}^*, \boldsymbol{\lambda}^*, \boldsymbol{u}^*, t]$$

或

$$H[\boldsymbol{x}^*, \boldsymbol{\lambda}^*, \boldsymbol{u}^*, t] \leqslant H[\boldsymbol{x}^*, \boldsymbol{\lambda}^*, \boldsymbol{u}, t] \tag{6.229}$$

沿最优轨线，有

$$\frac{\partial H}{\partial \boldsymbol{u}} = -\frac{\partial \boldsymbol{g}^{\mathrm{T}}}{\partial \boldsymbol{u}} \boldsymbol{\gamma} \tag{6.230}$$

3）H 函数在最优轨线终点处的值决定于：

$$\left[H + \frac{\partial \Phi}{\partial t_f} + \boldsymbol{\mu}^{\mathrm{T}} \frac{\partial \boldsymbol{N}}{\partial t_f}\right]\bigg|_{t=t_f} = 0 \tag{6.231}$$

4）协态终值满足横截条件：

$$\boldsymbol{\lambda}(t_f) = \left[\frac{\partial \Phi}{\partial \boldsymbol{x}(t_f)} + \frac{\partial \boldsymbol{N}^{\mathrm{T}}}{\partial \boldsymbol{x}(t_f)} \boldsymbol{\mu}\right]\bigg|_{t=t_f} \tag{6.232}$$

5）满足边界条件：

$$\begin{aligned} \boldsymbol{x}(t_0) &= \boldsymbol{x}_0 \\ \boldsymbol{N}[\boldsymbol{x}(t_f), t_f] &= 0 \end{aligned} \tag{6.233}$$

这就是著名的极小值原理。

将上述条件与等式约束下最优控制的必要条件做一比较，可以发现，横截条件和端点边界条件没有改变，只是 $\partial H / \partial \boldsymbol{u} = 0$ 这一条件不成立，代之以条件 $\min_{\boldsymbol{u} \in U} H[\boldsymbol{x}^*, \boldsymbol{\lambda}^*, \boldsymbol{u}, t] = H[\boldsymbol{x}^*, \boldsymbol{\lambda}^*, \boldsymbol{u}^*, t]$。此外，协态方程也略有改变，仅当 $\boldsymbol{g}$ 函数中不包含 $\boldsymbol{x}$ 时，

方程才与前面的一致。

下面对定理 6.8.1 做些说明：

1）定理的第一、第二个条件，即式（6.226）~式（6.229），普遍适用于求解各种类型的最优控制问题，且与边界条件形式或终端时刻自由与否无关。其中第二个条件：

$$\min_{\boldsymbol{u}\in U} H[\boldsymbol{x}^*,\boldsymbol{\lambda}^*,\boldsymbol{u},t] = H[\boldsymbol{x}^*,\boldsymbol{\lambda}^*,\boldsymbol{u}^*,t]$$

说明，当 $\boldsymbol{u}(t)$ 与 $\boldsymbol{u}^*(t)$ 都从容许的有界闭集 U 中取值时，只有 $\boldsymbol{u}^*(t)$ 能使 H 函数沿最优轨线 $\boldsymbol{x}^*(t)$ 取全局最小值。这一性质与闭集 U 的特性无关。

第三个条件，即式（6.231），描述了 H 函数终值 $H|_{t=t_f}$ 与 t_f 的关系，可用于确定 t_f 的值。在定理推导过程中看出，该条件是由于 t_f 变动而产生的，因此当终端时刻固定时，该条件将不复存在。

第四、第五个条件，即式（6.232）~式（6.233），将为正则方程式（6.226）~式（6.228）提供数量足够的（$2n$ 个）边值条件。若初态固定，其一半由 $\boldsymbol{x}(t_0)=\boldsymbol{x}_0$ 提供，另一半则由状态终值约束方程式（6.233）和协态终值方程式（6.232）共同提供。例如，若终态固定，这一半便由状态终值 $\boldsymbol{x}(t_f)=\boldsymbol{x}_f$ 提供，而毋须再对协态终值附加任何约束条件；若 $\boldsymbol{x}(t_f)\in R^n$ 中的 k 维光滑流形，则状态终值仅提供 $n-k$ 个条件，其余 k 个条件得靠协态终值来补足。这意味，在终端时刻状态自由度的扩大是以协态自由度缩小为代价的。但在任何情况下，由状态终值和协态终值提供条件的总和都是 n 个。

2）当控制矢量无界时，控制方程 $\partial H/\partial \boldsymbol{u}=0$ 成立。但当控制矢量有界时，正如同一个定义在闭区间上的函数不能用导数等于零去判定它在两个端点处取值一样，这里，$\partial H/\partial \boldsymbol{u}=0$ 不成立了，而应代之 H 为全局最小。从 $\partial H/\partial \boldsymbol{u}=0$ 的形式看，虽然也是寻求 H 为极小（或极大）的必要条件。但在变分法中，由于 $\boldsymbol{u}^*(t)$ 只和“接近”的 $\boldsymbol{u}(t)$ 作比较，所以 $\boldsymbol{u}^*(t)$ 只能使 H 取得相对极小（或极大）值，甚至只能得到好的驻点条件。不难理解，当满足变分法应用条件时，用 $\partial H/\partial \boldsymbol{u}=0$ 求解控制矢量无界时的泛函极值问题只是最小值原理应用的一个特例。

3）最优控制 $\boldsymbol{u}^*(t)$ 保证哈密尔顿函数取全局最小值，所谓“极小值原理”一词正源于此。在证明这一原理过程中，如果定义 $\boldsymbol{\lambda}$ 与 H 的符号恰好与上面相反，$\overline{H}=-H$，可得结论：

$$\max_{\boldsymbol{u}\in U} \overline{H}[\boldsymbol{x}^*,\lambda^*,\boldsymbol{u},t] = \overline{H}[\boldsymbol{x}^*,\boldsymbol{\lambda}^*,\boldsymbol{u}^*,t]$$

因此在有些文献中亦称“极大值原理”。

4）极小值原理只给出最优控制的必要条件并非充要条件。可以这样说，凡不符合极小值原理的控制必不是最优控制；凡符合极小值原理求得的每个控制，还只是最优控制的候选函数，至于到底哪个是最优控制，还得根据问题的性质加以判定，或进一步从数学上予以证明。但是能够证明，对于线性系统，极小值原理既是泛函取最小值的必要条件，也是充分条件。

此外，极小值原理没有涉及最优控制的存在性和唯一性问题。

5）极小值原理的实际意义在于放宽了控制条件，解决了当控制为有界闭集时，容许控制的求解问题。它不要求 H 对 $\boldsymbol{u}$ 有可微性。例如，当 $H(\boldsymbol{u})$ 为线性函数，或者在容许控制范围内，$H(\boldsymbol{u})$ 是单调上升（或下降）时，由极小值原理求得的最优控制在边界上，但用变分法却求不出来，因为 $\partial H/\partial \boldsymbol{u}=0$ 已不适用。

【例 6-13】 设系统的状态方程为：

$$\dot{x} = x - u,\ x(0) = 5$$

控制约束$\frac{1}{2} \leqslant u \leqslant 1$，求 $u(t)$ 使

$$\min J = \int_0^1 (x + u)\mathrm{d}t$$

解 这是个终端自由的容许控制问题。

(1) 由哈密尔顿函数：

$$H = L + \lambda f = x + u + \lambda(x - u)$$
$$= x(1 + \lambda) + u(1 - \lambda)$$

可见 H 是 u 的线性函数，$\frac{\partial H}{\partial u} = 1 - \lambda$ 与 u 无关。根据极小值原理，求 H 极小等效于求泛函极小，这只要使 u $(1-\lambda)$ 为极小即可。u 的上界为 1，下界为$\frac{1}{2}$，因此：

当 $\lambda > 1$ 时应取 $u^*(t) = 1$（上界）

$\lambda < 1$ 时，$u^*(t) = \frac{1}{2}$（下界）

(2) 求 λ (t) 以确定 u 的切换点

由协态方程 $\dot{\lambda} = -\frac{\partial H}{\partial x} = -(1 + \lambda)$ 得

$$\dot{\lambda} + \lambda = -1$$

其解为 $\lambda = -1 + C\mathrm{e}^{-t}$

当 $t_f = 1$ 时 $\lambda(t_f) = \lambda(1) = 0, C = \mathrm{e}$

故 $\lambda = \mathrm{e}^{1-t} - 1$

切换点：令 $\lambda = 1$，得 $t = 1 - \ln 2 \approx 0.307$

$$\lambda > 1, 对应\ t < 0.307, u^* = 1$$

$$\lambda < 1, 对应\ t > 0.307, u^* = \frac{1}{2}$$

(3) 求状态轨线 $x(t)$

解状态方程 $\dot{x} = x - u$：

当 $0 \leqslant t < 0.307$ 时 $u^* = 1$ 得 $x = 1 + C_1\mathrm{e}^t$，考虑 $x(0) = 5$ 故 $x^*(t) = 4\mathrm{e}^t + 1$

当 $0.307 < t \leqslant 1$ 时 $u^* = \frac{1}{2}$ 得 $x = \frac{1}{2} + C_2\mathrm{e}^t$

考虑第一段的终值 $x(0.307) = 6.438$ 为第二段初值，故 $x^*(t) = 4.368\mathrm{e}^t + 0.5$。

(4) 求 $J^* = J(u^*)$

$$J^* = \int_0^{0.307} (x + 1)\mathrm{d}t + \int_{0.307}^1 \left(x + \frac{1}{2}\right)\mathrm{d}t$$
$$= \int_0^{0.307} (4\mathrm{e}^t + 2)\mathrm{d}t + \int_{0.307}^1 \left(4.368\mathrm{e}^t + \frac{1}{2}\right)\mathrm{d}t = 8.684$$

各有关曲线如图 6.14 所示。

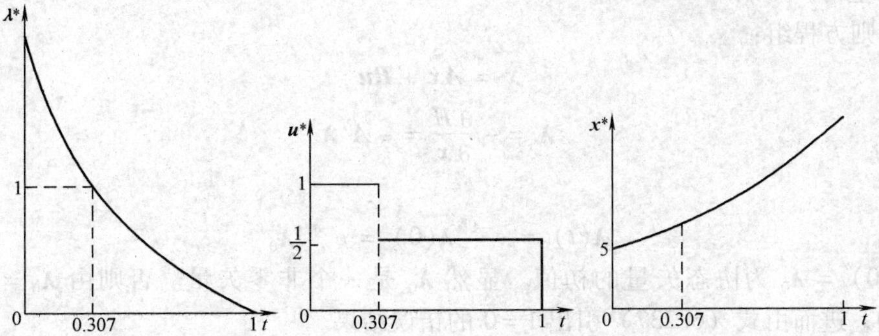

图 6.14 例 6.13 的最优解

6.9 Bang-Bang 控制

从原理上说，应用极小值原理求解最优控制是方便的，但要具体解出 $\boldsymbol{u}^*(t)$ 却极难。现在讨论一种特殊情况，在这种特殊情况下，控制矢量的各个分量都取控制域的边界值，而且不断地从一个边界值切换到另一个边界值，从而构成一种最强的控制作用，称为开关控制。如果拟声，又称 Bang-Bang 控制。时间最优是 Bang-Bang 控制的一个典型例子。由于其性能指标特别简单（或是 $\Phi=0$，$L=1$；或是 $\Phi=t_f$，$L=0$，其中 t_f 自由。二者等效），因而研究得最早，所得结果也最为成熟。

设能控的线性定常系统状态方程为：

$$\left.\begin{aligned}\dot{\boldsymbol{x}}(t) &= \boldsymbol{A}\boldsymbol{x}(t) + \boldsymbol{B}\boldsymbol{u}(t)\\ \boldsymbol{x}(0) &= \boldsymbol{x}_0, \boldsymbol{x}(t_f) = 0, t_f \text{ 待求}\end{aligned}\right\} \tag{6.234}$$

性能指标为：

$$\min_u J = \int_0^{t_f} 1\mathrm{d}t \tag{6.235}$$

控制约束为：

$$-1 \leqslant u_i(t) \leqslant 1 \text{ 或} |u_i(t)| \leqslant 1, i = 1,2,\cdots,r \tag{6.236}$$

寻求最优控制 $\boldsymbol{u}^*(t)$，使系统以最短时间从给定初态 $\boldsymbol{x}(t_0)$ 转移到原点 $\boldsymbol{x}(t_f)=0$。

在这里，$\Phi[\boldsymbol{x}(t_f),t_f]=0$，$L[\boldsymbol{x}(t),\boldsymbol{u}(t),t]=1$，故哈密尔顿函数为：

$$\begin{aligned}H[\boldsymbol{x},\boldsymbol{u},\boldsymbol{\lambda}] &= 1 + \boldsymbol{\lambda}^{\mathrm{T}}[\boldsymbol{A}\boldsymbol{x} + \boldsymbol{B}\boldsymbol{u}]\\ &= 1 + \boldsymbol{x}^{\mathrm{T}}\boldsymbol{A}^{\mathrm{T}}\boldsymbol{\lambda} + \boldsymbol{u}^{\mathrm{T}}\boldsymbol{B}^{\mathrm{T}}\boldsymbol{\lambda}\end{aligned} \tag{6.237}$$

为使 H 为全局最小，可知最优控制为：

$$\boldsymbol{u}^*(t) = -\mathrm{SGN}[\boldsymbol{B}^{\mathrm{T}}\boldsymbol{\lambda}] \tag{6.238}$$

或

$$u_i^*(t) = -\mathrm{sgn}\,[(\boldsymbol{B}^{\mathrm{T}}\boldsymbol{\lambda})_i],\ i=1,\ 2,\ \cdots,\ r$$

其中 $(\boldsymbol{B}^{\mathrm{T}}\boldsymbol{\lambda})_i$ 为矢量 $\boldsymbol{B}^{\mathrm{T}}\boldsymbol{\lambda}$ 的第 i 行。sgn 是符号函数，定义如下：

$$\mathrm{sgn}(\alpha) = \begin{cases} +1 & \text{当 } \alpha > 0\\ 0 & \text{当 } \alpha = 0\\ -1 & \text{当 } \alpha < 0\end{cases} \tag{6.239}$$

当 α 为矢量时，则用 SGN 表示。

由正则方程组：

$$\dot{\boldsymbol{x}} = \boldsymbol{A}\boldsymbol{x} + \boldsymbol{B}\boldsymbol{u} \tag{6.240}$$

$$\dot{\boldsymbol{\lambda}} = -\frac{\partial H}{\partial \boldsymbol{x}} = -\boldsymbol{A}^{\mathrm{T}}\boldsymbol{\lambda} \tag{6.241}$$

解得：

$$\boldsymbol{\lambda}(t) = \mathrm{e}^{-\boldsymbol{A}^{\mathrm{T}}t}\boldsymbol{\lambda}(0) = \mathrm{e}^{-\boldsymbol{A}^{\mathrm{T}}t}\boldsymbol{\lambda}_0 \tag{6.242}$$

式中，$\lambda(0) = \boldsymbol{\lambda}_0$ 为协态矢量的初值。显然 $\boldsymbol{\lambda}_0$ 是一个非零矢量。否则由 $\boldsymbol{\lambda}_0 = 0$ 将导致 $\boldsymbol{\lambda}(t) = 0$，进而由式（6.237）引出 1 = 0 的错误结果。

将式（6.242）代入式（6.238），得：

$$\boldsymbol{u}^*(t) = -\mathrm{SGN}[\boldsymbol{B}^{\mathrm{T}}\mathrm{e}^{-\boldsymbol{A}^{\mathrm{T}}t}\boldsymbol{\lambda}_0] \tag{6.243}$$

由此可见，时间最优控制是开关控制（Bang-Bang 控制），它要求控制变量只取边界（最大）值，但符号与 $\boldsymbol{\lambda}(t)$ 相反。

现在讨论时间最优控制的惟一性和开关次数问题。

定理 6.9.1 线性定常系统 $\sum = (\boldsymbol{A}, \boldsymbol{B}, \boldsymbol{C})$，若存在时间最优控制 $u^*(t)$，则该控制 $u_i^*(t)$，$\boldsymbol{i} = 1, 2, \cdots, \boldsymbol{r}$ 是惟一的。

证明 用反证法。设存在两个控制 $\boldsymbol{u}^*$ 及 $\boldsymbol{v}^*$，$\boldsymbol{u}^* \neq \boldsymbol{v}^*$，但都能以相同的最小时间 t_f^* 使系统完成从初值 $\boldsymbol{x}_0$ 到零状态的转移，因此有：

$$0 = \boldsymbol{x}(t_f^*) = \mathrm{e}^{At_f^*}\boldsymbol{x}(0) + \int_0^{t_f^*}\mathrm{e}^{A(t-\tau)}\boldsymbol{B}\boldsymbol{u}^*(\tau)\mathrm{d}\tau \tag{6.244}$$

$$0 = \boldsymbol{x}(t_f^*) = \mathrm{e}^{At_f^*}\boldsymbol{x}(0) + \int_0^{t_f^*}\mathrm{e}^{A(t-\tau)}\boldsymbol{B}\boldsymbol{v}(\tau)\mathrm{d}\tau \tag{6.245}$$

令 $\boldsymbol{w}(t) = \frac{1}{2}(\boldsymbol{u}^* + \boldsymbol{v}^*)$，显然在 $\boldsymbol{w}(\cdot)$ 作用下，系统在 t_f^* 时刻也将初值 $\boldsymbol{x}_0$ 转移到原点 $x(t_f^*) = 0$。即

$$\mathrm{e}^{At_f^*}\boldsymbol{x}(0) + \int_0^{t_f^*}\mathrm{e}^{A(t-\tau)}\boldsymbol{B}\boldsymbol{w}(\tau)\mathrm{d}\tau = 0 \tag{6.246}$$

所以 $\boldsymbol{w}$ 也是最小时间控制，根据前面的结论，$\boldsymbol{u}^*(\cdot)$ 和 $\boldsymbol{v}^*(\cdot)$ 都是 Bang-Bang 控制，又 $\boldsymbol{u}^*(t) \neq \boldsymbol{v}^*(t)$，所以在 $\boldsymbol{u}^*(\cdot)$ 和 $\boldsymbol{v}^*(\cdot)$ 不相等的时刻上，有 $\boldsymbol{w}(t) = 0$，即：$\boldsymbol{w}(\cdot)$ 不是 Bang-Bang 控制，与 $\boldsymbol{w}(\cdot)$ 是最优控制矛盾，因此有：

$$\boldsymbol{u}^*(t) \equiv \boldsymbol{v}^*(t) \tag{6.247}$$

这表明控制 $\boldsymbol{u}^*(t)$ 是惟一的。

定理 6.9.2 若线性定常系统 $\sum = (\boldsymbol{A}, \boldsymbol{B}, \boldsymbol{C})$，存在时间最优控制 $u^*(t)$ 满足 $|u_i(\boldsymbol{t})| \leqslant 1$，$i = 1, 2, \cdots, r$，且矩阵 $\boldsymbol{A}$ 的特征值均为实数，则每一个 $u_i(t)$ 都是 Bang-Bang 控制，且在两个边界值之间至多切换 $n-1$ 次。

注意，若 $\boldsymbol{A}$ 的特征值出现复数，情况就完全不同了。因为此时无法确定其切换次数的上界，除非预先指定了时间间隔。

（证明略）

顺便指出，若线性定常系统矩阶 $\boldsymbol{A}$ 的特征值均具非正的实部，控制 $\boldsymbol{u}(t)$ 为容许控

制，则其时间最优控制必定存在。

6.10　双积分系统的时间最优控制

设双积分系统的状态方程为：

$$\left.\begin{aligned}\dot{x}_1(t) &= x_2(t)\\ \dot{x}_2(t) &= \boldsymbol{u}(t)\end{aligned}\right\} \tag{6.248}$$

或写成矩阵形式：　$\dot{\boldsymbol{x}}(t) = \begin{bmatrix}0 & 1\\ 0 & 0\end{bmatrix}\boldsymbol{x}(t) + \begin{bmatrix}0\\ 1\end{bmatrix}\boldsymbol{u}(t)$

初始条件：　$\boldsymbol{x}(t_0) = \boldsymbol{x}_0$

终端条件：　$\boldsymbol{x}(t_f) = 0$

控制约束：　$-1 \leqslant \boldsymbol{u}(t) \leqslant 1 \ (t_0 < t < t_f)$

性能指标：

$$J = \int_{t_0}^{t_f} 1\,\mathrm{d}t \tag{6.249}$$

求最优控制 $\boldsymbol{u}^*(t)$，把系统从初态转移到终态，使 $J = t_f - t_0$ 为极小。

6.10.1　根据极小值原理确定最优控制

列出哈密尔顿函数

$$H = L + \boldsymbol{\lambda}^{\mathrm{T}}\boldsymbol{f} = 1 + \lambda_1 x_2 + \lambda_2 \boldsymbol{u} \tag{6.250}$$

为使 H 全局最小，可得最优控制：

$$\boldsymbol{u}^*(t) = -\mathrm{SGN}[\boldsymbol{B}^{\mathrm{T}}\boldsymbol{\lambda}(t)] = -\mathrm{SGN}\left\{[0,1]\begin{bmatrix}\lambda_1(t)\\ \lambda_2(t)\end{bmatrix}\right\} = -\mathrm{sgn}[\lambda_2(t)] \tag{6.251}$$

由协态方程

$$\dot{\boldsymbol{\lambda}} = -\frac{\partial H}{\partial \boldsymbol{x}} = -\boldsymbol{A}^{\mathrm{T}}\boldsymbol{\lambda}$$

得：

$$\dot{\boldsymbol{\lambda}} = -\begin{bmatrix}0 & 0\\ 1 & 0\end{bmatrix}\boldsymbol{\lambda}$$

即　$\dot{\lambda}_1(t) = 0,\ \dot{\lambda}_2(t) = -\lambda_1(t)$

解得：

$$\lambda_1(t) = \lambda_{10},\ \lambda_2(t) = \lambda_{20} - \lambda_{10}t \tag{6.252}$$

故

$$u^*(t) = -\mathrm{sgn}[\lambda_{20} - \lambda_{10}t] = \pm 1 \tag{6.253}$$

在 $\lambda_2(t)$ —t 平面上，$\lambda_2(t)$ 是一直线，其四种可能形状以及与之相应的 $u^*(t)$，如图 6.15 所示。

显而易见，可供选择的最优控制序列有下列四种：

$$\{-1\},\{+1\},\{-1,\ +1\},\{+1,\ -1\} \tag{6.254}$$

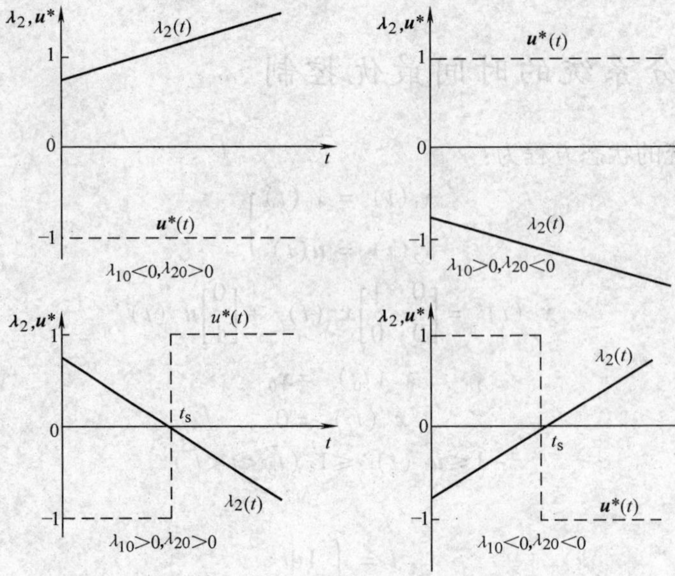

图 6.15　λ_2 (t) 与 $\boldsymbol{u}$ (t) 的对应关系

切换次数至多一次。切换时刻为：

$$t_s = \frac{\lambda_{20}}{\lambda_{10}} \tag{6.255}$$

6.10.2　状态轨线及开关曲线

为了用状态反馈实现最优控制，现在来寻找 $\boldsymbol{u}^*(t)$ 与 $\boldsymbol{x}^*(t)$ 之间的关系。

当 $u^* = +1$ 时，状态方程的解为：

$$x_2(t) = x_{20} + t$$

$$x_1(t) = x_{10} + x_{20}t + \frac{1}{2}t^2$$

消去时间变量 t，可得相应的最优轨线方程为：

$$x_1(t) = \frac{1}{2}x_2^2(t) + C \tag{6.256}$$

在图 6.16 中用实线表示。由于 $x_2(t) = x_{20} + t$ 随 t 增大，故最优轨线行进的方向自下而上，如曲线上箭头所示。

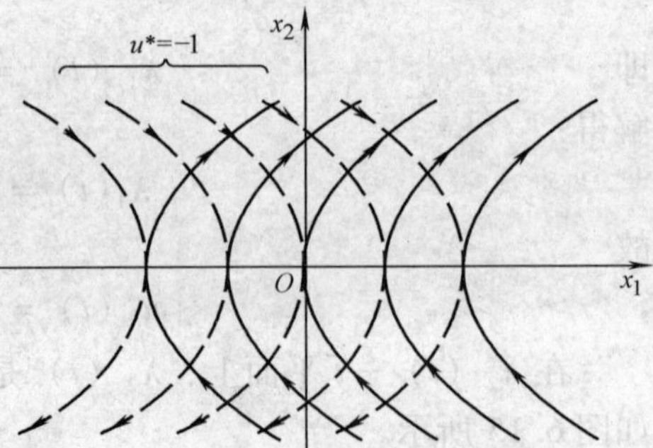

图 6.16　时间最优控制中的状态轨线

当 $u^* = -1$ 时，状态方程的解为：

$$x_2(t) = x_{20} - t$$

$$x_1(t) = x_{10} + x_{20}t - \frac{1}{2}t^2$$

相应的最优轨线方程为：

$$x_1(t) = -\frac{1}{2}x_2^2(t) + C \tag{6.257}$$

在图 6.16 中用虚线表示。由于 $x_2(t)$ 随 t 减小，故曲线上箭头方向自上而下。

由图可见，这种时间最优系统中的状态轨线是两簇开口相反的抛物线。当 $u^* = +1$ 时，开口向右，当 $u^* = -1$ 时开口向左。每簇曲线的半支能引向原点。

在 $u^* = +1$ 的曲线簇中，通过原点的曲线方程为：

$$x_1(t) = \frac{1}{2}x_2^2(t), x_2(t) \leqslant 0 \tag{6.258}$$

这半支抛物线记为 γ_+。在 $u^* = -1$ 的曲线簇中，通过原点的曲线方程为：

$$x_1(t) = -\frac{1}{2}x_2^2(t), x_2(t) \geqslant 0 \tag{6.259}$$

这半支抛物线记为 γ_-。如果将 γ_+ 和 γ_- 合起来看成一条通过原点的曲线，方程为：

$$x_1(t) = -\frac{1}{2}x_2(t)\,|x_2(t)| \tag{6.260}$$

这条曲线称为开关曲线 γ，如图 6.17 所示。

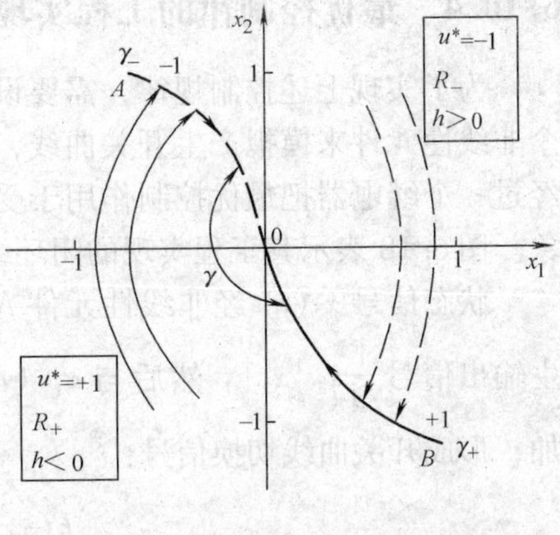

图 6.17　开关曲线及其划分的控制域

开关曲线把 x_1—x_2 平面划分为两个区域，即 R_- 及 R_+。在 R_- 内的点都满足条件：

$$x_1 > -\frac{1}{2}x_2\,|x_2| \tag{6.261}$$

在 R_+ 内的点都满足条件

$$x_1 < -\frac{1}{2}x_2\,|x_2| \tag{6.262}$$

6.10.3　最优控制律

为了使系统的状态能以最小时间从初态（x_{10}，x_{20}）转移到终态（0，0）。当初态所处位置不同时，应当采取的控制规律不同。但是，凡不在开关曲线上的点，至少要经过一次切换，转到开关曲线后才能沿着 γ_+ 或 γ_- 到达原点（0，0）。因此，按照初态（x_{10}，x_{20}）所处的位置可得到下列最优控制规律：

$$\begin{array}{ll} \text{在 } \gamma_- \text{ 上} & u^* = \{-1\} \\ \text{在 } R_- \text{ 内} & u^* = \{-1,\ +1\} \\ \text{在 } \gamma_+ \text{ 上} & u^* = \{+1\} \\ \text{在 } R_+ \text{ 内} & u^* = \{+1,\ -1\} \\ \text{到达原点} & u^* = 0 \end{array} \tag{6.263}$$

进一步，可综合为：

$$u^* = -1 \quad \text{当}(x_1, x_2) \in \gamma_- \cup R_- \tag{6.264}$$

$$u^* = +1 \quad \text{当}(x_1, x_2) \in \gamma_+ \cup R_+ \tag{6.265}$$

$$u^* = 0 \quad \text{当}(x_1, x_2) = 0 \tag{6.266}$$

若将开关曲线写成：

$$h(x_1,x_2) = x_1 + \frac{1}{2}x_2|x_2| = 0 \tag{6.267}$$

则最优控制律可表示成：

$$u^*(t) = \begin{cases} -1, & 当\ h(x_1,x_2) > 0 \\ -\operatorname{sgn}[x_2(t)], & 当\ h(x_1,x_2) = 0 \\ +1, & 当\ h(x_1,x_2) < 0 \end{cases} \tag{6.268}$$

上式充分表达了系统所处状态与最优控制律之间的关系。

6.10.4　最优控制律的工程实现

为了实现上述控制规律，需要设计一个非线性元件来模拟产生开关曲线，然后经过一个继电器把最优控制作用于受控对象。图6.18表示其工程实现的闭环结构。

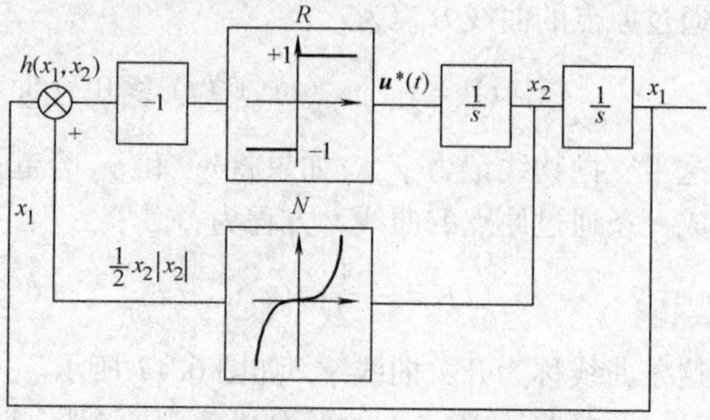

图6.18　时间最优控制的工程实现

状态信号 $x_2(t)$ 经非线性元件 N，产生输出信号 $\frac{1}{2}x_2|x_2|$。然后与 $x_1(t)$ 相加，形成开关曲线切换信号：

$$h(x_1,x_2) = x_1 + \frac{1}{2}x_2|x_2|$$

再反相经继电器 R 输出最优控制 $u^*(t)$。实际上

当 $(x_1, x_2) \in R_-$，则 $x_1 > -\frac{1}{2}x_2|x_2|$，$z>0$，$u^* = -1$

当 $(x_1, x_2) \in R_+$，则 $x_1 < -\frac{1}{2}x_2|x_2|$，$z>0$，$u^* = +1$

当 $(x_1, x_2) \in \gamma$，则 $x_1 = -\frac{1}{2}x_2|x_2|$，$z=0$

在最后一种情况下，继电器 R 的输入信号将为零，但由于继电器多少总有些惯性，使得继电器真正换向并不是恰好在开关曲线 γ 上，而是稍错后一些，但这时继电器的输入已不为零。因此，它能基本上消除继电器在零输入信号下工作的不确定性。

6.10.5　最优时间计算

基本方法是把状态转移轨线按控制序列分成若干段，逐段计算所需时间然后求和。下面给出的是从初态 (x_1, x_2) 沿最优轨线到轨线与开关曲线交点的时间，以及从交点沿开关曲线到达原点时间的计算公式。在目前情况下，只要把这两段时间加起来，即为状态转移的最小时间。

$$t^*(x_1,x_2) = \begin{cases} x_2 + \sqrt{4x_1 + 2x_2^2}, & 当\ (x_1,x_2) \in R_- \\ |x_2|, & 当\ (x_1,x_2) \in \gamma \\ -x_2 + \sqrt{-4x_1 + 2x_2^2}, & 当\ (x_1,x_2) \in R_+ \end{cases}$$

6.11　动态规划法

动态规划是贝尔曼（Bellman）在 20 世纪 50 年代作为多段（步）决策过程研究出来的，现已在许多技术领域中获得广泛应用。动态规划是一种分段（步）最优化方法，它既可用来求解约束条件下的函数极值问题，也可用于求解约束条件下的泛函极值问题。它与极小值原理一样，是处理控制矢量被限制在一定闭集内，求解最优控制问题的有效数学方法之一。

动态规划的核心是**最优性原理**，它首先将一个多段（步）决策问题转化为一系列单段（步）决策问题，然后从最后一段（步）状态开始逆向递推到初始段（步）状态为止的一套求解最优策略的完整方法。下面先介绍动态规划的基本概念，然后讨论离散型动态规划，再推广到连续型动态规划。

6.11.1　多段决策问题

动态规划是解决多段决策过程优化问题的一种强有力的工具。所谓多段决策过程，是指把一个过程按时间或空间顺序分为若干段（步），然后给每一段（步）作出“决策，”以便整个过程取得最优的效果。如图 6.19 所示，对于中间的任意一段，例如第 $k+1$ 段作出相应的“决策”（或控制）u_k 后，才能确定该段输入状态与输出状态间的关系，即从 x_k 变化到 x_{k+1} 的状态转移规律。在选择好每一段的“决策”（或控制）u_k 以后，那么整个过程的状态转移规律从 x_0 经 x_k 一直到 x_N（其中 $k=1, 2, \cdots, N-1$）也就完全被确定。全部“决策”的总体，称为“策略”。

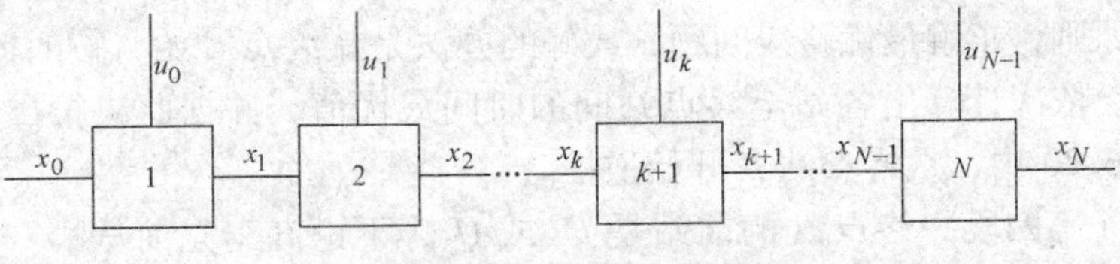

图 6.19　多阶段决策过程示意图

当然，如果对每一段的决策都是按照使某种性能指标为最优的原则作出的，那么这就是一个多段最优决策过程。显然，离散型最优控制系统的动态过程是一个多段最优决策过程的典型例子。

容易理解，在多段决策过程中，每一段（如第 $k+1$ 段）的输出状态（x_{k+1}）都仅仅与该段的决策（u_k）及该段的初始状态（x_k）有关。而与其前面各段的决策及状态的转移规律无关。这种性质，称为**无后效性**。

下面以最优路线问题为例，来讨论动态规划求解多段决策问题。

设汽车从 A 城出发到 B 城，途中需穿越三条河流，它们各有两座桥 P、Q 可供选择通过，如图 6.20 所示。各段间的行车时间（或里程，或费用等）已标注在相应段旁。问题是要确定一条最优行驶路线，使从 A 城到 B 城的行车时间最短（或里程最少，或费用最省等）。

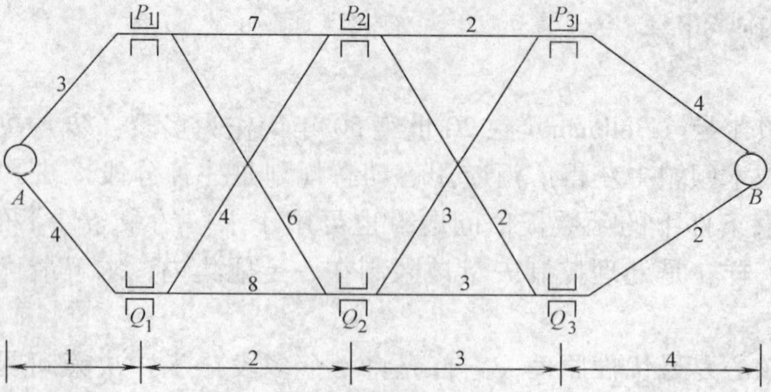

图 6.20　最优路线决策问题

现将 A 到 B 分成四段，每一段都要作一最优决策，使总过程时间为最短。所以这是一个多段最优决策问题。

由图 6.20 可知，所有可能的行车路线共有 8 条。如果将各条路线所需的时间都一一计算出来，并作一比较，便可求得最优路线是 $AQ_1P_2Q_3B$，历时 12。这种一一计算的方法称穷举算法。这种方法计算量大，如本例就要做 $3\times2^3=24$ 次加法和 7 次比较。如果决策一个 n 段过程，则共需做 $(n-1)2^{n-1}$ 次加法和 $(2^{n-1}-1)$ 次比较。可见随着段数的增多，计算量将急剧增加。

应用动态规划法可使计算量减少许多。动态规划法遵循一个最优化原则：即所选择的最优路线必须保证其后部子路线是最优的。例如在图 6.20 中，如果 $AQ_1P_2Q_3B$ 是最优路线，那么从这条路线上任一中间点至终点之间的一段路线必定也是最优的，否则 $AQ_1P_2Q_3B$ 就不能是最优路线了。

根据这一原则，求解最优路线问题，最好的办法是从终点开始，按时间最短为目标，逐段向前逆推。依次计算出各站至终点站间的时间最优值，并据此决策出每一站的最优路线。如在图 6.20 中，从终点站 B 开始逆推。

最后一段（第四段）终点 B 的前站是 P_3 或 Q_3，不论汽车先前从哪一站始发，行驶路线如何，在这最后一段，总不外乎是从 P_3 到 B，历时为 4，或从 Q_3 到 B，历时为 2，将其标明在图 6.21 中相应的圆圈内。比较 P_3 与 Q_3 这一最后一段最优决策为 Q_3B。

第三段 P_3、Q_3 的前站是 P_2、Q_2，在这一段也不论其先前的情况如何，只需对从 P_2 或 Q_2 到 B 进行最优决策。从 P_2 到 B 有两条路线：P_2P_3B，历时为 6；P_2Q_3B，历时为 4，取最短历时 4，标注在 P_2 旁。从 Q_2 到 B 也有两条路线：Q_2P_3B，历时为 7；Q_2Q_3B，历时为 5，取最短历时 5，标注在 Q_2 旁。比较 P_2 与 Q_2 的最优值，可知这一段的最优路线是 P_2Q_3B。

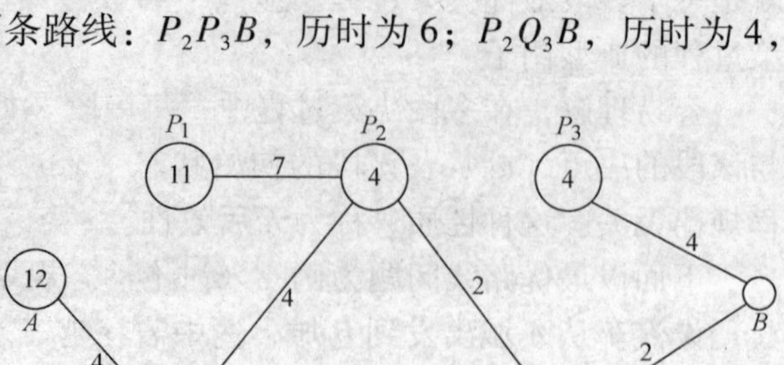

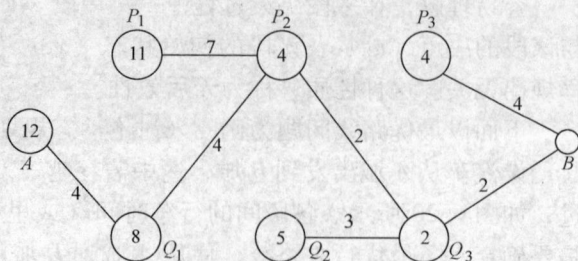

图 6.21　各站至终点站的最优路线

第二段 P_2、Q_2 的前站是 P_1、Q_1。同样不管汽车是如何到达 P_1、Q_1 的，重要的是保证从 P_1 或 Q_1 到 B 要构成最优路线。从 P_1 到 B 的两条路线中，$P_1P_2Q_3B$，历时为11；$P_1Q_2Q_3B$，历时为11，取最短历时11，标注在 P_1 旁。从 Q_1 到 B 也有两条路线：$Q_1P_2Q_3B$，历时为8；$Q_1Q_2Q_3B$，历时为13，取最短历时8，标注在 Q_1 旁。比较 P_1 与 Q_1 的最优值，可知这一段的最优路线是 $Q_1P_2Q_3B$。

第一段 P_1、Q_1 的前站是始发站 A。显见从 A 到 B 的最优值为12，故得最优路线为 $AQ_1P_2Q_3B$。

综上可见，动态规划法的特点是：

1）与穷举算法相比，可使计算量大大减少。如上述最优路线问题，用动态规划法只须做10次加法和6次比较。如果过程为 n 段，则需做 $4(n-2)+2$ 次加法。以 $n=10$ 为例，用穷举法需作4608次加法，而后者只需作34次加法。

2）最优路线的整体决策是从终点开始，采用逆推方法，通过计算、比较各段性能指标，逐段决策逐步延伸完成的。全部最优路线的形成过程已充分表达在图6.21中。从最后一段开始，通过比较 P_3、Q_3，得到 Q_3B；倒数第二段，通过比较 P_2、Q_2，得到 P_2Q_3B；倒数第三段，比较 P_1、Q_1，得最优决策为 $Q_1P_2Q_3B$；直至最后形成最优路线 $AQ_1P_2Q_3B$。像这样将一个多段决策问题转化成多个单段决策的简单问题来处理，正是动态规划法的重要特点之一。

3）动态规划法体现了多段最优决策的一个重要规律，即所谓最优性原理。它是动态规划的理论基础。

对图6.22所示的 N 段决策过程，如果在第 $k+1$ 段处把全过程看成前 k 段子过程和后 $N-k$ 段子过程两部分。对于后部子过程来说，x_k 可看作是由 x_0 及前 k 段初始决策（或控制）u_0，u_1，…，u_{k-1}所形成的初始状态。那么，多段决策过程的最优策略具有这样的性质：不论初始状态和初始决策如何，其余（后段）决策（或控制）对于由初始决策所形成的状态来说，必定也是一个最优策略。这个性质称为最优性原理。

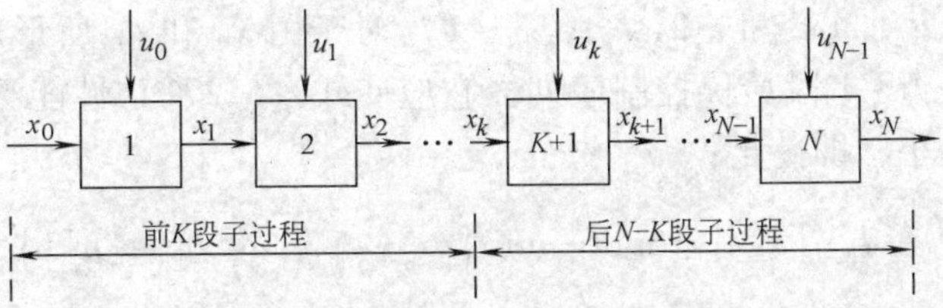

图6.22　离散系统的状态转移过程

最优性原理同样适用于连续系统。设图6.23中 $x^*(t)$ 是连续系统的一条最优轨线。$x(t_1)$ 是最优轨线上的一点，那么最优性原理说明，不管 $t=t_1$、$t_0<t_1<t_f$ 时，系统是怎样转移到状态 $x(t_1)$ 的，但从 $x(t_1)$ 到 $x(t_f)$ 这段轨线必定是最优的。因为最优轨线的后一段从 $x(t_1)$ 到 $x(t_f)$ 如果还有另一条轨线是最优的话，那么原来从 $x(t_1)$ 到 $x(t_f)$ 的轨线就不是最优的，这与假设矛盾。因此，最优性原理成立。

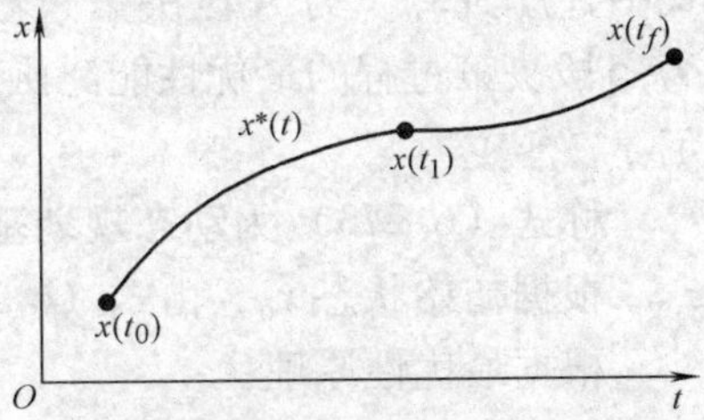

图6.23　连续系统的状态转移过程

应用最优性原理可以将一个 N 段最优决策问题化

为 N 个一段最优决策问题，从而大大减少求解最优决策问题的计算量。

6.11.2 离散系统的动态规划

设离散系统的状态方程为：

$$\boldsymbol{x}_{k+1} = \boldsymbol{f}[\boldsymbol{x}_k, \boldsymbol{u}_k], k = 0,1,\cdots,N-1 \tag{6.269}$$

式中，$\boldsymbol{x}_{k+1} = \boldsymbol{x}(k+1)$ 为 n 维状态矢量在 $(k+1)T$ 时刻的值；$\boldsymbol{u}_k = \boldsymbol{u}(k)$ 为 r 维容许控制矢量或决策矢量在 kT 时刻的值；$\boldsymbol{f}$ 为 n 维矢量函数。

状态初值：$\boldsymbol{x}(0) = \boldsymbol{x}_0$

控制约束：

$$\boldsymbol{g}[\boldsymbol{x}_k, \boldsymbol{u}_k] \leqslant 0 \tag{6.270}$$

性能泛函：

$$J = \Phi[\boldsymbol{x}_N] + \sum_{k=0}^{N-1} L[\boldsymbol{x}_k, \boldsymbol{u}_k] \tag{6.271}$$

式中，$\Phi[x_N]$ 为对终端状态 $\boldsymbol{x}_N = \boldsymbol{x}(N)$ 的要求。

问题是寻求一个最优控制序列 $\{\boldsymbol{u}_k^*\}$ $(k=0, 1, \cdots, N-1)$，使上述性能函数取极值。

求出 $\{\boldsymbol{u}_k^*\}$ $(k=0, 1, \cdots, N-1)$ 后，代入式（6.269）可求得最优轨线 $\{\boldsymbol{x}_k^*\}$ $(k=1, 2, \cdots, N)$，再把 $\{\boldsymbol{u}_k^*\}$、$\{\boldsymbol{x}_k^*\}$ 代入式（6.271）即可求得最优性能指标 $J_N^*[\boldsymbol{x}_0] = \min J_N$，显然它只与初始状态 $\boldsymbol{x}_0$ 有关。

前已指出，离散系统最优控制问题是一个典型的多段最优决策问题。它要求逐段作出决策，选择最优控制，完成从初始状态 $\boldsymbol{x}_0$ 到终端状态 $\boldsymbol{x}(N)$ 的转移，并使性能函数为极小。

根据最优性原理，对于一个 N 段最优决策过程，不论第一段的 $\boldsymbol{u}_0$ 怎样选取，第二段以后的控制序列 $\{\boldsymbol{u}_k\}$ $(k=1, 2, \cdots, N-1)$ 对于由 $\boldsymbol{x}_0$ 和 $\boldsymbol{u}_0$ 所形成的状态 $\boldsymbol{x}_1 = \boldsymbol{f}[\boldsymbol{x}_0, \boldsymbol{u}_0]$ 来说，一定是 $N-1$ 段最优控制序列。它应使式（6.271）性能泛函中的后 $N-1$ 项与 $\Phi[\boldsymbol{x}_N]$ 之和为极小，即满足：

$$J_{N-1}^*[\boldsymbol{x}_1] = \min\cdots\min\left\{\Phi[\boldsymbol{x}_N] + \sum_{k=1}^{N-1} L[\boldsymbol{x}_k, \boldsymbol{u}_k]\right\} \tag{6.272}$$

那么，对 N 段最优决策过程，应满足：

$$J_N^*[\boldsymbol{x}_0] = \min_{\boldsymbol{u}_0}\{L[\boldsymbol{x}_0, \boldsymbol{u}_0] + J_{N-1}^*[\boldsymbol{x}_1]\} \tag{6.273}$$

$$\boldsymbol{x}_1 = \boldsymbol{f}[\boldsymbol{x}_0, \boldsymbol{u}_0] \tag{6.274}$$

式中，$J_N^*[\boldsymbol{x}_0]$ 为 N 段决策过程的最优性能泛函，其初始状态为 $\boldsymbol{x}_0$；$J_{N-1}^*[\boldsymbol{x}_1]$ 为后 $N-1$段决策过程的最优性能泛函，由式（6.272）确定，其初始状态 $\boldsymbol{x}_1$ 由式（6.274）确定。

称式（6.273）为**动态规划基本方程**或**贝尔曼方程**。其递推过程如下：

根据初始状态 $\boldsymbol{x}_0$，由式（6.273）可以确定 $\boldsymbol{u}_0^*$，但必须知道 $J_{N-1}^*[\boldsymbol{x}_1]$：

根据最优性原理：

$$J_{N-1}^*[\boldsymbol{x}_1] = \min_{\boldsymbol{u}_1}\{L[\boldsymbol{x}_1, \boldsymbol{u}_1] + J_{N-2}^*[\boldsymbol{x}_2]\} \tag{6.275}$$

$$x_2 = f[x_1, u_1] \tag{6.276}$$

式中，J_{N-2}^* $[x_2]$ 为后 $N-2$ 段决策过程的最优性能泛函，其初始状态 x_2 由式（6.276）确定。

同理，由式（6.275）确定 u_1^*，又必须知道 J_{N-2}^* $[x_2]$。

依此类推，可得更一般的**动态规划递推方程**。

$$J_{N-k}^*[x_k] = \min_{u_k}\{L[x_k, u_k] + J_{N-(k+1)}^*[x_{k+1}]\} \tag{6.277}$$

$$x_{k+1} = f[x_k, u_k] \tag{6.278}$$

式中，J_{N-k}^* $[x_k]$ 为以 x_k 作为初始状态的后部 $N-k$ 段子过程的最优性能泛函，x_k 由 x_0 及前 k 段控制 $\{u_k\}$（$k=0$，1，2，…，$k-1$）所决定；$J_{N-(k+1)}^*$ $[x_{k+1}]$ 为以式（6.278）作为初始状态的后部 $N-(k+1)$ 段子过程的最优性能泛函。

类似可得：

$$J_2^*[x_{N-2}] = \min_{u_{N-2}}\{L[x_{N-2}, u_{N-2}] + J_1^*[x_{N-1}]\} \tag{6.279}$$

$$x_{N-1} = f[x_{N-2}, u_{N-2}] \tag{6.280}$$

及

$$J_1^*[x_{N-1}] = \min_{u_{N-1}}\{L[x_{N-1}, u_{N-1}] + \Phi[x_N]\} \tag{6.281}$$

$$x_N = f[x_{N-1}, u_{N-1}] \tag{6.282}$$

为了书写统一，令：

$$J_0^*[x_N] = \Phi[x_N] \tag{6.283}$$

则式（6.281）可写成：

$$J_1^*[x_{N-1}] = \min_{u_{N-1}}\{L[x_{N-1}, u_{N-1}] + J_0^*[x_N]\} \tag{6.284}$$

若 Φ $[x_N]$ $=0$，则 J_0^* $[x_N]$ $=0$。

综上所述，可将应用动态规划递推方程式（6.277）求解最优控制序列 $\{u_k^*\}$（$k=0$，1，2，…，$N-1$）的解题过程示于图 6.24。

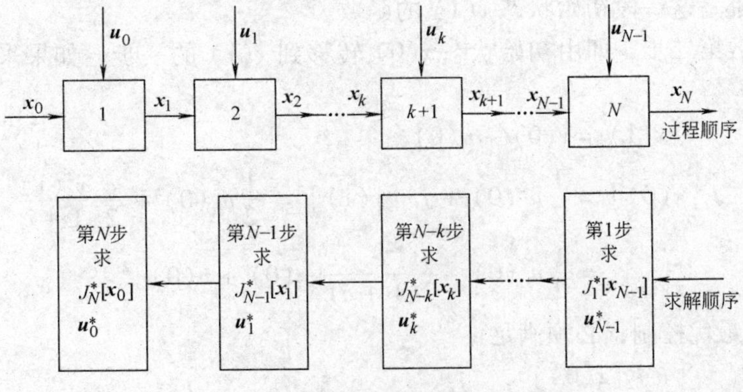

图 6.24　动态规划递推解题过程示意图

由图可见，解题过程是从最后一段开始逆向逐步递推的，通过解 N 个函数方程，可依次求得最优解 $\{u_{N-k}^*\}$（$k=0$，1，2，…，N）。在一般情况下，由递推方程式

(6.277) 难以取得解析解，只能用计算机求取数值解。

【例 6-14】 设一阶离散系统：

$$x(k+1) = x(k) + u(k), k = 0,1,\cdots,N-1$$

$$x(0) = x_0$$

$$\min J = \frac{1}{2}cx^2(N) + \frac{1}{2}\sum_{k=0}^{N-1} u^2(k)$$

求最优控制 $u^*(k)$ 及最优轨线 $x^*(k)$。其中 c 为大于 0 的常数。

解 为简单计，取 $N=2$。问题是要确定最优控制 $u^*(0)$、$u^*(1)$，最优轨线 $x^*(1)$，$x^*(2)$ 及最优性能泛函 $J_2^*[x(0)]$（见图 6.25）。

先考虑最后一步，即由状态 $x(1)$ 转移到 $x(2)$ 这一步。如果采用控制 $u(1)$，则有：

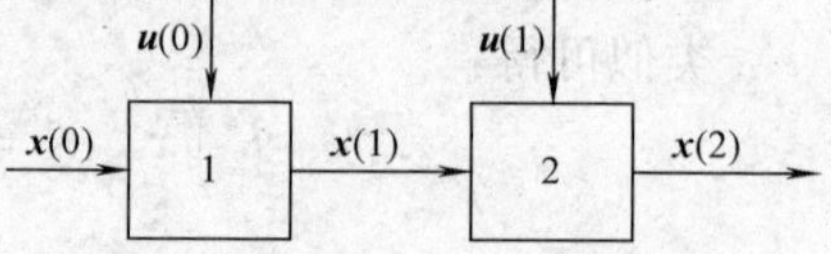

图 6.25

$$x(2) = x(1) + u(1)$$

$$J_1[x(1)] = \frac{1}{2}u^2(1) + \frac{1}{2}cx^2(2)$$

$$= \frac{1}{2}u^2(1) + \frac{1}{2}c[x(1) + u(1)]^2$$

最优控制 $u(1)$ 应使由状态 $x(1)$ 出发时 $J_1[x(1)]$ 为最小，故有：

$$\frac{\partial J_1[x(1)]}{\partial u(1)} = u(1) + c[x(1) + u(1)] = 0$$

因此得：

$$u^*(1) = -\frac{cx(1)}{1+c}$$

$$J_1^*[x(1)] = \frac{c}{2}\frac{x^2(1)}{1+c}$$

$$x^*(2) = \frac{x(1)}{1+c}$$

实际上，它们都是这一段初始状态 $x(1)$ 的函数。

再考虑倒数第二步，即由初始状态 $x(0)$ 转移到 $x(1)$ 的一步。如果采用控制 $u(0)$，则

$$x(1) = x(0) + u(0)$$

$$J_2[x(0)] = \frac{1}{2}u^2(0) + J_1^*[x(1)] = \frac{1}{2}u^2(0) + \frac{c}{2}\frac{x^2(1)}{1+c}$$

$$= \frac{1}{2}u^2(0) + \frac{c}{2(1+c)}[x(0) + u(0)]^2$$

为使 $u(0)$ 为最优控制，必须满足：

$$\frac{\partial J_2[x(0)]}{\partial u(0)} = u(0) + \frac{c}{1+c}[x(0) + u(0)] = 0$$

故得：

$$u^*(0) = -\frac{c}{1+2c}x(0)$$

$$J_2^*[x(0)] = \frac{cx^2(0)}{2(1+2c)}$$

$$x^*(1) = \frac{1+c}{1+2c}x(0)$$

它们也是该段初始状态 $x(0)$ 的函数。

综上可得：

最优控制为：

$$u^*(0) = -\frac{c}{1+2c}x(0)$$

$$u^*(1) = -\frac{c}{1+c}x(1) = -\frac{c}{1+2c}x(0)$$

最优轨线为：

$$x^*(0) = x_0$$

$$x^*(1) = \frac{1+c}{1+2c}x(0)$$

$$x^*(2) = \frac{1}{1+c}x(1) = \frac{c}{1+2c}x(0)$$

最优性能泛函为：

$$J^* = J_2^*[x(0)] = \frac{c}{2(1+2c)}x^2(0)$$

可见，它们都是初始状态 $x(0)$ 的函数。

【例 6-15】　设一维线性系统状态方程及初始状态为：

$$x(k+1) = ax(k) + bu(k)$$

$$x(0) = x_0$$

性能泛函为 $\min J = \sum_{k=0}^{2}[qx^2(k) + \gamma u^2(k)]$，求最优控制及性能泛函最优值。其中 a，b，q，γ 均为常数，且 $q>0$，$\gamma>0$。

解　这是个离散二次型的三段最优决策问题。$N = 3$。$\Phi[x(N)] = 0$，故 $J_0^*[x(3)] = 0$

第一步　求 $u^*(2)$ 使满足：

$$J_1^*[x(2)] = \min_{u(2)} L[x(2),u(2)] = \min_{u(2)}[qx^2(2) + \gamma u^2(2)]$$

有：$$\frac{\partial J_1^*[x(2)]}{\partial u(2)} = \frac{\partial}{\partial u(2)}[qx^2(2) + \gamma u^2(2)] = 2\gamma u(2) = 0$$

故

$$u^*(2) = 0$$

$$J_1^*[x(2)] = qx^2(2)$$

第二步　求 $u^*(1)$ 使满足：

$$\begin{aligned} J_2^*[x(1)] &= \min_{u(1)}\{L[x(1),u(1)] + J_1^*[x(2)]\} \\ &= \min_{u(1)}[qx^2(1) + \gamma u^2(1) + qx^2(2)] \end{aligned}$$

$$= \min_{u(1)} \{ [qx^2(1) + \gamma u^2(1) + q[ax(1) + bu(1)]^2] \}$$

由 $\dfrac{\partial J_2^*[x(1)]}{\partial u(1)} = \dfrac{\partial}{\partial u(1)} \{ qx^2(1) + \gamma u^2(1) + q[a\boldsymbol{x}(1) + bu(1)]^2 \} = 0$

得：

$$u^*(1) = -\frac{abqx(1)}{\gamma + b^2 q} = -f_1 x(1)$$

$$J_2^*[x(1)] = \left(1 + \frac{\gamma a^2}{\gamma + b^2 q}\right) qx^2(1)$$

第三步　求 u^* (0) 使满足：

$$J_3^*[x(0)] = \min_{u(0)} \{ L[x(0), u(0)] + J_2^*[x(1)] \}$$

$$= \min_{u(0)} \left[qx^2(0) + \gamma u^2(0) + \left(1 + \frac{\gamma a^2}{\gamma + b^2 q}\right) qx^2(1) \right]$$

令 $\dfrac{\partial J_3^*\ [x\ (0)]}{\partial u\ (0)} = 0$ 可得：

$$u^*(0) = -\frac{abq(\gamma + b^2 q + \gamma a^2)}{(\gamma + b^2 q)^2 + \gamma a^2 b^2 q} x(0) = -f_0 x(0)$$

$$J_3^*[x(0)] = \left[q + \gamma f_0^2 + \left(1 + \frac{\gamma a^2}{\gamma + b^2 q}\right) q(a - bf_0)^2 \right] x^2(0)$$

由上可见，最优控制可由状态的线性负反馈来实现：$u^*\ (k) = -f_k x\ (k)$，$k = 0$，1，2。其中

$$f_0 = \frac{abq(\gamma + b^2 q + \gamma a^2)}{(\gamma + b^2 q)^2 + \gamma a^2 b^2 q}, f_1 = \frac{abq}{\gamma + b^2 q}, f_2 = 0$$

【例 6-16】　设一阶惯性系统如图 6.26 所示，性能泛函 $J = \int_0^{t_f} (x^2 + \gamma u^2)\ \mathrm{d}t$，$x\ (0) = x_0$，$x\ (t_f)$ 自由。假定采用离散控制，把 $[0,\ t_f]$ 分成三段，求最优控制 u^* (0)、u^* (1)、u^* (2)。

解　将系统的状态方程：

$$\dot{x} = -\frac{1}{T} x + \frac{K}{T} u$$

进行离散化，得差分方程：

$$x(k+1) = gx(k) + hu(k)$$

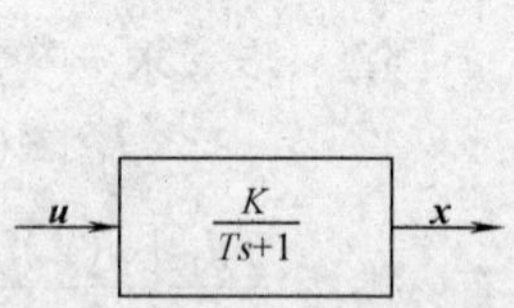

图　6.26

式中，$g = \mathrm{e}^{-\frac{1}{T}\Delta t}$；$h = \left(\int_0^{\Delta t} \mathrm{e}^{-\frac{\tau}{T}} \mathrm{d}\tau \right) \dfrac{K}{T} = K\ (1 - \mathrm{e}^{-\frac{\Delta t}{T}})$，$\Delta t$ 是很小的时间间隔。

离散化后性能泛函为

$$J = \sum_{k=0}^{2} [x^2(k) + \gamma u^2(k)] \Delta t$$

按照动态规划递推方程，这是个三段最优决策问题，应化为三个一段决策问题来解决。这里，$\Phi\ [x\ (3)] = 0$，$J_0^*\ [x\ (3)] = 0$

第一步　以 x（2）为初始条件，求 u^*（2），使：

$$J_1^*[x(2)] = \min_{u(2)}\{L[x(2),u(2)] + J_0^*[x(3)]\}$$
$$= \min_{u(2)}[x^2(2) + \gamma u^2(2)]\Delta t$$

从
$$\frac{\partial J_1^*[x(2)]}{\partial u(2)} = \frac{\partial}{\partial u(2)}[x^2(2) + \gamma u^2(2)]\Delta t = 2\gamma u(2)\Delta t = 0$$

得：

$$u^*(2) = 0$$
$$J_1^*[x(2)] = x^2(2)\Delta t$$

第二步　以 x（1）为初始条件，求 u^*（1），使：

$$J_2^*[x(1)] = \min_{u(1)}\{[x^2(1) + \gamma u^2(1)]\Delta t + J_1^*[x(2)]\}$$
$$= \min_{u(1)}\{[x^2(1) + \gamma u^2(1) + x^2(2)]\Delta t\}$$
$$= \min_{u(1)}\{[x^2(1) + \gamma u^2(1) + (gx(1) + hu(1))^2]\Delta t\}$$

由
$$\frac{\partial J_2^*[x(1)]}{\partial u(1)} = \frac{\partial\{\cdot\}}{\partial u(1)} = 2\gamma u(1) + 2h[gx(1) + hu(1)] = 0$$

得：

$$u^*(1) = -\frac{gh}{\gamma + h^2}x(1) = -f_1 x(1)$$

$$J_2^*[x(1)] = \{x^2(1) + \frac{\gamma g^2 h^2}{(\gamma + h^2)^2}x^2(1) + [gx(1) - \frac{gh^2}{\gamma + h^2}x(1)]^2\}\Delta t$$

即
$$J_2^*[x(1)] = \left(1 + \frac{\gamma g^2}{\gamma + h^2}\right)x^2(1)\Delta t$$

第三步　以 x（0）为初始条件，求 u^*（0），使

$$J_3^*[x(0)] = \min_{u(0)}\{[x^2(0) + \gamma u^2(0)]\Delta t + J_2^*[x(1)]\}$$
$$= \min_{u(0)}\left\{\left[x^2(0) + \gamma u^2(0) + \left(1 + \frac{\gamma g^2}{\gamma + h^2}\right)(gx(0) + hu(0))^2\right]\Delta t\right\}$$

令

$$\frac{\partial J_3^*[x(0)]}{\partial u(0)} = \frac{\partial\{\cdot\}}{\partial u(0)}$$
$$= 2\gamma u(0) + 2h[1 + \frac{\gamma g^2}{\gamma + h^2}](gx(0) + hu(0)) = 0$$

解得：
$$u^*(0) = -\frac{gh(\gamma + h^2 + \gamma g^2)}{(\gamma + h^2)^2 + \gamma g^2 h^2}x(0) = -f_0 x(0)$$

从已知的 x（0），可求出 u^*（0），由 x（0）和 u^*（0）可求出 x（1），进一步求出 u^*（1）。由上可见，最优控制 u^*（0）、u^*（1），都是状态变量的函数，据此可实现反馈控制。

6.11.3　连续系统的动态规划

利用动态规划最优性原理，可以推导出性能泛函为极小应满足的条件——哈密尔

顿—雅可比方程。它是动态规划的连续形式，解此方程可求得最优控制 $\boldsymbol{u}^*(t)$ 。现在来推导这一方程。

设连续系统方程为：

$$\dot{\boldsymbol{x}}=\boldsymbol{f}[\boldsymbol{x},\boldsymbol{u},t] \tag{6.285}$$

初始状态

$$\boldsymbol{x}(t_0)=\boldsymbol{x}_0$$

终端约束

$$\boldsymbol{N}[\boldsymbol{x}(t_f),t_f]=0 \tag{6.286}$$

使性能泛函

$$J[\boldsymbol{x},t]=\min\left\{\int_{t_0}^{t_f}L[\boldsymbol{x},\boldsymbol{u},t]\mathrm{d}t+\boldsymbol{\Phi}[\boldsymbol{x}(t_f)]\right\} \tag{6.287}$$

求最优控制 $\boldsymbol{u}^*(t)$，$\boldsymbol{u}\in U$ 或 $\boldsymbol{u}$ 任意。

根据最优性原理，如果 $\boldsymbol{x}^*(t)$ 是以 $\boldsymbol{x}(t_0)$ 为初始状态的最优轨线，如图 6.27 所示。设 $t=t'$ $(t_0<t'<t_f)$时，状态为 $\boldsymbol{x}(t')$，它将轨线分成前后两半段。那么以 $\boldsymbol{x}(t')$ 为初始状态的后半段也必是最优轨线。而与系统先前如何到达 $\boldsymbol{x}(t')$ 无关。

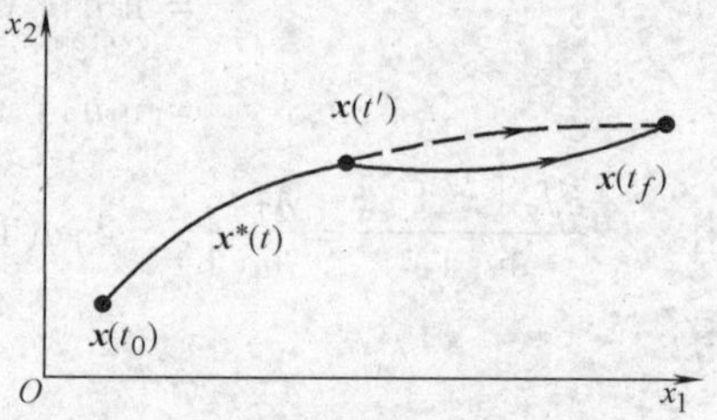

图 6.27　连续系统最优轨线

若取 $t_0=t$，$t'=t+\Delta t$，式（6.287）可写成：

$$\begin{aligned}J^*[\boldsymbol{x},t]&=\min_{\boldsymbol{u}\subset U}\left\{\int_{t}^{t_f}L[\boldsymbol{x},\boldsymbol{u},t]\mathrm{d}t+\boldsymbol{\Phi}[\boldsymbol{x}(t_f)]\right\}\\&=\min_{\boldsymbol{u}\in U}\left\{\int_{t}^{t+\Delta t}L[\boldsymbol{x},\boldsymbol{u},t]\mathrm{d}t+\int_{t+\Delta t}^{t_f}L[\boldsymbol{x},\boldsymbol{u},t]\mathrm{d}t+\boldsymbol{\Phi}[\boldsymbol{x}(t_f)]\right\}\end{aligned} \tag{6.288}$$

根据最优性原理，如果 t 到 t_f 的过程是最优的，则从 $t+\Delta t$ 到 t_f 的后部子过程也是最优的，其中 $t<t+\Delta t<t_f$。因此可写成：

$$J^*[\boldsymbol{x}(t+\Delta t),t+\Delta t]=\min_{\boldsymbol{u}\in U}\left\{\int_{t+\Delta t}^{t_f}L[\boldsymbol{x},\boldsymbol{u},t]\mathrm{d}t+\boldsymbol{\Phi}[\boldsymbol{x}(t_f)]\right\}$$

当 Δt 很小时，有：

$$\int_{t}^{t+\Delta t}L[\boldsymbol{x},\boldsymbol{u},t]\mathrm{d}t\approx L[\boldsymbol{x},\boldsymbol{u},t]\Delta t$$

式（6.288）可近似表示为：

$$J^*[\boldsymbol{x},t]=\min_{\boldsymbol{u}\in U}\{L[\boldsymbol{x},\boldsymbol{u},t]\Delta t+J^*[\boldsymbol{x}(t+\Delta t),t+\Delta t]\} \tag{6.289}$$

将 $\boldsymbol{x}(t+\Delta t)$ 进行泰勒展开，取一次近似，有：

$$\boldsymbol{x}(t+\Delta t)=\boldsymbol{x}+\frac{\mathrm{d}\boldsymbol{x}}{\mathrm{d}t}\Delta t+\cdots=\boldsymbol{x}+\Delta\boldsymbol{x}+\cdots$$

$$\Delta\boldsymbol{x}=\frac{\mathrm{d}\boldsymbol{x}}{\mathrm{d}t}\Delta t=\boldsymbol{f}[\boldsymbol{x},\boldsymbol{u},t]\Delta t$$

$$J^*[\boldsymbol{x}(t+\Delta t),t+\Delta t]=J^*[\boldsymbol{x}+\Delta\boldsymbol{x},t+\Delta t]$$

将上式在 $[\boldsymbol{x},t]$ 邻域展成泰勒级数，考虑到 $J^*[\boldsymbol{x}(t+\Delta t),t+\Delta t]$ 既是 $\boldsymbol{x}$ 的函数，也与 t 有关，所以：

$$J^*[\boldsymbol{x}(t+\Delta t),t+\Delta t] \approx J^*[\boldsymbol{x},t] + [\frac{\partial J^*[\boldsymbol{x},t]}{\partial \boldsymbol{x}}]^{\mathrm{T}}\Delta\boldsymbol{x} + \frac{\partial J^*[\boldsymbol{x},t]}{\partial t}\Delta t \quad (6.290)$$

代入式（6.289），得：

$$\begin{aligned} J^*[\boldsymbol{x},t] &= \min_{\boldsymbol{u}\in U}\{L[\boldsymbol{x},\boldsymbol{u},t]\Delta t + J^*[\boldsymbol{x},t] + [\frac{\partial J^*[\boldsymbol{x},t]}{\partial \boldsymbol{x}}]^{\mathrm{T}}\Delta\boldsymbol{x} + \frac{\partial J^*[\boldsymbol{x},t]}{\partial t}\Delta t\} \\ &= J^*[\boldsymbol{x},t] + \frac{\partial J^*[\boldsymbol{x},t]}{\partial t}\Delta t + \min_{\boldsymbol{u}\in U}\{L[\boldsymbol{x},\boldsymbol{u},t]\Delta t + [\frac{\partial J^*[\boldsymbol{x},t]}{\partial \boldsymbol{x}}]^{\mathrm{T}}\boldsymbol{f}[\boldsymbol{x},\boldsymbol{u},t]\Delta t\} \end{aligned} \quad (6.291)$$

考察上式因为 $J^*[\boldsymbol{x},t]$ 与 $\boldsymbol{u}$ 无关，故 $J^*[\boldsymbol{x},t]$ 与 $\frac{\partial J^*[\boldsymbol{x},t]}{\partial t}\Delta t$ 可提到 min 号外面。经整理可得：

$$-\frac{\partial J^*[\boldsymbol{x},t]}{\partial t} = \min_{\boldsymbol{u}\in U}\{L[\boldsymbol{x},\boldsymbol{u},t] + [\frac{\partial J^*[\boldsymbol{x},t]}{\partial \boldsymbol{x}}]^{\mathrm{T}}\boldsymbol{f}[\boldsymbol{x},\boldsymbol{u},t]\} \quad (6.292)$$

式（6.292）称为**连续系统动态规划基本方程或贝尔曼方程**。它是一个关于 $J^*[\boldsymbol{x},t]$ 的偏微分方程。解此方程可求得最优控制使 J 为极小。它的边界条件为：

$$J^*[\boldsymbol{x}(t_f),t_f] = \Phi[\boldsymbol{x}(t_f),t_f] \quad (6.293)$$

如果令哈密尔顿函数为：

$$\begin{aligned} H[\boldsymbol{x},\boldsymbol{u},\boldsymbol{\lambda},t] &= L[\boldsymbol{x},\boldsymbol{u},t] + [\frac{\partial J^*[\boldsymbol{x},t]}{\partial \boldsymbol{x}}]^{\mathrm{T}}\boldsymbol{f}[\boldsymbol{x},\boldsymbol{u},t] \\ &= L[\boldsymbol{x},\boldsymbol{u},t] + \boldsymbol{\lambda}^{\mathrm{T}}\boldsymbol{f}[\boldsymbol{x},\boldsymbol{u},t] \end{aligned} \quad (6.294)$$

式中

$$\boldsymbol{\lambda} = \frac{\partial J^*[\boldsymbol{x},t]}{\partial \boldsymbol{x}} \quad (6.295)$$

则式（6.292）可写成：

$$-\frac{\partial J^*[\boldsymbol{x},t]}{\partial t} = \min_{\boldsymbol{u}\in U} H[\boldsymbol{x},\boldsymbol{u},\boldsymbol{\lambda},t] \quad (6.296)$$

当控制矢量 $\boldsymbol{u}(t)$ 不受限制时，则有：

$$-\frac{\partial J^*[\boldsymbol{x},t]}{\partial t} = \min_{\boldsymbol{u}} H[\boldsymbol{x},\boldsymbol{u},\boldsymbol{\lambda},t]$$

上两式称为**哈密尔顿—雅可比—贝尔曼方程**。上式说明，在最优轨线上，最优控制必须使 H 达全局最小。实际上这就是极小值原理的另一形式。由贝尔曼方程可推导出协态方程和横截条件。式（6.292）可写成：

$$\frac{\partial J^*[\boldsymbol{x},t]}{\partial t} + L[\boldsymbol{x},\boldsymbol{u},t] + [\frac{\partial J^*[\boldsymbol{x},t]}{\partial \boldsymbol{x}}]^{\mathrm{T}}\boldsymbol{f}[\boldsymbol{x},\boldsymbol{u},t] = 0$$

对 $\boldsymbol{x}$ 求偏导数，得

$$\frac{\partial^2 J^*[\boldsymbol{x},t]}{\partial \boldsymbol{x}\partial t} + \frac{\partial L[\boldsymbol{x},\boldsymbol{u},t]}{\partial \boldsymbol{x}} + [\frac{\partial J^*[\boldsymbol{x},t]}{\partial \boldsymbol{x}}]^{\mathrm{T}}\frac{\partial \boldsymbol{f}[\boldsymbol{x},\boldsymbol{u},t]}{\partial \boldsymbol{x}} + \frac{\partial^2 J^*[\boldsymbol{x},t]}{\partial \boldsymbol{x}^2}\boldsymbol{f}[\boldsymbol{x},\boldsymbol{u},t] = 0 \quad (6.297)$$

由于 $\frac{\partial J^*}{\partial \boldsymbol{x}}$ 对 t 的全导数为：

$$\frac{\mathrm{d}}{\mathrm{d}t}\frac{\partial J^*[\boldsymbol{x},t]}{\partial \boldsymbol{x}}=\frac{\partial^2 J^*[\boldsymbol{x},t]}{\partial \boldsymbol{x}\partial t}+\frac{\partial^2 J^*[\boldsymbol{x},t]}{\partial \boldsymbol{x}^2}\frac{\mathrm{d}\boldsymbol{x}}{\mathrm{d}t} \tag{6.298}$$

代入式（6.297）可写成：

$$\frac{\mathrm{d}}{\mathrm{d}t}\frac{\partial J^*[\boldsymbol{x},t]}{\partial \boldsymbol{x}}+\frac{\partial L[\boldsymbol{x},\boldsymbol{u},t]}{\partial \boldsymbol{x}}+\left[\frac{\partial J^*[\boldsymbol{x},t]}{\partial \boldsymbol{x}}\right]^{\mathrm{T}}\frac{\partial \boldsymbol{f}[\boldsymbol{x},\boldsymbol{u},t]}{\partial \boldsymbol{x}}=0 \tag{6.299}$$

令 $\boldsymbol{\lambda}(t)=\frac{\partial J^*[\boldsymbol{x},t]}{\partial \boldsymbol{x}}$，则上式可写成：

$$\frac{\mathrm{d}}{\mathrm{d}t}\boldsymbol{\lambda}(t)=-\left\{\frac{\partial L[\boldsymbol{x},\boldsymbol{u},t]}{\partial \boldsymbol{x}}+\boldsymbol{\lambda}^{\mathrm{T}}(t)\frac{\partial \boldsymbol{f}[\boldsymbol{x},\boldsymbol{u},t]}{\partial \boldsymbol{x}}\right\}=-\frac{\partial H}{\partial \boldsymbol{x}} \tag{6.300}$$

这就是所求的协态方程 $\dot{\boldsymbol{\lambda}}=-\frac{\partial H}{\partial \boldsymbol{x}}$，与以前结果完全一致。

当 $t=t_f$ 时，在终端处性能泛函为：

$$J^*[\boldsymbol{x}(t_f),t_f]=\boldsymbol{\Phi}[\boldsymbol{x}(t_f),t_f]+\boldsymbol{\mu}^{\mathrm{T}}\boldsymbol{N}[\boldsymbol{x}(t_f),t_f] \tag{6.301}$$

式中，$\boldsymbol{\mu}$ 为与 $\boldsymbol{N}$ 同维的乘子矢量。

对 $x(t_f)$ 求偏导数，得：

$$\frac{\partial J^*[\boldsymbol{x}(t_f),t_f]}{\partial \boldsymbol{x}(t_f)}=\left\{\frac{\partial \boldsymbol{\Phi}[\boldsymbol{x}(t_f),t_f]}{\partial \boldsymbol{x}(t_f)}+\left[\frac{\partial N[\boldsymbol{x}(t_f),t_f]}{\partial \boldsymbol{x}(t_f)}\right]^{\mathrm{T}}\mu\right\}$$

即

$$\boldsymbol{\lambda}(t_f)=\left[\frac{\partial \boldsymbol{\Phi}}{\partial \boldsymbol{x}(t_f)}+\frac{\partial N^{\mathrm{T}}}{\partial \boldsymbol{x}(t_f)}\mu\right] \tag{6.302}$$

将式（6.301）对 $\boldsymbol{t_f}$ 求偏导数，得：

$$\frac{\partial J^*[\boldsymbol{x}(t_f),t_f]}{\partial t_f}=\left\{\frac{\partial \boldsymbol{\Phi}[\boldsymbol{x}(t_f),t_f]}{\partial t_f}+\boldsymbol{\mu}^{\mathrm{T}}\frac{\partial N[\boldsymbol{x}(t_f),t_f]}{\partial t_f}\right\}$$

考虑式（6.296）、式（6.297）得：

$$\left[H+\frac{\partial \boldsymbol{\Phi}}{\partial t_f}+\boldsymbol{\mu}^{\mathrm{T}}\frac{\partial N}{\partial t_f}\right]\Bigg|_{t=t_f}=0 \tag{6.303}$$

上述结果与极小值原理中推导的完全一致。上述推导过程实际上等于用动态规划方法间接证明了极小值原理。

应当指出，与极小值原理比较，动态规划法需要解偏微分方程（6.292），它要求 $J[\boldsymbol{x},t]$ 具有连续的偏导数，但在实际工程中，这一点常常不能满足，因而限制了动态规划法的使用范围。

【例 6－17】 设 $\dot{x}=u$，求最优控制 $u^*(t)$ 使

$$\min_u J=\int_0^{t_f}\left(x^2+\frac{1}{2}x^4+u^2\right)\mathrm{d}t$$

解 构造哈密尔顿函数：

$$H=L+\frac{\partial J}{\partial x}f=x^2+\frac{1}{2}x^4+u^2+\frac{\partial J}{\partial x}u$$

根据哈密尔顿—雅可比方程，有：

$$-\frac{\partial J^*}{\partial t}=\min_u\left[L+\frac{\partial J}{\partial x}f\right]$$

$$=\min_u\left(x^2+\frac{1}{2}x^4+u^2+\frac{\partial J^*}{\partial x}u\right)$$

考虑控制 u 不受限制，得：

$$\frac{\partial H}{\partial u}=\frac{\partial\left(x^2+\frac{1}{2}x^4+u^2+\frac{\partial J^*}{\partial x}u\right)}{\partial u}=2u+\frac{\partial J^*}{\partial x}=0$$

故

$$u^*(t)=-\frac{1}{2}\frac{\partial J^*}{\partial x}$$

$$-\frac{\partial J^*}{\partial t}=x^2+\frac{1}{2}x^4+\frac{1}{4}\left(\frac{\partial J^*}{\partial x}\right)^2-\frac{1}{2}\left(\frac{\partial J^*}{\partial x}\right)^2$$

$$=x^2+\frac{1}{2}x^4-\frac{1}{4}\left(\frac{\partial J^*}{\partial x}\right)^2$$

边界条件，因 $\Phi[x(t_f),t_f]=0$，故

$$J^*[x(t_f)]=0$$

如果令 $\lambda(t)=\frac{\partial J^*}{\partial x}$，则得 $u^*(t)=-\frac{1}{2}\lambda(t)$，这正是应用极小值原理所得的结果，二者完全一致。

【例 6－18】　设受控系统状态方程为：

$$\dot{x}=\begin{pmatrix}0&1\\0&0\end{pmatrix}x+\begin{pmatrix}0\\1\end{pmatrix}u$$

初始状态：　　　$x(0)=\begin{pmatrix}0\\1\end{pmatrix}$

性能泛函为：　　$J=\int_0^\infty\left(2x_1^2+\frac{1}{2}u^2\right)\mathrm{d}t$

试求在 u 无限制情况下，使 J 取极小时的最优控制。

解　构造哈密顿函数：

$$H=L+\left[\frac{\partial J^*}{\partial x}\right]^{\mathrm{T}}\boldsymbol{f}=2x_1^2+\frac{1}{2}u^2+\left[\frac{\partial J^*}{\partial x_1},\frac{\partial J^*}{\partial x_2}\right]\begin{pmatrix}x_2\\u\end{pmatrix}$$

$$=2x_1^2+\frac{1}{2}u^2+\frac{\partial J^*}{\partial x_1}x_2+\frac{\partial J^*}{\partial x_2}u$$

由哈密尔顿—雅可比方程

$$-\frac{\partial J^*}{\partial t}=\min_u H=\min_u\left\{2x_1^2+\frac{1}{2}u^2+\frac{\partial J^*}{\partial x_1}x_2+\frac{\partial J^*}{\partial x_2}u\right\}$$

因 u 无限制，可从 $\frac{\partial H}{\partial u}=\frac{\partial\{\cdot\}}{\partial u}=0$ 求得：

$$u^*=-\frac{\partial J^*}{\partial x_2}$$

代入上式，并注意到 J^* 与 t 无关，因而 $\frac{\partial J^*}{\partial t}=0$，有：

$$2x_1^2+\frac{\partial J^*}{\partial x_1}x_2-\frac{1}{2}(\frac{\partial J^*}{\partial x_2})^2=0$$

为求解此偏微分方程，设其解为：

$$J^* = a_1x_1^2+2a_2x_1x_2+a_3x_2^2$$

满足方程，得：

$$(1-a_2^2)x_1^2+(a_1-2a_2a_3)x_1x_2+(a_2-a_3^2)x_2^2=0$$

各项系数为：

$$1-a_2^2=0, a_1-2a_2a_3=0, a_2-a_3^2=0$$

可得：

$$a_2=1, a_3=1, a_1=2$$

解为：

$$J^*[x(t)]=2x_1^2+2x_1x_2+x_2^2$$

最优控制：

$$u^*=-\frac{\partial J^*[x(t)]}{\partial x_2}=-(2x_1+2x_2)=-2(x_1+x_2)$$

最优控制可由状态反馈实现，如图 6.28 所示。

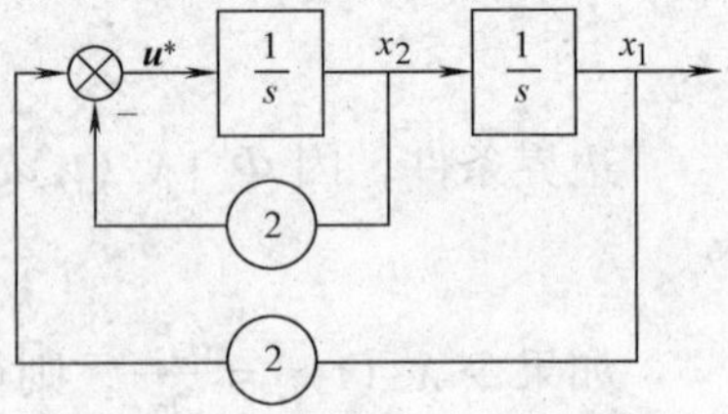

图 6.28　例 6.18 的最优反馈系统

进一步考察系统的状态轨线。系统的状态方程：

$$\boldsymbol{x}^* = \begin{pmatrix}0 & 1\\ -2 & -2\end{pmatrix}\boldsymbol{x}^*$$

为齐次方程，它的解为：

$$\begin{aligned}\boldsymbol{x}^*(t) &= \mathrm{e}^{At}\boldsymbol{x}(0)=\mathscr{L}^{-1}[s\boldsymbol{I}-\boldsymbol{A}]^{-1}\boldsymbol{x}(0)\\ &=\mathscr{L}^{-1}\left\{\begin{pmatrix}s & -1\\ 2 & s+2\end{pmatrix}^{-1}\right\}\begin{pmatrix}1\\0\end{pmatrix}\\ &=\mathscr{L}^{-1}\left\{\frac{\begin{pmatrix}s & -1\\ 2 & s+2\end{pmatrix}}{(s+1+j)(s+1-j)}\right\}\begin{pmatrix}1\\0\end{pmatrix}=\begin{pmatrix}\mathrm{e}^{-t}(\cos t+\sin t)\\ -2\mathrm{e}^{-t}\sin t\end{pmatrix}\end{aligned}$$

于是最优控制为：

$$u^*(t)=2\mathrm{e}^{-t}(\sin t-\cos t)$$

性能泛函最优值为：

$$\begin{aligned}J^*[\boldsymbol{x}^*,u^*] &= \int_0^\infty\left[2\mathrm{e}^{-2t}(\cos t+\sin t)^2+\frac{1}{2}4\mathrm{e}^{-2t}(\sin t-\cos t)^2\right]\mathrm{d}t\\ &=\int_0^\infty 4\mathrm{e}^{-2t}\mathrm{d}t=2\end{aligned}$$

【例 6-19】　设受控系统的微分方程为：

$$\ddot{y}+4\dot{y}+y=u$$

使性能指标$\min\limits_{u}J=\int_0^\infty 1.\,\mathrm{d}t$，即要求快速响应，求最优控制 $\boldsymbol{u}$，且满足 $|\boldsymbol{u}|\leqslant 1$。

解　若选 $x_1=y$，$x_2=\dot{y}$，可得系统的状态方程：

$$\dot{\boldsymbol{x}}=\begin{pmatrix}0 & 1\\ -1 & -4\end{pmatrix}\boldsymbol{x}+\begin{pmatrix}0\\1\end{pmatrix}u$$

根据哈密尔顿—贝尔曼方程

$$-\frac{\partial J^*}{\partial t}=\min_{u\in U}\left\{1+\left(\frac{\partial J^*}{\partial x_1},\frac{\partial J^*}{\partial x_2}\right)\begin{pmatrix}x_2\\-x_1-4x_2+u\end{pmatrix}\right\}$$

为使$\min\limits_{u\in U}\left\{1+\frac{\partial J^*}{\partial x_1}x_2+\frac{\partial J^*}{\partial x_2}(-x_1-4x_2+u)\right\}$取全局最小，可得：

$$u^*=-\mathrm{sgn}\left(\frac{\partial J^*}{\partial x_2}\right)$$

在所论情况下，因 J^* 与 t 无关，故哈密尔顿—贝尔曼方程为：

$$x_2\left(\frac{\partial J^*}{\partial x_1}-4\frac{\partial J^*}{\partial x_2}\right)-x_1\left(\frac{\partial J^*}{\partial x_2}\right)+\left(1-\left|\frac{\partial J^*}{\partial x_2}\right|\right)=0$$

这是一个非线性偏微分方程，需借助电子计算机求解 J^*，再求 J^* 对 x_2 的偏导数便可求得最优控制。

综上所述，可将连续型动态规划求解最优控制问题的步骤归纳如下：

1）构造哈密尔顿函数：

$$H[x,u,t]=L[x,u,t]+\left(\frac{\partial J^*}{\partial x}\right)^{\mathrm{T}}f[x,u,t]$$

2）以 $H[x,u,t]$ 取极值为条件求 $\tilde{u}$，即

$$\frac{\partial H[x,u,t]}{\partial u}=0（当 u 取值无限制时）$$

或 $\min\limits_{u\in U}H[x,u,t]$（当 $u\in U$ 为容许控制时）

由上述条件解出的 $\tilde{u}$ 是 x、$\frac{\partial J^*}{\partial x}$、$t$ 的函数。

3）将 $\tilde{u}$ 代入哈密尔顿—贝尔曼方程，并根据边界条件，解出 $J^*[x(t),t]$。

4）将 $J^*[x(t),t]$ 代回 $\tilde{u}$，即得最优控制 $u^*[x(t),t]$，它是状态变量的函数，据此可实现闭环最优控制。

5）将 $u^*[x(t),t]$ 代入状态方程，可进一步解出最优轨线 $x^*(t)$。

6）再将 $x^*(t)$ 代入求得最优性能泛函 $J^*[x(t)]$。

6.12 线性二次型最优控制问题

如果系统是线性的，性能泛函是状态变量（或/和）控制变量的二次型函数的积分，则这样的最优控制问题称为线性二次型最优控制问题。简称**线性二次型**。这种最优控制问题的解最简单，应用十分广泛，是现代控制理论中最重要的成果之一。线性二次型问题解出的控制规律是状态变量的线性函数，因而通过状态反馈便可实现闭环最优控制，这在工程上具有重要意义。

先讨论二次型性能泛函，然后讨论调节器和跟踪器问题。

6.12.1 二次型性能泛函

二次型性能泛函的一般形式如下：

$$J = \frac{1}{2}\int_{t_0}^{t_f}[\boldsymbol{x}^{\mathrm{T}}\boldsymbol{Q}_1(t)\boldsymbol{x} + \boldsymbol{u}^{\mathrm{T}}\boldsymbol{Q}_2(t)\boldsymbol{u}]\mathrm{d}t + \frac{1}{2}\boldsymbol{x}^{\mathrm{T}}(t_f)\boldsymbol{Q}_0\boldsymbol{x}(t_f) \tag{6.304}$$

式中，$\boldsymbol{Q}_1(t)$ 为 $n\times n$ 维半正定的状态加权矩阵；$\boldsymbol{Q}_2(t)$ 为 $r\times r$ 维正定的控制加权矩阵；$\boldsymbol{Q}_0$ 为 $n\times n$ 维半正定的终端加权矩阵。

在工程实际中，$\boldsymbol{Q}_1(t)$ 和 $\boldsymbol{Q}_2(t)$，是对称矩阵而且常取对角阵。

下面对性能泛函中各项的物理意义作一解析。

被积函数中第一项 $L_x=\frac{1}{2}\boldsymbol{x}^{\mathrm{T}}\boldsymbol{Q}_1(t)\boldsymbol{x}$，若 $\boldsymbol{x}$ 表示误差矢量，那么 L_x 表示误差平方。因为 $\boldsymbol{Q}_1(t)$ 半正定，所以只要出现误差，L_x 总是非负的。若 $\boldsymbol{x}=0$，$L_x=0$，若 $\boldsymbol{x}$ 增大，L_x 也增大。由此可见，L_x 是用以衡量误差 $\boldsymbol{x}$ 大小的代价函数，$\boldsymbol{x}$ 越大，则支付的代价越大。在 $\boldsymbol{x}$ 是标量的情况下，$L_x=\frac{1}{2}x^2$，那么$\frac{1}{2}\int_{t_0}^{t_f}x^2\mathrm{d}t$ 表示误差平方的积分。$Q_1(t)$ 通常是对角线常阵，对角线上的元素 $\boldsymbol{q}_{1i}$分别表示对相应误差分量 $\boldsymbol{x}_i$ 的重视程度。越加被重视的误差分量，希望它越小，相应地，其加权系数 q_{1i}就应取得越大。如果对误差在动态过程中不同阶段有不同的强调时，那么，相应的 q_{1i}就应取成时变的。

被积函数中第二项 $L_u=\frac{1}{2}\boldsymbol{u}^{\mathrm{T}}\boldsymbol{Q}_2(t)\boldsymbol{u}$，表示动态过程中对控制的约束或要求。因为 $\boldsymbol{Q}_2(t)$ 正定，所以只要存在控制，L_u 总是正的。如果把 $\boldsymbol{u}$ 看作电压或电流的函数的话，那么 L_u 与功率成正比，而$\frac{1}{2}\int_{t_0}^{t_f}\boldsymbol{u}^{\mathrm{T}}\boldsymbol{Q}_2(t)\boldsymbol{u}\mathrm{d}t$ 则表示在 $[0,\ t_f]$ 区间内消耗的能量。因此，L_u 是用来衡量控制功率大小的代价函数。

式中第二项 $\frac{1}{2}\boldsymbol{x}^{\mathrm{T}}(t_f)\boldsymbol{Q}_0\boldsymbol{x}(t_f)$ 突出了对终端误差的要求，叫做终端代价函数。例如，在宇航的交会问题中，由于要求两个飞行体终态严格一致，因此，必须加入这一项，以体现 t_f 时的误差足够小。至于 $\boldsymbol{Q}_2(t)$、$\boldsymbol{Q}_0$ 的加权意义，与 $\boldsymbol{Q}_1(t)$ 相仿。

如果最优控制的目标是使 $J\to\min$，则其实质在于用不大的控制，来保持较小的误差，从而达到能量和误差综合最优的目的。

6.12.2 有限时间状态调节器问题

状态调节器的任务在于，当系统状态由于任何原因偏离了平衡状态时，能在不消耗过多能量的情况下，保持系统状态各分量仍接近于平衡状态。在研究这类问题时，通常是把初始状态矢量看作扰动，而把零状态取作平衡状态。于是调节器问题就变为寻求最优控制规律 $\boldsymbol{u}$，在有限的时间区间 $[t_0,\ t_f]$ 内，将系统从初始状态转移到零点附近，并使给定的性能泛函取极值。

设线性时变系统的状态空间描述为：

$$\begin{aligned}\dot{\boldsymbol{x}}(t) &= \boldsymbol{A}(t)\boldsymbol{x}(t) + \boldsymbol{B}(t)\boldsymbol{u}(t)\\ \boldsymbol{y}(t) &= \boldsymbol{C}(t)\boldsymbol{x}(t)\\ \boldsymbol{x}(t_0) &= \boldsymbol{x}_0\end{aligned} \tag{6.305}$$

式中，$\boldsymbol{x}$、$\boldsymbol{u}$、$\boldsymbol{y}$ 分别为 n、r、m 维矢量；$\boldsymbol{A}(t)$ 为 $n\times n$ 维状态矩阵；$\boldsymbol{B}(t)$ 为 $n\times r$ 维

控制矩阵；$\boldsymbol{C}(t)$ 为 $m\times n$ 维输出矩阵。

性能泛函为：

$$J=\frac{1}{2}\int_{t_0}^{t_f}[\boldsymbol{x}^{\mathrm{T}}\boldsymbol{Q}_1(t)\boldsymbol{x}+\boldsymbol{u}^{\mathrm{T}}\boldsymbol{Q}_2(t)\boldsymbol{u}]\mathrm{d}t+\frac{1}{2}\boldsymbol{x}^{\mathrm{T}}(t_f)\boldsymbol{Q}_0\boldsymbol{x}(t_f) \tag{6.306}$$

式中，$\boldsymbol{Q}_1(t)$ 为 $n\times n$ 维半正定的状态加权矩阵；$\boldsymbol{Q}_2(t)$ 为 $r\times r$ 维正定的控制加权矩阵；$\boldsymbol{Q}_0$ 为 $n\times n$ 维半正定的终端加权矩阵。设 $\boldsymbol{u}$ 取值不受限制，寻求最优控制，使 J 取极值。

根据极小值原理，引入 n 维协态矢量 $\boldsymbol{\lambda}(t)$，构造哈密尔顿函数：

$$H[\boldsymbol{x},\boldsymbol{u},\boldsymbol{\lambda},t]=\frac{1}{2}[\boldsymbol{x}^{\mathrm{T}}\boldsymbol{Q}_1(t)\boldsymbol{x}+\boldsymbol{u}^{\mathrm{T}}\boldsymbol{Q}_2(t)\boldsymbol{u}]+\boldsymbol{\lambda}^{\mathrm{T}}[\boldsymbol{A}(t)\boldsymbol{x}(t)+\boldsymbol{B}(t)\boldsymbol{u}(t)] \tag{6.307}$$

最优控制应使 H 取极值，因 $\boldsymbol{u}$ 不受限制，则下式成立：

$$\frac{\partial H}{\partial \boldsymbol{u}}=\boldsymbol{Q}_2(t)\boldsymbol{u}+\boldsymbol{B}^{\mathrm{T}}(t)\boldsymbol{\lambda}=0$$

由于 $\boldsymbol{Q}_2(t)$ 正定、对称，得：

$$\boldsymbol{u}^*=-\boldsymbol{Q}_2^{-1}(t)\boldsymbol{B}^{\mathrm{T}}(t)\boldsymbol{\lambda} \tag{6.308}$$

又因 $\dfrac{\partial^2 H}{\partial \boldsymbol{u}^2}=\boldsymbol{Q}_2(t)$ 正定，故由式（6.308）所确定的最优控制，对于 J 取极小来说，既是必要的，又是充分的。

由正则方程可解出 $\boldsymbol{x}$ 和 $\boldsymbol{\lambda}$ 的关系

$$\dot{\boldsymbol{\lambda}}=-\frac{\partial H}{\partial \boldsymbol{x}}=-\boldsymbol{Q}_1(t)\boldsymbol{x}-\boldsymbol{A}^{\mathrm{T}}(t)\boldsymbol{\lambda} \tag{6.309}$$

$$\dot{\boldsymbol{x}}=-\frac{\partial H}{\partial \boldsymbol{\lambda}}=\boldsymbol{A}(t)\boldsymbol{x}(t)+\boldsymbol{B}(t)\boldsymbol{u}(t)=\boldsymbol{A}(t)\boldsymbol{x}(t)-\boldsymbol{B}(t)\boldsymbol{Q}_2^{-1}(t)\boldsymbol{B}^{\mathrm{T}}(t)\boldsymbol{\lambda} \tag{6.310}$$

边界条件：

$$\boldsymbol{x}(t_0)=\boldsymbol{x}_0$$

$$\boldsymbol{\lambda}(t_f)=\frac{\partial}{\partial \boldsymbol{x}(t_f)}\left[\frac{1}{2}\boldsymbol{x}^{\mathrm{T}}(t_f)\boldsymbol{Q}_0\boldsymbol{x}(t_f)\right]=\boldsymbol{Q}_0\boldsymbol{x}(t_f) \tag{6.311}$$

联立求解式（6.309）和式（6.310），可求得 $\boldsymbol{x}$ 和 $\boldsymbol{\lambda}$。

从式（6.308）可知 $\boldsymbol{u}^*$ 是 $\boldsymbol{\lambda}$ 的线性函数。为了使 $\boldsymbol{u}^*(t)$ 能由状态反馈实现，尚应求出 $\boldsymbol{\lambda}(t)$ 与 $\boldsymbol{x}(t)$ 的变换矩阵 $\boldsymbol{P}(t)$，设：

$$\boldsymbol{\lambda}(t)=\boldsymbol{P}(t)\boldsymbol{x}(t) \tag{6.312}$$

式中，$\boldsymbol{P}(t)$ 为 $n\times n$ 维实对称正定矩阵，待定。

把式（6.312）代入式（6.308）可得：

$$\boldsymbol{u}^*=-\boldsymbol{Q}_2^{-1}(t)\boldsymbol{B}^{\mathrm{T}}(t)\boldsymbol{P}(t)\boldsymbol{x}(t)=-\boldsymbol{K}(t)\boldsymbol{x}(t) \tag{6.313}$$

$$\boldsymbol{K}(t)=\boldsymbol{Q}_2^{-1}(t)\boldsymbol{B}^{\mathrm{T}}(t)\boldsymbol{P}(t) \tag{6.314}$$

式中，$\boldsymbol{K}(t)$ 为 $n\times n$ 维最优反馈增益矩阵。

闭环系统方程为：

$$\dot{\boldsymbol{x}}(t)=[A(t)-B(t)Q_2^{-1}(t)B^{\mathrm{T}}(t)P(t)]\boldsymbol{x}(t) \tag{6.315}$$

式（6.313）说明，对于线性二次型问题，最优控制可由全部状态变量构成的最优线性反馈来实现。闭环系统的结构如图6.29所示。

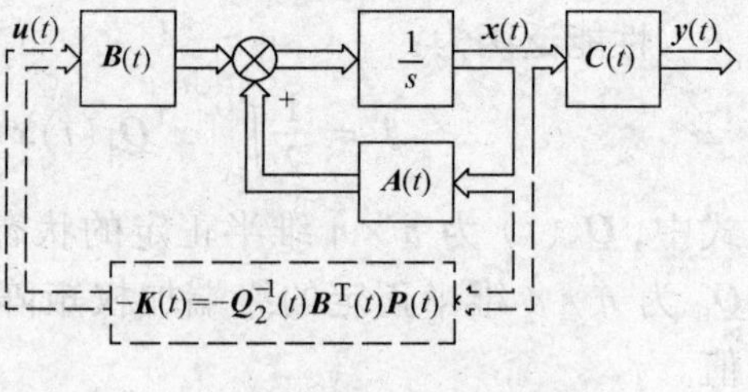

图6.29　线性二次型最优反馈系统

将式（6.312）代入正则方程组，消去 $\boldsymbol{\lambda}$，得：

$$\dot{\boldsymbol{\lambda}} = -[\boldsymbol{Q}_1(t) + \boldsymbol{A}^{\mathrm{T}}(t)\boldsymbol{P}(t)]\boldsymbol{x} \quad (6.316)$$

$$\dot{\boldsymbol{x}}(t) = [\boldsymbol{A}(t) - \boldsymbol{B}(t)\boldsymbol{Q}_2^{-1}(t)\boldsymbol{B}^{\mathrm{T}}(t)\boldsymbol{P}(t)]\boldsymbol{x} \quad (6.317)$$

将式（6.312）求导数，得：

$$\dot{\boldsymbol{\lambda}} = \dot{\boldsymbol{P}}(t)\boldsymbol{x} + \boldsymbol{P}(t)\dot{\boldsymbol{x}} \quad (6.318)$$

把式（6.317）代入式（6.318）并注意到式（6.316）得：

$$\dot{\boldsymbol{P}}(t)\boldsymbol{x} + \boldsymbol{P}(t)[\boldsymbol{A}(t) - \boldsymbol{B}(t)\boldsymbol{Q}_2^{-1}(t)\boldsymbol{B}^{\mathrm{T}}(t)\boldsymbol{P}(t)]\boldsymbol{x} = -[\boldsymbol{Q}_1(t) + \boldsymbol{A}^{\mathrm{T}}(t)\boldsymbol{P}(t)]\boldsymbol{x}$$

整理后得：

$$\dot{\boldsymbol{P}}(t) = -\boldsymbol{P}(t)\boldsymbol{A}(t) - \boldsymbol{A}^{\mathrm{T}}(t)\boldsymbol{P}(t) + \boldsymbol{P}(t)\boldsymbol{B}(t)\boldsymbol{Q}_2^{-1}(t)\boldsymbol{B}^{\mathrm{T}}(t) \times \boldsymbol{P}(t) - \boldsymbol{Q}_1(t) \quad (6.319)$$

边界条件：

$$\boldsymbol{P}(t_f) = \boldsymbol{Q}_0 \quad (6.320)$$

式（6.319）称为黎卡提（Riccati）**矩阵微分方程**。这是一个非线性矩阵微分方程。由于 $\boldsymbol{P}$（t）是一个对称阵，所以实际只须解 $\frac{n\ (n+1)}{2}$ 个一阶微分方程组，便可确定 $\boldsymbol{P}$（t）的所有元素。

为证明 $\boldsymbol{P}$（t）为对称阵，可将式（6.319）和式（6.320）转置，得：

$$\dot{\boldsymbol{P}}^{\mathrm{T}}(t) = -\boldsymbol{A}^{\mathrm{T}}(t)\boldsymbol{P}^{\mathrm{T}}(t) - \boldsymbol{P}^{\mathrm{T}}(t)\boldsymbol{A}(t) + \boldsymbol{P}^{\mathrm{T}}(t)\boldsymbol{B}(t)\boldsymbol{Q}_2^{-1}(t)\boldsymbol{B}^{\mathrm{T}}(t)\boldsymbol{P}^{\mathrm{T}}(t) - \boldsymbol{Q}_1(t)$$

$$\boldsymbol{P}^{\mathrm{T}}(t_f) = \boldsymbol{Q}_0$$

可见，$\boldsymbol{P}^{\mathrm{T}}$（$t$）和 $\boldsymbol{P}$（t）是满足同一边界条件的黎卡提微分方程的解，根据解的唯一性可知：

$$\boldsymbol{P}^{\mathrm{T}}(t) = \boldsymbol{P}(t) \quad (6.321)$$

故 $\boldsymbol{P}$（t）是对称矩阵。

由于黎卡提微分方程是非线性的，通常不能直接求得解析解，但可用数字计算机进行离线计算，并将其结果 $\boldsymbol{P}$（t）存贮起来备用。将式（6.318）离散化，令：

$$\dot{\boldsymbol{P}}(t) \approx \frac{\boldsymbol{P}(t+\Delta t) - \boldsymbol{P}(t)}{\Delta t} \quad (6.322)$$

将式（6.319）代入得：

$$\boldsymbol{P}(t+\Delta t) \approx \boldsymbol{P}(t) + \Delta t[-\boldsymbol{P}(t)\boldsymbol{A}(t) - \boldsymbol{A}^{\mathrm{T}}(t)\boldsymbol{P}(t) + \boldsymbol{P}(t)\boldsymbol{B}(t)\boldsymbol{Q}_2^{-1}(t)\boldsymbol{B}^{\mathrm{T}}(t)\boldsymbol{P}(t) - \boldsymbol{Q}_1(t)] \quad (6.323)$$

已知 $\boldsymbol{P}$（t_f）$=\boldsymbol{Q}_0$，以此为初始条件，即从终端时刻的 $\boldsymbol{P}$（t_f）出发，以一 Δt 为单位逆时

间方向逐次求出各离散时刻 t 的值 $\boldsymbol{P}(t)$。

综上所述，线性调节器的设计步骤如下：

1）根据工艺要求和工程实践经验，选定加权矩阵 $\boldsymbol{Q}_0$、$Q_1(t)$、$\boldsymbol{Q}_2(t)$。

2）由 $\boldsymbol{A}(t)$、$B(t)$、$\boldsymbol{Q}_0$、$\boldsymbol{Q}_1(t)$、$\boldsymbol{Q}_2(t)$ 按照式（6.319）和式（6.320），求解黎卡提矩阵微分方程，得矩阵 $\boldsymbol{P}(t)$。

3）由式（6.314）和式（6.313）求反馈增益矩阵 $\boldsymbol{K}(t)$ 及最优控制 $\boldsymbol{u}^*(t)$。

4）解式（6.317）求相应的最优轨线 $\boldsymbol{x}^*(t)$。

5）计算性能泛函最优值：

$$J^* = \frac{1}{2}\boldsymbol{x}^{\mathrm{T}}(t_0)\boldsymbol{P}(t_0)\boldsymbol{x}(t_0) \tag{6.324}$$

式（6.324）证明如下：对 $\boldsymbol{x}^{\mathrm{T}}(t)\boldsymbol{P}(t)\boldsymbol{x}(t)$ 求导数

$$\frac{\mathrm{d}}{\mathrm{d}t}[\boldsymbol{x}^{\mathrm{T}}\boldsymbol{P}\boldsymbol{x}] = \dot{\boldsymbol{x}}^{\mathrm{T}}\boldsymbol{P}\boldsymbol{x} + \boldsymbol{x}^{\mathrm{T}}\dot{\boldsymbol{P}}\boldsymbol{x} + \boldsymbol{x}^{\mathrm{T}}\boldsymbol{P}\dot{\boldsymbol{x}}$$

将 $\dot{\boldsymbol{x}}$ 用状态方程代入，$\dot{\boldsymbol{P}}$ 用黎卡提方程代入，可得：

$$\frac{\mathrm{d}}{\mathrm{d}t}[\boldsymbol{x}^{\mathrm{T}}\boldsymbol{P}\boldsymbol{x}] = -\boldsymbol{x}^{\mathrm{T}}\boldsymbol{Q}_1(t)\boldsymbol{x} - \boldsymbol{u}^{\mathrm{T}}\boldsymbol{Q}_2(t)\boldsymbol{u} + [\boldsymbol{u} + \boldsymbol{Q}_2^{-1}\boldsymbol{B}^{\mathrm{T}}\boldsymbol{P}\boldsymbol{x}]^{\mathrm{T}}\boldsymbol{Q}_2[\boldsymbol{u} + \boldsymbol{Q}_2^{-1}\boldsymbol{B}^{\mathrm{T}}\boldsymbol{P}\boldsymbol{x}]$$

当 $\boldsymbol{u}(t)$、$\boldsymbol{x}(t)$ 取最优函数 $\boldsymbol{u}^*(t)$、$\boldsymbol{x}^*(t)$ 时，有：

$$\frac{\mathrm{d}}{\mathrm{d}t}[\boldsymbol{x}^{*\mathrm{T}}\boldsymbol{P}\boldsymbol{x}^*] = -\boldsymbol{x}^{*\mathrm{T}}\boldsymbol{Q}_1\boldsymbol{x}^* - \boldsymbol{u}^{*\mathrm{T}}\boldsymbol{Q}_2\boldsymbol{u}^*$$

将上式两边从 t_0 到 t_f 积分并同乘以 1/2：

$$\frac{1}{2}\int_{t_0}^{t_f}\frac{\mathrm{d}}{\mathrm{d}t}[\boldsymbol{x}^{*\mathrm{T}}\boldsymbol{P}\boldsymbol{x}^*]\mathrm{d}t = -\frac{1}{2}\int_{t_0}^{t_f}[\boldsymbol{x}^{*\mathrm{T}}\boldsymbol{Q}_1\boldsymbol{x}^* + \boldsymbol{u}^{*\mathrm{T}}\boldsymbol{Q}_2\boldsymbol{u}^*]\mathrm{d}t$$

即

$$\frac{1}{2}[\boldsymbol{x}^{*\mathrm{T}}\boldsymbol{P}\boldsymbol{x}^*]\Big|_{t_0}^{t_f} = -\frac{1}{2}\int_{t_0}^{t_f}[\boldsymbol{x}^{*\mathrm{T}}\boldsymbol{Q}_1\boldsymbol{x}^* + \boldsymbol{u}^{*\mathrm{T}}\boldsymbol{Q}_2\boldsymbol{u}^*]\mathrm{d}t$$

上式代入式（6.306），得：

$$\begin{aligned}
J^* = J^*[\boldsymbol{x}(t_0)] &= \frac{1}{2}\int_{t_0}^{t_f}[\boldsymbol{x}^{*\mathrm{T}}\boldsymbol{Q}_1\boldsymbol{x}^* + \boldsymbol{u}^{*\mathrm{T}}\boldsymbol{Q}_2\boldsymbol{u}^*]\mathrm{d}t + \frac{1}{2}\boldsymbol{x}^{*\mathrm{T}}(t_f)\boldsymbol{P}(t_f)\boldsymbol{x}^*(t_f)\\
&= -\frac{1}{2}[\boldsymbol{x}^{*\mathrm{T}}\boldsymbol{P}\boldsymbol{x}^*]\Big|_{t_0}^{t_f} + \frac{1}{2}\boldsymbol{x}^{*\mathrm{T}}(t_f)\boldsymbol{P}(t_f)\boldsymbol{x}^*(t_f)\\
&= \frac{1}{2}\boldsymbol{x}^{*\mathrm{T}}(t_0)\boldsymbol{P}(t_0)\boldsymbol{x}^*(t_0)
\end{aligned}$$

证毕。

显然，在任意时刻性能泛函为：

$$J^*[\boldsymbol{x}(t)] = \frac{1}{2}\boldsymbol{x}^{*\mathrm{T}}(t)\boldsymbol{P}(t)\boldsymbol{x}^*(t)$$

当 $t = t_f$ 时

$$J^*[\boldsymbol{x}(t_f)] = \frac{1}{2}\boldsymbol{x}^{*\mathrm{T}}(t_f)\boldsymbol{P}(t_f)\boldsymbol{x}^*(t_f) = \frac{1}{2}\boldsymbol{x}^{*\mathrm{T}}(t_f)\boldsymbol{Q}_0\boldsymbol{x}^*(t_f)$$

即为式（6.306）中终端性能的最优值。

顺便指出，上述由全状态反馈构成的闭环最优控制系统是渐近稳定的。

【例 6-20】 已知一阶系统的状态方程和性能泛函：

$$\dot{x}(t)=ax(t)+u(t),x(0)=x_0$$

$$J=\frac{1}{2}\int_0^{t_f}[q_1x^2(t)+q_2u^2(t)]\mathrm{d}t+\frac{1}{2}q_0x^2(t_f)$$

其中 $q_1>0$，$q_2>0$，$q_0\geqslant0$。求最优控制 $u^*(t)$。

解 由式（6.313）知：

$$u^*(t)=-\frac{1}{q_2}P(t)x(t)$$

其中 $P(t)$ 是黎卡提方程：

$$\dot{P}(t)=-2aP(t)+\frac{1}{q_2}P^2(t)-q_1$$

$$P(t_f)=q_0$$

的解。

由积分方程 $\int_{P(t)}^{q_0}\frac{\mathrm{d}P(t)}{\frac{1}{q_2}P^2(t)-2aP(t)-q_1}=\int_t^{t_f}\mathrm{d}t$

得：$P(t)=q_2\dfrac{\beta+a+(\beta-a)\dfrac{q_0/q_2-a-\beta}{q_0/q_2-a+\beta}\mathrm{e}^{2\beta(t-t_f)}}{1-\dfrac{q_0/q_2-a-\beta}{q_0/q_2-a+\beta}\mathrm{e}^{2\beta(t-t_f)}}$

式中，$\beta=\sqrt{\frac{q_1}{q_2}+a^2}$。

最优轨线是时变一阶微分方程：

$$\dot{x}=\left[a-\frac{1}{q_2}P(t)\right]x(t)$$

$$x(0)=x_0$$

的解： $x^*(t)=x_0\cdot\exp\int_0^t\left[a-\frac{1}{q_2}P(t)\right]\mathrm{d}t$

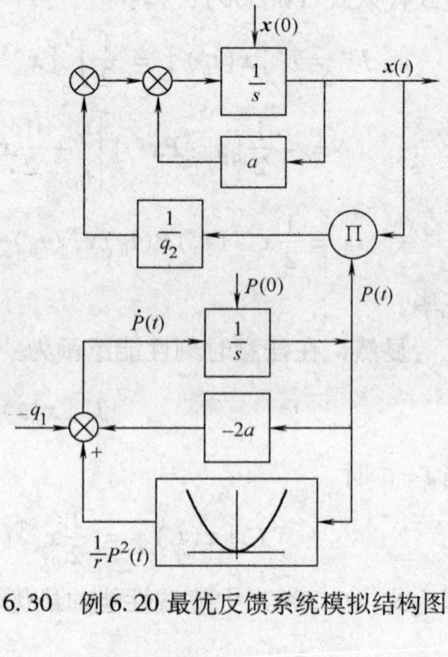

图 6.30 例 6.20 最优反馈系统模拟结构图

图 6.30 是最优线性反馈系统的模拟结构图。图中 Π 表示相乘。$P(t)$ 通过对黎卡提方程进行模拟来获得，共初值 $P(0)$ 可由 $P(t)$ 令 $t=0$ 计算出来，也可以在模拟机上通过调整得到，即反复调整 $P(0)$，直到 t_f 满足 $P(t_f)=q_0$ 为止。

关于 $P(t)$ 的性质及相应的 $x(t)$、$u(t)$ 变化情况如图 6.31 所示。这组曲线是在 $a=-1,q_0=0,q_1=1,x(0)=1$ 和 $t_f=1$ 的条件下得到的。

其中图 6.31a 表示以 q_2 为参数时黎卡提方程解 $P(t)$ 的变化规律。当 q_2 很小时，在控制区

间的起始部分 $P(t)$ 几乎是常值，因而系统可近似为定常系统，但当 q_2 增大后，$P(t)$ 随时间发生较大变化，$P(t)$ 才成为真正时变的。

图 6.31b 是一组以 q_2 为参数的状态轨线。当 q_2 很小时，状态变量 $x(t)$ 将迅速接近到零值，否则，$x(t)$ 的衰减缓慢。

图 6.31c 是以 q_2 为参数的一组最优控制曲线。随着 q_2 的减少，过程起始部分控制变量的幅值变得很大，当 $q_2 \to 0$ 时，则 $u(t)$ 在 $t \to 0$ 处将趋于一尖脉冲。

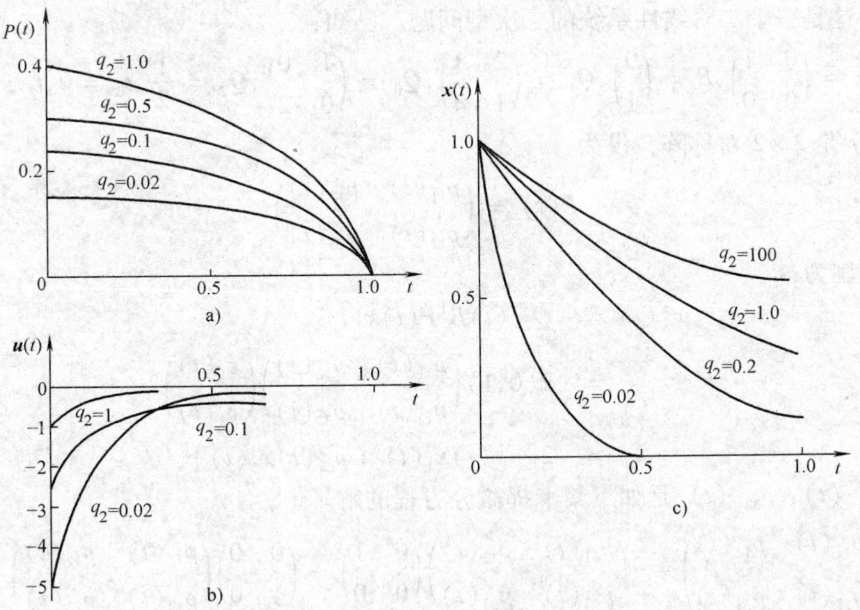

图 6.31　例 6.20 的最优解

当终端时间 t_f 不同时，黎卡提方程的解 $P(t)$ 的曲线示于图 6.32 上。这组曲线是在 $a=-1$，$q_1=q_2=1$，q_0 取 0 和 1 的条件下得到的。这组曲线表明，从 t_f 时刻起，曲线 $P(t)$ 随着 t 的减小而趋近于一个“稳态值”，该值与终端条件无关。随着 t_f 的增加，$P(t)$ 保持常值的时间区间在加宽。

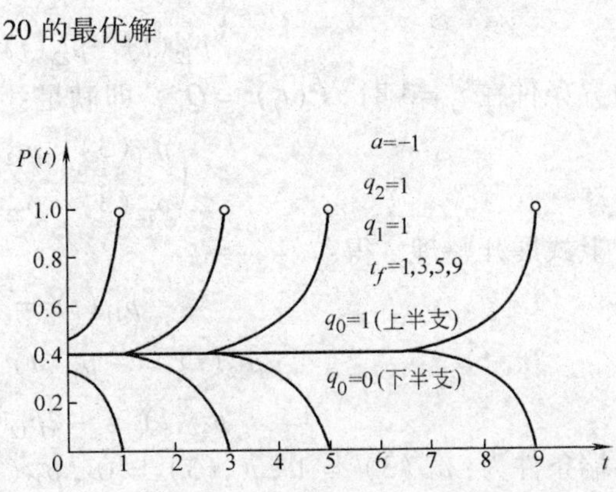

图 6.32　不同终端时刻 t_f 下黎卡提方程的解 $P(t)$

事实上

$$\lim_{t_f \to \infty} P(t) = q_2(\beta + a) = aq_2 + q_2\sqrt{\frac{q_1}{q_2} + a^2}$$

说明当 $t_f \to \infty$ 时，$P(t)$ 是一个常数。如把 $a=-1$，$q_1=q_2=1$ 代入，可得：

$$\lim_{t_f \to \infty} P(t) = -1 + \sqrt{2} = 0.414 \tag{6.325}$$

由此可见，只要将 t_f 取得足够大，在 $[t_0, t_f]$ 区间的大部分时间内，$P(t)$ 可视为常数。

【例 6-21】 设系统和性能泛函为：

$$\dot{x}_1 = x_2, \dot{x}_2 = u$$

$$J = \frac{1}{2}[x_1^2(3) + 2x_2^2(3)] + \frac{1}{2}\int_0^3 \left[2x_1^2(t) + 4x_2^2(t) + 2x_1(t)x_2(t) + \frac{1}{2}u^2(t)\right]\mathrm{d}t$$

求最优控制 $u^*(t)$ 。

解 这是一个二阶线性系统的二次型问题。已知：

$$\boldsymbol{A} = \begin{pmatrix} 0 & 1 \\ 0 & 0 \end{pmatrix}, B = \begin{pmatrix} 0 \\ 1 \end{pmatrix}, Q_1 = \begin{pmatrix} 2 & 1 \\ 1 & 4 \end{pmatrix}, \boldsymbol{Q}_0 = \begin{pmatrix} 1 & 0 \\ 0 & 2 \end{pmatrix}, \boldsymbol{Q}_2 = \frac{1}{2}, t_0 = 0, t_f = 3$$

$\boldsymbol{P}(t)$ 是 2×2 对称阵，设为：

$$\boldsymbol{P}(t) = \begin{pmatrix} p_{11}(t) & p_{12}(t) \\ p_{12}(t) & p_{22}(t) \end{pmatrix}$$

则最优控制为：

$$\begin{aligned} u^*(t) &= -\boldsymbol{Q}_2^{-1}(t)B^{\mathrm{T}}\boldsymbol{P}(t)\boldsymbol{x}(t) \\ &= -2(0,1)\begin{pmatrix} p_{11}(t) & p_{12}(t) \\ p_{12}(t) & p_{22}(t) \end{pmatrix}\begin{pmatrix} \boldsymbol{x}_1(t) \\ \boldsymbol{x}_2(t) \end{pmatrix} \\ &= -2[p_{12}(t)\boldsymbol{x}_1(t) + p_{22}(t)\boldsymbol{x}_2(t)] \end{aligned}$$

式中，$p_{12}(t)$、$p_{22}(t)$ 是如下黎卡提微分方程的解。

$$\begin{aligned} \begin{pmatrix} \dot{p}_{11}(t) & \dot{p}_{12}(t) \\ \dot{p}_{12}(t) & \dot{p}_{22}(t) \end{pmatrix} = &-\begin{pmatrix} p_{11}(t) & p_{12}(t) \\ p_{12}(t) & p_{22}(t) \end{pmatrix}\begin{pmatrix} 0 & 1 \\ 0 & 0 \end{pmatrix} - \begin{pmatrix} 0 & 0 \\ 1 & 0 \end{pmatrix}\begin{pmatrix} p_{11}(t) & p_{12}(t) \\ p_{12}(t) & p_{22}(t) \end{pmatrix} \\ &-\begin{pmatrix} p_{11}(t) & p_{12}(t) \\ p_{12}(t) & p_{22}(t) \end{pmatrix}\begin{pmatrix} 0 \\ 1 \end{pmatrix}2(0,1)\begin{pmatrix} p_{11}(t) & p_{12}(t) \\ p_{12}(t) & p_{22}(t) \end{pmatrix} - \begin{pmatrix} 2 & 1 \\ 1 & 4 \end{pmatrix} \end{aligned}$$

边界条件在 $t_f=3$ 时，$\boldsymbol{P}(t_f) = \boldsymbol{Q}_0$，即满足：

$$\begin{pmatrix} p_{11}(3) & p_{12}(3) \\ p_{12}(3) & p_{22}(3) \end{pmatrix} = \begin{pmatrix} 1 & 0 \\ 0 & 2 \end{pmatrix}$$

对上式展开整理，得：

$$\begin{aligned} \dot{p}_{11}(t) &= 2p_{12}^2(t) - 2 \\ \dot{p}_{12}(t) &= -p_{11}(t) + 2p_{12}(t)p_{22}(t) - 1 \\ \dot{p}_{22}(t) &= -2p_{12}(t) + 2p_{22}^2(t) - 4 \end{aligned}$$

终端条件为：$p_{11}(3) = 1$，$p_{12}(3) = 0$，$p_{22}(3) = 2$

联立求解以上三个一阶非线性微分方程，求出 $p_{12}(t)$，$p_{22}(t)$，便能获得最优控制，但要获得解析解是困难的。

6.12.3 无限时间状态调节器问题

上面讨论的状态调节器，虽然最优反馈是线性的，然而由于控制时间区间 $[t_0, t_f]$ 是有限的，因而这种系统总是时变的。甚至在状态方程和性能泛函都是定常的，即矩阵

$A(t)$、$B(t)$、$Q_l(t)$、$Q_2(t)$ 都是常阵的情况也是如此。这就大大增加了系统结构的复杂性。显然问题的症结在于矩阵 $P(t)$ 是时变的。为了探索使 $P(t)$ 成为常阵的条件，可从图 6.32 和式（6.325）得到启发，随着终端时刻 t_f 趋向无穷，$P(t)$ 将趋于某常数，可见最优反馈的时变系统也随之转化为定常系统。这样就得到 $t_f=\infty$ 的所谓无限时间状态调节器。

可以证明，若线性定常系统

$$\dot{x} = Ax + Bu \tag{6.326}$$

能控，性能泛函为：

$$J = \frac{1}{2}\int_{t_0}^{\infty}[x^{T}Q_1x + u^{T}Q_2u]\,dt \tag{6.327}$$

其中 u 不受限制，Q_1 是半正定常数矩阵，Q_2 为正定常数矩阵。则最优控制存在，且唯一：

$$u^*(t) = -Q_2^{-1}B^{T}Px(t) \tag{6.328}$$

式中，P 为 $n\times n$ 维正定常数矩阵，满足下列**黎卡提矩阵代数方程**

$$-PA - A^{T}P + PBQ_2^{-1}B^{T}P - Q_1 = 0 \tag{6.329}$$

最优轨线是下列线性定常齐次方程的解：

$$\dot{x}(t) = [A - BQ_2^{-1}B^{T}P]x(t) = [A - BK]x$$
$$x(t_0) = x_0 \tag{6.330}$$

性能泛函的最小值为：

$$J^*[x(t_0)] = \frac{1}{2}x^{*T}(t_0)Px^*(t_0) \tag{6.331}$$

对于无限时间状态调节器，这里要强调以下几点：

1）适用于线性定常系统，且要求系统完全能控，而在有限时间状态调节器中则不强调这一点。因为在无限时间调节器中，控制区间扩大至无穷，倘若系统不能控，则无论哪一个控制矢量都将由于 $t=\infty$，而使性能泛函趋于无穷，从而无法比较其优劣。因此，能控性条件是从保证性能泛函的优劣能进行比较的角度考虑的。

2）在性能泛函中，由于 $t_f\to\infty$，而使终端泛函 $\frac{1}{2}x^{T}(t_f)Q_0x(t_f)$ 失去了意义，即 $Q_0=0$。

3）与有限时间状态调节器一样，最优控制也是全状态的线性反馈，结构图也与前面的相同。但是，这里的 P 是 $n\times n$ 维的实对称常矩阵，是黎卡提矩阵代数方程的解。因此，构成的是一个线性定常闭环系统。

4）闭环系统是渐近稳定的，即系统矩阵 $[A-BQ_2^{-1}B^{T}P]$ 的特征值均具负实部，而不论原受控系统 A 的特征值如何。

证明如下：设李雅普诺夫函数

$$V(x) = x^{T}Px$$

因 P 正定，故 $V(x)$ 是正定的。

$$\dot{V}(x) = \dot{x}^{T}Px + x^{T}P\dot{x}$$

将式（6.330）代入上式，得：

$$\begin{aligned}\dot{V}(\boldsymbol{x}) &= \boldsymbol{x}^{\mathrm{T}}[\boldsymbol{A}-\boldsymbol{B}\boldsymbol{Q}_2^{-1}\boldsymbol{B}^{\mathrm{T}}\boldsymbol{P}]^{\mathrm{T}}\boldsymbol{P}\boldsymbol{x}+\boldsymbol{x}^{\mathrm{T}}\boldsymbol{P}[\boldsymbol{A}-\boldsymbol{B}\boldsymbol{Q}_2^{-1}\boldsymbol{B}^{\mathrm{T}}\boldsymbol{P}]\boldsymbol{x}\\ &= \boldsymbol{x}^{\mathrm{T}}[(\boldsymbol{A}^{\mathrm{T}}\boldsymbol{P}+\boldsymbol{P}\boldsymbol{A}-\boldsymbol{P}\boldsymbol{B}\boldsymbol{Q}_2^{-1}\boldsymbol{B}^{\mathrm{T}}\boldsymbol{P})-\boldsymbol{P}\boldsymbol{B}\boldsymbol{Q}_2^{-1}\boldsymbol{B}^{\mathrm{T}}\boldsymbol{P}]\boldsymbol{x}\\ &= -\boldsymbol{x}^{\mathrm{T}}[\boldsymbol{Q}_1+\boldsymbol{P}\boldsymbol{B}\boldsymbol{Q}_2^{-1}\boldsymbol{B}^{\mathrm{T}}\boldsymbol{P}]\boldsymbol{x}\end{aligned}$$

由于 $\boldsymbol{Q}_1$、$\boldsymbol{Q}_2$ 均为正定矩阵，故 $\dot{V}(\boldsymbol{x})$ 负定，结论得证。实际上，若 $\dot{V}(\boldsymbol{x})$ 沿任意轨线不恒等于零，那么 $\boldsymbol{Q}_1$ 可取为半正定阵。

【例 6-22】 已知系统的状态方程：

$$\dot{\boldsymbol{x}} = \begin{pmatrix}0 & 1\\0 & 0\end{pmatrix}\boldsymbol{x}+\begin{pmatrix}0\\1\end{pmatrix}u$$

性能泛函为：$J=\dfrac{1}{2}\int_0^{\infty}(x_1^2+2bx_1x_2+ax_2^2+u)\,\mathrm{d}t$

求使 $J\to\min$ 的最优控制 $u^*(t)$。

解 已知 $\boldsymbol{A}=\begin{pmatrix}0 & 1\\0 & 0\end{pmatrix}$，$B=\begin{pmatrix}0\\1\end{pmatrix}$，$\boldsymbol{Q}_1=\begin{pmatrix}1 & b\\b & a\end{pmatrix}$，$\boldsymbol{Q}_2=1$

为使 $\boldsymbol{Q}_1$ 正定，假设 $a-b^2>0$。

经检验受控系统完全能控。$\boldsymbol{Q}_1$、$\boldsymbol{Q}_2$ 正定，因此存在最优控制：

$$\begin{aligned}\boldsymbol{u}^*(t) &= -\boldsymbol{Q}_2^{-1}(t)B^{\mathrm{T}}\boldsymbol{P}(t)\boldsymbol{x}(t) = -1(0,1)\begin{pmatrix}p_{11}(t) & p_{12}(t)\\p_{12}(t) & p_{22}(t)\end{pmatrix}\begin{pmatrix}\boldsymbol{x}_1(t)\\\boldsymbol{x}_2(t)\end{pmatrix}\\ &= -p_{12}(t)\boldsymbol{x}_1(t)-p_{22}(t)\boldsymbol{x}_2(t)\end{aligned}$$

式中，$\boldsymbol{P}_{12}$、$\boldsymbol{P}_{22}$是如下黎卡提代数方程的正定解：

$$-\begin{pmatrix}p_{11} & p_{12}\\p_{12} & p_{22}\end{pmatrix}\begin{pmatrix}0 & 1\\0 & 0\end{pmatrix}-\begin{pmatrix}0 & 0\\1 & 0\end{pmatrix}\begin{pmatrix}p_{11} & p_{12}\\p_{12} & p_{22}\end{pmatrix}$$

$$+\begin{pmatrix}p_{11} & p_{12}\\p_{12} & p_{22}\end{pmatrix}\begin{pmatrix}0\\1\end{pmatrix}1(0,1)\begin{pmatrix}p_{11} & p_{12}\\p_{12} & p_{22}\end{pmatrix}-\begin{pmatrix}1 & b\\b & a\end{pmatrix}=\begin{pmatrix}0 & 0\\0 & 0\end{pmatrix}$$

展开整理得三个代数方程：

$$\begin{aligned}p_{12}^2 &= 1\\ -p_{11}+p_{12}p_{22}-b &= 0\\ -2p_{12}+p_{22}^2-a &= 0\end{aligned}$$

解出

$$\begin{aligned}p_{12} &= \pm 1\\ p_{22} &= \pm\sqrt{a+2p_{12}}\\ p_{11} &= p_{12}p_{22}-b\end{aligned}$$

在保证 $\boldsymbol{Q}_1$ 和 $\boldsymbol{P}$ 为正定条件下，可得：

$$\begin{aligned}p_{12} &= 1\\ p_{22} &= \sqrt{a+2}\\ p_{11} &= \sqrt{a+2}-b\end{aligned}$$

故最优控制为：

$$u^*(t) = -x_1(t)-\sqrt{a+2}x_2(t)$$

闭环系统结构如图 6.33 所示。

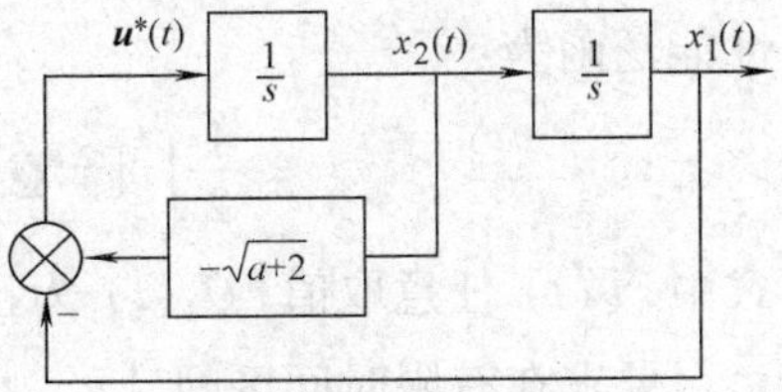

图 6.33　例 6.22 的闭环系统结构图

闭环系统的状态方程为

$$\dot{x} = \begin{pmatrix} 0 & 1 \\ -1 & -\sqrt{a+2} \end{pmatrix} x$$

若以 x_1 为输出，则 $y = [1\quad 0]\ x$

闭环系统的传递函数为：

$$W(s) = C[sI - (A - BK)]^{-1}B = \frac{1}{s^2 + s\sqrt{a+2} + 1}$$

闭环极点：

$$s_{1,2} = -\frac{\sqrt{a+2}}{2} \pm \mathrm{j}\frac{\sqrt{2-a}}{2} (a < 2\ \text{时})$$

图 6.34 是以 a 为参量的根轨迹图。

当 $a=0$ 时，闭环极点为 $s_{1,2} = -\frac{\sqrt{2}}{2} \pm \mathrm{j}\frac{\sqrt{2}}{2}$，这表示在性能指标中，对 x_2 没有要求，加权为零。这在经典控制理论中，相当于阻尼比 $\xi = 0.707$ 的二阶最佳阻尼振荡系统。随着 a 的增大，闭环极点趋向实轴，振荡减弱，响应迟缓。可见对 x_2（即输出量 x_1 的变化率）加权越大，系统振荡越小。当 $a>2$ 时，系统呈过阻尼响应，振荡消失。

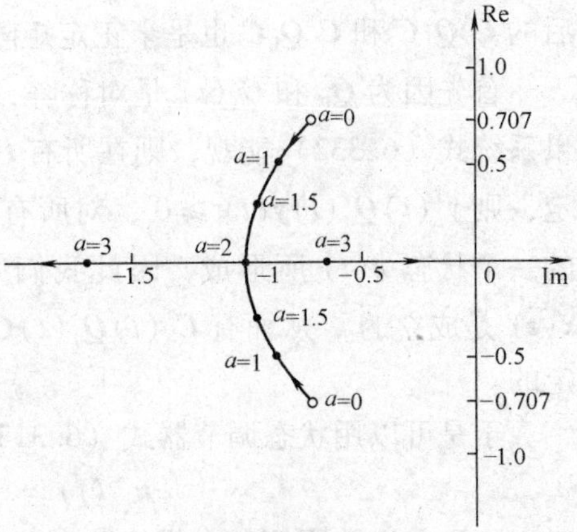

图 6.34　以 a 为参数的根轨迹图

顺便指出，本例的受控系统是不稳定的。但求得的闭环最优系统却是渐近稳定的。实际上，如果仅考虑闭环系统的稳定性，则只要 Q_1 半正定即可，如 $a=0$，$b=0$。

$$Q_1 = \begin{pmatrix} 1 & 0 \\ 0 & 0 \end{pmatrix}$$

可解得：

$$P = \begin{pmatrix} \sqrt{2} & 1 \\ 1 & \sqrt{2} \end{pmatrix}$$

是正定的，此时闭环系统的两个极点与上述 $a=0$ 的情况相同，系统当然是稳定的。

6.12.4　输出调节器问题

输出调节器的任务是当系统受到外扰时，在不消耗过多能量的前提下，维持系统的输出矢量接近其平衡状态。

1.　线性时变系统输出调节器问题

给定一个能观的线性时变系统：

$$\dot{x}(t) = A(t)x(t) + B(t)u(t)$$
$$y(t) = C(t)x(t)$$

$$\boldsymbol{x}(t_0) = \boldsymbol{x}_0 \tag{6.332}$$

性能泛函为：

$$J = \frac{1}{2}\int_{t_0}^{t_f}[\boldsymbol{y}^{\mathrm{T}}\boldsymbol{Q}_1(t)\boldsymbol{y} + \boldsymbol{u}^{\mathrm{T}}\boldsymbol{Q}_2(t)\boldsymbol{u}]\mathrm{d}t + \frac{1}{2}\boldsymbol{y}^{\mathrm{T}}(t_f)\boldsymbol{Q}_0\boldsymbol{y}(t_f) \tag{6.333}$$

式中，$u(t)$ 任意取值；$Q_2(t)$ 为正定对称矩阵；$\boldsymbol{Q}_1(t)$ 和 $\boldsymbol{Q}_0$ 为半正定矩阵。

要求在有限时间区间 $[t_0, t_f]$ 内，在式（6.332）约束下，寻求 $\boldsymbol{u}^*(t)$，使$J \to \min$。

这类问题的求解，是通过将式（6.333）转化为类似于状态调节器问题进行的。为此用 $\boldsymbol{y}(t) = \boldsymbol{C}(t)\boldsymbol{x}(t)$ 代入式（6.333），得：

$$J = \frac{1}{2}\int_{t_0}^{t_f}\{\boldsymbol{x}^{\mathrm{T}}[\boldsymbol{C}^{\mathrm{T}}\boldsymbol{Q}_1\boldsymbol{C}]\boldsymbol{x} + \boldsymbol{u}^{\mathrm{T}}\boldsymbol{Q}_2(t)\boldsymbol{u}\}\mathrm{d}t + \frac{1}{2}\boldsymbol{x}^{\mathrm{T}}(t_f)\boldsymbol{C}^{\mathrm{T}}\boldsymbol{Q}_0\boldsymbol{C}\boldsymbol{x}(t_f) \tag{6.334}$$

比较式（6.334）和式（6.306）可知，这里用 $\boldsymbol{C}^{\mathrm{T}}\boldsymbol{Q}_1\boldsymbol{C}$ 和 $\boldsymbol{C}^{\mathrm{T}}\boldsymbol{Q}_0\boldsymbol{C}$ 分别取代以前的 $\boldsymbol{Q}_1$ 和 $\boldsymbol{Q}_0$，在系统完全能观前提下，若 $\boldsymbol{Q}_1(t)$ 和 $\boldsymbol{Q}_0$ 是半正定矩阵，则转换成状态调节器问题后的 $\boldsymbol{C}^{\mathrm{T}}\boldsymbol{Q}_1\boldsymbol{C}$ 和 $\boldsymbol{C}^{\mathrm{T}}\boldsymbol{Q}_0\boldsymbol{C}$ 也是半正定矩阵。证明如下：

首先因为 $\boldsymbol{Q}_0$ 和 $Q_1(t)$ 是对称阵，故 $\boldsymbol{C}^{\mathrm{T}}(t_f)\boldsymbol{Q}_0\boldsymbol{C}(t_f)$ 和 $\boldsymbol{C}^{\mathrm{T}}(t)\boldsymbol{Q}_1\boldsymbol{C}(t)$ 也是对称阵。如果系统式（6.332）能观，则在所有 $t \in [t_0, t_f]$ 上 $\boldsymbol{C}^{\mathrm{T}}(t)$ 不能为零。如果 $\boldsymbol{Q}_1(t)$ 是半正定，则 $\boldsymbol{y}^{\mathrm{T}}(t)\boldsymbol{Q}_1(t)\boldsymbol{y}(t) \geqslant 0$，对所有 $\boldsymbol{C}(t)\boldsymbol{x}(t)$ 也成立，但能观测意味着每个输出由唯一的一个状态 $\boldsymbol{x}(t)$ 所形成，因此我们归结为 $\boldsymbol{x}^{\mathrm{T}}(t)[\boldsymbol{C}^{\mathrm{T}}(t)\boldsymbol{Q}_1(t)\boldsymbol{C}(t)]\boldsymbol{x}(t) \geqslant 0$，对所有 $\boldsymbol{x}(t)$ 是成立的，从而有 $\boldsymbol{C}^{\mathrm{T}}(t)\boldsymbol{Q}_1(t)\boldsymbol{C}(t)$ 是半正定的，同理可知 $\boldsymbol{C}^{\mathrm{T}}(t)\boldsymbol{Q}_0\boldsymbol{C}(t)$ 也是半正定的。

于是可以用状态调节器式（6.313）来确定最优控制：

$$\boldsymbol{u}^*(t) = -\boldsymbol{Q}_2^{-1}(t)\boldsymbol{B}^{\mathrm{T}}(t)\boldsymbol{P}(t)\boldsymbol{x}(t) \tag{6.335}$$

式中，$\boldsymbol{P}(t)$ 为下列黎卡提矩阵微分方程的解：

$$\dot{\boldsymbol{P}}(t) = -\boldsymbol{P}(t)\boldsymbol{A}(t) - \boldsymbol{A}^{\mathrm{T}}(t)\boldsymbol{P}(t) + \boldsymbol{P}(t)\boldsymbol{B}(t)\boldsymbol{Q}_2^{-1}(t)\boldsymbol{B}^{\mathrm{T}}(t)\boldsymbol{P}(t) - \boldsymbol{C}^{\mathrm{T}}(t)\boldsymbol{Q}_1(t)\boldsymbol{C}(t) \tag{6.336}$$

边界条件：

$$\boldsymbol{P}(t_f) = \boldsymbol{C}^{\mathrm{T}}(t_f)\boldsymbol{Q}_0\boldsymbol{C}(t_f) \tag{6.337}$$

其它如闭环系统的最优轨线和最优性能泛函都与有限时间状态调节器的相应表达式相同。读者可能感到疑惑：为什么最优控制不是想象的由输出 $\boldsymbol{y}(t)$ 反馈，而仍然是由状态 $\boldsymbol{x}(t)$ 反馈？这是因为状态矢量包含了主宰过程未来演变的全部信息，而输出矢量只包含部分信息，最优控制必须利用全部信息，所以要用 $\boldsymbol{x}(t)$ 而不用 $\boldsymbol{y}(t)$ 作反馈。值得注意的是，尽管输出调节器与状态调节器在算式上，在系统结构上类同，但黎卡提方程是不同的，因此它们的解 $\boldsymbol{P}(t)$ 并不一样。

2. 线性定常系统输出调节器问题

给定一个完全能控、能观的线性定常系统：

$$\begin{aligned}\dot{\boldsymbol{x}}(t) &= \boldsymbol{A}\boldsymbol{x}(t) + \boldsymbol{B}\boldsymbol{u}(t)\\ \boldsymbol{y}(t) &= \boldsymbol{C}\boldsymbol{x}(t)\end{aligned} \tag{6.338}$$

性能泛函为：

$$J = \frac{1}{2}\int_0^{\infty}[\boldsymbol{y}^{\mathrm{T}}\boldsymbol{Q}_1\boldsymbol{y} + \boldsymbol{u}^{\mathrm{T}}\boldsymbol{Q}_2\boldsymbol{u}]\mathrm{d}t \tag{6.339}$$

式中，$\boldsymbol{u}(t)$ 任意取值；$\boldsymbol{Q}_2$ 为正定对称矩阵；$\boldsymbol{Q}_1$为正定或半正定矩阵。

要求在系统方程约束下，寻求 $\boldsymbol{u}^*(t)$，使 $J\to\min$。

这与上述求解的结果类同。

最优控制为：

$$\boldsymbol{u}^*(t) = -\boldsymbol{Q}_2^{-1}\boldsymbol{B}^{\mathrm{T}}\boldsymbol{P}\boldsymbol{x}(t) \tag{6.340}$$

而 $\boldsymbol{P}(t)$ 是下列黎卡提代数微分方程的解：

$$-\boldsymbol{PA} - \boldsymbol{A}^{\mathrm{T}}\boldsymbol{P} + \boldsymbol{PBQ}_2^{-1}\boldsymbol{B}^{\mathrm{T}}\boldsymbol{P} - \boldsymbol{C}^{\mathrm{T}}\boldsymbol{Q}_1\boldsymbol{C} = 0 \tag{6.341}$$

【例 6-23】　系统如图 6.35 实线所示，其中 $b>0$，$c>0$。

性能泛函为：$J = \frac{1}{2}\int_0^{\infty}[y^2(t) + u^2(t)]\mathrm{d}t$

求 $\boldsymbol{u}^*(t)$，使 $J\to\min$。

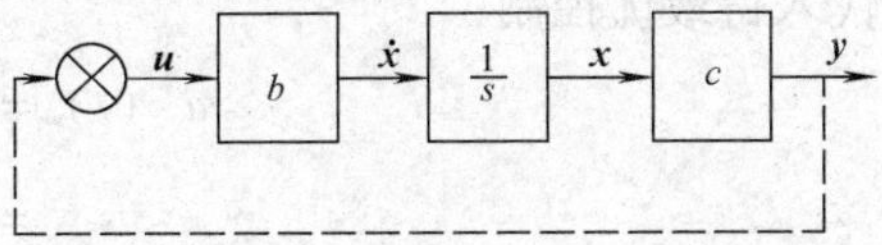

图 6.35　例 6.23 系统结构图

解　一阶线性系统方程为：

$$\dot{x} = bu$$

$$y = cx$$

显然，系统是能控，能观的。这里

$$\boldsymbol{A} = 0, B = b, \boldsymbol{C} = c, \boldsymbol{Q}_1 = 1, \boldsymbol{C}^{\mathrm{T}}\boldsymbol{Q}_1\boldsymbol{C} = c^2, \boldsymbol{Q}_2 = 1$$

最优控制为：

$$u^*(t) = -\boldsymbol{Q}_2^{-1}B^{\mathrm{T}}Px = -bPx$$

P 满足黎卡提方程：

$$b^2P^2 - c^2 = 0$$

解得：$P = \pm\frac{c}{b}$。为使 $P>0$，应将 $-\frac{c}{b}$舍去，取 $P = \frac{c}{b}$。

最优控制　　$u^*(t) = -cx(t) = -y(t)$

它可以直接从 $y(t)$ 获得，如图 6.35 中虚线所示。

【例 6-24】　设受控系统和性能泛函为：

$$\dot{\boldsymbol{x}} = \begin{pmatrix}0 & 1\\0 & 0\end{pmatrix}\boldsymbol{x} + \begin{pmatrix}0\\1\end{pmatrix}u$$

$$\boldsymbol{y} = (1, 0)\boldsymbol{x}$$

$$J = \frac{1}{2}\int_0^{\infty}[y^2 + q_2u^2]\mathrm{d}t$$

求 $u^*(t)$，使 $J\to\min$。

解　经检验系统能控能观。又 $\boldsymbol{Q}_2 = q_2$

$$\boldsymbol{C}^{\mathrm{T}}\boldsymbol{Q}_1\boldsymbol{C} = \begin{pmatrix}1 & 0\\0 & 0\end{pmatrix}$$

最优控制：

$$
\begin{aligned}
u^*(t) &= -\frac{1}{q_2}(0,1)\begin{pmatrix} p_{11} & p_{12} \\ p_{12} & p_{22} \end{pmatrix}\begin{pmatrix} x_1(t) \\ x_2(t) \end{pmatrix} \\
&= -\frac{1}{q_2}[p_{12}x_1(t) + p_{22}x_2(t)]
\end{aligned}
$$

类似地从黎卡提方程中求得三个代数方程：

$$
\frac{1}{q_2}p_{12}^2 = 1,\ -p_{11} + \frac{1}{q_2}p_{12}p_{22} = 0,\ -2p_{12} + \frac{1}{q_2}p_{22}^2 = 0
$$

为保证 $\boldsymbol{P}$ 正定，必须 $p_{11} > 0$，$p_{22} > 0$，$p_{11}p_{22} - p_{12}{}^2 > 0$

解得：$p_{12} = \sqrt{q_2}$；$p_{22} = \sqrt{2}q_2^{\frac{3}{4}}$；$p_{11} = \sqrt{2}q_2^{\frac{1}{4}}$

代入得最优控制：

$$
\begin{aligned}
u^*(t) &= -q^{-\frac{1}{2}}x_1(t) - \sqrt{2}q^{-\frac{1}{4}}x_2(t) \\
&= -q^{-\frac{1}{2}}y(t) - \sqrt{2}q_2^{\frac{1}{4}}\dot{y}(t)
\end{aligned}
$$

6.12.5 跟踪器问题

跟踪器的控制目的是使输出 $\boldsymbol{y}(t)$ 紧紧跟随某希望的输出 $\boldsymbol{z}(t)$，而不消耗过多的控制能量。

1. 线性时变系统跟踪器问题

给定一个完全能观的线性时变系统：

$$
\begin{aligned}
\dot{\boldsymbol{x}}(t) &= \boldsymbol{A}(t)\boldsymbol{x}(t) + \boldsymbol{B}(t)\boldsymbol{u}(t) \\
\boldsymbol{y}(t) &= \boldsymbol{C}(t)\boldsymbol{x}(t) \\
\boldsymbol{x}(t_0) &= \boldsymbol{x}_0
\end{aligned}
\tag{6.342}
$$

设 $u(t)$ 不受约束。用矢量 $z(t)$ 表示希望的输出，维数与 $\boldsymbol{y}(t)$ 相同。定义误差矢量 $\boldsymbol{e}(t)$ 为：

$$
\boldsymbol{e}(t) = \boldsymbol{z}(t) - \boldsymbol{y}(t)
$$

或

$$
\boldsymbol{e}(t) = \boldsymbol{z}(t) - \boldsymbol{C}(t)\boldsymbol{x}(t) \tag{6.343}
$$

寻找控制 $\boldsymbol{u}(t)$，使下列性能泛函为最小：

$$
J = \frac{1}{2}\int_{t_0}^{t_f}[\boldsymbol{e}^{\mathrm{T}}\boldsymbol{Q}_1(t)\boldsymbol{e} + \boldsymbol{u}^{\mathrm{T}}\boldsymbol{Q}_2(t)\boldsymbol{u}]\mathrm{d}t + \frac{1}{2}\boldsymbol{e}^{\mathrm{T}}(t_f)\boldsymbol{Q}_0\boldsymbol{e}(t_f) \tag{6.344}
$$

式中，$\boldsymbol{Q}_0$、$\boldsymbol{Q}_1(t)$ 为半正定矩阵；$\boldsymbol{Q}_2(t)$ 为正定矩阵；终端时刻 t_f 给定。

下面应用极小值原理推导跟踪器的必要条件。

写出哈密尔顿函数：

$$
H = \frac{1}{2}[(\boldsymbol{z} - \boldsymbol{Cx})^{\mathrm{T}}\boldsymbol{Q}_1(t)(\boldsymbol{z} - \boldsymbol{Cx})] + \frac{1}{2}\boldsymbol{u}^{\mathrm{T}}\boldsymbol{Q}_2(t)\boldsymbol{u} + \boldsymbol{\lambda}^{\mathrm{T}}[\boldsymbol{A}(t)\boldsymbol{x} + \boldsymbol{B}(t)\boldsymbol{u}] \tag{6.345}
$$

由条件$\partial H/\partial \boldsymbol{u} = 0$ 推出下列方程：

$$
\frac{\partial H}{\partial \boldsymbol{u}(t)} = \boldsymbol{Q}_2(t)\boldsymbol{u}(t) + \boldsymbol{B}^{\mathrm{T}}(t)\boldsymbol{\lambda}(t) = 0
$$

即

$$\boldsymbol{u}^*(t) = -\boldsymbol{Q}_2^{-1}(t)\boldsymbol{B}^{\mathrm{T}}(t)\boldsymbol{\lambda}(t) \tag{6.346}$$

由于 $\boldsymbol{Q}_2(t)$ 正定，故上式的 $\boldsymbol{u}(t)$ 可使 H 为极小。

由条件 $-\dfrac{\partial H}{\partial \boldsymbol{x}} = \dot{\boldsymbol{\lambda}}$ 给出：

$$\dot{\boldsymbol{\lambda}} = -\boldsymbol{C}^{\mathrm{T}}(t)\boldsymbol{Q}_1(t)\boldsymbol{C}(t)\boldsymbol{x}(t) - \boldsymbol{A}^{\mathrm{T}}(t)\boldsymbol{\lambda}(t) + \boldsymbol{C}^{\mathrm{T}}(t)\boldsymbol{Q}_1(t)\boldsymbol{z}(t) \tag{6.347}$$

其终端条件为：

$$\begin{aligned}\boldsymbol{\lambda}(t_f) &= \frac{1}{2}\cdot\frac{\partial}{\partial \boldsymbol{x}(t_f)}[\boldsymbol{z}(t_f) - \boldsymbol{C}(t_f)\boldsymbol{x}(t_f)]^{\mathrm{T}}\boldsymbol{Q}_0[\boldsymbol{z}(t_f) - \boldsymbol{C}(t_f)\boldsymbol{x}(t_f)] \\ &= \boldsymbol{C}^{\mathrm{T}}(t_f)\boldsymbol{Q}_0\boldsymbol{C}(t_f)\boldsymbol{x}(t_f) - \boldsymbol{C}^{\mathrm{T}}(t_f)\boldsymbol{Q}_0\boldsymbol{z}(t_f)\end{aligned} \tag{6.348}$$

从式（6.342）、式（6.346）和式（6.347）得正则方程：

$$\begin{pmatrix}\dot{\boldsymbol{x}}(t)\\ \dot{\boldsymbol{\lambda}}(t)\end{pmatrix} = \begin{pmatrix}\boldsymbol{A}(t) & -\boldsymbol{B}(t)\boldsymbol{Q}_2^{-1}(t)B^{\mathrm{T}}(t)\\ -\boldsymbol{C}^{\mathrm{T}}(t)\boldsymbol{Q}_1(t)\boldsymbol{C}(t) & -\boldsymbol{A}^{\mathrm{T}}(t)\end{pmatrix}\begin{pmatrix}\boldsymbol{x}(t)\\ \boldsymbol{\lambda}(t)\end{pmatrix} + \begin{pmatrix}0\\ \boldsymbol{C}^{\mathrm{T}}(t)\boldsymbol{Q}_1(t)\end{pmatrix}z(t) \tag{6.349}$$

的解为：

$$\begin{pmatrix}\boldsymbol{x}(t_f)\\ \boldsymbol{\lambda}(t_f)\end{pmatrix} = \boldsymbol{\Phi}(t_f,t)\left\{\begin{pmatrix}\boldsymbol{x}(t)\\ \boldsymbol{\lambda}(t)\end{pmatrix} + \int_t^{t_f}\boldsymbol{\Phi}^{-1}(\tau,t)\begin{pmatrix}0\\ \boldsymbol{C}^{\mathrm{T}}(t)\boldsymbol{Q}_1(t)\end{pmatrix}z(t)\,\mathrm{d}\tau\right\} \tag{6.350}$$

式中，$\boldsymbol{\Phi}(t,t_0)$ 为式（6.349）的 $2n\times 2n$ 基本解矩阵。

将 $\boldsymbol{\lambda}(t_f)$ 的终端条件代入上式并予以简化，可得：

$$\boldsymbol{\lambda}(t) = \boldsymbol{P}(t)\boldsymbol{x}(t) - \boldsymbol{g}(t) \tag{6.351}$$

与式（6.312）比较可见，这里多了一项由 $\boldsymbol{z}(t)$ 引起的 $\boldsymbol{g}(t)$ 项。$\boldsymbol{g}(t)$ 与 $\boldsymbol{x}(t)$、$\boldsymbol{\lambda}(t)$ 一样，是 n 维矢量。$\boldsymbol{P}(t)$ 是 $n\times n$ 维矩阵。

将式（6.351）代入式（6.346）得：

$$\boldsymbol{u}^*(t) = -\boldsymbol{Q}_2^{-1}(t)B^{\mathrm{T}}(t)\boldsymbol{P}(t)\boldsymbol{x}(t) + \boldsymbol{Q}_2^{-1}(t)B^{\mathrm{T}}(t)\boldsymbol{g}(t) \tag{6.352}$$

由式（6.352）可见，为了确定 $\boldsymbol{u}^*(t)$，必须首先确定 $\boldsymbol{P}(t)$ 和 $\boldsymbol{g}(t)$。

为此，对式（6.351）两边求导数得：

$$\dot{\boldsymbol{\lambda}}(t) = \dot{\boldsymbol{P}}(t)\boldsymbol{x}(t) + \boldsymbol{P}(t)\dot{\boldsymbol{x}}(t) - \dot{\boldsymbol{g}}(t) \tag{6.353}$$

将式（6.352）代入状态方程得：

$$\dot{\boldsymbol{x}}(t) = [\boldsymbol{A}(t) - \boldsymbol{B}(t)\boldsymbol{Q}_2^{-1}(t)\boldsymbol{B}^{\mathrm{T}}(t)\boldsymbol{P}(t)]\times\boldsymbol{x}(t) + \boldsymbol{B}(t)\boldsymbol{Q}_2^{-1}(t)\boldsymbol{B}^{\mathrm{T}}(t)\boldsymbol{g}(t) \tag{6.354}$$

再将上式代入式（6.353），得：

$$\begin{aligned}\dot{\boldsymbol{\lambda}}(t) = {}&[\dot{\boldsymbol{P}}(t) + \boldsymbol{P}(t)\boldsymbol{A}(t) - \boldsymbol{P}(t)\boldsymbol{B}(t)\boldsymbol{Q}_2^{-1}(t)\boldsymbol{B}^{\mathrm{T}}(t)\boldsymbol{P}(t)]\boldsymbol{x}(t) + \\ &\boldsymbol{P}(t)\boldsymbol{B}(t)\boldsymbol{Q}_2^{-1}(t)\boldsymbol{B}^{\mathrm{T}}(t)\boldsymbol{g}(t) - \dot{\boldsymbol{g}}(t)\end{aligned} \tag{6.355}$$

另一方面，将代（6.351）入式（6.347），得：

$$\dot{\boldsymbol{\lambda}}(t) = [-\boldsymbol{C}^{\mathrm{T}}(t)\boldsymbol{Q}_1(t)\boldsymbol{C}(t) - \boldsymbol{A}^{\mathrm{T}}(t)\boldsymbol{P}(t)]\boldsymbol{x}(t) + \boldsymbol{A}^{\mathrm{T}}(t)\boldsymbol{g}(t) + \boldsymbol{C}^{\mathrm{T}}(t)\boldsymbol{Q}_1(t)\boldsymbol{z}(t) \tag{6.356}$$

只要存在最优解，则对所有 $\boldsymbol{x}(t)$、$z(t)$ 及 $t\in[t_0, t_f]$，式（6.355）及式（6.356）均成立。由此得出下列结论：

1）$n\times n$ 维矩阵 $\boldsymbol{P}(t)$ 必须满足下列矩阵微分方程：

$$\dot{\boldsymbol{P}}(t)=-\boldsymbol{P}(t)\boldsymbol{A}(t)-\boldsymbol{A}^{\mathrm{T}}(t)\boldsymbol{P}(t)+\boldsymbol{P}(t)\boldsymbol{B}(t)\boldsymbol{Q}_2^{-1}(t)\boldsymbol{B}^{\mathrm{T}}(t)\boldsymbol{P}(t)-\boldsymbol{C}^{\mathrm{T}}(t)\boldsymbol{Q}_1(t)\boldsymbol{C}(t) \tag{6.357}$$

2）n 维矢量 $\boldsymbol{g}(t)$ 必须满足下列矢量微分方程：

$$\dot{\boldsymbol{g}}(t)=[\boldsymbol{P}(t)\boldsymbol{B}(t)\boldsymbol{Q}_2^{-1}(t)\boldsymbol{B}^{\mathrm{T}}(t)-\boldsymbol{A}^{\mathrm{T}}(t)]\boldsymbol{g}(t)-\boldsymbol{C}^{\mathrm{T}}(t)\boldsymbol{Q}_1(t)\boldsymbol{z}(t) \tag{6.358}$$

或

$$\dot{\boldsymbol{g}}(t)=-[\boldsymbol{A}(t)-\boldsymbol{B}(t)\boldsymbol{Q}_2^{-1}(t)\boldsymbol{B}^{\mathrm{T}}(t)\boldsymbol{P}(t)]^{\mathrm{T}}\boldsymbol{g}(t)-\boldsymbol{C}^{\mathrm{T}}(t)\boldsymbol{Q}_1(t)\boldsymbol{z}(t) \tag{6.359}$$

它们的边界条件可推导如下，由式（6.347）得：

$$\boldsymbol{\lambda}(t_f)=\boldsymbol{P}(t_f)\boldsymbol{x}(t_f)-\boldsymbol{g}(t_f) \tag{6.360}$$

由式（6.348）又知：

$$\boldsymbol{\lambda}(t_f)=\boldsymbol{C}^{\mathrm{T}}(t_f)\boldsymbol{Q}_0\boldsymbol{C}(t_f)\boldsymbol{x}(t_f)-\boldsymbol{C}^{\mathrm{T}}(t_f)\boldsymbol{Q}_0\boldsymbol{z}(t_f) \tag{6.361}$$

因式（6.360）和式（6.361）对所有 $\boldsymbol{x}(t_f)$ 和 $\boldsymbol{z}(t_f)$ 均成立，比较两式可得：

$$\boldsymbol{P}(t_f)=\boldsymbol{C}^{\mathrm{T}}(t_f)\boldsymbol{Q}_0\boldsymbol{C}(t_f) \tag{6.362}$$

$$g(t_f)=\boldsymbol{C}^{\mathrm{T}}(t_f)\boldsymbol{Q}_0\boldsymbol{z}(t_f) \tag{6.363}$$

由上述两组方程解出 $\boldsymbol{P}(t)$、$\boldsymbol{g}(t)$ 代入式（6.352），即可求得最优控制 $\boldsymbol{u}^*(t)$。

下面对上述控制规律作些讨论：

1）先看矩阵 $P(t)$。应当注意到黎卡提矩阵微分方程式（6.357）和边界条件式（6.362）都与希望的输出 $z(t)$ 无关。$\boldsymbol{P}(t)$ 仅是矩阵 $\boldsymbol{A}(t)$、$\boldsymbol{B}(t)$、$\boldsymbol{C}(t)$、$\boldsymbol{Q}_0$、$Q_1(t)$ 和 $\boldsymbol{Q}_2(t)$ 及终端时刻 $\boldsymbol{t}_f$ 的函数。这意味着只要动态系统、性能泛函及终端时刻一旦给定，则矩阵 $\boldsymbol{P}(t)$ 也就随之而定。

将方程式（6.357）式（6.362）与方程式（6.336）、式（6.337）加以比较，可知它们是一样的，这意味着最优跟踪器系统的反馈结构，与最优输出调节器系统的反馈结构相同。更为明显的是，从比较它们的状态方程可以看出，它们具有完全相同的闭环系统状态矩阵 $[\boldsymbol{A}(t)-\boldsymbol{B}(t)\boldsymbol{Q}_2^{-1}(t)\boldsymbol{B}^{\mathrm{T}}(t)\boldsymbol{P}(t)]$，和相同的特征值，因此，最优跟踪器的动态性能也与希望的输出 $\boldsymbol{z}(t)$ 无关。

2）再看矢量 $\boldsymbol{g}(t)$。矢量 $\boldsymbol{g}(t)$ 集中反映了最优跟踪器系统与最优输出调节器系统的本质差异。这一点表现在状态方程式（6.354）中，就是增加了一个与 $\boldsymbol{g}(t)$ 有关的强迫控制项，从而使调节器变成了跟踪器。

对照一下方程式（6.354）与式（6.359），可见它们齐次部分的矩阵存在负的转置关系，因此由方程式（6.359）表示的系统正是式（6.354）闭环系统的伴随系统。如果设 $\boldsymbol{\Phi}(t,t_0)$ 为闭环系统的基本解矩阵，$\boldsymbol{\Psi}(t,t_0)$ 为伴随系统的基本解矩阵，则成立下列关系：

$$\boldsymbol{\Psi}^{\mathrm{T}}(t,t_0)\boldsymbol{\Phi}(t,t_0)=\boldsymbol{I} \tag{6.364}$$

$\boldsymbol{g}(t_f)$ 可用基本解矩阵 $\boldsymbol{\Psi}(t,t_0)$ 表示为：

$$\boldsymbol{C}^{\mathrm{T}}(t_f)\boldsymbol{Q}_0\boldsymbol{z}(t_f)=\boldsymbol{g}(t_f)=\boldsymbol{\Psi}(t_f,t)\left[\boldsymbol{g}(t)-\int_{t_0}^{t_f}\boldsymbol{\Psi}^{-1}(\tau,t)\boldsymbol{C}^{\mathrm{T}}(\tau)\boldsymbol{Q}_1(\tau)\boldsymbol{z}(\tau)\mathrm{d}\tau\right] \tag{6.365}$$

于是对所有 $t\in[t_0,t_f]$，$g(t)$ 可写作：

$$\boldsymbol{g}(t)=\boldsymbol{\Psi}^{-1}(t_f,t)\boldsymbol{g}(t_f)+\int_{t_0}^{t_f}\boldsymbol{\Psi}^{-1}(\tau,t)\boldsymbol{C}^{\mathrm{T}}(\tau)\boldsymbol{Q}_1(\tau)z(\tau)\mathrm{d}\tau \tag{6.366}$$

式（6.366）表明，要计算 $\boldsymbol{g}(t),t\in[t_0,t_f]$，必须预先给出所有的 $z(\tau)$，$\boldsymbol{\tau}\in[\boldsymbol{t}_0,\boldsymbol{t}_f]$。换句话说，为了计算 $\boldsymbol{g}(t)$ 的现时值，必须预先知道希望输出 $z(\tau)$ 的全部将来值。又因最优控制：

$$\boldsymbol{u}^*(t)=-\boldsymbol{Q}_2^{-1}(t)\boldsymbol{B}^{\mathrm{T}}(t)\boldsymbol{P}(t)\boldsymbol{x}(t)+\boldsymbol{Q}_2^{-1}(t)\boldsymbol{B}^{\mathrm{T}}(t)\boldsymbol{g}(t)$$

与 $\boldsymbol{g}(t)$ 有关，因而最优控制的现时值也要依赖于希望输出 $z(\tau)$ 的全部将来值。由此可见，要想实现最优跟踪，关键在于预先掌握希望输出 $z(t)$ 的变化规律。但是，$z(\tau)$ 的实际变化规律往往难以预先确定。

至于说到最优控制是 $z(t)$ 将来值的函数的问题，那是因为最优控制必须充分利用所有获得的全部信息。但是，在最优控制解题时却没有充分考虑物理实现上的要求。设 $\boldsymbol{t}$ 为现在时刻，$[\boldsymbol{t}_0,\boldsymbol{t}]$ 为过去时间，$[t,t_f]$ 表示未来时间，现在时刻的控制 $\boldsymbol{u}(t)$ 只能影响系统未来的响应，而不能再改变过去的响应。同时系统过去的控制对性能的影响已体现在现时状态 $x(t)$ 中，由于现时状态 $\boldsymbol{x}(t)$ 可部分地影响未来的响应，故现时的最优控制 $\boldsymbol{u}(t)$ 必须为现时状态 $\boldsymbol{x}(t)$ 的函数。然而现时控制 $\boldsymbol{u}(t)$ 的作用应使系统未来的误差为极小。显然，这些将来误差必与 $z(\boldsymbol{\tau})\boldsymbol{\tau}\in[t,t_f]$ 的将来值有关。因此，最优控制的现时值 $\boldsymbol{u}(t)$ 必然依赖于 $z(\tau)$ 的全部未来值。换句话说，若未来的 $z(\tau)$ 无法准确预知，那么系统现时就不能准确地工作于最优状态。

解决上列问题可以有两种考虑，一种是以将来希望输出的“预估值”代替实际希望输出的将来值；另一种是把希望输出看成是随机的，使误差函数的期望值为极小。在前一种情况下，系统的最优程度将取决于“预估值”与实际值是否相符；在后一种情况下，基本上是把确定性问题作为随机性问题处理，设计出的系统只是“平均”意义下的最优，但不能保证任意一次试验的系统响应都是满意的。综上所说无非是强调希望输出值必需预先给定。

下面说明 $\boldsymbol{P}(t)$ 与 $g(t)$ 的计算情况。因为 $\boldsymbol{P}(t)$ 与 $z(t)$ 无关，故可对所有的 $t\in[t,t_f]$，把 $\boldsymbol{P}(t)$ 一一计算出来。当 $\boldsymbol{P}(t)$ 和 $z(t)$ 已知后，就可对所有的 $t\in[t,t_f]$ 逆时间计算出 $\boldsymbol{g}(t)$，并将计算值存贮起来。或者在式（6.366）中，令 $\boldsymbol{t}=\boldsymbol{t}_0$，计算 $\boldsymbol{g}(t_0)$：

$$\begin{aligned}\boldsymbol{g}(t_0)&=\boldsymbol{\Psi}^{-1}(t_f,t_0)\boldsymbol{C}^{\mathrm{T}}(t_f)\boldsymbol{Q}_0z(t_f)\\&\quad+\int_{t_0}^{t_f}\boldsymbol{\Psi}^{-1}(\tau,t_0)\boldsymbol{C}^{\mathrm{T}}(\tau)\boldsymbol{Q}_1(\tau)z(\tau)\mathrm{d}\tau\end{aligned} \tag{6.367}$$

然后以 $\boldsymbol{g}(t_0)$ 为初始值，按式（6.359）顺时间解出 $\boldsymbol{g}(t)$。图 6.36 给出了模拟产生 $\boldsymbol{g}(t)$ 的结构图。一旦 $\boldsymbol{g}(t_0)$ 预先计算出来后，引入系统便可解出 $\boldsymbol{g}(t)$。

整个最优跟踪系统的结构如图 6.37 所示。其中 $\boldsymbol{G}(t)=\boldsymbol{A}(t)-\boldsymbol{B}(t)\boldsymbol{Q}_2^{-1}(t)\boldsymbol{B}^{\mathrm{T}}(t)\boldsymbol{P}(t)$ 表示闭环系统的状态矩阵。图中用矢量反馈包围积分环节，以强调说明这两个动态系统之间的伴随性质。

2. 线性定常系统

以上讨论了线性时变系统在有限时间 $[\boldsymbol{t}_0,\boldsymbol{t}_f]$ 内的跟踪问题。对于线性定常系统，

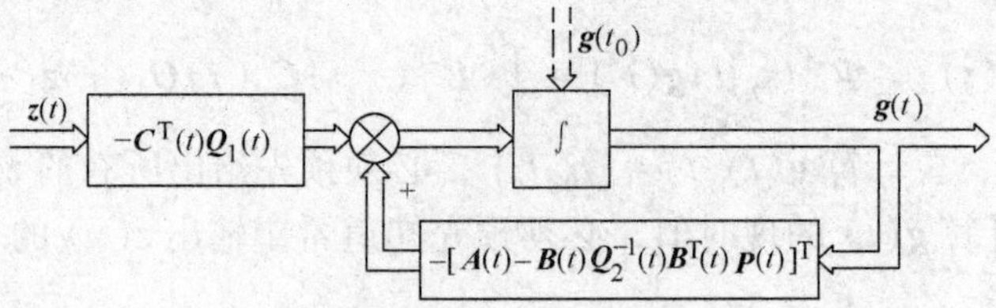

图 6.36　求解 g（t）的系统结构图

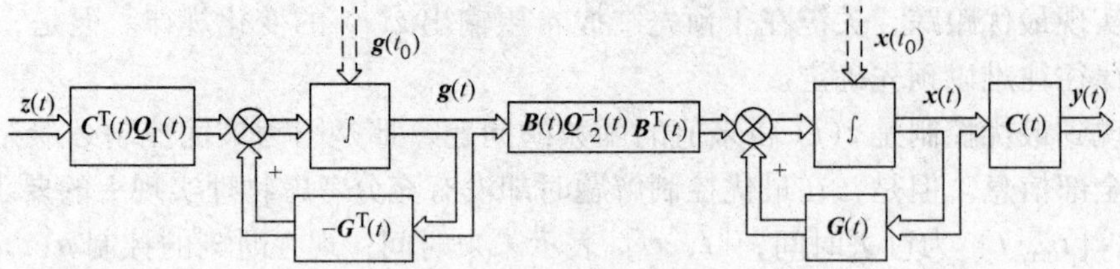

图 6.37　最优跟踪器结构图

如果要求输出矢量为常数矢量，终端时间 t_f 很大时，在这些条件下，可用上面的方法推导出一个近似的最优控制律。虽然这个结果并不适用于 $t_f \to \infty$ 的情况，但对一般工程系统是足够精确的，很有实用意义。为此，给出下面结果，不作推导。

给定能控、能观的线性定常系统，动态方程为：

$$\dot{x} = Ax + Bu$$
$$y = Cx$$
$$x(t_0) = x_0 \tag{6.368}$$

设要求输出 z 是一常数矢量，误差 e（t）表示为：

$$e(t) = z - y(t) = z - Cx(t) \tag{6.369}$$

性能泛函为：

$$J = \frac{1}{2}\int_{t_0}^{t_f} [e^T(t)Q_1e(t) + u^T(t)Q_2u(t)]\mathrm{d}t \tag{6.370}$$

式中，矩阵 Q_1 及 Q_2 为正定阵。

当给定 t_f 足够大但为有限值时，仿照前面有关公式可得近似结果如下：

最优控制：

$$u^*(t) = -Q_2^{-1}B^TPx(t) + Q_2^{-1}B^Tg \tag{6.371}$$

其中 P，g 满足下列方程：

$$-PA - A^TP + PBQ_2^{-1}B^TP - C^TQ_1C = 0 \tag{6.372}$$

$$g \approx [PBQ_2^{-1}B^T - A^T]^{-1}C^TQ_1z \tag{6.373}$$

最优轨线满足

$$\dot{x}^*(t) = [A - BQ_2^{-1}B^TP]x + BQ_2^{-1}B^Tg \tag{6.374}$$

线性定常跟踪系统结构如图 6.38 所示。

【例 6-25】　已知一阶动态系统

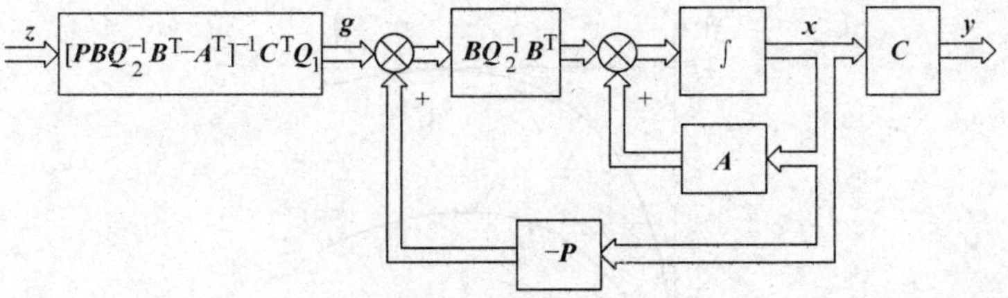

图 6.38　线性定常跟踪系统结构图

$$\dot{x}(t) = ax(t) + u(t)$$
$$y(t) = x(t)$$

控制 $u(t)$ 不受约束。用 $z(t)$ 表示希望的输出，$e(t) = z(t) - y(t) = z(t) - x(t)$ 表示误差。性能泛函为：

$$J = \frac{1}{2}q_0 e^2(t_f) + \frac{1}{2}\int_0^{t_f}[q_1 e^2(t) + q_2 u^2(t)]\mathrm{d}t$$

其中 $q_0 \geqslant 0$，$q_1 > 0$，$q_2 > 0$。求最优控制 $u(t)$ 使 J 为最小。

解　由式（6.371）得最优控制：

$$u^*(t) = \frac{1}{q_2}[g(t) - P(t)x(t)]$$

其中 $P(t)$ 是一阶黎卡提方程的解：

$$\dot{P}(t) = -2aP(t) + \frac{1}{q_2}P^2(t) - q_1$$
$$P(t_f) = q_0$$

$g(t)$ 是一阶线性方程的解：

$$\dot{g}(t) = -\left[a - \frac{1}{q_2}P(t)\right]g(t) - q_1 z(t)$$
$$g(t_f) = q_0 z(t_f)$$

最优轨线 $\boldsymbol{x}(t)$ 是一阶线性微分方程的解：

$$\dot{x}(t) = \left[a - \frac{1}{q_2}P(t)\right]x(t) + \frac{1}{q_2}g(t)$$

图 6.39 表示跟踪系统在 $a = -1$，$x(0) = 0$，$q_0 = 0$，$q_1 = 1$ 和 $t_f = 1$ 情况下的一组响应曲线。

其中图 6.39a 表示 $z(t)$ 为阶跃函数，即 $z(t) = +1 \quad t \in [0, t_f]$ 时，以 q_2 为参数的一组跟踪响应曲线。由图可见，随着 q_2 的减小，系统的跟踪能力在增强。此外，在控制区间的终端 t_f 附近，误差又在变大，这是由于 $q_0 = 0, q(t_f) = 0$，$P(t_f) = 0$，以致 $u(t_f) = 0$ 的缘故。

图 6.39b 是 $g(t) \quad t \in [0,1]$ 的一组曲线。随着 q_2 的减小，$g(t)$ 在控制区间的起始段几乎保持恒定，随后逐渐下降至零（因 $q_0 = 0$）。

图 6.39c 是最优控制 $u(t)$ 的曲线。若 q_2 越小，表示越不重视 $u(t)$，则 $u(t)$ 的恒值便越大。相对地，就表示越重视误差的减小，因此 $x(t)$ 对 $z(t)$ 的跟踪就越好。

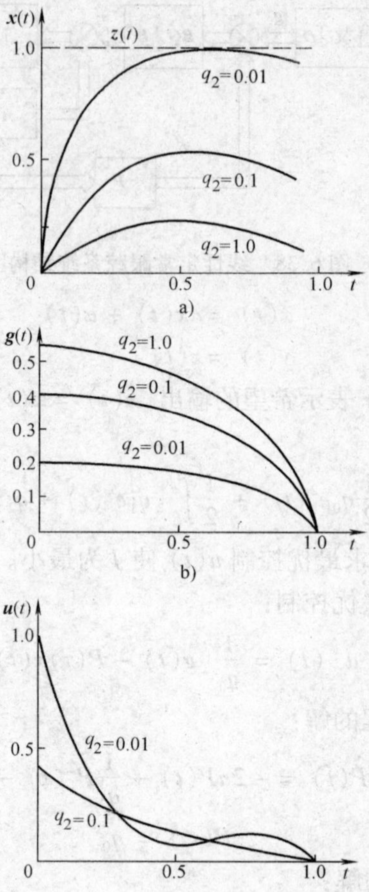

图 6.39　例 6.25 跟踪系统的最优解

【例 6-26】　设系统的动态方程为：

$$\dot{\boldsymbol{x}} = \begin{pmatrix} 0 & 1 \\ 0 & 0 \end{pmatrix}\boldsymbol{x} + \begin{pmatrix} 0 \\ 1 \end{pmatrix}u$$

$$\boldsymbol{x}(0) = x_0$$

$$\boldsymbol{y} = (1,0)\boldsymbol{x}$$

试确定最优控制 $u^*(t)$，使性能泛函：

$$J = \frac{1}{2}\int_0^{\infty}\{[x_1(t) - z(t)]^2 + u^2(t)\}\mathrm{d}t$$

为最小。假定 $z(t) = r$。

解　由题意知：$\boldsymbol{A} = \begin{pmatrix} 0 & 1 \\ 0 & 0 \end{pmatrix}$，$\boldsymbol{B} = \begin{pmatrix} 0 \\ 1 \end{pmatrix}$，$\boldsymbol{C} = [1,\ 0]$

$$q_0 = 0, q_1 = 1, q_2 = 1, z(t) = r$$

本例的状态方程与例 6.24 一样，参照例 6.24 直接写出黎卡提方程：

$$\dot{p}_{11} = -1 + p_{12}^2$$

$$\dot{p}_{12} = -p_{11} + p_{12}p_{22}$$
$$\dot{p}_{22} = -2p_{12} + p_{22}^2$$

终端条件为 $p_{11}(t_f) = p_{12}(t_f) = p_{22}(t_f) = 0$，如果设 $t_f \to \infty$，则 $\dot{p}_{11} = \dot{p}_{12} = \dot{p}_{22} = 0$，于是得：

$$p_{11} = p_{22} = \sqrt{2}, p_{12} = p_{21} = 1$$

即

$$\boldsymbol{P} = \begin{pmatrix} \sqrt{2} & 1 \\ 1 & \sqrt{2} \end{pmatrix}$$

下面确定 $\boldsymbol{g}(t)$。设 $\boldsymbol{g} = \begin{pmatrix} g_1 \\ g_2 \end{pmatrix}$，根据：

$$\dot{\boldsymbol{g}} = -[\boldsymbol{A} - \boldsymbol{B}\boldsymbol{Q}_2^{-1}\boldsymbol{B}^{\mathrm{T}}\boldsymbol{P}]^{\mathrm{T}}\boldsymbol{g} - \boldsymbol{C}^{\mathrm{T}}\boldsymbol{Q}_1\boldsymbol{z}$$

其中

$$\boldsymbol{A} - \boldsymbol{B}\boldsymbol{Q}_2^{-1}\boldsymbol{B}^{\mathrm{T}}\boldsymbol{P} = \begin{pmatrix} 0 & 1 \\ 0 & 0 \end{pmatrix} - \begin{pmatrix} 0 \\ 1 \end{pmatrix}[1 \quad 0]\begin{pmatrix} \sqrt{2} & 1 \\ 1 & \sqrt{2} \end{pmatrix}$$

$$= \begin{pmatrix} 0 & 1 \\ -1 & -\sqrt{2} \end{pmatrix} - [\boldsymbol{A} - \boldsymbol{B}\boldsymbol{Q}_2^{-1}\boldsymbol{B}^{\mathrm{T}}\boldsymbol{P}]^{\mathrm{T}}$$

$$= \begin{pmatrix} 0 & 1 \\ -1 & \sqrt{2} \end{pmatrix} - \boldsymbol{C}^{\mathrm{T}}\boldsymbol{Q}_1 = \begin{pmatrix} -1 \\ 0 \end{pmatrix}$$

故

$$\dot{\boldsymbol{g}} = \begin{pmatrix} 0 & 1 \\ -1 & \sqrt{2} \end{pmatrix}\boldsymbol{g} + \begin{pmatrix} -1 \\ 0 \end{pmatrix}\boldsymbol{z}$$

即

$$\dot{g}_1 = g_2 - z$$
$$\dot{g}_2 = -g_1 + \sqrt{2}g_2$$

由终端条件 $g(t_f) = \boldsymbol{C}^{\mathrm{T}}(t_f)\boldsymbol{Q}_0\boldsymbol{z}(t_f) = 0$，即 $g_1(t_f) = g_2(t_f) = 0$。

如果考虑尽快跟踪，$t_f \to 0$，则 $\dot{g}_1 = \dot{g}_2 = 0$，因而

$$g_2 = z = r$$
$$g_1 = \sqrt{2}g_2 = \sqrt{2}r$$

最后可得最优控制

$$u^*(t) = -\boldsymbol{Q}_2^{-1}\boldsymbol{B}^{\mathrm{T}}[\boldsymbol{P}\boldsymbol{x} - \boldsymbol{g}]$$

$$= -(0,1)\begin{pmatrix} \sqrt{2} & 1 \\ 1 & \sqrt{2} \end{pmatrix}\begin{pmatrix} x_1(t) \\ x_2(t) \end{pmatrix} + [1 \quad 0]\begin{pmatrix} g_1(t) \\ g_2(t) \end{pmatrix}$$

$$= -x_1(t) - \sqrt{2}x_2(t) + g_2(t)$$

最优系统如图 6.40 所示。

【例 6-27】 设受控系统动态方程为：

$$\dot{x} = \begin{pmatrix} 0 & 1 \\ 0 & -2 \end{pmatrix} x + \begin{pmatrix} 0 \\ 20 \end{pmatrix} u$$

$$y = (1,0) x$$

性能泛函：

$$J = \int_0^{\infty} \{ [y(t) - z(t)]^2 + u^2(t) \} \mathrm{d}t$$

希望输出 $z(t) = 1\ (t \geqslant 0)$。试确定 J 为最小的控制律。

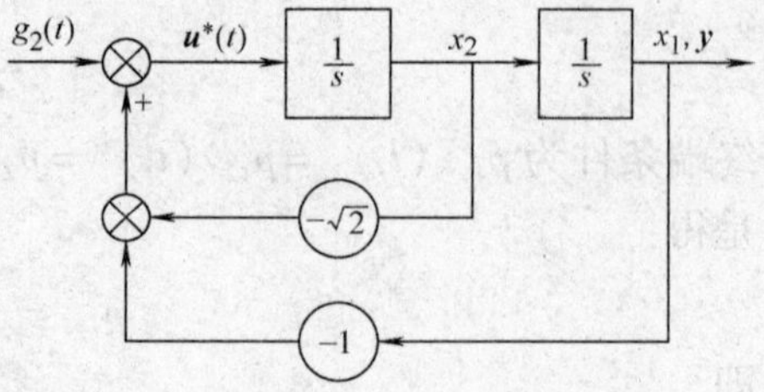

图 6.40　例 6.26 的最优系统结构图

解　已知 $\boldsymbol{A} = \begin{pmatrix} 0 & 1 \\ 0 & -2 \end{pmatrix}$，$\boldsymbol{B} = \begin{pmatrix} 0 \\ 20 \end{pmatrix}$，$\boldsymbol{C} = (1,\ 0)$

$$q_1 = 1, q_2 = 1, z = 1(t \geqslant 0)$$

这是线性定常系统跟踪问题。

根据式（6.372），列出黎卡提代数方程：

$$-\begin{pmatrix} p_{11} & p_{12} \\ p_{21} & p_{22} \end{pmatrix}\begin{pmatrix} 0 & 1 \\ 0 & -2 \end{pmatrix} - \begin{pmatrix} 0 & 0 \\ 1 & -2 \end{pmatrix}\begin{pmatrix} p_{11} & p_{12} \\ p_{21} & p_{22} \end{pmatrix}$$

$$+\begin{pmatrix} p_{11} & p_{12} \\ p_{21} & p_{22} \end{pmatrix}\begin{pmatrix} 0 \\ 20 \end{pmatrix}(0,20)\begin{pmatrix} p_{11} & p_{12} \\ p_{21} & p_{22} \end{pmatrix} - \begin{pmatrix} 1 \\ 0 \end{pmatrix}(1,0) = \begin{pmatrix} 0 & 0 \\ 0 & 0 \end{pmatrix}$$

化简得：

$$400p_{12}^2 - 1 = 0$$

$$400p_{12}p_{22} - p_{11} + 2p_{12} = 0$$

$$400p_{22}^2 + 4p_{22} - 2p_{12} = 0$$

解得：

$$p_{11} = \frac{6.63}{20}, p_{12} = 0.05, p_{22} = \frac{4.63}{400}$$

即

$$\boldsymbol{P} = \begin{pmatrix} \frac{6.63}{20} & 0.05 \\ 0.05 & \frac{4.63}{400} \end{pmatrix}$$

应用式（6.373）计算：

$$\dot{\boldsymbol{g}} \approx [\boldsymbol{P}\boldsymbol{B}\boldsymbol{Q}_2^{-1}\boldsymbol{B}^{\mathrm{T}} - \boldsymbol{A}^{\mathrm{T}}]^{-1}\boldsymbol{C}^{\mathrm{T}}\boldsymbol{Q}_1 z$$

其中

$$\boldsymbol{P}\boldsymbol{B}\boldsymbol{Q}_2^{-1}\boldsymbol{B}^{\mathrm{T}} - \boldsymbol{A}^{\mathrm{T}} = \begin{pmatrix} \frac{6.63}{20} & 0.05 \\ 0.05 & \frac{4.63}{400} \end{pmatrix}\begin{pmatrix} 0 \\ 20 \end{pmatrix}(0,20) - \begin{pmatrix} 0 & 0 \\ 1 & -2 \end{pmatrix} = \begin{pmatrix} 0 & 20 \\ -1 & 6.63 \end{pmatrix}$$

$$\boldsymbol{C}^{\mathrm{T}}\boldsymbol{Q}_1 = \begin{pmatrix} 1 \\ 0 \end{pmatrix}$$

故

$$g = \begin{pmatrix} 0 & 20 \\ -1 & 6.63 \end{pmatrix}^{-1} \begin{pmatrix} 1 \\ 0 \end{pmatrix} z = \begin{pmatrix} \dfrac{6.63}{20} \\ \dfrac{1}{20} \end{pmatrix} z$$

由式（6.371）得最优控制为：

$$\begin{aligned} u^*(t) &= -Q_2^{-1}B^{\mathrm{T}}Px(t) + Q_2^{-1}B^{\mathrm{T}}g \\ &= -[0 \quad 20]\begin{pmatrix} \dfrac{6.63}{20} & 0.05 \\ 0.05 & \dfrac{4.63}{400} \end{pmatrix}\begin{pmatrix} x_1(t) \\ x_2(t) \end{pmatrix} + (0 \quad 20)\begin{pmatrix} \dfrac{6.63}{20} \\ \dfrac{1}{20} \end{pmatrix} z \\ &= \begin{pmatrix} 1 & \dfrac{4.63}{20} \end{pmatrix}\begin{pmatrix} x_1(t) \\ x_2(t) \end{pmatrix} + \begin{pmatrix} 0 \\ 1 \end{pmatrix} z \\ &= -x_1(t) - \frac{4.63}{20}x_2(t) + z \end{aligned}$$

闭环系统结构如图 6.41 所示。

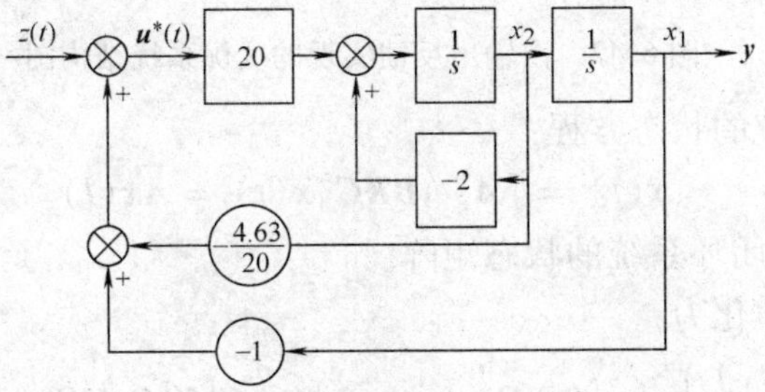

图 6.41　例 6.27 的最优系统结构图

6.13　线性二次型次优控制问题

上节介绍的状态调节器，输出调节器及输出跟踪器，在给定指标下所求得的最优控制律，都要求用全部状态变量 x_1，x_2，…，x_n 的反馈来实现。这是容易理解的，因为既然是最优控制，那么 $u^*(t)$ 就应该由反映系统内部运动状态的全部信息参与组合实施控制。但在工程实际中，并非所有状态变量都是能够测取或易于测取的。在这种情况下，可以考虑利用输出变量 $\boldsymbol{y}_1$，$\boldsymbol{y}_2$，…，$\boldsymbol{y}_m$，由它们组合形成控制变量 $\boldsymbol{u}(t)$，即由维数较低的输出变量构成输出线性反馈系统。由于这时所利用的信息不完全，其性能指标不如最优控制系统，因而称为**次优（或准最优）控制**。注意，这里的输出反馈次优控制与上节讲的输出最优调节器是不同的。在那里，虽然性能指标提取输出变量的信息，但最优控制律 $\boldsymbol{u}^*(t) = -\boldsymbol{Q}_2^{-1}\boldsymbol{B}^{\mathrm{T}}\boldsymbol{P}\boldsymbol{x}(t) = -\boldsymbol{K}\boldsymbol{x}(t)$，仍为全状态反馈。而这里 $\boldsymbol{u}(t) = -\boldsymbol{K}\boldsymbol{y}(t)$，却为输出反馈。至于性能指标，既可以提向输出变量，也可以提向状态变量。

设完全能控、能观系统的动态方程为：

$$\dot{\boldsymbol{x}}(t) = \boldsymbol{A}\boldsymbol{x}(t) + \boldsymbol{B}\boldsymbol{u}(t)$$

$$y(t) = Cx(t) \tag{6.375}$$

性能指标为二次型：

$$J = \frac{1}{2}\int_0^{\infty} [x^{\mathrm{T}}(t)Q_1x(t) + u^{\mathrm{T}}(t)Q_2u(t)]\mathrm{d}t \tag{6.376}$$

式中，Q_1 为正定（或半正定）对称阵；Q_2 为正定对称阵。

如上所述，设控制变量 u（t）是由输出变量 y（t）的线性负反馈所构成，即

$$u(t) = -Ky(t) = -KCx(t) \tag{6.377}$$

闭环系统结构图示于图6.42。

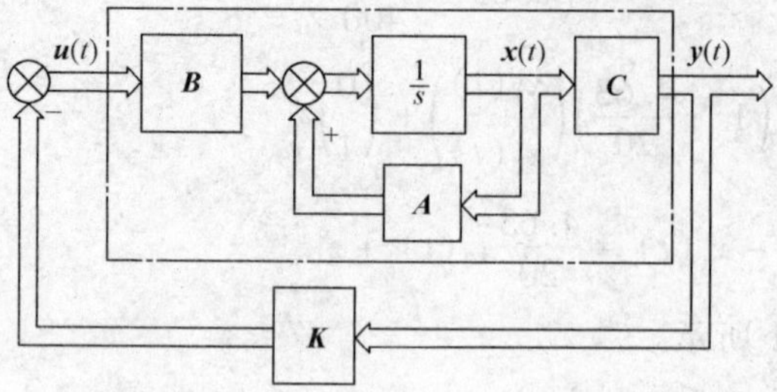

图6.42　由输出反馈实现的次优系统结构图

从图可得闭环系统的状态方程：

$$\dot{x}(t) = [A - BKC]x(t) = \overline{A}x(t) \tag{6.378}$$

式中，$\bar{A} = A - BKC$ 为闭环系统的状态矩阵。

此时，性能指标演化为：

$$\begin{aligned} J &= \frac{1}{2}\int_0^{\infty} [x^{\mathrm{T}}(t)Q_1x(t) + x^{\mathrm{T}}(t)C^{\mathrm{T}}K^{\mathrm{T}}Q_2KCx(t)]\mathrm{d}t \\ &= \frac{1}{2}\int_0^{\infty} x^{\mathrm{T}}(t)[Q_1 + C^{\mathrm{T}}K^{\mathrm{T}}Q_2KC]x(t)\mathrm{d}t \\ &= \frac{1}{2}\int_0^{\infty} x^{\mathrm{T}}(t)\overline{Q}x(t)\mathrm{d}t \end{aligned} \tag{6.379}$$

式中

$$\overline{Q} = Q_1 + C^{\mathrm{T}}K^{\mathrm{T}}Q_2KC \tag{6.380}$$

在规定了系统结构的情况下，设计任务就是确定输出反馈矩阵 K，使性能指标式(6.379)取极值。

解这类问题可利用李雅普诺夫第二方法，首先假定闭环系统状态矩阵 $\bar{A}$ 的特征值全具负实部，闭环系统是渐近稳定的。然后在此基础上再利用李雅普诺夫函数与二次型性能指标间的关系确定最优化参数。

对渐近稳定系统式（6.378），构造一个李雅普诺夫函数：

$$V(x) = x^{\mathrm{T}}Px \tag{6.381}$$

将上式两边求导数，得：

$$\dot{V}(x) = \dot{x}^{\mathrm{T}}Px + x^{\mathrm{T}}P\dot{x} = x^{\mathrm{T}}[\overline{A}^{\mathrm{T}}P + P\overline{A}]x \tag{6.382}$$

对于渐近稳定的系统，当 V（x）取为正定时，$\dot{V}$（x）必须为负定。

为此，令：

$$\overline{A}^{\mathrm{T}}P + P\overline{A} = -\overline{Q} \tag{6.383}$$

式中 Q 为正定的实对称阵。

因此

$$\dot{V}(x) = -x^{\mathrm{T}}\overline{Q}x \tag{6.384}$$

是负定的。比较式（6.384）与式（6.381）可得：

$$x^{\mathrm{T}}\overline{Q}x = -\frac{\mathrm{d}}{\mathrm{d}t}[x^{\mathrm{T}}Px] \tag{6.385}$$

综上可见，一个渐近稳定的系统，必定满足式（6.383）和式（6.385）的关系，其中 $\overline{Q}$ 和 P 均为正定实对称阵。

将式（6.385）代入式（6.379），得性能指标：

$$\begin{aligned} J &= \frac{1}{2}\int_0^{\infty} x^{\mathrm{T}}(t)\overline{Q}x(t)\,\mathrm{d}t = -\frac{1}{2}x^{\mathrm{T}}(t)Px(t)\bigg|_0^{\infty} \\ &= -\frac{1}{2}x^{\mathrm{T}}(\infty)Px(\infty) + \frac{1}{2}x^{\mathrm{T}}(0)Px(0) \end{aligned} \tag{6.386}$$

由于 $\overline{A}$ 所有特征值均具负实部，故有 $x(\infty) \to 0$，从而下式成立：

$$J = \frac{1}{2}x^{\mathrm{T}}(0)Px(0) \tag{6.387}$$

比较式（6.387）与式（6.324）可见，二者形式相同，但不同的是在式（6.324）中，P 是黎卡提方程的解，而这里，P 是李雅普诺夫方程（6.383）的解。

此外，反馈矩阵 K 亦不能从李雅普诺夫方程：

$$[A - BKC]^{\mathrm{T}}P + P[A - BKC] = -Q_1 - C^{\mathrm{T}}K^{\mathrm{T}}Q_2KC \tag{6.388}$$

直接求解。因为式（6.388）中的 P 和 K 阵都未知。

一个简单的处理方法是用梯度速降法，由式（6.388）解出用 K 表示的 P，即 $P[K]$，然后代入性能指标式（6.387），再令：

$$\frac{\partial J(K)}{\partial K} = 0 \tag{6.389}$$

解出使 $J \to \min$ 的 K。

应当指出，用这种方法求得的反馈矩阵 K 的优化参数是与初始条件 $x(0)$ 有关的。

【例 6-28】　有系统如图 6.43 中实线所示。性能指标为：

$$J = \frac{1}{2}\int_0^{\infty}[x^{\mathrm{T}}Q_1x + u^{\mathrm{T}}Q_2u]\,\mathrm{d}t$$

设 x_2 不能测取，采用输出反馈实现闭环，求 k，使 $J \to \min$。

解　设受控系统的动态方程为：

$$\dot{x} = \begin{pmatrix} 0 & 1 \\ 0 & -1 \end{pmatrix}x + \begin{pmatrix} 0 \\ 1 \end{pmatrix}u$$

$$y = (1,0)x$$

$$Q_1 = \begin{pmatrix} 1 & 0 \\ 0 & 1 \end{pmatrix}, Q_2 = \begin{pmatrix} 1 & 0 \\ 0 & 0 \end{pmatrix}$$

利用式（6.378）得闭环系统状态方程：

$$\dot{\boldsymbol{x}} = \bar{\boldsymbol{A}}\boldsymbol{x} = (\boldsymbol{A} - \boldsymbol{BKC})\boldsymbol{x}$$

$$= \left(\begin{pmatrix}0 & 1\\0 & -1\end{pmatrix} - \begin{pmatrix}0\\1\end{pmatrix}k(1,0)\right)\boldsymbol{x} = \begin{pmatrix}0 & 1\\-k & -1\end{pmatrix}\boldsymbol{x}$$

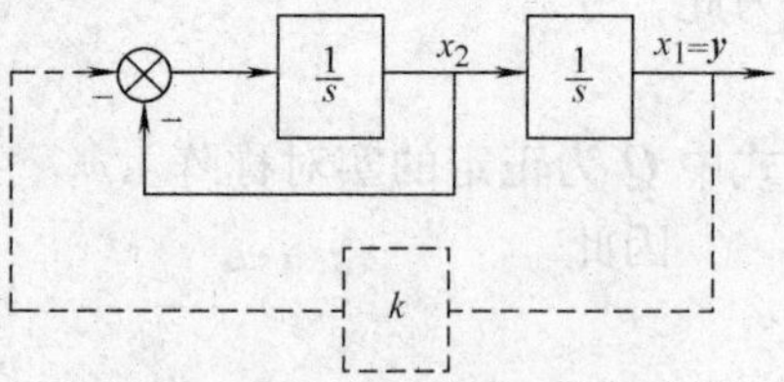

图 6.43　例 6.28 的系统结构图

由式（6.379）得性能指标：

$$J = \frac{1}{2}\int_0^\infty \boldsymbol{x}^{\mathrm{T}}(t)\bar{\boldsymbol{Q}}\boldsymbol{x}(t)\,\mathrm{d}t = \frac{1}{2}\int_0^\infty \boldsymbol{x}^{\mathrm{T}}[\boldsymbol{Q}_1 + \boldsymbol{C}^{\mathrm{T}}\boldsymbol{K}\boldsymbol{Q}_2\boldsymbol{K}\boldsymbol{C}]\boldsymbol{x}\mathrm{d}t$$

$$= \frac{1}{2}\int_0^\infty \boldsymbol{x}^{\mathrm{T}}\begin{pmatrix}1+k^2 & 0\\0 & 1\end{pmatrix}\boldsymbol{x}\mathrm{d}t$$

根据李雅普诺夫方程：$\bar{\boldsymbol{A}}^{\mathrm{T}}\boldsymbol{P} + \boldsymbol{P}\bar{\boldsymbol{A}} = -\bar{\boldsymbol{Q}}$

即

$$\begin{pmatrix}0 & -k\\1 & -1\end{pmatrix}\begin{pmatrix}p_{11} & p_{12}\\p_{21} & p_{22}\end{pmatrix} + \begin{pmatrix}p_{11} & p_{12}\\p_{21} & p_{22}\end{pmatrix}\begin{pmatrix}0 & 1\\-k & -1\end{pmatrix} = -\begin{pmatrix}1+k^2 & 0\\0 & 1\end{pmatrix}$$

得三个代数方程：

$$2kp_{12} = 1 + k^2$$

$$-kp_{22} + p_{11} - p_{12} = 0$$

$$2p_{12} - 2p_{22} = -1$$

联立求解得：

$$p_{12} = \frac{1+k^2}{2k}$$

$$p_{22} = \frac{1+k+k^2}{2k}$$

$$p_{11} = \frac{1+k+2k^2+k^3}{2k}$$

即

$$\boldsymbol{P} = \begin{pmatrix}\dfrac{1+k+2k^2+k^3}{2k} & \dfrac{1+k^2}{2k}\\[2ex] \dfrac{1+k^2}{2k} & \dfrac{1+k+k^2}{2k}\end{pmatrix}$$

设初值 $x_1(0)=1$，$x_2(0)=0$，则

$$J = \frac{1}{2}\boldsymbol{x}^{\mathrm{T}}(0)\boldsymbol{P}\boldsymbol{x}(0) = \frac{1}{2}(1,0)\begin{pmatrix}\dfrac{1+k+2k^2+k^3}{2k} & \dfrac{1+k^2}{2k}\\[2ex] \dfrac{1+k^2}{2k} & \dfrac{1+k+k^2}{2k}\end{pmatrix}\begin{pmatrix}1\\0\end{pmatrix}$$

$$= \frac{1}{2}\cdot\frac{1+k+2k^2+k^3}{2k}$$

令：$\dfrac{\partial J}{\partial k} = \dfrac{1}{2}\dfrac{\mathrm{d}}{\mathrm{d}k}\left(\dfrac{1+k+2k^2+k^3}{2k}\right) = \dfrac{1}{4}\ (2k+2-k^{-2}) = 0$

故：$k=0.57$

习　题

6-1　设目标函数 $J = f(\boldsymbol{x}) = 60 - 10x_1 - 4x_2 + x_1^2 + x_2^2 - x_1x_2$，约束条件 $g(\boldsymbol{x}) = x_1 + x_2 - 8 = 0$。求 $J = f(\boldsymbol{x})$ 的极值、极值点及其性质。

6-2　有电源 U_E，内阻 R_i = 常数，供电给负载电阻 R_L，求输出功率为最大时的负载电阻 R_L 值。

6-3　有图 6.44 所示的 RC 网络，求输入电压 $u(t)$，使电容器上的电压 u_C 从 $u_C(0)=0$ 开始充电，在 t_f 时刻到达 $u_C(t_f) = u_f$ = 常数，且平均电压 $J = \int_0^{t_f} \frac{u_C(t)}{t_f}\mathrm{d}t$ 为最大。约束条件为电阻 R 上能量损耗为定值，即 $\int_0^{t_f} i^2 R\mathrm{d}t = K$。

6-4　他励直流电动机如图 6.45 所示。其动态方程为：

$$J\frac{d\omega}{dt} + T_f = C_M I_a$$

式中，T_f 为恒定负载转矩；J 为惯性矩；R_a 为电枢电阻；ω 为电动机转速。

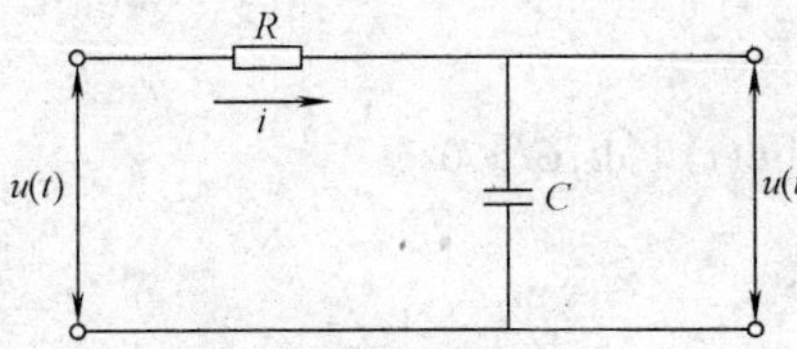

图 6.44　RC 网络

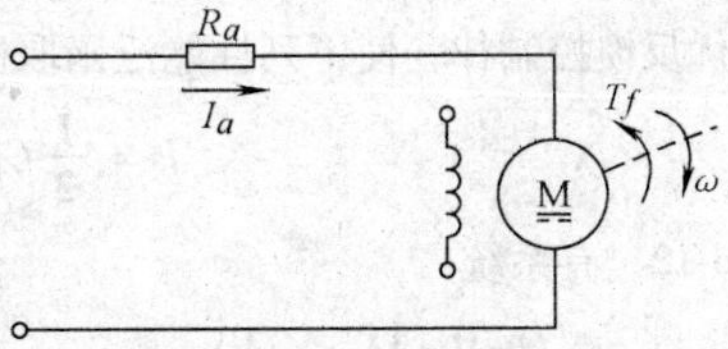

图 6.45　他励直流电动机

设电动机从静止起动 $\omega(0)=0$，经 t_f 时刻停止，即 $\omega(t_f)=0$。求电枢电流 I_a，使电枢电阻能量消耗 $J = \int_0^{t_f} I_a^2 R_a \mathrm{d}t$ 为最小。约束条件为电动机的角位移 θ 为常数，即 $\int_0^{t_f}\omega\mathrm{d}t = \theta$ = 常数。

6-5　求性能指标：

$$J = \int_0^{\frac{\pi}{2}} (\dot{x}_1^2 + \dot{x}_2^2 + 2x_1x_2)\,\mathrm{d}t$$

在边界条件 $x_1(0) = x_2(0) = 0$，$x_1(\frac{\pi}{2}) = x_2(\frac{\pi}{2}) = 1$ 下的极值曲线。

6-6　求性能指标：

$$J = \int_0^1 (\dot{x}^2 + 1)\,\mathrm{d}t$$

在边界条件 $x(0) = 0$，$x(1)$ 自由情况下的极值曲线。

6-7　已知性能指标：

$$J = \int_0^1 [x^2(t) + tx(t)]\,\mathrm{d}t$$

试求：(1) δJ 的表达式。

(2) 当 $x(t) = t^2$，$\delta x = 0.1t$ 和 $\delta x = 0.2t$ 时的变分 δJ 的值。

6-8　已知系统的状态方程为

$$\dot{\boldsymbol{x}}(t) = \begin{pmatrix} 0 & 1 \\ 0 & 0 \end{pmatrix}\boldsymbol{x}(t) + \begin{pmatrix} 0 \\ 1 \end{pmatrix}\boldsymbol{u}(t)$$

边界条件为 $x(0) = 1$，$x(2) = 0$。试用矢量形式求下列性能指标：

$$J = \int_0^2 \frac{1}{2}\boldsymbol{u}^2(t)\,\mathrm{d}t$$

的极值。

6-9 已知系统

$$\dot{x}_1 = x_2$$

边界条件为 $x(0) = 1$，$x(2) = 0$。试求性能指标：

$$J = \frac{1}{2}\int_0^2 \dot{x}_2^2 \mathrm{d}t$$

的极小值。

6-10 给定系统：

$$\dot{x} = u, x(0) = 1$$

使性能指标：

$$J = t_f + \frac{1}{2}\int_0^{t_f} u^2 \mathrm{d}t$$

为极小。终端时刻 t_f 未定，$x(t_f) = 0$。

6-11 已知系统的状态方程：

$$\dot{x}(t) = -ax(t) + bu(t), x(0) = x_0$$

求最优反馈控制律，使下列性能泛函取极小值：

$$J = \frac{1}{2}C[x(t_f)]^2 + \frac{1}{2}\int_0^{t_f}[u(t)]^2 \mathrm{d}t, C > 0$$

6-12 有系统

(1) $\dot{\boldsymbol{x}} = \begin{pmatrix} 0 & 1 \\ -1 & 0 \end{pmatrix}\boldsymbol{x} + \begin{pmatrix} 0 \\ 1 \end{pmatrix}\boldsymbol{u}$

(2) $\dot{\boldsymbol{x}} = \begin{pmatrix} 0 & 1 \\ -1 & -1 \end{pmatrix}\boldsymbol{x} + \begin{pmatrix} 0 \\ 1 \end{pmatrix}\boldsymbol{u}$

其中 $-1 \leqslant \boldsymbol{u}(t) \leqslant 1$，试求从给定的 $\boldsymbol{x}(0)$ 到 $\boldsymbol{x}(t_f) = 0$ 的时间最优控制，并在状态平面上画出最优状态轨线。

6-13 试确定最优控制，使性能泛函：

$$J = \int_{t_0}^{t_f} |u(t)| \mathrm{d}t$$

取极小值。

6-14 给定系统

$$\dot{\boldsymbol{x}} = \begin{pmatrix} 0 & 1 \\ 0 & 0 \end{pmatrix}\boldsymbol{x} + \begin{pmatrix} 0 \\ 1 \end{pmatrix}u, \boldsymbol{x}(0) = 0$$

$\boldsymbol{x}(t_f) = \frac{1}{4}$，$t_f$ 待定，u 受约束 $|u| \leqslant 1$。试确定最优控制使性能泛函：

$$J = \int_{t_0}^{t_f} u^2 \mathrm{d}t$$

取极小值。

6-15 给定系统

$$\dot{\boldsymbol{x}} = \begin{pmatrix} 0 & 1 \\ 0 & 0 \end{pmatrix}\boldsymbol{x} + \begin{pmatrix} 0 \\ 1 \end{pmatrix}u$$

$$\boldsymbol{x}(0) = 0, \boldsymbol{x}(t_f) = 0, |u| \leqslant 1$$

确定最优控制 $u(t)$ 使下列性能指标

$$J = \rho t_f + \int_0^{t_f} |u(t)| \mathrm{d}t$$